BASE

DU SYSTÈME MÉTRIQUE DÉCIMAL,

ou

MESURE DE L'ARC DU MÉRIDIEN

COMPRIS ENTRE LES PARALLÈLES

DE DUNKERQUE ET BARCELONE,

EXÉCUTÉE EN 1792 ET ANNÉES SUIVANTES,

PAR MM. MÉCHAIN ET DELAMBRE.

Rédigée par M. DELAMBRE, Chevalier de l'Empire, Trésorier de l'Université Impériale, Secrétaire perpétuel de l'Institut pour les Sciences mathématiques, Professeur d'Astronomie au Collége de France, Membre du Bureau des longitudes, de l'Académie Napoléon, des Sociétés royales de Londres, d'Upsal et de Copenhague, des Académies de Saint-Pétersbourg, de Berlin et de Suède, de la Société Italienne et de celle de Gottingue, et Membre de la Légion d'honneur.

TOME TROISIÈME.

〜〜〜〜〜〜〜〜〜

PARIS.

BAUDOUIN, IMPRIMEUR DE L'INSTITUT DE FRANCE.

〜〜〜〜〜

NOVEMBRE 1810.

TABLE

DES

ARTICLES CONTENUS DANS CE VOLUME.

ERRATA

Pour le Tome III de la Base du Système métrique.

Page 2, ligne 8, *ajoutez:* planche I, fig. 1.

    29, ligne 16, formule O; cos. A tang. $\frac{1}{2}$ C, *lisez:* cos. A C tang. $\frac{1}{2}$ C.

    32, ligne 3, $\frac{1}{2}(AB)^2$, *lisez:* $\frac{1}{4}(AB)^2$.

        avant-dernière ligne $\frac{4}{3}$ K a^4, *lisez:* $\frac{4}{3}$ K a^3.

    49, ligne 14, $bd = 36597 \cdot 115$, *lisez:* $6597 \cdot 115$.

    73, ligne 15, p. 20, *lisez:* 22.

  190, $22857 \cdot 7$, *lisez:* $23857 \cdot 7$.

               $23241 \cdot 9$, *lisez:* $25241 \cdot 9$.

  196, ligne 4, $\frac{7}{16} a^3$, *lisez:* $\frac{7}{16} a^2$.

  337, dans tout le Mémoire la planche que Borda désigne par le nom de *première*, est notre planche VII; celle qu'il désigne comme *seconde*, est la planche VIII.

  349, avant-dernière ligne, M V, *lisez:* mû.

  563, ligne 2 et 3, une valeur donnée, *lisez:* un volume donné.

  681, ligne 15, plôce, *lisez:* pièce.

  697, note $\frac{1}{100}$ de mètre, *lisez:* de millimètre.

  704, ligne 6, Commission, *ajoutez:* une note signée Lenoir, sur le mètre définitif.

AVERTISSEMENT.

Ce troisième volume contient le calcul des arcs terrestre et céleste, la détermination du mètre et du kilogramme, les Mémoires et les Rapports des différens membres de la Commission, et quelques pièces historiques. L'impression en est achevée depuis plus d'un an, et la publication en a été retardée par les raisons qu'on trouvera exposées page 557.

Le calcul de l'arc terrestre avoit été fait à la Commission par MM. Legendre, Trallès, Van-Swinden et moi, et nous suivions chacun une méthode différente. M. Legendre a publié la sienne; je n'ai jamais eu pleine connoissance de celles de MM. Trallès et Van-Swinden. Outre ma formule qui emploie les cordes, j'en avois encore deux autres dont je n'ai point parlé, que j'ai abandonnées long-temps avant la fin de l'opération, et qui ne m'ont servi que de préparation au calcul de l'arc entre Dunkerque et Orléans. J'en expose ici deux autres qui peuvent passer pour nouvelles.

Jusqu'à nous on avoit déterminé les parties de la

3

a

méridienne par des perpendiculaires abaissées des deux extrémités de ceux d'entre les côtés des triangles qui étoient moins inclinés à la méridienne. Cette méthode, la plus simple de toutes, étoit sujette à plusieurs erreurs dont je donne les corrections. Elles se réduisent à cinq petits termes dont trois se prennent à vue dans des tables, et les deux autres n'emploient que des logarithmes constans ou connus par ce qui précède. Je me suis avisé trop tard de ce moyen que j'eusse préféré à tous les autres, et que j'ai essayé avec succès sur l'arc entre Dunkerque et Bourges, calculé déjà de tant d'autres manières.

La seconde méthode est purement sphérique. Elle emploie les azimuts vrais tels qu'ils sont déduits les uns des autres par le calcul, et d'après l'azimut observé à Watten. Je laisse aux angles et aux côtés leurs véritables valeurs, et l'opération est toute logarithmique, sans aucun mélange de nombres naturels, si ce n'est pour quelques légères corrections qui se calculent avec facilité par des logarithmes à quatre ou cinq décimales seulement.

La méridienne partage les triangles primitifs en triangles partiels qui communément sont, les uns à l'orient, les autres à l'occident de la méridienne. On peut déterminer l'arc terrestre par les seuls angles orientaux ou

par les occidentaux tout seuls. Je fais l'opération double,
et j'ai la valeur de l'arc entre les parallèles de Dunkerque
et Montjouy par deux calculs entièrement indépendans
l'un de l'autre.

Je ne nierai pas que cette méthode ne soit fort labo-
rieuse, sur-tout quand on se sert, comme j'ai fait, des
tables des logarithmes à dix décimales. Je n'en conseil-
lerois donc l'usage à personne ; mais j'ai cru devoir m'en
servir pour l'essayer et me mettre en état d'affirmer aux
astronomes qu'elle n'est pas plus exacte que les autres,
qu'elle paroît même moins satisfaisante au premier coup
d'œil, en ce que les doubles calculs offrent, dans les
intersections de la méridienne, avec les côtés obliques,
des différences qui n'ont aucun effet fâcheux, mais qui
n'en inquiètent pas moins le calculateur. Mais comme
deux méthodes absolument indépendantes l'une de
l'autre sont une chose très-utile dans des opérations aussi
longues, je recommanderois la méthode des perpendiculaires et celle des cordes comme les plus expéditives
sans aucune comparaison, comme celles qui offrent un
accord plus grand et plus constant entre toutes les parties de la méridienne et des triangles, enfin comme les
seules dont je me servirois en pareille occasion. Ajoutez
que, dans ces deux méthodes sur-tout, on pourra sans

scrupule se contenter des logarithmes ordinaires qui n'ont que sept décimales.

Après le calcul de l'arc, je passe à celui des azimuts, et je montre de combien ils diffèrent entre eux dans toutes les combinaisons possibles ; et n'ayant pu les faire accorder comme il seroit à désirer, je montre au moins que ces différences n'affectent la longueur de l'arc que d'une manière insensible.

Je détermine les quatre arcs terrestres compris entre les cinq latitudes observées ; j'en conclus la valeur des quatre degrés ; et j'examine leurs décroissemens inégaux ; ils ne s'accordent avec aucune ellipse : je détermine au moins une série propre à représenter les latitudes et leurs distances en toises.

Sur cette formule je compose des tables d'interpolation qui servent à déterminer les longitudes, les latitudes, les azimuts, les distances à la méridienne et à la perpendiculaire de Dunkerque.

Pour tous ces calculs je donne différentes formules, en montrant par des exemples la manière de s'en servir, les termes qu'on peut négliger et ceux qu'il faut conserver.

Je passe ensuite à la détermination du mètre, soit

dans la sphère, soit dans les différentes hypothèses
d'aplatissement qu'on peut regarder comme probables,
en employant différens arcs et des latitudes un peu différentes pour quelques stations.

Je montre que notre arc, coupé en deux parties presque
égales par le parallèle d'Évaux, ne peut déterminer
l'aplatissement avec une assez grande sûreté.

A l'exemple de la Commission, je compare notre arc
à celui du Pérou ; mais auparavant il me semble nécessaire de recommencer le calcul des observations de Bouguer et de Lacondamine. Bouguer n'avoit donné que les
observations et les résultats ; Lacondamine étoit entré
dans de plus grands détails, et je m'étois aperçu qu'il
s'étoit trompé de plusieurs secondes sur le *maximum* de
l'aberration et de la nutation en déclinaison.

Par mes calculs, l'aplatissement est de 0.00324 ou
de $\frac{1}{3o8.6}$, et le mètre devient un peu plus fort.

Je compare ensuite la nouvelle Méridienne à celle de
Cassini et Lacaille en 1739 ; je confronte les angles, les
bases, les azimuts, les latitudes, et j'arrive à ce résultat
aussi curieux que satisfaisant qui prouve que la *Méridienne vérifiée* avoit dans sa plus grande partie toute
l'exactitude annoncée par Lacaille ; seulement la petite

base de Rhodes avoit altéré la partie méridionale, augmenté le 45e degré, et donné par conséquent un mètre provisoire beaucoup trop grand.

Quand je fis ces comparaisons, j'ignorois que les manuscrits originaux des observations de Lacaille eussent été déposés aux archives de l'Observatoire impérial. Dès que j'en fus informé, je les examinai avec la plus grande attention : je les trouvai conformes à ce qui a paru dans le livre de la *Méridienne vérifiée*. Je donne une notice détaillée de ces manuscrits, où je n'ai guère trouvé que la confirmation de ce dont j'avois déjà plus d'une preuve, de la grande sincérité de Lacaille et de son exactitude scrupuleuse à donner avec la plus grande fidélité ce qu'il avoit observé avec tout le soin possible. J'ose donc assurer que, de tous les ouvrages de ce genre, il n'en est aucun qui mérite plus de confiance, peut-être même aucun qui puisse lui être comparé.

C'est pourtant cet ouvrage qui a été attaqué avec une sévérité dont il n'y a pas d'exemple, dans une dissertation imprimée à Pétersbourg. J'examine cet écrit, j'expose la méthode et les calculs de l'adversaire, et je me flatte qu'il ne restera plus le moindre nuage sur une opération qui d'ailleurs se trouve confirmée par la nôtre d'une manière souvent étonnante.

Après cet examen je soumets notre mesure à une nouvelle épreuve, en la prolongeant jusqu'à Greenwich, au moyen des triangles du major général Roy. Je trouve dans les bases de Romney-Marsh et de Honslow-Heath une nouvelle preuve de la bonté de notre base de Melun, et la latitude de Greenwich me rassure pleinement sur celle de Dunkerque qui pouvoit laisser une espèce d'incertitude. Dans le calcul de ses triangles, le major-général Roy s'étoit permis de rejeter des observations ou d'en faire un choix qui pouvoit paroître arbitraire. Je recommence les calculs en me conformant aux règles sévères établies par la Commission des poids et mesures. Les deux bases anglaises n'en sont guère moins bien d'accord entre elles; je ne trouve que des changemens légers dans les résultats, si ce n'est pour la longitude que le major ne faisoit que de 9′ 18″8, et que je trouve de 9′ 20″67, 9′ 21″47 ou 9′ 21″88, suivant l'aplatissement qu'on voudra supposer. M. Legendre, dans les Mémoires de 1788, trouvoit 9′ 21″, en partant de la longitude de Dunkerque prise dans la *Méridienne vérifiée*. Enfin l'arc entre Barcelone et Greenwich, plus grand de 26′ ½ que l'arc entre Barcelone et Dunkerque, me donne la même valeur pour le mètre.

La Commission avoit trouvé l'aplatissement de $\frac{1}{334}$

$\equiv$ 0.002994; j'ai trouvé 0.00321 ou 0.00324. Je calcule les dimensions du sphéroïde dans les trois hypothèses; je les exprime par des formules numériques et logarithmiques, et j'en donne des tables auxquelles je joins celles qui pourront servir à vérifier nos calculs de longitude, de latitude et d'azimut.

J'examine en passant cette question : *L'ellipticité des parallèles peut-elle expliquer les différences qu'on remarqué entre nos azimuts?* Il me semble que non. L'erreur des observations est également insuffisante. Faudroit-il admettre des irrégularités locales, elles seroient effrayantes; mais les latitudes n'en offrent pas de cette force. Le problème est indéterminé, et ne sera probablement jamais résolu pleinement.

Le but de nos opérations étoit de déterminer le rapport du mètre à la toise; tous nos calculs ont dû être faits en toises, puisque le mètre étoit encore inconnu : mais à présent que ce rapport est fixé, on peut vouloir changer en mètres tout ce que nous avons exprimé en toises. Pour cette opération, et pour le problème inverse, je donne des tables très-étendues. Déjà, dans le tableau complet des triangles, tome II, j'avois, par anticipation, donné en mètres tous les côtés de ces triangles.

Dans la table des azimuts de tous les objets observés

de chacune de nos stations, je donne la partie proportionnelle qu'il faudroit ajouter à tous ces azimuts pour
faire accorder ensemble les deux azimuts observés les
plus voisins. Ainsi, entre Dunkerque et Paris, je donne
la partie proportionnelle pour 7 secondes de différence
observée entre ces deux azimuts.

A la suite de la table des longitudes, des latitudes et
des distances, soit à la méridienne, soit à la perpendiculaire, je donne deux tables qui servent à convertir
une distance à la perpendiculaire en latitude, ou réciproquement. Ces tables sont assujetties aux observations,
et n'ont point été calculées dans un système rigoureux
d'aplatissement qui n'auroit pu s'accorder avec nos observations.

Dans un résumé général, je profite des observations
de MM. Biot et Arago à Formentera, pour tenter une
nouvelle détermination du mètre par l'arc entier prolongé vers le midi jusqu'aux îles Baléares, et vers le nord
jusqu'à Greenwich. Cet arc a l'avantage d'être coupé en
deux également par le parallèle moyen; le résultat doit
être un mètre indépendant de l'ellipticité du méridien.
Je trouve 443.318 ou 443.312 lignes, et pour milieu
entre tous les calculs, 443.322 lignes; nombre facile

à retenir. Je réponds ensuite à quelques observations de l'estimable journaliste d'Édimbourg.

Là se terminoit d'abord ce qui m'appartient dans cet ouvrage. J'ai donné fidèlement toutes les observations, j'ai exposé les bases et les formules de tous mes calculs, j'ai fourni tous les moyens qui en peuvent faciliter la révision, je me suis fait une loi de les assujettir partout aux observations, sans emprunter le secours d'aucune hypothèse. Quand une hypothèse paroît indispensable, comme pour la réfraction ou l'aplatissement, j'ai montré les changemens qui résulteroient de l'adoption d'une hypothèse différente. Alors, si l'on n'a pas la valeur précise, on a du moins la limite de l'incertitude. J'ai dit que la mesure de Lacaille jouissoit de toute la précision qu'on pouvoit attendre des instrumens qu'il employoit; je crois pouvoir affirmer que la nôtre a toute celle que pouvoient donner les cercles de Borda et les règles qu'il avoit imaginées pour la mesure des bases. Il ne s'est encore élevé aucun doute sur ces règles; les cercles répétiteurs sont toujours regardés comme une invention très-précieuse pour l'astronomie et la géographie : mais la construction primitive de l'inventeur a reçu nouvellement quelques changemens que Borda n'eût point approuvés, et que je voudrois pouvoir qua-

lifier d'améliorations. Celles qu'ont exécutées des artistes
étrangers d'un grand mérite, ne me sont pas assez
connues pour les pouvoir juger; celle qu'a imaginée
Lenoir, et que Fortin a suivie en la modifiant encore,
peut avoir ses avantages pour la célérité des observations, pour la commodité des observateurs; mais elle a
certainement l'inconvénient très-grave de rendre l'astronome moins indépendant du talent et des soins de
l'artiste. C'est à ceux qui ont observé avec les premiers
et les derniers cercles, à décider. Je ne puis avoir d'avis;
je n'ai jamais observé qu'avec les cercles de Borda.

La dernière partie de ce troisième volume offre d'abord
les expériences de Borda sur les règles qui ont servi à
la mesure des bases. Le manuscrit, de la main de l'auteur, existe aux archives de l'Institut; j'en ai collationné
avec grand soin la copie qui a servi à l'impression. Ce
Mémoire est suivi des expériences de Borda pour connoître la longueur du pendule. Il nous reste plusieurs
copies de ce Mémoire. L'original a disparu, je ne sais
comment, avant la fin des opérations de la Commission
des poids et mesures; mais ces copies avoient passé successivement par les mains des membres de la Commission à qui Borda en avoit lui-même fait lecture : on peut
compter sur l'exactitude de ces copies.

On trouve ensuite un Rapport rédigé par Méchain, sur les comparaisons des toises du Pérou, du Nord et de Mairan, avec les règles qui ont servi à la mesure des bases. Nous avons les minutes des observations et l'original du Rapport, de la main même de l'auteur.

M. Van-Swinden, au nom d'une Commission partielle, avoit fait à la Commission générale un Rapport très-détaillé sur la mesure de l'arc du méridien et la grandeur du mètre. Nous donnons ce Rapport, suivi de quelques extraits du journal que M. Van-Swinden tenoit pour lui-même de tout ce qui se passoit à la Commission. Cette publication a paru nécessaire pour expliquer la différence qui a été remarquée entre les résultats de Borda et ceux de la Commission, relativement au point de départ ou zéro du thermomètre métallique des quatre règles de platine.

Les Mémoires précédens supposent partout l'usage du comparateur de Lenoir. Nous en donnons la description par M. de Prony; nous y joignons un Rapport fait à l'Institut, et les expériences faites avec un instrument français et un instrument anglais, pour déterminer le rapport du mètre au pied anglais, par M. de Prony.

L'impression en étoit là quand j'eus pour la première

fois connoissance des manuscrits de Lacaille, sur la Méridienne de 1739. J'en donne la notice dont j'ai déjà parlé. Ces manuscrits contiennent toutes les observations et tous les calculs qui ont paru dans la *Méridienne vérifiée* ou que cet ouvrage suppose. Il paroîtroit résulter de l'examen que j'en ai fait que l'ouvrage entier appartiendroit à Lacaille ; rien n'empêche pourtant que Cassini n'ait fait de son côté d'autres observations, comme il a donné d'autres calculs du même arc et des mêmes triangles dans sa *Description géométrique de la France*. Mais nous n'avons aucune connoissance des manuscrits où ces observations peuvent avoir été consignées.

L'arc mesuré par Méchain et moi se partageoit en quatre arcs partiels qui donnoient chacun la valeur d'un degré différent. En y ajoutant les arcs entre Greenwich et Dunkerque, d'une part, et celui qui sépare Barcelone de Formentera, de l'autre, nous aurons six arcs partiels. J'en donne le tableau, accompagné des latitudes moyennes et du décroissement des degrés consécutifs. Dans une ellipse régulière, ces décroissemens devroient être sensiblement égaux : je le prouve, et j'en donne la valeur pour tous les aplatissemens, depuis 0.0028 jusqu'à 0.0080. Pour ramener les arcs mesurés à une

ellipse régulière, on a employé diverses méthodes ingé-
nieuses et savantes. La rectification de l'ellipse donne
un moyen fort simple pour trouver la différence de
latitude entre deux parallèles dont on auroit les distances
en toises ou en mètres. J'emploie cette formule pour
calculer les latitudes que nous aurions dû trouver dans
une ellipse donnée, en partant des latitudes qui paroissent les plus certaines, celles de Paris et de Greenwich.
Je calcule de cette manière toutes les autres latitudes,
et je trouve ce résultat remarquable, que si je fais un
changement quelconque à la latitude de Greenwich, en
conservant celle de Paris, je suis obligé par l'ellipse à
faire le même changement à la latitude de Dunkerque.
On a des raisons assez plausibles pour diminuer de o′5
la latitude de Greenwich; en la diminuant d'une seconde,
et conservant celle de Paris, la plus forte erreur n'ira pas
à 3 secondes : les erreurs seront moitié négatives et moitié
positives, en sorte que la somme sera presque nulle.

Après cette digression je publie le Rapport fait à la
Commission par M. Trallès, sur l'unité de poids, d'après
le travail de M. Lefèvre-Gineau. Ce Rapport très-détaillé pourroit tenir lieu du travail original, nous le
possédons de la main même de l'auteur, et signé de tous
les membres de la Commission.

Les étalons prototypes du mètre et du kilogramme ont été présentés aux deux Conseils du Corps législatif : nous donnons les Discours prononcés en cette occasion, avec les réponses des deux Présidens, et le procès-verbal du dépôt aux Archives de l'Empire.

Les Rapports de M. Van-Swinden et Trallès avoient été fondus en un seul pour être lu à l'Institut entier réuni en séance extraordinaire. Nous donnons cette nouvelle rédaction qui est de M. Van-Swinden. Le même savant en fit une troisième pour être lue dans une séance publique ; et, comme elle offre encore des détails ou des réflexions qui n'étoient pas dans les précédens, nous n'avons pas voulu en priver nos lecteurs.

Les moyens mécaniques qui ont servi à déterminer le mètre définitif, ayant beaucoup d'analogie avec ceux que Borda et Brisson avoient employés pour le mètre provisoire, nous reproduisons le Rapport fait par ces deux savans au Comité d'instruction publique, et qui avoit précédemment reçu la sanction des autres commissaires.

Ce Rapport indiquoit des calculs dont j'ai cru utile de donner le tableau, pour qu'on pût saisir plus parfaitement l'esprit de la méthode.

J'y ajoute, d'après un Mémoire signé de M. Lenoir, les procédés qui ont été réellement employés à la détermination du mètre définitif.

Sept ans après le dépôt fait aux Archives des étalons prototypes, MM. Lenoir et Fortin avoient fait un nouvel étalon du mètre et du kilogramme, pour être déposés à l'Observatoire impérial; le Bureau des longitudes les compara soigneusement aux étalons prototypes. Nous donnons les procès-verbaux de ces comparaisons.

Enfin, j'avois promis de déposer à l'Observatoire impérial tous les manuscrits concernant l'opération, soit ceux de Méchain, soit les miens : ce dépôt a été exécuté à deux reprises. Le volume finit par les procès-verbaux qui constatent la remise que j'ai faite de tous les manuscrits.

MESURE
DE LA MÉRIDIENNE.

CALCUL DE L'ARC DU MÉRIDIEN
COMPRIS ENTRE LES PARALLÈLES.
DE DUNKERQUE ET BARCELONE.

La première idée qui a dû se présenter à l'inspection d'une chaîne de triangles traversée dans toute sa longueur par un arc du méridien, est sans doute celle de calculer par la trigonométrie rectiligne les triangles que les différentes parties de la méridienne formoient avec les côtés mesurés.

Lorsqu'on n'employoit encore aucune des corrections dues à la figure de la terre, ce calcul devoit paroître assez simple; il semble qu'on s'est accordé cependant à le trouver encore trop compliqué. En effet depuis, Picard, et à son exemple tous les astronomes qui ont donné des mesures de degré, ont préféré la méthode des perpendiculaires abaissées sur la méridienne, et, choisissant les côtés qui approchoient le plus de la direction nord et sud, ils en faisoient les hypoténuses de

3.

triangles rectilignes rectangles dont les parties consécutives de la méridienne étoient les bases.

Pour déterminer les angles que faisoient ces hypoténuses avec leurs bases, ils supposoient les méridiens parallèles dans toute l'étendue de leur arc dont ils trouvoient ainsi la longueur par le plus simple de tous les calculs.

Cette méthode n'étoit pas rigoureusement exacte. En effet, soit MER le méridien principal, BC un côté incliné qu'il s'agit de réduire à ER. On abaissoit les deux perpendiculaires BE, CR; on menoit la parallèle BD et l'on calculoit $BD = BC. cos. CBD.$ Jusqu'ici l'erreur n'étoit pas considérable. Pour estimer celle qu'on commettoit ensuite en supposant $BD = ER$, cherchons la différence de ces deux lignes.

Prolongeons les arcs EB et RD jusqu'à leur rencontre en A, nous pourrons considérer BD comme un angle entre deux signaux dont la hauteur au-dessus de l'horizon est égale et qu'il s'agit de réduire à l'horizon ER.

A cause de $H = h$, la formule tome I, p. 139, nous donnera

$$erreur = tang^2. H. tang. \tfrac{1}{2} A$$

Soit $H = 30'$, $BD = 40'$, et R le rayon de la terre, l'erreur sera

$$R. tang^2. 30'. tang. 20' = 1^t452$$

Mais ces suppositions sont forcées. En réduisant à moitié H et BD, l'erreur ne sera plus qu'un huitième ou 0^t18, environ 2 pieds; souvent même elle étoit encore plus petite, bien au-dessous par conséquent des erreurs d'observation, et c'eût été un scrupule assez déplacé que de chercher dans cette partie des calculs une précision à laquelle ne répondoient pas les opérations exécutées avec les instrumens dont on pouvoit alors disposer.

L'avantage que nous avons eu de mesurer les angles avec un instrument beaucoup plus exact nous impose la loi de faire aussi tous les calculs avec des attentions plus rigoureuses. Si nous voulions conserver la méthode des perpendiculaires, nous pourrions nous servir des formules suivantes qui n'allongeroient pas beaucoup le calcul.

Soit BD perpendiculaire à BE; M étant le pôle, MB sera le complément de latitude du point B. Le triangle MBE rectangle en E donnera

$$cos. \, MB. \, tang. \, M = cot. \, MBE = cot. \, ABF = tang. \, FBD = tang. \, x$$

ou

$$tang. \, x = sin. \, L. \, tang. \, M$$

et

$$sin. \, BE = sin. \, M. \, cos. \, L \quad ou \quad sin. \, y = sin. \, M. \, cos. \, L$$

Le triangle ABC donnera

$$tang. \, A = \frac{sin. \, ABC}{sin. \, AB. \, cot. \, BC - cos. \, AB. \, cos. \, ABC}$$
$$= \frac{sin. \, ABC. \, tang. \, BC}{cos. \, BE - sin. \, BE. \, tang. \, BC. \, cos. \, ABC}$$

Mais

$$ABC = 90° - CBD = 90° - CBF - FBD = 90° - (Z + x)$$

donc

$$tang. \, ER = tang. \, A = \frac{tang. \, \delta. \, séc. \, y. \, cos. \, (Z + x)}{1 - tang. \, \delta. \, tang. \, y. \, sin. \, (Z + x)}$$
$$= tang. \, \delta. \, séc. \, y. \, cos. \, (Z + x)$$
$$+ tang^{2}. \, \delta. \, séc. \, y. \, tang. \, y. \, sin. \, (Z + x). \, cos. \, (Z + x)$$

Or il est évident que $(Z+x)$ est l'azimut que l'on trouve en supposant les méridiens parallèles; ainsi la méthode ancienne négligeoit la sécante du petit angle y, ainsi que la différence entre les deux arcs et leurs tangentes, et ces erreurs se compensoient presque entièrement; mais elle négligeoit aussi le terme $tang^2. \delta.$ *séc. y. tang. y. sin. Z. cos. Z*, et ce terme dans les cas extrêmes pourroit produire une erreur de une ou deux toises. Il est vrai qu'on est presque toujours maître de choisir les côtés de manière à n'avoir que des erreurs beaucoup moindres.

Pour calculer la formule précédente sans en rien omettre nous ferons

$$log. A - \tfrac{1}{3}. log. cos. A = log. \delta + log. cos. (Z+x) - log. cos. y$$
$$- \tfrac{1}{3}. log. cos. \delta - log. [1 - tang. \delta. tang. y. sin. (Z+x)]$$

ou

$$log. A = log. \delta + log. cos. (Z+x) + K. tang. \delta. tang. y. sin. (Z+x)$$
$$- log. cos. y - \tfrac{1}{3}. (log. cos. \delta - log. cos. A)$$

ou, mettant pour abréger Z' en place de $(Z+x)$,

$$log. A = log. \delta + log. cos. Z' + K. tang. \delta. tang. y. sin. Z'$$
$$+ 3 log. \left(\frac{y}{sin. y}\right) + 2 log. \left(\frac{\delta}{sin. \delta}\right) - 2 log. \left(\frac{A}{sin. A}\right)$$
$$= log. \delta + log. cos. Z' + \left(\frac{K}{R^2}\right). y. \delta. sin. Z'$$
$$+ 3 log. \left(\frac{y}{sin. y}\right) + 2 log. \left(\frac{\delta}{sin. \delta}\right) - 2 log. \left(\frac{A}{sin. A}\right)$$

La table II, t. II, p. 789, donnera à vue $log. \left(\frac{y}{sin. y}\right)$ qu'il suffira de tripler, et $log. \left(\frac{\delta}{sin. \delta}\right)$ qu'on doublera; on pourra dès-lors prendre $2 log. \left(\frac{A}{sin. A}\right)$ dans la même table, avec le logarithme de δ corrigé des termes précédens, et l'on aura fort exactement le logarithme de l'arc A du méridien.

Il reste à montrer comment on connoîtra y ou la distance du point B à la méridienne. On observera d'abord qu'à Dunkerque y sera zéro ; à Cassel $y = \delta \sin. Z'$; Z' étant l'azimut de Cassel sur l'horizon de Dunkerque.

A la station suivante on aura $y' = y + \delta' \sin. Z''$; Z'' étant l'azimut de la station sur l'horizon de Cassel, en supposant le parallélisme des méridiens ; on aura de même pour une seconde station $y'' = y' + \delta''. \sin. Z'''$ et ainsi de suite. On comptera les azimuts toujours dans le même sens depuis $0'$ jusqu'à $360°$, on se souviendra que les sinus sont négatifs quand l'angle surpasse $180°$, et avec ces attentions la formule $y' = y + \delta. \sin. Z'$ donnera le signe aussi bien qu'une valeur suffisante de y ; pour avoir la véritable il faudroit une petite correction dont nous parlerons plus loin.

Cette formule est incomparablement plus expéditive que le calcul des triangles obliquangles, et elle est tout aussi exacte. Pour m'en assurer j'ai calculé l'arc du méridien entre Dunkerque et Bourges ; j'ai partout trouvé l'accord le plus grand entre les nouveaux résultats et ceux que j'avois trouvés par les triangles obliquangles. L'arc total différoit à peine de $0^{t}1$ de celui que je connoissois. Chemin faisant il m'étoit aisé de voir à chacun des arcs partiels l'erreur de l'ancienne méthode. Cette erreur augmentoit progressivement et à

225562 toises de Dunkerque elle n'étoit encore que de 1ᵗ5 au plus. Il est clair que ma nouvelle formule auroit donné l'arc entier comme la première partie, et j'ai eu quelque regret de ne l'avoir pas imaginée plutôt. Il est vrai qu'elle ne donne pas les azimuts, mais elle fait trouver les distances à la méridienne et à la perpendiculaire. Nous donnerons ci-après la formule des azimuts.

A la méthode des perpendiculaires M. Legendre a substitué le calcul des triangles obliquangles et sa méthode a comme la précédente l'avantage de ne supposer que les données immédiates de l'observation et des premiers calculs; elle a l'inconvénient d'exiger toujours deux corrections successives et différentes pour le même angle. La méridienne, à chaque point d'intersection avec les côtés des triangles principaux, forme deux angles opposés au sommet : ces angles sont égaux, mais appartenant à des triangles inégaux en surface, il leur faut des corrections inégales. A chaque triangle nouveau l'on est obligé de calculer l'excès sphérique. La formule est fort simple, mais peu commode à mettre en tables; il faut un calcul direct. Après ces corrections il faut revenir aux angles sphériques pour former les triangles suivans; ces alternatives diminuent un peu la simplicité de la méthode et peuvent occasionner quelques méprises : ajoutons que le calculateur est continuellement obligé à suivre des yeux une figure exacte de tous ces petits triangles.

Si nous employons les cordes nous pourrons calculer tous les triangles comme rectilignes, et déterminer par une formule commode, sans figure et par un calcul invariablement uniforme, toutes les différences des parallèles dont la somme sera l'arc du méridien. Il faut à la vérité calculer en même temps les différences de longitude et d'azimut, et ce dernier calcul nous force également de recourir aux angles sphériques. Mais de toute manière il faut calculer ces azimuts, ces longitudes et les latitudes : il importe donc fort peu par où l'on commence, et je persiste, après une expérience répétée, à regarder cette méthode comme bien moins embarrassante et bien plus expéditive.

Enfin, après avoir calculé deux fois l'arc entier par la méthode de M. Legendre et deux fois par ma méthode des cordes, je l'ai calculé de nouveau tout entier en me servant uniquement des angles sphériques tels qu'ils sont dans le tableau complet des triangles qui termine le second volume, et ce sont les résultats de ces derniers calculs que je vais exposer.

Il y avoit cependant à lever une petite difficulté, et voici en quoi elle consiste.

Le premier triangle DWC (pl. II, fig. 1) entre Dunkerque, Watten et Cassel, est partagé par la méridienne en deux triangles DWa et aDC. Le calcul du triangle sphérique donne sin. Wa. Nous avons sin. WC en toises également; il faut pour le triangle suivant connoître sin. $aC =$ sin. $(WC — Wa)$: il faut donc, quand on a seulement les logarithmes de sin. P et sin. Q, savoir en conclure le logarithme de sin. $(P — Q)$.

Or

$$\sin. P - \sin. Q = 2 \sin. \tfrac{1}{2}(P - Q). \cos. \tfrac{1}{2}(P + Q)$$
$$= \frac{2.\sin. \tfrac{1}{2}(P - Q). \cos. \tfrac{1}{2}(P - Q). \cos. \tfrac{1}{2}(P + Q)}{\cos. \tfrac{1}{2}(P - Q)}$$
$$= \frac{\sin.(P - Q). \cos. \tfrac{1}{2}(P + Q)}{\cos. \tfrac{1}{2}(P - Q)};$$

donc

$$\sin.(P - Q) = (\sin. P - \sin. Q). \frac{\cos. \tfrac{1}{2}(P - Q)}{\cos. \tfrac{1}{2}(P + Q)}$$
$$= \sin. P. \left(1 - \frac{\sin. Q}{\sin. P}\right). \frac{\cos. \tfrac{1}{2}(P - Q)}{\cos. \tfrac{1}{2}(P + Q)}$$

et

$$\log. \sin.(P - Q) = \log. \sin. P + \log. \left(1 - \frac{\sin. Q}{\sin. P}\right)$$
$$+ \log. [1 - \tfrac{1}{2}\sin^2. \tfrac{1}{2}(P - Q)]$$
$$- \log. [1 - \tfrac{1}{2}\sin^2. \tfrac{1}{2}(P + Q)]$$

Mais

$$\log. [1 - \tfrac{1}{2}\sin^2. \tfrac{1}{2}(P - Q)] - \log. [1 - \tfrac{1}{2}\sin^2. \tfrac{1}{2}(P + Q)]$$
$$= K. [\tfrac{1}{2}\sin^2. \tfrac{1}{2}(P + Q) - \tfrac{1}{2}\sin^2. \tfrac{1}{2}(P - Q)]$$
$$= \tfrac{1}{2} K. \left(\frac{\sin. P. \sin. Q}{R^2}\right)$$

ainsi

$$\log. \sin.(P - Q) = \log. \sin. P + \log. \left(1 - \frac{\sin. Q}{\sin. P}\right)$$
$$+ \left(\frac{K}{2 R^2}\right). \sin. P. \sin. Q \dots \dots (A)$$

On aura de même en changeant le signe de Q

$$\log. \sin.(P + Q) = \log. \sin. P. + \log. \left(1 + \frac{\sin. Q}{\sin. P}\right)$$
$$- \left(\frac{K}{2 R^2}\right). \sin. P. \sin Q \dots \dots (B)$$

et

$$\log. \left(\frac{K}{2 R^2}\right) = \frac{\log. module}{2 (rayon\ de\ la\ terre)^2} = 6.30845$$

J'ai fait une table de cette petite correction, et l'ar-

gument étoit (*log. sin. P* + *log. sin. Q*); mais j'ai
trouvé le calcul direct presque aussi commode.

EXEMPLE. *log. sin. Q* . . . . 3·92298·75118
log. sin. P . . . . 4·05808·80070

$$log. \left(\frac{sin. Q}{sin. P} \right) = 0{\cdot}79265{\cdot}49781 \ldots \div \ 9{\cdot}86489{\cdot}95048$$

$$m = 1 - \left(\frac{sin. Q}{sin. P} \right) = 0{\cdot}20734{\cdot}50219 \ldots \ 9{\cdot}42707{\cdot}21018$$

log. sin. P . . . . 4·05808·80070
log. constant . . . . 6·30845 . .
log. sin. P + *log. sin. Q* . 7·98107 . .

4·28952 . .   0·19477

log. sin. (*P* — *Q*) . . . . 3·48516·20565

On voit par cet exemple combien le calcul est facile,
même avec les logarithmes à dix décimales. On n'a pas
besoin des sinus en nombres; on n'emploie que leurs
logarithmes.

On peut encore abréger ce calcul de la manière suivante qui dispense de calculer les parties proportionnelles pour le nombre *m* et le nombre (1 — *m*).

Nous avons *log. m* = *log. sin.'* Q — *log. sin. P*;
nous avons besoin de *log.* (1 — *m*) : cherchons dans
la table le nombre rond (*m* + *dm*) le plus approchant
de *m*, mais plus fort que *m*. Retranchons ce nombre de
l'unité, nous aurons

$$(1 - m - dm) = (1 - m).\left(1 - \frac{dm}{1 - m} \right)$$

et

$$log. \ (1 - m - dm) = log. \ (1 - m) - log. \left(1 - \frac{dm}{1 - m} \right)$$

3.   2

d'où

$$log. (1 - m) = log. (1 - m - dm) - log. \left(1 - \frac{dm}{1 - m}\right)$$
$$= log. (1 - m - dm) + \left(\frac{K\,dm}{1 - m}\right)$$

mais $dm = \dfrac{m\,d\,log.\,m}{K}$; donc

$$log. (1 - m) = log. (1 - m - dm) + \left(\frac{m\,dlog.\,m}{1 - m}\right). \;.\;.\; (C)$$

$(1 - m - dm)$ est toujours un nombre rond, ainsi que $(m + dm)$, et il se prend à vue dans les tables de Vlacq.

Dans notre exemple

$log. \left(\frac{sin.\,Q}{sin.\,P}\right)$ . . $= log.\,m$ . . . . 9·86489·95048

$log. (m + dm)$ . . $= log.\,0.79266$ . . . . 9·86490·24816

$dlog.\,m$ . . . . 0·00000·29768

$log. (1 - m - dm) = log.\,0.20734$ . . . . 9·42706·39437

$log.\,sin.\,P$ . . . . 4·05808·80070

$log. (m + dm)$ . . . . 9·86490	$\left(\dfrac{m\,dlog.\,m}{1 - m}\right)$	0·81581
$log. (dlog.\,m)$ . . . . 4·47375		
$C.\,log. (1 - m - dm)$. 0·57294	$\left(\dfrac{K}{2\,R^2}\right).sin.P.sin.Q$	0·19477
$log. \left(\dfrac{m\,dlog.\,m}{1 - m}\right)$ . . 4·91159	$log.\,sin. (P - Q)$ 3·48516·20565	

précisément comme ci-dessus ; mais on n'emploie que les nombres 0.75266 et 0.20734 au lieu de 0.79265.49781 et 0.20734.50219 qui donneroient bien plus de peine que la petite formule $\left(\dfrac{m\,dlog.\,m}{1 - m}\right)$.

Supposons maintenant qu'on ait besoin de $sin.(P+Q)$, et par conséquent de $(1 + m)$.

Prenez dans les tables le nombre $(1 + m - dm)$ le plus approchant de m, mais en dessous; ajoutez ce nombre à l'unité, la formule sera

$$(1 + m - dm) = (1 + m).\left(1 - \frac{dm}{1+m}\right)$$

et

$$log.\ (1 + m) = log.\ (1 + m - dm) - \frac{m\ dlog.\ m}{1 + m}$$

Le procédé sera le même, à l'exception qu'au lieu du nombre plus fort on prendra dans les tables le nombre plus foible, mais toujours le plus voisin, et que le petit terme sera soustractif.

EXEMPLE. $log.\ sin.\ Q$ . . . . 3·76116·87452

$log.\ sin.\ P$ . . . . 3·90218·56796

$log.\ m$ . . . . 9·85898·30656

$log.\ (m - dm) = 0·72274$ . . . . 9·85898·20914

$d.\ log.\ m$ . . . . ·09742

$log.\ sin.\ P$ . . . . 3·90218·56796

$(1 + m - dm) = 1·72274.\quad log.\ 2$ . . . . . . 0·30102·99957

$\frac{1}{2}\ (1 + m - dm) = 0·86137$ . . . . 9·93518·97420

$\frac{m\ dlog.\ m}{1 + m}$ . . . . $+$ 0·04087

$-\left(\frac{K}{2\ K^2}\right).\ sin.\ P.\ sin.\ Q$ . . . . $-$ 9371

$log.\ sin.\ (P + Q)$ . . . . 4·13840·48889

$log.\ m$ . . . . 9·85898

$dlog.\ m$ . . . . 3·98865

$C.\ log.\ (1 + m)$ . . . . 9·76380

$\left(\frac{m\ dlog.\ m}{1 + m}\right).$ . . . . . . 3·61143

Le calcul est donc aussi facile, à fort peu près. Le nombre $(1 + m - dm)$ aura toujours une figure de plus que les tables n'en donnent. Ici le remède étoit aisé. $(1 + m - dm)$ est un nombre pair, on a pu lui substituer $2\left(\dfrac{(1 + m - dm)}{2}\right)$; s'il étoit impair; 1.72275 par exemple, on emploieroit

$$\tfrac{1}{2}(2 \times 1.72275) = \tfrac{1}{2}(3.4455)$$

d'où

$$log.\ 1.72275 = log.\ 3.4455 - log.\ 2$$

Ces formules suffiront le plus souvent, parce que dans les triangles formés par la méridienne on connoîtra presque toujours deux angles et un côté; mais il m'est arrivé deux fois de ne connoître qu'un angle et les deux côtés qui le renfermoient. Dans ce cas on aura donc, par exemple, l'angle A et les côtés AC et AB; on connoîtra aussi la somme $B + C$ des deux autres angles, car $(B + C) = 180 - A + excès$ *sphérique*. Il faudra donc chercher $\frac{1}{2}(B - C)$. Or

$$sin.\ B : sin.\ C :: sin.\ AC : sin.\ AB$$

d'où

$$(sin.B-sin.C):(sin.B+sin.C)::(sin.AC-sin.AB):(sin.AC+sin.AB)$$

et

$$tang.\ \tfrac{1}{2}(B - C) = tang.\ \tfrac{1}{2}(B + C).\frac{(sin.\ AC - sin.\ AB)}{(sin.\ AC + sin.\ AB)}$$

$$= \frac{tang.\ \tfrac{1}{2}BC\left(1 - \frac{sin.\ AB}{sin.\ AC}\right)}{\left(1 + \frac{sin.\ AB}{sin.\ AC}\right)}$$

et si l'on fait $\dfrac{sin.\ AB}{sin.\ AC} = tang.\ x$,

$$tang.\ \tfrac{1}{2}(B - C) = tang.\ \tfrac{1}{2}(B + C).\ cot.\ (x + 45°)$$

Ces calculs ont toute la facilité que le problème comporte ; mais ils sont encore bien longs. Pour reconnoître et corriger les erreurs inévitables, j'ai tout fait double, et le second calcul ne renfermoit rien qui fût entré dans le premier. Ainsi, planche *II*, *fig*. 1 , après avoir calculé l'arc du méridien *Db* en deux parties par les triangles *DWa*, *aCb*, j'ai calculé *Db* tout d'un coup par le triangle *DCb*. Après avoir de même déterminé *bd* et *de*, j'ai cherché *be* directement ; en sorte que j'ai de Dunkerque à Barcelone deux suites de triangles différens qui se servent mutuellement de vérification et donnent chacune une valeur de l'arc total.

Il résultoit cependant de cette double marche un inconvénient, c'est que pour avoir partout deux suites qui n'eussent rien de commun, j'étois obligé quelquefois de partager les triangles primitifs en triangles partiels par une division qui n'étoit pas la plus naturelle ; mais l'exactitude n'étoit pas moins grande, seulement le travail étoit un peu plus long.

Donnons un exemple de ces calculs.

GWM = azimut de Gravelines sur l'horizon de Watten (t. II, p. 123) . . . . 159° 38' 45.00

GWD = angle entre Gravelines et Dunkerque (t. I, p. 20) . . . . 45° 33' 44"65

MWD = azimut de Dunkerque sur l'horizon de Watten = Z = ... 205° 12' 29"65 de l'autre part . . . . . .   205° 12′ 29″65

Or.

$$Z' = 180° + Z - \frac{\delta. \sin. Z. \sin (L - \frac{1}{2} dL)}{\cos. (L + dL)}$$ . .   180° 0′ 0″00

                             +   7′ 12″48

Azimut de Watten, horizon de Dunkerque . . $Z' =$ 25° 19′ 42″13

On trouve ci-après la démonstration de cette formule dont nous ferons un usage continuel.

Type de ce calcul. $L = 50 \ 49 \ 38$

                     $L' = 51 \ \ 2 \ 10$

   $\frac{1}{2} (L + L') = \overline{50 \ 55 \ 54} = (L - \frac{1}{2} dL)$

log. WD . . . . :   4·11647 (Tableau complet des

log n . . . .   8·79863   triangles, t. II.)

$\delta = $ 13′ 42″43 . . . . .   2·91510

C. cos. L′ . . . .   0·20147

sin. $(L + \frac{1}{2} dL)$ . . . .   9·89008

— *sin.* Z . . . .   + 9·62932

+ 7′ 12″48 . . . .   2·63597

Les calculs précédens me donnoient $L' = L + dL$ = latitude de Dunkerque, et $L =$ latitude de Watten; mais je pouvois calculer la différence d'azimut par la formule suivante, en n'employant que la latitude du point de départ :

$$Z' = 180° + Z - \delta. \sin. Z. \tan g. \ L' - \frac{1}{2} \delta. \sin. \delta. \sin. Z. \cos. Z$$

— δ	— 2·91510	— δ^2	— 5·83020	$Z = 205°$ 12′ 29″65
sin. Z . .	— 9·62932	*sin.* 1″	4·68556	180° 0′ 0″00
tang. L′ . . .	0·09219	$\frac{1}{2}$	9·69897	+ 7′ 13″12
	+ 2·63661	*sin.* Z . . .	— 9·62932	— 0″63
		cos. Z . . .	+ 9·95654	$Z' = \overline{25° \ 19′ \ 42″14}$
			— 9·80060	

Cette formule sera aussi démontrée dans peu; elle donne la même chose exactement que la précédente. Ainsi l'azimut de Watten sur l'horizon de Dunkerque est bien exactement 25° 19′ 42″14, en comptant du sud à l'ouest.

A présent, dans le triangle WDa . . . . $WDa = $ 25° 19′ 42″14
Mais par les triangles principaux . . . . . $DWa = $ 74° 28′ 45″28
D'où . . . . $DaW = $ 80° 11′ 33″27
Somme sphérique calculée d'avance . . . . . 180° 0′ 0″69

Ce triangle calculé comme sphérique donne les quantités suivantes :

	ANGLES.	SINUS.	SINUS DES CÔTÉS OPPOSÉS.
WDa . . .	25° 19′ 42″14	9·63124·63656	3·75411·24499
DWa . . .	74 28 45·28	9·98386·68657	4·10673·29400
DaW . . .	80 11 33·27	9·99360·63137	4·11647·23980

Au logarithme sinus de Da en toises, ou . . . . . 4·10673·29400
Ajoutez (table II, t. II, p. 790) 11086
$log.\ Da =$ 12785ᵗ98086 . . . . 4·10673·40486

Pour calculer l'arc suivant ab dans le triangle aCb, on a besoin de connoître $sin.\ aC = sin.\ (WC - Wa)$.

Pour y parvenir, du $log.\ sin.\ Wa$ . . . . 3·75411·24499
nous retrancherons . $log.\ sin.\ WC$ . . . . 3·99136·41417
$log.\ m$ . . . . 9·76274·83082
$log.\ (m + dm) =$ 0·57910 . . 9·76275·35649
$d\ log.\ m$ . . . . 0·52567

$$\log. (1 - m - dm) = 0.42090 \dots \dots 9.62417.89257$$
$$\sin. W\!C \dots \dots \dots \dots \dots 3.99136.41417$$

$$
\left.
\begin{array}{l}
m \dots \dots \dots 9.76275 \\
d\log. m \dots \dots 4.72071 \\
C. (1 - m) \dots 0.37582 \\
\hline
\left(\dfrac{m \, d\log. \, m}{1 - m}\right) \dots 4.85928
\end{array}
\right\}
\begin{array}{l}
\left(\dfrac{m d. \log. m}{1 - m}\right) \dots \dots 0.72323 \\[2mm]
\left(\dfrac{K}{2 R^2}\right).\sin.P.\sin.Q \dots 0.11322 \\[2mm]
\hline
\log. \sin. aC \dots \dots 3.61555.14319
\end{array}
$$

$$\log. \sin. P + \log. \sin. Q \dots \dots 7.74548$$
$$\log. const. \dots \dots \dots \dots 6.30845$$

$$\left(\dfrac{K}{2 K^2}\right) \sin. P. \sin. Q \dots \dots 4.05393$$

Nous connoissons aC et de plus $Cab = \dots \dots$ 80 11 33.27

$aCb = \dots \dots$ 79 48 35.35

Donc $\dots \dots \dots b = \dots \dots$ 19 59 51.85

Car la somme des trois angles doit être $\dots \dots$ 180 0 0.47

Avec ces données nous aurons les quantités suivantes :

	ANGLES.	SINUS.	SINUS DES CÔTÉS OPPOSÉS.
$Cab \dots$	80° 11′ 33″27	9.99360.63137	4.07515.31112
$aCb \dots$	79 48 35.35	9.99309.48079	4.07464.17054
$abC \dots$	19 59 51.85	9.53400.45344	3.61555.14319

Au $\log. \sin. ab \dots \dots \dots$ 4.07464.17054

Ajoutez la différence du sinus à l'arc . .09563

$\log. ab = 11875.2470 \dots$ 4.07464.26617

$Da = 12785.9809$

Donc $Db = 24661.2279$

Pour la vérification de cet arc Db du méridien le triangle DCb nous fournit les quantités suivantes :

	ANGLES.	SINUS DES ANGLES.	SINUS DES CÔTÉS OPPOSÉS.
DCb . . .	143° 13′ 41″52	9.77715.80563	4.39201.05977
CDb . . .	16 46 27.59	9.46030.06493	4.07515.31907
DbC . . .	19 59 51.85	9.53400.45344	4.14885.70758

log. sin. Db 4.39201.05977

Différence du sinus à l'arc   41244

arc $Db =$ . . . . . . 24661ᵗ2293 . .   4.39201.47221

$Db =$ . . . . . . 24661ᵗ2279 . . calcul précédent.

Différence $=$ 0ᵗ0014 . .

La différence est insensible ; car on sait qu'il est impossible de répondre des millièmes de toises, et si j'ai calculé les dix millièmes, c'est par un excès de scrupule que semble exiger une opération aussi longue et aussi extraordinaire, et pour empêcher les erreurs de s'accumuler.

J'aurois pu, pour continuer, prendre un milieu entre ces deux valeurs de Db, mais pour que l'on puisse mieux juger de la précision de la méthode, j'ai conduit les deux séries différentes depuis Dunkerque jusqu'à Barcelone, sans rien emprunter de l'une pour l'autre, et elles n'ont rien de commun que les angles et les côtés des triangles primitifs qui rarement encore sont les mêmes.

On voit avec quelle facilité se prennent les corrections par lesquelles les sinus se convertissent en arc.

3.   3

Elles ne tombent guère que sur la sixième décimale des logarithmes ou sur la septième, et donnent certainement moins de peine que les changemens qu'on doit apporter aux sinus des angles opposés au sommet quand on les fait servir à deux triangles inégaux en surface.

C'est par des calculs tout semblables à ceux dont on vient de voir des exemples que j'ai déterminé l'arc entier du méridien, les distances obliques de tous les signaux à ce grand arc, et les angles sous lesquels se font les intersections, c'est-à-dire les azimuts de tous les signaux sur l'horizon des points d'intersections. Mais cela ne suffit pas encore, puisque, à l'exception de Dunkerque, aucune de nos stations n'est sur la méridienne ; nous aurons du moins tout ce qui est nécessaire pour calculer les longitudes, les latitudes, les azimuts respectifs de tous les signaux, enfin leurs distances à la méridienne et à la perpendiculaire de Dunkerque.

Nous pourrons ainsi comparer les longueurs des arcs terrestres en toises avec leurs valeurs en degrés, minutes et secondes, et voir comment les azimuts calculés s'accordent avec ceux que nous avons observés directement. Nous allons exposer d'abord et démontrer les formules d'après lesquelles on peut exécuter tous ces calculs, soit sur la terre sphérique, soit sur l'ellipsoïde de révolution, soit enfin sur la terre de figure un peu irrégulière, et sans nous astreindre à aucune hypothèse.

Calcul pour la terre sphérique.

QUEL que soit le parti qu'on embrasse sur la question de la figure de la terre, l'arc du méridien se calculera toujours de la même manière, et pour en déduire exactement les latitudes et les azimuts dans la sphère, il suffiroit de connoître la valeur d'un seul degré de latitude en mesures de longueur telles que la toise ou le mètre. Mais comme réellement nous n'avons employé que la toise dans les opérations, que le mètre est encore inconnu et sera le dernier résultat de tous nos calculs, il étoit peu convenable d'y employer le mètre, et il nous a paru inutile de déguiser la toise sous le nom de module, d'autant plus que les sous-divisions des règles qui ont servi à la mesure de mes deux bases étoient des parties décimales de la toise; que, dans le registre de ces bases, chaque règle est portée pour deux toises, et que pour convertir tout en modules, il auroit fallu changer toutes les fractions décimales et les réduire à moitié, conversion qui n'est d'aucune utilité et qui peut occasionner des erreurs. D'ailleurs tous mes calculs primitifs, mes tables de réductions étoient faites en toises et décimales long-temps avant qu'on eût imaginé cette application nouvelle du mot *module* au double d'une mesure connue de toute l'Europe sous le nom de *toise de l'Académie*.

Soit P le pôle (*fig.* 2), A le point de départ dont on a observé la latitude, PAM le méridien de ce lieu qui dans notre opération est la tour de Dunkerque,

PN le méridien de la station suivante, par exemple Watten; *AB* l'arc du grand cercle qui joint les deux signaux. On connoît par observation $PA = 90° - latitude = 90° - L$ et l'angle $PAB = 180° - MAB = 180° - Z = 180° - azimut~observé$; on demande la latitude du point *B*, sa différence *P* de longitude et l'angle $PBA = (Z' - 180°) = azimut~du~premier~lieu~sur~l'horizon~du~second.$

Au lieu de chercher directement $PB = 90° - (L + dL)$, qui demanderoit une précision fatigante dans les calculs, il sera beaucoup plus commode et même plus exact de chercher $(PB - PA)$, qui sera toujours plus petit que *AB* et par conséquent toujours d'un petit nombre de minutes.

Le triangle *PAB* donne

$$cos.~PB = cos.~A.~sin.~PA.~sin.~AB + cos.~PA.~cos.~AB$$

ou

$$sin.~L' = cos.~A.~cos.~L.~sin.~\delta + sin.~L.~cos.~\delta$$

(nous désignerons constamment par δ l'arc de distance de deux signaux); ou bien

$$sin.~(L + dL) = cos.~A.~cos.~L.~sin.~\delta + sin.~L.~cos.~\delta$$

$$sin.~L.~cos.~dL + cos.~L.~sin.~dL = sin.~\delta.~cos.~A.~cos.~L$$
$$+ cos.~\delta.~sin.~L$$

$$2~sin.~\tfrac{1}{2}~dL.~cos.~\tfrac{1}{2}~dL.~cos.~L + sin.~L - 2~sin^2.~\tfrac{1}{2}~dL.~sin.~L$$
$$= sin~\delta.~cos.~A.~cos.~L$$
$$+ sin.~L - 2~sin^2.~\tfrac{1}{2}~\delta.~sin.~L$$

(équation d'où l'on tireroit

$$sin.~dL = - sin.~\delta.~cos.~Z - \tfrac{1}{2}~sin^2.~\delta.~sin^2.~Z.~tang.~L$$
$$+ \tfrac{1}{2}~sin^3.~\delta.~cos.~Z.~tang^2.~L)$$

et enfin

$$2 \sin. \tfrac{1}{2} dL. \cos. \tfrac{1}{2} dL - 2 \sin^2. \tfrac{1}{2} dL. \tang. L = \sin. \delta. \cos. A$$
$$- 2 \sin^2. \tfrac{1}{2}. A. \tang. L$$

Cette équation est encore de la forme que nous avons résolue tome I, page 139. En la comparant terme à terme à l'équation générale on trouve

$$x = dL; \quad a = - \tang. L$$
$$b = \tfrac{1}{2}. \sin. \delta. \cos. A - \sin^2. \tfrac{1}{2} \delta. \tang. L$$

Nous aurons donc (t. I, p. 140,)

$$\tang. \tfrac{1}{2} dL = b - (a - b) b^2 + 2 (a - b)^2 b^3 - 5 (a - b)^3 b^4 + 14 (a - b)^4 b^5$$

En mettant pour b et a leurs valeurs ci-dessus, on auroit une valeur de *tang.* $\tfrac{1}{2} dL$ beaucoup plus exacte qu'il ne faut, et pour la convertir en $\tfrac{1}{2} dL$ (t. II, p. 696) on y ajouteroit $\tfrac{2}{3}$ *log. cos.* $\tfrac{1}{2} dL$; mais il suffira de faire, d'après l'endroit cité,

$$dL = 2 b - 2 a b^2 + \tfrac{4}{3} b^3 + 4 a^2 b^3$$

Substituant et développant, mettant pour *sin.* δ sa valeur $(\delta - \tfrac{1}{6} \delta^3)$, et réduisant, on trouvera

$$dL = \delta. \cos. A - \tfrac{1}{2} \delta^2. \sin. 1''. \sin^2. A. \tang. L$$
$$- \tfrac{1}{6} \delta^3. \sin^2. 1''. \sin^2. A. \cos. A. (1 + 3 \tang^2. L)$$

Si δ est exprimé en toises, dL sera la différence des parallèles en toises, et alors, au lieu de *sin.* 1'', il faudra mettre $\dfrac{1}{N}$, N étant la normale en toises. Si δ est exprimé en secondes, dL sera la différence de latitude.

Au lieu de $\delta . \cos. A$, si δ est en toises, on pourra mettre $\delta - 2 \delta . \sin^2 . \frac{1}{2} A$, et alors tout le calcul pourra se faire avec des logarithmes à cinq décimales, à moins que A ne soit un angle assez grand.

La formule précédente suppose A ou l'azimut compté du point nord, c'est-à-dire intérieurement au triangle.

Mais si l'on compte les azimuts comme j'ai toujours fait, du point sud de l'horizon en allant à l'ouest et continuant jusqu'à 360°, et qu'on nomme Z cet azimut, on aura

$$180° - Z = A$$

et

$$dL = - \delta \cos. Z - \tfrac{1}{2} \delta^2 . \sin^2 . Z . \tang. L$$
$$+ \tfrac{1}{6} \delta^3 . \sin^2 . Z . \cos. Z . (1 + 3 \tang^2 . L) \dots (D)$$

De la formule (D) on tire

$$(\delta - dL) = 2 \delta . \sin^2 . \tfrac{1}{2} Z + \frac{\delta^2 . \sin^2 . Z . \tang. L}{2 N}$$
$$- \frac{\delta^3 . \sin^3 . Z . \cos. Z}{N^2} . (1 + 3 \tang^2 . L). (D')$$

N étant la normale de l'arc en toises, comme δ; en sorte que cette formule est l'expression exacte de la correction qu'il faut faire aux côtés inclinés pour les réduire à l'arc du méridien intercepté entre les parallèles de leurs deux extrémités.

Le même triangle donne

$$\sin. P = \frac{\sin. \delta . \sin. A}{\cos. L'} = \frac{\sin. \delta . \sin. A}{\cos. (L + dL)}$$

et

$$P = \sin. P + \tfrac{1}{6} . \sin^3 . P = \frac{\sin. \delta . \sin. A}{\cos. (L + dL)} + \frac{\tfrac{1}{6} \delta^3 . \sin^3 . A}{\cos^3 . L}$$

Développant et réduisant, et mettant $Z = 180°$ — A, on aura enfin

$$P = \frac{\delta . \sin . Z}{\cos . L} - \frac{\delta^2 . \sin . Z . \cos . Z . \tan g . L}{\cos . L} - \frac{\frac{1}{2} \delta^3 \sin . Z . \tan g^2 . L}{\cos . L}$$
$$+ \frac{\frac{1}{2} \delta^3 . \sin . Z . \cos^2 . Z . \tan g^2 . L}{\cos . L} + \frac{\frac{1}{3} \delta^3 . \sin . Z \cos^2 . Z}{\cos . L} . \ldots (E)$$

formule excessivement incommode si, par bonheur, les δ^3 n'étoient insensibles dans les opérations géodésiques, surtout pour la longitude. On négligera donc les δ^3, et si l'on veut en tenir compte on aura recours aux méthodes plus expéditives et plus rigoureuses que nous donnerons dans la suite.

Enfin le même triangle donne encore

$$\tan g . \left(90° - \frac{A + B}{2} \right) = \frac{\tan g . \frac{1}{2} P . \sin . (L + \frac{1}{2} dL)}{\cos . \frac{1}{2} dL}$$

Mais

$$90° - \left(\frac{A + B}{2} \right) = \tan g . \left(90° - \frac{A + B}{2} \right) - \frac{1}{3} \tan g^3 . \left(90° - \frac{A + B}{2} \right)$$
$$= \frac{\tan g . \frac{1}{2} P . \sin . (L + \frac{1}{2} dL)}{\cos . \frac{1}{2} dL} - \frac{1}{24} P^3 . \sin^3 . L$$
$$= \tan g . \frac{1}{2} P . \sin . L$$
$$+ \tan g . \frac{1}{2} P . \tan g . \frac{1}{2} dL \cos . L$$
$$- \frac{1}{24} \delta^3 . \sin^3 . A . \tan g^3 . L$$

Or

$$\tan g . \frac{1}{2} P . \sin . L = (\frac{1}{2} P + \frac{1}{24} P^3) . \sin . L$$
$$\tan g . \frac{1}{2} P . \tan g . \frac{1}{2} dL . \cos . L = \cos . L (\frac{1}{2} P + \frac{1}{24} P^3) . (\frac{1}{2} dL + \frac{1}{24} dL^3)$$

Portez ces valeurs dans l'équation, et vous aurez

$$Z' = (180° + Z) - \delta . \sin . Z . \tan g . L - \frac{1}{2} \delta^2 . \sin . Z . \cos . Z (1 + 2 \tan g^2 . L)$$
$$- \frac{1}{6} \delta^3 . \sin . Z . \tan g . L - \delta^3 . \sin . Z . \tan g^3 . L$$
$$+ 2 \delta^3 . \sin^3 . Z . \tan g . L + \frac{4}{3} . \sin^3 . Z . \tan g^3 . L . . (F')$$

formule exacte, mais aussi incommode que la précédente si les δ^3 n'étoient pas insensibles dans les azimuts. En les négligeant on aura

$$B = 180° - A - \frac{P.\,sin.\,\frac{1}{2}\,(L + L')}{cos.\,\frac{1}{2}\,dL}$$

$$= 180° - A - \frac{P.\,sin.\,(L + \frac{1}{2}\,dL)}{cos.\,\frac{1}{2}\,dL}$$

$$= 180° - A - \frac{\delta.\,sin.\,A.\,sin.\,(L + \frac{1}{2}\,dL)}{cos.\,L'.\,cos.\,\frac{1}{2}\,dL}$$

$$= 180° - A - \frac{\delta.\,sin.\,A.\,sin.\,(L' - \frac{1}{2}\,dL)}{cos.\,L'.\,cos.\,\frac{1}{2}\,dL}$$

$$= 180° - A - \delta.\,sin.\,A.\,tang.\,L'$$
$$+ \delta.\,sin.\,A.\,tang.\,\tfrac{1}{2}\,dL$$

et

$$Z' = 180° + Z - \delta.\,sin.\,Z.\,tang.\,L' - \delta.\,sin.\,Z.\,tang.\,\tfrac{1}{2}\,(L' - L)$$

$$= 180° + Z - \delta.\,sin.\,Z.\,tang.\,L' - \tfrac{1}{2}\,\delta^2.\,sin.\,Z.\,cos.\,Z.\,sin.\,1''$$

$$= 180° + Z - \frac{\delta.\,sin.\,Z.\,sin.\,\frac{1}{2}\,(L' + L)}{cos.\,L'} \quad \ldots\ldots\ldots\ldots \quad (F)$$

C'est par ces deux dernières formules que nous avons calculé l'azimut de Watten sur l'horizon de Dunkerque ci-dessus, page 12.

Les équations (D), (E), (F) nous donneront les trois inconnues du triangle avec une exactitude suffisante et beaucoup de promptitude si on néglige les termes du troisième ordre ; mais si on veut des formules où l'on puisse avoir égard aux puissances supérieures, en voici de plus commodes dont l'exactitude est indéfinie.

J'ai démontré (t. I, p. 148) que dans un triangle sphérique quelconque dont les angles sont A, A', A'', et les côtés opposés C, C', C'', on a (pl. I, fig. 3)

$$\tfrac{1}{2}\,(A + A' + A'' - 180°) = tang.\,\tfrac{1}{2}\,C'.\,tang.\,\tfrac{1}{2}\,C''.\,sin.\,A$$
$$- \tfrac{1}{2}\,(tang.\,\tfrac{1}{2}\,C'.\,tang.\,\tfrac{1}{2}\,C'').\,sin.\,2\,A$$
$$+ \tfrac{1}{3}\,etc.$$

Prolongez les côtés C et C' jusqu'à leur rencontre en P'. Cette formule transportée au nouveau triangle deviendra

$$\tfrac{1}{2}(a + a' + a'' - 180^\circ) = tang. \tfrac{1}{2} c'. tang. \tfrac{1}{2} C''. sin. a$$
$$- \tfrac{1}{2}(tang. \tfrac{1}{2} c'. tang. \tfrac{1}{2} C'')^2. sin. 2 a$$
$$+ \text{etc.}$$

ou mettant pour a sa valeur $180^\circ - A$, pour a' sa valeur $180^\circ - A'$, pour a'' sa valeur A'', enfin pour c' sa valeur $180 - C'$,

$$\tfrac{1}{2}[180^\circ - A - (A' - A'')] = tang. (90 - \tfrac{1}{2} C'). tang. \tfrac{1}{2} C''. sin. A$$
$$- \tfrac{1}{2}[tang. (90 - \tfrac{1}{2} C'). tang. \tfrac{1}{2} C'']^2. sin. (360^\circ - 2 A)$$

ou

$$(90^\circ - \tfrac{1}{2} A) - \tfrac{1}{2}(A' - A'') = tang. \tfrac{1}{2} C''. cot. \tfrac{1}{2} C'. sin A$$
$$+ \tfrac{1}{2}(tang. \tfrac{1}{2} C''. cot. \tfrac{1}{2} C')^2. sin. 2 A$$
$$+ \tfrac{1}{3} \text{etc.}$$

La première de ces deux formules peut s'écrire ainsi

$$\tfrac{1}{2}(A' + A'') - (90 - \tfrac{1}{2} A) = (tang. \tfrac{1}{2} C''. tang. \tfrac{1}{2} C'). sin. A$$
$$- \tfrac{1}{2}(tang. \tfrac{1}{2} C''. tang. \tfrac{1}{2} C')^2. sin. 2 A$$
$$+ \text{etc.}$$

La somme de ces deux formules donne

$$\tfrac{1}{2}(A'+A'')-\tfrac{1}{2}(A'-A'')=tang.\tfrac{1}{2}C''.(cot.\tfrac{1}{2}C'+tang.\tfrac{1}{2}C').sin.A$$
$$+\tfrac{1}{2}.tang^2.\tfrac{1}{2}C''.(cot^2.\tfrac{1}{2}C'-tang^2.\tfrac{1}{2}C').sin.2A$$
$$+\tfrac{1}{3}.tang^3.\tfrac{1}{2}C''.(cot^3.\tfrac{1}{2}C'+tang^3.\tfrac{1}{2}C').sin.3A$$
$$+\tfrac{1}{4}.tang^4.\tfrac{1}{2}C''.(cot^4.\tfrac{1}{2}C'-tang^4.\tfrac{1}{2}C')\,sin.4A$$
$$+ \text{etc.} \dots \dots \dots \dots \dots \dots \dots \text{(G)}$$

3.

4

La différence des mêmes formules donne

$$-(180° - A) + \tfrac{1}{2}(A' + A'')$$

$$+ \tfrac{1}{2}(A' - A'') = tang.\tfrac{1}{2}C''.(tang.\tfrac{1}{2}C' - cot.\tfrac{1}{2}C').sin.A$$

$$- \tfrac{1}{2}.tang^2.\tfrac{1}{2}C''.(tang^2.\tfrac{1}{2}C' + cot^2.\tfrac{1}{2}C').sin.2A$$

$$+ \tfrac{1}{3}.tang^3.\tfrac{1}{2}C''.(tang^3.\tfrac{1}{2}C' - cot^3.\tfrac{1}{2}C').sin.3A$$

$$- \tfrac{1}{4}.tang^4.\tfrac{1}{2}C''.(tang^4.\tfrac{1}{2}C' + cot^4.\tfrac{1}{2}C').sin.4A$$

$$+ \text{etc.} \dots \dots \dots \dots \dots \dots \dots \text{(H)}$$

Ces deux formules ont été données par M. Lagrange qui les a démontrées d'une manière toute différente. Il en a déduit comme un cas particulier la formule plus simple que j'ai démontrée tome I, p. 148. Par une marche inverse, après avoir trouvé la formule particulière, je m'en suis servi pour remonter d'une manière tout élémentaire à la formule générale.

Appliquées à notre problème, à cause de

$$\tfrac{1}{2}(A' + A'') + \tfrac{1}{2}(A' - A'') = A'$$

et

$$\tfrac{1}{2}(A' + A'') - \tfrac{1}{2}(A' - A'') = A'' = P$$

Ces formules donnent d'abord

$$P = tang.\tfrac{1}{2}\delta.[tang.(45° + \tfrac{1}{2}L) + tang.(45° - \tfrac{1}{2}L)].sin.Z$$

$$- \tfrac{1}{2}tang^2.\tfrac{1}{2}\delta.[tang^2.(45° + \tfrac{1}{2}L) - tang^2.(45° - \tfrac{1}{2}L)].sin.2Z$$

$$+ \tfrac{1}{3}tang^3.\tfrac{1}{2}\delta.[tang^3.(45° + \tfrac{1}{2}L) + tang^3.(45° - \tfrac{1}{2}L)].sin.3Z$$

$$- \tfrac{1}{4}tang^4.\tfrac{1}{2}\delta.[tang^4.(45° + \tfrac{1}{2}L) - tang^4.(45° - \tfrac{1}{2}L)].sin.4Z$$

$$+ \text{etc.} \dots \dots \dots \dots \dots \dots \text{(I)}$$

Ensuite $A' = (Z' - 180°)$; $- (180 - A) = - Z$.

Le premier membre de l'équation (H) est donc $- Z + Z' - 180°$ ou $Z' - (180° + Z)$. On aura donc

$$Z' = (180° + Z) - tang.\tfrac{1}{2}\delta.[tang.(45° + \tfrac{1}{2}L) - tang.(45° - \tfrac{1}{2}L)].sin.Z$$

$$+ \tfrac{1}{2}tang^2.\tfrac{1}{2}\delta.[tang^2.(45° + \tfrac{1}{2}L) + tang^2.(45° - \tfrac{1}{2}L)].sin.2Z$$

$$- \tfrac{1}{3}tang^3.\tfrac{1}{2}\delta.[tang^3.(45° + \tfrac{1}{2}L) - tang^3.(45° - \tfrac{1}{2}L)].sin.3Z$$

$$+ \tfrac{1}{4}tang^4.\tfrac{1}{2}\delta.[tang^4.(45° + \tfrac{1}{2}L) + tang^4.(45° - \tfrac{1}{2}L)].sin.4Z$$

$$- \text{etc.} \dots \dots \dots \dots \dots \dots \dots \text{(K)}$$

ou bien soit

$$M = \left(\frac{tang. \frac{1}{2} \delta}{sin. 1''}\right). \ tang. \ (45° + \frac{1}{2} L). \ sin. \ Z$$

$$- \left(\frac{tang^2. \frac{1}{2} \delta}{sin. 2''}\right). \ tang^2. \ (45° + \frac{1}{2} L). \ sin. \ 2 \ Z$$

$$+ \left(\frac{tang^3. \frac{1}{2} \delta}{sin. 3''}\right). \ tang^3. \ (45° + \frac{1}{2} L). \ sin. \ 3 \ Z - \text{etc.}$$

$$N = \left(\frac{tang. \frac{1}{2} \delta}{sin. 1''}\right). \ cot. \ (45° + \frac{1}{2} L). \ sin. \ Z$$

$$+ \left(\frac{tang^2 \frac{1}{2} \delta}{sin. 2''}\right). \ cot^2. \ (45° + \frac{1}{2} L). \ sin. \ 2 \ Z$$

$$+ \left(\frac{tang^3. \frac{1}{2} \delta}{sin. 3''}\right). \ cot. \ (45° + \frac{1}{2} L). \ sin. \ 3 \ Z + \text{etc.}$$

et vous aurez

$$P = (M + N); \quad Z' = 180° - M + N \ . \ . \ . \ . \ . \ . \ (L)$$

Au moyen de ces formules on peut calculer P et Z' avec les seules données du problème. Il suffira presque toujours de deux termes, et le quatrième sera toujours insensible; mais, dans tous les cas, lorsque les premiers termes sont calculés, il n'en coûte presque rien pour y ajouter ceux que l'on voit nécessaires, et c'est un avantage des séries régulières sur ces formules hérissées d'une multitude de termes du même ordre, et qu'on ne pourroit prolonger sans augmenter encore la confusion, telles que les formules données ci-dessus pour P et Z', qui ne sont bonnes que pour les cas où l'on peut négliger les troisièmes puissances.

Quand on aura trouvé P par les expressions régulières (L), on pourra calculer aussi dL et L' par une série également régulière de la manière suivante.

Soit

$$tang. \ x = tang. \ \delta. \ cos. \ Z$$

et

$$log. \ x = log. \ tang. \ x + \tfrac{1}{3} log. \ cos. \ x; \quad \lambda = (L - x)$$

x sera la distance au pied de la perpendiculaire abaissée du lieu inconnu sur le méridien du lieu connu. Cherchez

$$y = \left(\frac{tang^2. \ \frac{1}{2} P}{sin. \ 1''} \right). \ sin. \ 2 \ \lambda - \left(\frac{tang^4. \ \frac{1}{2} P}{sin. \ 2''} \right). \ sin. \ 4 \ \lambda$$
$$+ \left(\frac{tang^6. \ \frac{1}{2} P}{sin. \ 3''} \right). \ sin. \ 6 \ \lambda$$
$$- \ \text{etc.}$$

et vous aurez

$$L' = (L - x - y) = \lambda - y \ . \ . \ . \ . \ . \ . \ . \ . \ (M)$$

Le premier terme de cette série suffira même en supposant $\delta = 1^\circ$, ce qui n'aura jamais lieu dans les opérations géodésiques.

On peut encore trouver dL par une formule finie fort simple et fort commode quand on connoît P.

Prolongez PB en D, *planche I, fig.* 4, en sorte que $PD = PA$; joignez AD et menez l'arc du grand cercle qui partage en deux également l'angle P et l'arc de grand cercle DA en E.

$$cos. \ PD. \ tang. \ \tfrac{1}{2} P = cot. \ D = cot. \ u$$

$$sin. \ D : sin. \ AB :: sin. \ BAD : sin. \ BD = sin. \ (PD - PB) = sin. \ (PA - PB)$$
$$= sin. \ [(90 - L) - (90 - L')] = sin. \ (L' - L) = \frac{sin. \ AB. \ sin. \ BAD}{sin. \ D}$$
$$= \frac{sin. \ \delta. \ sin. \ (u - A)}{sin. \ u} = sin. \ \delta. \ \left(\frac{sin. \ u. \ cos. \ A - cos \ u. \ sin. \ A}{sin. \ u} \right).$$
$$= sin. \ \delta. (cos. \ A - sin. \ A. \ cot. \ u) = sin. \ \delta. (cos. \ A - sin. \ A. \ sin. \ L. \ tang. \ \tfrac{1}{2} P)$$

donc

$$sin.\ dL = sin.\ \delta.\ cos.\ A - sin.\ \delta.\ sin.\ A.\ sin.\ L.\ tang.\ \tfrac{1}{2} P$$
$$= - sin.\ \delta.\ cos.\ Z - sin.\ \delta.\ sin.\ Z.\ sin.\ L.\ tang.\ \tfrac{1}{2} P$$

ou

$$dL = - sin.\ \delta.\ cos.\ Z - sin.\ \delta.\ sin.\ Z.\ sin.\ L.\ tang.\ \tfrac{1}{2} P$$
$$+ \tfrac{1}{6} dL.\ sin^2.\ dL\ .\ .\ .\ .\ .\ .\ .\ .\ .\ .\ .\ .\ .\ .\ .\ .\ .\ .\ (N)$$

Lorsque $Z = 90°$ l'expression finie se réduit à

$$sin.\ dL = - sin.\ \delta.\ sin.\ L.\ tang.\ \tfrac{1}{2} P$$

Cette formule qui donne la différence entre l'hypoténuse et la base d'un triangle sphérique rectangle a été trouvée par M. de Prony qui l'a publiée dans la *Connaissance des temps de* 1808. Elle est un cas particulier de la formule générale ci-dessus qui convient à tous les triangles sphériques. On a donc dans tout triangle *A B C.*

$$sin.(AC-BC)=sin.AB.cos.A-sin.AB.sin.A.cos.A.tang.\tfrac{1}{2}C.\ .\ .\ .\ (O)$$

On peut trouver une formule analogue pour la différence des angles *A* et *B*. En effet menons *BD* en sorte que $DBA = DAB$, *CBD* sera la différence cherchée (*CBA* — *CAB*). *Planche I, fig.* 5.

$BD = AD$; abaissez l'arc perpendiculaire *DE*, il partagera en deux également *BDA* et *BA*.

$$cot.\ AD = cos.\ A.\ cot.\ AE = cos.\ A.\ cot.\ \tfrac{1}{2} AB$$

$$sin.\ DB : sin.\ C :: sin.\ CD : sin.\ CBD = sin.\ (B - A)$$
$$= \frac{sin.\ C.\ sin.\ CD}{sin.\ BD} = \frac{sin.\ C.\ sin.\ (AC - AD)}{sin.\ AD}$$
$$= sin.\ C \left(\frac{sin.\ AC.\ cos.\ AD - cos.\ AC.\ sin.\ AD}{sin.\ AD} \right)$$
$$= sin.\ C.\ (sin.\ AC.\ cot.\ AD - cos.\ AC)$$

donc

$$sin. (B - A) = sin. C. sin. AC. cos. A. cot. \tfrac{1}{2} AB$$
$$- sin. C. cos. AC \ldots \ldots \ldots \ldots \quad (P)$$

Cette formule est générale. Appliquée à notre problème, elle se réduit au procédé suivant.

Soit

$$sin. x = sin. P. cos. L. cos. Z. cot. \tfrac{1}{2} \delta - sin. P. sin. L$$

ou

$$sin. x = \frac{2 cos^2. \tfrac{1}{2} \delta. sin. Z. cos. Z. cos \; L + sin. \delta. sin. Z. sin. L}{cos. L'}$$

Alors

$$Z' = 180° - (Z + x) \ldots \ldots \ldots \ldots \quad (Q)$$

Mais cette formule rigoureusement vraie seroit toujours incommode et quelquefois peu sûre dans la pratique.

Soit maintenant m la distance d'un signal à la méridienne de l'autre, et p sa distance à la perpendiculaire, on aura

$$sin. m = sin. \delta. sin. Z \quad et \quad tang. p = tang. \delta. cos. Z \ldots \quad (R)$$

Réciproquement, si l'on suppose m et p connues, on pourra calculer δ et Z et les différences de longitude, de latitude et d'azimut; mais ces problèmes ne devant nous être d'aucun usage, nous ne nous y arrêterons pas davantage.

Ces formules suffiroient si la terre étoit sphérique; l'aplatissement n'y apportera que peu de changement. Nous avons vu, tome II, page 672, que la correction d'azimut dans le sphéroïde elliptique pouvoit se négliger, et qu'elle avoit pour expression $\tfrac{1}{4} e^2 \delta. tang. \delta. sin^2. Z. cos^2. L.$

Nous avons encore vu, page 670, que la latitude calculée dans le sphéroïde au moyen d'un triangle sphérique formé dans une pyramide dont le sommet est au pied de la normale, avoit besoin d'une petite correction dont la formule est

$$+ e^2. \, sin. \, \delta. \, cos. \, Z. \, cos^2. \, L - \tfrac{1}{2} \, e^2. \, sin^2. \, \delta. \, cos^2. \, Z. \, sin. \, L. \, cos. \, L$$

$$+ \; \text{etc.} \; . \; . \; . \; . \; . \; . \; . \; . \; . \; . \; . \; . \; . \; . \; . \; . \; (S)$$

Le premier de ces termes suffira toujours dans les opérations géodésiques. Dans les applications qu'on en voudroit faire à de grandes distances, l'incertitude qui nous reste sur la vraie figure de la terre introduira toujours des erreurs beaucoup plus considérables que celles des termes négligés. On peut donc très-bien se contenter du premier terme, qui se retranchera de la latitude L' calculée dans la sphère.

L'aplatissement ne devroit donner aucune correction pour la longitude, la courbure plus ou moins régulière de deux méridiens n'affectant en aucune manière l'angle qu'ils forment entre eux à leur commune intersection qui est l'axe de la terre. Mais l'effet de l'ellipticité de la terre est fort sensible dans l'évaluation de l'arc de distance δ en secondes. Dans la sphère il suffiroit de diviser $sin. \, \delta$ donné en toises, par le rayon de la terre exprimé de même en toises. L'évaluation est moins simple dans le sphéroïde.

Soit $A\,A'$ la corde elliptique qui joint les pieds des deux signaux (*pl. I, fig.* 6), $A'M'$ la normale du point A', AM celle du point A, le triangle rectiligne $A'M'A$ donne

$$\sin^2. \tfrac{1}{2} AM'A' = \frac{\tfrac{1}{4}(AB)^2 - \tfrac{1}{4}(A'M' - AM')^2}{A'M'. AM'}$$

$$= \frac{\tfrac{1}{4}(AB)^2}{A'M'. AM'} \cdot \left[1 - \left(\frac{A'M' - AM'}{AB} \right)^2 \right]$$

Soit $u = A'M' - AM'$; $AM' = A'M' - u$,

$$\sin^2. \tfrac{1}{2} AM'A' = \frac{\tfrac{1}{4}(AB)^2}{A'M'. (A'M' - u)} \cdot \left[1 - \left(\frac{A'M' - AM'}{AB} \right)^2 \right]$$

$$= \frac{\tfrac{1}{4}(AB)^2}{A'M'^2. \left(1 - \frac{u}{A'M'}\right)} \cdot \left[1 - \left(\frac{u}{AB} \right)^2 \right]$$

$$= \frac{\tfrac{1}{4}(2\sin. \tfrac{1}{2}\delta)^2}{\rho^2 \left(1 - \frac{u}{\rho}\right)} \cdot \left[1 - \left(\frac{u}{2\sin. \tfrac{1}{2}\delta} \right)^2 \right]$$

$$= \frac{[\sin^2. \tfrac{1}{2}\delta. (1 - e^2. \sin^2. L')]. \left(1 - \frac{u^2}{4\sin^2. \tfrac{1}{2}\delta}\right)}{1 - u. (1 - e^2. \sin^2. L')^{\frac{1}{2}}}$$

$$2\,log.\, \sin. \tfrac{1}{2} AM'A' = 2\,log.\, \sin. \tfrac{1}{2}\delta + log. (1 - e^2. \sin^2. L')$$
$$+ log. \left(1 - \frac{u^2}{4\sin^2 \tfrac{1}{2}\delta}\right)$$
$$- log. [1 - u.(1 - e^2. \sin^2. L)^{\frac{1}{2}}]$$

$$log.\, \sin. \tfrac{1}{2} AM'A' = log.\, \sin. \tfrac{1}{2}\delta$$
$$- \tfrac{1}{2}K. (e^2. \sin^2. L' + \tfrac{1}{2}e^4. \sin^4. L' + \tfrac{1}{3}e^6. \sin^6. L')$$
$$- \tfrac{1}{2}K. \left(\frac{u^2}{\sin^2. \delta} + \frac{u^4}{2\sin^4. \delta} + \frac{u^6}{3\sin^6. \delta}\right)$$
$$+ \tfrac{1}{2}K. \left[u. (1 - e^2. \sin^2. L)^{\frac{1}{2}} + \frac{u^2(1 - e^2. \sin^2. L)}{2} \right]$$

Voyons quels sont les termes que l'on peut négliger.

Nous avons vu que $e^2 = 2a$, ainsi $e^6 = \tfrac{8}{8}a^3$; le terme $\tfrac{1}{2}K. \tfrac{8}{8}a^3 \sin^6. L = \tfrac{4}{8}K. a^4 \sin^6. L$ ne pourroit affecter que la septième décimale du sinus logarithmique d'une arc qui ne peut être de 20', et qui varie de o.ooo3617 pour 1'. Nous pouvons donc négliger les e^6.

Nous avons donné, tome II, page 743, la valeur de $u = A'M' - AM' = \frac{5}{2} e^4. \sin. dL. \sin^3. L. \cos. L$; il est en conséquence évident qu'on peut négliger u^2 et s'en tenir à la formule

$$\log. \sin. \tfrac{1}{2} AM'A' = \log. \sin. \tfrac{1}{2} \delta$$
$$- \tfrac{1}{2} K. (e^2. \sin^2. L' + \tfrac{1}{2} e^4. \sin^4. L + \tfrac{1}{2} e^4. \sin. \delta. \cos. Z. \sin^3. L. \cos. L)$$

On peut même se contenter de

$$\log. \sin. \tfrac{1}{2} \delta - \tfrac{1}{2} K. (e^2. \sin^2. L + \tfrac{1}{2} e^4. \sin^4. L)$$

ce qui revient à faire tout simplement

$$\sin. \tfrac{1}{2} AM'A' = \frac{\sin. \tfrac{1}{2} \delta. (1 - e^2. \sin^2. L')^{\frac{1}{2}}}{R} \quad \ldots \ldots \text{(T)}$$

en mettant au dénominateur le rayon de l'équateur en toises, parce que δ est donné en toises.

On pourra le plus souvent se contenter de

$$\sin. AM'A' = \frac{\sin. \delta. (1 - \tfrac{1}{2} e^2. \sin^2. L')}{R} \quad \ldots \ldots \text{(V)}$$

Pour changer $\sin. AM'A'$ en $AM'A'$ il suffira d'en retrancher $\frac{1}{3} \log. \cos. AM'A'$, connu à une seconde près par son sinus; ce qui sera même inutile le plus souvent.

Pour essayer toutes ces formules et voir qu'en effet nous n'avons négligé que des termes insensibles, ap-

3.   5

pliquons-les à des suppositions plus défavorables qu'aucune de celles qui se rencontrent dans toute notre méridienne, même prolongée jusqu'à Ivice; et pour cela soit dans le triangle PAB

$$AB = 1°;$$
$$PA = 45^n\ 10';\ PB = 45°\ 30'$$

ou

$$L = 44°\ 50';\ L' = 44°\ 30'$$

Par les formules ordinaires de la trigonométrie on trouvera

$$P = 1°\ 19'\ 32''2;\ A = 109°\ 0'\ 14''9\quad \text{ou}\quad Z = 70°\ 59'\ 45''1$$
$$B = 70°\ 3'\ 50''0\ \text{ou}\ Z' = 250°\ 3'\ 50''0;\ dZ = -\ 55'\ 55''1$$
$$dL = -\ 20'\ 0''0$$

Prenons pour données

$$L = 44°\ 50';\ Z = 70°\ 59'\ 45''1;\ AB = 1° = 3600''$$

Cherchons d'abord dL par la formule

$$dL = -\ \delta.\ \cos.\ Z - \tfrac{1}{2}\ \delta^2.\ \sin^2.\ Z.\ \tan g.\ L$$
$$+ \tfrac{1}{6}\ \delta^3.\ \sin^2.\ Z.\ \cos.\ L$$
$$+ \tfrac{1}{6}\ \delta^3.\ \sin^2.\ Z.\ \tan g^2.\ L$$

ou, pour plus de commodité dans le calcul,

$$dL = -\ (\overset{(a)}{\delta.\ \cos.\ Z}) - (a\delta.\ \sin.\ 0''5\ \overset{(b)}{\sin.\ Z.\ \tan g.\ Z.\ \tan g.\ L}$$
$$+ (ab.\ \sin.\ 1''.\ \overset{(c)}{\tan g.\ L}) + c\ \tfrac{1}{3}\ \cot^2.\ L$$

Voici le type du calcul :

$$- \delta = - 3600''\ \ldots\ldots\ldots\ldots\ - 3.55630$$
$$\cos. Z = 70° 59' 45\ \ldots\ldots\ldots\ 9.51274$$

$$a = - 19' 32''3\ \ldots\ldots\ldots\ - 3.06904$$
$$\textit{sin.}\ 0''5\ \ldots\ldots\ldots\ldots\ 4.38454$$
$$\delta\ \ldots\ldots\ldots\ldots\ldots\ 3.55630$$
$$\textit{sin.}\ Z\ \ldots\ldots\ldots\ldots\ 9.97566$$
$$\textit{tang.}\ Z\ \ldots\ldots\ldots\ldots\ 0.46292$$
$$\textit{tang.}\ L\ \ldots\ldots\ldots\ldots\ 9.99747 \Big\}$$

$$b = + 27''92\ \ldots\ldots\ldots\ - 1.44593 \Big\}$$
$$\textit{log. a} \text{ ci-dessus}\ \ldots\ldots\ - 3.06904 \Big\}$$
$$\textit{sin.}\ 1''\ \ldots\ldots\ldots\ldots\ 4.68557 \Big\}$$

$$= + 0''16\ \ldots\ldots\ldots\ + 9.19801$$
$$\tfrac{c}{r}\ \ldots\ldots\ldots\ldots\ 9.52281$$
$$\textit{cot.}\ L\ \ldots\ldots\ldots\ldots\ 0.00253$$
$$\textit{cot.}\ L\ \ldots\ldots\ldots\ldots\ 253$$

$$+\quad 0''06\ \ldots\ldots\ldots\ + 8.72588$$

$$dL = - 20' 0''00$$

La formule est donc suffisamment exacte. Les termes du troisième ordre font ensemble + 0″22 pour une distance δ de 57000ᵗ ; pour une distance de 28500 ils ne seroient que 0″0275, ce qui est tout-à-fait insensible. On pourra donc toujours les négliger. Toute chose égale d'ailleurs, les termes du troisième ordre de cette formule seront au maximum quand on aura

$$\textit{tang.}\ Z = \sqrt{2} \quad \text{ou} \quad Z = 54° 44'$$

et quand la latitude sera celle de l'extrémité de l'arc la

plus voisine du pôle. A Dunkerque notre plus grande
latitude est $51° 2'$, et si nous supposons $L = 51° 2'$.
Alors

$$\tfrac{1}{6} (3600)^3. \sin^3. Z. \cos. Z. (1 + 3 \, tang^2. L) = 0''25 = 4^t$$

Mais du côté de Dunkerque notre plus grande distance
est de $15'$ environ. L'erreur n'y sera donc que $\dfrac{0.25}{64}$
$= \dfrac{4'}{64} = \dfrac{1}{16}$ de toise sur la différence des parallèles,
ou 0^t0625 au plus; mais les azimuts y sont loin de
55 degrés.

Si l'on suppose $Z = 90°$, les termes du troisième
ordre disparoissent. Dans ce cas le triangle est rectangle,
et donne

$$\sin. L' = \cos. \delta. \sin. L$$
$$\sin. L' - \sin. L = 2 \sin^2. \tfrac{1}{2} \delta. \sin. L$$

d'où

$$2 \sin. \tfrac{1}{2} dL. \cos. \tfrac{1}{2} dL + 2 \, tang. L. \sin^2. \tfrac{1}{2} dL = 2 \sin^2. \tfrac{1}{2} \delta. \, tang. L$$

C'est encore la formule que nous avons résolue tome I,
page 148. Dans ce cas

$$a = tang. L; \qquad b = \sin^2. \tfrac{1}{2} \delta$$

$$dL = 2 \sin^2. \tfrac{1}{2} \delta. \, tang. L. - 2 \sin^4. \tfrac{1}{2} \delta. \, tang^2. L$$
$$+ \tfrac{1}{4} \sin^6. \tfrac{1}{2} \delta. \, tang^3. L$$
$$+ 4 \sin^6. \tfrac{1}{2} \delta. \, tang^3. L \dots (X)$$

et cette formule donne la distance du premier signal au
pied de la perpendiculaire abaissée du second signal
sur le méridien du premier.

Pour la différence P de longitude la formule est

$$P = \left(\frac{\overset{(a)}{\delta . \sin . Z}}{\cos . L} \right) - a. \sin . 1''. \overset{(b)}{\delta . \cos . Z . \tan g. L}$$

$$- \frac{\frac{1}{2} b. \sin . 1''. \overset{(c)}{\delta . \tan g. L}}{\cos . Z}$$

$$+ 4 c. \overset{(d)}{\cos^2 . Z} + \frac{1}{8} d. \overset{(e)}{\cot . L}$$

En voici le calcul :

δ		+ 3.55630
$\sin . Z$		9.97566
$C. \cos . L$ . .		0.14926
$a =$ . . . $1° 19' 59''8$	+ 3.68122
— $\sin . 1''$	— 4.68557
$\cos . Z$	9.51227
δ	3.55630
$\tan g. L$ . . .	9.99747
$b = -$ . . . . $27''09$	— 1.43283
$\frac{1}{2} \sin .$. $1''$	4.20845
$C. \cos . Z$ . .	0.48773
$c = -$ . . . . $0''48$	— 9.68278
— 4	— 0.60206
$\cos^2 . Z$ . . .	9.02454
$d = +$ . . . . $0''20$	+ 9.30938
$\frac{3}{8} = 0.375$ . .	9.57403
$\cot^2 . L$	0.00506
$e = +$ . . . . $0''03$	8.88847

$$a + \quad + c + d + e = P = 1° 19' 32''51$$

On voit que les termes du troisième ordre ne montent qu'à $0''2$; ils se détruisent l'un l'autre en grande partie, ainsi que le montre la formule (E).

Pour la différence d'azimut j'écris ainsi la formule (F') :

$$dZ = 180° - \overset{(a)}{\delta.\ \sin. Z.\ tang. L} + a.\ \sin.\ 1".\ \overset{(b)}{\delta.\ \cos. Z.\ tang. L}$$

$$+ b \tfrac{1}{2}.\ \overset{(c)}{cot^2.\ L} + a \tfrac{1}{6} \overset{(d)}{\sin^2.\ 1"}\ \delta^2 + d \tfrac{4}{3}.\ \overset{(e)}{\sin^2.\ Z}$$

$$+ e \tfrac{4}{3} \overset{(f)}{tang^2.\ L} - f \tfrac{1}{4}.\ \frac{1}{\sin^2.\ Z}$$

Type du calcul :

— δ		— 3.55630
sin. Z		9·97566
tang. L		9·99747
a = —	56' 24"o3	— 3.52943
sin. 1"		— 4·68557
δ		3.55630
cos. Z		9·5127
tang. L		9·9975
b = + ...	19"11	+ 1·2815
½		9·6990
cot². L		50
c = + ...	9"67	+ 0·9855
+ a		— 3.5294
⅙ sin². 1"		9·2920
δ²		7·1126
d = —	0"86	— 9·9340
— 4/3		— 0·0792
sin. Z		9·9531
e = + ...	0"92	+ 9·9663
— 4/3		— 0·1249
tang². L		9·9950
f = —	1"02	0·0862
¾		— 9·8751
C. sin². Z		0·0487
g = + ...	1"21	0·0100
dZ = 180° — 55' 55"00		

On voit combien cette formule est incommode par sa longueur. On se donne beaucoup de peine pour les quatre termes d, e, f, g, qui se détruisent nécessairement en grande partie, et qui dans notre exemple ne produisent que $0''25$ pour $\delta = 1°$, et qui par conséquent sont insensibles dans la mesure des degrés. Voilà pourquoi j'avois négligé quelques-uns de ces termes dans mon *Mémoire sur l'arc du méridien*, qui n'avoit été imprimé que pour être distribué aux membres de la commission des poids et mesures. J'y donnois d'ailleurs la raison qui m'avoit fait supposer $tang. 90° - \frac{1}{2}(A+B) = 90° - \frac{1}{2}(A+B)$, erreur qui se trouvoit détruite en grande partie par la supposition de $tang. \frac{1}{2}P = \frac{1}{2}P$, et je finissois par rejeter la formule pour m'en tenir à la formule F', toujours suffisante pour les azimuts qu'on est bien loin d'observer avec l'exactitude d'une fraction de seconde.

Formule (F) :

$$\bar{Z}' = 180° + Z - \frac{\delta . \sin . Z . \sin . \frac{1}{2} (L' + L)}{\cos . L'}$$

$L = 44°\ 50'$	$-\delta$	$- 3.55630$
$L' = 44°\ 30'$	$\sin . Z$	9.97566
	$\sin . \frac{1}{2} (L' + L)$	9.84694
$\frac{1}{2}(L' + L) = 44°\ 40'$	$C. \cos . L'$	0.14676
	$- 55'\ 54''8$	3.52566
Formule (F')	$55'\ 55''0$	
Erreur	$0''2$	

pour une distance d'un degré.

Cette erreur sera donc toujours insensible dans les mesures de degrés.

$$Z = 70° 59' 45''1$$
$$+ 180°$$
$$dZ = - \quad 55' 54''3$$
$$Z' = 250° \quad 3' 50''3$$

et c'est ainsi que j'ai toujours calculé mes azimuts.

Calculons maintenant P et Z' tout à la fois par les formules régulières et indéfiniment exactes.

$$L = 44° 50' \qquad Z = 70° 59' 45'' \qquad \tfrac{1}{2} \delta = 30' \, 0''$$
$$\tfrac{1}{2} L = 22° 25' \qquad 2 Z = 141° 59' 30'' \qquad \tang. (45° + \tfrac{1}{2} L) = t$$
$$45 + \tfrac{1}{2} L = 67° 25' \qquad 3 Z = 212° 59' 15''$$

Type du calcul :

C. sin. 1''. . . .	+ 5·3144251 ⎫		
tang. $\tfrac{1}{2}\delta$ . . .	7·9408584 ⎬	. . . .	+ 2·2309417
sin. Z	+ 9·9756582 ⎭		
t	0·3809917	$\frac{1}{t}$	9·6190083
1° 8' 11''78 . .	3·6119334	+ 11' 47''87	1·8499500
C. sin. 2''. . . .	5·01340 ⎫		
tang². $\tfrac{1}{2}\delta$	5·88172 ⎬		+ 0·8454
sin. 2 Z	+ 9·78942 ⎭		
t²	0·76198	$\frac{1}{t^2}$	9·2380
— 27''96. . .	1·44652	+ 0''84 . .	0·0834
C. sin. 3''. . . .	4·8273 ⎫		
tang³. $\tfrac{1}{2}\delta$	3·8227 ⎬	— 8·3960
sin. 3 Z	— 9·7360 ⎭		
3	1·1430	$\frac{1}{t^3}$	8·8570
— 0''35 . . .	— 9·5390	— 0''00 . .	— 7·2530
+ 1° 7' 43''67	= M	= 11' 4''71	= N.

$$1° \ 7' \ 43''67 = M$$
$$+ \quad 11' \ 48''71 = N$$
$$P = \quad 1° \ 19' \ 32''38 = M + N$$
$$dZ = - \quad 55' \ 54''96 = (M - N)$$

On voit de combien ces formules exactes l'emportent sur les formules approximatives (E) et (F') dont on ne doit se servir dans aucun cas.

Celles-ci ont d'ailleurs l'avantage qu'il n'en coûteroit que deux logarithmes de plus pour avoir les quatrièmes puissances dans la formule qui donne M. Quant à N les troisièmes puissances sont déjà nulles.

Connoissant ainsi P, on peut calculer dL par les formules (M) :

$$tang. \ x = tang. \ \delta. \ cos. \ Z; \quad log. \ x = log. \ tang. \ x - \tfrac{1}{2} log. \ cos. \ x$$

$$y = \left(\frac{tang^2. \ \frac{1}{2} P}{sin. \ 1''} \right). \ sin. \ 2 \ (L - x) - \left(\frac{tang^4. \ \frac{1}{2} P}{sin. \ 2''} \right). \ sin. \ 4 \ (L + x)$$
$$+ \ etc.$$

$tang. \ \delta$	8·2419215
$cot. \ 1''$	5·3144251
$cos. \ Z$	9·5127337
$x' = 19' \ 32''42$	3·0690803
$\tfrac{1}{2} log. \ cos. \ x$	9·9999977
$Idem$	9·9999977
$x = 19' \ 32''38$	3·0690757
$L = 44° \ 50'$	
$L - x = 44° \ 30' \ 27''62$	
$2(L - x) = 89° \ 0' \ 55''24$ . . . . . $sin.$ . . .	9·99994
$tang^2. \ \tfrac{1}{2} P = \quad 39' \ 46''00$	6·12653
$C. \ sin. \ 1''$	5·31443
$y = 27''60$	1·44090

3.

6

$$x + y = \quad 19' \ 59''98 = dL$$
$$L = 44° \ 50' \ 0''00$$
$$\overline{L' = 44° \ 30' \ 0''02}$$

On voit que le premier terme nous a suffi. Ainsi cette formule jointe à celles qui donnent M et N, P et Z', résout complètement le problème; et en prenant un ou deux termes de plus dans les trois séries, on aura des solutions très-exactes pour des distances de plusieurs degrés.

Essayons maintenant nos deux formules finies.

— $C. \sin. \ 1''$	— 5.3144251 ⎫	. . . . . .	— 3.55628
$\sin. \delta = 1°$	8.2418553 ⎭		
$\cos. Z$	9.5127330	$\sin. Z$ . . .	9.97566
$x' = — 0° \ 19' \ 32''2$	3.0690134	$\sin. L$ . . .	9.84822
$C \frac{1}{8} log. \cos. x'$ . . .	23	$tang. \frac{1}{2} P$.	8.06326
$x = — 0° \ 19' \ 32''24$	3.0690157	$y = — 27''76$	1.44342
$y = —\quad 27''76$			
$dL = — 0° \ 20' \ 0''00$			

On voit que nous aurions pu nous dispenser d'ajouter le complément arithmétique de $\frac{1}{8} log. \cos. x'$, par approximation pour $\frac{1}{8} log. \cos. dL$.

Il faut plus de soin pour calculer la formule finie

$$\sin. (Z' - Z) = \frac{2 \sin. Z. \cos. Z. \cos. L. \cos^2. \frac{1}{2} \delta + \sin. \delta. \sin. Z. \sin. L}{\cos. L'}$$

2	0.3010300	+ $\sin. \delta$	8.2418553
$\sin. Z$ . .	9.9756582	$\sin. Z$	9.9756582
$\cos. Z$ . .	9.5127330	$\sin. L$	9.8482180
$\cot. \frac{1}{2} \delta$ . .	9.9999670	$C. \cos. L'$	0.1467579
$\cos. L$ . .	9.8507446		8.2124894
$C. \cos. L'$.	0.1467579	0.016311	
		0.612196	
0.612196	9.7868907 $\sin. (Z'-Z)$ 0.628507	. . $log.$ . .	9.7383101
	$Z' - Z = 38° \ 56' \ 24''2$		

A présent

$$Z' = 360 - Z - 38° 56' 24''2 = 360° - 109° 56' 9'' = 250° 3' 51''$$

Mais cette formule est trop pénible pour entrer en comparaison avec les méthodes précédentes.

Il ne nous reste plus qu'à éprouver les corrections d'aplatissement. La première est celle de latitude, ou

$$e^2. \, sin. \, \delta. \, cos. \, Z. \, cos^2. \, L - \tfrac{1}{2} e^2. \, sin^2. \, \delta. \, cos^2. \, Z. \, sin. \, L. \, cos. \, L$$

ou

$$e^2 \delta. \, cos. \, Z. \, cos^2. \, L. \, (1 - \tfrac{1}{2} \delta. \, sin. \, 1''. \, cos. \, Z. \, tang. \, L)$$

Supposons $e^2 = \frac{1}{100}$, ou, ce qui est la même chose, que l'aplatissement soit $\frac{1}{200}$.

e^2		8·00000
$\delta = 3600$		3·55630
$cos. \, Z$	—	9·51273
$cos^2. \, L$		9·70149
Premier terme. 5''89	—	0·77052
$sin. \, 0''5$		4·38454
δ		3·55630
$cos. \, Z$	—	9·51273
$tang. \, L$		9·99747
Deuxième terme. 0''017	+	8·22156

On voit qu'on pourra toujours s'en tenir au premier terme.

Tous les calculs précédens supposent la distance δ donnée en secondes, les observations la fournissent en toises. Pour la convertir en secondes la formule est

$$sin. \, \delta'' = \frac{sin. \, \delta. \, (1 - \tfrac{1}{4} e^2. \, sin^2. \, L)}{R} = \frac{\pi. \, sin. \, \delta}{180° \, D}. \, (1 - \tfrac{1}{4} e^2. \, sin^2. \, L)$$

ou

$$log. \ sin. \ \delta'' = 3.4859415 + log. \ sin. \ \delta - \tfrac{1}{2} K. \ e^2. \ sin^2. \ L$$
$$= 3.4859415 + log. \ sin. \ \delta - aK. \ sin^2. \ L$$

ou

$$log. \ \delta'' = 8.8003666 + log. \ \delta - aK. \ sin^2. \ L$$

C'est par cette formule ou une autre à peu près équivalente que j'ai réduit en secondes la distance de Dunkerque à Watten, pour calculer l'azimut de Watten sur l'horizon de Dunkerque d'après l'azimut de Dunkerque observé à Watten.

On peut remarquer que si $\delta = 1°$, pa exemple, l'angle au pied de la normale ne sera pas d'un degré juste, parce que les normales des deux extrémités de l'arc n'aboutissent pas au même point de l'axe : il s'en faudra d'une quantité qui croîtra comme le quarré du sinus de la latitude.

Pour convertir en secondes bien exactement les arcs de distances δ, on voit qu'il faudroit connoître parfaitement la figure de la terre. L'effet du terme $\frac{\tfrac{1}{2} e^2 \delta. \ sin^2 L}{R}$ monte à $6''$ environ pour $1°$; c'est donc $1''5$ pour un arc de $15'$. Quand nous nous tromperions d'un tiers sur l'aplatissement, nous risquerions à peine $0''5$ d'erreur sur δ en secondes. L'erreur seroit donc moindre encore sur les différences de longitude et d'azimut que nous calculons, et nous pouvons encore être tranquilles à cet égard. Il en résulte pourtant que nos azimuts calculés ne doivent pas, après une longue chaîne de triangles, nous faire retrouver bien exactement les azimuts observés.

La correction d'azimut est additive quand l'objet est à l'est de la méridienne ; elle est soustractive quand il est à l'ouest. Si nous avons employé un facteur trop fort pour convertir les toises en secondes, tous les azimuts à l'est seront trop forts, ceux à l'ouest seront trop foibles : ainsi, dans cette supposition, l'azimut calculé seroit trop fort à Dunkerque, et celui de Paris de même, ainsi que celui de Bourges ; ceux de Carcassonne et de Montjouy seroient au contraire trop foibles. Heureusement toutes ces stations sont voisines de la méridienne ; la plus éloignée est Montjouy, et la correction d'azimut n'est pas de 9′. L'erreur peut à peine passer 1″.

Il n'en est pas de même des latitudes que l'on voudroit conclure de celle de Dunkerque par le calcul fondé sur l'hypothèse elliptique ; l'erreur de cette hypothèse s'ajoute constamment à chaque portion du méridien. L'évaluation de l'arc en toises est exacte, mais l'erreur des degrés va toujours croissant ; ce qui n'a pas lieu pour les azimuts. A la vérité ceux-ci contiennent aussi les erreurs de l'observation de tous les angles intermédiaires ; mais dans ces angles nous avons la chance très-favorable des compensations ; en sorte que l'erreur de l'azimut calculé, de Bourges, par exemple, ne doit guère renfermer que l'erreur de l'observation à Watten, celle de la réduction à Dunkerque, qui ne doit pas être d'une seconde, et enfin celle de la réduction à Bourges, qui doit être plus petite encore, en ce que le point de départ sur la méridienne étoit beaucoup plus voisin de Bourges que Watten ne l'est de Dunkerque.

Après avoir ainsi exposé les méthodes et l'exactitude que l'on peut s'en promettre, nous allons donner tous les résultats de nos calculs de l'arc du méridien.

Pour entendre ce qui suit il faut avoir les yeux sur les planches II, III, IV, V et VI, qui représentent les triangles primitifs avec les triangles secondaires formés par l'intersection de la méridienne, soit avec les côtés des premiers, soit avec les prolongemens des côtés qui n'atteignent pas la méridienne.

Les angles et les côtés des triangles primitifs sont indiqués dans les calculs par des lettres majuscules et généralement par la lettre initiale du nom. Ainsi, dans le premier triangle, D signifie Dunkerque, W est pour Watten et C pour Cassel.

Quand les noms de stations voisines commencent par la même lettre, alors, pour éviter toute équivoque, au lieu de la lettre initiale de la seconde de ces stations on a choisi la consonne la plus remarquable du nom. Ainsi Beauquêne venant après Bonnières, on a désigné Beauquêne par la lettre Q; Villersbretonneux venant après Vignacourt, on l'a désigné par la lettre L; enfin à chaque triangle on a nommé l'objet principal.

Les angles et les côtés des triangles secondaires sont marqués par des lettres minuscules latines ou grecques.

Tous les côtés qui ne sont pas coupés par la méridienne ont été prolongés dè manière à la couper; en sorte qu'il n'est aucune station dont on n'ait déterminé la distance oblique au point le plus voisin de la méridienne, et l'angle azimutal de cette distance.

Ce soin n'étoit pas toujours nécessaire pour le calcul de l'arc, mais il étoit indispensable pour la longitude, la latitude, les azimuts, les distances à la méridienne et à la perpendiculaire de la tour de Dunkerque.

Quand les stations sont très-voisines de la méridienne, ces prolongemens pouvant se confondre, on ne les a pas tracés tous sur la figure, mais on y a suppléé par une figure mise à côté et construite sur une plus grande échelle.

Calcul des différentes portions de la méridienne.

Nᵒˢ.	Angles	Angles.	Sinus des angles.	Sinus des côtés opposés.	Arcs partiels et totaux. Logarithmes de l'arc partiel.	
1	WDa	25° 19′ 42″ 14	9·63124·637	3·75411·245	$Da =$	12785ᵗ 981
	DWa	74 28 45·28	9·98386·686	4·10673·294	*log.* $Da =$	4·10673·405
	DaW	80 11 33·27	9·99360·631	4·11647·240		
Dunkerque.		0·69				
1	Cab	80 11 33·27	9·93360·631	4·07515·321	$ab =$	11875·247
	aCb	79 48 35·35	9·99309·481	4·07464·170	*log.* $ab =$	4·07464·265
	abC	19 59 51·85	9·53400·453	3·61555·143	$Db =$	24661·228
Cassel.		0·47				

Les angles sont tous sphériques; ils sont ou les angles observés et tirés du tableau complet qui termine le second volume, ou formés de sommes ou de différences d'angles observés tirés du même tableau, ou bien enfin ils ont été conclus des deux premiers angles du triangle, en prenant le supplément à 180° augmentés de l'excès sphérique.

Les sinus logarithmiques des angles ont été calculés de deux manières sur les tables de Vlacq, avec dix décimales. Partout on a employé ce même nombre de décimales, mais on a supprimé ici les 9 et 10e pour ménager l'espace ; d'ailleurs ce qui reste est très-suffisant.

Les logarithmes des sinus des côtés supposent ces sinus exprimés en toises ; mais à côté du logarithme sinus de l'arc du méridien on trouve toujours dans la dernière colonne le logarithme de l'arc lui-même, et au-dessus cet arc en toises et millièmes. J'avois aussi calculé les dix millièmes de toises, mais je les ai supprimés comme peu sûrs et absolument inutiles.

Le second triangle est calculé comme le premier en ce qui concerne l'arc partiel ab du méridien, mais on y voit de plus l'arc total $Db = Da + ab$, somme des deux arcs déterminés par les deux triangles.

Cet arc Db conclu de deux triangles peut se calculer tout d'un coup par le triangle DCb, ce qui fait une vérification que je me suis procurée partout en formant deux suites de triangles secondaires indépendans les uns des autres, commençant d'une part à un même point vers le nord, et finissant de l'autre à un même point vers le sud.

Ces points de concours et de vérification s'appelleront nœuds. Ainsi la tour de Dunkerque étant le premier nœud, le point b sera le second. Voici le triangle de vérification.

Nos.	Angles	Angles.	Sinus des angles.	Sinus des côtés opposés	Arcs partiels et totaux. Logarithmes de l'arc partiel.
3 {	DCb	143° 13′ 41″52	9·77715·806	4·39201·060	$Db =$ 24661·229
	CDb	16 46 27·59	9·46030·065	4·07515·319	$log.$ $Db =$ 4·39201·471
* {	DbC	19 59 51·85	9·53400·453	4·14885·708	
Cassel.		0·96			

Par ce moyen nous trouvons pour Db 24661·229 au lieu de 24661·228 que nous avions par les triangles 1 et 2.

Nous allons ensuite reprendre la première suite au point b second nœud, pour aller au troisième nœud e par les triangles 4 et 5 d'une part, et par le triangle 6 de l'autre. Les triangles de vérification se distingueroient facilement, mais, pour plus de clarté, leurs numéros seront suivis d'un astérisque.

Nos.	Angles	Angles.	Sinus des angles.	Sinus des côtés opposés	Arcs partiels et totaux.
4 {	Fbd	19 59 51·85	9·53400·453	3·35345·178	$log.$ $bd =$ 3·81935·406
	bFd	91 11 19·40	9·96990·652	3·81935·376	$bd =$ 36597·115
	bdF	68 48 48·88	9·96960·668	3·78905·392	$Db =$ 24661·228
Fiefs.		0·13			$Dd =$ 31258·343

Nos.	Angles	Angles.	Sinus des angles.	Sinus des côtés opposés	Arcs partiels et totaux.
5 {	dFe	42 59 49·63	9·83375·991	3·54823·350	$de =$ 3533·732
	Fde	111 11 11·12	9·96960·668	3·68408·026	$log.$ $de =$ 3·54823·358
	deF	25 48 59·32	9·63897·819	3·35345·178	
Fiefs.		0·07			$De =$ 34792·075

Nos.	Angles	Angles.	Sinus des angles.	Sinus des côtés opposés	Arcs partiels et totaux.
6 {	Fbe	19 59 51·85	9·53400·453	3·68408·023	$log.$ $be =$ 4·00564·573
	bFe	134 11 9·03	9·85556·934	4·00564·504	$be =$ 10130·846
* {	beF	25 48 59·33	9·63897·824	3·78905·393	$Db =$ 24661·229
Fiefs.		0·21			$De =$ 34792·075

De est ici parfaitement le même par les deux séries.

3.

N^{os}.	Angles	Angles.	Sinus des angles.	Sinus des côtés opposés.	Arcs partiels et totaux. Logarithmes de l'arc partiel.		
7	$S\,ef$	25° 48′ 59″33	9·63897·819	3·76803·561	log.	ef =	4·04110·25g
	$e\,Sf$	54 45 8.66	9·91204·436	4·04110·178		ef =	10992·655
	$ef\,S$	99 25 52.62	9·99408·953	4·12314·695		De =	34792·075
Sauti.		0·61				Df =	45784·730
8	$B\,fg$	99 25 52.62	9·99408·953	3·95805·399	log.	fg =	7247·4·5
	$f\,Bg$	51 56 49.41	9·89621·832	3·86018·277		fg =	3·86018·313
	$B\,gf$	28 37 18.27	9·68035·817	3·64432·262			
Bonnières.		0·30				Dg =	53032·145
9	$Q\,ga$	28 37 18.27	9·68035·817	3·03584·634		ga =	2027·905
	$a\,Qg$	116 33 40.58	9·95155·931	3·30704·748	log.	ga =	3·30704·751
	$Q\,ag$	34 49 1.15	9·75660·339	3·11209·156			
Beauquène.		0·00				Da =	55060·049
10	$S\,ea$	25 48 59.53	9·63897·824	4·00752·319	log.	ed =	4·30681·399
	$e\,Sa$	119 22 0.65	9·94026·625	4·30681·120		ea =	20268·097
*	$S\,ae$	34 49 1.15	9·75660·339	4·12314·733		De =	34792·075
Sauti.		1·3				Da =	55060·173

La première série nous a donné Da . . . = 55060·049
La seconde . . . . 55060·173
La différence est . . . . 0·264
Elle disparoîtra au nœud suivant i presque entièrement.

N^{os}.	Angles	Angles.	Sinus des angles.	Sinus des côtés opposés.	Arcs partiels et totaux.		
11	$Q\,gh$	28 37 18.27	9·68035·817	2·85722·654	log.	gh =	3·17662·955
	$g\,Qh$	91 54 0.07	9·99976·116	3·17662·954		gh =	1501·860
	$g\,hQ$	59·28 41.66	9·93522·319	3·11209·156		Dg =	53032·145
Beauquène.		0·00				Dh =	54534·005

N^{os}. ANGLES	ANGLES.	SINUS des angles.	SINUS des côtés opposés.	ARCS PARTIELS ET TOTAUX. Logarithmes de l'arc partiel.
12 { Vhi hVi hiV	59° 28′ 41″66 65 14 50·05 55 16 28.83	9·93522·319 9·95814·466 9·91481·493	3·90530·848 3·92822·396 3·88489·423	$hi =$ 8476·654 *log.* $hi = 3·92822·445$
Vignacourt.	0·54			$Di =$ 63010·659
13 { VQb QVb * VbQ	24 39 40·51 65 14 50·05 90 5 29.70	9·62039·904 9·95814·466 9·99999·948	3·54424·270 3·88198.833 3·92384·314	
Vignacourt.	0·26			
14 { bai abi * bia	34 49 1·15 89 54 30·30 55 16 28.83	9·75660·339 9·99999·948 9·91481·493	3·65699·705 3·90039·313 3·81520.859	$ai =$ 7950·484 *log.* $ai = 3·90039.356$ $Da =$ 55060·173
	0·28			$Di =$ 63010·657
15 { ViK iVK VKi	124 43 31·17 31 49 57·92 23 26 31·59	9·91481·493 9·72217·437 9·59968·909	4·22042·833 4·02778·777 3·90530·248	*log.* $iK = 4·02778·854$ $iK =$ 10660·769 $Di =$ 63010·659
Vignacourt.	0·68			$DK =$ 73671·428
16 { SKl KSl KlS	23 26 31·59 127 4 1·57 29 29 26·87	9·59968·909 9·90196·487 9·69221·551	3·24200·472 3·54428·050 3·33453·114	$Kb =$ 3501·713 *log.* $Kl = 3·54428·058$
Sourdon.	0·03			$Dl =$ 77173·141
17 { $Li\alpha$ $iL\alpha$ * $L\alpha i$	55 16 28·83 99 5 50·46 25 37 41·43	9·91481·493 9·99450·241 9·63601·540	4·07971·405 4·15940·154 3·80091·452	*log.* $i\alpha = 4·15941·295$ $i\alpha =$ 14434·548 $Di =$ 63010·656
Villers-Br.	0·72			$D\alpha =$ 77445·796

Nos.	Angles	Angles.	Sinus des angles.	Sinus des côtés opposés.	Arcs partiels et totaux. Logarithmes de l'arc partiel.	
	$a\,S\,l$	3° 51' 45" 45	8.82843.087	2.43444.752	$la =$	271.924
18	$S\,a\,l$	25 37 41.43	9.63601.540	3.24203.205	*log.* $\quad la =$	2.43444.752
*	$a\,l\,S$	150 30 33.12	9.69221.554	3.29823.219		
Sourdon.		0.00			$Dl =$	77173.272
	$N\,l\,m$	29 29 26.88	9.69221.554	3.62572.892	*log.* $\quad lm =$	387.220
19	$l\,N\,m$	60 16 0.83	9.93869.237	3.87220.574	$lm =$	7450.816
	$l\,m\,N$	90 14 32.59	9.99999.611	3.93350.949	$Dl =$	77173.141
Noyers.		0.30			$Dm =$	84623.957
	$n\,m\,N$	89 45 27.41	9.99999.611	3.92299.297	$mn =$	7249.824
20	$m\,N\,n$	59 57 15.31	9.93733.025	3.86032.710	*log.* $\quad mn =$	3.86032.746
	$m\,n\,N$	30 17 17.58	9.70273.207	3.62572.892		
Noyers.		0.30			$Dn =$	91873.781
	$N\,l\,n$	29 29 26.86	9.69221.547	3.92298.690	*log.* $\quad ln =$	4.16732.994
21	$l\,N\,n$	120 13 16.14	9.93655.851	4.16732.994	$ln =$	14700.476
*	$l\,n\,N$	30 17 17.60	9.70273.214	3.93350.357	$Dl =$	77173.272
Noyers.		0.60			$Dn =$	91873.748
	$o\,n\,L$	30 17 17.58	9.70273.207	3.95164.492	*log.* $\quad no =$	4.05885.857
22	$n\,L\,o$	139 47 29.07	9.80994.483	4.05885.768	$no =$	11451.400
	$L\,o\,n$	9.55 13.52	9.23623.541	3.48514.826	$Dn =$	91873.781
Clermont.		0.17			$Do =$	103325.181
	$M\,o\,p$	9 55 13.52	9.23623.541	3.19463.140	$op =$	5545.302
23	$o\,M\,p$	37 36 35.07	9.78552.904	3.74392.504	*log.* $\quad op =$	3.74392.525
	$M\,p\,o$	132 28 11 47	9.86784.017	3.82623.616		
St-Martin.		0.06			$Dp =$	108870.48

N°s.	ANGLES	ANGLES.	SINUS des angles.	SINUS des côtés opposés.	ARCS PARTIELS ET TOTAUX. Logarithmes de l'arc partiel.
24 { * $\begin{cases} Lnx \\ nLx \\ nxL \end{cases}$	30° 17′ 17″60 14 27 26·73 135 15 15·69	9·70273·214 9·39734·989 9·84754·841	3·34034·747 3·03496·522 3·48516·375	log. $nx =$ 3·03496·523 $nx =$ 1083·840 $Dn =$ 91873·748
Clermont.		0·02			$Dx =$ 92957·589
25 { * $\begin{cases} Hxp \\ pHx \\ Hpx \end{cases}$	44 44 44·31 87 43 28·46 47 31 48·50	9·84754·841 9·99965·743 9·86784·011	4·04962·022 4·20172·923 4·06991·191	$xp =$ 15912·226 log. $xp =$ 4·20173·095
St-Christop.		1·27			$Dp =$ 108869·815

Ici le second calcul donne pour Dp une valeur plus foible de 0ᵗ667 que le premier. On remarquera que dans le triangle 22 d'un angle de 9° et d'un côté de 3000 toises, on conclut un côté de 11451 toises, et qu'ainsi la moindre erreur sur le sinus et sur l'angle peut avoir un effet très-sensible sur l'arc no. Je rejette donc les triangles 22 et 23, pour y substituer les triangles 26 et 27. Alors la différence entre les deux suites n'est plus que de 0ᵗ0569, ou 4 pouces, sur un arc de 108870 toises.

N°s.	ANGLES	ANGLES.	SINUS des angles.	SINUS des côtés opposés.	ARCS PARTIELS ET TOTAUX. Logarithmes de l'arc partiel.
26 { $\begin{cases} HL\omega \\ LH\omega \\ H\omega L \end{cases}$	14 27 26·73 87 43 28·46 77 49 5·02	9·39734·989 9·99965·743 9·99010·975	3·38756·592 3·98987·346 3·98032·578	
St-Christop.		0·21			$Dn =$ 91873·781
27 { $\begin{cases} \omega np \\ n\omega p \\ np\omega \end{cases}$	30 17 17·58 102 10 54·98 47 31 48·50	9·70273·207 9·99010·975 9·86784·011	3·94296·652 4·23034·420 4·10807·456	$np =$ 16995·978 log. $np =$ 4·23034·616
		1·06			$Dp =$ 108869·759

N°¹.	Angles	Angles.	Sinus des angles.	Sinus des côtés opposés.	Arcs partiels et totaux. Logarithmes de l'arc partiel.
28 {	Mpq	47° 31' 48" 50	9·86784·011	3·07545·911	$pq =$ 1342·453
	pMq	56 20 9·00	9·92028·040	3·12789·940	$log.\ pq = 3·12789·941$
	pqM	76 8 2·51	9·98715·616	3·19477·516	
St-Martin.		0·01			$Dq =$ 110212·212
29 {	$D'qr$	76 8 2·51	9·98715·616	4·19735·833	$qr =$ 13659·981
	qDr	57 20 18·42	9·92524·668	4·13544·882	$log.\ qr = 4·13545·009$
	qrD	46 31 40·57	9·86076·305	4·07996·523	
Dammartin.		1·50			$Dr =$ 123872·193
30 {	MPN	46 37 12·12	9·86142·380	4·03801·474	
	PNM	90 0 0·00	0·00000·000	4·17659·094	
*	PMN	43 22 48·97	9·83685·385	4·01344·479	
Panthéon.		1·09			$Dp =$ 108869·815
31 {	MPy	47 31 48·50	9·86784·011	3·22501·227	$py =$ 2275·655
	PMy	88 59 51·28	9·99993·353	3·35710·568	$log.\ py = 4·10471·861$
*	Pym	43 28 20·25	9·83759·078	3·19476·293	
Panthéon.		0·03			$Dy =$ 111145·470
32 {	Nyr	43 28 20·25	9·83759·078	3·94230·829	$yr =$ 12726·779
	rNy	90 0 0·00	0·00000·000	4·10471·751	$log.\ yr = 4·10471·861$
*	Nry	46 31 40·53	9·86076·297	3·96548·049	
		0·78			$Dr =$ 123872·249

Nos.	Angles	Angles.	Sinus des angles.	Sinus des côtés opposés.	Arcs partiels et totaux. Logarithmes de l'arc partiel.
33	$P\,r\,s$	46°31'40"57	9·86076·305	3·05498·686	log. rs = 3·06728·739
	$r\,P\,s$	48 17 35·15	9·87306·357	3·06728·738	rs = 1167·582
	$P\,s\,r$	85 10 44·29	9·99846·078	3·19268·458	Dr = 1·23872·193
Panthéon.		0·01			Ds = 125039·775
34	$P\,s\,t$	94 49 15·71	9·99846·078	3·18134·691	st = 917·534
	$s\,P\,t$	37 1 41·00	9·77974·509	2·96263·122	log. st = 2·96262·222
	$P\,t\,s$	48 9 3·30	9·87210·073	3·05498·686	
Panthéon.		0·01			Dt = 125957·309
35	$P\,r\,t$	46 31 40·53	9·86076·305	3·18133·026	log. rt = 3·31911·756
	$r\,P\,t$	85 19 16·15	9·99855·033	3·31911·753	rt = 2085·055
*	$P\,t\,r$	48 9 3·34	9·82710·081	3·19266·801	Dr = 1·23872·250
Panthéon.		0·02			Dt = 125957·305

L'erreur est presque nulle sur Dt; elle étoit sur Dr la même à peu près que sur Dp.

Nos.	Angles	Angles.	Sinus des angles.	Sinus des côtés opposés.	Arcs partiels et totaux. Logarithmes de l'arc partiel.
36	$R\,t\,u$	48 9 3·30	9·87210·073	3·95664·894	log. tu = 4·00241·778
	$t\,R\,u$	55 51 49·21	9·91787·541	4·00242·361	tu = 10055·978
	$R\,u\,t$	75 59 8·34	9·98687·698	4·07142·519	Dt = 1·25957·309
Brie.		0·85			Du = 136013·287
37	$M\,u\,x$	75 59 8·34	9·98687·698	3·79832·013	ux = 5885·884
	$u\,M\,x$	65 18 40·75	9·95836·829	3·76981·144	log. ux = 3·76981·168
	$u\,x\,M$	38 42 11·13	9·79607·785	3·60752·100	
Montlhéri.		0·22			Dx = 141899·171

Nos.	Angles	Angles.	Sinus des angles.	Sinus des côtés opposés.	Arcs partiels et totaux, Logarithmes de l'arc partiel.
38 *	MPa	33° 26′ 55″ 44	9.74130.182	3.83520.667	
	PMa	51 46 55.48	9.86523.653	3.98914.138	
	MaP	94 46 9.72	9.99849.363	4.09239.848	
Panthéon.		0.64			$Dr =$ 1.23872.250
39 *	arx	46 31 40.53	9.86076.297	4.11818.993	$rx =$ 18026.972
	rax	94 46 9.72	9.99849.363	4.25592.058	$log.$ $rx =$ 4.25592.278
	rxa	38 42 11.18	9.79607.798	4.05350.493	
Malvoisine.		1.43			$Dx =$ 141899.222
40	Vxy	38 42 11.13	9.79607.785	3.20926.817	$log.$ $xy =$ 3.25392.015
	xVy	43 52 3.44	9.84072.981	3.25392.013	$xy =$ 1794.404
	Vyx	97 25 45.46	9.99633.879	3.40952.910	$Dn =$ 141899.171
Malvoisine.		0.03			$Dy =$ 143693.575
41	Vyz	82 34 14.44	9.99633.879	3.36339.910	$yz =$ 1868.653
	yVz	53 22 25.16	9.90446.844	3.27152.876	$log.$ $yz =$ 3.27152.878
	Vzy	44 3 20.43	9.84220.785	3.20926.730	
Malvoisine.		0.03			$Dz =$ 145562.227
42 *	Vxz	38 42 11.18	9.79607.798	3.36337.013	$log.$ $xz =$ 3.56381.448
	xVz	97 14 28.60	9.99652.224	3.56381.439	$xz =$ 3662.811
	Vzx	44 3 20.28	9.84220.753	3.40949.967	$Dn =$ 141899.222
		0.06			$Dz =$ 145562.035
43	Fza	44 3 20.43	9.84220.785	3.76343.648	$Dz =$ 145562.227
	zFa	62 47 29.98	9.94907.263	3.87030.126	$za =$ 7418.253
	Faz	73 9 9.99	9.98094.867	3.90217.730	$log.$ $za =$ 3.87030.162
Forêt.		0.40			

Nᵒˢ. Angles	Angles.	Sinus des angles.	Sinus des côtés opposés.	Arcs partiels et totaux, Logarithmes de l'arc partiel
44 { C a b a C b C b a	73° 9′ 9″99 51 5 13·80 55 45 36·72	9·98094·867 9·89103·680 9·91730·265	3·94659·200 3·85668·012 3·88298·597	D a = 152980·480 a b = 7189·198 log. a b = 3·85668·048
Chapelle.	0·51			
45 { P b c b P c P c b	55 45 36·72 91 55 6·18 32 19 17·56	9·91734·265 9·99975·658 9·72808·594	3·93426·935 4·01668·329 3·74501·264	D b = 160169·679 b c = 10391·638 log. b c = 4·01668·402
Pithiviers	0·46			D c = 170561·317
46 { P F ω F P ω * P ω F	48 36 30·33 27 46 5·86 103 37 24·31	9·87518·187 9·66828·998 9·98760·586	3·96806·063 3·76116·875 4·08048·462	
Forêt.	0·50			
47 { ω z c z ω c * ω c z	44 3 20·28 103 37 24·31 32 19 17·71	9·84220·753 9·98760·586 9·72808·644	4·25252·598 4·39792·431 4·13840·489	D z = 145562·033 z c = 24999·340 log. z c = 4·39792·855
	2·30			D c = 170561·373
48 { B c d c B d B d c	32 19 17·56 52 33 5·64 95 7 36·80	9·72808·594 9·89976·630 9·99825·901	2·50409·643 2·67577·679 2·77426·950	D c = 170561·317 c d = 473·998 log. c d = 2·67577·679
Boiscomm.	0·00			
49 { B d e d B e B e d	84 52 23·20 62 31 30·55 32 36 6·25	9·99825·901 9·94802·812 9·73142·461	2·77093·080 2·72069·993 2·50409·643	D d = 171035·315 d e = 525·654 log. d e = 2·72069·993
Boiscomm.	0·00			D e =⁴ 171560·717

Nᵒˢ.	Angles	Angles.	Sinus des angles.	Sinus des côtés opposés.	Arcs partiels et totaux. Logarithmes de l'arc partiel.
50 *	$B\,c\,e$ $c\,B\,e$ $B\,e\,c$	32° 19′ 17″71 115 4 36·19 32 36 6·10	9·72808·644 9·95700·407 9·73142·412	2·77079·740 2·99971·504 2·77413·509	$Dc =$ 170561·373 $ce =$ 999·344
		0·00			$De =$ 171560·717

La différence entre les deux séries est ici de 0ᵗ252.

51	CeN eCN CNe	32 36 6·25 90 0 0·00 57 23·54·52	9·73142·461 0·00000·000 9·92553·799	3·85388·833 4·12246·371 4·04800·170	$De =$ 171560·969 $eN =$ 13257·600 $log.\ eN =$ 4·12246·490
Châteauneuf		0·77			$DN =$ 184818·569

52	NCV CNV CVN	84 8 23·97 67 28 38·33 28 23 58·65	9·99772·457 9·96554·408 9·67702·497	4·17458·798 4·14240·750 3·85388·838	
Châteauneuf		0·95			

53	VNh NVh VhN	55 7 27·15 76 29 48·12 48 22 47·03	9·91402·223 9·98782·551 9·87364·790	4·21496·182 4·28876·510 4·17458·748	$Nh =$ 19443·169 $log.\ Nh =$ 4·28876·766
Vouzon.		2·30			$Dh =$ 204261·765

CN a été élevé perpendiculairement sur la distance de Boiscommun à Châteauneuf, et l'on a renversé sur la méridienne le triangle entre Châteauneuf, Orléans et Vouzon, comme si Orléans étoit en O'.

 e est le point de concours des côtés Malvoisine-Forêt, Boiscommun-Pithiviers.

54 *	Cef eCf Cfe	32 19 17·71 115 4 36·19 32 36 6·10	9·73142·412 9·99289·461 9·86456·873	3·91484·821 4·17631·870 4·04799·282	$De =$ 171560·717 $ef =$ 15007·910
Châteauneuf		0·00			$Df =$ 186568·627

N^{os}. ANGLES	ANGLES.	SINUS des angles.	SINUS des côtés opposés.	ARCS PARTIELS ET TOTAUX. Logarithmes de l'arc partiel.
55 * $\begin{cases} O'fg \\ fO'g \\ O'gf \end{cases}$	47° 3′ 44″·99 58 27 25·66 74 28 49·44	9·86456·873 9·93056·648 9·98386·929	3·46439·250 3·53039·024 3·58369·305	$fg =$ 3391·488 $log. fg = $ 3·53039·032
	0·09			$Dg = $ 189960·115
56 * $\begin{cases} Vgh \\ gVh \\ Vhg \end{cases}$	74 28 49·44 57 8 25·07 48 22 47·18	9·98386·929 9·92428·016 9·87364·818	4·21495·709 4·15536·796 4·10471·598	$gh = $ 14301·097 $log. gh = $ 4·15536·935
Vouzon.	1·69			$Dh = $ 204261·212
57 $\begin{cases} EM\pi \\ ME\pi \\ E\pi M \end{cases}$	23 51 7·53 130 29 49·32 25 39 3·27	9·60678·643 9·88106·472 9·63637·442	3·60111·102 3·87538·931 3·63069·901	
Ennordre.	0·12			$Dh = $ 204261·765
58 $\begin{cases} \pi hi \\ h\pi i \\ hi\pi \end{cases}$	48 22 47·03 25 39 3·27 105 58 9·77	9·87364·790 9·63637·442 9·98290·812	3·55058·313 3·31330·965 3·65984·335	$hi = $ 2057·357 $log. hi = $ 3·31330·968
	0·07			$Di = $ 206319·122
59 $\begin{cases} Eil \\ iEl \\ Eli \end{cases}$	105 58 9·77 24 18 29·45 49 43 20·78	9·98290·812 9·61452·230 9·88247·990	2·74226·737 2·37388·155 2·64183·915	$il = $ 236·528 $log. il = $ 2·37388·155
Ennordre.	0·00			$Dl = $ 206555·650
60 $\begin{cases} Glm \\ lGm \\ Gml \end{cases}$	49 43 20·78 32 54 16·11 97 22 23·74	9·88247·990 9·73500·176 9·99639·396	3·98526·067 3·83778·254 4·09917·474	$Dl = $ 206555·650 $lm = $ 6883·078 $log. lm = $ 3·83778·286
Morogues.	0·63			$Dm = $ 213438·728

Nᵒˢ.	ANGLES	ANGLES.	SINUS des angles.	SINUS des côtés opposés.	ARCS PARTIELS ET TOTAUX. Logarithmes de l'arc partiel.
61 {	$G\,m\,n$	82° 37′ 36″26	9.99639.396	4.18544.002	$m\,n =$ 13198.83₇
	$m\,G\,n$	58 39 21.78	9.93148.842	4.12053.447	$log.\ m\,n =$ 4.12053.565
	$G\,n\,m$	38 43 3.19	9.79621.462	3.98526.067	
Morogues.		1.23			$D\,n =$ 226637.565
62 * {	$h\,M\,K$	23 51 7.53	9.60678.643	3.45639.359	$D\,h =$ 204261.212
	$M\,h\,K$	131 37 12.82	9.87364.818	3.72325.533	$h\,K =$ 2860.182
	$h\,K\,M$	24 31 39.71	9.61818.734	3.46779.450	
		0.06			$D\,K =$ 207121.394
63 * {	$K\,E\,l$	25 11 41.23	9.62910.054	2.75304.143	$K\,l = -$ 566.293
	$E\,K\,l$	24 31 39.71	9.61818.734	2.74212.823	$log.\ K\,l =$ 2.75304.143
	$K\,l\,E$	130 16 39.09	9.88248.013	3.00642.102	
		0.03			$D\,l =$ 206555.101
64 * {	$G\,l\,n$	49 43 20.91	9.88248.013	4.18544.691	$l\,n =$ 20082.067
	$l\,G\,n$	91 33 37.89	9.99983.890	4.30280.568	$log.\ l\,n =$ 4.30280.842
	$G\,n\,l$	38 43 3.06	9.79621.428	4.09918.106	
Morogues.		1.86			$D\,n =$ 226637.168
65 {	$B\,n\,p.$	141 16 56.81	9.79621.462	3.71631.876	$D\,n =$ 226637.565
	$n\,B\,p$	29 5 21.68	9.68679.087	3.60689.502	$n\,p =$ 4044.782
	$B\,p\,n$	9 37 41.54	9.22337.680	3.14348.095	$log.\ n\,p =$ 3.60689.513
Bourges.		0.03			$D\,p =$ 230682.347
66 {	$M\,p\,q$	9 37 41.54	9.22337.680	3.82723.798	$p\,q =$ 21762.867
	$p\,M\,q$	147 11 33.51	9.73385.172	4.33771.290	$log.\ p\,q =$ 4.33771.612
	$M\,q\,p$	23 10 45.51	9.59506.607	4.19892.725	
Morlac.		0.56			$D\,q =$ 252445.214

Nᵒˢ.	Angles	Angles.	Sinus des angles.	Sinus des côtés opposés.	Arcs partiels et totaux. Logarithmes de l'arc partiel.
67 *	$\begin{cases} MB\varphi \\ BM\varphi \\ M\varphi B \end{cases}$	29° 5′ 21″68 32 48 26.42 118 6 13.17	9.68679.087 9.73385.172 9.94551.624	4.06377.362 4.11083.447 4.32249.890	
Bourges.		1.27			$Dn =$ 226677.168
68 *	$\begin{cases} \varphi nq \\ n\varphi q \\ nq\varphi \end{cases}$	38 43 3.06 118 6 13.17 23 10 45.57	9.79621.428 9.94551.624 9.59506.636	4.26245.104 4.41175.300 4.06130.312	$nq =$ 25808.208 $log.\ nq =$ 4.41175.443
		1.80			$Dq =$ 252445.376

φ est le point de concours des côtés Morogues-Bourges, Orléans-Morlac.

Ici la seconde suite est en excès de 0ᵗ162; au nœud suivant elle sera en défaut de 0.295.

69	$\begin{cases} Cqx \\ qCx \\ Cxq \end{cases}$	23 10 45.51 92 36 35.30 64 12 39.24	9.59506.607 9.99954.931 9.95443.624	3.16743.146 3.57191.470 3.52680.163	$Dq =$ 252445.214 $qx =$ 3731.769 $log.\ qx =$ 3.57191.480
Cullan.		0.05			$Dx =$ 256176.983
70	$\begin{cases} Sxy \\ xSy \\ Syx \end{cases}$	64 12 39.24 80 51 28.93 34 55 51.47	9.95443.624 9.99444.813 9.75584.603	4.01259.274 4.05260.464 3.81600.254	$xy =$ 11287.701 $log.\ xy =$ 4.05260.550
St-Saturnin.		0.64			$Dy =$ 267464.684
71	$\begin{cases} Lyz \\ yLz \\ Lzy \end{cases}$	34 55 52.47 106 59 28.93 38 4 38.60	9.75784.603 9.98061.631 9.79009.175	2.86981.341 3.09258.369 2.90205.913	$yz =$ 1237.610 $log.\ yz =$ 3.09258.370
Laage.		0.00			$Dz =$ 268702.294

N°ˢ.	ANGLES	ANGLES.	SINUS des angles.	SINUS des côtés opposés.	ARCS PARTIELS ET TOTAUX. Logarithmes de l'arc partiel.
72 { *	$L\,C\psi$ $C\,L\psi$ $C\,\psi\,L$	27° 7′ 15″20 34 8 8.16 118 44 37.19	9·65884·047 9·74908·159 9·94289·061	3·81671·750 3·90695·862 4·10076·764	
		0·58			$Dq =$ 252445·376
73 { *	$z\,q\,\psi$ $q\,z\,\psi$ $q\,\psi\,z$	23 10 45.57 118 44 37.19 38 4 37.95	9·59906·636 9·94289·061 9·79009·000	3·86320·435 4·21102·860 4·05822·798	$qz =$ 16256·625 $log.\ qz =$ 4·21103·038
		0·71			$Dz =$ 268702·01

ψ, point de conçours de Morlac-Cullan, Orgnat-Lange.

N°ˢ.	ANGLES	ANGLES.	SINUS des angles.	SINUS des côtés opposés.	ARCS PARTIELS ET TOTAUX.
74 { Orgnat.	$O\,z\,\omega$ $z\,O\,\omega$ $O\,\omega\,z$	38 4 38.60 38 0 39.25 103 54 43.02	9·79009·175 9·78944·773 9·98706·998	3·98338·319 3·98273·918 4·18036·145	$Dz =$ 268702·294 $z\omega =$ 9610·364 $log.\ z\omega =$ 3·98273·981
		0·87			$D\omega =$ 278312·658
75 { * Orgnat.	$O\,z\,\omega$ $z\,O\,\omega$ $z\,\omega\,O$	38 4 37.95 38 0 39.25 103 54 43.67	9·79009·000 9·78944·773 9·98706·964	4·98338·660 3·98274·434 4·18036·624	$Dz =$ 268702·001 $z\omega =$ 9610·480 $log.\ z\omega =$ 3·98274·497
		0·87			$D\omega =$ 278312·481
76 {	$O\,\omega\,a$ $\omega\,O\,a$ a	76 5 16.98 48 37 51.85 55 16 51.97	9·98706·998 9·87533·308 9·91484·870	4·05560·448 3·94386·758 3·98338·319	$D\omega =$ 278312·658 $\omega a =$ 8787·556 $log.\ \omega a =$ 3·94386·811
		0·80			$Da =$ 287100·214

Nos.	Angles	Angles.	Sinus des angles.	Sinus des côtés opposés,	Arcs partiels et totaux. Logarithmes de l'arc partiel.	
77 {	Oza	38° 4'37"95	9·79009·000	4·05560·661	$Dz =$	268702·001
	zOa	86 38 31·10	9·99925·368	4·26477·029	$za =$	18398·084
*	a	55 16 52·61	9·91484·963	4·18036·626		
Orgnat.		1·66			$Da =$	287100·085

La seconde suite est toujours en défaut, mais de 0'·034 seulement. Au triangle 80 elle sera en excès de 0'·165, et au 83° elle sera en défaut de 0'·319.

Nos.	Angles	Angles.	Sinus des angles.	Sinus des côtés opposés,	Arcs partiels et totaux	
78 {	Sab	55 16 51·97	9·91484·870	3·65611·501	$Da =$	287100·214
	aSb	95 53 40·33	9·99769·762	3·73896·393	$ab =$	5482·317
	abS	28 49 27·82	9·68316·121	3·42442·752	log. $ab =$	3·73896·413
Sermur.		0·12			$Db =$	292582·531
79 {	$Saı$	55 16 52·51	9·91484·948	3·39101·239	$Da =$	287100·085
	$aSı$	62 7 48·10	9·94645·754	3·42262·045	$aı =$	2646·184
*	$aıS$	62 35 19·45	9·94827·840	3·42444·131	log. $aı =$	3·42262·050
Sermur		0·06			$Dı =$	289746·269
80 {	$Sıb$	117 24 40·55	9·94827·840	3·65613·177	$ıb =$	2836·332
	$ıSb$	33 45 52·26	9·74490·360	3·45275·697	log. $ıb =$	3·45275·702
*	$ıbS$	28 49 27·25	9·68315·903	3·39101·239		
Sermur.		0·06			$Db =$	292582·601
81 {	$Fbı$	28 49 27·82	9·68316·121	3·70877·752	$Db =$	292582·531
	$ıFb$	58 48 46·35	9·93221·019	3·95782·650	$bı =$	9074·591
*	$Fıb$	92 21 46·28	9·99963·059	4·02524·690	log. $bı =$	3·95782·706
Fagitière.		0·45			$Dı =$	301657·122

N°s.	ANGLES	ANGLES.	SINUS des angles.	SINUS des côtés opposés.	ARCS PARTIELS ET TOTAUX. Logarithmes de l'arc partiel.
82	$F \theta c$	87° 38' 13" 72	9·99963·059	4·11623·909	$\theta c =$ 12239·423
	$\theta F c$	69 20 48·19	9·97115·146	4·08775·996	$log. \theta c =$ 4·08776·097
	$\theta c F$	23 00 58·69	9·59216·902	3·70877·752	
Fagitière.		0·60			$D c =$ 3,13896·545
83	$F b c$	28 49 27·25	9·68315·903	4·11622·692	$D b =$ 292582·601
	$b F c$	128 9 34·54	9·89558·430	4·32865·220	$b c =$ 21313·530
*	$b c F$	23 0 59·26	9·59217·184	4·02523·974	$log. b c =$ 4·32865·528
Fagitière.		1·05			$D c =$ 3,13896·131
84	$B c d$	23 0 58·69	9·59216·902	3·65474·317	$D c =$ 3,13896·545
	$c B d$	111 2 9·42	9·97004·704	4·03262·119	$c d =$ 10780·080
	$c d B$	45 56 52·23	9·85655·195	3·91912·611	$log. c d =$ 4·03262·198
Bort.		0·34			$D d =$ 324676·625
85	$B c \eta$	23 0 59·26	9·59217·184	3·60362·048	$D c =$ 3,13896·131
	$c B \eta$	30 56 10·42	9·71103·383	3·72248·247	$c \eta =$ 5278·161
*	$c \eta B$	126 2 50·48	9·90769·662	3·91914·527	$log. c \eta =$ 3·72248·266
Bort.		0·16			$D \eta =$ 3,19174·292
86	$B \eta d$	53 57 9·52	9·90769·663	3·65476·633	$\eta d =$ 5502·423
	$\eta B d$	80 5 59·00	9·99348·406	3·74055·377	$log. \eta d =$ 3·74055·398
*	$\eta d B$	45 56 51·65	9·85655·077	3·60362·048	
Bort.		0·17			$D d =$ 324676·715

Nos.	Angles	Angles.	Sinus des angles.	Sinus des côtés opposés.	Arcs partiels et totaux. Logarithmes de l'arc partiel.
87 {	$A d e$	45° 56′ 52″23	9·85655·195	3·98108·732	$D d =$ 324676·625
	$d A e$	53 45 12·21	9·90659·339	4·03112·876	$d e =$ 10743·096
	$d e A$	80 17 56·44	9·99374·500	4·11828·037	$log.\ d e =$ 4·03112·954
Aubassin.		0·18			$D e =$ 335419·721

La seconde série n'est plus en excès que de 0.090 ; elle le sera de 0.827 au 91° triangle.

Nos.	Angles	Angles.	Sinus des angles.	Sinus des côtés opposés.	Arcs partiels et totaux. Logarithmes de l'arc partiel.
88 {	$V e h$	80 17 56·44	9·99374·500	4·05800·412	$D e =$ 335419·721
	$e V h$	51 10 11·50	9·89154·206	3·95580·117	$e h =$ 9032·370
	$e h V$	48 31 52·81	9·87466·617	3·93892·378	$log.\ e h =$ 3·95580·173
Violan.		0·75			$D h =$ 344452·091

Nos.	Angles	Angles.	Sinus des angles.	Sinus des côtés opposés.	Arcs partiels et totaux. Logarithmes de l'arc partiel.
89 {	$B h i$	48 31 52·81	9·87466·617	4·05852·099	$h i =$ 13874·025
	$h B i$	65 18 18·08	9·95834·635	4·14220·116	$log.\ h i =$ 4·14220·247
	$i h B$	66 9 50·51	9·96128·160	4·14513·641	
Bastide.		1·40			$D i =$ 358326·116

Nos.	Angles	Angles.	Sinus des angles.	Sinus des côtés opposés.	Arcs partiels et totaux. Logarithmes de l'arc partiel.
90 {	$B A \lambda$	42 59 25·43	9·83370·526	4·16621·225	
*	$A B \lambda$	69 17 12·30	9·97050·004	4·30300·705	$D d =$ 324676·715
	$A \lambda B$	67 53 24·91	9·96682·884	4·29933·582	
Aubassin.		2·64			

Nos.	Angles	Angles.	Sinus des angles.	Sinus des côtés opposés.	Arcs partiels et totaux. Logarithmes de l'arc partiel.
91 {	$\lambda d i$	45 56 51·65	9·85655·077	4·41668·221	$d i =$ 33648·674
*	$d \lambda i$	67 53 24·91	9·96682·884	4·52696·028	$log.\ d i =$ 4·52696·796
	$d i \lambda$	66 9 51·21	9·96128·225	4·52141·369	
		7·77			$D i =$ 358325·389

Différence entre les deux séries . . . . 0·827

Cette grande différence vient du grand triangle $d i \lambda$.

λ est le point de concours de Bort-Aubassin, Montsalvy-Labastide.

N°.	ANGLES	ANGLES.	SINUS des angles.	SINUS des côtés opposés.	ARCS PARTIELS ET TOTAUX. Logarithmes de l'arc partiel.	
92	$M i K$	66° 9′ 50″51	9·96128·160	4·06764·873	$D i =$	358326·116
	$i M K$	87 43 24·66	9·99965·711	4·10602·424	$i K =$	12765·133
	$i K M$	26 6 45·46	9·64358·796	3·74995·509	log. $i K =$	4·10602·535
Montsalvy.		0·63			$D k =$	371091·249
93	$R K m$	26 6 45·46	9·64358·796	4·77961·084	$K m =$	11339·750
	$K R m$	56 0 3·88	9·91857·972	4·05460·261	log. $K m =$	4·05460·348
	$K m R$	97 53 11·31	9·99587·284	4·13189·572		
Rieupeiroux		0·65			$D m =$	382430·999
94	$e M t$	58 3 59·18	9·92873·476	4·52844·591		
	$M e t$	90 12 37·18	9·99999·707	4·59970·822	$D i =$	358325·389
*	$M t e$	31 43 30·44	9·72085·746	4·32056·861		
Montsalvy.		6·80				
95	$t i m$	66 9 51·21	9·96128·225	4·62253·937	$i m =$	24106·187
	$i t m$	31 43 30·44	9·72085·746	4·38212·458	log. $i m =$	4·38212·852
*	$i m t$	82 6 47·98	9·99587·264	4·65713·975		
		0·03			$D m =$	382431·576

La différence est ici + 0.577; elle a changé de signe.
t est le point de concours de Labastide-Montsalvy, Rieupeiroux-Rodez.

96	$R m n$	82 6 48·69	9·99587·284	3·84769·475	$D m =$	382430·999
	$m R n$	40 1 11·10	9·80424·584	3·66006·775	$m n =$	4571·596
	$m n R$	57 52 0·46	9·92778·893	3·77961·084	log. $i m =$	3·66006·789
Rieupeiroux		0·25			$D n =$	387002·595

N.ᵒˢ	ANGLES	ANGLES.	SINUS des angles.	SINUS des côtés opposés.	ARCS PARTIELS ET TOTAUX. Logarithmes de l'arc partiel.
97	$L\,n\,o$	57° 52' 0".46	9·92778·893	4·07490·533	$n\,o =$ 11745·059
	$n\,L\,o$	56 40 37·83	9·92273·787	4·06985·427	$log.\ n\,o =$ 4·06985·521
	$n\,o\,L$	65 18 22·93	9·95835·104	4·10546·744	
Lagaste.		1·22			$D\,o =$ 398747·654
98	$G\,o\,p$	65 18 22·93	9·95835·104	3·71131·823	$o\,p =$ 4906·660
	$o\,G\,p$	60 3 57·39	9·93781·882	3·69078·601	$log.\ o\,p =$ 3·69078·618
	$o\,p\,G$	54 37 39·88	9·91137·508	3·66434·227	
St-Georges.		0·20			$D\,p =$ 403654·314
99 *	$G\,R\,a$	87 54 38·40	9·99971·118	4·40707·998	
	$R\,G\,a$	48 49 48·31	9·87665·693	4·28402·572	$D\,m =$ 382431·576
	$R\,a\,G$	43 15 36·53	9·83588·832	4·24325·711	
Rieupeiroux		3·24			
100 *	$a\,m\,p$	82 6 47·69	9·99587·255	4·48677·497	$m\,p =$ 21222·860
	$m\,a\,p$	43 15 36·53	9·83588·832	4·32679·074	$log.\ m\,p =$ 4·32679·399
	$m\,p\,a$	54 37 40·89	9·91137·659	4·40227·901	
		5·11			$D\,p =$ 403654·436

La seconde série est ici en excès de 0ᵗ·122.

101	$C\,p\,q$	54 37 39·88	9·91137·508	3·96981·191	$D\,p =$ 403654·314
	$q\,C\,p$	71 15 30·05	9·97633·941	4·03477·624	$p\,q =$ 10833·706
	$p\,q\,C$	54 6 50·97	9·90858·501	3·96702·184	$=$ 4·03477·703
Cambatjou.		0·90			$D\,q =$ 414488·020

Nᵒˢ.	Angles	Angles.	Sinus des angles.	Sinus des côtés opposés.	Arcs partiels et totaux. Logarithmes de l'arc partiel.
102	*M q r*	54° 6′ 59″ 97	9·90858·501	3·91940·236	*q r* = 9857·804
	q M r	105 56 39·95	9·98296·220	3·99377·954	*log. q r* = 3·99378·020
	y r M	29 56 29·35	9·53283·116	3·54364·851	
Montrédon.		0·27			*D r* = 424345·824
103	*M C β*	71 15 30·05	9·97633·941	4·32921·939	
	C M β	74 3 20·05	9·98296·220	4·33584·218	
*	*C β M*	34 41 12·43	9·75518·088	4·10806·086	*D p* = 403654·436
Cambatjou.		2·53			
104	*β p r*	125 22 19·11	9·91137·659	4·47192·943	*p r* = 20688·859
	p β r	34 41 12·43	9·75518·088	4·31573·372	*log. p r* = 4·31573·400
*	*p r β*	19 56 30·47	9·53283·766	4·09339·050	
		2·01			*D r* = 424343·295

Ici la seconde série est en défaut de 2.529, mais ce défaut disparoît au nœud suivant. Il vient après un triangle ou d'un côté 10000 toises, on en conclut un de 20000.

105	*N r t*	19 51 29·35	9·53283·116	3·98942·277	*D r* = 424345·824
	r N t	138 42 47·09	9·81943·215	4·27602·379	*r t* = 18881·051
*	*r t N*	21 20 44·21	9·56109·285	4·01768·446	= 4·27602·617
Nore.		0·65			*D t* = 443226·875
106	*C t u*	21 20 44·21	9·56109·285	3·07013·624	*t u* = 3224·204
	u C t	86 48 57·56	9·99932·906	3·50842·245	= 3·50842·252
	t u C	71 50 18·26	9·97780·564	3·48689·904	
Carcassonne		0·03			*D u* = 446451·079

N^{os}. Angles	Angles.	Sinus des angles.	Sinus des côtés. opposés.	Arcs partiels et totaux. Logarithmes de l'arc partiel.
107 $\begin{cases} CN\gamma \\ NC\gamma \\ N\gamma C \end{cases}$ * Carcassonne.	41° 10′ 47″74 93 11 2·44 45 38 11·28 1·46	9·81850·686 9·99932·906 9·85425·614	4·07239·893 4·25322·114 4·10814·821	$Dr =$ 424343·295
108 $\begin{cases} Nrs \\ rNs \\ rsN \end{cases}$ * Nore.	19 56 30·47 97·31 59·33 62 31 30·60 0·49	9·53283·766 9·99623·541 9·94802·817	3·60264·754 4·06604·529 4·01783·805	$rs =$ 11642·623 $log.\ rs =$ 4·06604·629 $Ds =$ 435985·918
109 $\begin{cases} us\gamma \\ sy u \\ \gamma us \end{cases}$ *	62 31 30·60 45 38 11·28 71 50 19·36 1·24	9·94802·817 9·85425·614 9·97780·719	4·11354·215 4·01977·012 4·14332.117	$su =$ 10465·762 $log.\ su =$ 4·01977·086 $Du =$ 446451·680
110 $\begin{cases} Au\gamma \\ uA\gamma \\ uyA \end{cases}$ Alaric.	71 50 18·26 75 30 28·85 32 19 14·88 1·99	9·97780·564 9·98595·730 9·73204·872	4·28753·012 4·29568·177 4·04177·320	$Du =$ 446451·079 $uy =$ 19755·336 $log.\ uy =$ 4·29568·442 $Dy =$ 466206·415
111 $\begin{cases} EB\theta \\ BE\theta \\ B\theta E \end{cases}$ Bugarach.	52 56 33·14 49 54 33·61 77 8 55·96 2·71	9·90202·006 9·88367·639 9·98898·292	4·23946·015 4·22111·648 4·32642·300	

N°.	Angles	Angles.	Sinus des angles.	Sinus des côtés opposés.	Arcs partiels et totaux. Logarithmes de l'arc partiel.
112	θ y z	32° 29' 14"88	9·73204·872	3·97601·173	y z = 17098·105
	y θ z	77 8 55·96	9·98898·292	4·23294·593	log. y z = 4·23494·798
	y z θ	70 11 50·62	9·97352·748	4·21749·049	
		1·46			D z = 483304·520
113	E z a	70 11 50·62	9·97352·748	4·21647·664	z a = 17365·496
	z E a	82 59 3·11	9·99673·599	4·23968·514	log. z a = 4·23968·719
	z a E	26 49 7·51	9·65433·990	3·89728·906	
Estella.		0·00			D a = 500670·016

y est le point de concours de Saint-Pons-Nore, Alaric-Carcassonne.

N°.	Angles	Angles.	Sinus des angles.	Sinus des côtés opposés.	Arcs partiels et totaux. Logarithmes de l'arc partiel.
114	τ A δ	62 35 37·83	9·94829·847	4·38430·010	D u = 446451·680
	A τ δ	87 14 54·14	9·99949·898	4·43550·061	
*	A δ τ	30 9 31·22	9·70104·653	4·13704·816	
Alaric.		3·19			
115	δ u x	71 50 19·36	9·97780·719	4·57024·201	u x = 19655·042
	u δ x	30 9 31·22	9·70104·653	4·29348·135	= 4·29348·397
*	u x δ	78 0 16·27	9·99041·167	4·58284·649	
		6·85			D x = 466106·722
116	F τ t	97 7 28·43	9·99663·374	4·12545·638	
	τ F t	31 41 15·91	9·72039·895	3·84922·159	
*	τ t F	51 11 16·43	9·89165·206	4·02047·470	
Forceral.		0·77			

Nᵒˢ.	ANGLES	ANGLES.	SINUS des angles.	SINUS des côtés opposés.	ARCS PARTIELS ET TOTAUX. Logarithmes de l'arc partiel.
117 *	$a\,x\,i$ $x\,i\,a$ $x\,a\,i$	101° 59′ 43″73 51 11 16.43 26 49 6.46	9·99041·167 9·89165·206 9·65433·551	4·13741·978 4·53866·016 4·30134·361	$xa =$ 34567·515 $log.\,xa =$ 4·53866·872
		6.62			$Da =$ 500674·237

x, intersection de la méridienne et du prolongement de Tauch-Bugarach.

y, intersection d'Alaric-Bugarach prolongé.

i, point de concours de Forceral-Estella, Bugarach-Tauch.

L'excès de la seconde série est ici de 4′22. Ces irrégularités viennent après les grands triangles, comme le 100ᵉ et le 117ᵉ; mais elles ne portent que sur le point d'intersection, et n'auront pas d'autre effet sensible.

Nᵒˢ.	ANGLES	ANGLES.	SINUS des angles.	SINUS des côtés opposés.	ARCS PARTIELS ET TOTAUX. Logarithmes de l'arc partiel.
118	$S\,E\,\zeta$ $E\,S\,\zeta$ $E\,\zeta\,S$	9 21 7.54 94 11 53.60 76 26 59.73	9·21085·609 9·99883·311 9·98774·022	3·59003·586 4·37801·288 4·36691·998	$Da =$ 500670·016
Secalm.		0·87			
119	$\zeta\,a\,b$ $a\,\zeta\,b$ $a\,b\,\zeta$	26 49 7.51 76 26 59.73 76 43 53.00	9·65433·990 9·98774·022 9·98824·885	3·53633·009 3·86973·040 3·87023·903	$ab =$ 7408·508 $log.\,ab =$ 3·86973·077
		0·24			$Db =$ 508078·524
120	$S\,b\,c$ $b\,S\,c$ $S\,c\,b$	76 43·53·00 67 40 41·15 35 35 25.85	9·98824·885 9·96617·206 9·76491·428	2·87993·113 2·85695·434 2·65569·657	$bc =$ 719·373 $log.\,bc =$ 2·85695·434
Secalm.		0·00			$Dc =$ 508798·297

N^os.	Angles	Angles.	Sinus des angles.	Sinus des côtés opposés.	Arcs partiels et totaux. Logarithmes de l'arc partiel.
121	$R\,c\,i$	35° 35′ 25″85	9·76491·428	4·55626·747	$c\,i =$ 49419·211
	$c\,R\,i$	126 58 8·10	9·90252·606	4·69387·925	$log.\ c\,i =$ 4·69389·581
	$c\,i\,R$	17 26 31·12	9·47674·495	4·26809·813	
Rodos.		5·13			$D\,i =$ 558217·508
122 *	$N\,E\,\eta$	50 51 35·04	9·88963·947	4·34872·683	
	$E\,N\,\eta$	95 29 5·05	9·99800·710	4·45709·446	
	$E\,\eta\,N$	33 39 23·32	9·74367·617	4·20276·353	$D\,a =$ 500674·237
N D. du Mont.		3·41			
123 *	$a\,u\,\eta$	119 31 30·98	9·93958·834	4·08572·349	$a\,u =$ 7759·107
	$a\,\eta\,u$	33 39 23·32	9·74367·617	3·88981·132	$log.\ a\,u =$ 3·88981·177
	$\eta\,a\,u$	26 49 6·42	9·65433·534	3·80047·049	
		0·72			$D\,u =$ 508433·344
124 *	$S\,u\,c$	119 31 30·98	9·93958·834	2·88099·596	$u\,c =$ 367·677
	$u\,S\,c$	24 53 4·57	9·62406·752	2·56547·514	$log.\ u\,c =$ 2·56547·514
	$u\,c\,S$	35 35 24·45	9·76491·017	2·70631·778	
Secalm.		0·00			$D\,c =$ 508801·021
125 *	$R\,c\,d$	35 35 24 45	9·76491·017	4·04250·686	$c\,d =$ 17364·685
	$d\,R\,c$	66 24 0·81	9·96206·816	4·23966·486	$log.\ c\,d =$ 4·23966·690
	$c\,d\,R$	78 0 36·54	9·99042·074	4·26801·743	
Rodos.		1·80			$D\,d =$ 526165·706
126 *	$R\,d\,i$	101 59 23·46	9·99042·074	4·55618·615	$d\,i =$ 32045·225
	$d\,R\,i$	60 34 7·29	9·93999·095	4·50575·636	
	$d\,i\,R$	17 26 30·67	9·47674·145	4·04250·686	
Rodos.		1·42			$D\,i =$ 558210·316

Voilà bien une autre irrégularité ; elle est de 6.577, mais elle n'est pas dangereuse : elle vient de l'extrême obliquité du côté Ri sur la méridienne, et en même temps de la grandeur des triangles cRi et Rdi. Ces grands triangles, comme on le voit, sont les moins exacts ; ils n'ont d'autre mérite que d'abréger le calcul. Au reste il n'en résultera rien de fâcheux, car nous n'avons aucun besoin du point i qui n'est qu'un auxiliaire pour arriver à Montjouy. Or, en revenant du point i à Matas et de là à Montjouy, et faisant le calcul dans les deux séries, nous arrivons au même résultat.

Cet inconvénient des côtés obliques, qui au reste est plus apparent que réel, n'a pas lieu dans ma méthode qui détermine les différences des parallèles par la formule D' ci-dessus, page 20.

Cette formule n'exige point de figure, aucune attention embarrassante, aucun calcul pénible, et, après une longue expérience de toutes les méthodes, elle me paroît la plus simple que l'on puisse employer; elle n'exige que des logarithmes à cinq décimales, excepté pour le terme $\delta. \cos. Z$. Enfin elle m'a donné pour les portions du méridien des quantités beaucoup mieux d'accord entre elles que les deux méthodes fondées sur la solution des triangles secondaires. Au reste la méthode des triangles n'a contre elle que la longueur et la difficulté des calculs. Les irrégularités que nous avons remarquées en trois ou quatre points du grand arc, ne font que déplacer un peu le point d'intersection de la méridienne avec les côtés des triangles, mais ne changent pas

3. 10

la distance des parallèles. C'est ce qu'il s'agit de mettre ici-dans tout son jour, pour qu'il ne reste aucun doute, aucun scrupule sur l'exactitude de notre résultat définitif.

Pour revenir du point i à Matas nous prolongerons en K la distance IM de Montjouy à Matas, et dans le triangle iMK nous aurons les quantités suivantes par la première série de triangles.

iMK	134° 44' 50"62	9.85139.130	4.37702.573	4.37702.958
MiK	17 26 31.18	9.47674.495	4.00237.937	$iK = -$ 23824.817
iKM	27 48 39.06	9.66890.205	4.19453.648	$Di =$ 558217.508

$log.\ sin.\ MI$ 3.97163.79683

$log.\ sin.\ MK$ 4.00237.93721

0.93116 . . . . . . 9.86925.85962

1.93166 . . . . . . 0.28593.06866

$sin.\ MK$ 4.00237.93721

$+$ 0.05542

$-$ 0.19163

$log.\ sin.\ IK$ 4.28830.86966

25582

$log.\ IK$ 4.28831.12548

51.64

$log.\ tang.\ IK$ 4.28831.63712

$cos.\ K$ 9.94669.42236

$log.\ tang.\ Kp$ 4.23501.05948

$-$ 40029

$log.\ Kp$ 4.23500.65919

Kp . . . . $=$ 17179.3446

DK . . . . . . $=$ 534392.6190

Dp . . . . $=$ 551572.0356

Réduction au parallèle . . . 11.476

$D\omega$ . . . . 551583.5116 $=$ arc.

Cette différence a pour expression

$$n. \sin. o''5. \sin^2. Ip. \, tang. \, L = 11'476$$

Ip étant l'arc perpendiculaire ou la distance de Montjouy au méridien de Dunkerque, et n le nombre qui sert à convertir les toises en secondes.

J'ajoute donc ces 11'476 à l'arc du méridien Dp . . .   551572·036

Et j'ai enfin pour la différence des parallèles de Dunkerque à Montjouy . . . .   551583·512

Voyons maintenant ce que nous donnera l'autre série.

sin. Ri.	4·55618·61490
sin. RM	4·30849·68816
m	8·86468·30306
$(m + dm) = 0·56535$	8·86468·73965
d. log. m	0·43659
log. $(1 — m — dm) = 0·43465$.	9·63813·96840
sin. Ri.	4·55618·61490
$\dfrac{m. \, d. \, log. \, m}{(1 — m)}$	0·86680
const. sin. RI. sin. ZM	1·48981
log. sin. iM	4·19434·93991
Pour la première série, sin. iM	4·19451·12408

A présent, pour ne rien faire comme dans la première série, de Montjouy au point i menons l'arc Ii; dans le triangle iMI nous connoîtrons le côté iM, le côté MI avec l'angle compris $iMI = 45°$ 15′ 9″38, supplément à 180° de trois angles observés à Matas entre Rodos,

Montserrat, Valvidrera et Montjouy. Nous calculerons l'excès sphérique, qui sera 1″00. La somme des deux angles inconnus sera 134° 44′ 51″62; la demi-somme, 67° 22′ 25″81.

Cherchons la demi-somme par les formules données ci-dessus, pages 10 et 11.

$$
\begin{array}{ll}
\text{sin. } MI\ldots\ldots\ldots\ldots & 3\cdot97163\cdot79683 \\
\text{sin. } iM \ldots\ldots\ldots\ldots & 4\cdot19434\cdot93991 \\
\text{tang. } x = 30°\ 54'\ 48''85 \ldots & 9\cdot77728\cdot85692 \\
\qquad\qquad 45° & \\[4pt]
\text{cot.} \ldots 75°\ 54'\ 48''85 & 9\cdot39955\cdot72294 \\
\text{tang.} : \ldots 67°\ 22'\ 25''81 & 0\cdot38004\cdot58243 \\
\text{tang.} \ldots 31°\ 2'\ 53''97 & 9\cdot77960\cdot30537 \\
\end{array}
$$

MIi	98° 25′ 19″78	9·99529·44253	4·19433·44994
MiI	36 19 31 84	9·77259·44942	3·97163·79683
iMI	45 15 9·38	9·85139·13015	4·05043·47756
	180 0 1·00		

Nous avons donc . . . . $MiI = 36°\ 19'\ 31''54$
Et . . . . $MiK = 17°\ 26'\ 30''67$

Donc . . . . $Iip = 53°\ 46'\ 2''21$

$$
\begin{array}{ll}
\text{sin. } iI \ldots\ldots\ldots\ldots & 4\cdot05043\cdot47756 \\
3\ \log.\left(\frac{iI}{\text{sin. } iI}\right)\ldots\ldots & 0\cdot25665 \\[4pt]
\text{tang. } iI \ldots\ldots\ldots\ldots & 4\cdot05043\cdot73421 \\
\text{cos. } Iip \ldots\ldots\ldots\ldots & 9\cdot77163\cdot62686 \\[4pt]
\text{tang. } ip \ldots\ldots\ldots\ldots & 3\cdot82207\cdot36107 \\
3\ \log.\left(\frac{ip}{\text{sin. } ip}\right)\ldots\ldots & -\ 8884 \\[4pt]
\log.\ ip = -\ 6638\cdot6422 \ldots & 3\cdot82207\cdot27223 \\
\end{array}
$$

$ip = -\ 6638.6422$
$Di = \overline{\ 558210.9310}$

$Dp = \overline{\ 551572.289}$
$+\quad 11.476$ = différ. entre le parallèle et le pied de la perpendicul.

$Da = \overline{\ 551583.765}$ = différ. des parall. entre Dunkerque et Montjouy.
551583.512 = différence des parallèles par la première série.

$\overline{551583.6385}$ Milieu.

Ainsi, malgré la différence entre les deux points d'intersection i dans les deux séries, le résultat définitif ne diffère que de $0^t253 = 1^{pi}518 = 1^{pi}\ 6^{po}\ 2^{l}3$, différence qu'on peut regarder à bon droit comme insensible. Ainsi cette longue suite de calculs a été faite avec toute la précision désirable.

La commission, par un milieu entre les calculs des quatre commissaires qui avoient travaillé séparément, s'est arrêtée au nombre 551584^t72. Ainsi la petite diminution que, d'après des calculs plus exacts, j'ai faite à la base de Melun pour une réduction qui avoit été omise, et les changemens imperceptibles que j'ai faits aux angles pour faire accorder ensemble les deux bases, n'ont opéré qu'un changement également imperceptible dans la longueur de l'arc total qui définitivement sera de 551584 toises; car on pense bien que nous n'avons pas la prétention de répondre d'une fraction de toise, à beaucoup près.

J'ai trouvé sensiblement la même chose en faisant le calcul entier avec huit décimales, et j'en étois d'avance persuadé; mais il falloit dans une circonstance aussi rare et aussi importante faire plus que ce qui m'étoit démontré devoir être suffisant. Mais ceux qui calculeront désormais des opérations de même genre peuvent très-bien y employer les tables de Callet au lieu de celles de Vlacq; ils y gagneront beaucoup de temps et s'épargneront bien des dégoûts.

Ce n'est pas tout d'avoir déterminé la longueur de l'arc total, il faut connoître aussi la longueur des arcs partiels, c'est-à-dire la différence entre les parallèles de Dunkerque, de Paris, d'Évaux, de Carcassonne, de Montjouy et même de Perpignan, et enfin les azimuts de Paris, de Bourges, de Carcassonne et de Montjouy, pour voir suivant quelle loi les degrés croissent en allant du nord au sud, et comment les azimuts calculés s'accorderont avec les observations.

Les calculs des différences entre les parallèles se feront à peu près comme celui de Montjouy, mais avec plus de facilité, en raison de la plus grande proximité de tous ces lieux à la méridienne.

Nous calculerons tout à la fois les arcs du méridien et les azimuts. Commençons par le Panthéon.

Panthéon.

Le triangle 33 nous donne $log.\ rP = 3.1926846$, et l'angle $r = 46°\ 31'\ 40''57$. C'est l'azimut du Panthéon vu du point r.

Nous pouvons ici, vu la petitesse du triangle, nous contenter de cinq décimales, et négliger par conséquent les différences des arcs aux sinus et aux tangentes.

Les formules démontrées ci-dessus nous donnent

sin. μ = sin. distance à la méridienne = sin. δ. sin. Z

tang. π = sin. dist. au pied de la perpendicul. = tang. δ. cos. Z

Soit Π la distance du point de la méridienne, tel que *r* dans notre exemple, à la tour de Dunkerque; la différence de parallèle entre Dunkerque et le lieu pour lequel on calcule sera

$$\Pi + \pi + n. \; sin. \; 0''5. \; \delta^2. \; sin^2. \; Z. \; tang. \; L = \Pi + \pi$$

n étant le nombre qui sert à réduire les toises en secondes. Nous donnerons bientôt une table de ces nombres; mais en attendant on peut se servir de la formule (V). donnée ci-dessus, page 33.

Latitude du lieu $= L' = L - n(\Pi - \pi)$, *L* étant la latitude du point d'intersection sur la méridienne, tel que *r*.

$$Z' = 180° + Z - \delta. \; sin. \; Z. \; tang. \; L' + \mu\pi. \; n^2. \; sin. \; 0''5$$

Voici le type du calcul :

δ	3.1926846	δ.........	3.1926846	$L' =$	48° 50′ 50″50
sin. Z	+ 9.8607631	*cos. Z* +	9.8375890	$Z =$	46° 31′ 40″57
$+ \mu = $ 1130′96	+ 3.0534477	+ 1072.2	3.0302736		180° 1′ 20″0
n	8.79969	μ.........	3.05345	Damm.	226° 30′ 18″6
C. cos. L' .	0.18303	*n². sin.0″5*	1.98454		48° 17′ 35″2
+ 1′ 48″7	2.03617	0′01	8.06826	Bell. .	274° 47′ 53″8
sin. L' ...	9.87776	μ²	6.10689		37° 1′ 41″0
— 1′ 22″0	1.91393	*tang. L'* ..	0.06079	Brie..	311° 49′ 34″8
		n	8.79969		
		sin. 0″5 ...	4.38454		
		0′23	9.36091		

$+ 0° 1' 48''7 = $ différence en longitude.

$4 (0° 1' 48''7) = + \quad 7' 14''8$

$\frac{1}{60} \ldots \ldots = + 0^h 0' 7''25 = $ différence en temps.

$1072.2 = $ distance de r à la perpendiculaire du Panthéon.

$0.23 = \mu^2 \; n. \; sin. \; 0''5 \; tang. \; L$

_____

$1072.43 = $ distance de r au parallèle du Panthéon.

$123872.19 = \Pi = $ distance de r au parallèle de Dunkerque.

_____

$124944.62 = $ distance du Panthéon au parallèle de Dunkerque.

$Z + 180° - 1' 22''0 = $ azimut de r vu du Panthéon.

Je néglige le petit terme $\mu \pi . \; n^2. \; sin. \; 0''5 = 0''01$.

Cet azimut est le même que celui de Dammartin. l'azimut de Dammartin est donc 226° 30' 18''6; j'y ajoute l'angle entre Dammartin et Bellassise ou 48° 17' 35''2 : l'azimut de Bellassise sera donc 274° 47' 53''8, et par une opération pareille celui de Brie sera 311° 49' 34''8.

Ce que nous avons fait par le point r nous pouvons le faire par le point s qui nous donnera directement l'azimut de Bellassise, et par le point t qui nous donnera celui de Brie.

Par un milieu entre les trois calculs j'ai trouvé 12494^{t}8 pour la différence des parallèles entre Dunkerque et le Panthéon.

La commission, d'après nos premiers calculs, avoit adopté 124945^{t}18; différence, 0^{t}38.

Bourges.

LE triangle 65 nous donne *log. sin. nB* = 3.1434809, et l'angle n = 141° 16' 56"81, dont le supplément à 360° sera l'azimut de Bourges vu du point n. Ainsi

Z	=	218° 43' 3"19
180° + dZ.		180° + 59"0
Azimut de n vu de Bourges		38° 44' 2"2
Azimut de Morogues		218° 44' 2"2
Entre Morogues et Vasselai		43° 50' 47"8
Azimut de Vasselai.		174° 53' 14"4

La latitude de Bourges est 47° 5' 4".

sin. δ.	+ 3.1434809		+ 3.1434809
sin. Z	— 9.79621	cos. Z	— 9.89223
μ	2.93969	π	— 3.03571
n	8.79996		
C. cos. L'. . . .	0.16681		
Longit. = — 1' 20"6 —	1.90646		
— sin. L'	— 9.86473		
dZ = 59" +	1.77119		

π est la distance du point n à la perpendiculaire abaissée de Bourges sur la méridienne.

Évaux.

Le triangle 74 donne *log. sin. Eω* = 3.6515627.

L' = 46° 10' 42"5		Z = 256°	5' 16"98		
sin. δ.	3.65156				3.6515627
sin. Z	— 9.98707	cos. Z			— 9.3809894
μ = — 4351'4. . .	— 3.63863	π = —	1077'8	—	3.0325521
		π' = +	3.1		
2 *log.* μ.	7.27727	Π =	278312.6		
tang. L'.	0.01787				
n sin. 0"5.	3.18454	277237.9 = différence des parallèles entre Dun-			
π^3 = — 3'1	0.47968	kerque et Évaux.			

3.

Entre Dunkerque et Évaux . . . .   277237·9
La commission avoit adopté 277236.66

Différence . . . .   1·24

Carcassonne.

Le triangle 106 donne *log.* $tC = 3.4868995$.

$t = Z$ . . . . =   21°   20′ 43″21
$180° + dZ$ . . . .   180° — 1′ 6″3

Azimut de Nore . . . . .   201°   19′ 36″9

et d'ailleurs $L' = 43° 8″ 53″$

sin. δ	3·4868945			3·4868945
sin. Z	9·5610875	*cos.* Z		9·9691380
$\mu = +$ 1116·8	3·0479820	$\pi = +$ 2857·7		3·4560225
n	8·80084	μ		3·04798
$C.$ *cos.* L'	0·13742	n *sin.* 0°5 . . .		1·98454
Longit. $= +1′36″9$	1·98627	$ddZ = 0″03$ . .		8·48854
$— sin. L'$	$— 9·83555$			
		μ^2		6·09596
$dZ \;—\; 1′ \; 6″3$	1·82182	*tang.* L'		9·97297
				3·18539
		$\pi' = 0·2$ . . .		9·25432

$\Pi = Dr =$ . . . .   443226·7
π . . . .   2857·7
$\pi' =$ . . . .   0·2

Différence entre Dunkerque et Carcassonne . .   446084·6
Suivant la commission . . . .   446085·76

Différence . . . .   1·16

Montjouy.

Nous avons trouvé ci-dessus la distance des parallèles 551583^t45. Le triangle MiK nous a donné

$$log. \; IK = 4 \cdot 28830 \text{ et } K = Z = \quad 27° \; 48' \; 38''o6$$

$$180°$$

$$- \quad 8 \quad 24''2$$

$$+ \quad \quad 1''5$$

Matas . . . . $207° \; 40' \; 15''4$

IK	$4 \cdot 28830$		$4 \cdot 24830$
$sin. \; Z$	$+ \, 9 \cdot 66890$	$cos. \; Z$	$+ \, 9 \cdot 94670$
μ	$3 \cdot 95720$	π	$4 \cdot 2350$
n	$8 \cdot 80070$	μ	$3 \cdot 95720$
$C. \; cos. \; L'$	$0 \cdot 12464$		$1 \cdot 98454$
Longitude $= + \, 12' \, 43''o$	$2 \cdot 88254$	$ddZ = + \quad 1''5$	$0 \cdot 17674$
$- sin. \; L'$	$- 9 \cdot 83010$		
$dZ = - \; 8' \, 24''2$	$2 \cdot 71264$		

Voyons d'abord comment tous ces azimuts calculés s'accordent avec les observations.

Nous avons trouvé, tome II, page 129, que le Panthéon sur l'horizon de mon observatoire est à l'ouest du méridien de $29° \, 12' \, 28''7 = Z$, et que la distance de mon observatoire au Panthéon est de 885 toises.

n	$8 \cdot 79960$
δ	$2 \cdot 94694$
$sin. \; Z$	$9 \cdot 68840$
$- \; tang. \; L'$	$- 0 \cdot 05850$
$dZ = - \; 31''1$	$1 \cdot 49344$

$$Z \ldots \ldots \ldots \ldots = 29° \; 12' \; 28''7$$
$$180° + dZ \ldots \ldots \ldots \ldots 180° - 31''1$$

Observatoire de la rue de Paradis	209° 11' 57''6
Entre cet Observatoire et Montmartre . .	— 37° 53' 42''0
Pyramide de Montmartre	171° 18' 15''6
Entre Montmartre et les Invalides . . .	— 59° 34' 3''0
Azimut des Invalides	111° 44' 12''6
Entre Bellassise et les Invalides.	+ 163° 3' 48''0
Azimut observé de Bellassise	274° 48' 0''6
Azimut calculé ci-dessus	274° 47' 53''8
Différence ou excès du calcul . .	— 6''8

Il faudroit donc ajouter 6''8 à l'azimut observé à Watten, pour le faire accorder avec celui que j'ai observé à Paris.

Cette légère différence peut s'attribuer avec beaucoup de vraisemblance à l'erreur des observations azimutales mêmes; elle doit renfermer en outre la résultante de toutes les erreurs des angles observés entre Watten et Paris, et rien jusqu'ici n'indique un aplatissement dans le sens des parallèles à l'équateur.

A Bourges nous avons par le calcul trouvé pour l'azimut de Morogues	218° 44' 2''2
Entre Morogues et Dun	+ 110° 27' 11''7
Azimut de Dun à Bourges	329° 11' 13''9
L'observation (t. II, p. 131) a donné	329° 10' 41''3
Excès du calcul	+ 32''6
Excès du calcul à Paris	— 6''8
De Paris à Bourges, excès du calcul	+ 39''4

Ici la différence est bien forte pour être attribuée toute entière à l'erreur des observations. J'ai beaucoup de peine à croire que cette erreur puisse passer 10'';

supposons 15″ si l'on veut, il en restera 24 qui ne pourront guère venir que des irrégularités de la terre.

A Carcassonne, le calcul a donné pour l'azimut de Nore .	201° 19′ 36″9
. Ci-dessus, page 135, nous avons eu par l'observation .	201° 18′ 58″0
Excès du calcul.	+ 38″9
. A Bourges l'excès du calcul n'étoit que	+ 32″6
Différence entre Bourges et Carcassonne	+ 6″3

L'azimut de Carcassonne s'accorde donc avec celui de Bourges dans les mêmes limites que ceux de Paris et de Dunkerque; mais il ne s'accorde assez bien ni avec celui de Paris, ni avec celui de Dunkerque. La différence entre Paris et Carcassonne est de 45″7. Les deux azimuts auxquels j'aurois le plus de confiance, par le nombre et la qualité des observations, sont précisément ceux qui diffèrent le plus. Il est difficile de méconnoître ici l'effet de l'irrégularité des parallèles.

A Montjouy, l'azimut de Matas donné par le calcul, est .	207° 40′ 15″4
Tome II, page 138, l'observation nous a fait trouver .	207° 39′ 52″0
Excès du calcul de Dunkerque à Montjouy . . .	+ 23″4
——— de Paris à Montjouy	+ 30″2
——— de Bourges à Montjouy	— 9″2
——— de Carcassonne à Montjouy	— 15″5
——— de Dunkerque à Paris	— 6″8
——— de Dunkerque à Bourges	+ 32″6
——— de Dunkerque à Carcassonne.	+ 38″9
——— de Dunkerque à Montjouy	+ 23″4
——— de Paris à Bourges	+ 39″4
——— de Paris à Carcassonne	+ 45″7
——— de Paris à Montjouy	+ 30″2
——— de Bourges à Carcassonne	+ 6″3
——— de Bourges à Montjouy	— 9″2
——— de Carcassonne à Montjouy	— 15″5

L'azimut de Bourges, qui paroît l'un des plus irré-
guliers, tient à peu près le milieu entre ceux de Carcassonne et de Montjouy, qui sont de M. Méchain.

Il paroît impossible d'accorder ces azimuts en les corrigeant de l'erreur possible des observations; il n'est
pas plus aisé de reconnoître la loi que suivent ces irrégularités. Il se pourroit que la terre ne fût pas un solide
de révolution; mais, sans nous perdre dans des ques-
tions insolubles, voyons l'effet que l'erreur d'azimut a
pu produire sur la longueur de notre arc. Supposons
l'azimut de Montjouy exact à $7''4'$, quoiqu'il soit peut-
être le moins sûr de tous, nous aurons alors, en retranchant $16''$ de tous les azimuts calculés,

De Dunkerque à Paris.	— 22″8
De Dunkerque à Bourges	+ 16″6
De Dunkerque à Carcassonne	+ 22″9
De Dunkerque à Montjouy	+ 7″4

Aucune des erreurs ne sera de $23''$. Supposons que
nous nous soyons trompés de $23''$ à Dunkerque, et calculons l'erreur de l'arc.

Soit P le pôle, *pl. I, fig.* 7, D Dunkerque, M Montjouy, Mu l'arc perpendiculaire abaissé de Montjouy
sur le méridien de Dunkerque, et prenons $Pm = PM$,
Dm sera la différence des parallèles.

Dans le calcul de la première série nous avons calculé Du par parties, et nous y avons ajouté mu; ainsi
nous avons fait $Dm = Du + mu$, et nous aurons

$$d.\, Dm = d.\, Du + d.\, mu$$

Or $tang. \, Du = cos. \, D. \, tang. \, Dm.$ Donc

$$d. \, Du = - \, dD. \, sin. \, D. \, tang. \, Dm. \, cos^2. \, Du$$
$$= - \, dD. \, sin. \, D. \, sin. \, Dm. \, cos. \, Dm$$
$$= - \, dD. \, sin. \, Mu. \, cos. \, Dm$$

De plus

$$mu = tang^2. \, \tfrac{1}{2} P. \, sin. \, 2 \, PM = 2 \, tang^2. \, \tfrac{1}{2} P. \, sin. \, PM. \, cos. \, PM$$
$$= 2 \, tang^2. \, \tfrac{1}{2} P. \, sin. \, L'. \, cos. \, L'$$

Ainsi

$$d. \, mu = \frac{2 \, tang. \tfrac{1}{2} P. \, d \tfrac{1}{2} P. \, sin. \, L'. \, cos. \, L'}{cos^2. \, \tfrac{1}{2} P} = \frac{sin. \tfrac{1}{2} P \, cos. \tfrac{1}{2} P. \, dP. \, sin. \, L'. \, cos. \, L}{cos^4. \, \tfrac{1}{2} P}$$

$$= \frac{\tfrac{1}{2} dP. \, sin. \, P. \, sin. \, L'. \, cos. \, L'}{cos^4. \, \tfrac{1}{2} P} = \frac{\tfrac{1}{2} dP. \, sin. \, Mu. \, sin. \, L'}{cos^4. \, \tfrac{1}{2} P}$$

Or

$$sin. \, Mu = sin. \, P. \, cos. \, L' = sin. \, D. \, sin. \, Dm$$

ou

$$sin. \, P = \frac{sin. \, D. \, sin. \, Dm}{cos. \, L'}$$

Donc

$$dP = \frac{dD. \, cos. \, D. \, sin. \, Dm}{cos. \, P. \, cos. \, L'}$$

donc

$$dm = \frac{\tfrac{1}{2} dD. \, cos. \, D. \, sin. \, Dm}{cos. \, P. \, cos. \, L'} \cdot \frac{sin. \, Mu. \, sin. \, L'}{cos^4. \, \tfrac{1}{2} P}$$

$$= \frac{\tfrac{1}{2} dD. \, sin. \, Mu. \, sin. \, Dm. \, tang. \, L'. \, cos. \, D}{cos. \, P. \, cos^4. \, \tfrac{1}{2} P}$$

$$= \tfrac{1}{2} dD. \, sin. \, Mu. \, cos. \, Dm. \, tang. \, Dm. \, tang. \, L'$$

sans erreur sensible. Donc

$$- \, d. \, Dm = dD. \, sin. \, Mu. \, cos. \, Dm. \, (1 - \tfrac{1}{2}. \, tang. \, Dm. \, tang. \, L')$$

Cette formule en deux termes exprime donc l'erreur que nous aurons commise sur Dm dans le calcul de Du et dans celui de mu, si nous nous sommes trompés d'une quantité dD dans l'inclinaison supposée à la

chaîne entière des triangles sur le méridien de Dunkerque.

Dans notre exemple, dD étant de 23″, Dm de 9°
40′ 24″, Mu de 9059^t, et L' de 41° 21′ 45″, nous ferons
le calcul suivant :

$$
\begin{array}{lr}
sin.\ 23''\ \dots\dots\dots\dots & 6\cdot04730 \\
mu\ \dots\dots\dots\dots\dots & 3\cdot95708 \\
cos.\ Dm\ \dots\dots\dots\dots & 9\cdot99378 \\
\hline
\qquad\qquad -\ 0\cdot996\ . & 9\cdot99816 \\
tang.\ Dm\dots\dots\dots\dots - & 9\cdot21945 \\
tang.\ L'\dots\dots\dots\dots & 9\cdot94469 \\
\hline
\qquad\qquad +\ 0\cdot150\ . & 9\cdot16240 \\
\end{array}
$$

Erreur de $Dm = 0^t846$. $9\cdot27770$

Le triangle PDM donne aussi

$$cos.\ PM = -\ cos.\ D.\ sin.\ PD.\ sin.\ DM + cos.\ PD.\ cos.\ DM$$
$$sin.\ L' = -\ cos.\ D.\ cos.\ L.\ sin.\ DM + sin.\ L.\ cos.\ DM$$

Donc

$$-dL' = \frac{dD.\ sin.\ D.\ cos.\ L.\ sin.\ Dm}{cos.\ L'} = \frac{dD.\ sin.\ Mu.\ cos.\ L}{cos.\ L'}$$

ou

$$-d.\ Dm = \frac{dD.\ sin.\ Mu.\ cos.\ L}{cos.\ L'}$$

Formule encore plus simple :

$$
\begin{array}{lr}
dD.\dots\dots\dots\dots\dots & 6\cdot04730 \\
Mu\ \dots\dots\dots\dots\dots & 3\cdot95708 \\
cos.\ L = 51'\ 2''10\dots\dots & 9\cdot79856 \\
C.\ cos.\ L'\dots\dots\dots\dots & 0\cdot12461 \\
\hline
\end{array}
$$

Erreur de $Dm - 0^t846$ . . . . . . $9\cdot92755$

L'erreur ne sera donc pas d'une toise sur l'arc total,

et c'est une quantité dont nous ne pouvons pas répondre. Nous pouvons ajouter qu'elle surpasse l'erreur commise.

Voyons maintenant quelle loi suivent les degrés dans leurs variations.

L'arc entre Dunkerque et le Panthéon est de 124944.8, et la différence de latitude est 2° 11′ 19″83.

Le degré moyen sera donc de 57082ᵗ63 à la latitude moyenne de 49° 56′ 29″30 ; ce qui diffère très-peu de ce qu'on avoit trouvé en 1740.

L'arc entre le Panthéon et Évaux est de 152293.1 pour 2° 40′ 6″83. Le degré sera donc de 57069.31 à la latitude moyenne de 47° 30′ 45″91.

L'arc entre Évaux et Carcassonne est de 168846.7, et l'arc céleste de 2° 57′ 48″24. Le degré sera donc de 56977.80 à la latitude moyenne de 44° 41′ 48″37.

Enfin l'arc entre Carcassonne et Montjouy est de 105499, et l'arc céleste de 1° 51′ 9″34. Le degré sera donc de 56946.68 pour la latitude moyenne de 42° 17′ 19″6.

	LATITUDES	INTERVAL.	INTERV. en toises.	DEGRÉS.	LATITUDE moyenne.	ARC d'une seconde.	Diminut. par 1°.
Dunkerque..	51° 2′ 9″20					15ᵗ856283	
Panthéon....	48 50 49.37	2 11 19.83	124944.8	57082ᵗ63	49 56 29.30	15.852586	5.5
Évaux........	46 10 42.54	2 40 6.83	152293.1	57069.31	47 30 45.91	15.827167	32.4
Carcassonne..	43 12 54.30	2 57 48.24	168846.7	56977.80	44 41 48.37	15.818508	12.9
Montjouy....	41 21 44.96	1 51 9.34	105499.0	56946.68	42 17 19.60		

La première chose que l'on remarque en jetant les yeux sur ce tableau, c'est qu'il n'est aucun de ces quatre

2.

arcs qui n'indique une diminution du nord au sud ou un aplatissement.

La seconde est que cette diminution assez irrégulière n'est pas celle que donneroit la courbure elliptique du méridien.

On voit d'abord une diminution de 13^{t}32 pour 2°25′ 43″39 de diminution dans la latitude moyenne, ce qui ne feroit que 5^{t}5 par degré.

On voit ensuite une diminution rapide de 91.51 pour 2° 48′ 57″54; ce qui fait 32^{t}4 par degré.

Enfin 2° 24′ 28″77 de diminution dans la latitude moyenne, donnent une diminution de 31.17, c'est-à-dire de 12^{t}9 environ par degré.

De ces trois diminutions la dernière est celle qui approche le plus des idées qu'on avoit communément sur la figure de la terre ; mais il n'en seroit pas de même si l'on augmentoit de 3″24 la latitude de Montjouy, pour satisfaire aux observations faites à Barcelone, et réduites à la tour de Montjouy par un triangle dont les trois angles ont été observés, et qui ne laisse aucun doute sur l'exactitude de la réduction. L'arc deviendroit 1° 51′ 6″1 ; le degré seroit alors de 56974.31 ; la diminution pour 2° 24′ 29″ se réduiroit à 3^{t}49, c'est-à-dire à moins de 1^{t}5 par degré.

Et si l'on supposoit à Carcassonne quelque chose de semblable à ce qui est arrivé à Barcelone, ce degré seroit 56995.14. La diminution seroit de 26.3 entre Évaux et Carcassonne ; de 8.6 entre Carcassonne et Montjouy. On auroit une diminution lente aux deux extrémités de l'arc, et une diminution plus ou moins rapide vers le milieu.

Cette irrégularité frappante vers le milieu de l'arc pourroit donner quelque soupçon sur la latitude d'Évaux, si l'on ne veut pas rejeter ces anomalies sur la figure de la terre et sur les inégalités locales. Cette latitude d'Évaux a été déterminée par plus de douze cents observations ; elle a donné pour la déclinaison de la Polaire, à o″11 près, ce que M. Méchain trouvoit dans le même temps à Carcassonne. Cette égalité parfaite de déclinaisons est un argument assez fort en faveur de l'une et l'autre latitude, quoique celle de Carcassonne soit appuyée sur une étoile unique et des observations bien moins nombreuses, tandis qu'à Évaux deux étoiles ont donné précisément le même résultat.

Il ne paroît guère possible de supposer la moindre erreur à Paris où quatre mille huit cents observations, deux étoiles, deux saisons, deux observateurs, donnent à peine une demi-seconde de différence.

Les observations de Dunkerque sont moins nombreuses, mais laissent pourtant o″5 tout au plus à diminuer ; ce qui augmenteroit de bien peu la variation de degré.

La latitude de Montjouy sembleroit ne rien laisser à désirer si celle de Barcelone, observée avec le même soin et la même perfection, ne donnoit pas 3″24 de plus que Montjouy. Cette différence est une preuve évidente des irrégularités de la terre. Les inégalités beaucoup moins fortes que l'on remarque dans le reste de l'arc doivent être attribuées à la même cause. On peut voir à ce sujet les savantes recherches de MM. Laplace et Legendre (*Mécanique céleste*, tome II, *nouvelles méthodes pour la détermination des orbites des comètes*, 1805.); nous dirons seulement qu'avec de légères corrections aux cinq latitudes, ils ont trouvé que l'aplatissement, qui représente le mieux les observations, est $\frac{1}{150}$ suivant M. Laplace, et $\frac{1}{148}$ selon M. Legendre. Nous citerons encore ce résultat de M. Legendre, qu'en supposant l'aplatissement $\frac{1}{310}$, la correction de la latitude de Paris seroit o″oo, et celle de Montjouy ⊢ 3″62; ce qui s'accorde, à o″38 près, avec la latitude observée à Barcelone. Pour Carcassonne, la correction seroit —o″88; pour Dunkerque ⊢ 3″o6, et pour Évaux —5″83. Je ne vois aucune objection à faire à ces résultats quand on les attribuera, comme a fait M. Legendre, *à des attractions locales qui agissent irrégulièrement sur le fil à plomb.*

Sans former aucune hypothèse, voyons quelle seroit la formule propre à représenter toutes nos observations célestes et terrestres.

Au lieu des arcs	124944·8	152293·1	168846·7	et	105499·0
j'avois trouvé	124944·8	152292·9	168846·8	et	105498·6
et précédemment	124944·66	152292·21	166846·94	et	105498·00

On a vu, tome II, page 675, que, dans l'hypothèse elliptique, l'expression d'un arc $(A' - A)$ du méridien compris entre les latitudes L' et L, seroit de la forme

$$(A'-A) = a.(L'-L).sin.\,1'' + \beta.sin.(L'-L).cos.(L'+L) + \gamma.sin.2(L'-L).cos.2(L'+L)$$
$$+ \delta.sin.3(L'-L).cos.3(L'+L) + \text{etc.}$$

Dans cette hypothèse les coefficiens $\alpha, \beta, \gamma, \delta$ sont des fonctions connues de l'aplatissement. Conservons cette forme de série et laissons indéterminés les coefficiens. Nous connoissons quatre arcs; nous pouvons déterminer quatre coefficiens, en supposant le cinquième terme insensible, comme il l'est effectivement dans toutes les hypothèses.

Avec les arcs célestes qu'on vient de voir et mes anciens arcs terrestres j'avois formé les quatre équations suivantes :

$$124944.66 = 0.0382025\,\alpha - 0.00655533\,\beta - 0.0718334\,\gamma + 0.0565703\,\delta$$
$$152292.21 = 0.0465752\,\alpha - 0.00407850\,\beta - 0.0915866\,\gamma + 0.0362259\,\delta$$
$$168846.94 = 0.0517211\,\alpha + 0.00054720\,\beta - 0.1032346\,\gamma - 0.0049063\,\delta$$
$$105498.00 = 0.0323338\,\alpha + 0.00305495\,\beta - 0.0634685\,\gamma - 0.0271300\,\delta$$

d'où

$$3270589 = \alpha - 0.171594\,\beta - 1.880334\,\gamma + 1.480800\,\delta$$
$$3269812 = \alpha - 0.087568\,\beta - 1.966467\,\gamma + 0.777743\,\delta$$
$$3264566 = \alpha + 0.010580\,\beta - 1.995987\,\gamma - 0.094861\,\delta$$
$$3262771 = \alpha + 0.094481\,\beta - 1.962910\,\gamma - 0.839084\,\delta$$

$$777 = - 0.084026\,\beta + 0.086133\,\gamma + 0.703007\,\delta$$
$$6023 = - 0.182174\,\beta + 0.115653\,\gamma + 1.575661\,\delta$$
$$7818 = - 0.266075\,\beta + 0.082576\,\gamma + 2.319884\,\delta$$

$$9247.1 = - \ldots \beta + 1.022717\,\gamma + 8.36654\,\delta$$
$$33061.8 = - \ldots \beta + 0.634849\,\gamma + 8.64924\,\delta$$
$$29382.7 = - \ldots \beta + 0.310349\,\gamma + 8.71905\,\delta$$

$$23814.7 = \ldots - 0.387868\,\gamma + 0.28270\,\delta$$
$$3679.1 = \ldots + 0.324501\,\gamma - 0.06984\,\delta$$

$$61399 = \ldots - \ldots \gamma + 0.728856\,\delta$$
$$11338 = \ldots + \ldots \gamma - 0.215131\,\delta$$

$$72737 = \ldots + 0.513725\,\delta$$

$$\delta = 141587.4; \quad \gamma = 41798; \quad \beta = 1218098; \quad \alpha = 3348538$$

La formule sera donc

$$A' - A = 3348538. \, sin. \, 1'' (L' - L) + 1218098. \, sin. \, (L' - L). \, cos. \, (L' + L')$$
$$+ \, 41798. \quad sin. \, 2 \, (L' - L). \, cos. \, 2 \, (L' + L)$$
$$+ \, 141587'5 \, sin. \, 3 \, (L' - L). \, cos. \, 3 \, (L' + L)$$

Tous ces coefficiens sont positifs, et si le méridien étoit elliptique β et δ devroient être négatifs. Ces coefficiens sont aussi beaucoup plus considérables que dans l'hypothèse elliptique ; mais ils sont tels qu'il le faut pour représenter nos arcs terrestres et nos latitudes. Il est évident que cette formule ne vaut rien pour un arc du méridien en général. Nos arcs étoient trop voisins les uns des autres pour donner la courbure du quart du méridien. Les irrégularités locales ont dû avoir dans cette détermination une influence prodigieuse ; mais cette formule nous donnera toutes les latitudes des points observés dans toute la chaîne des triangles : c'est un moyen d'interpolation commode.

En l'appliquant d'abord au calcul de tous les arcs partiels, on les retrouvera tous avec beaucoup de précision, comme cela doit être.

Pour la vérifier d'une autre manière j'ai réuni ces arcs comme il suit :

De Dunkerque au Panthéon . . . . . $L' - L = 2° \ 11' \ 19''83$
De Dunkerque à Évaux . . . . $L' - L = 4° \ 51' \ 26''66$
De Dunkerque à Carcassonne . . . . $L'' - L = 7° \ 49' \ 14''90$
De Dunkerque à Montjouy . . . . . $L' - L = 9° \ 40' \ 24''24$

et j'ai retrouvé les arcs terrestres correspondans avec la même exactitude.

Ainsi, puisqu'elle donne avec cette précision les plus

grands arcs, elle donnera les arcs intermédiaires quelconques aussi bien, sauf les irrégularités locales.

On remarqueroit dans tous ces calculs que β et δ sont presque égaux et de signe différent, et l'on pourroit, avec des coeffficiens beaucoup moins grands, les remplacer à certain point. Le terme dépendant de γ varie fort peu, et l'on pourroit diminuer γ en diminuant α convenablement ; mais il y auroit toujours à perdre du côté de la précision.

En supposant $(L' - L) = 2'\,9''2$, $L' = 51° 2' 9''2$, $L = 51°$, on trouve $2047^t 34$ pour la distance entre Dunkerque et le parallèle de $51°$.

Si l'on fait ensuite $(L' - L) = 10'$, constamment, la formule deviendra

$$A' - A = 9740^t 500 + 3543^t 324. \quad cos. \quad (L' + L)$$
$$+ 243^t 1698. \; cos. \; 2 \,(L' + L)$$
$$+ 12^t 35^t 57. \quad cos. \; 3 \,(L' + L)$$

Ensuite on fera varier les latitudes L' et L, en les diminuant successivement l'une et l'autre de $10'$, et l'on aura toutes les différences en toises de 10 en 10' depuis Dunkerque jusqu'à Montjouy, c'est-à-dire les différences premières d'une table qui donnera en toises la distance méridienne entre Dunkerque et un lieu quelconque.

Au moyen de ces premières différences et de la constante $2047^t 34$ du parallèle de $51°$, on aura la table même.

De minute en minute la formule seroit

$$974^t 05 + 354^t 330. \; cos. \; (L + L') + 24^t 317. \; cos. \; 2 \,(L' + L)$$
$$+ 12^t 3^t 557. \; cos. \; 3 \,(L' + L)$$

C'est ainsi que j'avois commencé la table dans laquelle on trouvera de minute en minute, depuis Dunkerque jusqu'à 40° 20′ de latitude, l'arc du méridien en toises; mais l'opération étant trop longue, on a continué directement de 10 en 10′, et le reste a été rempli par une interpolation facile et suffisamment exacte.

J'y ai joint les logarithmes pour convertir les toises en secondes. Pour les former on a retranché du logarithme de 60″ celui de la différence première de chaque intervalle d'une minute; mais on a fait seulement cette opération de distance en distance, et l'on a interpolé le reste.

Cette table formée il n'étoit pas difficile d'en tirer une autre qui donnât la latitude de mille en mille toises de distances à la perpendiculaire de Dunkerque.

Ces deux tables ont été d'un grand usage pour les calculs des azimuts, des latitudes, des longitudes et des distances à la méridienne et à la perpendiculaire de Dunkerque.

Ces tables d'un usage commode ont l'avantage de représenter toutes nos observations, ce qu'on ne pourroit obtenir d'aucune formule, quelle que fût l'hypothèse d'aplatissement dont on fît choix.

Nous terminerons ce qui regarde la partie secondaire de notre travail par un exemple de l'usage de ces tables, pour faciliter le calcul des distances à la méridienne et à la perpendiculaire, des longitudes, des latitudes et des azimuts; nous chercherons un objet assez éloigné de la méridienne, et nous choisirons Perpignan, où

M. Méchain a observé l'un des passages de β de la petite Ourse.

Prolongeons en x la distance de Perpignan à Estella.

Dans le triangle aEx, par le triangle 113, nous connoissons . . . . $a = $ 26° 49' 6″51

L'angle à Estella entre Perpignan et Forceral . . $E = $ 27° 29' 57″9

Donc . . . . $x = $ 125° 40' 56″1

0″5

Nous avons aussi (triangle 113) . . $log. sin. Ea$ . . . . . 4·2164712

$compl. sin. x$ . . . . . 0·0903024

4·3067736 . . . . 4·3067736

$sin. a$ . . . . 9·6543357 $sin. E$ . . . . 9·6643975

$sin. Ex$ . . . . . . 3·9611093 $sin. ax =$ . . . . . 3·9711711

Réduct. à l'arc . . 6 6

$Ex = $ 9143ᵗ4 . . . 3·9611099 $ax = $ 9357ᵗ7 . . . 3·9717177

$PE = $ 18050ᵗ0 $Da = $ 500670ᵗ5

$xP = $ 27193ᵗ4 $Dx = $ 491312ᵗ8

J'ai résolu ce triangle comme sphérique; il est plus court de prendre dans une table subsidiaire les petites réductions du sinus à l'arc, qui ne sont ici que d'un seul chiffre, que de chercher de nouveau les sinus des angles a et E que j'ai par les calculs précédens, et qu'il faudroit modifier en raison de la différence des excès sphériques qui, pour le même angle, changent d'un triangle à l'autre.

L'azimut de Perpignan (vu du point x) $= 360° — x$
$= 234° 19' 3″9.$

3.   13

$\delta = xP$ . . . . . 4.4344635   . . . . 4.4344635

sin. Z . . . . — 9.9096976   *cos.* Z . . . . — 9.7658879

— 22088.2 . . . . . — 4.344.611   — 15861.8 . . . . . — 4.20c3514

n . . . . 8.80079 $xP.$ *sin.* Z . . . . — 4.34416

$C.$ *cos.* L' . . . . . 0.13376   *log. const.* 1.98454

    Longit. 31' 39"0 — 3.27871 ddZ . . . + 3"4 + 0.52905

sin. L' 9.83132

                          $\delta^2.$ *sin*. Z . . . . + 8.68832

— dZ = 21' 28"3 — 3.11003   *tang.* L' 9.96508

                             log. const. 3.18533

Dx 491312.8

$\delta.$ *cos.* Z . . . . . . — 15861.8 $d\pi$ = 68"6 . . . . . + 1.838ó3

Dist. des perpendicul. 475451.0 π . . 475000. *latit.* 42° 42' 26"04

$d\pi$ . . . . 68.6   63.22   5 . . . . — 31"61

                        20 . . . — 1"26

π 475519.6

    Latitude de Saint-Jaumes . . . . 42° 41' 53"19

    Latitude observée . . . . 42° 41' 58"31

        Différence . . . . 5"12

      Par Forceral j'ai trouvé 4.8

Cette latitude s'accorde avec la latitude de Barcelone beaucoup mieux qu'avec celle de Montjouy.

La distance à la méridienne est — 22088t1, c'est-à-dire à l'est, la différence de longitude — 0° 31' 39" = — 0h 2' 6"6 sauf une petite correction dont nous parlerons bientôt.

La distance entre la perpendiculaire de Perpignan et celle de Dunkerque est 475461t0 ; la différence des parallèles, 475519.6 toises.

J'ai négligé dans ces derniers calculs la différence des triangles sphériques aux rectilignes, comme peu importante pour cet objet.

Reste à calculer les azimuts.

J'ai à Perpignan . . . . $Z = 234° 19' 3''9$
J'ajoute 180° $+$ dZ . . . . 180°
dZ $+$ 21' 28''3
$+$ . . . . ddZ $+$ 3''4

Et j'ai l'azimut du point x qui est aussi celui d'Estella. 54° 40' 35''6
Entre Estella et Camellas . . . . $—$ 42° 35' 11''4

Azimut de Camellas . . . . 12° 5' 24''2
Entre Forceral et Camellas . . . . $+$ 88° 49' 11''1

Azimut de Forceral . . . . 100° 54' 35''3
Entre Espira et Forceral . . . . $+$ 48° 34' 47''9

Azimut d'Espira . . . . 149° 29' 23''2
Entre Salces et Espira . . . . $+$ 35° 15' 43''4

Azimut de Salces . . . . 184° 45' 6''6
Entre Tauch et Forceral . . . . $+$ 41° 23' 2''7

Azimut de Tauch . . . . 226° 8' 9''3

Pour conclure tous ces azimuts des différens objets observés dans une station, sans avoir besoin de consulter la figure, la règle est bien simple. Si l'objet dont on cherche l'azimut est nommé le premier dans l'observation de l'angle horizontal, cet angle est additif à l'azimut de l'objet qui est nommé le second. Si c'est l'objet dont on cherche l'azimut qui est nommé le second, alors l'angle horizontal se retranche de l'azimut de l'objet qui est nommé le premier.

L'objet à droite est toujours nommé le premier.

Ainsi l'angle entre Estella et Camellas est soustractif de l'azimut d'Estella pour avoir celui de Camellas.

L'angle entre Forceral et Camellas est additif à l'azimut de Camellas pour avoir celui de Forceral, et ainsi
des autres.

Les longitudes sont comptées du sud à l'ouest. Quand
elles ont le signe — elles sont à l'est, et la différence
en temps doit se retrancher du temps du lieu pour avoir
le temps de Paris.

J'ai calculé de cette manière tout ce qui sert à marquer la position géographique de tous les points observés.
Ces calculs sont extrêmement longs, quand on a tant
de points différens ; je n'en donnerai que les résultats.
Je n'ai rien trouvé à cet égard dans les manuscrits de
M. Méchain, si ce n'est quelques ébauches faites pendant son premier séjour en Espagne , long-temps avant
la mesure des bases.

Dans l'exemple de la page 98 nous avons employé
provisoirement le même nombre n pour convertir en
secondes les arcs du méridien et les arcs de la perpendiculaire ; il en résulte une petite erreur sur la longitude : nous la réduirons en une table où l'on pourra
prendre à vue la correction qui est légère mais pourtant
incertaine en ce qu'elle dépend de l'aplatissement.

DÉTERMINATION DU MÈTRE.

D'après la formule (41), tome II, page 677, soit, pour abréger,

$$C = \frac{0.0000864 . (1.5707963267951)}{sin. \ 1''} = \frac{0.0000432 \ \pi}{sin. \ 1''}$$

nous aurons l'expression suivante du mètre en lignes

$$\mu = C . \left(\frac{A'-A}{L'-L}\right) + C . \left(\frac{A'-A}{L'-L}\right) . \frac{(\frac{1}{4} e^2 + \frac{1}{4} e^8) . \ sin. \ (L'-L) . \ cos. \ (L'+L)}{(L'-L) . \ sin. \ 1''}$$

$$- \frac{9}{16} e^4 \ C . \left(\frac{A'-A}{L'-L}\right) . \frac{sin^2. \ (L'-L) . \ cos^2. \ (L+L)}{(L'-L)^2 . \ sin. \ 1''}$$

$$- \frac{15}{128} e^4 \ C . \left(\frac{A'-A}{L'-L}\right) . \frac{sin. \ 2 \ (L'-L) . \ cos. \ 2 \ (L'+L)}{(L'-L) . \ sin. \ 1''}$$

$$= C . \left(\frac{A'-A}{L'-L}\right) + C . \left(\frac{A'-A}{L'-L}\right) . \frac{\frac{1}{2} a . \ (1 + a) . \ sin. \ (L'-L) . \ cos. \ (L'+L)}{(L'-L) . \ sin. \ 1''}$$

$$- \frac{15}{32} a^2 \ C . \left(\frac{A'-A}{L'-L}\right) . \frac{sin. \ 2 \ (L'-L) . \ cos. \ 2(L'+L)}{(L'-L) . \ sin. \ 1''}$$

$$- C . \left(\frac{A'-A}{L'-L}\right) . \left[\frac{\frac{1}{2} a (1+a) . \ sin. (L'-L) . \ cos. (L'+L)}{(L'-L) . \ sin. \ 1''}\right]^2 . sin. \ 1''$$

Ce dernier terme est insensible en France.

Appliquons cette formule à notre arc entier, en faisant

$$L' = 51° \ 2' \ 9''2 \quad \text{Latitude de Dunkerque.}$$
$$L = 41° \ 21' \ 44''96 \quad \text{Latitude de Montjouy.}$$

$L' - L =$ 9° 40' 24''24	*log.* 0.0000432 .	5.6354837.5
$2 (L - L) =$ 19° 20' 48''48	*log.* π	0.4971498.7
$L' + L =$ 92° 23' 54''16	$C. \ sin. \ 1''$ . . .	5.3144251.3
$2 (L' + L) =$ 184° 47' 48''32	*log.* C	1.4470587.5

$$A' - A = 551583.6 \ \text{Arc terrestre.}$$

log C . . . .   1·4470587·5
$log.$ $(A' - A)$ . . . .   5·7416115·4
$C.$ $log.$ $(L' - L)$ . .   5·4'81183·2·⎞
——————
443¹39271 . . . . .   2·6467886·1·⎟
$C.$ $sin.$ 1″ . . . . . .   5·3144251·3·⎟
$sin.$ $(L' - L)$ . . . .   9·2253913·6·⎬
$cos.$ $(L' + L)$ . . . . — 8·6216681·0·⎟
1·5 . . . .   0·1760912·6·⎠
——————
$log.$ — 27·70019 . . .   1·4424827·8·

Double de ce logarithme .   2·88496
$sin.$ 1″. . . . .   4·68557
——————
— 0·00372. . . . . .   7·57053

Ce terme quand il sera multiplié par a^2 sera insensible.

443¹39271 . . . . . . — 2·6467886
15 : 32 = 0·46875 . .   9·6709413
$C.$ $sin.$ 1″ . . . .   5·3144251
$C.$ $(L' - L)$ . . . . . .   5·4581183
$sin.$ 2 $(L' - L)$ . . . .   9·5202021
$cos.$ 2 $(L' + L)$ . . . . — 9·9984763
——————
+ 406¹3981 . . . . . .   2·6089517

Ainsi, d'après notre arc entier, en réunissant les trois derniers coefficiens qui dépendent de a^2,

$$\mu = 443¹39271 - 27'70019a + 378¹6942\ a^2$$

Ainsi, dans les diverses suppositions qu'on voudra faire pour l'aplatissement, on aura pour le mètre les valeurs que présente le tableau suivant:

APLATISSEM.	MÈTRE.	DIFFÉRENCE.
1 : 150	443¹22487	
1 : 200	443·26368	
1 : 250	443·28797	
1 : 300	443·30459	
1 : 310	443·30730	0·00271
1 : 320	443·30985	0·00255
1 : 330	443·31225	0·00240
sphère.	443·39271	

Or l'opinion générale des géomètres et des astronomes est que l'aplatissement le plus probable est entre $\frac{1}{300}$ et $\frac{1}{320}$. Ainsi l'on voit que le mètre doit différer peu de la valeur de 443¹30. En conséquence, et pour ne paroître pas affecter une précision à laquelle nous ne pouvons encore prétendre, j'avois proposé à la commission de s'en tenir au nombre rond de 443¹3, nombre facile à retenir, et qui résulte de notre opération toute seule, sans rien emprunter d'ailleurs.

J'avois encore remarqué que l'incertitude qui provient de l'aplatissement seroit beaucoup moindre en choisissant un arc dont les latitudes extrêmes $(L' + L)$ fissent une somme de 90° à peu près, et l'arc entre le Panthéon et Montjouy satisfait à cette condition. En effet

$$L' = 48° \ 50' \ 49''37 \qquad L' - L = 7° \ 29' \ 4''41$$
$$L = 41° \ 21' \ 44''96 \qquad 2 \ (L' - L) = 14° \ 58' \ 8''82$$
$$L' + L = 90° \ 12' \ 34''33 \qquad (A' - A) = 426638·8$$
$$2 \ (L' + L) = 180° \ 25' \ 8''66$$

$$
\begin{array}{ll}
log.\ C\ \dots\dots\dots & 1\cdot4470587\cdot5 \\
(A' - A)\ \dots\dots & 5\cdot6300603\cdot8 \\
C.\ (L' - L)\ \dots\dots & 5\cdot5695313\cdot1 \\
\hline
443^{\mathrm{l}}25171\ \dots\dots & 2\cdot6466504\cdot4 \\
C.\ sin.\ 1''\ \dots\dots & 5\cdot3144251\cdot3 \\
1\cdot5\ \dots\dots & 0\cdot1760912\cdot6 \\
sin.\ (L' - L)\ \dots\dots & 9\cdot1148076\cdot9 \\
cos.\ (L' + L)\ \dots\dots & -\ 7\cdot5631370\cdot0 \\
\hline
-\ 2^{\mathrm{l}}424615\ \dots\dots & 0\cdot3846428\cdot3 \\
\hline
 & 0\cdot76929 \\
 & 4\cdot68557 \\
\hline
-\ 0\cdot00002850\ a^2\ \dots & 5\cdot45486\ \text{Terme insensible.}
\end{array}
$$

$$
\begin{array}{ll}
443^{\mathrm{l}}25171\ \dots\dots & -\ 2\cdot6466504 \\
C.\ sin.\ 1''\ \dots\dots & 5\cdot3144251 \\
15:32\ \dots\dots & 9\cdot6709413 \\
C.\ (L' - L)\ \dots\dots & 5\cdot5695313 \\
sin.\ 2\ (L' - L)\ \dots\dots & 9\cdot4121223 \\
cos.\ 2\ (L' + L)\ \dots\dots & 9\cdot9999884 \\
\hline
+\ 410\cdot82476\ \dots\dots & +\ 2\cdot6136588
\end{array}
$$

Le mètre sera donc

$$
\mu = 443.25171 - 2.424615\ a + 408.40017\ a^2
$$

et l'on aura pour les différens aplatissemens les quantités suivantes :

APLATISSEM.	MÈTRE.
1 : 150	443.25370
1 : 200	443.24980
1 : 250	443.24854
1 : 300	443.24817
1 : 310	443.24814
1 : 320	443.24812
1 : 330	443.24811
Sphère.	443.25171

On voit donc que dans tous les systèmes d'aplatissement, comme dans la sphère, la valeur du mètre, d'après l'arc entre le Panthéon et Montjouy, seroit très-peu différent de 443¹25. Mais ce mètre paroîtra sans doute un peu court; d'ailleurs on répugnoit à abandonner un arc de 2° 11′ 20″ qui n'est pas moins bien mesuré que le reste.

On avoit proposé tout au contraire de s'en tenir à cet arc de Dunkerque à Paris; mais alors $(L' + L) = 99°$ 52′, et l'incertitude qui tient à l'aplatissement croîtroit dans le rapport $\frac{cos.\ 99°\ 53'}{cos.\ 92°\ 24'} = \frac{sin.\ 9°\ 52'}{sin.\ 2°\ 24'}$, et deviendroit quadruple, sans parler du regret bien mieux fondé de rendre inutile un arc de 7° ½.

Pour appuyer l'idée d'abandonner l'arc au nord de Paris, on pourroit dire que la latitude du Panthéon, qui devenoit celle de l'extrémité nord de l'arc, est plus sûre que celle de Dunkerque; mais d'abord on peut répondre que la petite incertitude sur la hauteur du pôle à Dunkerque est en grande partie compensée par la plus grande amplitude, et d'ailleurs nous verrons bientôt que notre arc, continué jusqu'à Greenwich par le moyen des triangles du major général Roy, confirme le résultat de notre arc total, et même donneroit le mètre encore un peu plus grand.

Nous avons vu que les observations de Barcelone réduites à Montjouy, donneroient pour l'extrémité de nos triangles une latitude plus forte de 3″24; l'amplitude diminueroit donc de la même quantité; le mètre dans

3. 14

la sphère seroit 443.4341, c'est-à-dire plus fort de 0ˡ0414; les corrections d'aplatissement qui renferment le rapport $\dfrac{sin.\ (L' - L)}{(L' - L)}$ et $\dfrac{2\ sin.\ (L' - L)}{(L' - L)}$ ne changeroient guère qu'en raison de la variation du premier terme. Ainsi, sans recommencer tous les calculs, nous aurons pour la valeur du mètre, par les observations de Barcelone, de Dunkerque et de Paris, les quantités suivantes :

APLATISSEM.	MÈTRE par l'arc entier.	MÈTRE par le Panthéon et Barcelone.	MÈTRE par Dunkerque, Barcelone et Montjouy.	MÈTRE par le Panthéon, Barcelone et Montjouy.
1 : 150	443.2663	443.2951	443.2456	443.2744
1 : 200	443.3051	443.2912	443.2844	443.2705
1 : 250	443.3294	443.2899	443.3087	443.2692
1 : 300	443.3460	443.2896	443.3253	443.2689
1 : 310	443.3487	443.2895	443.3280	443.2688
1 : 320	443.3512	443.2895	443.3312	443.2688
1 : 330	443.3536	443.2895	443.3329	443.2688
Sphère.	443.4341	443.2931	443.4134	443.2724

De toutes ces valeurs celle qui ressemble le plus à celle du mètre adopté se trouve dans la supposition de $\frac{1}{150}$ d'aplatissement par l'arc entre le Panthéon et Montjouy, déterminé par les observations de Barcelone.

Mais si nous supposons $\frac{1}{330}$ d'aplatissement, le milieu entre les observations de Barcelone et Montjouy, comparé à Dunkerque,

donnera 443.3280

Comparé au Panthéon 443.2658

Milieu 443.2984

Mètre adopté 443.295936

Le mètre 443.2984 en fraction de toise, ou $\frac{443.2984}{864}$, est égal à la fraction 0.513076851851851.

Multipliée par dix millions, cette fraction donne le quart du méridien 5130776ᵗ851851

Le nombre adopté par la commission est 5130740

La différence est 36.85

quantité dont il est impossible de répondre.

On devoit être curieux de déterminer l'aplatissement par nos observations mêmes, et c'étoit dans cette vue que l'on avoit résolu d'observer la latitude à Évaux, qui tient à peu près le milieu entre Barcelone et Dunkerque.

A Dunkerque . . $L' = 51°$ 2′ 9″20 $L' + L = $ 97° 12′ 51″74
A Évaux . . . . $L = 46°$ 10′ 42″54   2 $(L' + L) = $ 194° 25′ 43″48

$(L' - L) = $ 4° 51′ 26″66
2 $(L' - L) = $ 9° 42′ 53″32 $A' - A = $ 277237ᵗ9

log. C 1.4470587.5
$(A' - A)$ 5.4428526.0
$C. (L' - L)$ 5.7572932

+ 443ᵗ8ᵗ76 . . . . . . 2.6472045.5
log $(1.5 : sin. 1″$ . . . 5.4905164
sin. $(L' - L)$ 8.9277613
cos. $(L' + L)$ . . . . . — 9.0989335

— 83ᵗ5043 . . . . . . 1.9217089

double . . . 3.84341
4.68557

— 0ᵗ0338 . . . . . . 8.52897

$$
\begin{aligned}
443.8176 \ldots \ldots \ldots & \quad - 2.6472045 \\
15 : 32 \ldots \ldots \ldots & \quad 9.6709413 \\
C.\ sin.\ 1'' \ldots \ldots \ldots & \quad 5.3144251 \\
C.\ (L' - L) \ldots \ldots \ldots & \quad 5.7572932 \\
sin.\ 2\ (L' - L) \ldots \ldots & \quad 9.2272290 \\
cos.\ 2\ (L' + L) \ldots \ldots & \quad - 9.9860809 \\
\hline
401.0274 \ldots \ldots \ldots & \quad + 2.6031740
\end{aligned}
$$

$$\mu = 443.8176 - 83.5043\ a + 317.4893\ a^2$$

On voit que le terme qui dépend de la première puissance de l'aplatissement est ici plus que triple de ce qu'il
étoit par l'arc total. Cet arc ne seroit donc pas favorable pour déterminer le mètre, sans compter que cet
arc n'étant que la moitié de ce qui a été mesuré, l'effet
des erreurs en latitude seroit doublé.

Pour calculer l'arc entre Évaux et Montjouy je prends
un milieu entre les observations de Barcelone et celles
de Montjouy.

Évaux . . . . . $L' = 46°$ 10' 42"54 $(L' + L) =$ 87° 32' 29"12

Montjouy . . . $L = 41°$ 21' 46"58   2 $(L' + L) =$ 175° 4' 58"24

$(L' - L) =$ 4° 48' 55"96

2 $(L' - L) =$ 9° 37' 51"92 $A' - A =$ 174345.7

$$
\begin{aligned}
log.\ C \ldots \ldots \ldots & \quad 1.4470587 \\
A' - A \ldots \ldots \ldots & \quad 5.4382982 \\
C.\ (L' - L) \ldots \ldots & \quad 5.7610521. \\
443'0053 \ldots \ldots \ldots & \quad 2.6464090. \\
1.5 : sin.\ 1'' \ldots \ldots & \quad 5.4905164. \\
sin.\ (L' - L) \ldots \ldots & \quad 8.9240114. \\
cos.\ (L' + L) \ldots \ldots & \quad + 8.6324285. \\
+ 28'47194 \ldots \ldots & \quad 1.454474 \\
& \quad - 2.90883 \\
C.\ sin.\ 1'' \ldots \ldots \ldots & \quad 4.68557 \\
- 0.00393 \ldots \ldots \ldots & \quad 7.59440
\end{aligned}
$$

$$443 \cdot 0053 \ldots \ldots \ldots - 2 \cdot 6464090$$

$$\frac{15}{32 \sin. \, 1''} \ldots \ldots \ldots \quad 4 \cdot 9853664$$

$$C. \, (L' - L) \ldots \ldots \ldots \quad 5 \cdot 7610521$$

$$\sin. \, 2 \, (L' - L) \ldots \ldots \quad 9 \cdot 2235054$$

$$\cos. \, 2 \, (L' + L) \ldots \ldots - 9 \cdot 9983986$$

$$+ \, 411 \cdot 8428 \ldots \ldots \ldots \quad 2 \cdot 6147315$$

$\mu = 443 \cdot 0053 + 28 \cdot 47194 \, a + 440 \cdot 3108 \, a^2$ Evaux, Montjouy.

$\mu = 443 \cdot 8176 - 83 \cdot 5043 \, a + 317 \cdot 3991 \, a^2$ Évaux, Dunkerque.

$o = 0 \cdot 8123 - 111 \cdot 9762 \, a - 122 \cdot 9217 \, a^2$

$a = \dfrac{0 \cdot 8123}{111 \cdot 9762} - \dfrac{122 \cdot 9217}{111 \cdot 9762} \, a^2$

$\quad = 0 \cdot 007254233 - 1 \cdot 09775 \, a^2$

On pourroit résoudre directement cette équation du second degré ; mais quand l'inconnue est une petite fraction il est plus commode d'employer l'approximation que voici.

Soit $a = b - c \, a^2$, vous en tirez

$$a^2 = b^2 - 2 \, bc \, a^2 + c^2 \, a^4 \quad \text{et} \quad a^4 = b^4$$

et

$$a = b - b. \, bc + b. \, bc. \, 2 \, bc - b. \, bc. \, 2 \, bc. \, 2 \, bc$$

De cette manière chaque terme de la série se déduit immédiatement de celui qui le précède.

$$\log. \, b = 0 \cdot 007254233 \ldots \ldots \quad 7 \cdot 8605905$$

$$b \ldots \quad 7 \cdot 8605905$$

$$c \ldots \quad 0 \cdot 0405028$$

$$- 0 \cdot 000057768 \ldots \ldots \quad 5 \cdot 7616838$$

$$bc \ldots \quad 7 \cdot 9010933$$

$$2 \ldots \quad 0 \cdot 30100 \, 0$$

$$+ 0 \cdot 000000920 \ldots \ldots \quad 3 \cdot 9638171$$

$$- 0 \cdot 000000011 \ldots \ldots \quad 2 \cdot 1659304$$

Premier terme . . . 0·007254233	Second terme . . . 0·000057768
Troisième terme . . 920	Quatrième terme . . 15

$$0·007255153 \qquad\qquad 57783$$

$$- \;\; 57783$$

$$a = 0·007197370 = \tfrac{1}{139}$$

Cette valeur portée dans nos deux équations fait trouver

$$\mu = 443^t2331$$

et ce mètre est encore plus court que celui qui nous a été donné par l'arc entre le Panthéon et Montjouy.

En revanche l'aplatissement est plus fort qu'aucun de ceux que nous avons supposés.

En supposant aux latitudes quelques corrections légères, mais qui pourtant surpassent les erreurs possibles des observations, M. Laplace a trouvé que dans l'hypothèse de l'ellipticité des méridiens nos deux arcs indiqueroient un aplatissement de $\frac{1}{150}$. M. Legendre a trouvé $\frac{1}{148.5}$; en ne faisant aucune correction nous trouvons $\frac{1}{139}$.

On ne peut guère douter que le mètre que nous venons de trouver ne soit trop petit, car l'arc entre le Panthéon et Montjouy donne, dans toutes les hypothèses d'aplatissement, 443^t27 quand on prend, comme nous avons fait ici, le milieu entre les latitudes de Barcelone et de Montjouy. Dans l'incertitude où nous sommes sur la cause qui a pu produire la différence de $3''24$ entre deux latitudes déterminées avec les mêmes instrumens, les mêmes soins et le même accord, par un des observateurs les plus habiles que nous connoissions, nous ne pouvons prendre d'autre parti que le moyen arithmétique. Mais ce moyen nous conduit à un résultat évidemment trop petit, c'est que nos deux arcs sont trop voisins l'un de l'autre pour en déduire l'aplatissement avec quelque probabilité ; il faudroit que les observations fussent de l'exactitude la plus rigoureuse, et cela ne suffiroit pas encore, il faudroit que la terre n'eût aucune inégalité sensible, et le contraire me semble prouvé par les observations de M. Méchain à Barcelone et à Montjouy, et plus encore par celles que M. Mudge a faites en Angleterre avec le plus beau secteur qu'on ait vu jusqu'ici, et qui montre des irrégularités doubles encore de celles que M. Méchain a trouvées en Espagne.

Je ne donnerai ici aucune autre combinaison de nos arcs entre eux, quoique je les aie comparés de toutes les manières ; ils ne sont pas plus favorablement situés pour déterminer l'aplatissement ni pour donner le mètre exact dans une hypothèse choisie d'aplatissement.

Puisqu'on a voulu avec grande raison conserver notre arc en entier, il faut donc chercher ailleurs, et le plus loin possible, un objet de comparaison qui fasse trouver l'aplatissement.

De tous les arcs du méridien celui du Pérou, mesuré par Bouguer et Lacondamine, est sans contredit celui qui est le plus grand, le plus éloigné et celui qui a été le mieux constaté. En choisissant cet arc qui est de 3°, la commission, qui n'avoit pas le temps de recommencer tous les calculs, donna la préférence à ceux de Bouguer, et l'on en tira l'aplatissement $\frac{1}{884}$. Je remarquai dès-lors qu'en prenant un milieu entre les nombres de Bouguer et Lacondamine, on auroit un aplatissement un peu différent. En examinant de plus près les observations et les calculs des deux astronomes, il me parut que les réductions n'étoient pas de la dernière exactitude, et je pris le parti de refaire les calculs de l'arc céleste en entier.

Je commençai par calculer les positions apparentes de l'étoile ε d'Orion de dix en dix jours, pour tout le temps des observations, et en supposant la déclinaison moyenne 1° 23′ 32″3 pour 1740. Il n'est pas nécessaire que la déclinaison absolue soit fort exacte, il suffit de connoître les variations produites par la précession, l'aberration et la nutation. S'il y a quelque erreur sur la déclinaison moyenne, les résultats n'en seront nullement affectés. Voici le tableau de ces déclinaisons apparentes :

ANNÉES et JOURS.	DÉCLINAISON apparente de ε d'Orion.	Différ.	ANNÉES et JOURS.	DÉCLINAISON apparente de ε d'Orion.	Différ.
19 févr. 1740 •	1° 23′ 34″5		27 mars 1741 •	1° 23′ 19″2	
29 • • • • •	34•9	+ 0″4	6 septembre .	18•5	— 0″7
10 mars . . .	35•1	0•2	16	18•0	0•5
20	35•1	0•0	26	17•9	0•1
30	34•8	— 0•3	6 octobre . .	18•0	+ 0•1
9 avril . . .	34•3	0•5	16	18•3	0•3
19	33•5	0•8	26	18•8	0•5
29	32•3	1•2	5 novembre .	19•5	0•7
6 mars 1741•	36•6		15	20•4	0•9
16	36•7	+ 0•1	25	21•5	1•2
28 juillet. . .	22•2		5 décembre .	22•8	1•3
7 août . . .	22•1	— 1•1	11 août 1742•	14•6	
17	20•0	1•1	21	13•6	1•0
		0•8			0•9

ANNÉES et JOURS.	DÉCLINAISON apparente de · d'Orion.	Différ.	ANNÉES et JOURS.	DÉCLINAISON apparente de · d'Orion.	Différ.
31 août 1742 ·	1°23' 12"7		19 déc. 1742 ·	1°23' 18"3	
10 septembre ·	12.2	+ 0"5	29	19.7	+ 1.4
20	11.8	0.4	8 janv. 1743 ·	21.0	1.3
30	11.7	0.1	18	21.2	1.2
10 octobre · ·	11.8	0.1	28	23.4	1.2
20	12.1	0.3	8 février · ·	24.4	1.0
30	12.8	0.7	18	25.1	0.7
9 novembre ·	13.6	0.8	28	25.6	0.5
19	14.6	1.0	8 mars · · ·	25.7	0.1
29	15.8	1.2	18	25.7	0.0
9 décembre ·	17.0	1.2 / 1.3			

J'avois déjà plus anciennement refait quelques calculs de Lacondamine, page 168 de sa mesure des trois degrés, où j'avois été frappé du *maximum* de l'aberration qui ne s'accorde pas avec nos tables, et j'avois trouvé, en conservant la même forme de calculs, les quantités suivantes :

JOURS.	Microm.	Précess.	Aberrat.	Nutation.	Somme.	MILIEU.
19 févr. 1740 ·	+ 12"3	− 9"0	− 7.4	− 4"3	− 8"4	
21	9.6	9.0	7.4	4.2	11.0	− 10"9
22	7.4	9.0	7.5	4.2	13.3	Est.
1 mars · · ·	12.7	8.9	7.9	4.1	8.2	
2	9.2	8.9	8.0	4.1	11.8	
5	14.5	8.9	8.1	4.1	8.6	− 9.3
8	12.3	8.8	8.2	4.1	8.8	Ouest.
9	12.3	8.8	8.3	4.1	8.9	
Double réduction moyenne						− 20.2
Arc du secteur						2 51 54.25
Double distance au zénith						2 51 34.05
Distance simple						1 25 47.02
Réduction à l'observatoire						+ 0.9
Distance apparente de · d'Orion au zénith de Cotchesqui · ·						1°25' 47"92

Seconde suite, page 168.

Jours.	Microm.	Précess.	Aberrat.	Nutation.	Somme.	MILIEU.
11 mars 1740 .	— 19″3	— 8″8	— 8″3	— 4″0	— 40·4	
15	14·5	8·8	8·7	4·0	35·5	— 36″4
25 avril . . .	15·3	8·8	8·4	3·7	33·2	Ouest.
16 mars . . .	+ 31·1	8·8	8·7	4·0	+ 10·0	
19 avril . . .	27·6	8·8	8·4	3·8	8·1	+ 9·9
20	30·7	8·8	8·4	3·8	11·7	Est.

Double réduction moyenne	— 26·5
Arc du secteur	2 51 58·7
Double distance	2 51 32·2
Distance simple	1 25 46·1
Réduction à Cotchesqui	+ 0·9
Distance apparente de ꜱ d'Orion au zénith	1 25 47·0

Observations à Quito, page 171.

Jours		Microm.	Précess.	Aberrat.	Nutation.	Somme.	MILIEU.
15 janv. 1737 ·	1°10′ 38″2	— 18″9	— 3″7	— 8″9	— 4″9		+ 1 10 1·8
15 juillet	1 10 34·9	17·3	+ 3·3	8·5	4·9		
15 sept. 1740 ·	1 10 19·8	7·3	7·7	2·6	0·0		+
15 octobre · · ·	1 10 24·4	7·0	5·2	2·4	0·0		1 10 18·3
15 janv. 1741 ·	1 10 31·1	6·2	3·5	1·0	0·0		
15 juill. 1742 ·	1 10 13·0	1·5	3·3	2·7	0·0		

A Quito, par un milieu	1 10 10·05
Réduction	15 41·0
Donc à Cotchesqui	1 25 51·05
Par la première série	1 25 47·92
Par la seconde	1 25 47·0
Lacondamine avoit trouvé par la première	1 25 46·6
Par la seconde	1 25 44·4
Par la troisième	1 25 56·0

Lacondamine avoit supposé la nutation trop forte de 3″, et l'aberration trop forte de 1″5 dans le *maximum*. Ses observations s'accordoient donc entre elles moins mal qu'il ne croyoit.

Remontons maintenant aux observations de 1739, page 138.

1739. 12 novembre .	{ Demi-arc secteur . .	1° 35′ 32″3	}	3° 6′ 47″1
	Micromètre	7 42.5		
	Déclin. apparente .	1 23 32.3		
13	{ Demi-arc secteur . .	1 35 32.3	}	3 6 46.8
	Micromètre	7 42.1		
	Déclin. apparente. .	1 23 32.4		

Latitude, milieu . . . . 3 6 46.95 E.

15	{ Demi-arc secteur . .	1 35 32.3	}	3 1 24.2
	Micromètre	+ 2 19.4		
	Déclin. apparente . . .	1 23 32.5		
19	{ Demi-arc secteur . .	1 35 32.3	}	3 1 23.0
	Micromètre	2 17.7		
	Déclin. apparente .	1 23 33.0		
27	{ Demi-arc secteur . .	1 35 32.3	}	3 1 25.6
	Micromètre	2 19.4		
	Déclin. apparente. .	1 23 33.9		

Latitude, milieu . . . . 3 1 24.3 O.

Latitude ci-dessus . . . . 3 6 46.95 E.

Milieu 3 4 5.62

8 décembre . .	{ Demi-arc secteur . .	1 41 9.2	}	3 4 15.8
	Micromètre	— 28.7		
	Déclin. apparente . .	1 23 35.3		
9	{ Demi-arc secteur . .	1 41 9.2	}	3 4 15.8
	Micromètre	— 28.7		
	Déclin. apparente. .	1 23 35.3		

1739. 12 décembre ..	Demi-arc secteur .. $1°41'\ 9''2$ Micromètre . . . . — 28.3 Déclin. apparente.. 1 23 35.7	3° 4' 16''6
14	Demi-arc secteur . . 1 41 9.2 Micromètre . . . . — 30.7 Déclin. apparente.. 1 23 36.0	3 4 14.5

Latitude . . . . 3 4 15.7 O.

13	Demi-arc secteur .. 1 41 9.2 Micromètre . . . . — 31.6 Déclin. apparente.. 1 23 35.9	3 4 13.5 E.

Latitude corrigée de l'erreur du secteur . . 3 4 14.6

30	Demi-arc secteur.. 1 41 9.2 Micromètre . . . . — 33.0 Déclin. apparente.. 1 23 38.2	3 4 14.4
1740. 6 janvier . . .	Demi-arc secteur .. 1 41 9.2 Micromètre . . . . — 26.3 Déclin. apparente.. 1 23 39.1	3 4 22.0
9	Demi-arc secteur.. 1 41 9.2 Micromètre . . . . — 27.2 Déclin. apparente.. 1 23 39.5	3 4 21.5

Latitude . . . . 3 4 19.3 O.

12	Demi-arc secteur . . 1 41 9.2 Micromètre . . . . — 36.4 Déclin. apparente.. 1 23 38.6	3 4 11.4 E.
13	Demi-arc secteur . . 1 41 9.2 Micromètre . . . . — 41.7 Déclin. apparente.. 1 23 40.0	3 4 7.5 E.

Milieu . . . . 3 4 9.45 E.

Latitude ci-dessus . . . . 3 4 19.3 O.

Latitude corrigée 3 4 14.375

Ainsi par les trois séries on a trouvé successivement pour la latitude les quantités suivantes :

$$3° \quad 4' \quad 5''6 \quad \text{Beaucoup trop foible.}$$
$$3 \quad 4 \quad 14.6 \quad \text{Encore trop foible.}$$
$$3 \quad 4 \quad 14.4 \quad \text{Toujours trop foible.}$$

Nos académiciens connoissoient trop bien leur latitude pour ne pas apercevoir des erreurs aussi fortes et ne pas s'attacher à en démêler les causes. Voyez page 141 et suivantes de l'ouvrage de Lacondamine.

Latitude de Cotchesqui.

1740. 19 fév. (p. 161).	Demi-arc secteur . . 1 25 58.5	
	Micromètre 12.3	0° 2′ 36″3
	Déclin. apparente . — 1 23 34.5	
21	Demi-arc secteur . . 1 25 58.5	
	Micromètre 9.6	0 2 33.5
	Déclin. apparente . — 1 23 34.6	
22	Demi-arc secteur . . 1 25 58.5	
	Micromètre 7.4	0 2 31.3
	Déclin. apparente . . — 1 23 34.6	

Milieu des trois jours 0 2 33.7

1 mars . . .	Demi-arc secteur . . 1 25 58.5	
	Micromètre 12.7	0 2 36.3
	Déclin. apparente . . — 1 23 34.9	
2	Demi-arc secteur . . 1 25 58.5	
	Micromètre 9.2	0 2 32.7
	Déclin. apparente . . — 1 23 35.0	
5	Demi-arc secteur . . 1 25 58.5	
	Micromètre 14.5	0 2 38.0
	Déclin. apparente . . — 1 23 35.0	

1740. 8 mars . . . $\left\{\begin{array}{l}\text{Demi-arc secteur . .} \quad 1\ 25\ 58\cdot5 \\ \text{Micromètre . . . .} \qquad\qquad 12\cdot3 \\ \text{Déclin. apparente . } - 1\ 23\ 35\cdot1\end{array}\right\}$ 0 2 35.7

9 . . . . . . $\left\{\begin{array}{l}\text{Demi-arc secteur . .} \quad 1\ 25\ 58\cdot5 \\ \text{Micromètre . . . .} \qquad\qquad 12\cdot3 \\ \text{Déclin. apparente. . } - 1\ 23\ 35\cdot1\end{array}\right\}$ 0 2 35.7

Milieu des cinq jours 0 2 35.7
Milieu des trois 0 2 33.7

Milieu des deux séries. 0 2 34.7

Secondes observations, page 163.

11 . . . . $\left\{\begin{array}{l}\text{Demi-arc secteur. .} \quad 1\ 25\ 59\cdot35 \\ \text{Micromètre . . . .} \qquad - \quad 19\cdot3 \\ \text{Déclin. apparente . } - 1\ 23\ 35\cdot1\end{array}\right\}$ 0 2 5.0

15 . . . . $\left\{\begin{array}{l}\text{Demi-arc secteur . . } \quad 1\ 26\ \ 0\cdot7 \\ \text{Micromètre . . . .} \qquad - \quad 14\cdot5 \\ \text{Déclin. apparente. . } - 1\ 23\ 35\cdot1\end{array}\right\}$ 0 2 11.1

25 avril . . . . $\left\{\begin{array}{l}\text{Demi-arc secteur . .} \quad 1\ 26\ \ 0\cdot7 \\ \text{Micromètre . . . .} \qquad - \quad 15\cdot3 \\ \text{Déclin. apparente. . } - 1\ 23\ 32\cdot8\end{array}\right\}$ 0 2 12.6

Milieu des trois . . . .   0 2 9.6 O.

16 mars . . . . $\left\{\begin{array}{l}\text{Demi-arc secteur . .} \quad 1\ 26\ \ 0\cdot7 \\ \text{Micromètre . . . .} \qquad + \quad 71\cdot1 \\ \text{Déclin. apparente. . } - 1\ 23\ 35\cdot1\end{array}\right\}$ 0 2 56.7

19 avril . . . . $\left\{\begin{array}{l}\text{Demi-arc secteur . .} \quad 1\ 26\ \ 0\cdot7 \\ \text{Micromètre . . . .} \qquad + \quad 27\cdot6 \\ \text{Déclin. apparente. . } - 1\ 23\ 33\cdot5\end{array}\right\}$ 0 2 54.8

1740. 20 avril . . . . $\left\{\begin{array}{l} \text{Demi-arc secteur . .} \quad 1\ 26\ 0\cdot7 \\ \text{Micromètre . . . .} \quad\quad +\quad 30\cdot7 \\ \text{Déclin. apparente . .} - 1\ 23\ 33\cdot4 \end{array}\right\}$ 0° 2' 58" 0

Milieu . . . . 0 2 56.5 E.
Ci-dessus . . . . 0 2 9.6 O.

Latitude corrigée. 0 2 33.05
Premières observations 0 2 34.7

Milieu 0 2 33.875
Réduction . . . . — 0.9

Latitude de Cotchesqui 0 2 33.0

1741. 5 mars (p. 178). $\left\{\begin{array}{l} \text{Demi-arc secteur . .} \quad 1\ 41\ 12\cdot7 \\ \text{Micromètre . . . .} \quad - 2\ 20\cdot3 \\ \text{Déclin. apparente . .} \quad 1\ 23\ 36\cdot6 \end{array}\right\}$ 3 2 29.0 E.

17 . . . . $\left\{\begin{array}{l} \text{Demi-arc secteur . .} \quad 1\ 41\ 12\cdot7 \\ \text{Micromètre . . . .} \quad + 2\ 16\cdot3 \\ \text{Déclin. apparente . .} \quad 1\ 23\ 36\cdot3 \end{array}\right\}$ 3 7 5.7 O.

Latitude de Tarqui (trop forte) 3 4 47.3

28 juillet . . . $\left\{\begin{array}{l} \text{Demi-arc secteur . .} \quad 1\ 41\ 12\cdot7 \\ \text{Micromètre . . . .} \quad - \quad 48\cdot2 \\ \text{Déclin. apparente . .} \quad 1\ 23\ 22\cdot2 \end{array}\right\}$ 3 3 46.7

29 . . . . $\left\{\begin{array}{l} \text{Demi-arc secteur . .} \quad 1\ 41\ 12\cdot7 \\ \text{Micromètre . . . .} \quad - 0\ 48\cdot2 \\ \text{Déclin. apparente . .} \quad 1\ 23\ 22\cdot1 \end{array}\right\}$ 3 3 46.6

1 août . . . . $\left\{\begin{array}{l} \text{Demi-arc secteur . .} \quad 1\ 41\ 12\cdot7 \\ \text{Micromètre . . . .} \quad - \quad 49\cdot5 \\ \text{Déclin. apparente . .} \quad 1\ 23\ 21\cdot8 \end{array}\right\}$ 3 3 45.0

15 . . . . $\left\{\begin{array}{l} \text{Demi-arc secteur . .} \quad 1\ 41\ 12\cdot7 \\ \text{Micromètre . . . .} \quad - \quad 49\cdot5 \\ \text{Déclin. apparente . .} \quad 1\ 23\ 20\cdot2 \end{array}\right\}$ 3 3 43.4

1741. 16 août. . . . ⎰ Demi-arc secteur . . 1° 41' 12"7 ⎱
                     ⎱ Micromètre . . . . — 52.6 ⎰ 3° 3' 40"2
                     ⎱ Déclin. apparente . . 1 23 20.1 ⎰

     Milieu des cinq jours 3 3 44.3

    9 . . . . . . ⎰ Demi-arc secteur . . 1 41 12.7 ⎱
                   ⎱ Micromètre . . . . 52.6 ⎰ 3 5 26.2
                   ⎱ Déclin. apparente . . 1 23 20.9 ⎰

    12 . . . . . . ⎰ Demi-arc secteur . . 1 41 12.7 ⎱
                    ⎱ Micromètre . . . . 56.1 ⎰ 3 5 29.3
                    ⎱ Déclin. apparente . . 1 23 20.5 ⎰

    19 . . . . . . ⎰ Demi-arc secteur . . 1 41 12.7 ⎱
                    ⎱ Micromètre . . . . 57.4 ⎰ 3 5 29.9
                    ⎱ Déclin. apparente . . 1 23 19.8 ⎰

     Milieu des trois jours . . . .   3 5 28.4 E.
     Milieu des cinq précédens . . . .   3 3 44.3 O.

     Latitude de Tarqui 3 4 36.3

  12 septembre . ⎰ Demi-arc secteur . . 1 41 12.7 ⎱
                    ⎱ Micromètre . . . . — 23.2 ⎰ 3 4 7.7
                    ⎱ Déclin. apparente . . 1 23 18.2 ⎰

    13 . . . . . . ⎰ Demi-arc secteur . . 1 41 12.7 ⎱
                    ⎱ Micromètre . . . . + 21.5 ⎰ 3 4 52.3
                    ⎱ Déclin. apparente . . 1 23 18.1 ⎰

     Latitude de Tarqui 3 4 30.0

  9 octobre . . . ⎰ Demi-arc secteur . . 1 41 12.7 ⎱
                    ⎱ Micromètre . . . . 46.9 ⎰ 3 5 17.7
                    ⎱ Déclin. apparente . . 1 23 18.1 ⎰

    11 . . . . . . ⎰ Demi-arc secteur . . 1 41 12.7 ⎱
                    ⎱ Micromètre . . . . 49.1 ⎰ 3 5 19.9
                    ⎱ Déclin. apparente . 1 23 18.1 ⎰

     Milieu . . . .   3 5 18.8 E.

1741. 27 octobre . .	Demi-arc secteur. . 1° 41′ 12″7		
	Micromètre . . . . — 43.8	}	3° 3′ 47″8
	Déclin. apparente. . 1 23 18.9		
28	Demi-arc secteur. . 1. 41 12.7		
	Micromètre . . . . — 40.8	}	3 3 50.8
	Déclin. apparente. . 1 23 18.9		

Milieu . . . .   3 3 49.3 O.
Ci-dessus . . . .   3 5 18.8 E.

Latitude de Tarqui 3 4 34.0

18 novembre . .	Demi-arc secteur. . 1 41 12.7		
	Micromètre 18.8	}	3 4 49.8
	Déclin. apparénte. . 1 23 18.3		
19	Demi-arc secteur . . 1 41 12.7		
	Micromètre 14.9	}	3 4 46.0
	Déclin. apparente. . 1 23 18.4		
22	Demi-arc secteur . . 1 41 12.7		
	Micromètre 19.7	}	3 4 51.0
	Déclin. apparente. . 1 23 18.6		
23	Demi-arc secteur . . 1 41 12.7		
	Micromètre . . . . + 17.5	}	3 4 48.8
	Déclin. apparente. . 1 23 18.6		

Milieu des quatre jours . . . .   3 4 48.9 O.

20	Demi-arc secteur . . 1 41 12.7		
	Micromètre . . . . — 22.8	}	3 4 10.9 E.
	Déclin. apparente. . 1 23 21.0		
21	Demi-arc secteur. . 1 41 12.7		
	Micromètre . . . . — 21.9	}	3 4 12.0 E.
	Déclin. apparente. . 1 23 21.2		

Milieu . . . .   3 4 11.5 E.
Latitude ci-dessus . . . .   3 4 48.9 O.

Latitude de Tarqui 3 4 30.2

2.   16

1741. 2 décembre . . $\left\{\begin{array}{l}\text{Demi-arc secteur. .} \quad 1°41'\ 12''7 \\ \text{Micromètre . . . .} \qquad\qquad 57.0 \\ \text{Déclin. apparente. .} \quad 1\ 23\ 22.5\end{array}\right\}$ $3°\ 5'\ 32''2$

4 . . . . . . $\left\{\begin{array}{l}\text{Demi-arc secteur . .} \quad 1\ 41\ 12.7 \\ \text{Micromètre . . . .} \qquad\qquad 52.2 \\ \text{Déclin. apparente. .} \quad 1\ 23\ 22.7\end{array}\right\}$ $3\ 5\ 27.6$

Milieu . . . . $3\ 5\ 29.9$ O.

3 . . . . . . $\left\{\begin{array}{l}\text{Demi-arc secteur . .} \quad 1\ 41\ 12.7 \\ \text{Micromètre . . . .} \quad -\ 54.4 \\ \text{Déclin. apparente. .} \quad 1\ 23\ 22.6\end{array}\right\}$ $3\ 3\ 40.9$ E.

Latitude de Tarqui . . . . $3\ 4\ 35.4$

Rassemblons ces résultats des observations tirées du livre de Lacondamine.

Latitude de Tarqui . . . . . $\left\{\begin{array}{l}3°4'\ 5''6 \\ 3\ 4\ 14.6 \\ 3\ 4\ 14.4 \\ 3\ 4\ 47.3 \\ 3\ 4\ 36.3 \\ 3\ 4\ 30.0 \\ 3\ 4\ 34.0 \\ 3\ 4\ 30.2 \\ 3\ 4\ 35.4\end{array}\right.$ $\left.\begin{array}{l}\ \\ \ \\ \ \\ \ \end{array}\right\}$ Rejetées.

Milieu des cinq dernières . . $3\ 4\ 33.2$

Cherchons cette même latitude d'après l'ouvrage de Bouguer, p. 268.

1742. 19 novembre . $\left\{\begin{array}{l}\text{Demi-arc secteur . .} \quad 1\ 41\ \ 9.2 \\ \text{Micromètre . . . .} \qquad\qquad 47.5 \\ \text{Déclin. apparente. .} \quad 1\ 23\ 15.8\end{array}\right\}$ $3\ 5\ 12.5$

30 . . . . . . $\left\{\begin{array}{l}\text{Demi-arc secteur . .} \quad 1\ 41\ \ 9.2 \\ \text{Micromètre . . . .} \qquad\qquad 49.5 \\ \text{Déclin. apparente. .} \quad 1\ 23\ 15.9\end{array}\right\}$ $3\ 5\ 14.6$

1742. 1 décembre	Demi-arc secteur	1° 41' 9"2	}	3° 5' 12"7	
	Micromètre	47.5			
	Déclin. apparente.	1 23 16.0			

Milieu des trois jours 3 5 13.3

2	Demi-arc secteur	1 41 7.5	} 3 3 53.1
	Micromètre	— 30.6	
	Déclin. apparente.	1 23 16.2	

3	Demi-arc secteur	1 41 7.5	} 3 3 48.7
	Micromètre	— 35.1	
	Déclin. apparente.	1 23 16.3	

Milieu des deux jours . . . . 3 3 50.9 O.
Milieu des trois jours ci-dessus . . . . . . 3 5 13.3 E.

Latitude de Tarqui 3 4 32.1

8	Demi-arc secteur	1 41 7.5	} 3 5 2.5
	Micromètre	38.1	
	Déclin. apparente.	1 23 16.9	

9	Demi-arc secteur	1 41 7.5	} 3 5 3.2
	Micromètre	38.6	
	Déclin. apparente.	1 23 17.1	

13	Demi-arc secteur	1 41 7.5	} 3 5 3.0
	Micromètre	37.7	
	Déclin. apparente.	1 23 17.8	

1743. 3 janvier	Demi-arc secteur	1 41 7.5	} 3 5 4.7
	Micromètre	36.8	
	Déclin. apparente.	1 13 20.4	

11	Demi-arc secteur	1 41 7.5	} 3 5 6.1
	Micromètre	37.2	
	Déclin. apparente.	1 23 21.4	

15	Demi-arc secteur	1 41 7.5	} 3 5 6.5
	Micromètre	37.2	
	Déclin. apparente.	1 23 21.8	

1743. 27 février. . . $\left\{\begin{array}{l}\text{Demi-arc secteur . . } 1^\circ 41' \ 7''5\\ \text{Micromètre . . . . } \qquad 33.7\\ \text{Déclin. apparente. . } 1\ 23\ 25.6\end{array}\right\}$ 3° 5' 6"8

28 . . . . . . $\left\{\begin{array}{l}\text{Demi-arc secteur . . } 1\ 41\ \ 7.5\\ \text{Micromètre . . . . } \qquad 33.7\\ \text{Déclin. apparente. . } 1\ 23\ 25.6\end{array}\right\}$ 3 5 6.8

5 mars . . . $\left\{\begin{array}{l}\text{Demi-arc secteur . . } 1\ 41\ \ 7.5\\ \text{Micromètre . . . . } \qquad 33.7\\ \text{Déclin. apparente. . } 1\ 23\ 25.6\end{array}\right\}$ 3 5 6.8

10 . . . . $\left\{\begin{array}{l}\text{Demi-arc secteur . . } 1\ 41\ \ 7.5\\ \text{Micromètre . . . . } \qquad 32.3\\ \text{Déclin. apparente. . } 1\ 23\ 25.7\end{array}\right\}$ 3 5 5.5

14 novembre. . $\left\{\begin{array}{l}\text{Demi-arc secteur . . } 1\ 41\ \ 7.5\\ \text{Micromètre . . . . } \qquad 32.9\\ \text{Déclin. apparente. . } 1\ 23\ 25.7\end{array}\right\}$ 3 5 6.1

17 . . . . . . $\left\{\begin{array}{l}\text{Demi-arc secteur . . } 1\ 41\ \ 7.5\\ \text{Micromètre . . . . } \qquad 34.2\\ \text{Déclin. apparente. . } 1\ 23\ 25.7\end{array}\right\}$ 3 5 7.4

Milieu à l'est 3 5 5.43

17 décembre . . $\left\{\begin{array}{l}\text{Demi-arc secteur . . } 1\ 41\ \ 7.5\\ \text{Micromètre . . . . } \qquad 28.9\\ \text{Déclin. apparente. . } 1\ 23\ 18.0\end{array}\right\}$ 3 3 56.6

18 . . . . . . $\left\{\begin{array}{l}\text{Demi-arc secteur . . } 1\ 41\ \ 7.5\\ \text{Micromètre . . . . } — \ \ 29.8\\ \text{Déclin. apparente . . } 1\ 23\ 18.2\end{array}\right\}$ 3 3 55.9

19 . . . . $\left\{\begin{array}{l}\text{Demi-arc secteur . . } 1\ 41\ \ 7.5\\ \text{Micromètre . . . . } — \ \ 30.2\\ \text{Déclin. apparente . . } 1\ 23\ 18.3\end{array}\right\}$ 3 3 55.6

20 . . . . $\left\{\begin{array}{l}\text{Demi-arc secteur . . } 1\ 41\ \ 7.5\\ \text{Micromètre . . . . } — \ \ 30.2\\ \text{Déclin. apparente. . } 1\ 23\ 18.4\end{array}\right\}$ 3 3 55.7

1743. 2 février . . . $\left\{\begin{array}{l}\text{Demi-arc secteur. .} \quad 1°41' \quad 7''5 \\ \text{Micromètre . . . .} \quad - \quad 36.4 \\ \text{Déclin. apparente. .} \quad 1 \; 23 \; 23.8\end{array}\right\}$ 3° 3' 54"9

-9 . . . . $\left\{\begin{array}{l}\text{Demi-arc secteur . .} \quad 1 \; 41 \quad 7.5 \\ \text{Micromètre . . . .} \quad - \quad 36.4 \\ \text{Déclin. apparente. .} \quad 1 \; 23 \; 24.5\end{array}\right\}$ 3 3 55.6

10 . . . . $\left\{\begin{array}{l}\text{Demi-arc secteur . .} \quad 1 \; 41 \quad 7.5 \\ \text{Micromètre . . . .} \quad - \quad 36.1 \\ \text{Déclin. apparente. .} \quad 1 \; 23 \; 24.6\end{array}\right\}$ 3 3 56.0

11 . . . . $\left\{\begin{array}{l}\text{Demi-arc secteur. .} \quad 1 \; 41 \quad 7.5 \\ \text{Micromètre . . . .} \quad - \quad 36.1 \\ \text{Déclin. apparente. .} \quad 1 \; 23 \; 24.7\end{array}\right\}$ 3 3 56.1

17 . . . . $\left\{\begin{array}{l}\text{Demi-arc secteur. .} \quad 1 \; 41 \quad 7.5 \\ \text{Micromètre . . . .} \quad - \quad 36.8 \\ \text{Déclin. apparente. .} \quad 1 \; 23 \; 25.0\end{array}\right\}$ 3 3 55.7

21 . . . . $\left\{\begin{array}{l}\text{Demi-arc secteur . .} \quad 1 \; 41 \quad 7.5 \\ \text{Micromètre . . . .} \quad - \quad 38.1 \\ \text{Déclin. apparente. .} \quad 1 \; 23 \; 25.2\end{array}\right\}$ 3 3 54.6

Milieu à l'ouest . . . . 3 3 55.7 .
Milieu à l'est 3 5 5.43

Latitude de Tarqui 3 4 30.565
Par les cinq premiers jours 3 4 32.1

Milieu proportionnel 3 4 30.8
Lacondamine 3 4 33.2

Milieu 3 4 32.0

Cette latitude paroît sûre à une seconde près.

Latitude de Cotchesqui.

Commençons par les observations de Lacondamine, page 183.

1742. 9 août	Demi-arc secteur . .	1 25 58.5		
	Micromètre	2 2.0	}	0° 4′ 45″7
	Déclin. apparente . . —	1 23 14.8		
11	Demi-arc secteur . .	1 25 58.5		
	Micromètre	1 59.0	}	0 4 42.9
	Déclin. apparente . . —	1 23 14.6		
12	Demi-arc secteur . .	1 25 58.5		
	Micromètre	2 0.0	}	0 4 44.1
	Déclin. apparente . . —	1 23 14.4		
17	Demi-arc secteur . .	1 25 58.5		
	Micromètre	1 56.0	}	0 4 40.5
	Déclin. apparente . . —	1 23 14.0		
18	Demi-arc secteur . .	1 25 58.5		
	Micromètre	1 55.0	}	0 4 39.6
	Déclin. apparente . . —	1 23 13.9		

Milieu à l'ouest 0 4 42.54

13	Demi-arc secteur . .	1 25 58.5		
	Micromètre . . . . —	2 22.0	}	0 0 22.1
	Déclin. apparente . . —	1 23 14.4		
15	Demi-arc secteur . .	1 25 58.5		
	Micromètre . . . . —	2 17.0	}	0 0 17.3
	Déclin. apparente . . —	1 23 14.2		
16	Demi-arc secteur . .	1 25 58.5		
	Micromètre . . . . —	2 20.0	}	0 0 24.4
	Déclin. apparente . . —	1 23 14.1		

Milieu à l'est 0 0 21.27
Milieu à l'ouest 0 4 42.54
Latitude de Cotchesqui 0 2 31.9

1742. 20 août	Demi-arc secteur . .	1 25 58.5	0° 0′ 42″8
	Micromètre . . . . —	2 2.0	
	Déclin. apparente. — 1 23 13.7		
23	Demi-arc secteur . .	1 25 58.5	0 0 39.1
	Micromètre . . . . —	2 6.0	
	Déclin. apparente. — 1 23 13.4		
24	Demi-arc secteur . .	1 25 58.5	0 0 42.3
	Micromètre . . . . —	2 3.0	
	Déclin. apparente. — 1 23 13.2		
27 septembre .	Demi-arc secteur.	1 25 58.5	0 0 38.8
	Micromètre . . . . —	2 8.0	
	Déclin. apparente. — 1 23 11.7		
28	Demi-arc secteur.	1 25 58.5	0 0 38.8
	Micromètre . . . . —	2 8.0	
	Déclin. apparente. — 1 23 11.7		
29	Demi-arc secteur.	1 25 58.5	0 0 41.7
	Micromètre . . . —	1 44.0	
	Déclin. apparente. — 1 23 12.8		
4 octobre. . .	Demi-arc secteur.	1 25 58.5	0 0 45.3
	Micromètre . . . . —	2 2.5	
	Déclin. apparente. — 1 23 11.7		
5	Demi-arc secteur.	1 25 58.5	0 0 40.7
	Micromètre . . . . —	2 6.0	
	Déclin. apparente. — 1 23 11.8		
6	Demi-arc secteur . .	1 25 58.5	0 0 44.8
	Micromètre . . . . —	2 2.0	
	Déclin. apparente. — 1 23 11.7		

Milieu à l'est 0 0 41.5

1742. 30 août	Demi-arc secteur . .	1 25 58·5	
	Micromètre . . . . +	1 44·0	0° 4' 29"7
	Déclin. apparente. —	1 23 12·8	
31	Demi-arc secteur . .	1 25 58·5	
	Micromètre	1 42·0	0 4 27·8
	Déclin. apparente. —	1 23 12·7	
1 septembre	Demi-arc secteur . .	1 25 58·5	
	Micromètre	1 40·0	0 4 25·8
	Déclin. apparente. —	1 23 12·7	
2 octobre	Demi arc secteur . .	1 25 58·5	
	Micromètre	1 41·0	0 4 27·8
	Déclin. apparente. —	1 23 11·7	
3	Demi-arc secteur . .	1 25 58·5	
	Micromètre	1 37·0	0 4 23·8
	Déclin. apparente. —	1 23 11·7	
8	Demi-arc secteur . .	1 25 58·5	
	Micromètre	1 42·0	0 4 28·8
	Déclin. apparente. —	1 23 11·7	

Milieu à l'ouest . . . . 0 4 27·3
Milieu à l'est . . . . 0 0 41·5

Latitude de Cotchesqui . . . . 0 2 34·5

1742. 22 octobre	Demi-arc secteur . .	1 25 56·4	
	Micromètre . . . . —	1 15·0	0 1 29·2
	Déclin. apparente. —	1 23 12·2	
26	Demi-arc secteur. .	1 25 56·4	
	Micromètre . . . . —	1 19·0	0 1 25·0
	Déclin. apparente. —	1 23 12·4	
27	Demi-arc secteur . .	1 25 56·4	
	Micromètre . . . . —	1 17·0	0 1 26·8
	Déclin. apparente. —	1 23 12·6	

1742. 29 octobre. . . $\left\{\begin{array}{l}\text{Demi-arc secteur . . } \quad 1\ 25\ 56\cdot4 \\ \text{Micromètre . . . . } — \quad 1\ 19\cdot0 \\ \text{Déclin. apparente. } — 1\ 23\ 12\cdot7\end{array}\right\}$ 0° 1′ 24″7

29 novembre . $\left\{\begin{array}{l}\text{Demi-arc secteur . . } \quad 1\ 25\ 56\cdot4 \\ \text{Micromètre . . . . } — \quad 1\ 21\cdot0 \\ \text{Déclin. apparente. } — 1\ 23\ 15\cdot8\end{array}\right\}$ 0 1 19·6

30 . . . . . . $\left\{\begin{array}{l}\text{Demi-arc secteur. . } \quad 1\ 25\ 56\cdot4 \\ \text{Micromètre . . . . } — \quad 1\ 19\cdot0 \\ \text{Déclin. apparente. } — 1\ 13\ 15\cdot9\end{array}\right\}$ 0 1 21·5

17 décembre. . $\left\{\begin{array}{l}\text{Demi-arc secteur. . } \quad 1\ 25\ 56\cdot4 \\ \text{Micromètre . . . . } — \quad 1\ 16\cdot0 \\ \text{Déclin. apparente. } — 1\ 23\ 18\cdot0\end{array}\right\}$ 0 1 22·4

29 décembre. . $\left\{\begin{array}{l}\text{Demi-arc secteur. . } \quad 1\ 25\ 56\cdot4 \\ \text{Micromètre . . . . } — \quad 1\ 17\cdot0 \\ \text{Déclin. apparente. } — 1\ 23\ 19\cdot7\end{array}\right\}$ 0 1 19·7

31 . . . . . . $\left\{\begin{array}{l}\text{Demi-arc secteur. . } \quad 1\ 25\ 56\cdot4 \\ \text{Micromètre . . . . } — \quad 1\ 16\cdot0 \\ \text{Déclin. apparente. } — 1\ 23\ 20\cdot0\end{array}\right\}$ 0 1 20·4

Milieu à l'est . . . . 0 1 23·2

23 novembre. . $\left\{\begin{array}{l}\text{Demi-arc secteur. . } \quad 1\ 25\ 56\cdot4 \\ \text{Micromètre . . . . } \quad 58\cdot0 \\ \text{Déclin. apparente. } — 1\ 23\ 12\cdot3\end{array}\right\}$ 0 3 42·1

2 décembre. . $\left\{\begin{array}{l}\text{Demi-arc secteur . . } \quad 1\ 25\ 56\cdot4 \\ \text{Micromètre . . . . } \quad 1\ 4\cdot0 \\ \text{Déclin. apparente. } — 1\ 23\ 16\cdot2\end{array}\right\}$ 0 3 44·2

5 . . . . . . $\left\{\begin{array}{l}\text{Demi-arc secteur . . } \quad 1\ 25\ 56\cdot4 \\ \text{Micromètre . . . . } \quad 1\ 0\cdot0 \\ \text{Déclin. apparente. } — 1\ 23\ 16\cdot6\end{array}\right\}$ 0 3 39·8

3.

1742. 6 décembre . . $\left\{\begin{array}{l}\text{Demi-arc secteur . .} \quad 1\ 25\ 56\cdot4 \\ \text{Micromètre . . . .} \qquad\quad 1\ 2\cdot0 \\ \text{Déclin. apparente. } \ \text{—}\ 1\ 23\ 16\cdot6\end{array}\right\}$ 0° 3' 41"8

8 . . . . $\left\{\begin{array}{l}\text{Demi-arc secteur . .} \quad 1\ 25\ 56\cdot4 \\ \text{Micromètre . . . .} \qquad\qquad 59\cdot0 \\ \text{Déclin. apparente. } \ \text{—}\ 1\ 23\ 16\cdot9\end{array}\right\}$ 0 3 38.5

9 . . . . $\left\{\begin{array}{l}\text{Demi-arc secteur. .} \quad 1\ 25\ 56\cdot4 \\ \text{Micromètre . . . .} \qquad\qquad 59\cdot0 \\ \text{Déclin. apparente. } \ \text{—}\ 1\ 23\ 17\cdot0\end{array}\right\}$ 0 3 38.4

1 janvier. . . $\left\{\begin{array}{l}\text{Demi-arc secteur . .} \quad 1\ 25\ 56\cdot4 \\ \text{Micromètre . . . .} \qquad\quad 1\ 2\cdot0 \\ \text{Déclin. apparente. } \ \text{—}\ 1\ 23\ 20\cdot1\end{array}\right\}$ 0 3 38.3

2 . . . . . . $\left\{\begin{array}{l}\text{Demi-arc secteur. .} \quad 1\ 25\ 56\cdot4 \\ \text{Micromètre . . . .} \qquad\quad 1\ 2\cdot0 \\ \text{Déclin. apparente. } \ \text{—}\ 1\ 23\ 20\cdot2\end{array}\right\}$ 0 3 38.2

Milieu à l'ouest.	0 3	40.2
Milieu à l'est.	0 1	23.2
Latitude de Cotchesqui	0 2	31.7
Première ci-dessus	0 2	31.9
Seconde	0 2	34.5
Le milieu seroit	0 2	32.7

Mais comme les premières séries sont moins nombreuses que les dernières, on pourroit diminuer un peu le résultat.

Ainsi nous supposerons.	0 2	32.0
En 1740 il avoit trouvé	0 2	33.1
Milieu.	0 2	32.5
Mais la latitude de Tarqui est	3 4	33.2
Ainsi l'amplitude, suivant Lacondamine, seroit .	3 7	5.7

Calculons maintenant Cotchesqui d'après Bouguer.

1742. 29 novembre . .	Demi-arc secteur. .	1 25 56·4	
	Micromètre . . . . —	1 21·0	0° 1' 18·4
	Déclin. apparente. . — 1 23 17·0		

30	Demi-arc secteur . .	1 25 56·4	
	Micromètre . . . . —	1 19·0	0 1 21·5
	Déclin. apparente. . — 1 23 15·9		

Milieu à l'est . . . . 0 1 19·95

2 décembre. .	Demi-arc secteur . .	1 25 56·4	
	Micromètre	1 4·0	0 3 44·2
	Déclin. apparente. . — 1 23 16·2		

5	Demi-arc secteur . .	1 25 56·4	
	Micromètre	1 0·0	0 3 40·0
	Déclin. apparente. . — 1 23 16·4		

6	Demi-arc secteur . .	1 25 56·4	
	Micromètre	1 2·0	0 3 41·9
	Déclin. apparente. . — 1 23 16·5		

8	Demi-arc secteur . .	1 25 56·4	
	Micromètre	59·0	0 3 38·5
	Déclin. apparente. . — 1 23 16·9		

9	Demi-arc secteur . .	1 25 56·4	
	Micromètre	59·0	0 3 38·4
	Déclin. apparente. . — 1 23 17·0		

Milieu à l'ouest . . . . 0 3 40·6
Milieu à l'est . . . . 0 1 19·95

Milieu . . . . 0 2 30·25

1742. 17 décembre. .
$\left\{\begin{array}{l}\text{Demi-arc secteur . .} \quad 1\ 25\ 56\cdot4 \\ \text{Micromètre . . . . .} \quad -\quad 1\ 16\cdot0 \\ \text{Déclin. apparente. .} \quad -\ 1\ 23\ 18\cdot0\end{array}\right\}$ 0° 1′ 22″4

29 . . . . . .
$\left\{\begin{array}{l}\text{Demi-arc secteur . .} \quad 1\ 25\ 56\cdot4 \\ \text{Micromètre . . . . .} \quad -\quad 1\ 17\cdot0 \\ \text{Déclin. apparente. .} \quad -\ 1\ 23\ 19\cdot0\end{array}\right\}$ 0 1 20·4

31 . . . .
$\left\{\begin{array}{l}\text{Micromètre . . . . .} \quad 1\ 25\ 56\cdot4 \\ \text{Demi-arc secteur . .} \quad -\quad 1\ 16\cdot0 \\ \text{Déclin. apparente. .} \quad -\ 1\ 23\ 20\cdot0\end{array}\right\}$ 0 1 20·4

Milieu à l'est . . . .   0 1 21·1

1743. 1 janvier . . .
$\left\{\begin{array}{l}\text{Demi-arc secteur . .} \quad 1\ 25\ 56\cdot4 \\ \text{Micromètre . . . . .} +\quad 1\ 2\cdot0 \\ \text{Déclin. apparente. .} \quad -\ 1\ 23\ 20\cdot1\end{array}\right\}$ 0 3 38·3

2 . . . .
$\left\{\begin{array}{l}\text{Demi-arc secteur . .} \quad 1\ 25\ 56\cdot4 \\ \text{Micromètre . . . . .} +\quad 1\ 2\cdot0 \\ \text{Déclin. apparente. .} \quad -\ 1\ 23\ 20\cdot2\end{array}\right\}$ 0 3 38·2

Milieu à l'ouest . . . .   0 3 38·25
Milieu à l'est . . . .   0 1 21·1

Milieu pour Cotchesqui . . . .   0 2 29·55
Milieu ci-dessus . . . .   0 2 30·25

                                             0 2 29·95

Cotchesqui, par Bouguer . . . . 0° 2′ 29″95
Tarqui, par Bouguer . . . . 3 4 30·8

Amplitude suivant Bouguer seul . . . . 3 7 0·75
Amplitude suivant Lacondamine . . . . 3 7 5·7

Le milieu seroit . . . . 3 7 3·1

Latitude de Tarqui par Bouguer	3°	4′	30″8
Latitude de Tarqui par Lacondamine	3	4	33.2
Milieu	3	4	31.9
Latit. de Cotchesqui par Bouguer	0	2	29.95
Latit. de Cotchesqui par Lacondamine	0	2	32.5
Milieu	0	2	31.22
Milieu pour Tarqui	3	4	31.9
Milieu pour l'amplitude	3	7	3.1

Bouguer et Lacondamine se réunissent pour faire l'amplitude de 3° 7′ 1″, quoique les observations du dernier nous donnent 4″5 de plus. Bouguer nous dit que lui-même avoit trouvé 3° 7′ 3″ par θ d'Antinoüs, et 3° 7′ 0″ par α du Verseau; mais ces dernières observations ne nous sont point parvenues. On peut donc croire que par un milieu entre toutes il auroit eu 3° 7′ 2″. Les astronomes paroissent accorder plus de confiance à Bouguer. Les observations de Lacondamine sont peut-être un peu moins précises, elles présentent un peu moins de régularité; mais elles sont plus nombreuses : ainsi, tout considéré, je crois que nous pouvons prendre 3° 7′ 3″ pour l'amplitude de leur arc céleste.

Nous prendrons de même le milieu pour l'arc terrestre, que Bouguer faisoit de 10 toises plus petit que Lacondamine, et ce second changement détruira en partie l'effet du premier.

L'arc terrestre étoit, suivant Bouguer, de	176940
Suivant Lacondamine, de	176950
Nous le prendrons de	176945

Il est déjà réduit au niveau de Carabourou, c'est-à-dire à 1226 toises au-dessus de la mer. Il faut donc le diminuer de 68 toises et le réduire à 176877 toises. Nous aurons ainsi $(A' - A) = 176877^t$.

$$L' = + 3^\circ \ 4' \ 32'' \qquad (L' + L) = 3^\circ \ 2' \ 1''$$
$$L = - 0^\circ \ 2' \ 31'' \qquad 2(L' + L) = 6^\circ \ 4' \ 2''$$
$$(L' - L) = \ \ 3^\circ \ 7' \ 3''$$
$$2(L' - L) = \ \ 6^\circ \ 14' \ 6''$$

log. const.	1·4470587
$(A' - A)$	5·2476714
C. $(L' - L)$	5·9498910· ⎞
441·1853	2·6446211· ⎟
3 : sin. 2''	5·4905164· ⎬
sin. $(L' - L)$	8·7354695· ⎟
cos. $(L' + L)$	9·9993910· ⎠
+ 660·5246	2·8198890
	5·63978
	4·68559
— 2·1153	0·32537
— 441·1853	— 2·6446211
C. $(L' - L)$	5·9498910
$\dfrac{15}{32 \ sin. \ 1''}$	4·9853664
sin. $2(L' - L)$ . . .	9·0358563
cos. $2(L' + L)$ . . .	9·9975605
— 410·6722	2·6134953

$$\mu = 441^t 1853 + 660·5246 \ a + 247·7371 \ a^2 \quad \text{Pérou.}$$
$$\mu = 443^t 4134 - 27·7002 \ a + 378·7306 \ a^2 \quad \text{France.}$$
$$o = \ \ 2^t 2281 - 688·2248 \ a + 130·9935 \ a^2$$
$$a = 0·0032375 + 0·190335 \ a^2 = 0·0032395 \text{ ou } 0·00324 = \frac{1}{308.65}$$
et $\mu = 443^t 328$

Dans ce calcul nous avons pris le milieu entre les observations de Barcelone et de Montjouy. En ne tenant compte que de Montjouy nous aurions trouvé l'aplatissement 0.00321 ou $\frac{1}{311.5}$, et le mètre 443^{l}3076.

Mais je ne vois pas pourquoi l'on rejeteroit les observations de Barcelone, que très-probablement M. Méchain préféroit à celles de Montjouy. La valeur du mètre tirée de nos observations comparées à celle du Pérou, est donc 443^{l}328. L'incertitude de 3″24 sur l'arc céleste répond à 52 toises sur la terre; $\frac{5^t}{551588}$ ou $\frac{104}{1108166}$ sont donc l'incertitude qu'elle produit sur le mètre. Cette quantité est presque $\frac{1}{10000}$; le dix-millième de 443.328 est 0^{l}044, et prenant le milieu, nous réduisons l'incertitude à 0^{l}022. Nous trouvons en effet 443.328 et 443.3076, dont la différence est 0.0204.

La commission, qui n'avoit pas connoissance des observations de Barcelone, et qui n'a pris que les nombres de Bouguer, en a conclu l'aplatissement $\frac{1}{884}$, et le mètre 443^{l}295936. Ces deux quantités paroissent un peu trop foibles. On a de fortes raisons pour croire que l'aplatissement est au moins $\frac{1}{310}$. Nous le trouvons $\frac{1}{309}$; c'est à fort peu près ce qu'a trouvé M. Svanberg par le nouveau degré de Suède. Je supposerai donc dans tout ce qui suit 443^{l}328 pour le mètre, et 0.00324 pour l'aplatissement.

Pour exprimer ce mètre en fraction de toise il le faut diviser par 864. Or

$$\frac{443.328}{864} = \frac{4.618}{9} = 0^t 5131111\cdot1111$$

Le mètre adopté suppose 0.5130740
Différence . . . . 0.0000371 $\frac{1}{7}$

M. Borda par ses expériences a trouvé que pour chaque degré de son thermomètre métallique la règle s'alonge de $0^t00000.9245$; la toise qui est la moitié de la regle, s'alongera de $0^t00000.46225$.

Mais 2.316 parties du thermomètre métallique répondent à 1° du thermomètre de Réaumur. Ainsi pour 1° de Réaumur la toise s'alongera de $0^t00000.46225$ × 2.316 $=$ $0^t00001.07057.1$ Pour 1° centésimal elle s'alongera de $0^t00000.85645.68$.

Le mètre adopté qui vaut $0^t5130740$ s'alongera de $0^t00000.43942.57$. Mais à quelle température doit-il s'élever pour égaler le mètre résultant de nos derniers calculs ? c'est ce que nous trouverons par cette analogie :

$$0^t00000.43942.57 : 1^d :: 0.00003.7111111 : 8^d 445367 = 6°756536 \text{ de}$$
Réaumur.

Le mètre adopté n'a sa vraie longueur qu'à la température de 0. Pour acquérir la longueur que lui donnent les derniers calculs, il faut donc le soumettre à une température de $8^d445367$ de la division centésimale.

Le mètre que nous venons de trouver a besoin de deux corrections qui se détruiront mutuellement, et qu'ainsi nous pourrions négliger ; mais nous devons rendre compte de tout sans aucune réticence.

Nous avons supposé que notre règle moyenne est exactement le double de la toise du Pérou, quand cette toise et notre règle sont à la température de 13° du thermomètre à mercure divisé en 80 parties. Mais à cette température notre règle au lieu de valoir deux toises

ou 1728^l ne vaut que 1727^{l}98 : elle n'est donc que les
$\frac{1727.98}{1728}$ ou $\frac{86399}{86400}$ de la double toise ; il faut donc multiplier
notre mètre par $\frac{86599}{86400} = \frac{86400 - 1}{86400} = 1 - 0.00001.1574$.
Par là ce mètre deviendra plus foible de 0^{l}0051312.

Voici maintenant le principe sur lequel repose la seconde correction. Nous avons dans la réduction des
bases à 13° de Réaumur supposé que le zéro ou le terme
de la glace du thermomètre métallique répondoit à
0.00383.3 (voyez tome II, p. 44) ; mais la commission
par des expériences répétées a trouvé que ce nombre
0.00383.3 au lieu de répondre au zéro du thermomètre
centésimal à mercure, répond plus exactement à 1°35.
Nos bases que nous avons cru réduire à 13° de Réaumur
ou 16^{d}25 du thermomètre centésimal sont donc véritablement réduites à 17^{d}6 de ce même thermomètre. Nos
règles étoient donc plus longues que nous ne pensions
de la variation due à $+$ 1^{d}35 ; nos bases nous ont paru
moindres que si les règles eussent valu deux toises ;
notre mètre est donc proportionnellement trop petit de
l'accroissement qu'il reçoit pour 1°35 d'augmentation
dans la température.

L'augmentation du mètre de platine est, comme
nous avons trouvé ci-dessus, pour un degré centésimal,
0^{l}00000.43942.57.

Cette quantité réduite en lignes est . . . . . . 0^{l}00379.6639
Pour 1°35 elle sera . . . . 0^{l}00512.54

C'est ce dont il faut augmenter notre mètre pour corriger l'erreur du zéro dans le thermomètre métallique.

3.   18

Mais par la première correction il devoit être diminué de . . o'oo513.12

La correction totale se réduit donc à . . . . + o'oooo0.58.

quantité tout-à-fait insensible ; ainsi notre mètre reste tel qu'il a été déterminé ci-dessus, c'est-à-dire de 443^{l}328.

Ces deux corrections sont indiquées dans le rapport de M. Van-Swinden, tome II des Mémoires de l'Institut. Mais l'auteur n'a pu donner dans son extrait tous les détails où nous sommes entrés, et dont nous fournirons ci-après les pièces justificatives qu'il a lui-même présen-tées à la commission. Pour ne laisser aucun doute sur ce point important, nous allons dans un calcul à deux colonnes appliquer les deux corrections aux nombres de M. Van-Swinden et à ceux qui résultent de nos calculs. Rigoureusement les corrections devroient être propor-tionnelles aux deux mètres; mais elles sont si petites que la différence est insensible et qu'on peut les appli-quer dans l'ordre qu'on voudra.

	MÈTRE ADOPTÉ. Rapport de M. Van-Swinden, page 54.	MÈTRE suivant nos calculs.
	443.296	443.328
Parce que nos règles ne valoient que $\frac{163.99}{164}$ de double toise, il faut retrancher $\frac{1}{164}$ ou . .	0.0051312	0.0051312
Le mètre se réduit donc à	443.2908688	443.3228688
Mais parce que nous avons réduit nos bases à 17.6 au lieu de 16.25, notre mètre est trop petit de la dilatation par 1° 35′, ou de	0.0051254	0.0051254
Le mètre monte donc à , ...	443.2959942	443.3279942
Ou	443.296	ou 443.328

On voit en effet que M. Van-Swinden supposant d'a-bord 443,296 réduit ce nombre à 443.291 , et qu'ensuite il le porte de nouveau à 443.296.

Les deux corrections sont donc sensiblement égales et de signe contraire ; elles se détruisent mutuellement. C'étoit à 17.6 qu'il falloit réduire nos règles et nos bases pour que nos règles fussent égales à deux fois la toise du Pérou supposée à la température de 16.25. Mais c'est en effet à 17.6 que nous les avons réduites ; nos bases sont donc réellement mesurées avec des règles équiva-lentes à la toise du Pérou ; ces bases sont donc exprimées en parties de cette toise ; notre mètre est pareillement en parties de cette toise.

La règle de platine, n°. I, à 17.6 de température vaut donc exactement le double de la toise du Pérou, quand cette toise a 16.25 de température.

Sur la règle n° I, à 17°6, ou sur la toise du Pérou à 16.25, ce qui revient au même, imaginons que l'on prenne avec un compas à verge invariable et non sus-ceptible de dilatation, une longueur de 443.296.

Que l'on porte ensuite cette longueur sur une autre règle de platine à 0° de température ; cette longueur sera celle de l'étalon de platine déposé aux archives.

L'étalon des archives à zéro de température vaut donc 443^{l}296 prises sur la règle n°. I, quand cette règle est à 17.6 ; ou prises sur la toise du Pérou quand cette toise est à 16.25.

Imaginez à présent que l'étalon des archives monte de 0° à 8°445 ; au lieu de vous représenter le mètre adopté, il vous représentera le mètre qui résulte des nouveaux calculs.

La commission n'avoit pas de compas invariable pour prendre ainsi les 443^{l}296 sur la toise à 16,25 ou la règle à 17.6, et les porter sur une règle de platine à zéro. Les physiciens savent d'ailleurs qu'on ne peut ainsi mettre trois règles différentes bien précisément au degré juste de température qu'elles doivent avoir ; mais on sait calculer fort juste l'accroissement infiniment petit que le fer et le platine ont reçu par les degrés de température qu'ils avoient au moment de l'expérience ; ainsi à l'aide du calcul on a pu se procurer le mètre qui résultoit de nos opérations. On verra plus loin les moyens employés par les commissaires. Il nous suffit pour le moment de dire que pour trouver le mètre adopté, il faut prendre 443^{l}296 sur une toise de fer de même longueur que celle du Pérou, et qui soit à 16.25 de température, ou qu'il faut prendre la longueur du mètre de platine des archives quand ce mètre est à 0° de température. Tel est le résultat définitif des travaux de la commission pour cette première unité fondamentale du système métrique décimal. Mais d'après nos calculs il paroît que ce mètre est trop court de 0^{l}032064, et que pour avoir le mètre il faut que l'étalon des archives soit soumis à une température de 8^{d}445 de la division centésimale ou 6°756 de la division de 80.

COMPARAISON

DE LA NOUVELLE MÉRIDIENNE

A LA MÉRIDIENNE VÉRIFIÉE EN 1739,

PAR MM. CASSINI ET LACAILLE.

Comparaison des angles.

Nous avons déjà donné dans le tableau des triangles, à la fin du tome I, tous les angles communs aux deux opérations, et l'on a pu remarquer des différences de 14 à 18″ comme dans les triangles entre Fiefs, Sauti et Bonnières, Beauquène-Sauti-Mailli, Villersbretonneux-Vignacourt-Sourdon, Villersbretonneux-Sourdon-Arvillers, Villersbretonneux-Sourdon-Amiens ; nous ne parlons pas de quelques différences plus fortes encore, mais qui se trouvent dans des triangles qui n'étoient que secondaires en 1739, comme Watten-Cassel-Helfaut, Cassel-Helfaut-Béthune ; on trouve même un angle trop fort de 30″ dans le triangle 97 Saint-Pons-Nore-Alaric ; mais on peut soupçonner que les signaux n'étoient point à la même place. Dans les premiers l'erreur peut venir des phases des clochers qu'on n'observoit guères qu'une seule fois et dans un seul instant, ou bien des réductions au centre dont on n'aura pas déterminé les deux élémens avec le même soin que j'y ai toujours apporté, soit enfin des erreurs du quart de cercle.

Les auteurs n'ont pourtant rien négligé pour connoître si non les erreurs des arcs partiels, au moins celle de l'arc entier. Ils ont mesuré 14 fois le tour de l'horizon pour déterminer de combien l'arc de 90° différoit d'un quart de cercle; mais cette recherche pénible n'a donné rien de bien certain, on en jugera par le tableau suivant :

Béthune	360°	— 58″	Châteauneuf	360°	+ 28″
Sauti		— 77	Laage		+ 6
Villersbretonneux.		— 37			
Paris		— 12			+ 34
Ibid.		— 21			— 423
Ibid.		— 56			
Montmartre		— 34	Somme		— 389
Pithiviers		— 12	Milieu		— 27 $\frac{11}{14}$
Chaumont		— 18			
Bourges		— 40			
Cullan		— 40			
Alaric		— 18			
		— 423			

Ainsi, par un milieu, le quart de cercle donnoit 28″ de moins sur 360°, ou 7″ sur 90°.

Les auteurs, page 58, supposent 24″ au lieu de 28″.

Ainsi la somme des trois angles dans chaque triangle devoit être de 179°59′48″ suivant eux, ou 179°59′46″ selon moi. Cependant on trouve des triangles où l'erreur est en plus et de près de 40″, ce qui donneroit 52 ou 53″ d'erreur véritable.

Il est tout aussi sûr que les angles d'un triangle doivent faire une somme de 180°, qu'il est sûr qu'un tour d'horizon en vaut trois cent soixante; on n'a même que trois observations pour un triangle , tandis qu'il en faut cinq ou six pour un tour d'horizon. Ainsi pour déterminer l'erreur de l'arc entier je rassemble les erreurs de leurs triangles principaux.

Je trouve 74 erreurs négatives dont la somme est de . . . — 1098″0
55 erreurs positives dont la somme est de . . . + 600″5
_____
129   Somme des 129 erreurs . . . . . . — 497.5
          Milieu . . . . — 3″86

C'est à peu près — 2″ pour 90°.

Les tours d'horizon donnoient 6 ou 7″; ce qui s'accorde mieux qu'on ne croiroit d'abord.

En effet, les trois angles d'un triangle excèdent toujours 180° d'une quantité qu'on peut estimer de 2″ environ ; ainsi l'erreur sur 180° sera par un milieu de 6″ à fort peu près.

Les tours d'horizon ne sont pas sujets à cette correction, et ils donnent de 6 à 7″. On peut donc regarder ce résultat comme le plus probable, et l'on en conclura que les 90° du quart de cercle étoient trop petits de 3″, et que la somme des trois angles observés devoit être trop foible de 6″. Cette erreur disparoissoit dans le calcul des triangles ; mais il n'en est pas moins vrai que pour estimer l'erreur d'un triangle il faut d'abord y ajouter 6″ de correction moyenne et en retrancher l'excès sphérique. Ainsi la plus forte erreur négative étant — 45″ se réduira d'abord à 39″, et ensuite deviendra 41″ si l'on ajoute 2″ pour l'excès sphérique.

La plus forte erreur positive + 39″ deviendra + 45″

par la correction moyenne, et se réduira à 43" par l'excès sphérique.

Telle est donc la limite que ne passent pas les erreurs, et il est juste d'ajouter que ces erreurs excessives sont infiniment rares, et qu'on en trouve de pareilles dans toutes les mesures de degrés avant l'invention du cercle répétiteur et du théodolithe.

On conviendra donc qu'avec les anciens quarts de cercle on ne pouvoit jamais répondre de 10" sur un angle.

Or, dans un triangle quelconque ABC, on a

$$AB. \sin. A = BC. \sin. C$$

d'où

$$AB. \cos. A. dA = BC \cos. C. dC + dBC. \sin. C$$

et

$$dBC = \frac{dA. AB. \cos. A}{\sin. C} - \frac{dC. BC. \cos. C}{\sin. C} = dA. BC. \cot. A$$
$$- dC. BC. \cot. C$$
$$= BC. (dA. \cot. A - dC. \cot. C)$$

En sorte que si les angles étoient de différente espèce, ou les erreurs de signe différent, l'erreur du côté BC pouvoit être

$$BC. \sin. 10'' (\cot. A + \cot. C) = \frac{BC. \sin. 10''. \sin. (A + C)}{\sin. A. \sin. C}$$

Soit

$$BC = 10000^t; \quad dBC = 0^t485. \frac{\sin. (A + C)}{\sin. A. \sin. C} = \frac{0.485. \sin. B}{\sin. A. \sin. C}$$

quantité qui peut fort aisément aller à une toise, puisqu'en supposant A et C de 45° chacun, elle vaudroit 0^t97 pour un côté de 10000 toises.

L'erreur que nous pouvons craindre avec le cercle répétiteur est au moins dix fois plus petite, et l'on n'aura aucune raison de s'étonner des différences que nous trouverons ci-après entre les côtés des anciens triangles et les nôtres.

En faisant cet examen j'ai rencontré dans la méridienne cinq observations de l'horizon de la mer vu de la terrasse de l'hermitage Sainte-Victoire, page 107.

Ces distances au zénith, calculées avec la réfraction moyenne, donnent les résultats suivans pour la hauteur de la terrasse :

$$
\begin{array}{r}
444 \cdot 3 \\
447 \cdot 4 \\
440 \cdot 0 \\
446 \cdot 3 \\
440 \cdot 9 \\
\hline
\end{array}
$$

Milieu . . . . 443·8
Les auteurs donnent pour cette hauteur . . . . . 486·0

Différence . . . . 42·2

Ces observations paroissent avoir été faites avec un soin particulier ; car on y donne les secondes, au lieu que les autres distances au zénith qu'on observoit seulement pour la réduction à l'horizon, ne sont rapportées qu'en minutes. Mais, dans le calcul, on négligeoit la réfraction terrestre : ainsi l'on trouvoit toutes les hauteurs trop grandes. C'est ce qu'on peut aussi remarquer dans la méridienne de 1718. En refaisant tous les calculs avec la réfraction moyenne 0.08, j'ai trouvé des nombres beaucoup plus rapprochés de ceux qu'on a vus,

3.   19

tome II, pour les hauteurs de diverses montagnes qu'on avoit alors observées avec quelque soin.

Comparaison des bases.

CELLE de toutes ces bases qui paroît avoir été mesurée avec le plus de soin, est celle de Juvisi. Elle a été même vérifiée plusieurs fois par diverses commissions où se trouvoient Bouguer, Pingré, Lemonnier et plusieurs autres académiciens. Ces diverses mesures ont toujours confirmé la première; j'ajouterai même que, si l'on avoit à faire un choix, les opérations de Cassini et Lacaille me paroissent sans comparaison les meilleures de toutes.

Ils s'étoient servis de quatre règles de fer de 15 pieds chacune.

On les posoit le long d'un cordeau de 50 toises, tendu dans l'alignement; mais on ne nous dit pas comment avoit été tracé cet alignement.

On faisoit toucher les règles exactement bout à bout, mais on ne voit pas si ces bouts étoient écarris ou arrondis, comme on le dit pour d'autres bases. Cette base a été réduite à 14 degrés du thermomètre divisé en 80 parties.

Les cinq mesures ont donné pour différence extrême 21 pouces 4 lignes. On peut supposer la base exacte, à quatre ou cinq pouces près.

On ne parle d'aucune réduction pour les inégalités du terrain, qui au reste ne sont pas fort considérables. A Melun, nos réductions à l'horizon ne vont pas à deux

pieds; à Perpignan elles ne vont pas à trois. Je n'ai pas
vu, en parcourant cette base, qu'elle eût de plus grandes
inégalités que les nôtres. A la vérité ce n'est pas ce qui
m'occupoit quand je l'ai visitée; mais on peut supposer
avec beaucoup de vraisemblance qu'il n'y a pas plus
de trois pieds à retrancher de cette mesure.

L'élévation du sol ne doit pas différer beaucoup de
celle de Brie ou de la base de Melun. L'une et l'autre
sont de 42 toises. Supposons 40 toises, la réduction à
la mer sera d'un demi-pied. Au total on peut retrancher 0^t55; les 5748 toises se réduiront à 5747^t45. C'est
donc $\frac{1}{10000}$ à retrancher de tous les côtés calculés d'après
cette base.

Le moyen le plus simple, le seul peut-être de comparer cette base à la nôtre, est de chercher le côté commun
le plus voisin; c'est la distance de Malvoisine à Brie.

Cette distance, suivant la *Méridienne vérifiée*, est	12376^t0
Nous négligerons la différence d'un degré du thermomètre, mais	
nous retrancherons un dix-millième ou	1·2
La distance réduite sera donc	12374·8
Nous avons trouvé	12374·2
Différence	0·6

Cet accord est très-satisfaisant. Le côté suivant est
la distance de Malvoisine à Chapelle-la-Reine.

Suivant la *Méridienne vérifiée* cette distance est de	12653·3
Réduction de $\frac{1}{10000}$	— 1·3
Il restera	12652·0
Nous avons trouvé	12650·6
Différence	1·4

De Chapelle-la-Reine à Pithiviers (*Méridienne vérifiée*) . . 14405^t0

Réduction de $\frac{1}{10000}$ . . . . — 1.4
_____

Distance réduite 14403.6
Suivant nous 14402.1
_____

Différence 1.5

De Chapelle-la-Reine à Boiscommun (*Méridienne vérifiée*) . 17346.5

Réduction . . . . — 1.7
_____

Distance réduite 17344.8
Suivant nous 17341.8
_____

Différence . . . . + 3.0

De Pithiviers à Boiscommun (*Méridienne vérifiée*) 9191.7

Réduction . . . . — 0.9
_____

Distance réduite 9190.8
Suivant nous 9190.1
_____

Différence . . . . + 0.7

Ici les objets de comparaison commencent à nous manquer, et au nord de Paris nous n'en avons que de trèséloignés.

Base de Villersbretonneux.

CETTE base a été mesurée avec des perches de bois de
24 pieds, écarries et dressées, larges d'environ trois ou
quatre pouces, épaisses de deux, dont les extrémités
étoient garnies d'une plaque de fer, qui portoit à son
milieu un gros clou dont la tête étoit un cône tronqué
dont les bases étoient l'une de six et l'autre de deux
lignes.

On les vérifioit avec quatre demi-toises de fer qui

avoient été comparées aux règles de fer de Juvisi. Mais la comparaison n'étoit pas bien directe, les règles avoient quinze pieds, et les quatre demi-toises n'en faisoient que douze.

Ces règles de bois étoient sujettes à des dilatations petites mais sensibles; on en tenoit compte à peu près. Le reste comme à Juvisi.

La base étoit de 5242^t75; on ne parle pas des inégalités du terrain, si ce n'est à l'une des extrémités du côté de Villersbretonneux. (Voyez ci-dessus tome II, page 751).

La hauteur au-dessus du niveau de la mer devoit être de 55^t, la réduction 0^t1. Otons 0.4 ou 0^t5 pour les inégalités présumées du terrain qui à travers bois ou dans des champs cultivés doivent au moins égaler celles des routes de Juvisi, Melun et Perpignan, nous aurons encore $\frac{1}{10000}$ au moins à retrancher. La base réduite sera donc 5242.2 à fort peu près.

Les côtés les plus voisins, diminués de $\frac{1}{10000}$, sont

	Mérid. vérifiée.	Suiv. nous.	Différ.
Villersbretonneux-Sourdon . . .	10028^t5	10027^t6	+ 0^t9
Villersbretonneux-Arvillers . . .	8546.5	8546.1	+ 0.4
Villersbretonneux-Vignacourt . .	14364.0	14363.7	+ 0.3
Vignacourt-Sourdon	18773.4	18772.7	+ 0.7
Villersbretonneux-Beauquêne . .	13259.2	13258.9	+ 0.3
Villersbretonneux-Mailli	12337.8	12337.4	+ 0.4
Beauquêne-Mailli	7784.4	7784.1	+ 0.3
Beauquêne-Sauti	9042.3	9041.9	+ 0.4
Beauquêne-Bonnières	10373.7	10373.9	— 0.2

	Mérid. vérifiée.	Suiv. nous.	Différ.
Sauti-Bonnières	10270.5	10270.7	— 0.2
Sauti-Fiefs	18109.2	18109.9	— 0.7
Bonnières-Fiefs	14790.5	14790.8	— 0.3
Mailli-Sauti	8365.4	8364.8	+ 0.6
Villersbretonneux-Amiens . . .	8065.7	8066.1	— 0.4
Sourdon-Amiens	11126.4	11126.1	+ 0.3
Vignacourt-Amiens	7734.2	7734.7	— 0.5
Sourdon-Arvillers	9423.8	9422.8	+ 1.0
Coivrel-Arvillers	11470.4	11468.8	+ 1.6
Milieu entre les dix-huit comparaisons			+ 0.32

Ainsi les environs d'Amiens depuis Clermont jusqu'à Arras avoient été mesurés avec une précision remarquable.

Autour de Paris le milieu entre quatre comparaisons donne + 1.6.

Base de Dunkerque.

La base de Dunkerque fut mesurée comme celle de Villersbretonneux; mais les règles avoient été recouvertes de plusieurs couches de peinture à l'huile pour les garantir de l'effet de l'humidité sur une plage que les eaux de la mer couvroient deux fois par jour, et dont quelques parties restoient toujours couvertes d'eau à la profondeur de cinq à six pouces. Mais pour atteindre le fort de Revers qui étoit l'un des termes, il falloit traverser le canal. On éleva donc une perpendiculaire qui faisoit avec la distance au fort un triangle isocèle rectangle, en sorte que cette perpendiculaire mesurée

dispensoit de passer le canal. Une minute d'erreur dans
l'un des angles obliques du triangle isocèle n'auroit pas
produit $\frac{1}{20}$ de toise sur la longueur de la perpendiculaire
ou sur celle de la base.

Nous n'avons ici aucune réduction à faire au niveau
de la mer. On ne parle d'aucune inégalité dans le terrain qui en effet m'a paru fort uni.

Cette base fut trouvée de 6224ᵗ36 par un milieu
entre deux mesures qui ne différèrent que de 21 pouces.

Sur quoi nous remarquerons en passant que ma base
de Perpignan, calculée par celle de Melun, ne donnoit
qu'une différence qui n'est que moitié de celles qu'offrent les différentes mesures des bases de Juvisi, Villersbretonneux et Dunkerque.

La base de Dunkerque donne pour la distance de Cassel à
Dunkerque 14086.0
            Suivant nous 14088.3
                                                        ─────────
                                                           2.3

Ainsi la base de Dunkerque paroît trop courte d'environ une toise ; car on voit dans l'ouvrage du major
général Roi, pour la jonction des côtes d'Angleterre
et de France, que la distance de Dunkerque à Cassel,
calculée sur les bases de Honslowheath et de Romney-
marsh est absolument la même que celle qui résulte de
ma base et de mes triangles.

Mais comment imaginer qu'une base mesurée deux
fois puisse être trop courte d'une toise ?

Le triangle de jonction a un angle de 90° 18′ et un

de 84° 22′. Les sinus de ces angles variant fort peu pour des erreurs de quelques secondes, la distance de Dunkerque au signal des dunes est aussi sûre que la base même.

Le triangle suivant est moins favorable.

Soit DH la distance de Dunkerque à Hondschoote, H l'angle à ce clocher, U l'angle aux dunes,

$$d.\ (DH) = dU.\ DH.\ cot.\ U - dH.\ DH.\ cot.\ H = 0.0043\ dU$$
$$- 0.0262\ dH$$

Pour avoir $dH = -1^t$, il faudroit qu'on se fût trompé de 30″ en plus sur l'angle à Hondschoote.

Ce qui peut rendre cette erreur moins invraisemblable, c'est que l'erreur du triangle est $+19$, au lieu que, suivant la correction moyenne établie ci-dessus, la somme des trois angles devroit être de 179° 59′ 54″, et qu'elle se trouve ici de 25″ plus forte.

D'ailleurs l'observation a été faite dans la galerie extérieure du clocher, et l'on a pu se tromper sur la distance et la direction au centre. Il faudroit pourtant une erreur de 30° sur l'angle de direction pour commettre une erreur de 30″, et cette erreur est tout-à-fait invraisemblable, quoique nous en ayons une à Bourges qui passe 40°.

Ajoutons encore que dans la *Méridienne* de 1739 le triangle entre Dunkerque, Watten et Cassel n'étoit que de second ordre, et qu'il est très-possible que la différence de 2 toises que nous trouvons sur la distance de Cassel à Dunkerque, vienne en grande partie de ce triangle.

On peut voir dans l'ouvrage du major général Roy la manière dont il conçoit que la base de Dunkerque puisse être trop courte d'une toise ou même de 7 pieds, comme elle le paroît par la comparaison avec les deux bases anglaises. Il nous suffit que ces deux bases s'accordent bien avec celle de Melun ; elles confirment donc notre arc septentrional plus parfaitement encore que la base de Perpignan n'assure la partie méridionale, et comme la distance de Barcelone à Perpignan n'est pas si grande que celle de Melun à Dunkerque, nous avons les plus fortes raisons de croire à la bonté de notre arc tout entier.

Base de Bourges.

CETTE base est en même temps un côté de l'un des triangles principaux. Trois suites de triangles appuyées sur la base de Juvisi font soupçonner que cette quatrième base est un peu trop longue.

La première suite, *Méridienne vérifiée*, p. 67, la diminueroit de . 1ᵗ15

La seconde, page 68, de 1ᵗ20

La troisième, page 69, de 2ᵗ20

Milieu 1ᵗ52

La hauteur moyenne au-dessus du niveau de la mer nécessite une réduction de 0ᵗ3 : il resteroit donc encore 1ᵗ2 pour l'erreur de la mesure.

Cette mesure a été faite trois fois, et la troisième avec des perches différentes. Les trois résultats s'accordent fort bien ; c'est une probabilité en faveur de cette base, mais ce n'est pas une démonstration. Il est possible

3.　　　　　　　　　　　　　　　　　　20

qu'une même cause d'erreur toujours subsistante ait produit trois fois le même effet.

La première mesure fut achevée en un seul jour, le 8 juin 1739, *Méridienne vérifiée*, p. 65. Le lendemain on recommença avec les mêmes perches de 24 pieds. La troisième eut lieu les 22 et 23 novembre suivant, avec des perches de 18 pieds. Les deux premières s'accordoient à quatre lignes et demie ; la troisième donna trois pieds de plus ; mais l'inclinaison des règles en étoit cause. On peut s'en tenir aux deux premières.

Les jours en novembre étoient presque de moitié plus courts qu'en juin. Ainsi chacune des trois mesures n'avoit guères pris que 14 heures de travail. C'étoit une longueur de 500 toises qu'on mesuroit en une heure. Nous n'avons jamais pu en mesurer 200 en un jour. Les règles étoient de trois ou quatre toises ; on en plaçoit donc 166 ou au moins 125 par heure, c'est-à-dire 2 en une minute. En allant si vite on étoit peut-être moins exact à les mettre en contact bien parfaitement. Un intervalle entre chaque règle auroit fait paroître la base plus courte ; il est moins invraisemblable qu'en les plaçant elles heurtoient quelquefois contre celle qui étoit sur le terrein, et la faisoient un peu reculer. Mais quand nous supposerions que chaque règle reculoit d'un quart de ligne, 1800 règles ne donneroient encore que 450 lignes, ou 37 pouces, ou 3 pieds, et il en faudroit 9 pour que la base de Bourges s'accordât avec celle de Juvisi.

Mais il est permis de croire que les deux mesures de

suite ont été faites sur les mêmes alignemens ; et comme la plaine d'Ennordre à Méri est inculte et déserte, ces alignemens ont pu se retrouver cinq mois après. Ainsi l'erreur devoit se retrouver la même, et si l'on a mis à planter les jalons la même célérité qu'à la mesure, il est permis de croire qu'ils n'étoient pas bien rigoureusement en ligne droite.

Cependant pour produire une toise d'erreur, il faudroit que chaque règle eût fait avec la véritable direction un angle de 1°, ce qui n'est pas probable ; un angle de 30′ ne donneroit qu'un quart de toise.

On tenoit compte des inégalités du terrein autant qu'il étoit possible, en allant si vite ; mais il devoit toujours rester quelque erreur, et toutes les erreurs allongeroient la base.

Dans les deux premières mesures *on avoit callé les règles de bois, de sorte qu'elles gardoient le même niveau autant qu'il étoit possible, au lieu que dans la dernière mesure on les avoit couchées sur le terrein.* Méridienne vérifiée, pag. 66.

Comment faisoit-on pour leur donner ce *même niveau ?* On n'y employoit ni le niveau à bulle d'air, ni même l'équerre des maçons ; on n'eût pas manqué de le dire, et ces attentions eussent pris beaucoup de temps.

On en jugeoit donc à l'œil. On pouvoit bien par ce moyen remédier aux grandes et subites inégalités ; mais quand la pente étoit douce, il est bien probable qu'on supposoit la règle de niveau quand elle étoit parallèle au terrein ; mais ce terrein, comme le disent les auteurs,

et comme je l'ai vu moi-même en allant à pied d'Ennordre à Méri, ce terrain s'élève insensiblement. Il
paroît donc constant que dans ces premières mesures
on a évalué une ligne inclinée au lieu de la ligne horizontale. Suivant mes observations la différence de niveau entre Ennordre et Méri est de 45 toises. La réduction à l'horizon seroit de 0ᵗ17 , et cette correction est
trop petite encore parce qu'elle suppose que la base va
toujours en montant au lieu qu'elle monte et redescend
alternativement. (Voyez *planche VI , fig. 6 de la Méridienne vérifiée*).

Cette correction est commune aux trois mesures ;
dans la troisième on a tenu compte des inégalités ra-
pides ; on a retranché trois pieds , et les trois mesures
ont été d'accord.

Pour comparer cette base à nos triangles nous n'avons
que deux distances qui nous soient communes.

Suivant la *Méridienne*, de Bourges à Dun . . .	13144.0
Suivant nous	13139.4
	+ 4.6
De Bourges à Morlac	21021.5
Suivant nous	21013.7
	7.8

La différence est donc de 12 toises sur 44000 toises ;
ce qui fait environ 2 toises dont la base est trop grande.

Les sommets des tours de Bourges , Dun et Morlac
sont à une élévation moyenne de 100ᵗ au-dessus de la
mer ; la réduction est de 1ᵗ35 ; il reste donc un excès

de 10ᵗ65 qui ne peuvent venir que de la base, qui sera trop longue de 1ᵗ7.

Remarquons enfin que l'espace mesuré en 1739 entre les signaux d'Ennordre et de Méri n'est pas tout-à-fait libre, du moins aujourd'hui. En approchant de Méri on auroit à traverser un jardin entouré de haies et de fossés. S'il en étoit de même alors, la mesure a dû être difficile en cet endroit, mais les auteurs ne font aucune mention de cette circonstance.

Base de Perpignan.

Nous n'avons aucune objection pareille, aucune réduction à proposer pour la base de Perpignan mesurée en 1739. Elle est sur le bord de la mer, et les deux mesures se sont accordées parfaitement. Mais pour la comparer à nos triangles nous n'avons rien de mieux que les distances de Bugarach à Tauch et Carcassonne qui en sont déjà fort éloignées.

La première est de . . 19256.5 La seconde de . . . 20048.0
Selon nous 19249.6   20040.7

$$+ \; 6.9 \qquad\qquad\qquad + \; 7.3$$

Milieu . . . . $+ \; 7.1$

Alaric-Tauch donneroit . . . $+ \; 5.3$
Bugarach-Tauch . . . . . . $+ \; 3.8$
Tauch-Perpignan . . . . . . $+ \; 6.2$

Milieu . . . . $+ \; 5.1$ pour 14000ᵗ

Ces cinq comparaisons sembleroient indiquer que

l'ancienne base de Perpignan est trop forte de deux ou trois toises.

Mais nous ne sommes pas bien sûrs que M. Méchain ait retrouvé bien exactement la place des anciens signaux.

A Carcassonne le signal nouveau n'étoit pas précisément au centre de la tour qu'on avoit sûrement pris pour centre de station en 1739, il s'en falloit d'environ $-0^\mathrm{t}04$; mais la tourelle qui sert de cage à l'escalier avoit dû altérer un peu les angles et les distances.

A Alaric on a cru reconnoître la place d'un ancien signal; mais il pouvoit n'être pas celui de la Méridienne. J'ai rencontré plusieurs fois de ces indications trompeuses, et j'ai reconnu que plusieurs vestiges de signaux qu'on auroit pris pour ceux de la Méridienne venoient de travaux postérieurs pour la carte de France.

A Bugarach le plateau est si étroit qu'on ne pouvoit se tromper d'une toise. L'erreur est bien moindre encore à Carcassonne. Ces deux points sont à très-peu près sûrs.

Pour expliquer en partie les différences entre les anciennes et nouvelles distances, remarquons que l'on a fait aux angles des corrections de $+ 5''$ et $- 5''$ pour accorder les bases de Perpignan et de Rodès. En recommençant le calcul avec les angles primitifs je trouve les quantités suivantes:

		MÉRIDIENNE.	DIFFÉRENCE.
De Forceral au signal nord . .	14191·3	14192·0	+ 0″7
De Forceral au signal sud . . .	15471·8	15472·3	+ 0.5
De Tauch au signal nord . . .	17588·6	17590·3	+ 1.5
De Tauch à Perpignan	15290·2	15292·0	+ 1.8
De Tauch à Bugarach	12871·5	12873·7	+ 2.2
De Tauch à Forceral	10490·1	10491·5	+ 1.4
De Forceral à Perpignan . . .	8677·0	8677·7	+ 0.7
De Forceral à Bugarach	15569·4	15571·5	+ 2.1

Ainsi l'excès trouvé ci-dessus de 6^{t}2 pour Tauch-Perpignan se réduit à 4^{t}4; celui de Bugarach-Tauch qui étoit de 3^{t}8 se réduit à 1^{t}6, et ainsi des autres. Puisque 5″ font cet effet, il est possible que les erreurs des angles anciens aient produit le reste, et ces distances ne font pas un argument contre la justesse des nouvelles distances.

Il est vraisemblable pourtant que la base ancienne donne réellement des côtés plus grands que la nouvelle ; mais cela pourroit s'expliquer par le défaut d'alignemens et les petites inégalités du terrein.

Base de Rodès.

Nous avons réservé cette base pour la dernière parce qu'elle est la moins bonne ; il est sûr au moins qu'elle est la plus courte de toutes celles qui ont été mesurées alors. Le terrein étoit fort inégal, ainsi qu'on peut le voir *planche VI, fig.* 7 de la Méridienne vérifiée. On a tâché de corriger ce défaut, mais on ne l'a fait qu'imparfaitement.

Cette base ne s'accorde ni avec celle de Bourges, qui cependant étoit trop grande, ni avec celle de Perpignan qui peut-être avoit le même défaut. Elle a forcé les auteurs de la Méridienne à ajouter par un milieu 21^{t}76 à l'arc entre Perpignan et Rodès; elle auroit donc, si on l'eût employée seule, forcé d'ajouter 43^{t}5, c'est déjà de quoi la rendre fort suspecte. Elle donnoit à la distance de Rodès à Rieupeiroux 10^{t}9 de plus que la base de Bourges; elle a fait ajouter 59^{t}7 à la distance des parallèles de Bourges et de Rodès; enfin elle a gâté toute cette partie de la Méridienne de 1739. Les auteurs eux-mêmes s'en méfioient; ils ont voulu la vérifier par la base de Riom; mais cette base mesurée par Saurac et Legros, et sur laquelle nous n'avons aucun autre renseignement, ne valoit probablement pas mieux; elle étoit liée à la Méridienne par six triangles assez beaux, mais mesurés l'hiver sur les montagnes d'Auvergne, et elle ne mérite pas plus de confiance; enfin cette base est de 300 toises au moins au-dessus du niveau de la mer; elle doit donc être diminuée de 0^{t}4, ce qui fait presque un dix-millième dont on doit diminuer pareillement tous les côtés dans le calcul desquels elle est entrée.

Pour comparer deux bases entre elles, les auteurs de la Méridienne allongeoient assez inutilement l'opération. Ils calculoient les côtés des triangles inclinés à l'horizon dans la vue sans doute de mieux juger avec quelle exactitude elles s'accorderoient; ils sembloient croire que les triangles réduits à l'horizon ne leur montreroient pas aussi bien ce qu'ils cherchoient. C'étoit au contraire introduire de nouvelles erreurs ; les trois angles d'un triangle sont presque toujours mesurés dans trois plans différens ; la réfraction élève inégalement tous les objets, ce qui doit plus ou moins troubler le rapport des côtés et des sinus des angles. D'ailleurs quand ils partoient de la base de Juvisi, élevée de 40 toises, ou de celle de Villersbretonneux qui l'étoit de 55, de celle de Bourges qui l'étoit de 100, ou enfin de celle de Rodès qui l'étoit de 300, ils rapportoient les différentes parties de la méridienne à des ellipsoïdes de plus en plus grands. Aussi voit-on que tous leurs côtés, déjà plus grands que les nôtres vers Paris, le sont beaucoup plus vers Bourges et surtout vers Rodès, et cet excès est d'autant plus grand que leurs bases sont plus élevées au-dessus du niveau de la mer.

Le seul moyen exact et le plus simple en même temps est donc de réduire tout au niveau de la mer ; alors, si les bases ne s'accordent pas, on voit de combien le logarithme de la base mesurée diffère du logarithme de la base calculée ; on compte les angles qui entrent dans le calcul entre les deux bases, et divisant la différence des logarithmes par le nombre des angles, on a la correction moyenne qu'il faut appliquer à chacun des sinus logarithmiques des angles ; et comme la valeur moyenne des angles est de 60°, on voit de combien de parties le sinus de 60 varie pour une seconde, et l'on a la correction moyenne qu'il convient de faire à chacun des angles pour arriver juste.

Ainsi à Perpignan le logarithme de la base mesurée

3. 21

surpassoit de 0.0000107 le logarithme de la base calculée. J'avois 52 triangles, et par conséquent 104 angles; la correction moyenne des sinus logarithmiques
étoit $\frac{0.0000107}{104}$ ou 0.0000001 à fort peu près. Le sinus
logarithmique de 60 degrés variera de 0.0000001.22
pour 0″1. Ainsi la correction de 0″1 pour chacun de mes
angles étoit un peu trop forte. Pour la facilité du calcul
je l'ai cependant faite de 0″1. A chaque triangle je
voyois combien de parties j'avois gagnées. Quand j'ai
vu que j'avois presque détruit l'excès, j'ai réduit la correction à 0″05, et enfin à rien quand les 107 parties
ont été regagnées.

Il n'étoit pas même besoin de recommencer le calcul
des triangles; à chaque angle j'ajoutois la partie proportionnelle pour 0″1, et j'y réunissois la somme de
toutes les corrections précédentes. C'est ainsi que j'ai
fait accorder les deux bases de la manière la plus simple
et la plus naturelle.

Comparaison des arcs du méridien.

Entre Amiens et l'Observatoire	60390.35	1270.74 Orient.
Suivant nous	60382.00	1247.6
Différence.	8.35	23.14

Lacaille avoit donc raison d'assurer (*Mémoires de
1755*) qu'il n'y avoit pas 10 toises d'erreur sur cette
distance.

Entre Villersbretonneux et Dunkerque .   66619·81   5244·0 Occid.

Suivant nous . . . .   66617·31   5196·0

    Différence. . . . .   + 2·50   + 48·0

Page 53, *Mérid. vérifiée*, on réduit à .   66610·31

    Différence . . . .   7·0

Entre l'Observatoire et Dunkerque . . .   125515·25   1420·41

Suivant nous . . . .   125505·7   1493·0

    Différence . . . .   + 9·55   — 72·49

Entre l'Observatoire et Bourges . . . .   100067·31   2430·59

Suivant nous . . . .   100046·7   2363·3

    Différence . . . .   + 20·61   + 67·29

Entre Bourges et Rodès . . . .   155865·6   7165·35

Suivant nous . . . .   155767·0   7119·7

    Différence . . . .   + 98·6   + 45·65

Page 85 on trouve . . . .   155850·0

La différence devient. . . . .   + 83·0 Mil. 90·8

De Rodès à Perpignan . . . .   94229·25   13422·08

Suivant nous . . . .   94206·9   13988·7

    Différence . . . .   + 22.35   — 566·62

On trouve page 91 . . . .   94251·0

Et page 93 . . . .   94254·8

    Les différences deviennent . .   + 44·11 et + 48·8

Le mal vient donc des bases de Bourges et Rodès. En rassemblant tous ces arcs,

De Dunkerque à l'Observatoire . . . .   125515·25

De l'Observatoire à Bourges . . . .   100067·31

De Bourges à Rodès . . . .   155857·8

De Rodès à Perpignan . . . .   94253·0

    Arc total 475693.36

    Nouvel arc . . . .   475527·0

    Excès total . . . .   + 166·0

Cet excès réparti sur 8° $\frac{1}{6}$ produit environ 20^{t}7 par degré ; mais si nous ôtons 11^{t}o qui nous paroissent mal à propos ajoutées à l'arc de Bourges, page 59 ; 59^{t}7 aussi mal à propos ajoutées à l'arc de Rodès, page 85, et enfin 22 toises qu'on a eu plus grand tort d'ajouter à l'arc de Perpignan, l'excès sera seulement de 84 toises. ou de 10 toises environ par degré.

Si d'autre part on retranche un dix-millième, comme nous avons prouvé qu'on doit le faire, au moins pour les deux arcs du milieu, l'arc diminuera de 26 toises, l'excès se réduira à 56 toises ou 4^{t}7 par degré.

En voyant que toutes les différences sont en plus on seroit presque tenté de croire que leurs toises étoient plus courtes que les nôtres, et la manière dont elles ont été étalonées pourroit donner quelque force à ce soupçon ; de plus, ces règles de bois ne pouvoient-elles pas se fausser et se raccourcir dans la mesure sur un terrain inégal. Ainsi, malgré les erreurs sensibles des angles, qui peuvent et doivent se compenser en grande partie, ce sont encore les bases qui sont la partie foible de la méridienne de 1740. Les soins qu'on a pris pour les multiplier ont rendu l'opération moins bonne. Dans la nôtre, au contraire, malgré tous les avantages du cercle qui mesuroit les angles avec une précision si étonnante, je serois tenté de croire que les bases sont la partie la plus sûre et la plus exacte.

En effet, dans la journée que nous avons été forcés de recommencer à Perpignan, parce que le vent dérangeoit à tout moment les règles, l'erreur n'étoit pourtant que de $\frac{1}{2}$ ligne sur 136 toises, ou $\dfrac{1}{1728 \cdot 136}$ $\dfrac{1}{235000}$; et cette erreur doit surpasser celle qui provient de la mesure.

L'erreur la plus forte que nous ayons à craindre est celle du vernier des languettes, et elle ne passe pas un pouce sur 6000 toises, ou $\dfrac{1}{72 \cdot 6000} = \dfrac{1}{432000}$.

En réunissant ces deux erreurs la somme probable ne passe pas $\dfrac{1}{200000}$.

Nous ne pouvons pas assurer que nous ne nous soyons pas trompés d'une seconde sur les angles.

L'erreur du côté opposé $BC = BC.\ sin.\ 1''.\ (cot.\ A - cot.\ C)$. Si BC est de 10000 toises, et que les erreurs conspirent, $dBC = 0^t 00000.54$ ou $\dfrac{1}{200000}$; c'est l'erreur des bases.

Mais quand on vise de loin sur un clocher et même sur un signal, peut-on répondre de viser à un pouce près sur l'axe du signal. Un pouce vu à la distance de 10000 toises soutend un angle de $0''29$. Or j'ai l'expérience que cette fraction est imperceptible dans nos lunettes, et que des arcs-boutans de signaux de 4 pouces d'écarrissage étoient presque toujours invisibles. L'erreur de chaque angle en particulier est donc souvent plus forte que celle de nos bases; mais heureusement ces erreurs doivent se compenser le plus souvent, au lieu que celles des bases s'accumulent et grandissent en proportion des distances.

Comparaison des arcs célestes.

Nous suivrons ici les dernières déterminations données par Lacaille dans les *Mémoires de 1758*, mais en
faisant de légers changemens pour les réfractions qui,
suivant nos tables, sont moins fortes qu'il ne supposoit, même fort près du zénith.

Arc céleste entre Paris et Dunkerque.

La Chèvre . . . . . $\left\{\begin{array}{l}\text{Dunkerque . . . . . .} \\ \text{Paris . . . .}\end{array}\right.$
$5° 20' 14''4 \; - \; 0''4$
$3° 8' 22''9 \; - \; 0''4$

$\overline{2° 11' 51''5 \; - \; 0''0}$

La Lyre . . . . . . $\left\{\begin{array}{l}\text{Dunkerque. . . . . .} \\ \text{Paris. . . . .}\end{array}\right.$
$12° 28' 29''9 \; - \; 2''5$
$10° 16' 39''8 \; - \; 1.3$

$\overline{2° 11' 50''1 \; - \; 0''2}$

α de Persée . . . . $\left\{\begin{array}{l}\text{Dunkerque . . . . . .} \\ \text{Paris. . . . .}\end{array}\right.$
$2° 7' 34''6 \; - \; 0''3$
$0° 4' 21''9 \; - \; 0.0$

$\overline{2° 11' 56''7 \; - \; 0''3}$

β du Dragon . . . . $\left\{\begin{array}{l}\text{Dunkerque. . . . . .} \\ \text{Paris, ...}\end{array}\right.$
$1° 28' 14''1 \; - \; 0''1$
$3° 40' 6''9 \; - \; 0''4$

$\overline{2° 11' 52''8 \; - \; 0''3}$

γ du Dragon . . . . $\left\{\begin{array}{l}\text{Dunkerque. . . . . .} \\ \text{Paris. . . . .}\end{array}\right.$
$0° 29' 46''9 \; - \; 0''0$
$2° 41' 36''0 \; - \; 0''3$

$\overline{2° 11' 49''1 \; - \; 0''3}$

La Chèvre . . . . 2° 11′ 51″5
La Lyre . . . . 2 11 49·9
α de Persée . . . . 2 11 56·2
β du Dragon . . . . 2 11 52·5
γ du Dragon . . . . 2 11 48·8

　　Milieu . . . . 2 11 52·2
En rejetant α de Persée . . . . 2 11 50·6
Lacaille n'emploie que la Chèvre, la Lyre
　　et γ et conclut . . . . 2 11 50·0
Réduction à la tour . . . . 　 + 5·3

　　Arc réduit . . . . 2 11 55·9
J'ai trouvé . . . . 2 11 55·2

La différence est donc insensible, et ce premier arc
est pleinement confirmé par la nouvelle opération.

Arc céleste entre Paris et Bourges.

La Chèvre . . . . . { Bourges . . . . 3° 8′ 22″9 — 0″4
　　　　　　　　　　{ Paris . . . . 1° 23′ 16″2 — 0″1
　　　　　　　　　　　　　　　　　　　　　 1° 45′ 6″7 — 0″3

La Lyre . . . . . . { Bourges . . . . 10° 16′ 39″8 — 1″3
　　　　　　　　　　{ Paris . . . . 8° 31′ 34″0 — 1″1
　　　　　　　　　　　　　　　　　　　　　 1° 45′ 5″8 — 0″2

μ de la grande Ourse . { Bourges . . . . 1° 47′ 0″7 — 0″2
　　　　　　　　　　　 { Paris . . . . 3° 32′ 7″9 — 0·5
　　　　　　　　　　　　　　　　　　　　　 1° 45′ 7″2 — 0″3

　　La Chèvre . . . . 1° 45′ 6″4
　　La Lyre . . . . 1° 45′ 5″6
　　μ de la grande Ourse . . . . 1° 45′ 6″9
　　　　Milieu . . . . 1° 45′ 6″3

Nous n'avons point observé la latitude de Bourges;
mais par ma formule d'interpolation je trouve 1° 45′ 9″9

pour la tour. Mais en 1739 on observoit 77 toises plus au nord ; la différence des parallèles étoit donc plus forte de 4″8.

Par conséquent de. . . . . 1° 45′ 11″1

Différence . . . . 1″1

Arc céleste entre Paris et Rodès.

La Chèvre . . . . . {	Rodès	3° 8′ 22″9	—	0″4
	Paris	1° 20′ 38″4	—	0″2
		4° 29′ 1″3	—	0″6
Le Cocher . . . . {	Rodès	3° 57′ 7″5	—	0″5
	Paris	0° 31′ 50″2	—	1″0
		4° 28′ 57″7	—	0″5
La Lyre . . . . . {	Rodès	10° 16′ 39″8	—	1″3
	Paris	5° 47′ 42″2	—	0″6
		4° 28′ 57″6	—	0″7
Persée . . . . . . {	Rodès	0° 4′ 21″9	—	0″0
	Paris	4° 33′ 18″9	—	0″6
		4° 28′ 57″0	—	0″6
γ du Dragon . . . {	Rodès	2° 41′ 36″0	—	0″3
	Paris	7° 10′ 35″5	—	0″8
		4° 29′ 59″5	—	0″5

La Chèvre	4°	29′	60″7
Le Cocher	4	28	57.2
La Lyre	4	28	56.9
Persée	4	28	56.4
γ du Dragon	4	29	59.0
Milieu	4	28	58.0
Réduction à la tour, 175t5		+	11.0
Arc réduit	4	29	9.0
Ma formule d'interpolation me donne . .	4	29	6.0
Excès :		+	3.0

Arc céleste entre Paris et Perpignan.

La Chèvre . . . . . { Perpignan . . . . 3° 8' 22"9 — 0"4
La Chèvre . . . . . { Paris . . . . 2° 59' 50"9 — 0"4

6° 8' 13"8 — 0"8

Le Cocher . . . . . { Perpignan . . . . 3° 57' 7"5 — 0"5
Le Cocher . . . . . { Paris . . . . 2° 11' 3"5 — 0"2

6° 8' 11"0 — 0"7

La Lyre . . . . . . { Perpignan . . . . 10° 16' 39"8 — 1"3
La Lyre . . . . . . { Paris . . . . 4° 8' 31"8 — 0.8

6° 8' 8"0 — 0"5

Persée . . . . { Perpignan . . . . 0° 4' 21"9 — 0"0
Persée . . . . { Paris . . . . 6° 12' 28"1 — 0"7

6° 8' 6"2 — 0"7

Castor . . . . { Perpignan . . . . 16° 24' 31"0 — 2"0
Castor . . . . { Paris . . . . 10° 16' 15"6 — 1"3

6° 8' 15"4 — 0"7

La Chèvre . . . . 6° 8' 13"0
Le Cocher 6 8 10.3
La Lyre 6 8 7.5
Persée 6 8 5.5
Castor 6 8 14.7

Milieu 6 8 10.2
Réduction à la tour . . . . + 5.3

Arc réduit 6 8 14.5
Suivant nous 6 8 15.3

Différence 0.8

3. 22

Arc céleste total.

De Dunkerque à Paris	2° 11′ 55″9
De Paris à Perpignan.	6 8 14.5
De Dunkerque à Perpignan	8 20 10.4
Suivant nous.	8 20 11.3
Excès	0.9

Ce qui ne fait pas tout-à-fait une seconde pour l'arc entier. Accord surprenant et qui doit ajouter à notre estime pour les auteurs de la *Méridienne vérifiée* et à la confiance pour deux mesures si semblables dans les résultats, malgré la différence des moyens employés à cinquante ans d'intervalle.

Comparaison des azimuts.

Dunkerque.

On lit, page 60 de la *Méridienne vérifiée*, que l'azimut de Bollezèle sur l'horizon de Dunkerque est de	10° 18′ 25″
Entre Bollezèle et Gravelines, page 12	61 53 23
Azimut de Gravelines.	72 11 48
J'ai trouvé	72 11 42
Excès	+ 6

C'est précisément ce dont il faudroit que j'augmentasse mon azimut de Gravelines pour le faire accorder avec celui de Paris ; mais l'angle entre Bollezèle et Gravelines n'est pas sûr à 6 secondes près.

Azimut de Montlhéri.

On trouve dans la *Méridienne vérifiée*, page LXI, que l'azimut de Montlhéri sur l'horizon de l'Observatoire est de . . . . 11° 58′ 28″
180° — δ. sin. Z. tang. L′ — ½ δ. sin. δ. sin. Z. cos. Z . 180 — 2 55

Azimut de l'Observatoire à Montlhéri	191	55	33
Entre l'Observatoire et Brie	63	59	16
Azimut de Brie à Montlhéri	255	54	49
Entre Brie et Malvoisine	65	16	27
Azimut de Malvoisine à Montlhéri	321	11	16
	180	6	38
Azimut de Montlhéri à Malvoisine	141	17	54
Entre Montlhéri et Brie	74	10	17
Azimut de Brie à Malvoisine	215	28	11
Suivant moi	215	28	27
Excès			16

Cette différence paroîtra médiocre si l'on considère
que, pour trouver cet objet de comparaison, j'ai pris
dans la *Méridienne vérifiée* trois angles dont aucun n'est
sûr à 5 ou 6 secondes près. Au reste mes azimuts de
Dunkerque et de Paris s'accordent aussi bien qu'on peut
l'attendre d'observations de ce genre, et ceux de la
Méridienne vérifiée s'accordent aussi fort passablement.

Azimut de Bourges.

Nous aurons ici une comparaison plus directe qui nous
entraînera cependant en des calculs plus longs.

Il est dit, page 64 de la *Méridienne vérifiée*, que la

tour d'Issoudun décline à l'occident de 64° 26′ 12″, et
que cet azimut est rapporté au centre de la tour de
Bourges. Il s'agit de le réduire au pélican, et l'on en
retranche 25″, parce que le milieu de ce tourillon est
éloigné de 17 pieds du centre de la tour. Mais j'ai trouvé
par plusieurs mesures certaines que cette distance est
de 20 pieds 8 pouces, c'est-à-dire de 3 pieds 8 pouces
plus grande, et je l'ai vérifiée de nouveau quand j'ai
vu que je ne m'accordois pas avec les auteurs de la
Méridienne. Cette différence est à peu de chose près le
demi-diamètre du tourillon qu'on a peut-être oublié
d'ajouter. On dit ensuite que cette distance fait un angle
de 131 degrés à droite d'Issoudun. Par des mesures répétées et variées de plusieurs manières je n'ai trouvé
que 90 degrés au centre de la tour.

Ces différences nous forcent à discuter les réductions
appliquées aux observations.

La place la plus commode pour comparer le soleil
couchant à la tour d'Issoudun étoit le point O, milieu
de la galerie qui regarde le couchant. Ka, demi-lar-
geur de la base du toit (*pl. I, fig.* 9), est de 2ᵗ5 =
15 pieds. Le centre de Q du cercle devoit être sur le
prolongement de Ka, et les auteurs disent qu'il étoit
à 18 pieds du centre, ce qui est fort probable; il étoit
même impossible que cette distance fût moindre, en
raison du pied du quart du cercle.

Ajoutons qu'un assistant placé en S étoit à portée des
observateurs, et pouvoit donner des signaux à un autre
observateur placé à l'hôtellerie du Bœuf, à portée de la

pendule. Cette hôtellerie étoit à 5 degrés à droite de la direction de Vasselai.

Voyons si cette position du quart de cercle s'accorde avec les renseignemens donnés par les auteurs. *La direction du centre de la tour faisoit* 41° *à droite d'Issoudun, à* 18 *pieds de distance.* L'angle $IKO = 45°$; IOB devoit être de 45 degrés et quelques secondes. Le prolongement de KO ou OB faisoit donc 41° à droite d'Issoudun; ou, si l'on veut, la ligne KB faisoit un angle de 41° à droite d'Issoudun, ce qui est très-vraisemblable.

Dans cette hypothèse je trouve — 22"9 de réduction; les auteurs ont trouvé 22"5. Jusqu'ici nous nous accordons suffisamment; mais pour la seconde réduction il est évident par la figure que la distance Kc du centre de la tour au centre du tourillon fait 90° et non 131° à droite d'Issoudun, et la distance Kc est de 20^{pi}8 $= 3^t46667$ et non 17 pieds. En conséquence je trouve la réduction, c'est-à-dire l'angle à Issoudun entre les centres K et c, de 40"4 et non de 25", comme le disent les auteurs de la *Méridienne.*

L'azimut non corrigé étoit . . . .   64° 26' 12"0
                                            —   40"4
                                        _____
L'azimut corrigé sera . . . .   64° 25' 31"6

Par le tour d'horizon observé à Bourges le quart de cercle donnoit 40" de moins sur 360°; c'est un neuvième de seconde par degré. Les auteurs retranchent 7"1; l'azimut réduit sera donc de 64° 25' 24"5.

D'après ce que nous avons dit ci-dessus, page 143, cette dernière correction pourroit bien être trop forte de 3″, et l'azimut seroit 64° 25′ 27″5.

Par mes observations l'azimut de Dun est . 329° 10′ 41″5
Entre Dun et Issoudun . . . . 95° 14′ 17″6

Azimut d'Issoudun . . . . 64° 24′ 59″1
Excès . . . . + 28″4
ou . . . . 25″4

Suivant les auteurs de la *Méridienne* l'azimut seroit de 64° 25′ 40″, et l'excès 40″9.

J'aurois bien voulu pouvoir me rapprocher d'eux, car l'azimut tel qu'ils le donnent s'accorderoit fort bien avec celui qui se déduit de mes observations de Paris, et mieux encore avec celui de Dunkerque qui est de 64° 25′ 38″; mais, d'une part, on a vu que leur seconde réduction est trop foible de 15″4, et je n'ai pas là-dessus le moindre doute. Leur distance des centres étoit certainement trop courte de 3 pieds 8 pouces; ce qui est d'autant plus surprenant qu'elle pouvoit se mesurer directement par une ficelle tendue horizontalement entre le sommet de la pyramide à l'axe du tourillon ouvert de toute part et soutenu sur des pilliers de fort peu de diamètre.

L'autre erreur n'est pas moins visible : leur angle est trop fort de 41 degrés, et paroît formé de la somme du véritable angle qui est de 90° et de l'angle 41° qui avoit servi pour calculer la première réduction.

Leur azimut doit donc se réduire à 64° 25′ 24″5, ou

plutôt 64° 25′ 24″1 en rectifiant leur première correction et en adoptant la correction de 7″ pour l'erreur du quart de cercle.

Pour expliquer les 25″ qu'ils ont de plus que moi, voici ce que fournit le livre de la *Méridienne vérifiée*. On y lit, page LV, le passage suivant :

« Comme nos observatoires étoient assez souvent éloi-
» gnés de tours auxquelles les suites des triangles sont
» terminées, on a eu attention de la placer (la pendule)
» de manière qu'un même observateur pût entendre
» les vibrations et voir en même temps les signaux qu'un
» autre observateur placé sur la tour lui faisoit aux
» instans auxquels les bords du soleil touchoient les fils
» verticaux du quart de cercle. »

C'est sans aucun doute ce qu'ils ont pratiqué à Bourges, car les observations sont des 1, 2, 5 et 6 juin, et les 2, 3, 4, 5 et 6 ils observoient η de la grande Ourse, page XCIV. Ils n'avoient qu'une pendule, page LV ; elle étoit dans leur observatoire, et non pas à la tour. Comment étoit-elle réglée ? on ne le voit pas ; 2 ou 3 secondes d'erreur n'auroient eu aucun effet sensible pour les distances au zénith, mais elles expliqueroient la différence des azimuts.

Leur observatoire étoit à l'hôtellerie du Bœuf couronné, du moins j'ai tout lieu de le croire ; on y avoit logé en 1718, et cette raison m'avoit déterminé à m'y établir aussi. Du milieu de la cour de cette auberge j'ai mesuré la distance du Pélican au zénith 66° 49′ 33″. La tour étoit élevée de 37 toises au-dessus du niveau de la cour; j'en conclus la distance horizontale de 86^{t}75. L'azimut est de 40°; la différence des parallèles étoit de 66^{t}6 nord : elle étoit de 77 toises nord en 1739. La cour s'étendoit peut-être alors plus au nord; mais il en résulte toujours que l'observateur qui comptoit à la pendule étoit au moins à 80 ou 90 toises de la tour : celui qui donnoit les signaux étoit sur la tour au point S d'où l'on voit très-bien la cour du Bœuf qui est dans la direction KF.

L'observateur en S faisoit un signal à l'instant où il étoit averti par celui qui étoit à la lunette; mais quelque promptitude qu'on veuille supposer à tous ces observateurs, il devoit s'écouler un intervalle quelconque entre l'observation et le signal; ce signal pouvoit n'être pas saisi bien juste par l'observateur qui entendoit compter, et l'on étoit fort heureux si toutes ces causes réunies ne causoient pas une seconde de retard. Pour moi j'entendois la voix de celui qui comptoit à la pendule, et je lui dictois mon observation telle que je l'avois faite; il l'écrivoit sur-le-champ, et nous n'avions entre nous aucun intermédiaire. Il ne falloit pas moins de cinq observateurs en 1739 : nous n'étions que trois, et nous n'étions pas à 6 toises de distance. Ma pendule avoit une marche bien régulière et bien connue; elle étoit à compensation, ce que n'avoit pas la pendule de 1739.

Toutes les observations de Bourges ont été faites au soleil couchant. Si elles ont été communiquées trop tard, les angles horaires étoient trop forts : les azimuts comptés

du midi seront trop forts; ils le sont en effet de 25″,
ce qui supposeroit 2 secondes de retard. C'est beaucoup
peut-être; mais on pourroit attribuer à cette cause la
moitié de l'erreur, l'autre moitié à l'incertitude propre
à ce genre d'observations.

L'azimut de Bourges est celui qui s'écarte le plus de
tous les autres, celui qui pourroit faire soupçonner que
la terre n'est pas un solide de révolution. Il importoit
de prévenir l'objection qu'on pouvoit tirer des observations de 1739 contre la nouvelle détermination.

Azimut de Rodès.

On peut appliquer les réflexions précédentes à cet
azimut. La pendule étoit à 180 toises de la tour, et peut-
être encore plus éloignée.

On voit, page LXVI, que l'azimut de Rieupeiroux sur l'horizon de Rodès est de	82°	14′	14″0
D'après mes observations de Paris il est de	82	15	8.6
Différence		—	54.6
Suivant mes observations de Bourges elle ne seroit que .		—	21.2
Suivant celles de Carcassonne		—	16.6

Azimut de Perpignan.

On voit, page LXVII, que l'azimut de Leucate étoit . .	27	38	27
Ou	207	38	27
Entre Tauch et Leucate, page L.	65	21	48
Azimut de Tauch	142	16	39
Par mes observations de Paris	142	17	36
Différence		—	57
Par celles de Bourges		—	24
Par celles de Carcassonne		—	19
Par celles de Montjouy		—	34

3.   23

Réflexions sur un écrit de M. Klostermann.

DE cet examen impartial il résulte évidemment que si la méridienne de 1739 n'avoit pas toute l'exactitude qu'on est en droit d'exiger aujourd'hui d'après les instrumens et les moyens nouveaux que nous ont fournis les progrès des arts et des sciences, ce grand ouvrage pouvoit du moins soutenir la comparaison avec tout ce qu'on avoit de mieux en ce genre, et que la partie du nord en particulier avoit été mesurée avec une précision bien voisine de celle à laquelle on peut se flatter d'être arrivé par la dernière opération. C'est pourtant cette partie même que nous avons vu attaquer et juger plus que sévèrement dans une dissertation imprimée en 1789, et dont l'auteur est M. Klostermann, inspecteur du corps des pages à Pétersbourg. Dans les intervalles de loisir que m'a laissés la suspension de notre mesure, j'ai pesé toutes les objections que renferme cet écrit, refait tous les calculs qu'il présente ou qu'il suppose, et je vais extraire de mes recherches ce qui peut mettre le lecteur en état de prononcer sur l'ouvrage et sur la critique.

On commence par reprocher à MM. Cassini et Lacaille d'avoir accusé Picard de plusieurs erreurs, sans en prouver aucune. Ils l'accusèrent en effet d'une mauvaise disposition dans ses derniers triangles, et de n'avoir mesuré que deux angles dans chacun de ces triangles très-obliques. Cette assertion n'a besoin d'autre preuve que le livre de Picard qui s'en excuse sur ce que le mauvais temps et les approches de l'hiver lui avoient fait précipiter la conclusion de son travail. La preuve d'ailleurs en étoit dans les triangles beaucoup meilleurs substitués dans la *Méridienne vérifiée.*

La distance de Sourdon à Amiens, suivant Picard, est de . . . 11161ᵗ0

Suivant Cassini et Lacaille elle n'est que de 11126.5

Selon nous elle est . . . . 11126·1

On voit que l'erreur étoit insensible en 1740, mais énorme chez Picard.

On reproche ensuite à l'Académie d'avoir adjoint MM. Cassini et Lacaille aux commissaires chargés de décider entre eux et Picard, et d'avoir laissé celui-ci sans défenseur. Mais n'étoit-il pas juste qu'ils fussent présens aux vérifications qu'on alloit faire de leur mesure ; et Picard n'avoit-il pas un défenseur extrêmement zélé dans un astronome célèbre qu'on n'accusera pas de partialité pour Lacaille, et qui de plus étoit personnellement intéressé à soutenir la bonté d'une opération qu'il avoit prise avec trop de confiance pour base de son travail sur le degré d'Amiens. N'a-t-on pas vu ce savant résister autant qu'il a pu à la conclusion qu'on tiroit en faveur de Lacaille, mesurer lui-même une base nouvelle, former des triangles tout différens, et donner pour la distance de Brie à Montlhéri 3 toises seulement de plus que Lacaille et 10 de plus que Picard. Voyez l'écrit intitulé : *Premières observations pour connoître la distance terrestre entre Paris et Amiens,* 1757.

« C'est subrepticement et par des rapports inexacts,
» ajoute M. Klostermann, que l'ordre de distinguer
» entre les différentes déterminations du degré, au
» moyen de la seule distance de Montlhéri à Brie, a
» été obtenu ». Pour justifier la commission il suffira
de rappeler que l'objet principal étoit de mesurer de
nouveau la base, et sur ce point elle a donné gain de
cause à Lacaille. Elle déclare qu'elle n'a pas mesuré
l'arc entier; mais par des raisons très-vraisemblables
(et reconnues vraies depuis) elle a fait voir que l'opération de Picard ne pouvoit balancer une mesure exécutée avec de meilleurs instrumens, plus de soins et de
vérifications.

La commission, par une nouvelle base et trois triangles nouveaux qui
avoient des sommets différens quoique portant les mêmes noms, a trouvé
pour la distance de Brie à Montlhéry . . . . 13108'0 et
quelques pouces.

MM. Cassini et Lacaille 13108.33

M. Lemonnier 13111.75

Enfin j'ai trouvé entre Brie et mon signal de Montlhéri 13101·4 ⎫
                                                              ⎬ 13107·2
Réduction au centre de la tour . . . . + 5·8 ⎭

     L'erreur de Cassini et Lacaille étoit donc de . . . . .   1·13

Les triangles de la commission donnent pour l'angle Villejuif, Fontenai, Montlhéri . . . . 95° 57' 9″

   Ceux de la Méridienne 95 57 38

     La différence est de   29

Mais observons que cet angle n'est entré dans aucun
calcul, que la différence 29″ est le résultat de quatre
angles, et qu'ainsi l'erreur moyenne n'est que de 7″25,

sauf les compensations; mais qui ne sait qu'avec les instrumens d'alors on n'avoit que trop souvent de pareilles erreurs. Il reste à décider encore si l'erreur principale n'est pas plutôt dans les angles de la commission, et la chose est assez vraisemblable : elle estimoit les secondes sur les transversales, et Lacaille se servoit d'un micromètre.

M. K. forme ainsi par des sommes ou différences d'angles réellement observés plusieurs autres angles qui n'ont pas plus servi que le précédent ; il trouve des erreurs de 36 et de 45″ ; mais il ne dit pas que les côtés qui résulteroient de ces angles ne seroient pourtant en erreur que d'une toise, c'étoit pourtant la remarque essentielle ; on n'observe les angles que pour avoir les côtés, et quand ceux-ci sont d'une exactitude suffisante, qu'importent les erreurs des angles?

Il reproche à la commission de n'avoir pas vérifié le triangle entre Montlhéri, Brie et Montmartre; j'ignore si cette vérification étoit possible encore en 1756, mais aujourd'hui elle est impraticable. Le clocher de Montmartre n'existe plus. Le clocher de Brie n'est plus le même, quoiqu'il soit à la même place que l'ancien ; de Brie on ne voit plus l'Observatoire caché par des arbres ; et à peine voit-on la girouette de Brie quand on est sur la terrasse de l'Observatoire.

Il exige que toutes ces combinaisons d'angles rendent toujours les mêmes distances, *quelles que soient les données qu'on emploie*, et il auroit pleinement raison, s'il s'agissoit d'un polygone dont toutes les données se-

roient parfaitement rigoureuses, et que les tables de
sinus fussent aussi d'une exactitude indéfinie. Mais s'il
y a la moindre erreur dans les données, si les tables
n'ont qu'une exactitude bornée, il y a telle erreur légère
en elle-même qui produira sur tel résultat une erreur
très-considérable. N'a-t-on pas l'exemple des tables de
Rhéticus, dont les cotangentes étoient fausses dans
presque toutes leurs décimales pour les premiers degrés,
parce qu'on les avoit conclues de sinus qui n'étoient
justes que jusqu'à la dixième décimale. Les auteurs de
la Méridienne ont disposé leurs opérations de manière
à ce que les erreurs inévitables n'eussent aucune suite
fâcheuse ; ils n'ont employé que des angles réellement
observés et de 30° au moins, sauf quelques exceptions
rares. Le critique au contraire combine les angles et ses
calculs de manière à trouver des erreurs énormes, mais
sur des choses indifférentes, ou qui avoient été déterminées par des procédés sûrs, enfin sur des angles
dont on n'a réellement aucun besoin et dont on n'a fait
nul usage.

C'est ainsi qu'on le voit (§ 7) au moyen d'un angle
de 9° 3′ et des côtés qui le renferment, chercher un angle
de 124° 43′ 6″ sans voir que 10″ d'erreur sur cet angle
de 9° changeroient le résultat de plus de 1′.

Ensuite au moyen d'un angle de 1° 31′ 15″ et des côtés
qui le comprennent, il calcule un angle de 172°15′48″
sur lequel il auroit une erreur de 1′ 35″ pour peu qu'il
y en eût une de 10″ dans l'angle de 1° 31′. La somme de
ces deux angles qu'il calcule pourroit donc être en erreur

de 3' et davantage. L'erreur ne se trouve pourtant que de 4", ce qui prouve seulement qu'il s'est opéré une compensation d'erreurs presque entière.

Ces combinaisons forcées et hasardeuses donnent pourtant la distance de Montmartre à l'Observatoire de 0ᵗⁱ près, telle que Lacaille l'a trouvée ; mais cet accord est un pur effet du hasard, et il ne peut se soutenir long-temps.

En effet, dans l'article 8, par une combinaison de sept angles dont l'un est tiré d'un triangle secondaire , M. K. trouve 172° 13' 51" pour ce même angle que son premier calcul faisoit de 172° 15' 48".

Par une autre combinaison non moins extraordinaire il trouve pour ce même angle 172° 13' 37" ; le milieu seroit 172° 13' 44".

Puisque ces deux combinaisons donnent des résultats si peu différens malgré le grand nombre des angles observés qui les composent, n'est-il pas très-probable que les angles observés sont suffisamment exacts ? Et puisqu'ils sont choisis de manière à ce qu'une légère erreur influe très-peu sur les côtés, n'est-ce pas une conséquence nécessaire qu'une erreur médiocre sur les côtés en donnera de considérables sur les angles ? M. K. auroit-il dû se permettre ce calcul inverse qui effectivement lui a donné un angle trop fort de 2'?

Je passe sous silence diverses combinaisons de même genre pour venir au grand argument de M. K. De six angles réellement observés il forme un angle de 172° 13' 37" ; de deux angles aussi observés il forme un angle

$A = 1^o\ 31'\ 15''$; du supplément à ces deux angles, c'est-à-dire de huit angles combinés, il forme l'angle $B = 6^o$ $15'\ 8''$; de ces deux angles et d'un côté opposé il tire pour la distance de Paris à Montmartre 2862^t71 différente de 16^t6 de la vraie valeur qu'il avoit lui-même trouvée précédemment.

Soit x ce côté,

$$x = \frac{11746^t8\ sin.\ A}{sin.\ B} \quad et \quad dx = 11746.8\ cot.\ A.\ dA - 11746.8\ cot.\ B.\ dB$$

Or, par la manière dont on a formé ces angles $dB = - dA$. Donc

$$dx = 11746.8\ sin.\ dA.\ (cot.\ A + cot.\ B)$$
$$= 11746.8\ sin.\ dA.\ \frac{sin.\ (A + B)}{sin.\ A.\ sin.\ B}$$

et

$$dx = \frac{0^t0569\ dA.\ sin.\ 7^o\ 44'\ 23''}{sin.\ 1^o\ 31'\ 15''.\ sin.\ 6^o\ 15'\ 8''} = 2^t658\ dA$$

C'est-à-dire que l'erreur du côté est de 2^t66 pour chaque seconde d'erreur dans l'angle $1^o\ 31'\ 15''$. Or M. Klostermann trouve $dx = 16^t26$.

Donc $dA = \frac{16.26}{2.658} = 6''1$; donc la somme des six erreurs qui entrent dans la composition de l'angle A n'est que de 6 secondes : ainsi cet argument qui paroît si fort à M. Klostermann, prouve que les angles observés ont une précision dont on n'auroit certainement pas osé se flatter.

M. Klostermann examine, d'après la même méthode, tous les triangles entre Paris et Amiens; il cherche avec une minutieuse exactitude les erreurs des angles combinés, et nulle part il ne cherche l'effet des erreurs des angles sur les côtés opposés, c'est-à-dire, qu'il omet précisément l'objet principal pour s'attacher à montrer l'inexactitude de tout ce qui n'entre pas dans le calcul. Nous l'invitons à appliquer à chacun de ces triangles la formule dx ci-dessus, et il se convaincra lui-même qu'il doit changer sa conclusion et convenir que tous ces côtés sont exacts dans les limites fixées par Lacaille; qu'il n'est parvenu à démontrer que des erreurs que Lacaille a lui-même reconnues comme très-petites et contre lesquelles il a fait tout ce qui dépendoit de lui pour se précautionner. On n'a pu le chicaner qu'en abusant du soin qu'il avoit pris de multiplier des observations qu'il n'avoit pas les moyens de rendre plus précises, et de la franchise avec laquelle il en avoit publié tous les détails.

Prolongation de notre Méridienne jusqu'à Greenwich.

APRÈS avoir comparé notre opération à celle de MM. Cassini et Lacaille, j'ai cru qu'il seroit utile de la comparer de même à une opération beaucoup plus moderne exécutée avec des instrumens tout nouveaux et tous les soins les plus scrupuleux par le général Roy pour la jonction de l'observatoire de Greenwich avec celui de Paris. Nous avons vu déjà que le général Roy avoit trouvé pour la distance de Dunkerque à Cassel la même longueur exactement que celle qui résulte de ma base de Melun et de mes triangles. Mais ce n'est pas le seul avantage que nous trouverons dans cette réunion

3.   24

des triangles anglais à nos triangles ; nous gagnerons 26′ en longitude, notre arc deviendra la 36e partie du méridien, et nous substituerons à la latitude de Dunkerque une latitude déterminée par Bradley avec des soins infinis et les plus grands quarts de cercle.

. Dans ces vues j'ai recommencé tous les calculs du général Roy, et M. Plessis les a refaits après moi.

On a reproché au major-général Roy d'avoir fait à ses angles quelques corrections arbitraires, et d'avoir calculé ses côtés comme si tous ses triangles étoient dans un même plan. J'ai réduit aux cordes tous les angles observés, j'ai distribué la petite erreur sur tous les angles également ; par ces changemens les bases du Honslow-Heath et de Romney-Marsh se sont accordées à 6 pouces près sur 4755 toises, ce qui feroit 7 pouces $\frac{1}{4}$ pour 6000 toises. L'intervalle qui sépare les deux bases anglaises est de vingt triangles au plus ; le nôtre étoit de plus de cinquante, et nos bases s'accordoient à moins de onze pouces. La distance en latitude entre ces bases n'est que de 26′, la nôtre est de près de 6°. L'accord de nos bases est donc tout au moins aussi remarquable.

En adoptant le rapport 1.06575 de la toise du Pérou au *fathom* ou toise anglaise (ce rapport a été déterminé et suivi constamment par les Anglais), la distance de Dunkerque à Cassel par les bases anglaises se trouvera de 14088.15
La base de Melun nous a donné 14088.29
    La différence n'est que de 10 pouces environ . . .   0.14

M. de Prony a déterminé le rapport de la toise du Pérou à une mesure anglaise apportée par M. Pictet,

et il a trouvé 1.065825 , ou, ce qui revient au même,
que la toise du Pérou à 13° $\frac{1}{8}$ du thermomètre centigrade
équivaut à 76.7394 pouces anglais ou $\frac{76.7394}{72}$ du fathom.

A la température de 16.25 ce rapport devient
1.06584335; la distance de Dunkerque à Cassel ne seroit plus que de 14087 toises. J'ai cru devoir la préférence au rapport déterminé par la société royale ; mais
quelque parti que l'on prenne il n'en résultera pas une
grande différence pour l'arc du méridien entre Greenwich et Dunkerque, et presque rien pour le mètre déterminé par un arc de plus de 10°.

Les bases anglaises confirment donc, autant qu'on en
peut juger, l'exactitude de nos opérations ; mais quand
on adopteroit le rapport établi par M. de Prony, il ne
faudroit pas se hâter d'en conclure que notre arc septentrional fût trop grand. La différence d'une toise sur
14000 pourroit très-bien venir des triangles de jonction
à travers le canal. On a fait tout ce qui étoit possible,
on a pris toutes les précautions imaginables ; mais ces
triangles de la côte anglaise offrent quelques incertitudes. L'angle Blancnez du 35e triangle a été trouvé par
MM. Cassini et Legendre de 12″7 plus petit qu'il ne résulte des observations et des calculs du major-général
Roy. Dans le triangle suivant on a fait à l'angle Douvres
une correction de 3″ dans la supposition que la flèche
de Notre-Dame de Calais pourroit s'écarter de la verticale vers Blancnez. J'ai bien examiné cette flèche du
pied de l'église et n'ai point aperçu d'inclinaison sensible. La distance de Douvres à Calais est de 137450^{ri}

$=$ .22908.3 fathoms ou 21495 toises. A cette distance un angle de 3″ est soustendu par un côté de 0^{t}31 ; il faudroit donc une inclinaison de près de deux pieds, et cette inclinaison seroit très-sensible à la vue dans une flèche aussi courte que celle de Calais. Il est plus vraisemblable qne la différence de 3″ vient de ce qu'on n'aura pu voir la pointe de la flèche, et qu'on aura visé à un point éloigné de deux pieds de l'axe, ce qui n'est pas sans exemple dans les observations de clochers. D'ailleurs la plupart de ces triangles sont fort obliques, et dans tous on voit un et quelquefois deux angles conclus. A la vérité une ou deux toises d'erreur n'affecteroient pas sensiblement la différence de longitude entre Paris et Greenwich, et c'est tout ce qu'on avoit en vue. Mais pour comparer deux bases entre elles, si l'on étoit le maître du choix, on ne le feroit pas tomber sur des triangles de cette espèce puisqu'on les évite autant qu'on peut dans les opérations géodésiques.

D'après la petitesse des différences que j'avois trouvées entre les calculs du général Roy et les miens, j'aurois pu adopter sa différence des parallèles de Greenwich et de Dunkerque qu'il fait de 25238.55 ; mais il a calculé cet arc dans l'ancienne méthode des perpendiculaires, et cette méthode est ici moins sûre en raison de la différence de 2° 20′ en longitude. J'ai donc refait en entier le calcul de l'arc du méridien suivant la méthode exposée ci-dessus, page 4, et j'ai trouvé 25241^{t}9, c'est-à-dire, 3^{t}2 de plus que le général Roy.

La formule de la page 4 donnera fort exactement cette

différence des parallèles ; mais si l'on veut calculer en même temps la différence des longitudes il faut de plus une petite attention.

Dans cette méthode nous avons tenu compte de l'écartement des méridiens et de leur effet sur la différence des parallèles, mais nous n'avons pas corrigé la distance à la méridienne d'une erreur légère qu'il faut évaluer.

Des extrémités de l'arc AB (*planche I, fig.* 10), nous avons supposé les arcs perpendiculaires AC, BD, et nous avons eu CD avec toute la précision requise ; mais nous avons supposé *sin.* $BE = sin.$ $AB.$ *sin.* ABE comme si l'angle E étoit exactement droit. Nous avons supposé $ED = AC$, comme si les arcs de grand cercle AM, BN, FO perpendiculaire sur AC, BD et FO ne convergeoient pas vers le méridien principal HO qu'ils vont couper à 90° de leur origine dans les points M, N, O.

Mais

$$DE = AC. \; cos. \; AE = y. \; cos. \; A = y - 2\,y.\; sin^2. \; \tfrac{1}{2}\,A$$

Abaissons Bu perpendiculaire sur AM,

$$BE = \frac{Bu}{cos. \; EBu} = Bu + 2\,Bu.\; sin^2. \; \tfrac{1}{2}\,EBu$$

Enfin

$$BD = DE + BE = y - 2\,y.\; sin^2. \; \tfrac{1}{2}\,A + y' + 2\,y'.\; sin^2. \; \tfrac{1}{2}\,EBu$$

L'erreur est donc

$$2\,y'\; sin^2. \; \tfrac{1}{2}\,EBu - 2\; sin.\; y.\; sin^2. \; \tfrac{1}{2}\,A$$

et la correction

$$+ 2\,y.\; sin^2. \; \tfrac{1}{2}\,A - 2\,y'.\; sin^2. \; \tfrac{1}{2}\,EBu$$

Or

$$tang.\ EBu = \frac{cot.\ E}{cos.\ BE} = \frac{cos.\ ME.\ tang.\ M}{cos.\ BE} = \frac{sin.\ AE.\ tang.\ AC}{cos.\ BE}$$

$$= \frac{sin.\ A.\ tang.\ y}{cos.\ y'}$$

ou, sans erreur sensible,

$$\tfrac{1}{2}\ EBu = \left(\frac{\tfrac{1}{2}\ A.\ tang.\ y}{cos.\ y'} \right)$$

Ainsi la correction

$$= 2\ y.\ sin^2.\ \tfrac{1}{2}\ A - \frac{2\ y'.\ sin^2.\ \tfrac{1}{2}\ A.\ tang^2.\ y}{cos^2.\ y}$$

Le premier terme est du deuxième ordre, et le second du quatrième. On peut toujours s'en tenir au premier, qui sera $+ \dfrac{y.\ A^2}{2\ R^2}$, quel que soit le signe de y.

Pour exemple de ces calculs choisissons le dernier du nouvel arc, c'est-à-dire la différence entre Calais et Dunkerque. J'avois

$$log.\ \delta = 4.2866853\ ;\qquad Z = 255°\ 9'\ 0''$$

$log.\ \delta$	4.2866853	. . . .	4.2866853
$cos.\ Z$	$-$ 9.4087306	$sin.\ Z$	$-$ 9.9852468
A approché	3.6954159	$y' = -$ 18703.9	4.2719321
a . . . . $= +$	508	$y = -$ 66846.9 = dist. de Calais à la
séc. y. Table I . .	909		mérid. de Green.
$log.\ \left(\frac{tang.\ \delta}{\delta} \right)$ . . $+$	51	$-$ 85550.8 $= y + y'$	
$- log.\ \left(\frac{tang.\ A}{A} \right)$. $-$	3		

$A = -$ 4960.9 .   3.6955624
$\quad\ + $ 28818.6 . = somme des A
$\qquad\qquad\qquad$ précédens.

$log.\ \left(\frac{K}{2\ R^2} \right)$ 6.60866
$\delta.\ sin.\ Z = y'$ . . $-$ 4.27193
y . . . . $-$ 5.70557

$\overline{\quad 22857.7\quad}$ = dist. à la perpen.
$\ +\ $ 1384.2

$a = +$ 0.0000508 .   5.12916

$\overline{\quad 23241.9\quad}$ = diff. des parall.
$log.\ const.$ 3.18500
$2\ log.\ (y+y')$ . . 9.86400
$log.\ tang.\ lat.$ . . . 0.09219
$\quad +\ $ 1384.2 $\overline{3.14119}$

y 4.82508
A^2 . . . .   7.39112
$\overline{\qquad\qquad}$ 5.66985

$\qquad\qquad$ 0.079 $\overline{8.88605}$
$\qquad - $ 85550.8

$\qquad\overline{85550.879}$

Je calcule d'abord δ et Z, valeur approchée de A, $\delta.\ sin.\ Z = y'$; je fais ensuite la somme $y + y'$, en ayant égard aux signes. y est la somme des y précédens ou la distance de Calais à la méridienne de Greenwich.

Je calcule le terme y. $y'. \left(\dfrac{K}{2\,R^2} \right)$, première correction pour le logarithme de A; elle se trouve de 0.00000508.

La seconde correction est le logarithme de la sécante y. Pour trouver cette sécante avec le logarithme de y, ou 4.82508, je cherche dans la table I, et je trouve 909 ou 0.0000909; car cette table est calculée pour les logarithmes à sept décimales.

La troisième correction est $log. \left(\dfrac{tang.\ \delta}{\delta} \right)$, qui se trouve dans la même table avec le logarithme de δ; c'est ici 51. Ces deux dernières corrections sont toujours additives; la suivante est toujours soustractive.

Sans faire l'addition des quantités trouvées, je vois que $log.\ A$ doit peu différer de 3.6955. Avec ce nombre je cherche dans la table I la dernière correction, qui sera — 3.

Par ce moyen le vrai logarithme de A sera 3.6955624, et la distance à la dernière perpendiculaire sera — 4960.9.

Mais cette dernière perpendiculaire étoit à + 28818.6 au sud de Greenwich; ainsi la perpendiculaire abaissée de Dunkerque sur le méridien, y tombera à 23857.7 de Greenwich.

Il nous reste à corriger $y + y' = -85550.8$, ou la distance de Dunkerque à la méridienne de Greenwich.

Le logarithme de cette correction $= 6.66985 +$ $2 \log. A + \log. y = 8.88605$.

La correction sera donc $0^t 079$; elle s'ajoute toujours à $(y + y')$, sans faire attention aux signes algébriques. La distance à la méridienne sera donc 85550.879.

Pour trouver la différence des parallèles il faut ajouter à l'arc A la correction dont le logarithme $= 3.18500$ $+ \log. \tan. \text{latit.} + 2 \log. (y + y')$. Nous trouverons $1384^t 2$, et la différence sera $25241^t 9$.

La différence de longitude dans la sphère seroit

$$\frac{(y + y)}{\cos. L} \cdot \left(\frac{3600}{57008} \right) = 2° \, 23' \, 7''8 = 0^h \, 9' \, 32'' \, 31'''2 = 0^h \, 9' \, 32''52$$

Dans le sphéroïde,

$$P = \frac{(y + y')}{\cos. L \text{ normale}} = \frac{y + y'}{\cos. L} \cdot (1 - e^2. \sin^2. L)^{\frac{1}{2}}$$

$$= \frac{y + y'}{\cos. L} \cdot (1 - a. \sin^2. L)$$

$$= \left(\frac{y + y'}{\cos. L} \right) - \left(\frac{y + y'}{\cos. L} \right) a. \sin^2. L$$

En supposant pour l'aplatissement les quantités suivantes, et $9'' \, 32'''$ de Dunkerque à Paris, on aura

a	CORRECTION.	P	TEMPS.	LONGITUDE de Greenwich.
0·00321	— 16''7	2° 22' 51''	9' 31''24''	9' 21'' 52'''
1 : 230	— 22·6	2·22·45	9 31 0	9. 21 28
1 : 150	— 34·6	2·22·33	9 30 12	9 20 40

L'incertitude qui provient de l'aplatissement ne passe guère une seconde de temps.

Passons à notre objet principal.

L'arc . . . . 2524^{t}9

Ajouté à notre arc de 551583

Donnera au total pour l'arc terrestre 576825

. La latitude de Greenwich est de. . . . . 51° 28' 40"0

Celle de Montjouy par un milieu 41 21 46.6

Arc céleste . . . . 10 · 6 53.4

Ce qui nous donnera pour la valeur du mètre

$$443^t4273 - 32^t6372\, a + 39^t22\, a^2$$

c'est-à-dire

443.3330 pour $\frac{1}{334}$

443.3263 pour 0.00321

et

443.3255 pour 0.00324

Par notre arc seul je trouve, dans cette dernière hypothèse, 443^{t}3280. Il est donc indifférent d'employer l'arc entre Barcelone et Dunkerque ou l'arc entre Barcelone et Greenwich à la détermination du mètre ; on trouvera des deux manières le même résultat sensiblement.

On pourroit soupçonner que la latitude de Greenwich est un peu trop forte. En la diminuant de 0"5, c'est-à-dire de $\frac{1}{72826}$ de l'arc, on augmenteroit le mètre de 0^{t}006 ; il deviendroit 443^{t}3315.

Bradley, dans tous ses calculs, supposoit 51° 28' 39"5.

3.   25

Par les distances solsticiales, d'une part, et les distances de la Polaire au zénith, tant au-dessus qu'au-dessous du pôle, Bradley trouvoit. . . . .   51° 28′ 39″5

Par un grand nombre d'observat. de l'étoile Polaire .   51 28 38·0

Par d'autres observations de la Polaire en 1753 . . .   51 28 41·5

Enfin, en corrigeant ses solstices, M. Hornsby trouve .   51 28 39·95

On voit qu'on pourroit retrancher une fraction de seconde, et qu'ainsi le mètre différera de très-peu de 443¹328 que j'ai trouvé par nos observations seules, et sans prolonger notre arc jusqu'à Greenwich.

L'arc entre Barcelone et Greenwich est coupé en deux également par le parallèle de 46°25′; la valeur du mètre est donc un peu plus dépendante de l'aplatissement; mais quand nous aurons l'arc prolongé au sud jusqu'à Formentera, dont la latitude est d'environ 38°36′, l'arc entier, entre Greenwich et Formentera, sera de 13° ⅕, et le milieu tombera sur le parallèle de 45°3′. On pourra se passer de l'aplatissement dans le calcul du quart du méridien.

DIMENSIONS DU SPHÉROÏDE.

Longitudes, latitudes, azimuts de tous les signaux, avec leurs distances à la méridienne et à la perpendiculaire de Dunkerque.

A présent que nous connoissons l'aplatissement, nous sommes en état de déterminer toutes les dimensions du sphéroïde et de placer convenablement à sa surface tous les points que nous avons observés. Il n'y aura pas la moindre difficulté tant que nous voudrons exprimer les lignes droites ou les arcs en mètres ; mais si nous voulons aussi les avoir en toises, il faut décider si nous ferons le mètre de $443^l295936$, et le quart du méridien de 5130740 toises, ou bien si nous donnerons 443^l328 au mètre et $513111\frac{4}{9}$ au quart du méridien.

La différence est insensible dans les usages ordinaires ; elle ne peut intéresser que les savans, qui sauront bien en tenir compte dans les occasions qui en vaudront la peine : et d'ailleurs, si nous prenions 444^l328 pour la valeur du mètre, nous serions en opposition avec tout ce qui s'est imprimé sur le mètre adopté. Nous supposerons donc le mètre de 443.295936 ; mais toutes nos déterminations seront trop foibles et devront être augmentées dans la raison de $1 : 1.00003711111$.

Cherchons d'abord les demi-axes m et n. Nous avons vu, tome II, page 681, que

$$log.\ m = 6.80388.01230 + K\ (\tfrac{1}{2} a + \tfrac{1}{16} a^2 - \tfrac{1}{48} a^3)$$
$$log.\ n = 6.80388.01230 - K\ (\tfrac{1}{2} a + \tfrac{7}{16} a^3 + \tfrac{17}{48} a^3)$$

d'où

$$\overline{log.}\ \left(\tfrac{n}{m}\right) = -\ K\ (a + \tfrac{1}{2} a^2 + \tfrac{1}{3} a^3 + \tfrac{1}{4} a^3 + \text{etc.}) = log.\ (1 - a)$$

Ces deux logarithmes se calculent avec facilité, les trois termes de l'un étant en rapport assez simple avec les termes correspondans de l'autre ; et, si l'on a bien opéré, la différence des deux doit être le logarithme de $(1 - a)$.

On trouvera de cette manière :

$$
\left.
\begin{aligned}
log.\ m \dots \dots \dots &= 6.80453.05074 \\
log.\ n \dots \dots \dots &= 6.80322.82744 \\
log.\ \left(\tfrac{n}{m}\right) \dots \dots &= 9.99869.77670
\end{aligned}
\right\} \text{ pour } \tfrac{1}{334}.
$$

$$
\left.
\begin{aligned}
log.\ m \dots \dots \dots &= 6.80457.74449 \\
log.\ n \dots \dots \dots &= 6.80318.11176 \\
log.\ \left(\tfrac{n}{m}\right) \dots \dots &= 9.99860.36727
\end{aligned}
\right\} \text{ pour } 0.00321
$$

$$
\left.
\begin{aligned}
log.\ m \dots \dots \dots &= 6.80458.39646 \\
log.\ n \dots \dots \dots &= 6.80317.45662 \\
log.\ \left(\tfrac{n}{m}\right) \dots \dots &= 9.99859.06016
\end{aligned}
\right\} \text{ pour } 0.00324
$$

De la formule (46) on tire pour l'expression d'un arc quelconque du méridien dont l'origine est à l'équateur

$$A = \tfrac{2\,Q}{\pi} \cdot \left\{ L.\ sin.\ 1'' - (\tfrac{3}{4} a + \tfrac{3}{8} a^2 + \tfrac{15}{118} a^3).\ sin.\ 2\,L \right.$$
$$\left. + \tfrac{15}{64} (a^2 + a^3).\ sin.\ 4\,L - \tfrac{35}{384} a^3.\ sin.\ 6\,L \right\}$$

Pour les degrés décimaux, le premier terme sera

100000^m, en supposant $L =$ un degré décimal ; ainsi, pour nos trois aplatissemens :

$$A = 100000^m\ L - 12885^m09615\ sin.\ 2\ L + 12^m07368 \quad sin.\ 4\ L$$
$$- 0^m01401588\ sin.\ 6\ L$$
$$A = 100000^m\ L - 13816^m11951\ sin.\ 2\ L + 13^m881474 \quad sin.\ 4\ L$$
$$- 0^m01727325\ sin.\ 6\ L$$
$$A = 100000^m\ L - 13945^m44591\ sin.\ 2\ L + 14^m142582 \quad sin.\ 4\ L$$
$$- 0^m0177624\ sin.\ 6\ L$$

L est la latitude en degrés décimaux ; si l'on veut les arcs en toises pour les degrés sexagésimaux, il suffira de multiplier tous nos coefficiens par $(\frac{10}{9})$, et d'exprimer L en degrés sexagésimaux. On aura de cette manière

$$A = 111111^m11111\ L - 14316^m7735\ sin.\ 2\ L + 13^m4152 \quad sin.\ 4\ L$$
$$- 0^m0155732\ sin.\ 6\ L$$
$$A = 111111^m11111\ L - 15351^m2439\ sin.\ 2\ L + 15^m4239 \quad sin.\ 4\ L$$
$$- 0^m0191925\ sin.\ 6\ L$$
$$A = 111111^m11111\ L - 15494^m9399\ sin.\ 2\ L + 15^m71398 \quad sin.\ 4\ L$$
$$- 0^m019736\ sin.\ 6\ L$$

C'est sur ces formules qu'on a calculé les tables des arcs du méridien de degrés en degrés, à partir de l'équateur.

Les différences premières de ces tables donneront le degré renfermé entre les latitudes L et $(L + 1^o)$.

On peut les trouver directement par la formule

$$D = 100000^m - 449^m7525\ cos.\ (L + L') + 0^m8427555\ cos.\ 2\ (L + L')$$
$$- 0^m001467\ cos.\ 3\ (L + L')$$
$$D = 100000^m - 482^m24934\ cos.\ (L + L') + 0^m968913\ cos.\ 2\ (L + L')$$
$$- 0^m001808\ cos.\ 3\ (L + L')$$
$$D = 100000^m - 486^m76308\ cos.\ (L + L') + 0^m987138\ cos.\ 2\ (L + L')$$
$$- 0^m001860\ cos.\ 3\ (L + L')$$

Pour les degrés sexagésimaux;

$$D = 111111^m1111 - 499^m725 \; cos. \; (L+L') + 0^m93645 \; cos. \; 2 \; (L+L')$$
$$- 0^m001630 \; cos. \; 3 \; (L+L')$$

$$D = 111111^m1111 - 535^m833 \; cos. \; (L+L') + 1^m07657 \; cos. \; 2 \; (L+L')$$
$$- 0^m002009 \; cos. \; 3 \; (L+L')$$

$$D = 111111^m1111 - 540^m848 \; cos. \; (L+L') + 1^m09682 \; cos. \; 2 \; (L+L')$$
$$- 0^m002067 \; cos. \; 3 \; (L+L')$$

Les différences premières des degrés, ou $\Delta. D$, s'obtiendroient par les formules suivantes pour les degrés décimaux :

$$\Delta. D = 15^m6987 \; sin. \; 2 \; L' - 0^m058824 \; sin. \; 4 \; L' + 0^m00015 \; sin. \; 6 \; L'$$
$$\Delta. D = 16^m9727 \; sin. \; 2 \; L' - 0^m06763 \; sin. \; 4 \; L' + 0^m00018 \; sin. \; 6 \; L'$$
$$\Delta. D = 16^m9908 \; sin. \; 2 \; L' - 0^m06890 \; sin. \; 4 \; L' + 0^m00019 \; sin. \; 6 \; L'$$

et pour les degrés sexagésimaux :

$$\Delta. D = 17^m443 \; sin. \; 2 \; L' - 0^m06536 \; sin. \; 4 \; L' + 0^m00017 \; sin. \; 6 \; L'$$
$$\Delta. D = 18^m703 \; sin. \; 2 \; L' - 0^m07514 \; sin. \; 4 \; L' + 0^m00021 \; sin. \; 6 \; L'$$
$$\Delta. D = 18^m878 \; sin. \; 2 \; L' - 0^m07656 \; sin. \; 4 \; L' + 0^m00022 \; sin. \; 6 \; L'$$

On auroit de même les différences de tous les ordres en multipliant le premier coefficient par les puissances de $(2 \; sin. \; 1°)$, le second par les puissances $(2 \; sin. \; 2°)$, etc. et changeant alternativement $sin. \; 2 L'$ en $cos. \; (L+L')$, et $cos. \; (L+L')$ en $sin. \; 2 \; L'$.

Après les arcs du méridien et les degrés de latitude, la quantité la plus intéressante est sans contredit la normale. Nommons-la N :

$$N = \frac{m}{(1 - e^2. \; sin. \; L)^2}$$

Soit

$$sin. \; u = e. \; sin. \; L; \quad N = \frac{m}{cos. \; u} = m + m. \; tang. \; u. \; tang. \; \tfrac{1}{2} \; u$$

ou bien

$$N = m \cdot (1 - e^2 \cdot sin^2 \cdot L)^{-\frac{1}{2}} = m \cdot \left(\begin{array}{l} 1 + \frac{1}{2} e^2 \cdot sin^2 \cdot L + \frac{1}{2} \cdot \frac{3}{4} e^4 \cdot sin^4 \cdot L \\ + \frac{1}{2} \cdot \frac{1}{4} \cdot \frac{5}{6} e^6 \cdot sin^6 \cdot L \end{array} \right)$$

ou enfin

$$log. \ N = log. \ m - \frac{1}{2} log. \ (1 - e^2 \cdot sin^2 \cdot L)$$
$$= log. \ m + \frac{1}{2} K \cdot (e^2 \cdot sin^2 \cdot L + \frac{1}{2} e^4 \cdot sin^4 \ L + \frac{1}{3} e^6 \cdot sin^6 \cdot L)$$

et si nous faisons $m = 1$,

$$log. \ N = \frac{1}{2} K \cdot (2 \ a \cdot sin^2 \cdot L + 2 \ a^2 \cdot sin^4 \cdot L + \frac{2}{3} \ a^3 \cdot sin^6 \cdot L)$$
$$= K \cdot (a \cdot sin^2 \cdot L + a^2 \cdot sin^4 \cdot L + \frac{2}{3} \ a^3 \cdot sin^6 \cdot L)$$

Si l'on aime mieux les cosinus des arcs multiples, on aura

$$log. \ N = \frac{1}{4} K \cdot (e^2 + \frac{3}{8} e^4 - \frac{10}{48} e^6) - \frac{1}{4} K \cdot (e^2 + \frac{1}{2} e^4 + \frac{15}{48} e^6) \cdot cos. \ 2 \ L$$
$$+ \frac{1}{32} K \cdot (e^4 + e^6) \cdot cos. \ 4 \ L$$
$$- \frac{1}{196} e^6 \cdot K \cdot cos. \ 6 \ L$$
$$= K \cdot (\frac{1}{2} a + \frac{3}{8} a^2 + \frac{7}{24} a^3) - K \cdot (\frac{1}{2} a + \frac{1}{4} a^2 + \frac{5}{8} a^3) \cdot cos. \ 2 \ L$$
$$+ K \cdot (\frac{1}{8} a^2 + \frac{1}{8} a^3) \cdot cos. \ 4 \ L$$
$$- \frac{1}{24} K \cdot a^3 \cdot cos. \ 6 \ L$$

et pour nos trois systèmes d'aplatissement,

$$log. \ N = 0 \cdot 00065 \cdot 06284 - 0 \cdot 00065 \cdot 11160 \ cos. \ 2 \ L$$
$$+ 0 \cdot 00000 \cdot 04881 \ cos. \ 4 \ L$$
$$- 0 \cdot 00000 \cdot 00005 \ cos. \ 6 \ L$$
$$= 0 \cdot 00069 \cdot 76025 - 0 \cdot 00069 \cdot 76025 \ cos. \ 2 \ L$$
$$+ 0 \cdot 00000 \cdot 05612 \ cos. \ 4 \ L$$
$$- 0 \cdot 00000 \cdot 00006 \ cos. \ 6 \ L$$
$$= 0 \cdot 00070 \cdot 41275 - 0 \cdot 00070 \cdot 46984 \ cos. \ 2 \ L$$
$$+ 0 \cdot 00000 \cdot 05718 \ cos. \ 4 \ L$$
$$+ 0 \cdot 00000 \cdot 00006 \ cos. \ 6 \ L$$
$$log. \ K = 9 \cdot 6377843$$

Cette formule est beaucoup plus expéditive pour

calculer une table; celle qui emploie les puissances paires des sinus seroit plus commode pour un terme isolé.

De la formule (14) on tire pour les rayons des parallèles

$$log.\ r = log.\ m + log.\ N + log.\ cos.\ L$$

Pour les degrés des parallèles, $(3600''.\ sin.\ 1'').\ m.\ N.\ cos.\ L$, ou

$$log.\ P = log.\ (3600) + log.\ sin.\ 1'' + log.\ m + log.\ cos.\ L + log.\ N\ \text{ci-dessus.}$$

Soit R le rayon de la terre pour un point quelconque dont la latitude est L, c'est-à-dire la distance de ce point au centre de la terre.

La formule (13), dans laquelle nous ferons $m = 1$, nous donnera

$$log.\ R = 10 - K.\left\{\begin{array}{l}(\tfrac{1}{2}a - \tfrac{1}{8}a^2 - \tfrac{10}{48}a^3) + (\tfrac{1}{2}a + \tfrac{1}{4}a^2 - \tfrac{1}{8}a^3).\ cos.\ 2\ L \\ - \tfrac{1}{8}.\ (a^2 + a^3).\ cos.\ 4\ L + \tfrac{7}{24}a^3.\ cos.\ 6\ L\end{array}\right\}$$

et pour nos trois valeurs d'aplatissement,

$$log.\ R = 9 \cdot 99935 \cdot 47275 + 65 \cdot 98724\ cos.\ 2\ L - 0 \cdot 00001 \cdot 46033\ cos.\ 4\ L \\ + 0 \cdot 00000 \cdot 00034\ cos.\ 6\ L$$

$$= 9 \cdot 99930 \cdot 85542 + 70 \cdot 82280\ cos.\ 2\ L - 0 \cdot 00001 \cdot 67864\ cos.\ 6\ L \\ + 0 \cdot 00000 \cdot 00042\ cos.\ 6\ L$$

$$= 9 \cdot 99930 \cdot 21249 + 71 \cdot 49727\ cos.\ 2\ L - 0 \cdot 00001 \cdot 71019\ cos.\ 4\ L \\ + 0 \cdot 00000 \cdot 00043\ cos.\ 6\ L$$

Soit Π la parallaxe équatoriale, π la parallaxe horizontale pour la latitude L,

$$log.\ \pi = log.\ \Pi + log.\ R$$

ou bien, formule (11),

$$\Pi - \pi = \Pi \left(1 - \frac{\frac{1}{4} \sin^2. I. \cos^2. I. \sin^2. L}{1 - \frac{1}{4}. \sin^2. I. \sin^2. L} - \frac{\frac{1}{4} \frac{1}{4}. \sin^4. I. \cos^4. I. \sin^4. L}{1 - \frac{1}{4} \sin^2. I. \sin^2. L} \right)$$
$$= \Pi - \Pi a. \sin^2. L - \Pi a^2. \sin^2. L. \cos^2. L$$

La correction de latitude, suivant l'idée de Duséjour,

$$L - l = \left(\frac{m - n}{m + n} \right). \frac{\sin. 2 L}{\sin. 1''} - \frac{1}{2} \left(\frac{m - n}{m + n} \right)^2. \frac{\sin. 4 L}{\sin. 1''} + \frac{1}{3} \text{ etc.}$$
$$= \left(\frac{a}{2 - a} \right). \frac{\sin. 2 L}{\sin. 1''} - \left(\frac{a}{2 - a} \right). \frac{\sin. 4 L}{\sin. 2''} + \text{ etc.}$$
$$= 5' \ 9''24 \ \sin. 2 L - 0''232 \ \sin. 4 L$$
$$= 5' \ 31''16 \ \sin. 2 L - 0''267 \ \sin. 4 L$$
$$= 5' \ 34''72 \ \sin. 2 L - 0''272 \ \sin. 4 L$$

L'angle de la verticale avec le rayon, ou

$$L - \lambda = \left[\frac{(2 - a) a}{2 - (2 - a) a} \right]. \frac{\sin. 2 L}{\sin. 1''} - \left[\frac{(2 - a) a}{2 - (2 - a) a} \right]^2. \frac{\sin. 4 L}{\sin. 2''}$$
$$= 10' \ 17''56 \ \sin. 2 L - 0''925 \ \sin. 4 L$$
$$= 11' \ 3''18 \ \sin. 2 L - 1''066 \ \sin. 4 L$$
$$= 11' \ 9''39 \ \sin. 2 L - 1''086 \ \sin. 4 L$$

C'est au moyen de ces formules qu'on a calculé les tables du sphéroïde que l'on trouvera ci-après.

USAGE DES TABLES SUIVANTES.

TABLE I. *Pour faciliter le calcul des triangles sphériques ou sphéroïdiques entre 40 et 50 degrés de latitude.*

CETTE table est tirée de la table II, page 789 et suivantes du tome II; on l'a réduite ici à sept décimales, et la huitième est sous la forme de fraction. La première colonne est le logarithme du sinus ou le logarithme de l'arc, exprimés tous deux en toises.

1.   26

Le premier de ces logarithmes est 3.00, qui répond à un sinus ou à un arc de 1000 toises.

Dans la seconde colonne on trouve sous le titre sinus la correction 0.1, qui doit se retrancher du logarithme de l'arc ou s'ajouter à celui du sinus. Ainsi le logarithme de l'arc, dont le sinus est 3.00, seroit + 3.0000000.1. On voit donc qu'au-dessous de 1000 toises la correction est insensible et doit se négliger.

Dans la colonne suivante, sous le titre TANGENTE, on trouve la correction 0.1, additive au logarithme de l'arc pour avoir celui de la tangente, qui sera 3.0000000.1, si celui de l'arc est 3.0000000.

Dans la colonne suivante on trouve la sécante du même arc en prenant le rayon pour unité. Ainsi pour l'arc en toises, dont le logarithme est 3.00 ou 3 suivi d'autant de zéros qu'on voudra, le logarithme de la sécante sera 0.0000000.2.

Ce logarithme ajouté à celui du sinus de l'arc en donneroit la tangente. Le complément du logarithme de la sécante, ou 9.9999999.8, sera le logarithme du cosinus, en prenant le rayon pour unité.

La table est assez étendue pour que la partie proportionnelle se prenne toujours à vue. Voyez un exemple plus détaillé à la suite de la table. Elle va jusqu'à l'arc, dont le logarithme est 5.000, c'est-à-dire l'arc de 1000000 toises; ainsi elle suffira de reste à tous les besoins de la géodésie, qui jamais encore n'a mesuré d'arcs de cette longueur.

TABLE II. *Conversion des mètres en toises.*

CETTE table suppose le mètre adopté, qui vaut 0ᵗ513074. L'usage en est facile, et il suffira toujours d'y prendre trois nombres pour avoir en toises le plus grand nombre de mètres que renferme cet ouvrage, c'est-à-dire l'arc du méridien, qui est de 10000000 mètres.

Soit donc, par exemple	9438317ᵐ6 à convertir en toises.
Pour 943 la table donne.	4838287·82
Pour 831	4263·64
Pour 7·6	3·90
	4842555ᵗ36

Le premier nombre donné par la table se place au-dessous du nombre qui a servi à le trouver; ainsi 4838, etc. s'est placé au-dessous de 943, etc.; 4263, etc. au-dessous de 831, etc.; enfin 3.9 au-dessous de 7.6.

La raison de cette règle est évidente : c'est que le mètre est environ la moitié de la toise; mais cette même raison nous indique une exception : si le nombre de mètres commence par 1, il faudra reculer le nombre de toises d'une unité vers la droite.

Soit proposé, par exemple	18713612ᵐ9
Pour 187	9594483·8
Pour 136.	06977·8
Pour 12·9	06·6
	9601468ᵗ2

Ainsi chacun des trois nombres trouvés est un peu plus que la moitié du nombre qui l'a fait trouver.

TABLE III. *Conversion des toises en mètres.*

L'USAGE de cette table est le même que celui de la précédente.

Pour exemple, soit proposé de convertir en mètres
le nombre de toises 4842555ᵗ36

Pour 484, table III	9433337·102
Pour 255	4970·043
Pour 5·36	10·447
Nombre en mètres	9438317·592

Dans l'exemple ci-dessus nous avions . . . 9438317.6 parce que nous avons négligé les millièmes.

Les nombres de mètres sont encore au-dessous des nombres de toises qui les ont fait trouver, excepté le dernier, 10.447, qui commence par 1, et doit se trouver d'une place plus avancé vers la gauche, parce que 5 toises valent 10 mètres à peu près.

Second exemple	9601468ᵗ2
Pour 960	18710751·276
Pour 146	2845·593
Pour 8·2	15·982
Nombre en mètres	18713612ᵐ851

Dans l'exemple ci-dessus nous avions . . . 18713612·9 La différence vient des décimales négligées.

8.2 nous a donné 15.982, c'est-à-dire un chiffre de plus avant la virgule; ce qui se voit à la seule inspection de la table III où depuis 52 toises jusqu'à 99 les mètres ont toujours un chiffre de plus que les toises, ainsi que de 514 toises à 999.

On peut faire une remarque toute contraire sur la table II, où depuis 10 mètres jusqu'à 19 les toises ont un chiffre de moins, ainsi que de 100 à 195 mètres.

TABLE IV. *Azimuts de tous les sommets des triangles sur l'horizon des différentes stations où ils ont été observés.*

Tous les azimuts sont calculés sur celui de Dunkerque, en ayant égard à la divergence des méridiens, suivant la formule donnée ci-dessus, page 22, à la réserve des azimuts sur l'horizon de mon observatoire et ceux de la pyramide de Montmartre, que j'ai donnés tels qu'ils ont été directement observés; au reste les différences ne sont que de 4 à 6″, dont il nous est impossible de répondre.

Nous avons vu, pages 84 et 85, de combien ces azimuts différoient de ceux que nous avons réellement observés à Paris, Bourges, Carcassonne et Montjouy. L'erreur peut venir en partie des observations, des erreurs des triangles intermédiaires, et enfin des irrégularités de la terre. Il est impossible de démêler les effets de toutes ces causes diverses, et, pour nous rapprocher de l'observation, ce que nous pouvons faire de moins arbitraire, c'est de distribuer les différences proportionnellement aux intervalles. Ainsi de Dunkerque à Paris, c'est-à-dire pour une distance de 2° 11′ en latitude, nous avons 6″8 de différence.

De Paris à Bourges l'erreur est 39″4 pour 1° 47′, ou 1″ pour 2′ 50″ environ.

De Bourges à Carcassonne l'erreur augmente de 6″ pour 4° de latitude. Ce n'est qu'une augmentation de 1″ pour 40′.

Enfin, de Carcassonne à Montjouy la correction diminue de 16″ pour 1° 51′, ou de 1″ pour 8′ environ.

C'est d'après ces données que j'ai mis au-dessous du nom de chaque station la correction qui doit rapprocher les azimuts calculés des deux azimuts observés les plus voisins.

Nous avons dit, page 86, qu'on accorderoit tout en supposant aux azimuts observés des erreurs au-dessous de 23″; mais 23″ supposent 2″ au moins d'erreur sur le temps vrai; ce qui me paroît inadmissible. Il en résulte que la terre est aplatie dans le sens des parallèles, ou qu'elle a des irrégularités locales qui ne seroient soumises à aucune loi. Voyons donc ce qui résulteroit de cet aplatissement.

L'aplatissement dans le sens du méridien, change le zénith d'un angle connu en astronomie sous le nom d'angle de la verticale, et qui est dans le plan du méridien même.

L'aplatissement dans le sens des parallèles changera pareillement le zénith, mais d'un angle qui sera dans le sens de la perpendiculaire au méridien.

Soit donc (*pl. I, fig.* 12) P le pôle, Z le zénith vrai, Za un arc de grand cercle perpendiculaire au méridien, et sur cet arc soit Z' le zénith apparent. Soit S un signal ou un objet quelconque dont on aura observé l'azimut.

Sans l'aplatissement on auroit observé l'azimut PZS, mais on a réellement observé $PZ'S$.

Le triangle PZZ' rectangle en Z donne

$$cot. \ ZZ'P = tang. \ P. \ cos. \ PZ' = tang. \ P. \ sin. \ L$$

et sensiblement

$$90° - ZZ'P = P. \ sin. \ L \quad \text{et} \quad ZZ'P = 90° - P. \ sin. \ L$$

Or

$$PZ'S = ZZ'S - ZZ'P = ZZ'S - 90° + P. \ sin. \ L$$

Mais

$$PZS = 90° - Z'ZS$$

Donc

$$PZ'S - PZS = ZZ'S - 90° + P. \ sin. \ L - 90° + Z'ZS$$
$$= P. \ sin. \ L - (180° - ZZ'S) + Z'ZS$$
$$= P. \ sin. \ L - aZ'S + aZS$$
$$= P. \ sin. \ L - (aZS - aZ'S)$$

Mais par la trigonométrie sphérique

$$cot. \ aZ'S = cos. \ ZZ'. \ cot. \ aZS - \frac{sin. \ ZZ'. \ cot. \ ZS}{sin. \ aZS}$$

ou

$$cot. \ aZ'S - cot. \ aZS = - \frac{sin. \ ZZ'. \ cot. \ ZS}{sin. \ aZS}$$

$$\frac{sin. \ (aZS - aZ'S)}{sin. \ aZ'S. \ sin. \ aZS} = - \frac{sin. \ ZZ'. \ cot. \ ZS}{sin. \ aZS}$$

$$sin. \ (aZS - aZ'S) = - \frac{sin. \ ZZ'. \ cot. \ ZS. \ sin. \ aZ'S. \ sin. \ aZS}{sin. \ aZS}$$

ou

$$(aZ'S - aZS) = + ZZ'. \ cot. \ Z'S. \ sin. \ aZ'S = ZZ'. \ tang. \ H. \ cos. \ Z'$$
$$= P. \ cos. \ L. \ tang. \ H. \ cos. \ Z'$$

H étant la hauteur de l'objet et Z' son azimut observé.

Donc

$$Z' - Z = P. \sin. L + P. \cos. L. \tan g. H. \cos. Z'$$

Telle est donc la différence entre l'azimut sur le sphéroïde elliptique et l'azimut sur le sphéroïde aplati dans le sens des parallèles.

Ainsi à l'extrémité nord nous aurons

$$Z' - Z = \zeta = P. \sin. L + P. \cos. L. \tan g. H. \cos. Z'$$

à l'extrémité sud nous aurons

$$\zeta_{,} = P_{,}. \sin. L_{,} + P_{,}. \cos. L_{,}. \tan g. H_{,}. \cos. Z_{,}$$

La différence sera donc

$$\zeta - \zeta' = (P. \sin. L. - P_{,}. \sin. L'$$
$$+ (P. \cos. L. \tan g. H. \cos. Z - P_{,}. \cos. L_{,}. \tan g. H_{,}. \cos. Z_{,})$$

Le facteur *tang. H* est toujours une petite fraction, car l'objet terrestre dont on observe l'azimut est toujours fort voisin de l'horizon. Dans aucune de nos observations H ne passe $2° 39'$; *tang. H* n'est donc tout au plus que de 0.046. Les facteurs *cos. L* et *cos. Z* contribuent encore à diminuer ce second terme qui ne sera jamais un vingtième du premier. On pourra donc toujours se contenter du terme $P. \sin. L$; en conséquence nous aurons :

Pour Watten et Paris .	$\zeta - \zeta' = 0.7753\ P\ - 0.7531\ P'$	$= -\ 6''8$
Paris et Bourges	$= 0.7531\ P'\ - 0.7324\ P''$	$= +\ 39''4$
Bourges et Carcassonne .	$= 0.7324\ P''\ - 0.6847\ P'''$	$= +\ 6''3$
Carcassonne et Montjouy.	$= 0.6847\ P'''\ - 0.6608\ P^{IV}$	$= +\ 15.5$

Nous avons cinq inconnues et seulement quatre équations; tout ce que nous pouvons faire est d'exprimer quatre inconnues en parties de la cinquième. Nous aurons ainsi

$$P' = 1.0296\ P + 9''03$$
$$P'' = 1.0586\ P - 53''80$$
$$P''' = 1.1322\ P + 0''70$$
$$P^{\text{iv}} = 1.1732\ P + 35''14$$

Soit . . . . . . $P = + 9''0$

Nous aurons . . .
$$\begin{cases} P' = + 18''3 & + 9.3 \\ P'' = - 44''3 & - 62.6 \\ P''' = + 10''2 & + 54.5 \\ P^{\text{iv}} = + 44''7 & + 34.5 \end{cases} \text{Différences.}$$

On voit combien ces quantités sont irrégulières; quelque supposition que nous fassions pour P, jamais nous ne sauverons la différence de $89''$ entre P'' et P^{iv}, celle de 63 entre P' et P'' ni celle de 55 entre $P'''\ P^{\text{iv}}$.

Si les parallèles sont des ellipses semblables et semblablement placées, les quantités ci-dessus P, P', etc. seront des différences d'angles de la verticale. Or, dans aucun aplatissement et à quelque distance qu'on suppose nos cinq stations du grand axe de leur parallèle, on ne pourra expliquer des différences aussi irrégulières, et d'ailleurs des différences aussi fortes supposeroient un aplatissement considérable.

Si les parallèles ne sont pas des ellipses semblables ou que ces ellipses ne soient pas semblablement placées, la terre sera d'une irrégularité qui échappera toujours à tous les calculs.

Si l'on attribuoit les anomalies des azimuts à des

3. 27

irrégularités locales, non seulement les calculs seroient impossibles, mais les conséquences seroient encore plus fâcheuses; car si les inégalités locales peuvent faire dévier le zénith de 45″ dans le plan perpendiculaire au méridien, pourquoi leur effet ne pourroit-il pas être aussi fort dans le plan du méridien même? Or les irrégularités des degrés mesurés jusqu'ici ne supposent dans le plan du méridien que des irrégularités de 3 ou 6″ au plus. J'aimerois donc mieux encore attribuer les anomalies des azimuts aux erreurs accumulées des observations, quoique d'après un premier aperçu j'aie dit ci-dessus, page 85, que dans les irrégularités des azimuts on ne pouvoit s'empêcher de reconnoître l'effet de l'ellipticité des parallèles.

A la vérité je ne saurois croire à la possibilité d'erreurs de 2 ou 3 secondes en temps dans les observations azimutales; mais il n'est peut-être pas invraisemblable que les erreurs des angles aient été combinées dans les triangles intermédiaires de manière à produire la plus grande partie des différences observées.

De Paris à Carcassonne l'erreur azimutale est de 45″7; mais nous avons trente-six triangles. Supposons deux erreurs de 1″ de temps en sens contraires, elles pourront produire 21″ de degré. Il restera 25″ pour les trente-six triangles; c'est environ $\frac{2}{3}$ de seconde pour chaque triangle. Cette combinaison me paroît un peu forcée; mais après tout elle n'est pas démontrée impossible. Elle seroit plus extraordinaire encore entre Paris et Bourges où l'erreur azimutale monte à 38″9, quoique nous ayons

bien moins de triangles : mais de Dunkerque à Montjouy elle n'est que de 23; en sorte que la conclusion
définitive est que si nos azimuts ne donnent aucune
lumière nouvelle sur la figure de la terre, ils ont du
moins toute l'exactitude nécessaire pour que l'erreur soit
insensible sur l'arc mesuré, et c'est encore l'objet le
plus important. Quant à la question de la figure des
parallèles, il faudroit pour la résoudre des observations
plus variées, plus nombreuses et plus précises, s'il est
possible.

TABLE V. *Distances à la méridienne, à la perpendiculaire, différences des parallèles, longitudes
en degrés et en temps, latitudes de tous les points
observés.*

CETTE dernière a, comme la précédente, été calculée
de trois manières différentes, pour éviter ou reconnoître
les fautes de calcul. On s'est servi d'abord des distances
obliques à la méridienne et de l'angle d'inclinaison de
ces mêmes distances. Soit Z cette inclinaison et δ la
distance oblique; *sin.* $\mu =$ *sin.* δ. *sin.* Z est le sinus de
la distance à la méridienne, qui est positive à l'ouest et
négative à l'est, comme le sinus de l'azimut Z. On s'est
permis le plus souvent de faire $\mu = \delta$. *sin.* Z, la différence étant insensible.

tang. δ. *cos.* $Z =$ *tang.* π donnera la tangente de la
distance du point d'intersection au pied de la perpendiculaire abaissée sur le méridien de Dunkerque. Soit π

l'arc du méridien compris entre Dunkerque et le point d'intersection; $\Pi + \pi$ sera la distance à la méridienne de Dunkerque; $\Pi + \pi + \mu^2$. *tang. L. n. sin.* 0″5 sera la différence des parallèles. On s'est permis le plus souvent de faire $\pi = \delta$. *cos. Z.*

Jusqu'ici tous nos calculs sont des résultats immédiats de nos observations; l'aplatissement n'y entre que pour des réductions légères qui n'exigent pas une connoissance exacte de l'ellipticité de la terre.

Il n'en est pas de même des latitudes ni des longitudes, soit en degrés, soit en temps.

Le rayon de courbure dans le sens du méridien est $\dfrac{1 - e^2}{(1 - e^2.\, sin^2.\, L)^{\frac{3}{2}}}$; le rayon de courbure de l'arc perpendiculaire est $\dfrac{1}{(1 - e^2.\, sin^2.\, L)^{\frac{1}{2}}}$.

Les valeurs des arcs en secondes sont réciproques aux rayons de courbure.

Soit n le facteur pour convertir en secondes les toises de l'arc perpendiculaire au méridien, n' le facteur pour convertir en toises les arcs du méridien même, nous aurons

$$
\begin{aligned}
\frac{n}{n'} &= \frac{(1 - e^2.\, sin^2.\, L)^{\frac{1}{2}}.\,(1 - e^2)}{(1 - e^2.\, sin^2.\, L)^{\frac{3}{2}}} = \frac{1 - e^2}{1 - e^2.\, sin^2.\, L} \\
&= (1 - e^2).\,(1 + e^2.\, sin^2.\, L + e^4.\, sin^4.\, L + \text{etc.}) \\
&= 1 + e^2.\, sin^2.\, L + e^4.\, sin^4.\, L + e^6.\, sin^6.\, L \\
&\quad\;\; - e^2 - e^4.\, sin^2.\, L - e^6.\, sin^4.\, L \\
&= 1 - e^2.\, cos^2.\, L - e^4.\, sin^2.\, L.\, cos^2.\, L - e^6.\, sin^4.\, cos^2.\, L \\
&\quad\;\; - e^8.\, sin^6.\, cos^2.\, L \\
&= 1 - e^2.\, cos^2.\, L.\,(1 + e^2.\, sin^2.\, L + e^4.\, sin^4.\, L + e^6.\, sin^6.\, L + \text{etc.})
\end{aligned}
$$

Ainsi

$$ n = n'.\,(1 - e^2.\, cos.\, L - e^4.\, sin^2.\, L.\, cos^2.\, L - \text{etc.}) $$

Au lieu de former une hypothèse d'aplatissement pour évaluer les arcs du méridien en secondes, j'ai tiré cette évaluation des observations mêmes, c'est-à-dire de la formule qui représente nos cinq latitudes observées et les quatre arcs terrestres que nous avons mesurés. Les latitudes de tous les signaux qu'on trouvera table V sont donc assujéties à la totalité de ces observations qui nous ont donné le facteur n'. Mais ces mêmes observations ne nous donnant rien pour le facteur n, nous sommes obligés de recourir à l'équation ci-dessus

$$n = n'. (1 - e^2. \cos^2. L + e^4. \sin^2. L. \cos^2. L)$$

ou

$$n = n' - n'. e^2. \cos^2. L$$

Mais les arcs convertis en secondes au moyen du facteur n' étant d'un petit nombre de minutes, il n'en résultera pas d'incertitude bien sensible dans le petit terme de correction. En effet, soit $\mu n' = 30'$, c'est à peu près la plus forte de nos distances à la méridienne, nous aurons

$$\mu n = \mu. (n' - n'. e^2. \cos^2. L) = \mu n' - \mu n'. e^2. \cos^2. L$$
$$= 30' - 30'. e^2. \cos^2. L = 30' - 30'. 2 a. \cos^2. L$$
$$= 30' - \frac{60'. \cos^2. L}{300} = 30' - \frac{1'}{5}. \cos^2. L = 30' - 12''. \cos^2. L$$

En France $\cos^2. L$ ne diffère guere de $\frac{1}{2}$; ainsi la plus forte correction n'ira guère qu'à $6''$, et quand nous nous tromperions de moitié sur l'aplatissement, il n'en résulteroit pas $3''$ d'erreur sur la plus forte de nos longitudes en degrés. C'est ainsi que j'ai tâché de satisfaire à la promesse que j'avois faite, page 16, de calculer toutes les parties de notre méridienne sans m'astreindre à aucune hypothèse sur la figure de la terre.

J'ai donc commencé le calcul des longitudes en me servant du facteur n', et quand j'avois le terme $P = \dfrac{\mu n'}{cos. L}$ j'en retranchois

$$\frac{\mu n'}{cos. L} \; 2 \, a, \, cos^2. \, L$$

Ainsi pour Perpignan

$log. \, \mu = log. \, (\delta. \, sin. \, Z)$	4.34397
n'	8.80079
$compl. \, cos. \, L$	0.13376
Longitude approchée . . $\dfrac{\mu n'}{cos. \, L} = 31'\,39''0$ . .	3.27852
$2 \, a = 0'00648$	7.81158
$cos^2. \, L$	9.73248
Correction d'aplatissement . . . . . — 6''6 . .	0.82258
Longitude . . . . — 32' 32''4	

La relation entre les arcs du méridien et les latitudes est exprimée par une série de cette forme :

$$A' - A = \alpha. \, (L' - L) + \beta. \, sin. \quad (L' - L). \, cos. \quad (L' + L)$$
$$+ \, \gamma. \, sin. \, 2 \, (L' - L). \, cos. \, 2 \, (L' + L)$$
$$+ \, \delta. \, sin. \, 3 \, (L' - L). \, cos. \, 3 \, (L' + L)$$

On en pourroit tirer une autre formule de $(L' - L)$ en fonction de $(A' - A)$, de L et de L'; mais elle seroit trop embarrassante. En supposant $(L' - L) = 1'$, j'ai calculé la table qui donne en toises les arcs du méridien $(A' - A)$.

Soit Δ une différence première quelconque de cette

table, elle sera le nombre de toises qui répond à une minute ou 60 secondes de degré; ainsi $\frac{1}{60}$ Δ répond à 1″ dans le ciel. Soit T un nombre quelconque de toises dans le méridien pour la latitude à laquelle répond Δ, on aura

$$\Delta : 60'' :: T : x = \frac{60''}{\Delta} = n'$$

Au moyen de cette table, et sans me donner la peine de retourner la série, j'ai calculé la table VI, qui a pour argument l'arc terrestre $(A' - A)$ ou la distance à Dunkerque comptée sur le méridien, de mille en mille toises; en sorte qu'on pourra toujours, par le simple calcul d'une partie proportionnelle d'un petit nombre de secondes, trouver la latitude d'un point dont on aura la distance à Dunkerque en toises sur le méridien.

Exemple. Supposons que cette distance soit . . . . . 475519^t

La table donne pour 475000^t	42° 42′ 26″04
La différence 63″22 pour 1000^t donnera pour 500^t .	— 31.61
Pour 10 .	— .63
Pour 9 .	— .57

Ainsi pour 475519^t la latitude sera 42 41 53.23

Si la latitude est donnée, on trouvera la distance méridienne à Dunkerque, ou la différence des parallèles en toises, par un calcul analogue, mais inverse.

Après avoir calculé de cette manière toutes les positions des sommets des triangles principaux, on a tout recommencé par une autre méthode qui a servi pareillement pour tous les points des triangles secondaires.

Soit P le pôle, D Dunkerque; PDE son méridien, A un point quelconque dont la position a déjà été vérifiée, PA son méridien et AE son parallèle, en sorte que $PA = PE$; B un autre point dont on demande la position, PB son méridien : menez la perpendiculaire BC et l'arc du parallèle BFG.

On connoît la distance AB, l'angle BAC qui est l'azimut du point B sur l'horizon de A. Tous ces azimuts ayant été calculés par deux méthodes différentes, celle de M. Legendre et la mienne, on aura donc

$$AC = AB. \cos. Z; \quad BC = AB. \sin. Z; \quad BPA = \frac{n. BC}{\cos. L}$$
$$BPD = BPA + APD; \quad FC = BC^2. n. \sin. 0''5. \tang. L'$$
$$AF = AC + CF = EG; \quad DG = DE + EG$$

Alors abaissez BH perpendiculaire sur le méridien de Dunkerque,

$$BH = \frac{BPD. \cos. L'}{n}; \quad GH = \overline{BH}^2. n. \sin. 0''5. \tang. L$$
$$DH = DG - GH$$

et

$$BH = BC + \frac{AH. \cos. L'}{\cos. L} \text{ sans erreur sensible.}$$

Ainsi, sans parler des anciens calculs, chacun des objets principaux a été déterminé trois fois, et chacun des points secondaires deux fois différentes, en partant de deux points fixés précédemment.

Rigoureusement

$$\mathit{sin.}\, BH = \cos.\, L'.\, \mathit{sin.}\,(BPA + APD) = \cos.\, L'.\, \mathit{sin.}\, BPA.\, \cos.\, APD$$
$$+ \cos.\, L'.\, \mathit{sin.}\, APD.\, \cos.\, BPA$$

$$= BC.\, \cos.\, APD + \frac{AE.\, \cos.\, L'}{\cos.\, L}.\, \cos.\, BPA$$

$$= BC + \frac{AE.\, \cos.\, L'}{\cos.\, L} + - 2\,(BC)^2.\, \mathit{sin}^2.\, \tfrac{1}{2}\, APD$$
$$- 2\left(\frac{AE.\, \cos.\, L'}{\cos.\, L}\right)^2.\, \mathit{sin.}\, \tfrac{1}{2}\, BPA$$

$$= BC + \frac{AE.\, \cos.\, L'}{\cos.\, L} - 2\,(BC)^2.\, \frac{\mathit{sin}^2.\, \tfrac{1}{2}\, APD}{R}$$
$$- 2\left(\frac{AE.\, \cos.\, L'}{\cos.\, L}\right)^2.\, \frac{\mathit{sin}^2.\, \tfrac{1}{2}\, BPA}{R}$$

On a négligé ces corrections qui ne vont jamais à 0ᵗo5.

Remarque sur l'usage de la table suivante.

L'ARGUMENT de la table est le logarithme d'un arc terrestre exprimé en toises. La colonne *sinus* indique ce qu'il faut retrancher du logarithme de l'arc pour avoir celui du sinus, ou ajouter à celui du sinus pour avoir celui de l'arc.

La colonne *tangente* donne ce qu'il faut ajouter au logarithme de l'arc pour avoir celui de la tangente.

La colonne *sécante* donne ce qu'il faut ajouter au logarithme du rayon pour avoir celui de la sécante. Si le rayon est un, cette correction sera le logarithme de la sécante même, et le complément sera le logarithme du cosinus.

Si l'on prend pour argument le logarithme du sinus, les nombres de la colonne sinus, ajoutés au logarithme sinus, donneront les logarithmes des arcs, et le nombre sécante sera la correction qui changera le sinus en tangente. Voyez page 227.

3.

TABLE I. *Pour faciliter le calcul des triangles sphériques et sphéroïdiques.*

Log. Arc.	Sinus.	Tang.	Séc.	Log. Arc.	Sinus.	Tang.	Séc.
3.000	0.1	0.1	0.2	4.100	10.7	21.5	32.2
3.100	0.1	0.2	0.3	4.110	11.3	22.5	33.8
3.200	0.2	0.3	0.5	4.120	11.8	23.6	35.3
3.300	0.3	0.5	0.8	4.130	12.3	24.7	37.0
3.400	0.4	0.9	1.3	4.140	12.9	25.8	38.8
3.500	0.7	1.4	2.0	4.150	13.5	27.1	40.6
3.600	1.1	2.1	3.2	4.160	14.2	28.3	42.5
3.700	1.7	3.4	5.1	4.170	14.8	29.7	44.4
3.800	2.7	5.4	8.1	4.180	15.5	31.1	46.6
3.900	4.3	8.6	12.8	4.190	16.3	32.5	48.8
3.910	4.5	9.0	13.4	4.200	17.0	34.0	51.1
3.920	4.7	9.4	14.1	4.210	17.8	35.7	53.6
3.930	4.9	9.8	14.8	4.220	18.7	37.3	56.0
3.940	5.1	10.3	15.4	4.230	19.6	39.1	58.7
3.950	5.4	10.8	16.2	4.240	20.5	41.0	61.4
3.960	5.6	11.3	17.0	4.250	21.4	42.9	64.3
3.970	5.9	11.8	17.7	4.260	22.5	44.9	67.4
3.980	6.2	12.4	18.5	4.270	23.5	47.0	70.5
3.990	6.5	13.0	19.4	4.280	24.6	49.2	73.9
4.000	6.8	13.6	20.4	4.290	25.8	51.6	77.3
4.010	7.1	14.2	21.3	4.300	27.0	54.0	81.0
4.020	7.4	14.9	22.3	4.310	28.3	56.6	84.8
4.030	7.8	15.6	23.4	4.320	29.6	59.2	88.8
4.040	8.2	16.3	24.4	4.330	31.0	62.0	93.0
4.050	8.5	17.1	25.6	4.340	32.5	64.9	97.4
4.060	8.9	17.9	26.8	4.350	34.0	68.0	101.9
4.070	9.4	18.7	28.1	4.360	35.6	71.2	106.8
4.080	9.8	19.6	29.4	4.370	37.3	74.5	111.8
4.090	10.3	20.6	30.8	4.380	39.0	78.0	117.0
4.100	10.7	21.5	32.2	4.390	40.9	81.7	122.4

Log. Arc.	Sinus.	Tang.	Séc.	Log. Arc.	Sinus.	Tang.	Séc.
4·400	42·8	85·6	128·4	4·436	50·5	101·0	151·5
4·401	43·0	86·0	128·9	4·437	50·7	101·5	152·1
4·402	43·2	86·4	129·5	4·438	51·0	102·0	152·9
4·403	43·4	86·8	130·1	4·439	51·2	102·4	153·6
4·404	43·6	87·2	130·8	4·440	51·4	102·9	154·3
4·405	43·8	87·6	131·4	4·441	51·6	103·3	155·0
4·406	44·0	88·0	132·0	4·442	51·9	103·8	155·8
4·407	44·2	88·4	132·6	4·443	52·2	104·3	156·5
4·408	44·4	88·8	133·2	4·444	52·4	104·8	157·2
4·409	44·6	·89·2	133·6	4·445	52·6	105·3	157·9
4·410	44·8	89·6	134·0	4·446	52·9	105·8	158·7
4·411	45·0	90·0	134·8	4·447	53·1	106·2	159·4
4·412	45·2	90·4	135·7	4·448	53·4	106·7	160·1
4·413	45·4	90·8	136·3	4·449	53·6	107·2	160·8
4·414	45·6	91·3	136·9	4·450	53·9	107·7	161·6
4·415	45·8	91·7	137·5	4·451	54·1	108·2	162·3
4·416	46·1	92·1	138·2	4·452	54·4	108·7	163·1
4·417	46·3	92·5	138·8	4·453	54·6	109·2	163·8
4·418	46·5	93·0	139·5	4·454	54·9	109·7	164·6
4·419	46·7	93·4	140·1	4·455	55·1	110·3	165·4
4·420	46·9	93·8	140·8	4·456	55·4	110·8	166·1
4·421	47·1	94·2	141·4	4·457	55·6	111·3	166·9
4·422	47·4	94·7	142·1	4·458	55·9	111·8	167·7
4·423	47·6	95·1	142·7	4·459	56·1	112·3	168·4
4·424	47·8	95·6	143·4	4·460	56·4	112·8	169·2
4·425	48·0	96·0	144·0	4·461	56·7	113·3	170·0
4·426	48·2	96·5	144·7	4·462	56·9	113·9	170·8
4·427	48·4	96·9	145·3	4·463	57·2	114·4	171·6
4·428	48·7	97·4	146·0	4·464	57·5	114·9	172·4
4·429	48·9	97·8	146·7	4·465	57·7	115·4	173·2
4·430	49·1	98·3	147·4	4·466	58·0	116·0	174·0
4·431	49·3	98·7	148·0	4·467	58·2	116·5	174·7
4·432	49·6	99·2	148·7	4·468	58·5	117·0	175·6
4·433	49·8	99·6	149·4	4·469	58·8	117·6	176·4
4·434	50·0	100·0	150·1	4·470	59·1	118·1	177 2
4·435	50·2	100·5	150·8	4·471	59·3	118·7	178·0

Log. arc.	Sinus.	Tang.	Séc.	Log. arc.	Sinus.	Tang.	Séc.
4.472	59.6	119.2	178.8	4.508	70.4	140.7	211.1
4.473	59.9	119.7	179.7	4.509	70.7	141.4	212.1
4.474	60.2	120.3	180.5	4.510	71.0	142.0	213.0
4.475	60.4	120.9	181.3	4.511	71.3	142.7	214.0
4.476	60.7	121.4	182.2	4.512	71.7	143.3	215.0
4.477	61.0	122.0	183.0	4.513	72.0	144.0	216.0
4.478	61.3	122.6	183.9	4.514	72.3	144.7	217.0
4.479	61.6	123.1	184.7	4.515	72.7	145.3	218.0
4.480	61.8	123.7	185.5	4.516	73.0	146.0	219.0
4.481	62.1	124.3	186.4	4.517	73.3	146.7	220.0
4.482	62.4	124.8	187.3	4.518	73.7	147.4	221.0
4.483	62.7	125.4	188.1	4.519	74.0	148.0	222.0
4.484	63.0	126.0	189.0	4.520	74.4	148.7	223.1
4.485	63.3	126.6	189.9	4.521	74.7	149.4	224.1
4.486	63.6	127.2	190.8	4.522	75.0	150.1	225.1
4.487	63.9	127.8	191.6	4.523	75.4	150.8	226.2
4.488	64.2	128.3	192.5	4.524	75.7	151.5	227.2
4.489	64.5	128.9	193.4	4.525	76.1	152.2	228.3
4.490	64.8	129.5	194.3	4.526	76.4	152.9	229.3
4.491	65.1	130.1	195.2	4.527	76.8	153.6	230.4
4.492	65.4	130.7	196.1	4.528	77.2	154.3	231.5
4.493	65.7	131.3	197.0	4.529	77.5	155.0	232.5
4.494	66.0	131.9	197.9	4.530	77.8	155.7	233.6
4.495	66.3	132.5	198.8	4.531	78.2	156.4	234.7
4.496	66.6	133.2	199.7	4.532	78.6	157.2	235.8
4.497	66.9	133.8	200.7	4.533	78.9	157.9	236.8
4.498	67.2	134.4	201.6	4.534	79.3	158.6	237.9
4.499	67.5	135.0	202.5	4.535	79.7	159.4	239.0
4.500	67.8	135.6	203.4	4.536	80.0	160.1	240.1
4.501	68.1	136.2	204.4	4.537	80.4	160.8	241.2
4.502	68.4	136.9	205.3	4.538	80.8	161.6	242.4
4.503	68.8	137.5	206.3	4.539	81.2	162.3	243.5
4.504	69.1	138.2	207.2	4.540	81.5	163.1	244.6
4.505	69.4	138.8	208.1	4.541	81.9	163.8	245.7
4.506	69.7	139.4	209.1	4.542	82.3	164.6	246.9
4.507	70.0	140.1	210.1	4.543	82.7	165.3	248.0

Log. Arc.	Sinus.	Tang.	Séc.	Log. Arc.	Sinus.	Tang.	Séc.
4.544	83.1	166.1	249.2	4.580	98.0	196.1	294.1
4.545	83.4	166.9	250.3	4.581	98.5	197.0	295.4
4.546	83.8	167.6	251.4	4.582	98.9	197.9	296.8
4.547	84.2	168.4	252.6	4.583	99.4	198.8	298.2
4.548	84.6	169.2	253.8	4.584	99.9	199.7	299.5
4.549	85.0	170.0	255.0	4.585	100.4	200.8	301.2
4.550	85.4	170.8	256.1	4.586	100.8	201.5	302.3
4.551	85.8	171.5	257.3	4.587	101.2	202.5	303.7
4.552	86.2	172.3	258.5	4.588	101.7	203.4	305.1
4.553	86.6	173.1	259.7	4.589	102.2	204.3	306.5
4.554	87.0	173.9	260.9	4.590	102.6	205.3	307.9
4.555	87.4	174.7	262.1	4.591	103.1	206.2	309.3
4.556	87.8	175.5	263.3	4.592	103.6	207.2	310.8
4.557	88.2	176.3	264.5	4.593	104.1	208.1	312.2
4.558	88.6	177.2	265.7	4.594	104.6	209.1	313.7
4.559	89.0	178.0	267.0	4.595	105.0	210.1	315.1
4.560	89.4	178.8	268.2	4.596	105.5	211.0	316.5
4.561	89.8	179.6	269.4	4.597	106.0	212.0	318.0
4.562	90.2	180.5	270.7	4.598	106.5	213.0	319.5
4.563	90.6	181.3	271.9	4.599	107.0	214.0	321.0
4.564	91.1	182.1	273.2	4.600	107.5	215.0	322.5
4.565	91.5	183.0	274.5	4.601	108.0	216.0	323.9
4.566	91.9	183.8	275.7	4.602	108.5	217.0	325.4
4.567	92.3	184.7	277.0	4.603	109.0	218.0	326.9
4.568	92.8	185.5	278.3	4.604	109.5	219.0	328.4
4.569	93.2	186.3	279.6	4.605	110.0	220.0	330.0
4.570	93.6	187.2	280.8	4.606	110.5	221.0	331.5
4.571	94.0	188.1	282.1	4.607	111.0	222.0	333.0
4.572	94.5	189.0	283.4	4.608	111.5	223.0	334.5
4.573	94.9	189.8	284.7	4.609	112.0	224.1	336.0
4.574	95.4	190.7	286.1	4.610	112.6	225.1	337.6
4.575	95.8	191.6	287.4	4.611	113.1	226.1	339.2
4.576	96.2	192.5	288.7	4.612	113.6	227.2	340.8
4.577	96.7	193.4	290.0	4.613	114.1	228.2	342.3
4.578	97.1	194.3	291.4	4.614	114.6	229.3	343.9
4.579	97.6	195.1	292.7	4.615	115.2	230.3	345.5

Log. Arc.	Sinus.	Tang.	Séc.	Log. Arc.	Sinus.	Tang.	Séc.
4.616	115.7	231.4	347.1	4.652	136.6	273.1	409.7
4.617	116.2	232.5	348.7	4.653	137.2	274.3	411.6
4.618	116.8	233.5	350.3	4.654	137.8	275.7	413.5
4.619	117.3	234.6	351.9	4.655	138.5	276.9	415.4
4.620	117.9	235.7	353.6	4.656	139.1	278.2	417.3
4.621	118.4	236.8	355.2	4.657	139.8	279.5	419.2
4.622	118.9	237.9	356.8	4.658	140.4	280.8	421.i
4.623	119.5	239.0	358.5	4.659	141.0	282.1	423.1
4.624	120.0	240.1	360.1	4.660	141.7	283.4	425.1
4.625	120.6	241.2	361.8	4.661	142.3	284.7	427.0
4.626	121.2	242.3	363.5	4.662	143.0	286.0	429.0
4.627	121.7	243.4	365.1	4.663	143.7	287.3	431.0
4.628	122.3	244.5	366.8	4.664	144.3	288.6	433.0
4.629	122.8	245.7	368.5	4.665	145.0	290.0	435.0
4.630	123.4	246.8	370.2	4.666	145.7	291.3	437.0
4.631	124.0	248.0	371.9	4.667	146.3	292.7	439.0
4.632	124.6	249.1	373.6	4.668	147.0	294.0	441.0
4.633	125.1	250.2	375.4	4.669	147.7	295.4	443.1
4.634	125.7	251.4	377.1	4.670	148.4	296.7	445.1
4.635	126.3	252.6	378.8	4.671	149.1	298.1	447.2
4.636	126.9	253.7	380.6	4.672	149.7	299.5	449.2
4.637	127.5	254.9	382.3	4.673	150.4	300.9	451.3
4.638	128.0	256.1	384.1	4.674	151.1	302.3	453.4
4.639	128.6	257.3	385.9	4.675	151.8	303.6	455.5
4.640	129.2	258.4	387.7	4.676	152.5	305.0	457.6
4.641	129.8	259.6	389.4	4.677	153.2	306.5	459.7
4.642	130.4	260.8	391.2	4.678	153.9	307.9	461.8
4.643	131.0	262.0	393.0	4.679	154.7	309.3	463.9
4.644	131.6	263.3	394.9	4.680	155.4	310.7	466.1
4.645	132.2	264.5	396.7	4.681	156.1	312.2	468.2
4.646	132.8	265.7	398.5	4.682	156.8	313.6	470.4
4.647	133.5	266.9	400.4	4.683	157.5	315.0	472.6
4.648	134.1	268.1	402.2	4.684	158.3	316.5	474.7
4.649	134.7	269.4	404.1	4.685	159.0	318.0	476.9
4.650	135.3	270.6	405.9	4.686	159.7	319.4	479.1
4.651	135.9	271.9	407.8	4.687	160.5	320.9	481.3

Log. Arc.	Sinus.	Tang.	Séc.	Log. Arc.	Sinus.	Tang.	Séc.
4.688	161.2	322.4	483.6	4.724	190.3	380.5	572.8
4.689	161.9	323.9	485.6	4.725	191.1	382.3	573.4
4.690	162.7	325.4	488.0	4.726	192.0	384.0	576.0
4.691	163.4	326.9	490.3	4.727	192.9	385.8	578.7
4.692	164.2	328.4	492.6	4.728	193.8	387.6	581.4
4.693	164.9	329.9	494.8	4.729	194.7	389.4	584.1
4.694	165.7	331.4	497.1	4.730	195.6	391.2	586.8
4.695	166.5	332.9	499.4	4.731	196.5	393.0	589.5
4.696	167.2	334.5	501.7	4.732	197.4	394.8	592.2
4.697	168.0	336.0	504.0	4.733	198.3	396.6	594.9
4.698	168.8	337.6	506.4	4.734	199.2	398.4	597.7
4.699	169.6	339.1	508.7	4.735	200.1	400.3	600.4
4.700	170.4	340.7	511.0	4.736	201.1	402.1	603.2
4.701	171.1	342.3	513.4	4.737	202.0	404.0	606.0
4.702	171.9	343.8	515.8	4.738	202.9	405.9	608.8
4.703	172.7	345.4	518.1	4.739	203.9	407.7	611.6
4.704	173.5	347.0	520.5	4.740	204.8	409.6	614.4
4.705	174.3	348.6	522.9	4.741	205.8	411.5	617.2
4.706	175.1	350.2	525.3	4.742	206.7	413.4	620.1
4.707	175.9	351.9	527.8	4.743	207.7	415.3	623.1
4.708	176.7	353.5	530.2	4.744	208.6	417.2	625.8
4.709	177.6	355.1	532.7	4.745	209.6	419.1	628.7
4.710	178.4	356.8	535.1	4.746	210.5	421.1	631.6
4.711	179.2	358.4	537.6	4.747	211.5	423.0	634.5
4.712	180.0	360.0	540.1	4.748	212.5	425.0	637.5
4.713	180.9	361.7	542.6	4.749	213.5	426.9	640.4
4.714	181.7	363.4	545.1	4.750	214.5	428.9	643.4
4.715	182.5	365.1	547.6	4.751	215.5	430.9	646.3
4.716	183.4	366.7	550.1	4.752	216.4	432.9	649.3
4.717	184.2	368.4	552.6	4.753	217.4	434.9	652.3
4.718	185.1	370.1	555.2	4.754	218.4	436.9	655.3
4.719	185.9	371.8	557.8	4.755	219.5	438.9	658.3
4.720	186.8	373.6	560.3	4.756	220.5	440.9	661.4
4.721	187.6	375.3	562.9	4.757	221.5	443.0	664.4
4.722	188.5	377.0	565.5	4.758	222.5	445.0	667.5
4.723	189.4	378.8	568.1	4.759	223.5	447.1	670.6

Log. arc.	Sinus.	Tang.	Séc.	Log. arc.	Sinus.	Tang.	Séc.
4.760	224.6	449.1	673.7	4.796	265.1	530.1	795.2
4.761	225.6	451.2	676.8	4.797	266.3	532.6	798.8
4.762	226.7	453.3	679.9	4.798	267.5	535.0	802.5
4.763	227.7	455.4	683.1	4.799	268.7	537.5	806.2
4.764	228.7	457.5	686.2	4.800	270.0	540.0	809.9
4.765	229.8	459.6	689.4	4.801	271.2	542.5	813.7
4.766	230.9	461.7	692.6	4.802	272.5	545.0	817.4
4.767	231.9	463.8	695.7	4.803	273.7	547.5	821.2
5.768	233.0	466.0	699.0	4.804	275.0	550.0	825.0
4.769	234.1	468.1	702.2	4.805	276.3	552.5	828.8
4.770	235.1	470.3	705.4	4.806	277.6	555.1	832.6
4.771	236.2	472.4	708.7	4.807	278.8	557.7	836.5
4.772	237.3	474.6	712.0	4.808	280.1	560.2	840.3
4.773	238.4	476.8	715.2	4.809	281.4	562.8	844.2
4.774	239.5	479.0	718.5	4.810	282.7	565.4	848.1
4.775	240.6	481.2	721.9	4.811	284.0	568.0	852.0
4.776	241.7	483.5	725.2	4.812	285.3	570.6	856.0
4.777	242.9	585.7	728.5	4.813	286.6	573.3	859.9
4.778	244.0	487.9	731.9	4.814	288.0	575.9	863.9
4.779	245.1	490.2	735.3	4.815	289.3	578.6	867.9
4.780	246.2	492.5	738.7	4.816	290.6	581.3	871.9
4.781	247.4	494.7	742.1	4.817	292.0	583.9	875.9
4.782	248.5	497.0	745.5	4.818	293.3	586.6	879.9
4.783	249.7	499.3	749.0	4.819	294.7	589.3	884.0
4.784	250.8	501.6	752.4	4.820	296.0	592.0	888.1
4.785	252.0	503.9	755.9	4.821	297.4	594.8	892.2
4.786	253.1	506.3	759.4	4.822	298.8	597.5	896.3
4.787	254.3	508.6	762.9	4.823	300.2	600.3	900.4
4.788	255.5	510.9	766.4	4.824	301.5	603.1	904.6
4.789	256.7	513.3	769.9	4.825	302.9	605.9	908.8
4.790	257.8	515.7	773.5	4.826	304.3	608.6	913.0
4.791	259.0	518.0	777.1	4.827	505.7	611.5	917.2
4.792	260.2	520.4	780.6	4.828	307.1	614.3	921.4
4.793	261.4	522.8	784.2	4.829	308.6	617.1	925.7
4.794	262.6	525.3	787.9	4.830	310.0	620.0	929.9
4.795	263.8	527.7	791.5	4.831	311.4	622.8	934.2

Log. arc.	Sinus.	Tang.	Séc.	Log. arc.	Sinus.	Tang.	Séc.
4.832	312.9	625.7	938.5	4.868	369.3	738.5	1107.8
4.833	314.3	628.6	942.9	4.869	371.0	741.9	1112.9
4.834	315.7	631.5	947.2	4.870	372.7	745.4	1118.0
4.835	317.2	634.4	951.6	4.871	374.4	748.8	1123.2
4.836	318.7	637.3	956.0	4.872	376.1	752.2	1128.4
4.837	320.1	640.3	960.4	4.873	377.9	755.7	1133.6
4.838	321.6	643.2	964.8	4.874	379.6	759.2	1138.8
4.839	323.1	646.2	969.3	4.875	381.4	762.7	1144.1
4.840	324.6	649.2	973.7	4.876	383.1	766.2	1149.3
4.841	326.1	652.2	978.3	4.877	384.9	769.8	1154.7
4.842	327.6	655.2	982.8	4.878	386.7	773.3	1160.0
4.843	329.1	658.2	987.3	4.879	388.5	776.9	1165.3
4.844	330.6	661.3	991.9	4.880	390.2	780.5	1170.7
4.845	332.2	664.3	996.5	4.881	392.0	784.1	1176.1
4.846	333.7	667.4	1001.1	4.882	393.9	787.7	1181.6
4.847	335.2	670.4	1006.7	4.883	395.7	791.3	1187.0
4.848	336.8	673.5	1010.3	4.884	397.5	795.0	1192.5
4.849	338.3	676.6	1015.0	4.885	399.3	798.7	1198.0
4.850	339.9	679.8	1019.7	4.886	401.2	802.4	1203.5
4.851	341.5	682.9	1024.4	4.887	403.0	806.1	1209.1
4.852	343.0	686.1	1029.1	4.888	404.9	809.8	1214.7
4.853	344.6	689.2	1033.8	4.889	406.8	813.5	1220.3
4.954	346.2	692.4	1038.6	4.890	408.6	817.3	1225.9
4.855	347.8	695.6	1043.4	4.891	410.5	821.0	1231.5
4.856	349.4	698.8	1048.2	4.891	412.4	824.8	1237.2
4.857	351.0	702.0	1053.0	4.893	414.3	828.6	1242.9
4.858	352.6	705.3	1057.9	4.894	416.2	832.5	1248.7
4.859	354.3	708.5	1062.8	4.895	418.2	836.3	1254.5
4.860	355.9	711.8	1067.7	4.896	420.1	840.2	1260.2
4.861	357.6	715.1	1072.6	4.807	422.0	844.0	1266.1
4.862	359.2	718.3	1077.6	4.898	424.0	847.9	1271.9
4.863	360.9	721.7	1082.6	4.899	426.9	851.9	1277.8
4.864	362.5	725.0	1087.6	4.900	427.9	855.8	1283.7
4.865	364.2	728.4	1092.6	4.901	429.8	859.7	1289.6
4.866	365.9	731.8	1097.6	4.902	431.9	863.7	1295.6
4.867	367.6	735.1	1102.7	4.903	433.9	867.7	1301.5

3.   29

Log. arc	Sinus.	Tang.	Séc.	Log. arc.	Sinus.	Tang.	Séc.
4.904	435.9	871.7	1307.5	4.940	514.4	1028.9	1543.3
4.905	437.9	875.7	1313.6	4.941	516.8	1033.6	1550.4
4.906	439.9	879.8	1319.6	4.942	519.2	1038.4	1557.6
4.907	441.9	883.8	1325.7	4.943	521.6	1044.2	1564.8
4.908	444.0	887.9	1331.8	4.944	524.0	1048.0	1572.0
4.909	446.0	892.0	1338.0	4.945	526.4	1052.8	1579.3
4.910	448.1	896.1	1344.2	4.946	528.9	1057.7	1586.6
4.911	450.1	900.3	1350.4	4.947	531.3	1062.6	1593.9
4.912	452.2	904.4	1356.6	4.948	533.8	1067.5	1601.2
4.913	454.3	908.6	1362.9	4.949	536.2	1072.4	1608.6
4.914	456.4	912.8	1369.2	4.950	538.7	1077.4	1616.1
4.915	458.5	917.0	1375.5	4.951	541.2	1082.3	1623.5
4.916	460.6	921.2	1381.8	4.952	543.7	1087.3	1631.0
4.917	462.7	925.5	1388.2	4.953	546.2	1092.4	1638.5
4.918	464.9	929.7	1394.6	4.954	548.7	1097.4	1646.1
4.919	467.0	934.0	1401.9	4.955	551.2	1102.5	1653.7
4.920	469.2	938.4	1407.5	4.956	553.8	1107.6	1661.3
4.921	471.3	942.7	1414.0	4.957	556.3	1112.7	1669.0
4.922	473.5	947.0	1420.5	4.958	558.9	1117.8	1676.7
4.923	475.7	951.4	1427.1	4.959	561.5	1123.0	1684.4
4.924	477.9	955.8	1433.7	4.960	564.1	1128.1	1692.2
4.925	480.1	960.2	1440.4	4.961	566.7	1133.4	1700.0
4.926	482.3	964.6	1446.9	4.962	569.3	1138.6	1707.9
4.927	484.6	969.1	1453.6	4.963	571.9	1143.8	1715.7
4.928	486.8	973.6	1460.4	4.964	574.6	1149.1	1723.7
4.929	489.0	978.0	1467.1	4.965	577.2	1154.4	1731.6
4.930	491.3	982.6	1473.9	4.966	579.9	1159.8	1739.6
4.931	493.6	987.1	1480.7	4.967	582.6	1165.1	1747.7
4.932	495.8	991.7	1487.5	4.968	585.2	1170.5	1755.7
4.933	498.1	996.2	1494.4	4.969	587.9	1175.9	1763.8
4.934	500.4	1000.8	1501.2	4.970	590.7	1181.3	1772.0
4.935	502.7	1005.5	1508.2	4.971	593.4	1186.7	1780.1
4.936	505.1	1010.1	1515.1	4.972	596.1	1192.2	1788.4
4.937	507.4	1014.8	1522.1	4.973	598.9	1197.7	1796.6
4.938	509.7	1019.4	1529.2	4.974	601.7	1203.1	1804.9
4.939	512.1	1024.2	1536.2	4.975	604.4	1208.8	1813.2

Log. Arc.	Sinus.	Tang.	Séc.	Log. Arc.	Sinus.	Tang.	Séc.
4.976	607.2	1214.4	1821.6	4.988	641.7	1283.4	1925.1
4.977	610.0	1220.0	1830.0	4.989	644.7	1289.3	1934.0
4.978	612.8	1225.6	1838.5	4.990	647.6	1295.3	1942.9
4.979	615.7	1231.3	1847.0	4.991	650.6	1301.3	1951.9
4.980	618.5	1237.0	1855.5	4.992	653.6	1307.3	1960.9
4.981	621.4	1242.7	1864.0	4.993	656.7	1313.3	1970.0
4.982	624.2	1248.4	1872.6	4.994	659.7	1319.4	1979.1
4.983	627.1	1254.2	1881.3	4.995	662.7	1325.5	1988.2
4.984	630.0	1260.0	1890.0	4.996	665.8	1331.6	1997.4
4.985	632.9	1265.8	1898.7	4.997	668.9	1337.7	2006.6
4.986	635.8	1271.6	1907.4	4.998	672.0	1343.9	2015.8
4.987	638.8	1277.5	1916.3	4.999	675.1	1350.1	2025.1
				5.000	678.2	1356.3	2034.5

EXEMPLE. Soit donné *log. sin. A* 4.9945876
Pour 4994 ajoutez 659.7
Pour 5 . . . . 1.15
876 ou 9 . , ... 27

log. arc A 4.994653747
Pour 4.994 . . . . 1319.4
Pour 6 . . . . 3.66
Pour 5 305
Pour 37 ou 4 124

log. tang. A 4.9947860.8
Pour passer directement du logarithme sinus au logarithme tangente, ajoutez le nombre sécante.
log. sin. A 4.9945876
Pour 4.994 . . . . 1979.1
Pour 5 . . . . 4.55
Pour 8 278
Pour 8 73

log tang. A 4.9947860.5
Log. séc. A 0.0001984.5

Comme ci-dessus, du moins la différence peut se négliger. On peut donc, indifféremment, prendre pour argument de la table le logarithme de l'arc ou celui du sinus ; mais toujours la colonne sinus donnera l'excès du logarithme de l'arc sur celui du sinus : la colonne sécante donnera l'excès de la tangente sur le sinus et celui de la sécante sur le rayon. La colonne tangente a pour seul argument le logarithme de l'arc.

TABLE II. *Pour convertir les toises en mètres.*

Toises.	MÈTRES.	Toises.	MÈTRES.	Toises.	MÈTRES.
	Mètres.	35	68·21628·06924·55	70	136·43256·13849·10
1	1·94903·65912·13	36	70·16531·72836·68	71	138·38159·79761·23
2	3·89807·31824·26	37	72·11435·38748·81	72	140·33063·45673·36
3	5·84710·97736·39	38	74·06339·04660·94	73	142·27967·11585·49
4	7·79614·63648·52	39	76·01242·70573·07	74	144·22870·77497·62
5	9·74518·29560·65	40	77·96146·36485·20	75	146·17774·43409·75
6	11·69421·95472·78	41	79·91050·02397·33	76	148·12678·09321·88
7	13·64325·61384·91	42	81·85953·68309·46	77	150·07581·75234·01
8	15·59229·27297·04	43	83·80857·34221·59	78	152·02485·41146·14
9	17·54132·93209·17	44	85·75761·00133·72	79	153·97389·07058·27
10	19·49036·59121·30	45	87·70664·66045·85	80	155·92292·72970·40
11	21·43940·25033·43	46	89·65568·31957·98	81	157·87196·38882·53
12	23·38843·90945·56	47	91·60471·97870·11	82	159·82100·04794·66
13	25·33747·56857·69	48	93·55375·63782·24	83	161·77003·70706·79
14	27·28651·22769·82	49	95·50279·29694·37	84	163·71907·36618·92
15	29·23554·88681·95	50	97·45182·95606·50	85	165·66811·02531·05
16	31·18458·54594·08	51	99·40086·61518·63	86	167·61714·68443·18
17	33·13362·20506·21	52	101·34990·27430·76	87	169·56618·34355·31
18	35·08265·86418·34	53	103·29893·93342·89	88	171·51522·00267·44
19	37·03169·52330·47	54	105·24797·59255·02	89	173·46425·66179·57
20	38·98073·18242·60	55	107·19701·25167·15	90	175·41329·32091·70
21	40·92976·84154·73	56	109·14604·91079·28	91	177·36232·98003·83
22	42·87880·50066·86	57	111·09508·56991·41	92	179·31136·63915·96
23	44·82784·15978·99	58	113·04412·22903·54	93	181·26040·29828·09
24	46·77687·81891·12	59	114·99315·88815·67	94	183·20943·95740·22
25	48·72591·47803·25	60	116·94219·54727·80	95	185·15847·61652·35
26	50·67495·13715·38	61	118·89123·20639·93	96	187·10751·27564·48
27	52·62398·79627·51	62	120·84026·86552·06	97	189·05654·93476·61
28	54·57302·45539·64	63	122·78930·52464·19	98	191·00558·59388·74
29	56·52206·11451·77	64	124·73834·18376·32	99	192·95462·25300·87
30	58·47109·77363·90	65	126·68737·84288·45	100	194·90365·91213·00
31	60·42013·43276·03	66	128·63641·50200·58	101	196·85269·57
32	62·36917·09188·16	67	130·58545·16112·71	102	198·80173·23
33	64·31820·75100·29	68	132·53448·82024·84	103	200·75076·89
34	66·26724·41012·42	69	134·48352·47936·97	104	202·69980·55
35	68·21628·06924·55	70	136·43256·13849·10	105	204·64884·21

Tois.	Mètres.	Tois.	Mètres.	Toises.	Mètres.
105	204.64884.21	145	282.61030.58	185	360.57176.94
106	206.59787.87	146	284.55934.24	186	362.52080.60
107	208.54691.53	147	286.50837.90	187	364.46984.26
108	210.49595.19	148	288.45741.56	188	366.41887.92
109	212.44498.85	149	290.40645.22	189	368.36791.58
110	214.39402.50	150	292.35548.87	190	370.31695.23
111	216.34306.16	151	294.30452.53	191	372.26598.89
112	218.29209.82	152	296.25356.19	192	374.21502.55
113	220.24113.48	153	298.20259.85	193	376.16406.21
114	222.19017.14	154	300.15163.51	194	378.11309.87
115	224.13920.80	155	302.10067.17	195	380.06213.53
116	226.08824.46	156	304.04970.83	196	382.01117.19
117	228.03728.12	157	305.94874.49	197	383.96020.85
118	229.98631.78	158	307.94778.15	198	385.90924.51
119	231.93535.44	159	309.89681.81	199	387.85828.17
120	233.88439.10	160	311.84585.46	200	389.80731.82
121	235.83342.75	161	313.79489.12	201	391.75635.48
122	237.78246.41	162	315.74392.78	202	393.70539.14
123	239.73150.07	163	317.69296.44	203	395.65442.80
124	241.68053.73	164	319.64200.10	204	397.60346.46
125	243.62957.39	165	321.59103.76	205	399.55250.12
126	245.57861.05	166	323.54007.42	206	401.50153.78
127	247.52764.71	167	325.48911.08	207	403.45057.44
128	249.47668.37	168	327.43814.74	208	405.39961.10
129	251.42572.03	169	329.38718.40	209	407.34864.76
130	253.37475.69	170	331.33622.05	210	409.29768.41
131	255.32379.35	171	333.28525.71	211	411.24672.07
132	257.27283.01	172	335.23429.37	212	413.19575.73
133	259.22186.67	173	337.18333.03	213	415.14479.39
134	261.17090.33	174	339.13236.69	214	417.09383.05
135	263.11993.99	175	341.08140.35	215	419.04286.71
136	265.06897.64	176	343.03044.01	216	420.99190.37
137	267.01801.30	177	344.97947.67	217	422.94094.03
138	268.96704.96	178	346.92851.33	218	424.88997.69
139	270.91608.62	179	348.87754.99	219	426.83901.35
140	272.86512.28	180	350.82658.64	220	428.78805.01
141	274.81415.94	181	352.77562.30	221	430.73708.67
142	276.76319.60	182	354.72465.96	222	432.68612.33
143	278.71223.26	183	356.67369.62	223	434.63515.99
144	280.66126.92	184	358.62273.28	224	436.58419.65
145	282.61030.58	185	360.57176.94	225	438.53323.31

TOISES.	MÈTRES.	TOIS.	MÈTRES.	TOIS.	MÈTRES.
225	438.53323.31	265	516.49469.67	305	594.45616.04
226	440.48226.97	266	518.44373.33	306	596.40519.70
227	442.43130.63	267	520.39276.99	307	598.35423.36
228	444.38034.29	268	522.34180.65	308	600.30327.02
229	446.32937.94	269	524.29084.30	309	602.25230.68
230	448.27841.60	270	526.23987.96	310	604.20134.33
231	450.22745.26	271	528.18891.62	311	606.15037.99
232	452.17648.92	272	530.13795.28	312	608.09941.65
233	454.12552.58	273	532.08698.94	313	610.04845.31
234	456.07456.24	274	534.03602.60	314	611.99748.97
235	458.02359.90	275	535.98506.26	315	613.94652.63
236	459.97263.56	276	537.93409.92	316	615.89556.29
237	461.92167.22	277	539.88313.58	317	617.84459.95
238	463.87070.88	278	541.83217.24	318	619.79363.61
239	465.81974.53	279	543.78120.89	319	621.74267.26
240	467.76878.19	280	545.73024.55	320	623.69170.92
241	469.71781.85	281	547.67928.21	321	625.64074.58
242	471.66685.51	282	549.62831.87	322	627.58978.24
243	473.61589.17	283	551.57735.53	323	629.53881.90
244	475.56492.83	284	553.52639.19	324	631.48785.56
245	477.51396.49	285	555.47542.85	325	633.43689.22
246	479.46300.15	286	557.42446.51	326	635.38592.88
247	481.41203.81	287	559.37350.17	327	637.33496.54
248	483.36107.47	288	561.32253.83	328	639.28400.20
249	485.31011.12	289	563.27157.48	329	641.23303.86
250	487.25914.78	290	565.22061.14	330	643.18207.51
251	489.20818.44	291	567.16964.80	331	645.13111.17
252	491.15722.10	292	569.11868.46	332	647.08014.83
253	493.10625.76	293	571.06772.12	333	649.02918.49
254	495.05529.42	294	573.01675.78	334	650.97822.15
255	497.00433.08	295	574.96579.44	335	652.92725.81
256	498.95336.74	296	576.91483.10	336	654.87629.47
257	500.90240.40	297	578.86386.76	337	656.83533.13
258	502.85144.06	298	580.81290.42	338	658.77436.79
259	504.80047.72	299	582.76194.08	339	660.72340.44
260	506.74951.37	300	584.71097.74	340	662.67244.10
261	508.69855.03	301	586.66001.40	341	664.62147.76
262	510.64758.69	302	588.60905.06	342	666.57051.42
263	512.59662.35	303	590.55808.72	343	668.51955.08
264	514.54566.01	304	592.50712.38	344	670.46858.74
265	516.49469.67	305	594.45616.04	345	672.41762.40

Toises.	Mètres.	Tois·	Mètres.	Tois·	Mètres.
345	672.41762.40	385	750.37908.76	425	828.34055.13
346	674.36666.06	386	752.32812.42	426	830.28958.79
347	676.31569.72	387	754.27716.08	427	832.23862.45
348	678.26473.38	388	756.22619.74	428	834.18766.11
349	680.21377.03	389	758.17523.40	429	836.13669.76
350	682.16280.69	390	760.12427.07	430	838.08573.42
351	684.11184.35	391	762.07330.73	431	840.03477.08
352	686.06088.01	392	764.02254.39	432	841.98380.74
353	638.00991.67	393	765.97138.05	433	843.93284.40
354	689.95895.33	394	767.92041.71	434	845.88188.06
355	691.90798.99	395	769.86945.37	435	847.83091.72
356	693.85702.65	396	771.81849.03	436	849.77995.38
357	695.80606.31	397	773.76752.69	437	851.72899.04
358	697.75509.97	398	775.71656.34	438	853.67802.70
359	699.70413.63	399	777.66559.99	439	855.62706.36
360	701.65317.28	400	779.61463.65	440	857.57610.01
361	703.60220.94	401	781.56367.31	441	859.52513.67
362	705.55124.60	402	783.51270.97	442	861.47417.33
363	707.50028.26	403	785.46174.63	443	863.42320.99
364	709.44931.92	404	787.41078.29	444	865.37224.65
365	711.39835.58	405	789.35981.95	445	867.32128.31
366	713.34739.24	406	791.30885.61	446	869.27031.97
367	715.29642.90	407	793.25789.27	447	871.21935.63
368	717.24546.56	408	795.20692.93	448	873.16839.29
369	719.19450.22	409	797.15596.59	449	875.11742.94
370	721.14353.87	410	799.10500.24	450	877.06646.60
371	723.09257.53	411	801.05403.90	451	879.01550.26
372	725.04161.19	412	803.00307.56	452	880.96453.92
373	726.99064.85	413	804.95211.22	453	882.91357.58
374	728.93968.51	414	806.90114.88	454	884.86261.24
375	730.88872.17	415	808.85018.54	455	886.81164.90
376	732.83775.83	416	810.79922.20	456	888.76068.56
377	734.78679.49	417	812.74825.86	457	890.70972.22
378	736.73583.15	418	814.69729.52	458	892.65875.88
379	738.68486.80	419	816.64633.18	459	894.60779.54
380	740.63390.46	420	818.59536.83	460	896.55683.19
381	742.58294.12	421	820.54440.49	461	898.50586.85
382	744.53197.78	422	822.49344.15	462	900.45490.51
383	746.48101.44	423	824.44247.81	463	902.40394.17
384	748.43005.10	424	826.39151.47	464	904.35297.83
385	750.37908.76	425	828.34055.13	465	906.30201.49

TOISES.	MÈTRES.	TOIS.	MÈTRES.	TOIS.	MÈTRES.
465	906.30201.49	505	984.26347.86	545	1062.22494.23
466	908.25105.15	506	986.21251.52	546	1064.17397.89
467	910.20008.81	507	988.16155.18	547	1066.12301.55
468	912.14912.47	508	990.11058.84	548	1068.07205.21
469	914.09816.13	509	992.05962.50	549	1070.02108.86
470	916.04719.79	510	994.00866.15	550	1071.97012.52
471	917.99623.45	511	995.95769.81	551	1073.91916.18
472	919.94527.11	512	997.90673.47	552	1075.86819.84
473	921.89430.77	513	999.85577.13	553	1077.81723.50
474	923.84334.43	514	1001.80480.79	554	1079.76627.16
475	925.79238.09	515	1003.75384.45	555	1081.71530.82
476	927.74141.75	516	1005.70288.11	556	1083.66434.48
477	929.69045.41	517	1007.65191.77	557	1085.61338.14
478	931.63949.07	518	1009.60095.43	558	1087.56241.80
479	933.58852.73	519	1011.54999.09	559	1089.51145.46
480	935.53756.38	520	1013.49902.74	560	1091.46049.12
481	937.48660.04	521	1015.44806.40	561	1093.40952.78
482	939.43563.70	522	1017.39710.06	562	1095.35856.44
483	941.38467.36	523	1019.34613.72	563	1097.30760.10
484	943.33371.02	524	1021.29517.38	564	1099.25663.76
485	945.28274.68	525	1023.24421.04	565	1101.20567.42
486	947.23178.34	526	1025.19324.70	566	1103.15471.08
487	949.18082.00	527	1027.14228.36	567	1105.10374.74
488	951.12985.66	528	1029.09132.02	568	1107.05278.40
489	953.07889.32	529	1031.04035.68	569	1109.00182.05
490	955.02792.98	530	1032.98939.33	570	1110.95085.70
491	956.97696.64	531	1034.93842.99	571	1112.89989.36
492	958.92600.30	532	1036.88746.65	572	1114.84893.02
493	960.87503.96	533	1038.83650.31	573	1116.79796.68
494	962.82407.62	534	1040.78553.97	574	1118.74700.34
495	964.77311.28	535	1042.73457.63	575	1120.69604.00
496	966.72214.94	536	1044.68361.29	576	1122.64507.66
497	968.67118.60	537	1046.63264.95	577	1124.59411.32
498	970.62022.26	538	1048.58168.61	578	1126.54314.98
499	972.56925.91	539	1050.53072.27	579	1128.49218.64
500	974.51829.56	540	1052.47975.93	580	1130.44122.29
501	976.46733.22	541	1054.42879.59	581	1132.39025.95
502	978.41636.88	542	1056.37783.25	582	1134.33929.61
503	980.36540.54	543	1058.32686.91	583	1136.28833.27
504	982.31444.20	544	1060.27590.57	584	1138.23736.93
505	984.26347.86	545	1062.22494.23	585	1140.18640.59

TOISES.	MÈTRES.	TOIS·	MÈTRES.	TOIS·	MÈTRES.
585	1140·18640·59	625	1218·14786·96	665	1296·10933·32
586	1142·13544·25	626	1220·09690·62	666	1298·05836·98
587	1144·08447·91	627	1222·04594·28	667	1300·00740·64
588	1146·03351·57	628	1223·99497·94	668	1301·95644·30
589	1147·98255·22	629	1225·94401·60	669	1303·90547·96
590	1149·93158·88	630	1227·89305·25	670	1305·85451·61
591	1151·88062·54	631	1229·84208·91	671	1307·80355·27
592	1153·82966·20	632	1231·79112·56	672	1309·75258·93
593	1155·77869·86	633	1233·74016·22	673	1311·70162·59
594	1157·72773·52	634	1235·68919·88	674	1313·65066·25
595	1159·67677·18	635	1237·63823·54	675	1315·59969·91
596	1161·62580·84	636	1239·58727·20	676	1317·54873·57
597	1163·57484·50	637	1241·53630·86	677	1319·49777·23
598	1165·52388·16	638	1243·48534·52	678	1321·44680·89
599	1167·47291·82	639	1245·43438·18	679	1323·39584·55
600	1169·42195·47	640	1247·38341·83	680	1325·34488·20
601	1171·37099·13	641	1249·33245·49	681	1327·29391·86
602	1173·32002·79	642	1251·28149·15	682	1329·24295·52
603	1175·26906·45	643	1253·23052·81	683	1331·19199·18
604	1177·21810·11	644	1255·17956·47	684	1333·14102·84
605	1179·16713·77	645	1257·12860·13	685	1335·09006·50
606	1181·11617·43	646	1259·07763·79	686	1337·03910·16
607	1183·06521·09	647	1261·02667·45	687	1338·98813·82
608	1185·01424·75	648	1262·97571·11	688	1340·93717·48
609	1186·96328·41	649	1264·92474·77	689	1342·88621·14
610	1188·91232·07	650	1266·87378·43	690	1344·83524·79
611	1190·86135·72	651	1268·82282·09	691	1346·78428·45
611	1192·81039·38	652	1270·77185·75	692	1348·73332·11
613	1194·75943·04	653	1272·72089·41	693	1350·68235·77
614	1196·70846·70	654	1274·66993·07	694	1352·63139·43
615	1198·65750·36	655	1276·61896·73	695	1354·58043·09
616	1200·60654·02	656	1278·56800·39	696	1356·52946·75
617	1202·55557·68	657	1280·51704·05	697	1358·47850·41
618	1204·50461·34	658	1282·46607·71	698	1360·42754·07
619	1206·45365·00	659	1284·41511·37	699	1362·37657·72
620	1208·40268·66	660	1286·36415·02	700	1364·32561·38
621	1210·35172·32	661	1288·31318·68	701	1366·27465·04
622	1212·30075·98	662	1290·26222·34	702	1368·22368·70
623	1214·24979·64	663	1292·21126·00	703	1370·17272·36
624	1216·19883·30	664	1294·16029·66	704	1372·12176·02
625	1218·14786·96	665	1296·10933·32	705	1374·07079·68

Toises.	Mètres.	Tois.	Mètres.	Tois.	Mètres.
705	1374·07079·68	745	1452·03226·05	785	1529·99372·41
706	1376·01983·34	746	1453·98129·71	786	1531·94276·07
707	1377·96887·00	747	1455·93033·37	787	1533·89179·73
708	1379·91790·66	748	1457·87937·03	788	1535·84083·39
709	1381·86694·32	749	1459·82840·69	789	1537·78987·05
710	1383·81597·98	750	1461·77744·35	790	1539·73890·70
711	1385·76501·64	751	1463·72648·01	791	1541·68794·36
712	1387·71405·30	752	1465·67551·67	792	1543·63698·02
713	1389·66308·95	753	1467·62455·33	793	1545·58601·68
714	1391·61212·61	754	1469·57358·99	794	1547·53505·34
715	1393·56116·27	755	1471·52262·65	795	1549·48409·00
716	1395·51019·93	756	1473·47166·30	796	1551·43312·66
717	1397·45923·59	757	1475·42069·96	797	1553·38216·32
718	1399·40827·25	758	1477·36973·62	798	1555·33119·98
719	1401·35730·91	759	1479·31877·28	799	1557·28023·64
720	1403·30634·56	760	1481·26780·93	800	1559·22927·29
721	1405·25538·22	761	1483·21684·59	801	1561·17830·95
722	1407·20441·88	762	1485·16588·25	802	1563·12734·6
723	1409·15345·54	763	1487·11491·91	803	1565·07638·27
724	1411·10249·20	764	1489·06395·57	804	1567·02541·93
725	1413·05152·86	765	1491·01299·23	805	1568·97445·5
726	1415·00056·52	766	1492·96202·89	806	1570·92349·25
727	1416·94960·18	767	1494·91106·55	807	1572·87252·91
728	1418·89863·84	768	1496·86010·21	808	1574·82156·57
729	1420·84767·50	769	1498·80913·86	809	1576·77060·23
730	1422·79671·15	770	1500·75817·52	810	1578·71963·88
731	1424·74574·81	771	1502·70721·18	811	1580·66867·54
732	1426·69478·47	772	1504·65624·84	812	1582·61771·20
733	1428·64382·13	773	1506·60528·50	813	1584·56674·86
734	1430·59285·79	774	1508·55432·16	814	1586·51578·52
735	1432·54189·45	775	1510·50335·82	815	1588·46482·18
736	1434·49093·11	776	1512·45239·48	816	1590·41385·84
737	1436·43996·77	777	1514·40143·14	817	1592·36289·50
738	1438·38900·43	778	1516·35046·80	818	1594·31193·16
739	1440·33804·09	779	1518·29950·46	819	1596·26096·82
740	1442·28707·75	780	1520·24854·11	820	1598·21000·48
741	1444·23611·41	781	1522·19757·77	821	1600·15904·14
742	1446·18515·07	782	1524·14661·43	822	1602·10807·80
743	1448·13418·73	783	1526·09565·09	823	1604·05711·46
744	1450·08322·39	784	1528·04468·75	824	1606·00615·12
745	1452·03226·05	785	1529·99372·41	825	1607·95518·78

Toises.	Mètres.	Tois.	Mètres.	Tois.	Mètres.
825	1607.95518.78	865	1685.91665.14	905	1763.87811.51
826	1609.90422.44	866	1687.86568.80	906	1765.82715.17
827	1611.85326.10	867	1689.81472.46	907	1767.77618.83
828	1613.80229.76	868	1691.76376.12	908	1769.72522.49
829	1615.75133.42	869	1693.71279.78	909	1771.67426.15
830	1617.70037.08	870	1695.66183.43	910	1773.62329.80
831	1619.64940.74	871	1697.61087.09	911	1775.57233.46
832	1621.59844.40	872	1699.55990.75	912	1777.52137.12
833	1623.54748.05	873	1701.50894.41	913	1779.47040.78
834	1625.49651.71	874	1703.45798.07	914	1781.41944.44
835	1627.44555.37	875	1705.40701.73	915	1783.36848.10
836	1629.39459.03	876	1707.35605.39	916	1785.31751.76
837	1631.34362.69	877	1709.30509.05	917	1787.26655.42
838	1633.29266.35	878	1711.25412.71	918	1789.21559.08
839	1635.24170.01	879	1713.20316.37	919	1791.16462.74
840	1637.19073.66	880	1715.15220.03	920	1793.11366.39
841	1639.13977.32	881	1717.10123.69	921	1795.06270.05
842	1641.08880.98	882	1719.05027.35	922	1797.01173.71
843	1643.03784.64	883	1720.99931.01	923	1798.96077.37
844	1644.98688.30	884	1722.94834.66	924	1800.90981.03
845	1646.93591.96	885	1724.89738.32	925	1802.85884.69
846	1648.88495.62	886	1726.84641.98	926	1804.80788.35
847	1650.83399.28	887	1728.79545.64	927	1806.75692.01
848	1652.78302.94	888	1730.74449.30	928	1808.70595.67
849	1654.73206.60	889	1732.69352.96	929	1810.65499.33
850	1656.68110.25	890	1734.64256.62	930	1812.60402.98
851	1658.63013.91	891	1736.59160.28	931	1814.55306.64
852	1660.57917.57	892	1738.54063.94	932	1816.50210.30
853	1662.52821.23	893	1740.48967.60	933	1818.45113.96
854	1664.47724.89	894	1742.43871.26	934	1820.40017.62
855	1666.42628.55	895	1744.38774.92	935	1822.34921.28
856	1668.37532.21	896	1746.33678.58	936	1824.29824.94
857	1670.32435.87	897	1748.28582.24	937	1826.24728.60
858	1672.27339.53	898	1750.23485.90	938	1828.19632.26
859	1674.22243.19	899	1752.18389.56	939	1830.14535.92
860	1676.17146.84	900	1754.13293.21	940	1832.09439.57
861	1678.12050.50	901	1756.08196.87	941	1834.04343.23
862	1680.06954.16	902	1758.03100.53	942	1835.99246.89
863	1682.01857.82	903	1759.98004.19	943	1837.94150.55
864	1683.96761.48	904	1761.92907.85	944	1839.89054.21
865	1685.91665.14	905	1763.87811.51	945	1841.83957.86

Toises.	Mètres.	Tois.	Mètres.	Tois.	Mètres.
945	1841·83957·86	965	1880·82031·06	985	1919·80104·24
946	1843·78861·52	966	1882·76934·72	986	1921·75007·90
947	1845·73765·18	967	1884·71838·38	987	1923·69911·56
948	1847·68668·84	968	1886·66742·04	988	1925·64815·22
949	1849·63572·50	969	1888·61645·70	989	1927·59718·87
950	1851·58476·16	970	1890·56549·35	990	1929·54622·53
951	1853·53379·82	971	1892·51453·01	991	1931·49526·19
952	1855·48283·48	972	1894·46356·67	992	1933·44429·85
953	1857·43187·14	973	1896·41260·33	993	1935·39333·51
954	1859·38090·80	974	1898·36163·99	994	1937·34237·17
955	1861·32994·46	975	1900·31067·65	995	1939·29140·83
956	1863·27898·12	976	1902·25971·31	996	1941·24044·49
957	1865·22801·78	977	1904·20874·97	997	1943·18948·15
958	1867·17705·44	978	1906·15778·63	998	1945·13851·81
959	1869·12609·10	979	1908·10682·29	999	1947·08755·47
960	1871·07512·76	980	1910·05585·94	1000	1949·03659·12
961	1873·02416·42	981	1912·00489·60		
962	1874·97320·08	982	1913·95393·26		
963	1876·92223·74	983	1915·90296·92		
964	1878·87127·40	984	1917·85200·58		
965	1880·82031·06	985	1919·80104·24		

On ne peut compter sur la dernière décimale de la table II, c'est-à-dire sur les dix millionièmes de mètres; mais les millionièmes sont plus que suffisans.

Dans la table III, au contraire, tous les nombres sont exacts, en supposant le rapport adopté entre le mètre et la toise.

TABLE III. 237

TABLE III. *Pour convertir les mètres en toises.*

MÈTRES.	TOISES.	MÈTRES	TOISES.	MÈTRES.	TOISES.
	Toises.	35	17.957590	70	35.915180
1	0.513074	36	18.470664	71	36.428254
2	1.026148	37	18.983738	72	36.941328
3	1.539222	38	19.496812	73	37.454402
4	2.052296	39	20.009886	74	37.967476
5	2.565370	40	20.522960	75	38.480550
6	3.078444	41	21.036034	76	38.993624
7	3.591518	42	21.549108	77	39.506698
8	4.104592	43	22.062182	78	40.019772
9	4.617666	44	22.575256	79	40.532846
10	5.130740	45	23.088330	80	41.045920
11	5.643814	46	23.601404	81	41.558994
12	6.156888	47	24.114478	82	42.072068
13	6.669962	48	24.627552	83	42.585142
14	7.183036	49	25.140626	84	43.098216
15	7.696110	50	25.653700	85	43.611290
16	8.209184	51	26.166774	86	44.124364
17	8.722258	52	26.679848	87	44.637438
18	9.235332	53	27.192922	88	45.150512
19	9.748406	54	27.705996	89	45.663586
20	10.261480	55	28.219070	90	46.176660
21	10.774554	56	28.732144	91	46.689734
22	11.287628	57	29.245218	92	47.202808
23	11.800702	58	29.758292	93	47.715882
24	12.313776	59	30.271366	94	48.228956
25	12.826850	60	30.784440	95	48.742030
26	13.339924	61	31.297514	96	49.255104
27	13.852998	62	31.810588	97	49.768178
28	14.366072	63	32.323662	98	50.281252
29	14.879146	64	32.836736	99	50.794326
30	15.392220	65	33.349810	100	51.307400
31	15.905294	66	33.862884	101	51.820474
32	16.418368	67	34.375958	102	52.333548
33	16.931442	68	34.889032	103	52.846622
34	17.444516	69	35.402106	104	53.359696
35	17.957590	70	35.915180	105	53.872770

MÈTRES.	TOISES.	MÈTRES.	TOISES.	MÈTRES.	TOISES.
105	53.872770	145	74.395730	185	94.918690
106	54.385844	146	74.908804	186	95.431764
107	54.898918	147	75.421878	187	95.944838
108	55.411992	148	75.934952	188	96.457912
109	55.925066	149	76.448026	189	96.970986
110	56.438140	150	76.961100	190	97.484060
111	56.951214	151	77.474174	191	97.997134
112	57.464288	152	77.987248	192	98.510208
113	57.977362	153	78.500322	193	99.023282
114	58.490436	154	79.013396	194	99.536356
115	59.003510	155	79.526470	195	100.049430
116	59.516584	156	80.039544	196	100.562504
117	60.029658	157	80.552618	197	101.075578
118	60.542732	158	81.065692	198	101.588652
119	61.055806	159	81.578766	199	102.101726
120	61.568880	160	82.091840	200	102.614800
121	62.081954	161	82.604914	201	103.127874
122	62.595028	162	83.117988	202	103.640948
123	63.108102	163	83.631062	203	104.154022
124	63.621176	164	84.144136	204	104.667096
125	64.134250	165	84.657210	205	105.180170
126	64.647324	166	85.170284	206	105.693244
127	65.160398	167	85.683358	207	106.206318
128	65.673472	168	86.196432	208	106.719392
129	66.186546	169	86.709506	209	107.232466
130	66.699620	170	87.222580	210	107.745540
131	67.212694	171	87.735654	211	108.258614
132	67.725768	172	88.248728	212	108.771688
133	68.238842	173	88.761802	213	109.284762
134	68.751916	174	89.274876	214	109.797836
135	69.264990	175	89.787950	215	110.310910
136	69.778064	176	90.301024	216	110.823984
137	70.291138	177	90.814098	217	111.337058
138	70.804212	178	91.327172	218	111.850132
139	71.317286	179	91.840246	219	112.363206
140	71.830360	180	92.353320	220	112.876280
141	72.343434	181	92.866394	221	113.389354
142	72.856508	182	93.379468	222	113.902428
143	73.369582	183	93.892542	223	114.415502
144	73.882656	184	94.405616	224	114.928576
145	74.395730	185	94.918690	225	115.441650

Mètres.	Toises.	Mètres.	Toises.	Mètres.	Toises.
225	115·441650	265	135·964610	305	156·487570
226	115·954724	266	136·477684	306	157·000644
227	116·467798	267	136·990758	307	157·513718
228	116·980872	268	137·503832	308	158·026792
229	117·493946	269	138·016906	309	158·539866
230	118·007020	270	138·529980	310	159·052940
231	118·520094	271	139·043054	311	159·566014
232	119·033168	272	139·556128	312	160·079088
233	119·546242	273	140·069202	313	160·592162
234	120·059316	274	140·582276	314	161·105236
235	120·572390	275	141·095350	315	161·618310
236	121·085464	276	141·608424	316	162·131384
237	121·598538	277	142·121498	317	162·644458
238	122·111612	278	142·634572	318	163·157532
239	122·624686	279	143·147646	319	163·670606
240	123·137760	280	143·660720	320	164·183680
241	123·650834	281	144·173794	321	164·696754
242	124·163908	282	144·686868	322	165·209828
243	124·676982	283	145·199942	323	165·722902
244	125·190056	284	145·713016	324	166·235976
245	125·703130	285	146·226090	325	166·749050
246	126.216204	286	146·739164	326	167·262124
247	126·729278	287	147·252238	327	167·775198
248	127·242352	288	147·765312	328	168·288272
249	127·755426	289	148·278386	329	168·801346
250	128·268500	290	148·791460	330	169·314420
251	128·781574	291	149·304534	331	169·827494
252	129·294648	292	149·817608	332	170·340568
253	129·807722	293	150·330682	333	170·853642
254	130·320796	294	150·843756	334	171·366716
255	130·833870	295	151·356830	335	171·879790
256	131·346944	296	151·869904	336	172·392864
257	131·860018	297	152·382978	337	172·905938
258	132·373092	298	152·896052	338	173·419012
259	132·886166	299	153·409126	339	173·932086
260	133·399240	300	153·922200	340	174·445160
261	133·912314	301	154·435274	341	174·958234
262	134·425388	302	154·948348	342	175·471308
263	134·938462	303	155·461422	343	175·984382
264	135·451536	304	155·974496	344	176·497456
265	135·964610	305	156·487570	345	177·010530

Mètres.	Toises.	Mètres.	Toises.	Mètres.	Toises.
345	177.010530	385	197.533490	425	218.056450
346	177.523604	386	198.046564	426	218.569524
347	178.036678	387	198.559638	427	219.082598
348	178.549752	388	199.072712	428	219.595672
349	179.062826	389	199.585786	429	220.118746
350	179.575900	390	200.098860	430	220.621820
351	180.088974	391	200.611934	431	221.134894
352	180.602048	392	201.125008	432	221.647968
353	181.115122	393	201.638082	433	222.161042
354	181.628196	394	202.151156	434	222.674116
355	182.141270	395	202.664230	435	223.187190
356	182.654344	396	203.177304	436	223.700264
357	183.167418	397	203.690378	437	224.213338
358	183.680492	398	204.203452	438	224.726412
359	184.193566	399	204.716526	439	225.239486
360	184.706640	400	205.229600	440	225.752560
361	185.219714	401	205.742674	441	226.265634
362	185.732788	402	206.255748	442	226.778708
363	186.245862	403	206.768822	443	227.291782
364	186.758936	404	207.281896	444	227.804856
365	187.272010	405	207.794970	445	228.317930
366	187.785084	406	208.308044	446	228.831004
367	188.298158	407	208.821118	447	229.344078
368	188.811232	408	209.334192	448	229.857152
369	189.324306	409	209.847266	449	230.370226
370	189.837380	410	210.360340	450	230.883300
371	190.350454	411	210.873414	451	231.396374
372	190.863528	412	211.386488	452	231.909448
373	191.376602	413	211.899562	453	232.422522
374	191.889676	414	212.412636	454	232.935596
375	192.402750	415	212.925710	455	233.448670
376	192.915824	416	213.438784	456	233.961744
377	193.428898	417	213.951858	457	234.474818
378	193.941972	418	214.464932	458	234.987892
379	194.455046	419	214.978006	459	235.500966
380	194.968120	420	215.491080	460	236.014040
381	195.481194	421	216.004154	461	236.527114
382	195.994268	422	216.517228	462	237.040188
383	196.507342	423	217.030302	463	237.553262
384	197.020416	424	217.543376	464	238.066336
385	197.533490	425	218.056450	465	238.579410

MÈTRES.	TOISES.	MÈTRES.	TOISES.	MÈTRES.	TOISES.
465	238.579410	505	259.102370	545	279.625330
466	239.092484	506	259.615444	546	280.138404
467	239.605558	507	260.128518	547	280.651478
468	240.118632	508	260.641592	548	281.164552
469	240.631706	509	261.154666	549	281.677626
470	241.144780	510	261.667740	550	282.190700
471	241.657854	511	262.180814	551	282.703774
472	242.170928	512	262.693888	552	283.216848
473	242.684002	513	263.206962	553	283.729922
474	243.197076	514	263.720036	554	284.242996
475	243.710150	515	264.233110	555	284.756070
476	244.223224	516	264.746184	556	285.269144
477	244.736298	517	265.259258	557	285.782218
478	245.249372	518	265.772332	558	286.295292
479	245.762446	519	266.285406	559	286.808366
480	246.275520	520	266.798480	560	287.321440
481	246.788594	521	267.311554	561	287.834514
482	247.301668	522	267.824628	562	288.347588
483	247.814742	523	268.337702	563	288.860662
484	248.327816	524	268.850776	564	289.373736
485	248.840890	525	269.363850	565	289.886810
486	249.353964	526	269.876924	566	290.399884
487	249.867038	527	270.389998	567	290.912958
488	250.380112	528	270.903072	568	291.426032
489	250.893186	529	271.416146	569	291.939106
490	251.406260	530	271.929220	570	292.452180
491	251.919334	531	272.442294	571	292.965254
492	252.432408	532	272.955368	572	293.478328
493	252.945482	533	273.468442	573	293.991402
494	253.458556	534	273.981516	574	294.504476
495	253.971630	535	274.494590	575	295.017550
496	254.484704	536	275.007664	576	295.530624
497	254.997778	537	275.520738	577	296.043698
498	255.510852	538	276.033812	578	296.556772
499	256.023926	539	276.546886	579	297.069846
500	256.537000	540	277.059960	580	297.582920
501	257.050074	541	277.573034	581	298.095994
502	257.563148	542	278.086108	582	298.609068
503	258.076222	543	278.599182	583	299.122142
504	258.589296	544	279.112256	584	299.635216
505	259.102370	545	279.625330	585	300.148290

Mètres.	Toises.	Mètres.	Toises.	Mètres.	Toises.
585	300.148290	625	320.671250	665	341.194210
586	300.661364	626	321.184324	666	341.707284
587	301.174438	627	321.697398	667	342.220358
588	301.687512	628	322.210472	668	342.733432
589	302.200586	629	322.723546	669	343.246506
590	302.713660	630	323.236620	670	343.759580
591	303.226734	631	323.749694	671	344.272654
592	303.739808	632	324.262768	672	344.785728
593	304.252882	633	324.775842	673	345.298802
594	304.765956	634	325.288916	674	345.811876
595	305.279030	635	325.801990	675	346.324950
596	305.792104	636	326.315064	676	346.838024
597	306.305178	637	326.828138	677	347.351098
598	306.818252	638	327.341212	678	347.864172
599	307.331326	639	327.854286	679	348.377246
600	307.844400	640	328.367360	680	348.890320
601	308.357474	641	328.880434	681	349.403394
602	308.870548	642	329.393508	682	349.916468
603	309.383622	643	329.906582	683	350.429542
604	309.896696	644	330.419656	684	350.942616
605	310.409770	645	330.932730	685	351.455690
606	310.922844	646	331.445804	686	351.968764
607	311.435918	647	331.958878	687	352.481838
608	311.948992	648	332.471952	688	352.994912
609	312.462066	649	332.985026	689	353.507986
610	312.975140	650	333.498100	690	354.021060
611	313.488214	651	334.011174	691	354.534134
612	314.001288	652	334.524248	692	355.047208
613	314.514362	653	335.037322	693	355.560282
614	315.027436	654	335.550396	694	356.073356
615	315.540510	655	336.063470	695	356.586430
616	316.053584	656	336.576544	696	357.099504
617	316.566658	657	337.089618	697	357.612578
618	317.079732	658	337.602692	698	358.125652
619	317.592806	659	338.115766	699	358.638726
620	318.105880	660	338.628840	700	359.151800
621	318.618954	661	339.141914	701	359.664874
622	319.132028	662	339.654988	702	360.177948
623	319.645102	663	340.168062	703	360.691022
624	320.158176	664	340.681136	704	361.204096
625	320.671250	665	341.194210	705	361.717170

MÈTRES.	TOISES.	MÈTRES.	TOISES.	MÈTRES.	TOISES.
705	361.717170	745	382.240130	785	402.763090
706	362.230244	746	382.753204	786	403.276164
707	362.743318	747	383.266278	787	403.789238
708	363.256392	748	383.779352	788	404.302312
709	363.769466	749	384.292426	789	404.815386
710	364.282540	750	384.805500	790	405.328460
711	364.795614	751	385.318574	791	405.841534
712	365.308688	752	385.831648	792	406.354608
713	365.821762	753	386.344722	793	406.867682
714	366.334836	754	386.857796	794	407.380756
715	366.847910	755	387.370870	795	407.893830
716	367.360984	756	387.883944	796	408.406904
717	367.874058	757	388.397018	797	408.919978
718	368.387132	758	388.910092	798	409.433052
719	368.900206	759	389.423166	799	409.946126
720	369.413280	760	389.936240	800	410.459200
721	369.926354	761	390.449314	801	410.972274
722	370.439428	762	390.962388	802	411.485348
723	370.952502	763	391.475462	803	411.998422
724	371.465576	764	391.988536	804	412.511496
725	371.978650	765	392.501610	805	413.024570
726	372.491724	766	393.014684	806	413.537644
727	373.004798	767	393.527758	807	414.050718
728	373.517872	768	394.040832	808	414.563792
729	374.030946	769	394.553906	809	415.076866
730	374.544020	770	395.066980	810	415.589940
731	375.057094	771	395.580054	811	416.103014
732	375.570168	772	396.093128	812	416.616088
733	376.083242	773	396.606202	813	417.129162
734	376.596316	774	397.119276	814	417.642236
735	377.109390	775	397.632350	815	418.155310
736	377.622464	776	398.145424	816	418.668384
737	378.135538	777	398.658498	817	419.181458
738	378.648612	778	399.171572	818	419.694532
739	379.161686	779	399.684646	819	420.207606
740	379.674760	780	400.197720	820	420.720680
741	380.187834	781	400.710794	821	421.233754
742	380.700908	782	401.223868	822	421.746828
743	381.213982	783	401.736942	823	422.259902
744	381.727056	784	402.250016	824	422.772976
745	382.240130	785	402.763090	825	423.286050

MÈTRES.	TOISES.	MÈTRES.	TOISES.	MÈTRES.	TOISES.
825	423.286050	865	443.809010	905	464.331970
826	423.799124	866	444.322084	906	464.845044
827	424.312198	867	444.835158	907	465.358118
828	424.825272	868	445.348232	908	465.871192
829	425.338346	869	445.861306	909	466.384266
830	425.851420	870	446.374380	910	466.897340
831	426.364494	871	446.887454	911	467.410414
832	426.877568	872	447.400528	912	467.923488
833	427.390642	873	447.913602	913	468.436562
834	427.903716	874	448.426676	914	468.949636
835	428.416790	875	448.939750	915	469.462710
836	428.929864	876	449.452824	916	469.975784
837	429.442938	877	449.965898	917	470.488858
838	429.956012	878	450.478972	918	471.001932
839	430.469086	879	450.992046	919	471.515006
840	430.982160	880	451.505120	920	472.028080
841	431.495234	881	452.018194	921	472.541154
842	432.008308	882	452.531268	922	473.054228
843	432.521382	883	453.044342	923	473.567302
844	433.034456	884	453.557416	924	474.080376
845	433.547530	885	454.070490	925	474.593450
846	434.060604	886	454.583564	926	475.106524
847	434.573678	887	455.096638	927	475.619598
848	435.086752	888	455.609712	928	476.132672
849	435.599826	889	456.122786	929	476.645746
850	436.112900	890	456.635860	930	477.158820
851	436.625974	891	457.148934	931	477.671894
852	437.139048	892	457.662008	932	478.184968
353	437.652122	893	458.175082	933	478.698042
854	438.165196	894	458.688156	934	479.211116
855	438.678270	895	459.201230	935	479.724190
856	439.191344	896	459.714304	936	480.237264
857	439.704418	897	460.227378	937	480.750338
858	440.217492	898	460.440452	938	481.263412
859	440.730566	899	461.253526	939	481.776486
860	441.243640	900	461.766600	940	482.289560
861	441.756714	901	462.279674	941	482.802634
862	442.269788	902	462.792748	942	483.315708
863	442.782862	903	463.305822	943	483.828782
864	443.295936	904	463.818896	944	484.341856
865	443.809010	905	464.331970	945	484.854930

MÈTRES.	TOISES.	MÈTRES.	TOISES.	MÈTRES.	TOISES.
945	484·854930	965	495·116410	985	505·377890
946	485·368004	966	495·629484	986	505·890964
947	485·881078	967	496·142558	987	506·404038
948	486·394152	968	496·655632	988	506·917112
949	486·907226	969	497·168706	989	507·430186
950	487·420300	970	497·681780	990	507·943260
951	487·933374	971	498·194854	991	508·456334
952	488·446448	972	498·707928	992	508·969408
953	488·959522	973	499·221002	993	509·482482
954	489·472596	974	499·734076	994	509·995556
955	489·985670	975	500·247150	995	510·508630
956	490·498744	976	500·760224	996	511·021704
957	491·011818	977	501·273298	997	511·534778
958	491·524892	978	501·786372	998	512·047852
959	492·037966	979	502·299446	999	512·560926
960	492·551040	980	502·812520	1000	513·074000
961	493·064114	981	503·325594		
962	493·577188	982	503·838668		
963	494·090262	983	504·351742		
964	494·603336	984	504·864816		
965	495·116410	985	505·377890		

TABLE IV. *Azimuts de tous les points de la méridienne sur l'horizon des-lieux où ils ont été observés.*

Num.	HORIZONS.	AZIMUTS.			
1	Dunkerque . . . . 0″	Watten	25°	19′	42″1
		Gravelines	72	11	42·4
		Cassel	343	13	32·4
		Intendance	248	16	3·4
2	Watten . . . . . . 0″	Gravelines	159	38	45·0
		Dunkerque	205	12	30·0
		Cassel	279	41	15·0
		Fiefs	349	16	0·0
		Helfaut	354	20	38·0
3	Cassel . . . . . . 0″	Fiefs	20	5	5·0
		Helfaut	56	16	5·0
		Watten	99	53	40·0
		Dunkerque	163	18	46·0
		Béthune	340	22	54·0
		Mesnil	350	14	37·0
4	Fiefs . . . . . ╅ 1″	Bonnières	8	41	11·1
		Helfaut	165	53	55·0
		Cassel	199	57	11·0
		Mesnil	291	8	30·0
		Sauti	334	8	20·0
5	Mesnil . . . . ╅ 1″	Sauti	8	42	47·0
		Fiefs	111	20	56·0
		Cassel	170	19	11·0
		Béthune	257	50	13·0

Num.	HORIZONS.	AZIMUTS.
6	Béthune . . . . + 1″	Mesnil . . . . 18° 54′ 27″ o Fiefs . . . . 81 50 7·o Cassel . . . . 160 29 52·o
7	Bonnières . . . + 2″	Fiefs . . . . 188 38 25·o Sauti . . . . 279 20 26·o Beauquêne . . . . . . 331 17 16·o
8	Sauti . . . . . . + 2″	Beauquêne . . . . . . 34 56 20·o Bonnières . . . . . . 99 33 12·o Fiefs . . . . 154 18 20·o Mesnil . . . . 188 40 22·o Mailli . . . . 341 59 7·o
9	Beauquêne . . . + 2″	Vignacourt . . . . . 59 29 28·o Bonnières . . . . . . 151 23 28·o Sauti . . . . 214 49 47·o Mailli . . . . 273 53 15·o Bayonvillers . . . . 325 58 32·o Villersbretonneux . . 339 49 14·o
10	Mailli . . . . . + 2″	Villersbretonneux . . 15 9 32·o Beauquêne . . . . . 94 3 1·o Sauti . . . . 162 2 19·o Bayonvillers . . . . 355 54 6·o
11	Vignacourt . . . + 3″	Beauquêne . . . . . 239 20 24·o Villersbretonneux . . 304 35 14·o Amiens . . . . 329 46 10·o Sourdon . . . . 336 25 12·o

Num.	HORIZONS.	AZIMUTS.		
12	Villersbretonn. . **+ 3″**	Sourdon.	25° 44′	9″.0
		Amiens	100 45	12.0
		Vignacourt	124 50	0.0
		Beauquêne	159 54	57.0
		Mailli	195 5	30.0
		Bayonvillers	275 55	51.0
		Arvillers	325 23	26.0
13	Bayonvillers . . **+ 3″**	Villersbretonneux . .	96 0	58.4
		Beauquêne	146 9	26.1
		Mailli	175 55	14.4
		Arvillers	353 40	0.5
14	Amiens . . . . **+ 3″**	Vignacourt	149 51	3.0
		Villersbretonneux . .	280 35	19.0
		Sourdon	341 7	13.0
15	Arvillers . . . . **+ 4″**	Coivrel	17 21	48.0
		Sourdon	77 51	6.0
		Villersbretonneux . .	145 29	28.0
		Bayonvillers	173 40	55.0
16	Sourdon . . . . **+ 4″**	Noyers	29 30	31.0
		Vignacourt	156 34	32.0
		Amiens	161 11	42.0
		Villersbretonneux . .	205 38	45.0
		Arvillers	257 39	41.0
		Coivrel	326 57	10.0
17	Noyers . . . . **+ 5″**	Sourdon	209 24	14.0
		Coivrel	269 40	15.0
		Clermont	329 37	29.0

Num.	HORIZONS.	AZIMUTS.		
18	Coivrel . . . . . + 5″	Clermont	27° 32′	3″,0
		Noyers	89 53	42,0
		Sourdon	147 4	20,0
		Arvillers	197 17	34,0
		Jonquières	324 32	53,0
		Saint-Christophe . . .	354 42	23,0
19	Jonquières . . . + 6″	Dammartin	5 26	54,0
		Saint-Christophe . . .	33 7	1,0
		Saint-Martin	41 42	43,0
		Clermont	86 12	26,0
		Coivrel	144 40	51,0
20	Clermont . . . + 6″	Saint-Martin	9 57	7,0
		Noyers	149 44	36,0
		Coivrel	207 25	43,0
		Jonquières	265 58	10,0
		Saint-Christophe . . .	315 17	9,0
21	St.-Christophe . + 6″	Saint-Martin	47 41	50,0
		Clermont	135 25	18,0
		Jonquières	213 0	54,0
		Dammartin	345 4	51,0
22	St.-Martin . . . + 7″	Clermont	189 53	49,0
		Saint-Christophe . . .	227 30	24,0
		Dammartin	283 50	33,0
		Panthéon	359 53	5,0

3.   32

Num.	HORIZONS.	AZIMUTS.
23	Bellassise . . . $+7''$	Brie . . . . $37° 45 44''$·o Panthéon . . . . . . $95 \ 6 \ 46$·o Les Invalides . . . . $96 \ 26 \ 45$·o Dammartin . . . . . $166 \ 57 \ 10$·o
24	Dammartin . . $+7''$	Panthéon . . . . . . $46 \ 45 \ 29$·5 Les Invalides. . . . . $50 \ 42 \ 53$·3 Saint-Martin . . . . . $104 \ 5 \ 48$·o Clermont . . . . . . $152 \ 7 \ 42$·o Saint-Christophe . . . $165 \ 8 \ 42$·o Jonquières . . . . . . $185 \ 24 \ 39$·o Belleassise . . . . . . $346 \ 53 \ 27$·o
25	Panthéon . . . $+7''$	Montlhéri . . . . . . $13 \ 3 \ 23$·o Observatoire impérial . $33 \ 13 \ 3$·o Les Invalides. . . . . $111 \ 44 \ 6$·o Pyramide . . . . . . $171 \ 18 \ 9$·o Obs. rue de Paradis . . $209 \ 11 \ 52$·o Belvedère . . . . . . $220 \ 19 \ 2$·o Dammartin . . . . . $226 \ 30 \ 19$·o Belleassise . . . . . . $274 \ 47 \ 54$·o Brie . . . . $311 \ 49 \ 35$·o
26	Obs. rue de Paradis . .	Panthéon . . . . . . $29 \ 12 \ 29$·o Pyramide . . . . . . $153 \ 33 \ 15$·o Saint-Laurent . . . . $182 \ 0 \ 32$·o Sainte-Marguerite. . . $293 \ 15 \ 41$·o

Num.	HORIZONS.	AZIMUTS.
27	Pyramide	Les Invalides . . . . . . 25° 53' 39" o Rue de Paradis . . . . 333 32 17·o Panthéon . . . . 351 17 50·o

Distance du Panthéon à la méridienne de Dunkerque . 1131
Dist. du Panthéon à la méridienne de l'Observ. impérial . 362

Dist. de l'Obs. impérial à la mérid. de Dunkerque . . . 1493
Méridienne vérifiée, page 56 1420

Pour réduire à la méridienne de l'Observatoire impérial nos distances à la méridienne de Dunkerque, si ces distances ont le signe —, on y ajoutera — 1493, et la somme sera la distance Est à la méridienne. Si ces distances ont le signe +, c'est-à-dire si elles sont ouest, à ces distances positives on ajoutera — 1493. Si le résultat est négatif, elles seront les distances Est à la méridienne; s'il est positif, elles seront les distances Ouest à cette même méridienne de Paris.

Formule générale, *M* — 1493, *M* devenant négative si le point est à l'Ouest. Rigoureusement on auroit *M* — 2269 *cos. lat.*

Pour réduire à la perpendiculaire de la face méridionale de l'Observatoire les distances à celle de Dunkerque, on prendra la différence à 125506 toises.

Si la distance donnée surpasse 125506 toises, l'excès sera la distance Sud de Paris; si la distance est moindre que 125506 toises, on prendra ce qui s'en manque, et ce sera la distance Nord.

| 28 | Brie . . . . . + 7" | Malvoisine . . . . . . 35 37 0·0
Montlhéri, signal . . . 76 9 38·0
Tour de Croy . . . . 115 52 17·0
Panthéon . . . . . . 132 1 27·0
Belleassise . . . . . . 217 38 45·0 |

La tour de Croy a été abattue.

| 29 | Montlhéri . . . + 5" | Torfou . . . . 16 23 9·0
Saint-Yon . . . . . . 36 0 32·0
Tour de Croy . . . . 181 16 23·0
Panthéon . . . . . . 193 0 3·0
Brie . . . . 255 54 27·0
Lieursaint . . . . . . 271 38 45·0
Malvoisine . . . . . 321 13 8·0 |

Num.	HORIZONS.	AZIMUTS.			
30	Malvoisine . . . + 4″ {	Forêt	44°	5′	16″ 0
		Torfou	97	27	41·0
		Bruyères	118	42	55·0
		Montlhéri	141	19	45·0
		Brie	215	28	27·0
		La Chapelle	333	13	38·0
		Lieursaint	218	7	21·0
		Melun	258	44	18·0
31	Torfou . . . . . + 2″ {	Saint-Yon	138	1	10·0
		Bruyères	162	24	3·0
		Montlhéri	196	21	4·0
		Malvoisine	277	19	0·0
		Forêt	358	55	50·0
32	Bruyères . . . . + 4″ {	Malvoisine	298	32	48·0
		Torfou	342	22	39·0
	Lieursaint . . . + 3″ {	Malvoisine	38	10	58·0
		Montlhéri	91	48	52·0
		Melun	322	31	28·0
		Ou	37	28	32·0
	Melun . . . . . + 3″ {	Malvoisine	78	55	36·0
		Lieursaint	142	39	10·0
		Ou	37	20	50·0

Ainsi la base fait avec le méridien qui la coupe par le milieu un angle de 37° 24′ 40″ environ.

33	Forêt . . . . 0″ {	Tour de Méréville . .	52	31	33·0
		Torfou	178	56	1·0
		Malvoisine	223	56	46·0
		Chapelle	286	44	16·0
		Pithiviers	355	20	15·0

Num.	HORIZONS.	AZIMUTS.
34	Chapelle . . . . — 1″	Bromeille . . . . 20° 22′ 36″ 0 Boiscommun . . . . . 23 55 21·0 Pithiviers . . . . . . 55 54 14·0 Forêt . . . . 106 59 28·0 Malvoisine . . . . . 153 20 21·0
35	Pithiviers . . . — 3″	Méréville . . . . . . 144 41 4·0 Forêt . . . . 175 21 24·0 Chapelle . . . . . . 235 40 12·0 Bromeille . . . . . . 265 35 30·0 Boiscommun . . . . . 327 35 19·0 Haut de Châtillon . . . 359 28 21·0
36	Boiscommun . . — 7″	Châteauneuf . . . . . 32 36 29·0 Châtillon . . . . . . 95 7 59·0 Pithiviers . . . . . 147 41 5·0 Chapelle . . . . . . 203 47 7·0
37	H. de Châtillon . — 10″	Châteauneuf . . . . . 8 2 35·0 Orléans . . . . 58 30 42·0 Pithiviers . . . . . 179 28 26·0 Boiscommun . . . . . 275 2 18·0
38	Châteauneuf . . — 12″	Vouzon . . . . 26 37 30·0 Orléans . . . . 100 25 44·0 Châtillon . . . . . . 188 0 54·0 Boiscommun . . . . . 212 29 6·0
39	Orléans . . . . — 11′	Chaumont . . . . . . 0 46 58·0 Châtillon . . . . . . 238 15 12·0 Châteauneuf . . . . . 280 11 57·0 Vouzon . . . . 338 39 23·0

Num.	HORIZONS.	AZIMUTS.
40	Vouzon . . . . — 16″	Chaumont . . . . 71° 7′ 18″·0 Orléans . . . . 158 45 58·0 Châteauneuf . . . . . 206 30 20·0 Oison . . . . 295 33 47·0 Sainte-Montaine . . . 311 23 7·0 Ennordre . . . . 317 3 47·0 Soême . . . . 336 26 54·0
41	Chaumont . . . — 17″	Orléans . . . . 180 46 43·6 Vouzon . . . . 251 0 30·4 Soême . . . . 309 19 33·9
42	Soême . . . . — 20″	Chaumont . . . . 129 31 42·4 Vouzon . . . . 156 32 15·6 Sainte-Montaine . . . 251 14 34·5 Ennordre . . . . 285 49 25·8 Méri . . . . 320 56 52·9
43	Ste-Montaine . — 20″	Soême . . . . 71 20 47·5 Vouzon . . . . 131 34 41·7 Ennordre . . . . 335 25 49·3
44	Ennordre . . . — 23″	Soême . . . . 105 57 40·8 Vouzon . . . . 137 17 26·6 Sainte-Montaine . . . 155 27 51·5 Morogues . . . . 310 16 10·3 Méri . . . . 357 39 47·9
45	Méri . . . . . — 25″	Soême . . . . 141 5 27·5 Ennordre . . . . 177 40 8·0 Morogues . . . . 277 22 14·9 Bourges . . . . 355 17 37·2

Num.	HORIZONS.	AZIMUTS.		
46	Morogues . . . — 27″	Dun	5° 17′ 39″2	
		Les Ais	25 34 57·3	
		Bourges	38 53 56·6	
		Vasselai	54 15 20·7	
		Méri	97 33 18·4	
		Ennordre	130 27 34·5	
47	Bourges . . . . — 32″	Morlac	9 38 40·5	
		Vasselai	174 53 14·4	
		Méri	175 18 45·2	
		Morogues	218 44 2·2	
		Les Ais	225 21 22·4	
		Dun	329 11 14·0	
48	Dun . . . . . . — 33″	Belvédère	6 13 17·3	
		Morlac	47 30 30·8	
		Bourges	149 18 47·4	
		Morogues	184 55 19·9	
49	Belvédère . . . — 33″	Cullan	27 25 56·3	
		Morlac	82 50 57·1	
		Dun	186 12 17·6	
50	Morlac . . . . . — 34″	Saint-Saturnin	14 14 44·6	
		Bourges	189 34 43·6	
		Dun	277 19 2·2	
		Belvédère	262 40 28·9	
		Cullan	336 46 17·1	
51	Cullan . . . . . — 34″	Laage	3 57 56·4	
		Saint-Saturnin	64 14 7·4	
		Belvédère	106 21 31·4	
		Morlac	156 50 43·2	
		Arpheuille	330 39 54·1	

Num.	HORIZONS.	AZIMUTS.		
52	St.-Saturnin . . — 34"	Morlac	194° 11'	9"4
		Cullan	244 6	7.4
		Laage	324 57	36.3
53	Laage . . . . . — 35"	Saint-Saturnin	145 4	37.7
		Cullan	183 57	0.6
		Arpheuille	298 51	54.5
		Sermur	355 11	27.5
		Orgnat	38 5	8.8
		Évaux	336 52	30.9
		Toulx Sainte-Croix . .	67 10	37.3
54	Orgnat . . . . . — 35"	Toulx Sainte-Croix . .	196 24	21.1
		Laage	217 54	24.5
		Évaux	255 55	3.8
		Sermur	304 32	55.6
		Les Bordes	3 34	37.0
55	Évaux . . . . — 35"	Orgnat	76 10	3.2
		Laage	156 56	47.4
56	Arpheuille . . — 35"	Cullan	150 51	37.9
		Laage	119 4	32.6
		Sermur	34 53	6.5
57	Sermur . . . . — 35"	Arpheuille	214 42	23.5
		Laage	175 13	20.4
		Orgnat	124 45	30.7
		Bordes	62 37	42.6
		La Fagitière	28 51	50.3
		Herment	336 46	2.5

Num.	HORIZONS.	AZIMUTS.
58	Bordes . . . . — 35″	Orgnat . . . . 183° 33′ 38″ 0 Sermur . . . . 242 24 10·2 La Fagitière . . . . . . 322 27 41·3
59	La Fagitière . . — 35″	Bordes . . . . 142 33 18·4 Sermur . . . . 208 43 56·2 Hermant . . . . . . 267 32 42·5 Bort . . . . 336 53 30·7 Meimac . . . . 26 51 22·4
60	Hermant . . . — 35″	La Fagitière . . . . . 87 46 30·2 Sermur . . . . 156 51 57·7 Bort . . . . 12 27 41·5
61	Bort . . . . . — 35″	Hermant . . . . 192 22 58·2 La Fagitière . . . . . 157 2 29·6 Meimac . . . . 126 6 19·2 Aubassin . . . . . . 46 0 20·2 Violan . . . . 340 55 18·6
62	Meimac . . . . — 35″	La Fagitière . . . . . 206 45 56·2 Bort . . . . 305 51 55·8 Aubassin . . . . . . 357 57 31·8
63	Aubassin . . . — 36″	Meimac . . . . 77 58 23·6 Bort . . . . 225 46 51·3 Violan . . , ... 279 32 3·5 La Fagitière . . . . . 2 47 25·9

3. 33

Num.	HORIZONS.	AZIMÚTS.
64	Violan . . . . — 36″	Bort . . . . 161° 1′ 55″7 Aubassin . . . . 99 51 7.0 Bastide . . . . 48 40 55.5 Montsalvy 8 21 29.8
65	Bastide . . . . — 37″	Aubassin . . . . 182 46 26.8 Violan . . . . 228 20 56.4 Montsalvy . . . . . . 293 39 14.5 Rieupeiroux 351 9 18.5
66	Montsalvy . . — 37″	Violan . . . . 188 17 51.2 Bastide . . . . 113 55 31.2 Rieupeiroux . . . . . 26 12 6.5 Rodès 351 59 30.3
67	Rieupeiroux . . — 38″	La Bastide . . . . . . 171 14 2.7 Montsalvy . . . . . . 206 0 38.2 La Rogière . . . . . 245 59 59.8 Rodès . . . . 262 0 42.1 Lagaste . . . . 302 1 53.2 Saint-George . . . . . 354 6 3.7 Montredon . . . . . 354 31 34.3 Alby 9 26 38.7
68	Rodès . . . . — 38″	Rieupeiroux . . . . . 82 15 8.6 Montsalvy . . . . . . 172 2 31.4 Lagaste 347 53 55.6

Num.	HORIZONS.	AZIMUTS.			
69	Lagaste . . . . — 38"	Cambatjou	12° 10′ 53″ 5		
		Montredon	31 6 9.0		
		Alby	60 38 46.8		
		Saint-George	65 29 24.4		
		Rieupeiroux	122 19 2.2		
		Rodès	167 56 39.8		
		La Rogière	213 36 10.8		
70	Saint-George . — 38"	Rieupeiroux	174 7 53.5		
		Lagaste	245 14 7.8		
		Cambatjou	305 18 5.2		
		Montredon	355 1 20.6		
71	Cambatjou . . — 38"	Lagaste	192 7 31.6		
		Saint-George	125 29 57.9		
		Montredon	54 14 27.9		
		Montalet	323 57 16.6		
72	Montredon . . — 38"	Saint-George	175 2 42.4		
		Cambatjou	234 3 58.6		
		Montalet	278 53 45.9		
		Saint-Pons	303 52 13.4		
		Nore	340 0 38.5		
		Castres	120 40 43.2		
73	Montalèt . . . — 39"	Cambatjou	144 4 53.1		
		Montredon	99 11 50.1		
		Nore	38 18 48.9		
		Saint-Pons	2 52 1.0		

Num.	HORIZONS.	AZIMUTS.
74	Saint-Pons . . — 39″	Montalet . . . . 182° 51′ 34″ 0 Montredon . . . . . . 124 9 49·0 Nore . . . . 62 46 12·6 Pic des Pyrénées . . . 59 25 15·0 Puy Prigue . . . . . 31 11 44·7 Alaric . . . . 11 24 0·8 Narbonne . . . . . . 329 44 2·2 Beziers . . . . 297 40 59·1
75	Nore . . . . . — 39″	Montredon. . . . . . 160 7 2·5 Saint-Pons . . . . . 242 35 3·2 Alaric. . . . . 336 22 40·8 Carcassonne . . . . . 21 24 15·4 Castelnaudari. . . . . 74 0 49·2
76	Carcassonne . . — 39″	Nore . . . . 201 19 36·9 Alaric. . . . . 288 8 34·5 Canigou. . . . . . . 353 34 8·3 Bugarach . . . . . . 356 34 21·6 M. Saint-Barthélemi. . 46 38 37·1 Castelnaudari. . . . . 109 45 34·1
77	Alaric . . . . — 38″	Carcassonne . . . . . 108 20 0·4 Nore . . . . 156 28 53·8 Saint-Pons. . . . . . 191 19 42·4 Beziers . . . . 245 20 25·8 Narbonne . . . . . . 262 15 11·0 Tauch. . . . . 350 55 38·3 Bugarach . . . . . . 32 49 31·6
78	Bugarach . . . — 36″	M. Saint-Barthélemi. . 84 17 6·2 Carcassonne . . . . . 176 35 31·9 Alaric . . . . 212 39 18·2 Tauch . . . . 258 0 20·7 Forceral . . . . 299 56 47·5 Estella . . . . 339 41 45·1 Canigou. . . . . . . 350 33 13·0

Num.	HORIZONS.	AZIMUTS.			
79	Tauch . . . . . — 35″	Bugarach	78°	12′	40″3
		Alaric.	170	57	46.2
		Narbonne	220	47	37.1
		Beziers	221	51	33.7
		Espira.	313	26	28.2
		Perpignan	322	8	19.6
		Forceral.	355	20	8.8
80	Forceral . . . — 34″	Canigou	40	55	45.0
		Estella	27	2	21.6
		Bugarach	120	11	2.8
		Tauch	175	21	5.7
		Tantavel	190	11	23.4
		Espira.	216	50	54.2
		Vernet	272	23	38.7
		Perpignan	280	46	16.1
		Bellegarde	336	14	15.5
		Camellas	341	38	4.0
81	Espira . . . . — 35″	Forceral	36	54	54.1
		Tauch	133	31	25.5
		Salces.	271	13	25.7
		Vernet	328	58	44.7
		Perpignan	329	25	0.0
		Bellegarde	353	14	52.0
82	Salces . . . . — 35″	Perpignan	4	45	29.8
		Vernet	12	29	4.2
		Rivesaltes	73	5	42.1
		Tautavel	80	47	17.9
		Espira.	91	18	11.7
		Leucate	230	40	9.0

Num.	HORIZONS.	AZIMUTS.		
83	Vernet . . . . — 34″	Forceral	92° 31′ 15″5	
		Tautavel.	132 40 47.3	
		Espira.	149 2 22.0	
		Salces.	192 27 56.3	
		Perpignan	313 26 11.3	
84	Perpignan . . — 34″	Forceral.	100 54 33.3	
		Tauch	142 17 36.1	
		Espira	149 29 21.2	
		Salces.	184 45 4.6	
		Camellas	12 5 23.3	
		Estella	54 40 34.3	
85	Estella . . . . . — 32″	Bugarach	159 49 52.3	
		Forceral.	206 56 15.5	
		Perpignan	234 26 12.8	
		Notre-Dame-du-Mont .	336 4 40.5	
		Puy se Calm	17 35 8.0	
86	Camellas . . . — 32″	Notre-Dame-du-Mont .	26 29 45.0	
		Estella	110 6 30.9	
		Forceral	161 43 12.5	
		Perpignan	192 2 15.4	
		La Trinité	306 7 13.5	
		Malavehina	305 19 26.4	
		Castellon	314 28 40.7	
		Perelada.	314 44 6.3	
		Cap Mongò	321 59 58.3	
		Figuieres	335 29 34.6	

Num.	HORIZONS.	AZIMUTS.
87	N.-D.-du-Mont. — 31″	Roca-Corva . . . . 4° 37′ 42″8
		Suroca . . . . 94 42 0·0
		Puy se Calm . . . . . . 60 41 52·6
		Aulot . . . . 64 48 36·9
		Piedra-Horca . . . . . . 89 31 18·0
		Nuria . . . . 115 39 58·0
		Costabonne . . . . . 120 35 53·0
		Estella . . . . 156 10 57·7
		Baterre . . . . 158 58 50·9
		Camellas . . . . . . 206 24 51·3
		Bellegarde . . . . . . 209 40 50·7
		Malavehina . . . . . 253 30 21·7
		Perelada . . . . . . 257 28 55·2
		Figuieres . . . . . . 267 9 31·0
		Castellon . . . . . . 269 42 19·7
		La Trinité . . . . . 271 48 5·0
		Cap Mongò . . . . . 292 54 3·7
		Girone . . . . 341 48 58·6
88	Puy se Calm . . — 30″	Matagalls . . . . . . 0 42 41·9
		Rodòs . . . . 35 35 49·5
		Costabonne . . . . 173 38 28·9
		Estella . . . . . . 197 28 24·1
		Baterre . . . . . . 200 1 3·7
		Aulot . . . . 232 31 3·5
		Notre-Dame-du-Mont . 240 28 54·0
		Roca . . . . 283 16 30·6
		Girone . . . . . . 292 46 48·2
89	Roca-Corva . . — 29″	Matagalls . . . . . . 40 47 40·8
		Puy se Calm . . . . . 103 28 33·7
		Notre-Dame-du-Mont . 184 36 48·7
		Bellegarde . . . . . . 198 21 45·0
		Figuières . . . . . . 226 5 50·8
		Girone . . . . 309 15 7·4

Num.	HORIZONS.	AZIMUTS.
90	Rodos . . . . — 28″	St.-Laurent-du-Mont . 27° 57′ 41″1 Mont-Serrat . . . . . 43 56 17·6 Serrateix . . . . 110 33 23·3 Puy se Calm . . . . . 215 25 16·9 Matagalls . . . . . . 281 49 17·7 Matas . . . . 342 23 25·0
91	Matagalls . . . — 27″	Matas . . . . 16 2 47·7 Rodos . . . . 101 59 35·9 Puy se Calm . . . . . 180 42 29·4 Roca-Corva . . . . . 220 35 27·4
92	Matas . . . . — 25″	Mont-Sen . . . . . . 27 44 16·1 Valvidrera . . . . . 56 14 21·0 Mont-Serrat . . . . 105 50 13·1 Saint-Laurent . . . . 125 13 8·3 Rodos . . . . 162 29 6·7 Matagalls . . . . . . 195 58 13·1
93	Montjouy . . . — 23″	Castel-de-Fells . . . 58 39 36·0 Pic de la Morella . . 76 36 3·0 Las Agujas . . . . . 72 50 42·6 Saint-Pierre-Martyr. 120 6 49·0 Valvidrera . . . . . 129 15 20·7 Barcelone, cathédrale . 200 32 10·0 Fontana-de-Oro . . . 209 45 16·4 Matas . . . . 207 40 15·4 Barcelone, citadelle . . 212 22 6·6 Mataro . . . . 229 48 59·4 Barcelone, fanal . . . 231 32 48·5 Silla-de-Torellas . . . 342 42 45·0

Num.	HORIZONS.	AZIMUTS.
94	Mont-Serrat . . — 25″	Cardona, château. . . . 163° 4′ 51″8 Serratein . . . . 175 37 24.8 Manreza, cathédrale . 185 45 28.7 Rodos. . . . . 223 43 36.9 St -Laurent-du-Mont . 256 54 25.2 Matas. . . . . 285 31 54.1 Valvidrera. 312 56 59.9
95	Valvidrera . . — 23″	Mont-Serrat . . . . . 133 7 54.0 —— Abbaye . . . . 134 7 12.5 Barcelone, cathédrale . 193 42 58.2 —— Fanal . . . . . 207 22 50.5 —— Citadelle. . . . 288 58 20.4 Matas. . . . . 236 6 57.5 Montjouy . . . . . . 309 11 58.2 Saint-Pierre-Martyr. . 331 40 7.7 Castel-de-Fells. . . . 3 47 12.5

Les azimuts sont comptés de gauche à droite; mais le cercle de Borda mesure les angles en allant de droite à gauche. Ainsi quand l'objet dont on cherche l'azimut est nommé le premier dans l'observation de l'angle, la différence d'azimut est additive; quand il est nommé le second, elle est soustractive.

Soit A l'objet à droite, et qui est toujours nommé le premier; B l'objet à gauche, toujours nommé le second. On trouvera dans le tome I l'angle entre A et B.

L'azimut de A = azimut de B + angle entre A et B.

L'azimut de B = azimut de A — angle entre A et B.

TABLE V. *Distances à la méridienne et à la perpendiculaire de Dunkerque, différences des parallèles, longitudes en degrés et en temps, latitudes de tous les points observés.*

Nos.	NOMS des STATIONS.	DISTANCE A la méridienne.	A la perpendic.	DIFFÉR. des parallèl.	LONGIT.	TEMPS.	LATIT.
1	Dunkerque	0'0	0'0	0'0	0' 0"0	0' 0"0	51° 2' 9"/2
2	Watten.......	+ 5593.9	11819.0	11824.9	+ 9 17.2	+ 0 37.1	50 49 43.0
3	Cassel.......	− 4065.9	13488.8	13491.0	− 6 44.2	− 0 27.0	50 47 57.9
4	Fiefs	+ 2107.6	30442.8	30443.6	+ 3 28.5	+ 0 7.9	50 30 8.4
5	Mesnil	− 7565.9	34229.6	34240.4	− 12 39.1	− 0 50.6	50 26 9.1
6	Béthune	− 9525.5	28732.2	28749.4	− 15 43 6	− 1 3.1	50 21 55.0
7	Bonnières......	+ 4356.3	45062.3	45066.2	+ 7 7.3	+ 0 28.5	50 14 46.0
8	Sauti	− 5782.2	46745.2	46751.4	− 9 28.3	− 0 37.9	50 13 0.0
9	Beauquene.....	− 620.1	54168.4	54168.5	− 1 0.8	− 0 4.1	50 5 12.0
10	Mailli	− 8386.8	54694.4	54707.3	− 13 42.2	− 0 54.8	50 4 38.0
11	Vignocourt	+ 6668.8	58430.2	58438.1	+ 10 46.9	+ 0 43.1	50 0 43.0
12	Villersbretonn..	− 5196.5	66612.4	66617.3	− 8 26.8	− 0 33.8	49 52 7.0
13	Bayonvillers....	− 9308.1	67031.6	67047.3	− 15 8.1	− 1 0.5	49 51 40.0
14	Amiens.	+ 2730.6	65122.4	65123.7	+ 4 26.6	+ 0 17.8	49 53 41.0
15	Arvillers.......	− 10063.1	73637.3	73655.9	− 16 19.5	− 1 5.3	49 44 44.0
16	Sourdon	− 859.4	75653.7	75653.8	− 1 24.0	− 0 5.6	49 42 37.0
17	Noyers	− 4224.0	84641.8	84645.0	− 6 49.4	− 0 27.2	49 33 16.0
18	Coivrel	− 6681.0	84595.7	84603.7	− 10 46.8	− 0 47.1	49 33 13.0
19	Jonquières.....	− 13186.2	93685.7	93732.6	− 19 59.3	− 1 19.9	49 23 37.0
20	Clermont.....	− 1541.3	94512.7	94513.1	− 2 28.9	− 0 10.0	49 22 48.0
21	St-Christophe ..	− 8271.0	101300.5	101312.6	− 13 35.7	− 0 54.4	49 15 41.0
22	St-Martin	+ 1155.1	109929.7	109929.9	+ 1 51.0	+ 0 7.4	49 6 36.0
23	Dammartin ...	− 11432.0	113008.0	113031.0	− 18 16.9	− 1 13.2	49 3 21.0
24	Belleassise	− 14571.0	126268.7	126305.8	− 23 11.4	− 1 32.7	48 49 24.0
25	Panthéon ...	+ 1131.0	124944.5	124944.7	+ 1 48.0	+ 0 7.2	48 50 49.0
26	Ob. rue Paradis.	− 629.0	124172.2	124172.2	− 1 7.0	− 0 4.3	48 51 38.0
27	Pyramide......	− 1493.0	122578.0	122578.0	− 2 22.7	− 0 9.5	48 53 18.5
28	Brie	− 8780.2	133821.4	133834.8	− 13 56.7	− 0 55.7	48 41 29.0
29	Montlhéri	+ 3930.1	136994.2	136996.9	+ 6 14.0	+ 0 24.9	48 38 9.0
30	Malvoisine.....	− 1605.4	143902.9	143903.3	− 2 33.6	− 0 10.2	48 30 54.0
31	Torfou	+ 5690.6	142951.4	142957.0	+ 9 0.2	+ 0 36.0	48 31 54.0
32	Bruyères.	+ 6849.0	139279.7	139287.8	+ 10 51.3	+ 0 43.4	48 35 45.0
33	Forêt.	+ 5551.2	151299.5	151304.8	+ 8 45.4	+ 0 35.0	48 23 7.0
34	Chapelle......	− 7310.3	155194.2	155203.4	− 11 31.2	− 0 46.1	48 19 1.0
35	Pithiviers......	+ 4595.7	163297.5	163298.6	+ 7 13.4	+ 0 28.9	48 10 32.0
36	Boiscommun ...	− 317.9	171063.7	171063.8	− 0 30.0	− 0 2.0	48 2 21.0
37	H. de Châtillon.	+ 4528.2	170628.9	170629.0	+ 7 6.5	+ 0 28.4	48 2 49.0
38	Châteauneuf...	+ 6017.6	180969.8	180975.9	+ 9 24.7	+ 0 37.7	47 51 56.0
39	Orléans........	+ 17868.0	178760.8	178814.8	+ 27 56.0	+ 1 51.7	47 54 12.5
40	Vouzon.... ...	+ 12263.2	193365.5	193390.9	+ 19 5.0	+ 1 16.3	47 38 53.0

N°s.	NOMS des STATIONS.	DISTANCE A la méridienne.	A la perpendic.	Dist. des parallèl.	Longit.	Temps.	Latit.
41	Chaumont	+ 18195ᵗ.0	195366ᵗ.9	195432ᵗ.6	+ 28′ 17″.0	+ 1′ 53″.2	47°36′44″.4
42	Soême	+ 7621.1	204140.5	204150.2	— 11 49.0	— 0 47.3	47 27 34.5
43	Ste-Montaine ..	+ 2195.2	202511.4	202312.2	— 3 24.3	— 0 13.7	47 29 30.5
44	Ennordre	+ 421.5	206198.5	206198.5	+ 0 39.3	+ 0 2.6	47 25 25.6
45	Méri	+ 128.7	213422.0	213422.0	+ 0 12.0	+ 0 0.8	47 17 49.6
46	Morogues......	— 9586.4	214679.1	214694.4	— 14 48.5	— 0 59.2	47 16 29.3
47	Bourges.......	— 870.3	225552.3	225552.4	— 1 20.6	— 0 8.0	47 5 4.3
48	Dun	— 7586.7	236834.4	236843.8	— 11 38.5	— 0 46.6	46 53 12.4
49	Belvédère......	— 6726.6	245073.6	245080.9	— 10 17.3	— 0 41.1	46 44 32.1
50	Morlac	+ 2644.2	246269.4	246269.8	— 4 2.6	— 0 16.2	46 43 17.1
51	Cullan........	— 1323.9	255537.3	255537.4	— 2 1.1	— 0 8.1	46 33 32.2
52	St-Saturnin	+ 5894.4	259025.0	259030.6	+ 8 58.6	+ 0 53.8	46 29 51.8
53	Luage	+ 457.0	268118.9	268118.9	+ 0 41.8	— 0 2.8	46 20 18.1
54	Orgnat	+ 9342.3	280626.6	280640.5	+ 18 58.1	+ 0 55.9	46 7 7.7
55	Toulx-Ste-Croix.	+ 6489.8	271043.5	271050.2	+ 8 10.4	+ 0 35.6	46 17 13.0
56	Evaux	— 4351.4	277263.4	277237.0	— 6 35.5	— 0 26.3	46 10 42.5
57	Arpheuille	— 11970.0	274463.4	274486.3	— 17 58.8	— 1 12.5	46 13 36.2
58	Sermur	— 2184.1	288613.4	288614.2	— 3 17.9	— 0 13.2	45 58 44.3
59	Bordes	+ 291.0	295083.4	295100.0	+ 15 28.2	+ 1 1.9	45 51 54.7
60	La Fagitière ...	+ 5109.8	301857.8	301871.9	+ 7 41.7	+ 0 30.7	45 44 47.1
61	Hermant	— 7658.1	301341.0	301350.2	— 11 30.9	— 0 46.1	45 46 40.3
62	Bort..........	— 3245.6	321536.5	321538.1	— 4 50.7	— 0 19.4	45 24 6.0
63	Meimac	+ 10151.9	311785.7	311801.8	+ 15 14.8	+ 1 1.0	45 34 22.2
64	Aubassin	+ 9437.0	333806.3	333820.0	+ 14 3.0	+ 1 56.2	45 11 9.4
65	Violan........	— 8563.9	336883.6	336894.9	— 12 44.3	— 0 50.9	45 7 54.8
66	Bastide.......	+ 10466.5	353701.8	353718.5	+ 15 29.5	+ 1 2.0	44 50 12.2
67	Montsalvy	— 5143.2	360598.1	360602.1	— 7 35.8	— 0 30.4	44 42 57.3
68	Rieupeiroux	+ 5963.3	383257.0	383262.3	+ 8 44.8	+ 0 35.0	44 19 5.4
69	Rodez	— 8090.0	381310.3	381320.1	— 11 52.6	— 0 47.5	44 21 8.4
70	La Gaste......	— 10795.8	393783.4	393800.7	— 15 47.5	— 1 3.2	44 8 1.4
71	St-George	+ 4104.7	400676.2	400678.8	+ 6 7.5	+ 0 24.4	44 0 44.5
72	Cambatjou.....	— 7556.0	409019.7	409028.1	— 11 0.4	— 0 44.0	43 51 56.8
73	Montredon.....	+ 2833.0	416537.5	416538.7	+ 6 6.6	+ 0 4.5	43 44 2.1
74	Montalet	— 15122.5	419348.0	419395.2	— 21 57.5	— 1 27.8	43 41 1.5
75	St-Pons	— 14673.3	428315.5	428362.7	— 21 15.1	— 1 25.0	43 31 34.6
76	Nore	— 3551.5	434136.7	434138.5	— 5 8.0	— 0 20.5	43 25 29.5
77	Carcassonne....	+ 1116.8	446084.5	446084.7	+ 1 36.7	+ 0 6.5	43 12 54.3
78	Alaric	— 10461.2	449882.5	449898.2	— 15 3.3	— 0 3.2	43 8 53.1
79	Bugarach	— 74.3	466090.7	466090.7	— 0 6.4	— 0 4.2	42 51 49.3
80	Tauch........	— 12665.0	463415.0	463437.8	— 18 9.2	— 1 12.6	42 44 36.7
81	Forceral	— 13555.2	473860.2	473686.2	— 19 22.3	— 1 17.5	42 43 36.5
82	Espira	— 17741.8	468222.8	468226.5	— 25 26.3	— 1 41.4	42 49 34.3
83	Salces	— 22622.3	468327.0	468342.0	— 32 23.5	— 2 9.6	42 49 27.0
84	Vernet	— 21378.4	474187.3	474222.0	— 30 33.7	— 2 2.5	42 43 15.7
85	Perpignan	— 22078.2	475451.0	475519.6	— 31 32.4	— 2 4.4	42 42 3.0
86	Estella	— 7426.6	485930.3	485947.1	— 10 34.9	— 0 42.3	42 30 53.9
87	Camellas	— 19033.5	490158.6	490209.4	— 27 7.0	— 1 48.5	42 26 24.4
88	N.-D. du-Mont.	— 13916.9	500545.7	500572.9	— 19 45.7	— 1 19.0	42 15 29.4
89	Puy-se-Calm ...	— 442.5	508182.6	508182.9	— 0 37.7	— 0 2.5	42 7 28.2
90	Roca	— 13106.7	511170.7	511194.5	— 18 31.9	— 1 14.1	42 4 17.8

N°ˢ	NOMS des STATIONS.	DISTANCE A la méridienne.	A la perpendic.	DIST. des parallèl.	LONGIT.	TEMPS.	LATIT.
91	Rodos.........	+ 10787,7	523874,5	523890,5	+ 15' 12"2	+ 1' 1"8	41°50'55"2
92	Matagalls......	− 220,7	526212,4	526212,4	− 0 18,7	− 0 1,2	41 48 28,4
93	Maras	+ 4691,0	543286,4	543289,4	+ 6 34,4	− 0 26,4	41 30 29,0
94	Montjouy......	+ 9058,0	551571,6	551582,6	+ 12 40,1	+ 0 49,7	41 21 44,9
95	Mont-Serrat ...	+ 24211,3	537722,1	537801,9	+ 33 58,3	+ 2 15,8	41 36 15,9
96	Valvidrera	+ 12672,4	548603,3	548628,0	+ 17 43,9	+ 1 11,2	41 24 51,6

Points secondaires.

N°ˢ	NOMS des STATIONS.	DISTANCE A la méridienne.	A la perpendic.	DIST. des parallèl.	LONGIT.	TEMPS.	LATIT.
1	Helfaut........	+ 4849,0	19438,5	19443,3	+ 8 1,5	+ 0 32,1	50 41 42,7
2	La Rogière.....	− 27534,6	368413,5	368527,8	− 40 34,5	− 2 42,9	44 34 36,6
3	Alby	+ 9688,0	405392,0	405402,0	+ 0 56,5	+ 1 56,5	43 55 46,0
4	Beziers	− 34659,4	438685,8	438856,7	− 50 2,8	− 3 21,2	43 20 31,4
5	Castelnaudary..	− 17464,0	440192,0	440236,0	+ 25 17,7	+ 1 41,0	43 19 4,0
6	Narbonne......	− 26123,3	447503,2	447542,0	− 37 45,6	− 2 31,2	43 11 22,1
7	Mont St-Barthélemy	+ 24978,0	468599,0	468687,0	+ 35 49,0	− 2 23,2	42 49 5,0
8	Tautavel	− 16139,0	469382,0	469419,0	− 23 5,1	− 1 32,3	42 48 19,0
9	Rivesaltes	− 20893,0	471263,0	471325,0	− 29 56,8	− 1 59,8	42 46 22,0
10	Puy-Prigue	− 16782,0	480806,0	480845,0	− 23 59,0	− 1 36,0	42 36 16,0
11	Canigou	− 3341,7	485737,9	485739,0	− 4 46,5	− 0 19,1	42 31 7,0
12	Tour de Baterre.	− 8395,2	485339,0	486328,0	− 12 2,3	− 0 48,0	42 30 30,0
13	Bellegarde.....	− 20364,0	489122,0	489180,0	− 29 6,0	− 1 56,4	42 27 30,0
14	Costabonne	+ 1417,4	491549,3	491549,6	+ 2 1,1	+ 0 8,1	42 24 59,7
15	Malavehina	− 27873,1	496355,0	496467,0	− 39 39,3	− 2 38,6	42 19 50,0
16	Perelada......	− 26678,4	497660,2	497775,6	− 37 53,9	− 2 31,3	42 18 27,7
17	Castellon	− 29575,4	500404,4	500526,3	− 41 58,4	− 2 47,5	42 15 32,0
18	La Trinité	− 34183,0	501079,0	501232,0	− 48 39,4	− 3 14,6	42 14 47,0
19	Aulot	− 4652,6	504049,5	504952,5	− 6 35,8	− 0 26,5	42 10 53,0
20	Cap Mongo	− 33793,3	508849,8	509008,3	− 47 51,5	− 3 11,4	42 6 36,0
21	Girone........	− 19065,9	516006,9	516057,2	− 26 57,8	− 1 48,0	41 59 11,0
22	Abbaye de Serrateix	+ 25567,0	518281,0	518371,0	+ 36 7,1	+ 2 24,4	41 56 44,0
23	Mont-Serrat ...	+ 22559,0	538057,0	530026,0	+ 31 46,0	+ 2 2,0	41 38 59,0
24	St-Laurent.....	+ 15370,0	535727,0	535759,0	+ 21 35,5	+ 1 26,4	41 38 25,0
25	Mataro	− 3015,0	541423,0	541425,0	− 4 15,0	− 0 17,0	41 32 25,0
26	St-Pierre......	+ 12005,0	549855,0	549875,0	+ 16 47,6	+ 1 7,2	41 23 33,0
27	Barcelone, citad.	+ 8168,0	550172,0	550180,0	+ 11 28,1	+ 0 48,1	41 23 13,5
28	— Cathédrale	+ 8622,0	550403,0	550413,0	+ 12 6,1	+ 0 48,4	41 22 58,8
29	Fontana-de-Oro.	+ 8516,1	550624,0	550633,6	+ 11 57,3	+ 0 47,8	41 22 44,9
30	Barcelone, fanal.	+ 8240,0	550922,0	550931,0	+ 11 34,0	+ 0 46,3	41 22 26,0
31	Las Agujas	+ 18993,0	554611,0	554659,0	+ 26 47,6	+ 1 47,6	41 18 30,0
32	La Morella.....	+ 20405,0	555280,0	555336,0	+ 27 30,7	+ 1 30,7	41 17 48,0
33	Chât. de Mouga.	+ 14521,0	555587,0	555616,0	+ 20 21,0	+ 1 21,4	41 17 30,0
34	Castel-de-Fells.	+ 17848,0	556882,0	556935,0	+ 24 55,3	+ 1 40,0	41 16 7,0

TABLE VI. 269

TABLE VI. *Pour trouver la latitude des différens points de la méridienne de Dunkerque.*

Arcs en toises.	Latitude.	Différ.	Arcs en toises.	Latitude.	Différ.
000	51° 2' 9"2	1'3"10	35000	50° 25' 21"1	1'3"08
1000	51 1 6.1	1 3.10	36000	24 18.0	1 3.08
2000	51 0 3.0	1 3.10	37000	23 14.9	1 3.07
3000	50 58 59.9	1 3.10	38000	22 11.8	1 3.07
4000	50 57 56.8	1 3.10	39000	21 8.7	1 3.07
5000	50 56 53.7	1 3.10	40000	20 5.7	1 3.07
6000	50 55 50.6	1 3.10	41000	50 19 2.6	1 3.07
7000	54 47.5	1 3.10	42000	17 59.5	1 3.07
8000	53 44.4	1 3.10	43000	16 56.5	1 3.07
9000	52 41.3	1 3.10	44000	15 53.4	1 3.07
10000	51 38.2	1 3.11 1 3.10	45000	14 50.3	1 3.07
11000	50 50 35.1	1 3.09	46000	50 13 47.3	1 3.07
12000	49 32.0	1 3.09	47000	12 44.2	1 3.07
13000	48 28.9	1 3.09	48000	11 41.1	1 3.07
14000	47 25.8	1 3.09	49000	10 38.1	1 3.07
15000	46 22.7	1 3.09	50000	9 35.0	1 3.07
16000	50 45 19.6	1 3.09	51000	50 8 31.9	1 3.07
17000	44 16.5	1 3.09	52000	7 28.9	1 3.07
18000	43 13.5	1 3.09	53000	6 25.8	1 3.07
19000	42 10.4	1 3.09	54000	5 22.7	1 3.06
20000	41 7.3	1 3.09	55000	4 19.7	1 3.06
21000	50 40 4.2	1 3.09	56000	50 3 16.6	1 3.06
22000	39 1.1	1 3.08	57000	2 13.5	1 3.06
23000	37 58.0	1 3.08	58000	1 10.5	1 3.06
24000	36 54.9	1 3.08	59000	0 7.4	1 3.06
25000	35 51.9	1 3.08	60000	49 59 4.4	1 3.06
26000	50 34 48.8	1 3.08	61000	49 58 1.3	1 3.06
27000	33 45.7	1 3.08	62000	56 58.2	1 3.06
28000	32 42.6	1 3.08	63000	55 55.2	1 3.06
29000	31 39.5	1 3.08	64000	54 52.1	1 3.06
30000	30 36.5	1 3.08	65000	53 49.1	1 3.06
31000	50 29 33.4	1 3.08	66000	49 52 46.0	1 3.06
32000	28 30.3	1 3.08	67000	51 42.9	1 3.06
33000	27 27.2	1 3.08	68000	50 39.9	1 3.06
34000	26 24.1	1 3.08	69000	49 36.8	1 3.06
35000	25 21.1		70000	48 33.8	

Arcs en toises.	Latitude.	Differ.	Arcs en toises.	Latitude.	Differ.
70000	49° 48' 33"8	1' 3".06	110000	49° 6' 31"6	1 3.06
71000	47 30.7	1 3.06	111000	5 28.6	1 3.05
72000	46 27.6	1 3.06	112000	4 25.5	1 3.05
73000	45 24.6	1 3.06	113000	3 22.5	1 3.05
74000	44 21.5	1 3.06	114000	2 19.4	1 3.05
75000	43 18.5	1 3.06	115000	1 16.4	1 3.05
76000	49 42 15.4	1 3.06	116000	49 0 13.3	1 3.05
77000	41 12.3	1 3.06	117000	48 59 10.3	1 3.05
78000	40 9.3	1 3.06	118000	58 7.2	1 3.05
79000	39 6.2	1 3.06	119000	57 4.2	1 3.05
80000	38 3.1	1 3.05	120000	56 1.1	1 3.06
81000	49 37 0.1	1 3.05	121000	48 54 58.1	1 3.05
82000	35 57.0	1 3.05	122000	53 55.0	1 3.05
83000	34 54.0	1 3.05	123000	52 52.0	1 3.05
84000	33 50.9	1 3.05	124000	51 48.9	1 3.05
85000	32 47.9	1 3.05	125000	50 45.9	1 3.05
86000	49 31 44.8	1 3.05	126000	48 49 42.8	1 3.05
87000	30 41.8	1 3.05	127000	48 39.8	1 3.05
88000	29 38.7	1 3.05	128000	47 36.7	1 3.05
89000	28 35.7	1 3.05	129000	46 33.7	1 3.05
90000	27 32.6	1 3.04	130000	45 30.6	1 3.05
91000	49 26 29.6	1 3.05	131000	48 44 27.6	1 3.05
92000	25 26.6	1 3.05	132000	43 24.5	1 3.05
93000	24 23.5	1 3.05	133000	42 21.5	1 3.05
94000	23 20.5	1 3.05	134000	41 18.4	1 3.05
95000	22 17.4	1 3.05	135000	40 15.4	1 3.05
96000	49 21 14.4	1 3.05	136000	48 39 12.3	1 3.06
97000	20 11.3	1 3.05	137000	38 9.3	1 3.06
98000	19 8.3	1 3.05	138000	37 6.2	1 3.06
99000	18 5.2	1 3.05	139000	36 3.2	1 3.06
100000	17 2.2	1 3.06	140000	35 0.1	1 3.06
101000	49 15 59.1	1 3.05	141000	48 33 57.0	1 3.06
102000	14 56.0	1 3.05	142000	32 54.0	1 3.06
103000	13 53.0	1 3.05	143000	31 50.9	1 3.06
104000	12 49.9	1 3.05	144000	30 47.8	1 3.05
105000	11 46.9	1 3.05	145000	29 44.8	1 3.05
106000	49 10 43.8	1 3.05	146000	48 28 41.7	1 3.05
107000	9 40.8	1 3.05	147000	27 38.7	1 3.05
108000	8 37.7	1 3.05	148000	26 35.6	1 3.05
109000	7 34.7	1 3.05	149000	25 32.6	1 3.05
110000	6 31.6		150000	24 29.5	

Arcs en toises.	Latitude.	Différ.	Arcs en toises.	Latitude.	Différ.
150000	48° 24′ 29″5		190000	47° 42′ 27″0	
		1′ 3″06			1′ 3″08
151000	23 26.5		191000	41 23.9	
		1 3.06			1 3.08
152000	22 23.4		192000	40 20.8	
		1 3.06			1 3.08
153000	21 20.4		193000	39 17.8	
		1 3.06			1 3.08
154000	20 17.3		194000	38 14.7	
		1 3.06			1 3.07
155000	19 14.2		195000	37 11.6	
		1 3.05			1 3.07
156000	48 18 11.2		196000	47 36 8.6	
		1 3.06			1 3.07
157000	17 8.1		197000	35 5.5	
		1 3.06			1 3.07
158000	16 5.1		198000	34 2.4	
		1 3.06			1 3.07
159000	15 2.0		199000	32 59.3	
		1 3.06			1 3.07
160000	13 59.0		200000	31 56.3	
		1 3.06			1 3.08
161000	48 12 55.9		201000	47 30 53.2	
		1 3.06			1 3.08
162000	11 52.8		202000	29 50.1	
		1 3.06			1 3.08
163000	10 49.8		203000	28 47.0	
		1 3.06			1 3.08
164000	9 46.7		204000	27 43.9	
		1 3.06			1 3.08
165000	8 43.7		205000	26 40.9	
		1 3.06			1 3.08
166000	48 7 40.6		206000	47 25 37.8	
		1 3.06			1 3.08
167000	6 37.5		207000	24 34.7	
		1 3.06			1 3.08
168000	5 34.5		208000	23 31.6	
		1 3.06			1 3.08
169000	4 31.4		209000	22 28.6	
		1 3.06			1 3.08
170000	3 28.4		210000	21 25.5	
		1 3.07			1 3.09
171000	48 2 25.3		211000	47 20 22.4	
		1 3.07			1 3.09
172000	1 22.2		212000	19 19.3	
		1 3.07			1 3.09
173000	48 0 19.2		213000	18 16.2	
		1 3.07			1 3.09
174000	47 59 16.1		214000	17 13.1	
		1 3.07			1 3.09
175000	58 13.0		215000	16 10.0	
		1 3.06			1 3.09
176000	47 57 9.9		216000	47 15 6.9	
		1 3.06			1 3.08
177000	56 6.9		217000	14 3.8	
		1 3.06			1 3.08
178000	55 3.8		218000	13 0.8	
		1 3.06			1 3.08
179000	54 0.8		219000	11 57.7	
		1 3.06			1 3.08
180000	52 57.7		220000	10 54.6	
		1 3.07			1 3.09
181000	47 51 54.6		221000	47 9 51.5	
		1 3.07			1 3.09
182000	50 51.6		222000	8 48.4	
		1 3.07			1 3.09
183000	49 48.5		223000	7 45.3	
		1 3.07			1 3.09
184000	48 45.4		224000	6 42.2	
		1 3.07			1 3.09
185000	47 42.4		225000	5 39.2	
		1 3.07			1 3.09
186000	47 46 39.3		226000	47 4 36.1	
		1 3.07			1 3.10
187000	45 36.2		227000	3 33.0	
		1 3.07			1 3.10
188000	44 33.2		228000	2 29.9	
		1 3.07			1 3.10
189000	43 30.1		229000	1 26.8	
		1 3.07			1 3.10
190000	42 27.0		230000	0 23.7	

Arcs en toises.	Latitude.	Différ.	Arcs en toises.	Latitude.	Différ.
230000	47° 0′ 23″7		270000	46° 18′ 19″4	
231000	46 59 20.6	1′ 3″09	271000	17 16.2	1′ 3″12
232000	58 17.5	1 3.09	272000	16 13.1	1 3.12
233000	57 14.4	1 3.09	273000	15 10.0	1 3.12
234000	56 11.3	1 3.09	274000	14 6.9	1 3.12
235000	55 8.2	1 3.10	275000	13 3.7	1 3.12
		1 3.10			1 3.13
236000	46 54 5.1		276000	46 12 0.6	
237000	53 2.0	1 3.10	277000	10 57.5	1 3.13
238000	51 58.9	1 3.10	278000	9 54.4	1 3.13
239000	50 55.8	1 3.10	279000	8 51.2	1 3.13
240000	49 52.7	1 3.10	280000	7 48.1	1 3.13
		1 3.10			1 3.14
241000	46 48 49.6		281000	46 6 45.0	
242000	47 46.5	1 3.10	282000	5 41.8	1 3.13
243000	46 43.4	1 3.10	283000	4 38.7	1 3.13
244000	45 40.3	1 3.10	284000	3 35.6	1 3.13
245000	44 37.2	1 3.10	285000	2 32.4	1 3.13
		1 3.11			1 3.13
246000	46 43 34.1		286000	46 1 29.3	
247000	42 31.0	1 3.11	287000	46 0 26.2	1 3.14
248000	41 27.9	1 3.11	288000	45 59 23.0	1 3.14
249000	40 24.8	1 3.11	289000	58 19.9	1 3.14
250000	39 21.7	1 3.11	290000	57 16.7	1 3.14
		1 3.11			1 3.14
251000	46 38 18.6		291000	45 56 13.6	
252000	37 15.4	1 3.11	292000	55 10.5	1 3.14
253000	36 12.3	1 3.11	293000	54 7.3	1 3.14
254000	35 9.2	1 3.11	294000	53 4.2	1 3.14
255000	34 6.1	1 3.11	295000	52 1.0	1 3.14
		1 3.11			1 3.14
256000	46 33 3.0		296000	45 50 57.9	
257000	31 59.9	1 3.11	297000	49 54.8	1 3.14
258000	30 56.8	1 3.11	298000	48 51.6	1 3.14
259000	29 53.7	1 3.12	299000	47 48.5	1 3.15
260000	28 50.5	1 3.12	300000	46 45.3	1 3.14
		1 3.11			1 3.14
261000	46 27 47.4		301000	45 45 42.2	
262000	26 44.3	1 3.12	302000	44 39.1	1 3.14
263000	25 41.2	1 3.12	303000	43 35.9	1 3.15
264000	24 38.1	1 3.12	304000	42 32.8	1 3.15
265000	23 35.0	1 3.12	305000	41 29.6	1 3.15
		1 3.12			1 3.15
266000	46 22 31.8		306000	45 40 26.5	
267000	21 28.7	1 3.12	307000	39 23.3	1 3.15
268000	20 25.6	1 3.12	308000	38 20.2	1 3.15
269000	19 22.5	1 3.12	309000	37 17.0	1 3.15
270000	18 19.4	1 3.12	310000	36 13.9	1 3.15

Arcs en toises.	Latitude.	Différ.	Arcs en toises.	Latitude.	Différ.
310000	45° 36′ 13″9		350000	44° 54′ 7″2	
311000	35 10·7	1′ 3″15	351000	53 4·0	1′ 3″18
312000	34 7·6	1 3.15	352000	52 0·9	1 3.18
313000	33 4·4	1 3.15	353000	50 57·7	1 3.18
314000	32 1·3	1 3.15	354000	49 54·5	1 3.18
315000	30 58·1	1 3.15	355000	44 48 51·4	1 3.18
		1 3.16			1 3.18
316000	45 29 55·0		356000	44 47 48·2	
317000	28 51·8	1 3.16	357000	46 45·0	1 3.18
318000	27 48·6	1 3.16	358000	45 41·8	1 3.18
319000	26 45·5	1 3.16	359000	44 38·6	1 3.19
320000	25 42·3	1 3.16	360000	43 35·4	1 3.19
		1 3 16			1 3.18
321000	45 24 39·2		361000	44 42 32·2	
322000	23 36·0	1 3.16	362000	41 29·1	1 3.18
323000	22 32·8	1 3.16	363000	40 25·9	1 3.19
324000	21 29·7	1 3.16	364000	39 22·7	1 3.19
325000	20 26·5	1 3.16	365000	38 19·5	1 3.19
		1 3.16			1 3.19
326000	45 19 23·3		366000	44 37 16·3	
327000	18 20·2	1 3.16	367000	36 13·1	1 3.19
328000	17 17·0	1 3.16	368000	35 9·9	1 3.18
329000	16 13·9	1 3.17	369000	34 6·7	1 3.19
330000	15 10·7	1 3.17	370000	33 3·5	1 3.19
		1 3.17			1 3.19
331000	45 14 7·5		371000	44 32 0·3	
332000	13 4·3	1 3.17	372000	30 57·2	1 3.19
333000	12 1·2	1 3.17	373000	29 54·0	1 3.19
334000	10 58·0	1 3.17	374000	28 50·8	1 3.19
335000	9 54·8	1 3.17	375000	27 47·6	1 3.20
		1 3.17			1 3.20
336000	45 8 51·7		376000	44 26 44·3	
337000	7 48·5	1 3.17	377000	25 41·2	1 3.20
338000	6 45·3	1 3.17	378000	24 38·0	1 3.20
339000	5 42·2	1 3.17	379000	23 34·8	1 3.20
340000	4 39·9	1 3.17	380000	22 31·6	1 5.20
		1 3.17			1 3.20
341000	45 3 35·8		381000	44 21 28·4	
342000	2 32·6	1 3.17	382000	20 25·2	1 3.20
343000	1 29·5	1 3.17	383000	19 22·0	1 3.20
344000	0 26·3	1 3.17	384000	18 18·8	1 3.20
345000	44 59 23·1	1 3.18	385000	17 15·6	1 3.20
		1 3.18			1 3.20
346000	44 58 20·0		386000	44 16 12·4	
347000	57 16·8	1 3.18	387000	15 9·2	1 3.20
348000	56 13·6	1 3.18	388000	14 6·0	1 3.20
349000	55 10·4	1 3.18	389000	13 2·8	1 3.20
350000	54 7·2	1 3.18	390000	11 59·6	1 3.20

Arcs en toises.	Latitude.	Différ.	Arcs en toises.	Latitude.	Diffé r.
390000	44° 11′ 59″6		430000	43° 29′ 51″1	
391000	10 56.4	1′ 3″20	431000	28 47.9	1′ 3″21
392000	9 53.2	1 3.20	432000	27 44.7	1 3.22
393000	8 50.0	1 3.20	433000	26 41.5	1 3.22
394000	7 46.8	1 3.20	434000	25 38.3	1 3.22
395000	44 6 43.6	1 3.21	435000	43 24 35.0	1 3.22
		1 3.21			1 3.22
396000	44 5 40.4	1 3.21	436000	43 23 31.8	1 3.22
397000	4 37.1	1 3.21	437000	22 28.6	1 3.22
398000	3 33.9	1 3.21	438000	21 25.4	1 3.22
399000	2 30.7	1 3.21	439000	20 22.1	1 3.22
400000	1 27.5	1 3.21	440000	19 18.9	1 3.22
401000	44 0 24.3	1 3.21	441000	43 18 15.7	1 3.22
402000	43 59 21.1	1 3.21	442000	17 12.5	1 3.22
403000	58 17.9	1 3.21	443000	16 9.3	1 3.22
404000	57 14.7	1 2.21	444000	15 6.0	1 3.22
405000	56 11.5	1 3.21	445000	14 2.8	1 3.23
		1 3.21			
406000	43 55 8.3	1 3.21	446000	43 12 59.6	1 3.23
407000	54 5.0	1 3.21	447000	11 56.4	1 3.23
408000	53 1.8	1 3.21	448000	10 53.1	1 3.23
409000	51 58.6	1 3.21	449000	9 49.9	1 3.23
410000	50 55.4	1 3.21	450000	8 46.7	1 3.23
411000	43 49 52.2	1 3.21	451000	43 7 43.4	1 3.23
412000	48 49.0	1 3.21	452000	6 40.2	1 3.23
413000	47 45.8	1 3.21	453000	5 37.0	1 3.23
414000	46 42.6	1 3.21	454000	4 33.8	1 3.23
415000	45 39.4	1 3.21	455000	3 30.5	1 3.22
416000	43 44 36.2	1 3.22	456000	43 2 27.3	1 3.22
417000	43 32.9	1 3.22	457000	1 24.1	1 3.22
418000	42 29.7	1 3.22	458000	43 0 20.9	1 3.22
419000	41 26.5	1 3.22	459000	42 59 17.7	1 3.22
420000	40 23.3	1 3.21	460000	58 14.4	1 3.22
421000	43 39 20.1	1 3.21	461000	42 57 11.2	1 3.23
422000	38 16.9	1 3.21	462000	56 8.0	1 3.23
423000	37 13.6	1 3.22	463000	55 4.8	1 3.23
424000	36 10.4	1 3.22	464000	54 1.5	1 3.23
425000	35 7.2	1 3.22	465000	52 58.3	1 3.23
426000	43 34 4.0	1 3.21	466000	42 51 55.1	1 3.23
427000	33 0.8	1 3.22	467000	50 51.8	1 3.22
428000	31 57.6	1 3.22	468000	49 48.6	1 3.22
429000	30 54.3	1 3.22	469000	48 45.4	1 3.22
430000	29 51.1		470000	47 42.2	

Arcs en toises.	Latitude.	Differ.	Arcs en toises.	Latitude.	Differ.
470000	42° 47′ 42″2	1′ 3″22	510000	42° 5′ 33″3	1′ 3″21
471000	46 39.0	1 3.23	511000	4 30.1	1 3.21
472000	45 35.7	1 3.23	512000	3 26.9	1 3.21
473000	44 32.5	1 3.23	513000	2 23.7	1 3.22
474000	43 29.3	1 3.24	514000	1 20.4	1 3.22
475000	42 26.0	1 3.22	515000	42 0 17.2	1 3.22
476000	42 41 22.8	1 3.22	516000	41 59 14.0	1 3.22
477000	40 19.6	1 3.22	517000	58 10.8	1 3.22
478000	39 16.4	1 3.22	518000	57 7.6	1 3.22
479000	38 13.2	1 3.22	519000	56 4.3	1 3.22
480000	37 19.9	1 3.23	520000	55 1.1	1 3.21
481000	42 36 6.7	1 3.23	521000	41 53 57.9	1 3.21
482000	35 3.5	1 3.23	522000	52 54.7	1 3.21
483000	34 0.2	1 3.23	523000	51 51.5	1 3.21
484000	32 57.0	1 3.23	524000	50 48.3	1 3.21
485000	31 53.8	1 3.22	525000	49 45.1	1 3.21
486000	42 30 50.6	1 3.22	526000	41 48 41.9	1 3.22
487000	29 47.3	1 3.22	527000	47 38.6	1 3.22
488000	28 44.1	1 3.22	528000	46 35.4	1 3.22
489000	27 40.9	1 3.22	529000	45 32.2	1 3.22
490000	26 37.7	1 3.23	530000	44 29.0	1 3.21
491000	42 25 34.5	1 3.23	531000	41 43 25.8	1 3.21
492000	24 31.2	1 3.22	532000	42 22.6	1 3.21
493000	23 28.0	1 3.22	533000	41 19.3	1 3.21
494000	22 24.8	1 3.22	534000	40 16.1	1 3.21
495000	21 21.6	1 3.22	535000	39 12.9	1 3.21
496000	42 20 18.3	1 3.22	536000	41 38 9.7	1 3.21
497000	19 15.1	1 3.22	537000	37 6.5	1 3.21
498000	18 11.9	1 3.22	538000	36 3.3	1 3.21
499000	17 8.7	1 3.22	539000	35 0.1	1 3.20
500000	16 5.5	1 3.21	540000	33 56.9	1 3.20
501000	42 15 2.3	1 3.21	541000	41 32 53.7	1 3.19
502000	13 59.1	1 3.22	542000	31 50.5	1 3.19
503000	12 55.8	1 3.22	543000	30 47.3	1 3.19
504000	11 52.6	1 3.22	544000	29 44.1	1 3.19
505000	10 49.4	1 3.22	545000	28 40.9	1 3.19
506000	42 9 46.2	1 3.22	546000	41 27 37.7	1 3.20
507000	8 42.9	1 3.22	547000	26 34.5	1 3.20
508000	7 39.7	1 3.22	548000	25 31.3	1 3.20
509000	6 36.5	1 3.22	549000	24 28.1	1 3.20
510000	5 33.3	1 3.22	550000	23 24.9	1 3.20

Arcs en toises.	Latitude.	Différ.	Arcs en toises.	Latitude.	Différ.
550000	41° 23′ 24″9		575000	40° 57′ 5″3	
551000	22 21.7	1′3″.19	576000	56 2.2	1′3″.17
552000	21 18.6	1 3.19	577000	54 59.0	1 3.18
553000	20 15.4	1 3.19	578000	53 55.8	1 3.18
554000	19 12.2	1 3.19	579000	52 52.6	1 3.18
555000	18 9.0	1 3.19	580000	51 49.5	1 3.17
		1 3.19			1 3.17
556000	41 17 5.8		581000	40 50 46.3	
557000	16 2.6	1 3.19	582000	49 43.1	1 3.16
558000	14 59.4	1 3.19	583000	48 40.0	1 3.16
559000	13 56.2	1 3.19	584000	47 36.8	1 3.16
560000	12 53.0	1 3.19	585000	46 33.7	1 3.16
		1 3.19			1 3.16
561000	41 11 49.8		586000	40 45 30.5	
562000	10 46.7	1 3.18	587000	44 27.3	1 3.16
563000	9 43.5	1 3.18	588000	43 24.2	1 3.16
564000	8 40.3	1 3.18	589000	42 21.0	1 3.15
565000	7 37.1	1 3.18	590000	41 17.9	1 3.15
		1 3.18			1 3.15
566000	41 6 33.9		591000	40 40 14.7	
567000	5 30.8	1 3.18	592000	39 11.6	1 3.15
568000	4 27.6	1 3.18	593000	38 8.4	1 3.15
569000	3 24.4	1 3.18	594000	37 5.3	1 3.15
570000	2 21.2	1 3.18	595000	36 2.1	1 3.15
		1 3.18			1 3.15
571000	41 1 18.0		596000	40 34 59.0	
572000	41 0 14.9	1 3.18	597000	33 55.8	1 3.15
573000	40 59 11.7	1 3.17	598000	32 52.7	1 3.15
574000	58 8.5	1 3.17	599000	31 49.5	1 3.15
575000	57 5.3	1 3.17	600000	30 46.4	1 3.15

Cette table et la suivante qui ont servi à tous les calculs et peuvent encore être employées à les vérifier, ont dû être calculées en toises et non en mètres ; mais les tables II et III fourniront dans tous les cas des conversions faciles et exactes.

TABLE VII. 377

TABLE VII. *Distances des différens parallèles au parallèle de Dunkerque en toises.*

LATIT.	ARC du méridien.	DIFFÉR. pour 10'.	LATIT.	ARC du méridien.	DIFFÉR. pour 10'.
51° 2' 9"2	000ᵗ0		50°30'	30577ᵗ6	
2 0.0	145.6	158ᵗ48	50 29	31528.8	158ᵗ53
1 0.0	1096.5	158.47	50 28	32480.1	158.55
51 0 0.0	2047.3	158.47	50 27	33431.4	158.55
		158.47			158.55
50 59 0.0	2998.1	158.47	50 26	34382.7	
50 58 0.0	3949.0	158.48	50 25	35334.0	158.55
50 57 0.0	4899.8	158.47	50 24	36285.2	158.54
		158.47			158.54
50 56 0.0	5850.6	158.48	50 23	37236.4	
50 55 0.0	6801.5	158.48	50 22	38187.7	158.55
50 54 0.0	7752.4	158.48	50 21	39138.9	158.54
		158.48			158.55
50 53 0.0	8703.3		50 20	40090.2	
50 52 0.0	9654.2	158.48	50 19	41041.5	158.55
50 51 0.0	10605.1	158.48	50 18	41992.7	158.54
		158.49			158.55
50 50 0.0	11556.0	158.49	50 17	42944.0	158.55
50 49 0.0	12056.9	158.50	50 16	43895.3	158.55
50 48 0.0	13457.9	158.50	50 15	44846.6	158.56
50 47 0.0	14408.9		50 14	45798.0	
50 46 0.0	15359.9	158.50	50 13	46749.3	158.56
50 45 0.0	16310.9	158.50	50 12	47700.6	158.56
		158.50			158.56
50 44 0.0	17261.9		50 11	48651.9	
50 43 0.0	18212.9	158.50	50 10	49603.3	158.57
50 42 0.0	19164.0	158.51	50 9	50554.7	158.57
		158.51			158.57
50 41 0.0	20115.0		50 8	51506.1	
50 40 0.0	21066.1	158.51	50 7	52457.5	157.57
50 39 0.0	22017.1	158.52	50 6	53408.9	158.57
		158.52			158.57
50 38 0.0	22968.2		50 5	54360.3	
50 37 0.0	23919.3	158.52	50 4	55311.7	158.57
50 36 0.0	24870.4	158.52	50 3	56263.1	158.57
		158.52			158.57
50 35 0.0	25821.5		50 2	57214.5	
50 34 0.0	26772.7	158.53	50 1	58166.0	158.58
50 33 0.0	27723.9	158.53	50 0	59117.4	158.57
		158.53			158.58
50 32 0.0	28675.1		49 59	60068.9	
50 31 0.0	29626.3	158.53	49 58	61020.3	158.57
50 30 0.0	30577.6	158.54	49 57	61971.8	158.58

Latit.	Arc du méridien.	Différ. pour 10'.	Latit.	Arc du méridien.	Différ. pour 10'.
49° 57'	61971.8		49° 21'	96227.7	
49 56	62923.3	158.58	49 20	97179.3	158.60
49 55	63874.8	158.58	49 19	98130.9	158.60
49 54	64826.3	158.58	49 18	99082.5	158.60
		158.58			158.61
49 53	65777.8	158.58	49 17	100034.2	158.60
49 52	66729.3	158.58	49 16	100985.8	158.60
49 51	67680.8	158.58	49 15	101937.4	158.60
49 50	68632.3	158.59	49 14	102889.0	158.60
49 49	69583.8	158.59	49 13	103840.6	158.60
49 48	70535.3	158.59	49 12	104792.2	158.61
49 47	71486.8	158.59	49 11	105743.9	158.60
49 46	72438.4	158.59	49 10	106695.5	158.60
49 45	73389.9	158.59	49 9	107647.1	158.60
49 44	74341.4	158.59	49 8	108598.7	158.60
49 43	75293.0	159.59	49 7	109550.3	158.61
49 42	76244.5	158.59	49 6	110902.0	158.60
49 41	77196.1	158.59	49 5	111453.6	158.60
49 40	78147.6	158.60	49 4	112405.2	158.60
49 39	79099.2	158.59	49 3	113356.8	158.60
49 38	80050.7	158.60	49 2	114308.4	158.61
49 37	81002.3	158.60	49 1	115260.1	158.60
49 36	81953.9	158.60	49 0	116211.7	158.60
49 35	82905.5	158.59	48 59	117163.3	158.60
49 34	83857.0	158.60	48 58	118114.9	158.60
49 3	84808.6	158.60	48 57	119066.5	158.60
49 32	85760.2	158.58	48 56	120018.1	158.60
49 31	86711.7	158.60	48 55	120969.7	158.60
49 30	87663.3	158.60	48 54	121921.3	158.60
49 29	88614.9	158.60	48 53	122872.9	158.61
49 28	89566.5	158.60	48 52	123824.6	158.60
49 27	90518.1	158.60	48 51	124776.2	158.60
49 26	91469.7	158.60	48 50	125727.8	158.60
49 25	92421.3	158.60	48 49	126679.4	158.60
49 24	93372.9	158.60	48 48	127631.0	158.60
49 23	94324.5	158.60	48 47	128582.6	158.60
49 22	95276.1	158.60	48 46	129534.2	158.60
49 21	96227.7		48 45	130485.8	

Latit.	Arc du méridien.	Différ. pour 10'.	Latit.	Arc du méridien.	Différ. pour 10'.
48° 45'	130485.8		48° 9'	164741.1	
48 44	131437.4	158.60	48 8	165692.6	158.58
48 43	132389.0	158.60	48 7	166644.0	158.57
48 42	133340.6	158.60	48 6	167595.5	158.58
		158.60			158.57
48 41	134292.2	158.59	48 5	168546.9	158.57
48 40	135243.7	158.60	48 4	169498.3	158.58
48 39	136195.3	158.60	48 3	170449.8	158.57
48 38	137146.9	158.60	48 2	171401.2	158.57
48 37	138098.5	158.59	48 1	172352.6	158.57
48 36	139050.0	158.59	48 0	173304.0	158.57
48 35	140001.6	158.60	47 59	174255.4	158.57
48 34	140953.2	158.59	47 58	175206.8	158.57
48 33	141904.7	158.60	47 57	176158.2	158.57
48 32	142856.3	158.59	47 56	177109.6	158.57
48 31	143807.9	158.59	47 55	178061.0	158.56
48 30	144759.4	158.59	47 54	179012.3	158.57
48 29	145711.0	158.58	47 53	179963.7	158.56
48 28	146662.5	158.59	47 52	180915.1	158.56
48 27	147614.1	158.58	47 51	181866.5	158.55
48 26	148565.6	158.59	47 50	182817.8	158.55
48 25	149517.1	158.59	47 49	183769.1	158.55
48 24	150468.7	158.58	47 48	184720.4	158.56
48 23	151420.2	158.58	47 47	185671.8	158.55
48 22	152371.7	158.58	47 46	186623.1	158.55
48 21	153323.3	158.58	47 45	187574.4	158.55
48 20	154274.8	158.58	47 44	188525.7	158.55
48 19	155226.3	158.58	47 43	189477.0	158.55
48 18	156177.8	158.58	47 42	190428.3	158.55
48 17	157129.3	158.58	47 41	191379.6	158.54
48 16	158080.8	158.58	47 40	192330.9	158.54
48 15	159032.3	158.58	47 39	193282.2	158.53
48 14	159983.8	158.57	47 38	194233.4	158.54
48 13	160935.2	158.58	47 37	195184.7	158.53
48 12	161886.7	158.58	47 36	196135.9	158.53
48 11	162838.2	158.58	47 35	197087.1	158.54
48 10	163789.7	158.57	47 34	198038.4	158.53
48 9	164741.1		47 33	198989.6	

Latit.	Arc du méridien.	Différ. pour 10'.	Latit.	Arc du méridien.	Différ. pour 10'.
47°33'	198989.6		46°57'	233228.3	
47 32	199940.8	158.53	46 56	234179.1	158.48
47 31	200892.1	158.54	46 55	235130.0	158.48
47 30	201843.3	158.53	46 54	236080.9	158.48
		158.53			158.48
47 29	202794.5	158.53	46 53	237031.8	158.48
47 28	203745.6	158.52	46 52	237982.7	158.48
47 27	204696.8	158.53	46 51	238933.6	158.48
47 26	205648.0	158.52	46 50	239884.5	158.47
47 25	206599.1	158.53	46 49	240835.3	158.47
47 24	207550.3	158.52	46 48	241786.1	158.47
47 23	208501.4	158.53	46 47	242736.9	158.47
47 22	209452.6	158.52	46 46	243687.7	158.47
47 21	210403.7	158.53	46 45	244638.5	158.47
47 20	211354.9	158.52	46 44	245589.3	158.47
47 19	212306.0	158.52	46 43	246540.1	158.47
47 18	213257.1	158.52	46 42	247490.9	158.47
47 17	214208.2	158.51	46 41	248441.7	158.46
47 16	215159.2	158.52	46 40	249392.5	158.46
47 15	216110.3	158.52	46 39	250343.2	158.46
47 14	217061.4	158.51	46 38	251293.9	158.46
47 13	218012.4	158.51	46 37	252244.6	158.45
47 12	218963.5	158.51	46 36	153195.3	158.45
47 11	219914.5	158.50	46 35	254146.0	158.45
47 10	220865.6	158.50	46 34	255096.7	158.45
47 9	221816.6	158.50	46 33	256047.4	158.45
47 8	222767.7	158.50	46 32	256998.1	158.44
47 7	223718.7	158.49	46 31	257948.8	158.44
47 6	224669.6	158.50	46 30	258899.5	158.44
47 5	225620.6	158.50	46 29	259850.1	158.43
47 4	226571.6	158.50	46 28	260800.7	158.43
47 3	227522.6	158.50	46 27	261751.3	158.43
47 2	228473.6	158.49	46 26	262701.9	158.43
47 1	229424.5	158.59	46 25	263652.5	158.43
47 0	230375.5	158.49	46 24	264603.1	158.43
46 59	231326.4	158.49	46 23	265553.7	158.43
46 58	232277.4	158.48	46 22	266504.3	158.43
46 57	233228.3		46 21	267454.9	

Latit.	Arc du méridien.	Différ. pour 10'.	Latit.	Arc du méridien.	Différ. pour 10'.
46° 21'	267454.9	158.43	45° 45'	301668.3	158.36
20	268405.5	158.42	44	302618.4	158.36
19	269356.0	158.42	43	303568.6	158.37
46 18	270306.5	158.42	45 42	304518.8	158.37
		158.42			
17	271257.0	158.42	41	305469.0	158.35
16	272207.5	158.42	40	306419.1	158.35
46 15	273158.0	158.42	45 39	307369.2	158.35
14	274108.5	158.42	38	308319.3	158.35
13	275059.0	158.42	37	309269.4	158.35
46 12	276009.5	158.42	45 36	310219.5	158.35
11	276960.0	158.41	35	311169.6	158.34
10	277910.4	158.41	34	312119.7	158.34
46 9	278860.9	158.40	45 33	313069.7	158.34
8	279811.3	158.40	32	314019.8	158.34
7	280761.7	158.40	31	314969.9	158.33
46 6	281712.1	158.40	45 30	315919.9	158.33
5	282662.5	158.39	29	316869.9	158.33
4	283612.8	158.39	28	317819.9	158.33
46 3	284563.2	158.39	45 27	318769.9	158.33
2	285513.6	158.39	26	319719.9	158.33
1	286464.0	158.39	25	320669.9	158.33
46 0	287414.4	158.38	45 24	321619.9	158.32
45 59	288364.7	158.38	23	322569.8	158.33
58	289315.0	158.38	22	323519.8	158.33
57	290265.3	158.38	45 21	324469.8	158.32
56	291215.6	158.38	20	325419.7	158.33
55	292165.9	158.37	19	326369.7	158.32
45 54	293116.1	158.38	45 18	327319.6	158.32
53	294066.4	158.38	17	328269.5	158.32
52	295016.7	158.38	16	329219.4	158.31
45 51	295967.0	158.38	45 15	330169.2	158.32
50	296917.3	158.37	14	331119.1	158.32
49	297867.5	158.37	13	332069.0	158.31
45 48	298817.7	158.37	45 12	333018.8	158.32
47	299767.9	158.37	11	333968.7	158.31
46	300718.1	158.37	10	334918.5	158.31
45 45	301668.3		45 9	335868.3	

Latit.	Arc du méridien.	Différ. pour 10'.	Latit.	Arc du méridien.	Différ. pour 10'.
45° 9'	335868.3		44° 33'	370055.7	
8	336818.1	158.30	32	371005.2	158.25
7	337767.9	158.30	31	371954.7	158.25
45 ●	338717.7	158.30	44 30	372904.2	158.25
		158.30			158.25
5	339667.5		29	373853.7	
4	340617.2	158.29	28	374803.1	158.24
45 3	341567.0	158.30	44 27	375752.5	158.24
		158.30			158.24
2	342516.8		26	376702.0	
1	343466.6	158.30	25	377651.4	158.23
45 0	344416.3	158.29	44 24	378600.8	158.23
		158.29			158.23
44 59	345366.1		23	379550.2	
58	346315.8	158.28	22	380499.6	158.23
57	347265.5	158.28	44 21	381449.0	158.23
		158.28			158.23
56	348215.2		20	382398.4	
55	349164.9	158.28	19	383347.8	158.23
44 54	350114.6	158.28	44 18	384297.1	158.22
		158.27			158.23
53	351064.2		17	385246.5	
52	352013.9	158.28	16	386195.9	158.23
44 51	352963.6	158.28	44 15	387145.2	158.22
		158.27			158.22
50	353913.2		14	388094.5	
49	354862.8	158.27	13	389043.9	158.23
44 48	355812.5	158.28	44 12	389993.2	158.22
		158.27			158.23
47	356762.1		11	390942.6	
46	357711.6	158.26	10	391891.9	158.22
44 45	358661.2	158.27	44 9	392841.2	158.22
		158.27			158.22
44	359610.8		8	393790.5	
43	360560.4	158.27	7	394739.8	158.22
44 42	361510.0	158.27	44 6	395689.1	158.22
		158.27			158.21
41	362459.6		5	396638.3	
40	363409.2	158.26	4	397587.6	158.22
44 39	364358.7	158.26	44 3	398536.9	158.22
		158.25			158.21
38	365308.2		2	399486.1	
37	366257.7	158.25	1	400435.4	158.22
44 36	367207.2	158.25	44 0	401384.7	158.22
		158.25			158.21
35	368156.7		43 59	402333.9	
34	369106.2	158.25	58	403283.1	158.21
44 33	370055.6	158.25	57	404232.3	158.21

Latit.	Arc du méridien.	Différ. pour 10'.	Latit.	Arc du méridien.	Différ. pour 10'.
43° 57'	404232·3		43° 21'	438400·9	158·18
56	405181·5	158·20	20	439350·0	158·18
55	406130·7	158·20	19	440299·1	158·17
43 54	407080·0	158·21	43 18	441248·1	158·17
		158·20			158·17
53	408029·2	158·20	17	442197·1	158·17
52	408978·4	158·20	16	443146·1	158·18
43 51	409927·6	158·20	43 15	444095·2	158·17
50	410876·8	158·20	14	445044·2	158·17
49	411826·0	158·19	13	445993·2	158·17
43 48	412775·1	158·20	43 12	446942·2	158·17
47	413724·3	158·20	11	447891·2	158·17
46	414673·5	158·19	10	448840·3	158·18
43 45	415622·6	158·19	43 9	449789·3	158·17
44	416571·8	158·19	8	450738·3	158·17
43	417520·9	158·19	7	451687·3	158·17
43 42	418470·1	158·18	43 6	452636·3	158·17
41	419419·2	158·18	5	453585·3	158·17
40	420368·3	158·19	4	454534·3	158·17
43 39	421317·5	158·18	43 3	455483·3	158·17
38	422266·6	158·18	2	456432·3	158·17
37	423215·7	158·18	1	457381·3	158·17
43 36	424164·8	158·18	43 0	458330·3	158·17
35	425113·9	158·18	42 59	459279·3	158·17
34	426063·0	158·18	58	460228·3	158·17
43 33	427012·1	158·18	57	461177·3	158·17
32	427961·2	158·18	56	462126·3	158·17
31	428910·3	158·18	55	463075·3	158·17
43 30	429859·4	158·18	42 54	464024·3	158·17
29	430808·5	158·17	53	464973·3	158·17
28	431757·5	158·18	52	465922·3	158·17
43 27	432706·6	158·17	42 51	466871·3	158·17
26	433655·6	158·18	50	467820·3	158·17
25	434604·7	158·18	49	468769·3	158·17
43 24	435553·8	158·17	42 48	469718·3	158·15
23	436502·8	158·18	47	470667·2	158·17
22	437451·9	158·17	46	471616·2	158·17
43 21	438400·9		42 45	472565·2	

LATIT.	ARC du méridien.	DIFFÉR. pour 10'.	LATIT.	ARC du méridien.	DIFFÉR. pour 10'.
42°45'	472565.2		42° 9'	506730.1	
44	473514.2	158.17	8	507679.2	158.18
43	474463.2	158.17	7	508628.3	158.18
42 42	475412.2	158.17	42 6	509577.4	158.18
		158.17			158.18
41	476361.2		5	510526.5	
40	477310.2	158.17	4	511475.6	158.18
42 39	478259.2	158.17	42 3	512424.7	158.18
		158.17			158.18
38	479208.2		2	513373.8	
37	480157.2	158.17	1	514322.9	158.18
42 36	481106.2	158.17	42 0	515272.0	158.18
		158.17			158.18
35	482055.2		41 59	516221.1	
34	483004.2	158.17	58	517170.2	158.18
42 33	483953.2	158.17	57	518119.4	158.20
		158.17			158.18
32	484902.2		56	519068.5	
31	485851.2	158.17	55	520017.7	158.20
42 30	486800.2	158.17	41 54	520966.8	158.18
		158.17			158.20
29	487749.2		53	521916.0	
28	488698.2	158.17	52	522865.2	158.20
42 27	489647.2	158.17	41 51	523814.3	158.18
		158.17			158.20
26	490596.2		50	524763.5	
25	491545.2	158.17	49	525712.7	158.20
42 24	492494.2	158.17	41 48	526661.9	158.20
		158.18			158.20
23	493443.3		47	527611.1	
22	494392.3	158.17	46	528560.3	158.20
42 21	495341.3	158.17	41 45	529509.5	158.20
		158.18			158.20
20	496290.4		44	530458.7	
19	497239.4	158.17	43	531408.0	158.22
42 18	498188.5	158.18	41 42	532357.2	158.20
		158.17			158.20
17	499137.5		41	533306.4	
16	500086.6	158.18	40	534255.7	158.22
42 15	501035.7	158.18	41 39	535205.0	158.22
		158.18			158.23
14	501984.8		38	536154.4	
13	502933.8	158.17	37	537103.7	158.22
42 12	503882.9	158.18	41 36	538053.0	158.22
		158.18			158.22
11	504832.0		35	539002.3	
10	505781.1	158.18	34	539951.6	158.22
42 9	506730.1	158.17	41 33	540900.9	158.22

Latit.	Arc du méridien.	Différ. pour 10'.	Latit.	Arc du méridien.	Différ. pour 10'.
41° 33'	540900·9		40° 57'	575084·2	
32	541850·2	158·22	56	576034·0	158·30
31	542799·5	158·22	55	576983·8	158·30
41 30	543748·9	158·23	40 54	577933·6	158·30
		158·22			158·30
29	544698·2	158·23	53	578883·4	158·30
28	545647·6	158·23	52	579833·2	158·31
41 27	546597·0	158·24	40 51	580783·1	158·31
26	547546·5	158·23	50	581732·9	158·32
25	548495·9	158·23	49	582682·8	158·33
41 24	549445·3	158·23	40 48	583632·8	158·33
23	550394·7	158·23	47	584582·8	158·32
22	551344·1	158·24	46	585532·7	158·33
41 21	552293·6	158·24	40 45	586482·7	158·33
20	553243·0	158·24	44	587432·7	158·33
19	554192·4	158·25	43	588382·7	158·34
41 18	555141·9	158·25	40 42	589332·7	158·34
17	556091·4	158·26	41	590282·7	158·34
16	557041·0	158·25	40	591232·7	158·35
41 15	557990·5	158·25	40 39	592182·8	158·35
14	558940·0	158·26	38	593132·9	158·35
13	559889·6	158·26	37	594083·0	158·36
41 12	560839·1	158·27	40 36	595033·2	158·36
11	561788·7	158·27	35	595983·3	158·37
10	562738·3	158·27	34	596933·5	158·37
41 9	563687·9	158·27	40 33	597883·7	158·37
8	564637·5	158·28	32	598833·9	158·37
7	565587·2	158·27	31	599784·1	158·37
41 6	566536·8	158·28	40 30	600734·3	158·38
5	567486·5	158·28	29	601684·6	158·38
4	568436·2	158·27	28	602634·9	158·38
41 3	569385·8	158·28	40 27	603585·2	158·39
2	570335·5	158·28	26	604535·6	158·39
1	571285·1	158·29	25	605485·9	158·40
41 0	572234·8	158·29	40 24	606436·3	158·40
40 59	573184·6	158·30	23	607386·7	158·40
58	574134·4	158·30	22	608337·1	158·40
57	575084·2		21	609287·5	158·40
			40 20	610237·9	

TABLE VIII. *Arcs du méridien, degrés de latitude et degrés des parallèles pour l'aplatissement* 0.00324 $= \frac{1}{508.6}$, *en mètres.*

Latit.	Arcs du méridien.	Degrés de latitude.	Differ.	Degrés des parall.	Differ.
0	000000·0			111277·5	
		110571·4			16·7
1	110571·4		0″7	111260·8	
		110572·1			50·5
2	221143·5		1·3	111210·3	
		110573·4			84·2
3	331716·9		2·0	111126·1	
		110575·4			117·9
4	442292·3		2·6	111008·2	
		110578·0			151·5
5	552870·3		3·2	110856·7	
		110581·2			184·8
			3·9		
6	663451·5			110671·9	
		110585·1			218·4
7	774036·6		4·5	110453·5	
		110589·6			251·8
8	884626·2		5·2	110201·7	
		110594·8			285·4
9	995221·0		5·8	109916·3	
		110600·6			318·5
10	1105821·6		6·4	109597·8	
		110607·0			351·8
			7·0		
11	1216428·6			109246·0	
		110614·0			384·9
12	1327042·6		7·6	108861·1	
		110621·6			417·9
13	1437664·2		8·3	108443·2	
		110629·9			450·6
14	1548294·1		8·8	107992·6	
		110638·7			483·3
15	1658932·8		9·3	107509·3	
		110648·0			516·1
			10·0		
16	1769580·8			106993·2	
		110658·0			548·5
17	1880238·8		10·5	106444·7	
		110668·4			580·8
18	1990907·2		11·0	105863·9	
		110679·5			612·8
19	2101586·7		11·5	105251·1	
		110691·0			644·9
20	2212277·7		12·1	104606·2	
		110703·1			676·5
			12·5		
21	2322980·8			103929·7	
		110715·6			708·1
22	2433696·4		13·1	103221·6	
		110728·7			739·5
23	2544425·1		13·5	102482·1	
		110742·2			770·6
24	2655167·3		13·9	101711·5	
		110756·1			801·5
25	2765923·4		14·4	100910·0	
		110770·5			832·1
			14·8		
26	2876693·9			100077·9	
		110785·4			862·8
27	2987479·3		15·2	99215·1	
		110800·5			892·6
28	3098279·8		15·6	98322·5	
		110816·1			922·9
29	3209095·9		15·9	97399·6	
		110832·0			952·5
30	3319927·9		16·3	96447·1	

Latit.	Arcs du méridien.	Degrés de latitude.	Différ.	Degrés des parall.	Différ.
30	3319927.9			96447.1	
31	3430776.3	110848.3	16.6	95465.4	981.7
32	3541641.2	110864.9	16.9	94454.6	1010.8
33	3652523.0	110881.8	17.2	93414.8	1039.8
34	3763422.0	110899.0	17.5	92346.7	1068.1
35	3874338.5	110916.5	17.7	91250.4	1096.3
		110934.2	17.9		1124.2
36	3985272.7			90126.2	
37	4096224.8	110952.1	18.0	88974.5	1151.7
38	4207194.9	110970.1	18.4	87795.5	1179.0
39	4318183.4	110988.5	18.4	86589.9	1205.6
40	4429190.3	111006.9	18.6	85357.7	1232.2
		111025.5	18.6		1258.3
41	4540215.8			84099.4	
42	4651259.9	111044.1	18.8	82815.4	1284.0
43	4762322.8	111062.9	18.8	81506.0	1309.4
44	4873404.5	111081.7	18.9	80171.7	1334.3
45	4984505.1	111100.6	18.9	78812.6	1359.1
		111119.4	18.8		1383.0
46	5095624.5			77429.6	
47	5206762.9	111138.3	18.8	76022.8	1406.8
48	5317920.0	111157.2	18.9	74592.6	1430.2
49	5429096.0	111176.0	18.7	73139.6	1453.0
50	5540290.7	111194.7	18.6	71664.1	1475.5
		111213.3	18.5		1497.6
51	5651504.0			70166.5	
52	5762735.8	111231.8	18.3	68647.4	1519.1
53	5873985.9	111250.1	18.2	67107.1	1540.3
54	5985254.2	111268.3	18.0	65546.3	1560.8
55	6096540.5	111286.3	17.8	63965.3	1581.0
		111304.1	17.6		1600.8
56	6207844.6			62364.5	
57	6319166.3	111321.7	17.3	60744.5	1620.0
58	6430505.3	111339.0	17.0	59105.7	1638.8
59	6541861.3	111356.0	16.7	57448.8	1656.9
60	6653234.0	111372.7	16.5	55774.2	1674.6

Latit.	Arcs du méridien.	Degrés de latitude.	Differ.	Degrés des parall.	Differ.
60	6653234.0			55774.2	
61	6764623.2	111389.2	16.0	44082.5	1691.7
62	6876028.4	111405.2	15.8	52374.0	1708.5
63	6987449.4	111421.0	15.3	50649.3	1724.7
64	7098885.7	111436.3	14.9	48909.0	1740.3
65	7210336.9	111451.2	14.6	47153.4	1755.6
		111465.8	14.1		1770.1
66	7321802.7			45383.3	
67	7433282.6	111479.9	13.7	43599.4	1783.9
68	7544776.1	111493.6	13.1	41801.8	1797.6
69	7656282.8	111506.7	12.8	39991.3	1810.5
70	7767802.3	111519.5	12.2	38168.4	1822.9
		111531.7	11.7		1834.6
71	7879334.0			36333.8	
72	7990877.4	111543.4	11.1	34487.8	1846.0
73	8102431.9	111554.5	10.6	32631.2	1856.6
74	8213997.0	111565.1	10.1	30764.4	1866.8
75	8325572.2	111575.2	9.5	28888.3	1876.1
		111584.7	9.0		1885.3
76	8437156.9			27003.0	
77	8548750.6	111593.7	8.3	25109.3	1893.7
78	8660352.6	111602.0	7.7	23207.8	1901.5
79	8771962.3	111609.7	7.2	21299.3	1908.5
80	8883579.2	111616.9	6.5	19384.0	1915.3
		111623.4	5.8		1921.2
81	8995202.6			17462.8	
82	9106831.8	111629.2	5.3	15536.2	1926.6
83	9218466.3	111634.5	4.6	13604.7	1931.5
84	9330105.4	111639.1	3.9	11669.1	1935.6
85	9441748.4	111643.0	3.3	9729.8	1939.3
		111646.3	2.7		1942.4
86	9553394.7			7787.4	
87	9665043.7	111649.0	2.0	5842.6	1944.8
88	9776694.7	111651.0	1.3	3896.1	1946.5
89	9888347.0	111652.3	0.7	1948.5	1947.6
90	10000000.0	111653.0		0000.0	1948.5

TABLE IX. *Logarithmes des rayons de la terre, pour 0.00324.*

LATIT.	LOGARITHMES.	DIFFÉR.	LATIT.	LOGARITHMES.	DIFFÉR.
0	0·0000000		30	9·9996502	
1	9·9999996	4	31	9·9996288	214
2	9·9999983	13	32	9·9996070	218
3	9·9999962	21	33	9·9995848	222
4	9·9999932	30	34	9·9995622	226
5	9·9999894	38	35	9·9995393	229
		46			231
6	9·9999848		36	9·9995162	
7	9·9999793	55	37	9·9994927	235
8	9·9999730	63	38	9·9994690	237
9	9·9999658	72	39	9·9994451	239
10	9·9999579	79	40	9·9994210	241
		87			243
11	9·9999492		41	9·9993967	
12	9·9999396	96	42	9·9993724	243
13	9·9999293	103	43	9·9993479	245
14	9·9999183	110	44	9·9993233	246
15	9·9999064	119	45	9·9992987	246
		125			246
16	9·9998939		46	9·9992741	
17	9·9998806	133	47	9·9992496	245
18	9·9998666	140	48	9·9992250	246
19	9·9998519	147	49	9·9992006	244
20	9·9998365	154	50	9·9991763	243
		160			242
21	9·9998205		51	9·9991521	
22	9·9998039	166	52	9·9991281	240
23	9·9997866	173	53	9·9991042	239
24	9·9997687	179	54	9·9990806	236
25	9·9997503	184	55	9·9990573	233
		190			230
26	9·9997313		56	9·9990343	
27	9·9997118	195	57	9·9990115	228
28	9·9996917	201	58	9·9989892	223
29	9·9996712	205	59	9·9989671	221
30	9·9996502	210	60	9·9989455	216

Latit.	Logarithmes.	Différ.	Latit.	Logarithmes.	Différ.
60	9.9989455		75	9.9986859	
61	9.9989243	212	76	9.9986739	120
62	9.9989036	207	77	9.9986626	113
63	9.9988833	203	78	9.9986521	105
64	9.9988636	197	79	9.9986424	97
65	9.9988444	192	80	9.9986335	89
		187			81
66	9.9988257	181	81	9.9986254	
67	9.9988076	175	82	9.9986182	72
68	9.9987901	169	83	9.9986117	65
69	9.9987732	163	84	9.9986062	55
70	9.9987569	156	85	9.9986014	48
					39
71	9.9987413	149	86	9.9985975	30
72	9.9987264	142	87	9.9985945	22
73	9.9987122	135	88	9.9985923	13
74	9.9986987	128	89	9.9985910	4
75	9.9986859		90	9.9985906	

TABLE X. *Logarithmes des normales pour* 0.00324.

Latit.	Logarithmes.	Différ.	Latit.	Logarithmes.	Différ.
0	0.0000000		10	0.0000424	
1	0.0000004	4	11	0.0000512	88
2	0.0000017	13	12	0.0000607	95
3	0.0000039	22	13	0.0000711	104
4	0.0000068	29	14	0.0000822	111
5	0.0000107	39	15	0.0000941	119
		47			127
6	0.0000154	55	16	0.0001068	133
7	0.0000209	63	17	0.0001201	141
8	0.0000272	72	18	0.0001342	148
9	0.0000344	80	19	0.0001490	154
10	0.0000424		20	0.0001644	

Latit.	Logarithmes.	Differ.	Latit.	Logarithmes.	Differ.
20	0·0001644		55	0·0009447	
21	0·0001805	161	56	0·0009677	230
22	0·0001972	167	57	0·0009904	227
23	0·0002146	174	58	0·0010127	223
24	0·0002325	179	59	0·0010346	219
25	0·0002511	186	60	0·0010562	216
		190			211
26	0·0002701		61	0·0010773	
27	0·0002897	196	62	0·0010980	207
28	0·0003099	202	63	0·0011182	202
29	0·0003304	205	64	0·0011378	196
30	0·0003515	211	65	0·0011570	192
		215			186
31	0·0003730		66	0·0011756	
32	0·0003949	219	67	0·0011936	180
33	0·0004171	222	68	0·0012111	175
34	0·0004397	226	69	0·0012279	168
35	0·0004627	230	70	0·0012441	162
		232			155
36	0·0004859		71	0·0012596	
37	0·0005094	235	72	0·0012744	148
38	0·0005331	237	73	0·0012886	142
39	0·0005571	240	74	0·0013020	134
40	0·0005812	241	75	0·0013147	127
		243			120
41	0·0006055		76	0·0013267	
42	0·0006299	244	77	0·0013379	112
43	0·0006544	245	78	0·0013483	104
44	0·0006790	246	79	0·0013580	97
45	0·0007036	246	80	0·0013668	88
		246			80
46	0·0007282		81	0·0013748	
47	0·0007527	245	82	0·0013820	72
48	0·0007772	245	83	0·0013884	64
49	0·0008017	245	84	0·0013940	56
50	0·0008260	243	85	0·0013987	47
		241			38
51	0·0008501		86	0·0014025	
52	0·0008741	240	87	0·0014055	30
53	0·0008979	238	88	0·0014077	22
54	0·0009214	235	89	0·0014090	13
55	0·0009447	233	90	0·0014094	4

TABLE XI. *Angles de la verticale pour* 0.00324.

LAT.	ANGLES.	DIFF.	LAT.	ANGLES.	DIFF.	LAT.	ANGLES.	DIFF.
0	0′ 0″0		30	9′ 38″8		60	9′ 40″6	
1	0 23.3	23.3	31	9 50.1	11.3	61	9 28.7	11.9
2	0 46.5	23.2	32	10 0.8	10.7	62	9 16.0	12.7
3	1 9.8	23.3	33	10 10.7	9.9	63	9 2.6	13.4
4	1 32.9	23.1	34	10 19.9	9.2	64	8 48.6	14.0
5	1 55.8	22.9	35	10 28.3	8.4	65	8 33.9	14.7
		23.0			7.7			15.3
6	2 18.8		36	10 36.0		66	8 18.6	
7	2 41.4	22.6	37	10 42.9	6.9	67	8 2.6	16.0
8	3 3.9	22.5	38	10 49.0	6.1	68	7 46.1	16.5
9	3 26.3	22.4	39	10 54.4	5.4	69	7 29.0	17.1
10	3 48.2	21.9	40	10 58.8	4.4	70	7 11.4	17.6
		21.8			3.8			18.2
11	4 10.0		41	11 2.6		71	6 53.2	
12	4 31.5	21.5	42	11 5.5	2.9	72	6 34.5	18.7
13	4 52.5	21.0	43	11 7.6	2.1	73	6 15.3	19.2
14	5 13.4	20.9	44	11 8.9	1.3	74	5 55.7	19.6
15	5 33.8	20.4	45	11 9.4	+0.5	75	5 35.6	20.1
		19.9			−0.3			20.4
16	5 53.7		46	11 9.1		76	5 15.2	
17	6 13.3	19.6	47	11 8.0	1.1	77	4 54.3	20.9
18	6 32.5	19.2	48	11 5.9	2.1	78	4 33.1	21.2
19	6 51.0	18.5	49	11 3.2	2.7	79	4 11.6	21.5
20	7 9.2	18.2	50	10 59.6	3.6	80	3 49.6	22.0
		17.6			4.4			22.1
21	7 26.8		51	10 55.2		81	3 27.5	
22	7 43.9	17.1	52	10 50.0	5.2	82	3 5.1	22.4
23	8 0.4	16.5	53	10 44.1	5.9	83	2 42.4	22.7
24	8 16.4	16.0	54	10 37.2	6.9	84	2 19.6	22.8
25	8 31.7	15.3	55	10 29.7	7.5	85	1 56.6	23.0
		14.7			8.2			23.1
26	8 46.4		56	10 21.5		86	1 33.5	
27	9 0.6	14.2	57	10 12.3	9.2	87	1 10.2	23.3
28	9 14.6	13.4	58	10 2.6	9.7	88	0 46.9	23.3
29	9 26.7	12.7	59	9 51.9	10.7	89	0 23.5	23.4
30	9 38.8	12.1	60	9 40.6	11.3	90	0 0.0	23.5

TABLE XII.   *Corrections de latitude pour 0.c0324.*

LAT.	DEGRÉS.	DIFF.	LAT.	DEGRÉS.	DIFF.	LAT.	DEGRÉS.	DIFF.
0	0' 0"0		30	4' 49"6	5.7	60	4' 50"1	6.0
1	0 11.7	11.7	31	4 55.3	5.3	61	4 44.1	6.3
2	0 23.3	11.6	32	5 0.6	5.0	62	4 37.8	6.7
3	0 34.9	11.6	33	5 5.6	4.6	63	4 31.1	7.1
4	0 46.5	11.6	34	5 10.2	4.2	64	4 24.0	7.3
5	0 58.0	11.5	35	5 14.4	3.8	65	4 16.7	7.7
		115.						
6	1 9.5	11.4	36	5 18.2	3.4	66	4 9.0	7.9
7	1 20.9	11.4	37	5 21.6	3.1	67	4 1.1	8.3
8	1 32.1	11.2	38	5 24.7	2.6	68	3 52.8	8.6
9	1 43.3	11.2	39	5 27.3	2.3	69	3 44.2	8.8
10	1 54.3	11.0	40	5 29.6	1.8	70	3 35.4	9.1
		10.9						
11	2 5.2	10.7	41	5 31.4	1.4	71	3 26.3	9.3
12	2 15.9	10.6	42	5 32.8	1.1	72	3 17.0	9.6
13	2 26.5	10.4	43	5 33.9	0.6	73	3 7.4	9.8
14	2 36.9	10.2	44	5 34.5	+0.2	74	2 57.6	10.0
15	2 47.1	10.0	45	5 34.7	−0.2	75	2 47.6	10.2
16	2 57.1	9.8	46	5 34.5	0.6	76	2 37.4	10.5
17	3 6.9	9.6	47	5 33.9	0.9	77	2 26.9	10.6
18	3 16.5	9.3	48	5 33.0	1.5	78	2 16.3	10.7
19	3 25.8	9.1	49	5 31.5	1.8	79	2 5.6	10.9
20	3 34.9	8.8	50	5 29.7	2.2	80	1 54.7	11.1
21	3 43.7	8.6	51	5 27.5	2.6	81	1 43.6	11.2
22	3 52.3	8.2	52	5 24.9	3.0	82	1 32.4	11.3
23	4 0.5	8.0	53	5 21.9	3.4	83	1 21.1	11.4
24	4 8.5	7.6	54	5 18.5	3.8	84	1 9.7	11.5
25	4 16.1	7.4	55	5 14.7	4.2	85	0 58.2	11.5
26	4 23.5	7.0	56	5 10.5	4.5	86	0 46.7	11.6
27	4 30.5	6.8	57	5 6.0	4.9	87	0 35.1	11.7
28	4 37.3	6.3	58	5 1.1	5.3	88	0 23.4	11.7
29	4 43.6	6.0	59	4 55.8	5.7	89	0 11.7	11.7
30	4 49.6		60	4 50.1		90	0 0.0	11.7

TABLE XIII. *Degrés de latitude en toises pour o.oo324.*

LAT.	DEGRÉS.	DIFF.	LAT.	DEGRÉS.	DIFF.	LAT.	DEGRÉS.	DIFF.
0	....		30	56865.1		60	57142.5	
1	56731.3	0.0	31	56873.4	8.3	61	57150.9	8.4
2	56731.7	0.4	32	56881.9	8.5	62	57159.1	8.2
3	56732.3	0.6	33	56890.6	8.7	63	57167.2	8.2
4	56733.3	1.0	34	56899.4	8.8	64	57175.1	7.9
5	56734.7	1.4	35	56908.4	9.0	65	57182.7	7.6
		1.6			9.0			7.5
6	56736.3		36	56917.4		66	57190.2	
7	56738.3	2.0	37	56926.6	9.2	67	57197.4	7.2
8	56740.7	2.4	38	56935.9	9.3	68	57204.4	7.0
9	56743.3	2.6	39	56945.3	9.4	69	57211.2	6.8
10	56746.3	3.0	40	56954.8	9.5	70	57217.7	6.5
		3.3			9.5			6.3
11	56749.6		41	56964.3		71	57224.0	
12	56753.2	3.6	42	56973.9	9.6	72	57229.9	5.9
13	56757.1	3.9	43	56983.5	9.6	73	57235.7	5.8
14	56761.3	4.2	44	56993.1	9.6	74	57241.2	5.5
15	56765.8	4.5	45	57002.8	9.7	75	57246.3	5.1
		4.8			9.7			4.9
16	56770.6		46	57012.5		76	57251.2	
17	56775.7	5.1	47	57022.2	9.7	77	57255.8	4.6
18	56781.1	5.4	48	57031.9	9.7	78	57260.1	4.3
19	56786.8	5.7	49	57041.5	9.6	79	57264.1	4.0
20	56792.7	5.9	50	57051.1	9.6	80	57267.7	3.6
		6.2			9.5			3.3
21	56798.9		51	57060.6		81	57271.0	
22	56805.3	6.4	52	57070.1	9.5	82	57274.1	3.1
23	56812.0	6.7	53	57079.6	9.5	83	57276.7	2.6
24	56818.9	6.9	54	57088.9	9.3	84	57279.1	2.4
25	56826.1	7.2	55	57098.1	9.2	85	57281.1	2.0
		7.4			9.2			1.7
26	56833.5		56	57107.3		86	57282.8	
27	56841.1	7.6	57	57116.3	9.0	87	57284.2	1.4
28	56848.9	7.8	58	57125.1	8.8	88	57285.2	1.0
29	56856.9	8.0	59	57133.9	8.8	89	57285.9	0.7
30	56865.1	8.2	60	57142.5	8.6	90	57286.2	0.3

TABLE XIV. *Arcs des parallèles en toises pour* 0.00324.

Lat.	Degrés.	Diff.	Lat.	Degrés.	Diff.	Lat.	Degrés.	Diff.
0	57093.6	8.6	30	49484.5	503.7	60	28616.3	868.0
1	57085.0	25.9	31	48980.8	518.6	61	27748.3	876.6
2	57059.1	43.2	32	48462.2	533.5	62	26871.7	884.9
3	57015.9	60.5	33	47928.7	548.0	63	25986.8	892.9
4	56955.4	77.7	34	47380.7	562.5	64	25093.9	900.7
5	56877.7	94.8	35	46818.2	576.8	65	24193.2	908.2
6	56782.9	112.1	36	46241.4	590.9	66	23285.0	915.3
7	56670.8	129.2	37	45650.5	604.9	67	22369.7	922.3
8	56541.6	146.4	38	45045.6	618.6	68	21447.4	928.9
9	56395.2	163.4	39	44427.0	632.2	69	20518.5	935.3
10	56231.8	180.5	40	43794.8	645.6	70	19583.2	941.3
11	56051.3	197.5	41	43149.2	658.8	71	18641.9	947.1
12	55853.8	214.4	42	42490.4	671.8	72	17694.8	952.6
13	55639.4	231.2	43	41818.6	684.6	73	16742.2	957.8
14	55408.2	248.0	44	41134.0	697.3	74	15784.4	962.6
15	55160.2	264.8	45	40436.7	709.6	75	14821.8	967.3
16	54895.4	281.4	46	39727.1	721.8	76	13854.5	971.6
17	54614.0	298.0	47	39005.3	733.8	77	12882.9	975.6
18	54316.0	314.4	48	38271.5	745.5	78	11907.3	979.2
19	54001.6	330.8	49	37526.0	757.0	79	10928.1	982.7
20	53670.8	347.2	50	36769.0	768.4	80	9945.4	985.7
21	53323.6	363.3	51	36000.6	779.4	81	8959.7	988.5
22	52960.3	379.4	52	35221.2	790.3	82	7971.2	991.0
23	52580.9	395.4	53	34430.9	800.8	83	6980.2	993.1
24	52185.5	411.2	54	33630.1	811.2	84	5987.1	995.0
25	51774.3	427.0	55	32818.9	821.3	85	4992.1	996.6
26	51347.3	442.6	56	31997.6	831.2	86	3995.5	997.8
27	50904.7	458.0	57	31166.4	840.8	87	2997.7	998.7
28	50446.7	473.5	58	30325.6	850.1	88	1999.0	999.3
29	49973.2	488.7	59	29475.5	859.2	89	999.7	999.7
30	49484.5		60	28616.3		90	000.0	

Ces dernières tables supposent que l'ellipse du méridien est d'une régularité parfaite, et que les deux axes
sont entre eux comme un est à 0.99676, c'est-à-dire que
l'aplatissement est de 0.00324, ou de $\frac{1}{308.6}$ à fort peu
près. C'est ce qui résulte de l'arc entre Dunkerque et
Barcelone, comparé à l'arc du Pérou calculé de nouveau
d'après la totalité des observations de Bouguer et La
Condamine.

Les tables VI et VII, au contraire, sont assujéties à
toutes nos observations tant célestes que terrestres, et
renferment les anomalies qui résultent des erreurs des
observations et des irrégularités de notre globe. On doit
donc s'attendre que les degrés en toises, dans la table
XIII, ne seront pas de la même longueur que ceux qui
se déduiroient de la table VII. Dans l'une ces degrés
vont augmentant d'une façon régulière depuis l'équateur
jusqu'au pôle ; dans l'autre, ils éprouvent une diminution du 41e au 42e parallèle : ils augmentent ensuite
depuis le 43e jusqu'au 49e, pour éprouver enfin une légère diminution entre le 50e et le 51e. Ces irrégularités
sont loin cependant d'être comparables à celles qui
ont été remarquées entre Barcelone et Montjouy par
M. Méchain, et dans les provinces méridionales d'Angleterre par M. Mudge. Elles répondent à 1 ou 2 secondes d'anomalie dans les latitudes ; en sorte qu'on
pourra trouver de 10 à 40 toises de différence entre les
degrés correspondans de nos deux tables. Nous avons
déjà vu, page 92, que pour ramener nos observations
à l'aplatissement $\frac{1}{320}$, MM. Laplace et Legendre étoient

obligés de supposer des erreurs de 4 à 5ᵐ dans les latitudes, et ces erreurs sont au moins fort invraisemblables.

Nous avons dit, page 140, que le mètre adopté paroissoit un peu trop foible, et que l'étalon déposé aux archives pour représenter le mètre qui résulte de nos derniers calculs, devoit être soumis à une température de 8.445 ou de 6.756 de la division en 80 parties. A l'instant où nous imprimons cette feuille M. Biot vient de publier le résultat des opérations entre Montjouy et Formentera. En calculant ses distances au zénith par nos tables nouvelles de réfractions, en faisant à la latitude de Dunkerque le petit changement qui résulte de ces tables, en se bornant de plus à nos observations de la Polaire, il a trouvé le mètre exactement conforme à celui de la commission, au lieu que nous le jugions trop foible de 0.032 lignes. La latitude de Formentera substituée à celles de Barcelone et de Montjouy, en nous délivrant de l'incertitude que nous laissoient ces deux stations, peut avoir produit cette conformité parfaite; en effet, quand on n'a plus que des différences aussi légères, on conçoit que pour les faire disparoître il suffit d'un changement très-léger dans les diverses données. En rejetant à Dunkerque les observations de β de la petite Ourse, qui sont à la vérité moins nombreuses et moins bonnes que celles de la Polaire, on a augmenté la latitude de Dunkerque, et ce changement doit augmenter l'irrégularité des degrés; mais en attendant que les nouvelles observations qu'on se propose de faire cet hiver à Dunkerque aient levé le doute de 0.5 à peu près

qui nous reste sur cette latitude, les observations de
Formentera vont nous fournir une nouvelle détermination qui ne sera pas sans intérêt.

L'arc entre cette île et Greenwich est à très-peu près
coupé en deux également par le parallèle de 45°; l'aplatissement n'influera que d'une manière tout à fait insensible sur la valeur du mètre. Voyons donc ce que donne
ce grand arc.

L'arc entre Formentera et Dunkerque est de . .	705 188·77
Entre Dunkerque et Greenwich	25 241·90
Entre Formentera et Greenwich ($A' - A$) . . , =	730 430·67

Latitude de Formentera	38° 39′ 56″11
Latitude de Greenwich	51 28 39·5
$L + L'$ . . . . =	90. 8 35·61
$L' - L$ . . . . =	12 48 43·39
$2(L' - L)$ . . . . =	25′ 37′ 26·78
$2(L' + L)$ . . . . . . =	180 17′ 11·22
log. constant	1·4470587·5
log. $(A' - A)$	5·8635789·4
C. l. $(L' - L)$	5·3360787
443¹319	2·6467163·9
C. *sin.* 1″	5·3144251·3
1·5	0·1760912·6
sin. $(L' - L)$	9·3458707·8
cos. $(L' + L)$	— 7·3978871·0
— 1·6484 a	0·2170693·6
443¹319	— 2·6467164
15 : 32 *sin.* 1″	4·9853664
C. $(L' - L)$	5·3360787
sin. $2(L' - L)$	9·6359213
cos. $2(L' + L)$	— 9·9999946
+ 401·89 a^2	2·6040774

d'où $\mu = 443^l319 - 1.6484\,a + 401.89\,a^2$

$$- 0.21707$$
$$(0.00324)^2 \quad 7.51054$$
$$- 0^l00534 \ldots\ldots\ldots = 7.72761$$

$$2.60408$$
$$(0.00324)^2 \quad 5.02199$$
$$+ 0^l00422 \ldots\ldots\ldots 7.62517$$

et $\quad \mu = 443^l31788$

Doublez l'aplatissement $\mu \ldots\ldots = 443.319$

$$- \quad .01068$$
$$+ \quad 1688$$
$$\text{ou} \ldots\ldots\ldots\ldots\ldots\ldots 443.32520$$

Par Montjouy, Barcelone et Greenwich nous avons trouvé,
    page 193 . . . . 443.3255
Par Montjouy, Barcelone et Dunkerque 443.328
Par Formentera et Greenwich 443.31788
Mais si nous supposions, comme ci-dessus, 51° 28′ 40″ pour
    la latitude de Greenwich, nous aurions 0^l006 de moins, ou 443.31188

Nous pourrions supposer 443^l322 par un milieu entre toutes ces valeurs, et ce nombre seroit facile à retenir, puisqu'il se compose des nombres 4, 3, 2 pris chacun deux fois.

Nous avons exposé, page 194, les raisons que nous avons pour diminuer la latitude de Greenwich; nous pouvons y ajouter la nécessité de tenir compte de la petite différence entre nos réfractions et celles de Bradley.

On voit donc que la prolongation de notre méridienne n'a changé que d'une quantité tout à fait insensible la valeur de notre mètre. Il reste à voir ce que produiront les nouvelles observations qu'on se propose de faire à Dunkerque cet hiver. M. Biot, qui, en société avec

M. Arago a déterminé avec le plus grand succès la hauteur du pôle et la longueur du pendule à Formentera, qui maintenant, avec M. Mathieu, observe la longueur du pendule sur le quarante-cinquième degré à Bordeaux, et qui répétera ensuite les mêmes expériences sur le même parallèle, mais dans l'intérieur des terres et sur le méridien de Paris, doit mesurer aussi le pendule à l'autre extrémité de l'arc, c'est-à-dire à Dunkerque. Il profitera de cette occasion pour observer en même temps la latitude. On a vu que j'étois peu content des observations de β de la petite Ourse, dont je n'avois même pu observer le passage inférieur ; que les observations de la Polaire avoient été contrariées par le temps, et qu'elles avoient commencé trop tard. Malgré ces contrariétés je ne crois pas qu'il puisse rester plus de $\frac{1}{2}$ seconde de doute sur cette latitude, et une demi-seconde ne peut guère donner que 0^l005 de plus ou de moins sur la valeur du mètre. On vient de voir que la latitude de Greenwich, qui peut passer à bon droit pour l'une des plus sûres que l'on connoisse dans l'univers entier, donne au mètre la même valeur que mes observations de Dunkerque. Il est donc presque certain que le mètre ne peut subir aucune variation qui soit de quelque importance, et nous terminerons ici ce que nous avions à dire des moyens et des attentions qui nous ont servi à l'établir. Nous avons publié dans le plus grand détail nos observations, nous avons donné les formules de réduction et les corrections tirées de ces formules ; on pourra retrouver en tout temps les extré-

mités des bases que nous avons mesurées, et les principales d'entre nos stations ; on pourra, quand on le
jugera nécessaire, vérifier toutes les parties de notre
opération ensemble ou séparément ; nous avons fourni
les renseignemens nécessaires à tous ceux qui voudront
prendre la peine de nous juger en connoissance de cause ;
nous nous sommes donné toutes les peines possibles
pour que notre travail ne se ressentît en rien des circonstances difficiles dans lesquelles nous nous sommes
trouvés, surtout dans les premiers temps ; nous avons
tâché de prévenir toutes les objections, et il nous semble
qu'on n'en peut faire aucune à laquelle notre ouvrage
n'ait satisfait d'avance. Nous avons lu toutes les critiques qui ont paru en diverses langues avant même que
nous eussions rien publié, et quand notre opération
n'étoit encore connue que par le compte qui en avoit
été rendu dans une séance publique de l'Institut. Ce
rapport, fait dans une assemblée nombreuse, excluoit
tout détail ; ainsi les critiques qui n'avoient point d'autres bases étoient au moins prématurées, et nous sommes
dispensés d'y répondre. La seule qui ait paru digne d'attention se trouve dans un journal anglais intitulé, *The
edinburg review ;* l'auteur qui l'a rédigée avoit sous les
yeux le premier volume de notre ouvrage : ses objections, qui dénotent un excellent esprit et beaucoup de
bienveillance, ne sont proposées que comme des doutes,
et nous espérons qu'il sera satisfait de nos réponses.

Le premier reproche qu'il nous adresse est d'avoir été
trop timides, de n'avoir pas assez complètement profité

dě la manie des innovations qui s'étoit emparée de tous
les esprits français, et de n'avoir pas substitué l'échelle
duodécimale à celle qui fait le fondement de notre arithmétique. Cette idée s'est en effet présentée la première
quand on a songé à fonder un nouveau système métrique,
et si elle n'a point été adoptée, ce n'est pas sans de fortes
raisons. On auroit eu quatre diviseurs exacts au lieu de
deux que présente l'échelle décimale ; mais par combien d'inconvéniens on auroit acheté ce léger avantage !
Il eut fallu réformer l'arithmétique parlée en même
temps que l'arithmétique écrite, et si la substitution des
décimes et des centimes an lieu des sols et des deniers
n'a pu encore se naturaliser que dans les administra-
tions qui sont plus directement sous l'influence de l'autorité ; si le peuple, et même la classe plus instruite,
se refuse encore à cette amélioration si simple et si commode, quelle résistance n'eût pas éprouvée la réforme
qu'on nous propose ? Combien de temps n'eût-il pas fallu
pour accoutumer les calculateurs à voir dans le chiffre
10 l'expression du nombre douze, et dans 20, 30 et 40
celles des nombres vingt-quatre, trente-six et quarante-
huit, à voir dans 50 le nombre soixante, dans 60 le
nombre soixante et douze, en 80 et 90 les nombres
quatre-vingt-seize et cent huit. Les chiffres destinés à exprimer cent vingt et cent trente-deux eussent été tout-à
fait nouveaux, et c'étoit un inconvénient d'une autre
espèce. On nous dit que l'introduction de deux caractères de plus suffisoient pour ce changement, et cela est
très vrai en théorie. Nous avons lu un ouvrage allemand

en deux volumes, qui est un traité complet d'arithmétique duodécimale ; tous les préceptes sont clairs et
lumineux, rien ne paroît plus facile ou mieux raisonné :
mais après avoir approuvé le système de l'auteur, qu'on
entreprenne le calcul le plus ordinaire, une simple règle
de trois, et l'on pensera comme nous, que le meilleur
moyen d'échouer totalement eût été de donner à notre
projet cette extension plus spécieuse que véritablement
utile.

On regrette surtout la division duodécimale pour le
cercle ; on nous objecte que l'angle de 60° ou de l'exa-
gone ne se trouve pas dans notre division. Cet inconvénient, si c'en est un, ne regarde tout au plus que
les constructeurs d'instrumens, et nous ne voyons pas
que nos cercles de Borda soient moins bien divisés pour
n'avoir aucun arc dont la corde soit précisément égale
au rayon. Quant aux calculateurs, jamais ils ne ren-
contreront l'angle de 60 degrés quand une fois ils auront
renoncé à la division sexagésimale. De tous les sinus qui
composoient l'ancienne table, un seul, celui de 30°,
étoit une aliquote du rayon ; son logarithme n'étoit,
comme tous les autres, qu'un nombre approximatif.
Ainsi, à cet égard, la nouvelle division est tout aussi
commode que l'ancienne, et jamais calculateur ne s'a-
percevra de la différence. Si les astronomes paroissent
en général peu disposés à recevoir notre division centésimale, c'est moins à cause des inconvéniens réels
qu'elle pourroit avoir, que par l'espèce d'impossibilité
de changer à la fois leurs instrumens et les tables

subsidiaires qu'ils se sont procurées; par la difficulté de remplacer de sitôt des nombres qui leur sont familiers et dont ils ont un besoin continuel; enfin, c'est un peu par préjugé et parce qu'ils n'ont fait aucun essai de la nouvelle méthode.

Une autre objection porte sur le choix de l'unité fondamentale; on croit que le pendule eût été préférable. Les commissaires de l'Académie ont, ce me semble, donné une excellente raison en faveur du quart du méridien. Les mesures nautiques exprimées en mètres, le seront par là même en dixièmes de secondes du grand cercle de la sphère terrestre; il n'y aura qu'une virgule à déplacer pour les avoir en degrés ou minutes, et le parti qu'on a pris de déterminer exactement le rapport du pendule au mètre nous paroît satisfaire à tout et réunir les avantages des deux unités qu'on pouvoit choisir.

Cassini avoit proposé pour unité fondamentale le rayon de la sphère terrestre; mais il est visible par la formule qui exprime la valeur de ce rayon ou plutôt de l'axe, que l'incertitude qui restera long-temps sur l'aplatissement s'y trouveroit toute entière, au lieu qu'elle disparoît complètement dans la mesure d'un arc également partagé par le parallèle moyen.

On insiste en disant que rien ne prouve la similitude des méridiens. Nous en convenons; mais leur dissimilitude est encore moins certaine. Les différences observées entre les arcs mesurés sur divers méridiens, ne sont pas plus grandes que celles qu'on a reconnues entre les parties consécutives d'un même méridien; ces irrégula-

rités locales disparoissent sur l'arc entier, et quand il
y auroit quelque inégalité dans les longueurs totales,
il est tout-à-fait hors de vraisemblance que cette inégalité soit assez forte pour être sensible sur le mètre
qu'on en déduiroit, et supposé que tous les étalons de
notre mètre vinssent à disparoître, ceux qui se donneroient la peine de mesurer un autre arc pour retrouver
ce mètre ne négligeroient sûrement pas la vérification
que leur offriroit le pendule dont ils auroient la longueur exprimée en parties de la même mesure.

Notre estimable critique témoigne aussi quelque éton-
nement de ce qu'on s'est borné à la mesure de deux
bases ; mais d'abord il eût été difficile de s'en procurer
un plus grand nombre. La plage de Dunkerque, mesurée en 1739, ne pouvoit guère convenir à nos instrumens, parce qu'elle est une partie de la journée sous
les eaux de la mer ; celle de Villersbretonneux se lioit
difficilement au clocher, tant à cause des murs que par
la différence de niveau. La plaine de Méry pouvoit nous
offrir une étendue de 5000 toises, à commencer du signal d'Ennordre ; mais, pour arriver au signal de Méry,
il falloit traverser le village et des jardins ; la base de
Rodès n'a fait que nuire d'une manière très-sensible à
la méridienne de Cassini et Lacaille. Enfin, du côté du
nord, nous avions une espèce de vérification dans les
bases de Hounslowheath et de Romneymarsh. En prolongeant notre méridienne du côté du sud jusqu'à Formentera, nous avions le dessein de mesurer une base nouvelle dans les plaines de Valence, sur les bords de l'Al-

bufera. Enfin nous nous flattons qu'en voyant les soins
extrêmes apportés dans ces mesures, tous nos lecteurs
seront de l'avis des commissaires étrangers qui ont examiné tout notre travail, et qu'ils croiront ces deux bases
bien suffisantes.

Une autre objection porte contre l'usage du cercle de
Borda, qui ne donne pas immédiatement les angles réduits à l'horizon; mais, si c'étoit un inconvénient, il
ne seroit que pour le calculateur, car, pour l'observateur,
il est en même temps plus facile, plus sûr et plus court
de mesurer les deux angles de distance au zénith et de
faire la petite correction, que de placer l'instrument
dans une position bien horizontale et de vérifier l'axe
du télescope. La réduction au centre de station et la
forme des signaux offrent des inconvéniens plus réels;
on les a évités dans la prolongation en Espagne, en ne
se servant que de signaux de nuit; mais ces moyens nous
étoient interdits dans les temps de trouble; il falloit s'en
tenir à ceux que nous avons employés ou renoncer à
l'opération, et si l'on en juge par l'événement, on n'a
qu'à comparer nos triangles à ceux de MM. Roy, Mudge
et d'Alby, et l'on verra par la somme des trois angles
que nos cercles, malgré la foiblesse de leurs lunettes et
les phases de nos signaux, soutiennent fort bien la comparaison avec les grands théodolites de Ramsden; et en
général nous avons pensé que tout ce qui peut être soumis
au calcul a toujours une précision dont n'approche aucun instrument quelque parfait qu'on veuille le supposer; et quant à la force des lunettes, elle est à peu

près indifférente quand l'air est clair, elle devient nui-
sible quand il est embrumé, et je voyois fort bien dans
mes petites lunettes ce qui devenoit invisible dans des
lunettes de trois pieds et demi, à grande ouverture.
Celles-ci ne peuvent être préférables qu'avec des signaux
de feu. Quant au désavantage qu'on pourroit soupçonner
aux cercles répétiteurs comparés aux grands secteurs,
nous avouons que nous avons quelque temps partagé les
doutes de l'auteur anglais : l'expérience nous a constamment rassurés, et nous pouvons en appeler aux observations de latitude faites à Paris, Évaux, Carcassonne,
Montjouy, Barcelone et Formentera.

Nous finirons par la traduction exacte du paragraphe
qui termine l'article auquel nous avons tâché de répondre.

« Nous ne pouvons mettre fin à notre extrait de ces
» opérations scientifiques sans exprimer notre vœu pour
» que l'uniformité des poids et des mesures soit intro-
» duite en Angleterre et dans tous les pays civilisés. La
» difficulté n'est pas aussi grande qu'on seroit tenté de
» le croire lorsque l'on considère la chose dans l'éloi-
» gnement, et pour l'effectuer il ne faut qu'un mot du
» pouvoir législatif qui en ordonnera l'exécution. Quant
» au module adopté, à la vérité notre avis est que le
» pendule eût été préférable; mais puisqu'une autre
» unité fondamentale est actuellement déterminée, cette
» circonstance doit l'emporter de beaucoup sur toute
» autre considération. Le système adopté par les Fran-
» çais, s'il n'est pas le meilleur, absolument parlant,
» en approche au moins de si près que la différence

» n'est d'aucune importance. Il est un point au-dessus
» de toute objection, c'est qu'il ne renferme rien qui
» sente un pays en particulier; de sorte que, comme
» l'observent les commissaires, si l'histoire de toute
» cette opération venoit à s'oublier entièrement, et qu'il
» n'en restât que le dernier résultat, il seroit impossible
» de voir quelle nation a conçu la première idée du
» système (1). Ainsi ce que les autres peuples de l'Eu-
» rope ont de mieux à faire est certainement d'adopter
» le système métrique des Français, à l'exception peut-
» être de la division du cercle (2); peut-être la division
» en six cents parties seroit avantageusement substituée
» à la division en quatre cents (3). Il ne seroit pas né-

---

(1) Ceci devient encore plus vrai si l'on emploie, comme nous venons de
le faire, l'arc de 12° 48′ 43″39, qui commence à Greenwich pour se terminer à Formentera.

(2) Cette exception, qui ne nous paroît motivée par aucun inconvénient
réel, mais seulement par respect pour d'anciennes habitudes et par les petites
difficultés inséparables de tout grand changement, feroit perdre au système
un de ses grands avantages, celui d'offrir une échelle commune aux arcs
terrestres et aux mesures de longueur rectiligne. Ces difficultés qui ne seront
sensibles que pendant un certain temps, ne regardent au reste que les astronomes et les navigateurs, c'est-à-dire deux classes assez intruites pour s'élever
au-dessus des préjugés.

(3) Il est fort douteux que cette division fût plus commode pour les calculs
trigonométriques. Les tables de Gardiner et de Callet offrent les sinus de 10 en
10 secondes, c'est-à-dire 32400 sinus, et c'est la plus grande étendue qu'elles
puissent avoir dans des éditions portatives. Les tables de Borda et de Huber
et Ideler sont trois fois moins étendues, et c'est un désavantage; celles du
cadastre le sont trois fois plus, et c'est une raison qui les empêchera peut-
être de devenir usuelles : elle donnent 100.000 sinus. La division du quart
de cercle en 150 degrés ne donneroit que 15000 sinus en s'arrêtant aux

» cessaire d'adopter la nomenclature française, qui ne
» convient pas assez au génie des autres langues ; mais
» le mètre, quelque nom qu'on lui donne, doit être
» adopté pour unité de longueur, et toutes les autres
» mesures linéaires doivent en dériver selon l'échelle
» décimale. Il est vrai que, pour ce qui nous concerne,
» cette adoption ne peut se faire sans sacrifier un peu
» de notre orgueil national : les circonstances n'y sont
» pas très-favorables, et nous pouvons voir avec quelque
» jalousie et quelque défiance les actes les plus innocens
» et les plus louables des Français ; mais nous ne de-
» vons pas céder à de pareils préjugés lorsque le bon
» sens et les preuves réelles s'y opposent d'une manière
» aussi évidente. Dans un sujet qui ne concerne que les
» arts et les sciences, on peut en toute sûreté admettre
» la maxime : *Fas est et ab hoste doceri.* »

Edinburgh, Review or critical journal for october
1806, janvier 1807, vol. IX, p. 373 et suiv.

---

minutes, et ce n'est pas la moitié de ce qu'on trouve dans Callet ; en allant
aux dixaines de secondes elles fourniroient 150000, moitié en sus de ce qu'on
a dans la division sexagésimale. 15000 sinus seulement hérisseroient les calculs de trop de parties proportionnelles, et 150000 formeroient des volumes
d'une épaisseur trop incommode. Il paroît donc que la division en 150, au
lieu de la division en 100°, accroîtroit, sans aucun avantage, les inconvéniens de la division adoptée.

EXPÉRIENCES

Sur les règles qui ont servi à la mesure des bases,

MESURE DU PENDULE A PARIS,

ET AUTRES PIÈCES RELATIVES,

Par M. de BORDA

ET PLUSIEURS AUTRES MEMBRES DE LA COMMISSION.

EXPÉRIENCES

Sur les règles destinées à la mesure des bases de l'arc terrestre,

Par M. de BORDA.

DESCRIPTION DES RÈGLES.

Ces règles, au nombre de quatre, sont de platine et ont 12 pieds de longueur sur 6 lignes de largeur environ, et une ligne d'épaisseur. Chacune est recouverte d'une autre règle de cuivre ayant à peu près 11 pieds 6 pouces de longueur, qui est fixée par un bout à une des extrémités de la règle de platine, et dont l'autre bout est libre et s'étend jusqu'à 6 pouces de l'autre extrémité. L'objet de cette seconde règle est de composer avec la première un thermomètre métallique qui indique à chaque instant la température des deux règles par la quantité dont le cuivre se dilate plus que le platine.

La différence des deux dilatations est donnée par des divisions qui sont tracées sur l'extrémité de la règle de cuivre, et par un vernier qui est fixé sur celle de platine. Chaque division est un vingt millième de la longueur de la règle de cuivre, et le vernier donne des parties dix fois plus petites, ou des deux cent millièmes de la même longueur.

3.   40

Sur l'extrémité de la règle de platine, du côté du thermomètre métallique, sont deux petites coulisses entre lesquelles glisse à léger frottement une languette également de platine, qui est divisée en vingt millièmes de la longueur totale de la règle ; ces vingt millièmes sont pareillement subdivisés en deux cent millièmes par un vernier qui est tracé sur une des coulisses.

Pour faire entendre l'usage de cette languette nous dirons que la manière ordinaire de mesurer les bases en faisant toucher les règles les unes par les autres, nous a paru défectueuse, en ce qu'il est difficile de bien juger l'instant où le contact a lieu, et qu'on peut craindre, en ajustant une règle, de déranger celles qui sont déjà posées.

Nous avons pensé en conséquence qu'il valoit mieux mettre les règles à de petites distances entre elles, et ensuite mesurer ces distances séparément. Les languettes que nous venons de décrire serviront à prendre ces mesures partielles, et ce moyen sera très-précis, parce que les divisions des languettes donnent des deux cent millièmes de la longueur des règles (un deux cent millième de la longueur d'une règle est à très-peu près égal à un cent sixième de ligne), et qu'on estimera aisément la moitié ou même le tiers d'une division.

Chaque règle est portée par une pièce de sapin bien dressée, sur laquelle elle est contenue entre des petites montures de cuivre qui la maintiennent en ligne droite. Cette pièce de sapin posera sur deux espèces de trépieds de fer ayant trois vis qui serviront à caler les règles et les mettre à la hauteur convenable pour pouvoir faire usage des languettes. Les trépieds porteront sur des soles de bois étendues sur le terrain, et seront placés à environ deux pieds et demi de chaque extrémité de la pièce de sapin ; enfin, un petit toit qui couvrira chaque pièce de sapin, mettra la règle à couvert des rayons du soleil. (Voyez t. II, p. 105).

L'inclinaison des règles par rapport à l'horizon sera mesurée par une espèce d'équerre de maçon qui, au lieu d'un fil à plomb, portera une alidade à laquelle sera fixé un niveau à bulle d'air. (Voyez t. II, p. 9).

Détermination de la dilatation absolue des règles correspondantes aux différentes températures marquées par les thermomètres métalliques.

Pour faire les expériences qui devoient servir à cette détermination, on avoit placé dans un terrain libre et isolé deux fortes bornes à quarante-huit pieds de distance l'une de l'autre, enfoncées en terre de quatre pieds et demi, et dont la base étoit un massif de maçonnerie ; leur saillie hors de terre étoit d'environ six pouces. On avoit ajusté les quatre règles les unes au bout des autres au moyen de petites emboitures de cuivre qui les serroient fortement. Une des extrémités des règles réunies étoit fixée d'une manière invariable au centre des bornes ; l'autre extrémité, qui portoit une languette, se terminoit à peu près au centre de l'autre borne, et sur ce second centre étoit ajusté un petit plan de cuivre vertical qui étoit exactement perpendiculaire à la direction des règles.

Ces règles étoient portées dans toute leur longueur par les pièces de sapin dont nous avons parlé, et posoient sur de petits rouleaux de cuivre qui rendoient leur mouvement très-libre; un toit en bois couvroit les règles et les garantissoit de l'action des rayons du soleil, sans gêner la circulation de l'air.

Voici la manière dont chaque expérience étoit faite. On appuyoit d'abord contre le petit plan vertical la languette qui étoit à l'extrémité des règles, et on observoit la division marquée par la languette; ensuite on observoit deux fois les quatre thermomètres métalliques l'un après l'autre, une première fois en allant vers l'autre borne, et une seconde fois en revenant, et après cela on répétoit l'observation de la languette. Si, pendant la durée des observations, l'alongement des règles avoit éprouvé une grande variation, ce qui arrivoit quelquefois, on recommençoit l'expérience; mais si les variations avoient été peu considérables, comme, par exemple, d'une ou deux divisions seulement, l'expérience étoit regardée comme suffisamment exacte, et on prenoit néanmoins toujours un milieu entre les résultats.

On observoit aussi pendant l'expérience un thermomètre à mercure à division de Réaumur, qui étoit placé vers le milieu des quatre règles; mais c'étoit plutôt pour reconnoître l'état de la température de l'atmosphère, que pour déterminer le rapport entre la marche de ce thermomètre et celle des thermomètres métalliques, rapport qui ne pouvoit être donné qu'imparfaitement par les expériences, et que nous établirons dans la suite d'une manière précise par des observations d'un autre genre.

Les observations qui furent faites les premiers jours ne nous donnèrent pas des résultats bien concordans, soit que les bornes n'ayant pas eu encore le temps de prendre leur assiète, eussent quelque petit mouvement; soit qu'on ne fût pas encore suffisamment exercé aux observations; mais après quinze jours d'expériences les observations s'accordèrent bien entre elles, et nous trouvions qu'aux mêmes degrés de température marqués par les thermomètres métalliques, répondoit toujours un même alongement des règles donné par les divisions de la languette.

Les expériences d'après lesquelles nous avons établi la dilatation des règles, sont celles qui ont été faites depuis le 24 mai jusqu'au 5 juin. Dans cet intervalle de temps le thermomètre à mercure placé, comme nous l'avons dit, au milieu des règles, a varié depuis $3°2$ jusqu'à $24°7$. Nous n'avons pas fait usage des expériences qui ont précédé le 24 mai, parce qu'elles étoient peu concluantes, à cause du peu de variation de la température.

La table suivante présente nos expériences qui sont au nombre de trente-trois. On a mis dans la première colonne les époques de ces expériences; dans la seconde, les degrés marqués par le thermomètre à mercure; dans la troisième, la somme des degrés ou divisions marqués

par les quatre thermomètres métalliques, et dans la
quatrième, les divisions données par la languette. Nous
expliquerons dans la suite ce que sont la cinquième et
sixième colonnes.

Expériences sur la dilatation des règles.

ÉPOQUE DES EXPÉRIENCES.	DEGRÉS du thermom. à mercure.	SOMME des quatre thermom. métalliq.	DIVISIONS marquées par la languette.	DIVISIONS calculées.	DIFFÉR.
	Degrés.	Parties.	Parties.	Parties.	Parties.
24 mai	5.9	1592.9	1645.7	1644.5	— 1.2
	16.8	1692.5	1554.0	1551.9	— 2.1
	16.3	1685.6	1559.0	1558.2	— 0.8
25	6.9	1593.4	1641.3	1644.0	+ 2.7
	13.5	1658.7	1583.7	1583.2	— 0.5
	13.4	1658.5	1584.8	1583.4	— 1.4
26	6.7	1598.4	1637.9	1639.4	+ 1.5
	17.3	1704.9	1541.5	1540.2	— 1.3
	16.7	1694.7	1550.1	1549.7	— 0.4
29	3.2	1566.8	1669.1	1668.8	— 0.3
	3.3	1567.7	1668.5	1667.9	— 0.6
	4.7	1574.6	1660.2	1661.5	+ 1.3
	6.0	1586.1	1648.7	1650.8	+ 2.1
	9.8	1618.5	1619.5	1620.6	+ 1.1
	14.3	1656.5	1584.0	1585.3	+ 1.3
	12.7	1651.1	1591.8	1590.3	— 1.5
30	4.8	1581.1	1656.4	1655.5	— 0.9
	5.1	1581.7	1655.2	1654.9	— 0.3
	10.0	1621.6	1616.8	1617.8	+ 1.0
	12.0	1636.3	1602.2	1603.1	+ 0.9
	14.2	1653.7	1586.0	1587.9	+ 1.9
	16.5	1692.4	1553.5	1551.9	— 1.6

ÉPOQUE DES EXPÉRIENCES.	Degrés du thermom. à mercure.	Somme des quatre thermom. métalliq.	Divisions marquées par la languette.	Divisions calculées.	Différ.
	Degrés.	Parties.	Parties.	Parties.	Parties.
3 juin	8.8	1615.9	1622.4	1623.1	+ 0.7
	17.6	1685.8	1557.8	1558.0	+ 0.2
	17.5	1693.5	1553.0	1550.8	— 2.2
4	20.2	1707.7	1536.3	1537.6	+ 1.3
	21.6	1732.3	1514.7	1514.7	0.0
	20.8	1727.4	1520.2	1519.3	— 0.9
5	24.7	1772.4	1477.0	1477.4	+ 0.4
	24.3	1774.7	1475.8	1475.3	— 0.5
	22.7	1760.3	1489.5	1488.7	— 0.8
	23.2	1767.7	1482.2	1482.0	— 0.2
	23.1	1763.5	1485.4	1485.7	+ 0.3

Pour conclure de ces expériences la dilatation des quatre règles, nous allons comparer le terme moyen des cinq observations faites à la température la moins élevée, savoir, les trois premières du 29 mai et les deux premières du 30 mai, avec le terme moyen des cinq observations du 5 juin, qui ont été faites à la plus haute température.

	DIVISIONS marquées par les quatre thermomètres métalliques.	DIVISIONS marquées sur la languette.
	Parties.	Parties.
29 mai . . . . {	1566.8	1669.1
	1567.7	1668.5
	1574.6	1660.2
30 mai . . . . {	1581.1	1656.4
	1581.7	1656.2
Terme moyen	1574.4	1661.9
5 juin . . . . {	1772.4	1477.0
	1774.7	1475.8
	1760.3	1489.5
	1767.7	1482.2
	1763.5	1485.4
Terme moyen	1767.7	1482.0
Différence entre les termes moyens	193.3	179.9

D'où l'on voit que pour 193.3 parties marquées par les quatre thermomètres métalliques, les quatre règles se sont alongées de 179.9 parties, et par conséquent, pour une partie marquée par les thermomètres, l'alongement a été de 0.9307 partie.

Pour vérifier si ce résultat s'accordoit avec les autres expériences rapportées dans la table, nous avons pris d'abord un terme moyen entre toutes les observations des thermomètres, qui nous a donné 1662.7 parties; nous avons pris également un terme moyen entre toutes les observations de la languette, qui nous a donné 1579.5 parties; ensuite, partant de ces deux quantités et employant le rapport trouvé ci-dessus, 0.9307, nous avons calculé pour chaque observation des thermomètres contenue dans la table, les nombres de divisions que doit marquer la languette. Enfin, de ces nombres calculés nous avons formé la cinquième colonne de la table, et nous avons ajouté la sixième colonne qui donne les différences entre les quantités observées et calculées.

La plus grande de ces différences n'est que de 2.7 parties ; ce qui répond seulement à un trois cent millième de la longueur des quatre règles, et d'après cela nous croyons inutile de combiner autrement les expériences, et nous regardons notre détermination comme suffisamment exacte.

Mais il y a une petite correction à faire au résultat trouvé 0.9307 partie, parce que les règles étant jointes les unes aux autres par des pièces de cuivre qui s'alongeoient par la chaleur plus que le platine, nos expériences ont dû nous donner pour le dernier métal une dilatation plus grande qu'elle n'est réellement. Nous avons trouvé, d'après les dimensions de ces pièces d'attache, que le résultat devoit être diminué d'un cent cinquantième à peu près, ce qui le réduit à 0.9245 d'une partie.

Nous établissons donc que pour une partie marquée par nos thermomètres métalliques, les quatre règles s'alongent de 0.9245 (chaque partie étant, comme nous l'avons dit, un deux cent millième de la longueur d'une règle).

Nous rappellerons ici que les parties de nos thermomètres métalliques expriment les différences des dilatations de la règle de cuivre et de la partie correspondante de la règle de platine qui composent les thermomètres, et que ces différences sont aussi des deux cent millièmes de la longueur de la règle de cuivre, comme les parties de la languette sont des deux cent millièmes de la longueur de la règle de platine; d'où on conclura aisément que la dilatation du platine étant égale à 0.9245 de la languette, lorsque la différence des deux dilatations est égale à une partie des thermomètres, les dilatations de ces deux métaux sont entre elles comme 1.9245 et 0.9245, ou à très-peu près comme 25 à 12.

Détermination du terme de la glace fondante dans chacun des quatre thermomètres métalliques, et comparaison de la marche de ces thermomètres.

Ces déterminations et quelques autres que nous rapporterons dans la suite, ont été faites les règles étant plongées dans l'eau. Pour cela on avoit une auge de bois doublée de plomb, qui avoit environ 13 pieds de longueur, 6 pouces de largeur et 6 pouces de profondeur en dedans; une grande règle de cuivre, dont nous expliquerons bientôt la construction, et que nous appellons *règle de comparaison*, étoit placée dans l'auge et portée sur des fils de fer mis en travers et élevés d'environ 3 pouces au-dessus du fond de l'auge; sur cette règle bien nivelée étoient posées les quatre règles de platine que l'on vouloit comparer. Ces règles sont numérotées 1, 2, 3 et 4.

Nous avons observé en même temps une cinquième règle également de platine qui a servi aux observations de la longueur du pendule à secondes, et dont nous voulions connoître la dilatation en la comparant à celle des autres règles. Cette cinquième règle a aussi une languette et un thermomètre **divisé** comme ceux des règles destinées à la mesure de la base, et sa longueur, prise jusqu'au zéro du vernier de la languette, est également de 12 pieds.

L'auge étant bien garnie de glace pilée, et les cinq règles mises à côté les unes des autres sur la règle de comparaison, à 10 lignes environ au-dessous de la surface de l'eau, on a observé plusieurs fois de suite les cinq thermomètres au moyen des microscopes fixés à chacun d'eux, et on a trouvé qu'ils marquoient toujours les divisions suivantes :

Régle pour la mesure des bases
$\left\{\begin{array}{l} \text{N}^o\ 1\ .\ .\ 385.3\ \text{parties.} \\ \text{N}^o\ 2\ .\ .\ 385.5 \\ \text{N}^o\ 3\ .\ .\ 380.3 \\ \text{N}^o\ 4\ .\ .\ 384.3 \end{array}\right.$

Règle du pendule 151.0

Nous remarquerons que les thermomètres étoient stationnaires long-temps avant les observations, et qu'ils l'ont été long-temps encore après.

Ces premières observations étant achevées, on a retiré la glace de l'auge et on l'a remplie d'eau chaude; ensuite, après avoir laissé refroidir l'eau pendant quelque temps, on a de nouveau observé les cinq thermomètres métalliques. On avoit l'attention de marquer l'heure des observations, pour pouvoir tenir compte des petites variations qui avoient lieu en passant d'un thermomètre à l'autre.

On observoit en même temps trois thermomètres à mercure placés, l'un au milieu et les deux autres vers l'extrémité de l'auge. Dans ces thermomètres l'intervalle depuis le terme de la glace fondante jusqu'à celui de l'eau bouillante est divisé en 100 degrés. Voici les observations :

	RÈGLES POUR LES BASES.				RÈGLE du pendule.	THER. A MERCURE.		
	N° 1.	N° 2.	N° 3.	N° 4.		1er.	2e.	3e.
	454·9	455·6	450·7	454·8	221·1	38°0	37°8	37·5
	454·0	454·7	450·0	453·9	220·6	37·5	37·2	37·2
	452·8	453·6	448·8	453·3	219·5	37·1	36·8	36·6
	452·0	452·9	447·7	452·2	217·9	36·4	36·3	36·0
	450·7	451·4	446·1	450·9	216·7	35·6	35·6	35·3
	448·9	449·1	444·6	448·9	215·1	34·7	34·5	34·3
Termes moyens . .	452·2	452·9	448·0	452·3	218·5	36·6	36·4	36·2
Observ. à la glace .	385·3	385·5	380·3	384·3	151·0			
Marche relative des thermomètres. .	66.9	67·4	67·7	68·0	67·5		36·4	

Des termes moyens conclus de chaque colonne d'observations on a retranché ce que marquoit chaque thermomètre à la température de la glace; et on a eu la marche relative des thermomètres.

Cette marche est, comme l'on voit, à très-peu près la même dans les cinq thermomètres, et ce résultat est encore confirmé par les expériences suivantes qui ont l'avantage d'avoir été faites lorsque l'eau de l'auge étoit à la température de l'air extérieur, laquelle n'a pas varié pendant la durée des observations.

	RÈGLES POUR LES BASES.				RÈGLE du pendule.	THERM. à mercure.
	N° 1.	N° 2.	N° 3.	N° 4.		
	Part.	Part.	Part.	Part.	Parties.	
	433·8	434·0	429·0	432·7	200·0	
	433·5	433·9	428·8	432·8	199·8	26° 2'
	433·7	433·8	429·0	432·8	199·8	
	433·7	433·8	428·7	432·8	199·8	
Termes moyens . . .	433·7	433·8	428·8	432·8	199·8	
Observat. à la glace .	385·3	385·5	380·3	384·3	151·0	
Marche relative des thermomètres . . .	48·4	48·3	48·5	48·5	48·8	

Le grand accord de ces diverses expériences prouve que nos thermomètres ont tous la même marche; et comme les règles de cuivre qui composent ces thermomètres sont toutes de la même espèce de cuivre, on en peut conclure que les cinq règles de platine se dilatent toutes également.

Si on compare la marche des cinq thermomètres à la marche moyenne des trois thermomètres à mercure, on trouvera que pour un degré de ces derniers les thermomètres métalliques marquent 1.853 partie; ce qui répondroit à 2.316 parties pour un degré du thermomètre de Réaumur. On trouvera aussi, d'après ce que nous avons dit ci-dessus, que pour un degré de nos thermomètres à mercure le platine se dilate de cent seize millièmes, et par conséquent, pour un degré du thermomètre de Réaumur, il se dilate de $\frac{1}{92.800}$.

Comparaison des longueurs des règles destinées à la mesure des bases.

Nous allons d'abord décrire la règle qui a servi à faire cette comparaison, et qui a été principalement construite pour pouvoir vérifier les étalons des mesures linéaires.

Cette règle a environ 13 pieds de longueur, 30 lignes de largeur et 4 lignes d'épaisseur; à une de ses extrémités est fixé d'une manière très-solide un petit cylindre de   lignes de hauteur et de   lignes de diamètre, qui est exactement perpendiculaire sur le plan de la règle, et qui sert de heurtoir aux règles ou mesures que l'on compare. On fait cette comparaison au moyen d'une petite règle mobile de 6 pouces de longueur, et divisée en dix millièmes de toises, que nous appellons *curseur*; cette petite règle est portée sur un chariot qui la maintient toujours dans la ligne du milieu de la grande règle.

Plusieurs verniers sont tracés à différentes distances sur la grande règle : il y en a un à 12 pieds du petit cylindre ou heurtoir, qui nous a servi pour la comparaison des règles de la base; un autre à 6 pieds, qui a servi pour la comparaison des toises, et un autre à 3 pieds et quelques pouces, qui est destiné pour la vérification des mètres. Ces verniers donnent des parties dix fois plus petites que les divisions du curseur, c'est-à-dire des cent millièmes de toises ou des deux cent millièmes de chaque règle de la base.

D'après ce que nous venons de dire on comprend aisément la manière de comparer deux mesures entre elles. Ayant posé une de ces mesures sur la ligne du milieu de la grande règle, on appuie l'un des bouts contre le heurtoir, après cela on amène le curseur contre l'autre bout, et on observe la division marquée par le vernier; on répète ensuite la même opération sur la seconde mesure, et comparant les deux résultats, on a la différence des deux mesures exprimées en cent millièmes de toise.

C'est de cette manière qu'on a comparé les quatre règles de platine. Les observations ont été faites dans l'eau mise à la température de la glace, et la règle n° 1 a servi de point de comparaison pour les trois autres, ayant d'abord placé un bout de cette règle contre le heurtoir : le curseur appuyé contre l'autre bout a marqué 428.8 parties; ensuite, substituant la règle n° 2, le curseur a marqué 428.6 parties. Ainsi la première règle étoit plus grande que la seconde de 0.2 partie. On a de même comparé successivement les règles n° 3 et n° 4, toujours avec la règle n° 1, et on a eu les résultats suivans :

N° 1 = n° 2 + 0.2 partie.
N° 1 = n° 3 + 0.4
N° 1 = n° 4 + 0.4

Ainsi la différence entre la plus grande et la plus

petite des quatre règles n'est que de 0.4 partie ; ce qui répond à un cinq cent millième de la longueur d'une règle.

Correction du zéro des verniers des languettes dans les quatre règles.

Lorsqu'on détermine la distance d'une règle à l'autre au moyen de la languette qui est à l'extrémité d'une des règles, il est clair qu'il faut retrancher de la division observée celle qui est marquée par le vernier à l'instant où les deux règles se touchent, et c'est là la correction des verniers. Nous avons déterminé ces corrections pour les quatre règles, en nous servant du curseur, et nous avons trouvé les quantités suivantes :

Corrections.

N° 1 — 0.7 partie.
N° 2 + 0.9
N° 3 — 1.0
N° 4 + 0.2

C'est-à-dire que pour avoir la vraie distance de la règle n° 1 à la règle suivante, il faudra retrancher 0.7 partie de la distance marquée par la languette ; qu'il faudra ajouter 0.9 partie pour la règle n° 2, et ainsi des deux autres.

Application des résultats des expériences précédentes à l'opération de la mesure de la base.

Nous remarquerons d'abord qu'il faudra rapporter la longueur de la base à une mesure fixe et déterminée, et

nous proposons pour cette mesure fixe la longueur de
de la règle n° 1, prise à la température de la glace.
Nous appellerons cette longueur A.

Maintenant, supposant que la base ait été mesurée,
ainsi que nous l'avons dit précédemment, en mettant
les règles à de petites distances les unes des autres, et
déterminant ces distances par le moyen de la languette,
il faudra, pour rapporter les règles à la longueur fixe A,
employer deux corrections, l'une pour les règles entières, et l'autre pour les languettes. Cherchons premièrement la correction pour les règles entières.

Considérant d'abord la règle n° 1, soit m le terme
moyen de toutes les observations de son thermomètre
métallique faites pendant la mesure de la base; il est
clair que si de cette quantité m on retranche ce que le
thermomètre marque à la température de la glace, c'est-
à-dire 385.3 parties, ainsi que nous l'avons trouvé par
nos expériences, et qu'ensuite on multiplie la différence
par 0.9245, qui représente l'alongement de chaque règle
correspondant à une partie marquée par les thermomètres, on aura la correction moyenne de température
qui convient à la règle n° 1. Cette correction sera donc
égale à $(m - 385.3$ parties$)$ 0.9245.

On trouvera également, en appelant m' le terme moyen
de toutes les observations du thermomètre n° 2, que la
correction moyenne de la température qui convient à
la règle n° 2 est égale à $(m' - 385.5)$ 0.9245; mais
comme à la température de la glace cette règle est plus
petite de 0.2 partie que la règle n° 1, ainsi qu'on l'a

3.   42

dit plus haut, il faudra retrancher 0.2 partie de la correction trouvée; ce qui la réduira à (m' — 385.5 parties) 0.9245 — 0.2 partie.

Enfin on aura pour les deux autres règles les corrections suivantes, savoir :

Pour la règle n° 3 . . . m'' — 380.3). 0.9245 — 0.4 partie.
Pour la règle n° 4 . . . (m''' — 384.3). 0.9245 — 0.4

Il ne restera plus qu'à multiplier la correction moyenne de chaque règle par le nombre de fois que cette règle se trouvera avoir été employée dans la mesure de la base, et on aura la correction totale pour les quatre règles.

Mais l'on peut simplifier le calcul en employant une correction moyenne pour ces quatre règles, de la manière suivante.

Soit m le terme moyen des observations de tous les thermomètres, faites dans la mesure de la base entière, la correction moyenne sera égale à (m — 383.3 parties). 0.9245 — 0.15 partie; on multipliera cette quantité par le nombre de règles contenues dans la base, et on aura la correction totale des règles entières exprimées en deux cent millièmes de la longueur fixe A.

Supposons, par exemple, que la base contienne 3000 de nos règles, et que le terme moyen de toutes les observations des thermomètres métalliques ait été trouvé égal à 411.0 parties (ce qui répond à 12 degrés du thermomètre de Réaumur, ou à 15 degrés de nos thermomètres divisés en 100 parties), on trouvera pour la correction totale 76076 parties ou 4 pieds 6 pouces 9 lignes.

Il reste à corriger les distances d'une règle à l'autre mesurée par les languettes. Pour cela on aura deux corrections à faire : celle de la température, qu'on appliquera séparément à chaque distance observée, et celle des verniers, qui sera la même pour toutes les distances.

La correction de température se trouvera au moyen de la petite table ci-jointe dans laquelle on a donné les corrections pour quatre longueurs des languettes et pour quatre états des thermomètres métalliques; ce qui est suffisant à cause de la petitesse des termes. Ces corrections seront toujours additives.

Corrections des distances marquées par les languettes.

Divisions marquées par la languette.	Parties marquées par les thermom.			
	390 part.	410 part.	430 part.	450 part.
500 part.	0.0	0.1	0.1	0.2
1000	0.0	0.1	0.2	0.3
1500	0.0	0.2	0.3	0.4
2000	0.1	0.2	0.4	0.6

Quant à la correction des verniers, on trouvera par les expériences rapportées ci-dessus que la somme des corrections pour les quatre verniers est égale à — 0.6 partie, et par conséquent la correction moyenne pour un vernier est'égale à — o.15 partie. Multipliant donc le nombre des distances mesurées par o.15 partie, on aura la correction totale des verniers exprimée comme les autres en deux cent millièmes de la longueur fixe *A*. Cette dernière correction sera soustractive. (Voyez t. II, p. 3o).

Il restera encore à appliquer à chaque règle la correction de l'inclinaison à l'horizon mesurée par l'équerre à niveau dont nous avons parlé, et enfin il faudra réduire la longueur de la base à ce qu'elle seroit si la mesure étoit faite au niveau de la mer.

Comparaison de la règle n° 1 avec celle qui a servi pour les observations de la longueur du pendule.

Comme dans toutes les mesures de longueurs du pendule d'expériences que nous avons prises avec notre règle, la languette marquoit environ 4000 parties, nous avons voulu, pour avoir des résultats plus directs, comparer la règle n° 1 avec la règle du pendule augmentée de ces 4000 parties, et voici le moyen dont nous nous sommes servis pour faire cette comparaison.

Nous avons fait faire quatre petites règles de cuivre à très-peu près égales entre elles, contenant chacune environ 4000 parties de la languette, et sept autres règles triples des premières, c'est-à-dire de 12000 parties (les onze prises ensemble étant égales à cent mille parties ou une toise). Nous avons d'abord pris une des petites règles que nous avons comparée successivement à chacune des trois autres qui lui étoient à peu près égales ; nous avons ensuite comparé chacune des règles de 12000 parties avec trois des petites règles, et enfin les onze règles prises ensemble avec la toise de l'Académie qui a servi à la mesure des degrés de l'équateur. Ces différentes comparaisons nous ont servi à déterminer la longueur de chaque règle en parties de la toise, et nous avons trouvé par deux opérations dont les résultats ne différoient entre eux que d'un dixième de parties, c'est-à-dire d'un millionième de toise, qu'une des petites règles numérotées 11 étoit égale à 3996.8 parties. Le thermomètre divisé en 100 degrés marquoit alors 22° $\frac{1}{2}$. Faisant ensuite toutes les corrections convenables, nous avons trouvé qu'à la température de la glace cette règle n° 11 seroit égale à 3996.1 parties, chaque partie étant un deux cent millième de la longueur fixe A.

Cela posé on a comparé la règle n° 1 et la petite règle n° 11, prises ensemble, avec la longueur totale de la règle du pendule prise depuis le commencement de cette règle jusqu'à l'extrémité de la languette marquant 4000 parties. La comparaison a été faite dans l'eau, à la température de la glace.

Observant d'abord les règles n° 1 et n° 11 mises au bout l'une de l'autre, on a eu les résultats suivans :

DIVISIONS du curseur.	DIVISIONS du therm. n° 1.
Parties.	Parties.
4426.0	385.3
4426.0	385.4
4426.1	385.4
4426.0	385.5
4426.0	385.4

N° 1 + n° 11 . . . . { (rows above)

Terme moyen . . . .

Observant ensuite la longueur de la règle du pendule, y compris la longueur de la languette marquant 4000 parties, on a eu :

DIVISIONS du curseur.	DIVISIONS du thermom.
Parties.	Parties.
4425.4	151.0
4425.0	151.0
4425.0	151.0
4424.9	151.0
4425.0	151.0

Règle du pendule . . { (rows above)

Terme moyen . . . .

Il suit de ces expériences que les deux règles n° 1 et n° 11, prises ensemble, étoient plus grandes d'une partie que la règle du pendule lorsqu'elle marquoit 4000 parties, et comme nous avons trouvé ci-dessus que la petite règle n° 11, mise au terme de la glace, étoit égale à 3996.1 parties de la longueur A, on en conclura que la règle du pendule, au terme de la glace et marquant 4000 parties, est égale à $A + 3995.1$ parties (chaque partie étant un deux cent millième de A), ou, ce qui est la même chose, que la règle du pendule marquant 4000 parties $= A.$ (1.019976).

Comparaison de la règle n° 1 avec la toise de fer de l'Académie qui a servi à la mesure des degrés terrestres sous l'équateur.

CETTE comparaison a été faite dans l'eau mise à deux températures différentes, dont l'une très-voisine du terme de la glace, et l'autre à environ 12 degrés du thermomètre de Réaumur. Ce n'est pas avec la toise de l'Académie directement que la comparaison a été faite, mais avec deux toises appartenantes à M. Lenoir, qui ont été comparées plusieurs fois, avec beaucoup d'attention, à la toise de l'Académie, et qui, prises ensemble, sont égales à deux fois cette toise.

	1ᵉʳᵉ COMPARAISON.		2ᵉ COMPARAISON.	
	DIVISIONS du curseur.	DIVISIONS du ther. n° 1.	DIVISIONS du curseur.	DIVISIONS du ther. n° 1.
Règle n° 1 . .	428.2	385.9	399.2	413.6
	427.9	386.0	399.3	413.5
	427.7	385.9	399.3	413.6
	427.9	385.8	399.3	413.5
	427.9	385.9	399.3	413.6
Deux toises . .	422.3	386.5	401.8	413.3
	422.0	386.2	401.6	413.4
	422.0	386.0	401.5	413.5
	422.3	386.2	401.5	413.4
	422.1	386.2	401.6	413.4

D'où on trouvera que lorsque le thermomètre de la règle n° 1 marque 386.2 parties, on a

$$N° 1 = 2 \text{ toises} + 5.4 \text{ parties.}$$

et lorsqu'il marque 413.4 parties, on a

$$N° 1 = 2 \text{ toises} + 2.0 \text{ parties.}$$

D'après ces deux comparaisons on pourra rapporter la toise de l'Académie, prise à un degré donné de température, à la longueur fixe A, c'est-à-dire à la longueur de la règle n° 1 supposée au terme de la glace.

Nous prendrons pour exemple le terme de 13° du thermomètre de Réaumur, parce que c'est à cette température que les savans qui ont mesuré les degrés terrestres en France avoient étalonné les perches dont ils se servoient pour la mesure des bases.

On trouvera par les résultats des expériences données précédemment que 13° du thermomètre de Réaumur répondent à 415.4 parties du thermomètre métallique de la règle n° 1, et qu'à cette température la règle n° 1 est plus grande qu'au terme de la glace de 27.8 parties.

On trouvera ensuite, en interpolant les deux comparaisons que nous venons de rapporter, que le thermomètre n° 1 marquant 415.4 parties, la règle n° 1 seroit plus petite que les 2 toises de 2.5 parties.

D'où il suit qu'à 13° du thermomètre de Réaumur on a

$$N° 1 = A + 27.8 \text{ parties} \quad \text{et} \quad N° 1 = 2 \text{ toises} - 2.5 \text{ parties.}$$

Donc à cette température les deux toises sont égales à $A + 30.3$ parties.

EXPÉRIENCES

Pour connoître la longueur du pendule qui bat les secondes à Paris,

Par MM. BORDA et CASSINI.

Ces expériences ont été faites à l'Observatoire, dans une pièce au rez-de-chaussée où est placé l'instrument des passages, et où se trouve un mur isolé très-solide, de 12 pieds de hauteur, 8 pieds de largeur et 2 pieds d'épaisseur, qui est destiné dans la suite à recevoir un grand quart de cercle mural. C'est contre ce mur que nous avions établi l'appareil dont nous avons fait usage, et que l'on voit représenté planche première. AB étoit l'horloge à secondes aux oscillations de laquelle le mouvement de notre pendule étoit comparé; ce pendule FP tomboit un peu en avant de l'horloge, et avoit sa suspension à l'extrémité d'un bloc de pierre $CDEH$, contenant environ 3 pieds cubes, qui étoit posé sur la partie supérieure du mur. Le poids P du pendule faisoit ses oscillations à peu près à la hauteur du centre de la lentille, et on les observoit avec la petite lunette O, placée à 6 pieds de distance. L'horloge et tout l'appareil du pendule étoient renfermés dans une caisse commune qui les mettoit à l'abri des mouvemens de l'air, et qui avoit des panneaux à vitre dans sa partie inférieure, pour laisser voir les oscillations.

Nous allons d'abord décrire toutes les parties de notre appareil et la manière dont nous faisions nos observations; nous rapporterons ensuite nos expériences et leurs résultats.

Notre pendule étoit porté par une suspension à couteau; ce genre de suspension nous a paru devoir être employé préférablement à la suspension à pince, parce que dans celle-ci on a toujours quelque incertitude sur le vrai point autour duquel se font les oscillations, au lieu que dans l'autre le tranchant du couteau étant très-vif, le centre du mouvement peut être censé dans le plan même sur lequel il pose. Cette suspension présente à la vérité l'inconvénient d'ajouter au pendule un nouveau poids dont on doit tenir compte lorsqu'on calcule la longueur réduite du pendule, mais la correction qui en résulteroit ne pourroit être que fort petite, parce que le poids est placé très-près du point de suspension, et d'ailleurs la forme particulière que nous avons donnée à la monture du couteau, nous dispense d'y avoir égard; cette forme étant telle que la suspension compose seule un petit pendule isolé dont les oscillations sont synchrones à celles du pendule d'expérience.

On voit le dessin de cette monture, planche II, fig. 2. AB est le couteau; CD une queue inférieure à laquelle le fil est attaché; EF une pièce montante finissant par une vis; GH un petit bouton mobile le long de la vis. C'est au moyen de ce bouton, qui servoit en partie de contre-poids à la queue inférieure, qu'on régloit le mouvement oscillatoire du couteau, et qu'on parvenoit à lui donner la même durée qu'à celui du pendule. Ce synchronisme une fois établi, il est clair que le mouvement du pendule, n'étant pas contrarié par celui du couteau, devoit être le même que si la masse du couteau et de sa monture avoit été pour ainsi dire nulle. Cela est d'ailleurs confirmé par l'expérience suivante.

Sur une monture de couteau pareille à *BAD*, et qui pesoit un peu moins de 3 gros, nous avons ajusté une petite masse de plomb du poids de 8 onces, ou 64 gros, disposée de manière que le couteau ainsi chargé faisoit comme auparavant des oscillations isochrones à celles du pendule : après cela nous avons comparé successivement le mouvement du pendule avec celui de l'horloge, d'abord en nous servant de la monture pesant 67 gros, et ensuite ôtant la masse de plomb, et réduisant le poids à 3 gros, et nous n'avons pas trouvé dans les résultats des différences sensiblement plus grandes que celles qui avoient lieu dans les observations faites avec un même couteau : ainsi puisque l'addition d'un poids de 64 gros ne produisoit aucun effet sensible sur la durée des oscillations, l'effet du poids ordinaire de 3 gros pouvoit être regardé comme nul.

La suspension portoit sur un plan d'ácier que l'on voit planche II, fig. 5. Ce plan *MN* étoit fixé sur une plaque de cuivre de 10 lignes d'épaisseur *IKL*, qui tenoit elle-même au bloc de pierre *DCH* de la planche première, par trois fortes vis, au moyen desquelles on

mettoit le plan MN exactement de niveau. Le couteau OP étoit toujours placé au milieu de l'ouverture
ST lorsqu'on observoit les oscillations. Mais lorsqu'on
mesuroit la longueur du pendule on transportoit ce couteau vers S, et on le remplaçoit par une règle qui servoit
à cette mesure dont on voit la partie supérieure en QR.

Le genre de suspension étant ainsi déterminé, nous
avons cherché quelle étoit l'espèce de fil que nous
devions employer. Nous avons vu d'abord que les fils
métalliques devoient être préférés aux fils de soie ou
composés de végétaux, parce que ceux-ci à force égale
présentent plus de surface à la résistance de l'air, et
qu'ils ont d'ailleurs des inégalités dont les premiers
sont exempts étant passés à la filière ; ensuite parmi
les fils métalliques nous avons préféré celui de fer
qui, à égalité de force, est plus léger et a moins de
surface que les autres. Nous avons éprouvé qu'un de
ces fils qui pesoit.... par pied portoit jusqu'à 4 livres
$\frac{1}{4}$ de poids d'où on trouveroit qu'un fil d'une ligne de
diamètre porteroit environ........ (1) notre pendule
avoit 12 pieds de longueur, et ne faisoit par conséquent
ses oscillations que par 2 secondes. Nous avons préféré
d'employer cette longueur de pendule plutôt que celle du
pendule simple qui n'est que de 3 pieds, parce que la longueur étant quadruple, l'erreur qu'on peut commettre
sur la mesure influe quatre fois moins sur les résultats.

---

(1) Il y avoit ici, dans le manuscrit de M. Borda, des lacunes qu'il nous
a été impossible de remplir.

Le corps oscillant dont nous nous sommes servis étoit une boule de platine d'environ 16 lignes $\frac{1}{6}$ de diamètre et pesant 9911 grains, ou un peu plus de 17 onces. La densité de ce métal supérieure, comme l'on sait, à celle de tous les corps connus, devoit nous le faire préférer à tout autre. Nous avons trouvé par deux expériences faites avec beaucoup de soin, que la pesanteur spécifique de notre boule, étoit à celle de l'eau distillée, comme 20.71 est à 1; (le thermomètre à mercure divisé en 100 degrés depuis le terme de la glace fondante jusqu'à celui de l'eau bouillante marquant alors 20°); un autre morceau de platine plus pur ou mieux écroui nous a donné le rapport de 20.98 à 1.

Notre boule tenoit au fil, au moyen d'une petite calotte de cuivre que l'on voit représentée, planche II, fig. 3 et 4, et dont la partie inférieure UX étoit une portion de sphère d'un rayon égal à celui de la boule. Une légère couche de suif mise entre la boule et la calotte produisoit une adhérence assez forte pour soutenir le poids : par ce moyen on avoit la facilité de suspendre la boule successivement par différens points de sa surface, ce qui servoit à corriger les erreurs venant de l'inégale densité des parties de la boule ou même de sa non sphéricité. En effet, faisant des observations d'abord sur un point, ensuite sur le point diamétralement opposé, et prenant un milieu entre ces observations, le résultat moyen devoit être le même que si la boule avoit été de densité uniforme et exactement sphérique. Le fil du pendule passoit par un petit trou pratiqué dans la partie supérieure qui excédoit la calotte, et y étoit tenu par une vis de pression. C'étoit ainsi par une vis de pression que le bout supérieur étoit fixé à la queue CD du couteau.

Nous allons expliquer à présent l'appareil que nous employons pour comparer les oscillations du pendule avec celles de la lentille : nous remarquerons d'abord que nous donnions au fil du pendule une longueur telle qu'il faisoit un peu moins d'une oscillation pendant que la lentille de l'horloge en faisoit deux : de cette manière les mouvemens ne s'accordoient que par intervalles qui étoient d'autant plus grands que la durée des oscillations du pendule approchoit davantage d'être double de la durée des oscillations de la lentille. Pour déterminer avec plus de précision l'instant où l'accord des mouvemens avoit lieu, nous comparions la lentille et le pendule, lorsqu'ils avoient l'un et l'autre leur plus grande vitesse, c'est-à-dire, lorsqu'ils passoient à la verticale, et pour cela voici le moyen dont nous nous servions.

Le pendule, ainsi que nous l'avons dit, tomboit un peu en avant de l'horloge, et à 10 pouces environ de la lentille. Nous avions collé sur cette lentille (voyez planche I et planche II, fig. 3), un papier à fond noir e, sur lequel étoient tracées deux lignes blanches qui se croisoient, en formant avec l'horizon un angle de 45°. L'horloge étant arrêtée et le pendule étant également au repos, on fixoit la lunette O (planche I), dans la direction OPe, passant par la croisure des lignes de la lentille et par le fil du pendule, et on plaçoit à une petite distance du pendule un écran à fond noir QRS, dont le bord QS étoit dans une ligne verticale et arrangé de manière qu'il couvroit la moitié de l'épaisseur du fil du pendule : cette disposition étant faite , on mettoit le pendule et la lentille en mouvement, et on observoit le temps où le fil du pendule et la croisure des lignes de la lentille disparoissoient derrière l'écran.

Supposant d'abord que dans les premières oscillations le fil disparût avant la croisure des fils, et que la lentille de l'horloge fît un peu plus de deux oscillations pendant que le pendule en faisoit une , il arrivoit que dans les oscillations suivantes l'intervalle de temps écoulé entre les deux disparitions, devenoit plus petit , et qu'ensuite décroissant toujours à chaque oscillation , les deux objets finissoient par se cacher au même instant derrière l'écran qui donnoit un premier concours. Bientôt après cette observation les oscillations cessoient de paroître concordantes, et la lentille parvenoit à l'écran avant le pendule ; mais comme elle le devançoit toujours de plus en plus , elle gagnoit sur lui deux oscillations entières , et alors il y avoit un second concours ; le troisième concours et les suivans avoient lieu de la même manière, et on continuoit à les observer jusqu'à ce que les oscillations étant devenues très-petites , on perdoit plus par l'incertitude des observations qu'on ne gagnoit par la durée de la comparaison.

Notre pendule mis en oscillation conservoit un mouvement bien sensible pendant 12 heures ; mais par la

raison que nous venons de dire, on ne l'observoit que
pendant 4 ou 5 heures seulement ; cette durée de la
comparaison étoit au reste très-suffisante pour bien déterminer le rapport des mouvemens du pendule et de
la lentille : en effet nous avons remarqué que lorsque
l'intervalle d'un concours à l'autre étoit de 50 minutes,
et que les oscillations n'étoient pas trop petites, l'incertitude sur l'instant où les concours avoient lieu n'é-
toit tout au plus que de 30 secondes, ce qui suppose
que la discordance étoit sensible aux yeux de l'observateur, lorsqu'un des deux objets observés passoit à la
verticale un 50ᵉ de seconde avant l'autre, d'où l'on
trouvera que la durée de la comparaison étant de quatre
heures, la marche du pendule déterminée a un 360
millième près.

Comme la durée des oscillations d'un pendule augmente suivant la grandeur des arcs qu'il décrit et que
nous devions réduire cette durée à celle des oscillations
infiniment petites, nous avions le soin d'observer l'amplitude des arcs à l'instant de l'observation de chaque
concours, et pour cela nous avions placé à une petite
distance du pendule une règle MN (planche I) , qui
étoit divisée en minutes de degré , chaque minute
occupant sur la règle une demi-ligne d'étendue à peu
près.

Nous joignons ici une observation que nous avons
faite du mouvement de notre pendule pendant 12 heures,
qui servira à faire connoître la loi de décroissement des
arcs.

Heures des observations.	Arcs décrits de chaque côté de la verticale.
0ʰ	120·0
1	61·2
2	35·4
3	21·9
4	14·1
5	9·4
6	6·3
7	4·1
8	2·7
9	1·8
10	1·2
11	0·8
12	0·5

Huit heures après cette observation, le pendule avoit encore un petit mouvement, mais ses oscillations n'étoient plus visibles qu'au microscope.

Nous allons maintenant parler de la manière dont nous mesurions la longueur du pendule, mais auparavant il est nécessaire de décrire avec quelque détail la règle qui nous servoit pour cette mesure.

Cette règle dont on voit le dessin planche II, fig. 1, avoit un peu plus de 12 pieds de longueur. Elle étoit de platine et recouverte d'une autre règle de cuivre, dont nous expliquerons bientôt l'usage. La partie supérieure de la règle étoit terminée par un T d'acier trempé qui s'engageoit dans l'ouverture ST de la figure 5, et servoit à faire porter cette règle par le plan MN. La partie du T qui étoit appliquée contre la tête de la règle

3.

et les surfaces inférieures des deux branches *A B* et
C D, avoient été dressées avec soin sur un marbre, et
ne formoient avec la tête de la règle qu'un seul et
même plan, de manière que la règle étant en place, sa
surface supérieure se trouvoit exactement à l'affleure-
ment du plan *M N*.

A l'extrémité inférieure de la règle étoit une languette *E F* de platine, qui glissoit à léger frottement
entre les deux coulisses *G H* et *L I* également de platine ; et cette languette portoit des divisions dont chacune étoit un 20 millième de 12 pieds, et le vernier *X* tracé sur une des coulisses, partageoit ces
divisions en dix, et donnoit par conséquent des 200
millièmes de cette même longueur. Le zéro du vernier
étoit à 12 pieds du milieu *P* de la ligne de jonction
du *T* d'acier avec la règle, et le zéro des divisions de
languette étoit à l'extrémité de cette languette.

L'objet de la règle de cuivre qui couvroit celle de
platine, étoit de former avec celle-ci un thermomètre
métallique qui, par la différence de dilatation des
deux métaux, servoit à faire connoître à chaque instant
la quantité absolue dont la règle de platine étoit dilatée.
La règle de cuivre avoit 11 pieds ½ de longueur, son
extrémité supérieure étoit fixée par trois vis un peu au-
dessous du *T* d'acier, et son extrémité inférieure, qui
étoit libre, avoit une ouverture rectangulaire *P R* dans
laquelle entroit une pièce *S T* fixée sur le platine ; cette
pièce *S T* portoit les divisions du thermomètre métallique, qui étoient chacune un 20 millième de la longueur

de la règle comprise depuis le zéro du vernier U jusqu'au centre des trois vis d'attache de la partie supérieure MN. Ce vernier donnoit des subdivisions dix fois plus petites, c'est-à-dire des 200 millièmes.

On voit par cette description qu'à mesure que la température s'élevoit, le vernier U devoit s'avancer sur les divisions de ST de toute la quantité dont le cuivre se dilatoit plus que le platine. D'après cela il est clair qu'en connoissant le rapport de dilatation des deux métaux, on pouvoit en conclure la dilatation absolue de l'un et de l'autre.

Nous avons trouvé par un grand nombre d'expériences qui sont rapportées dans le mémoire, sur la mesure des bases de l'arc terrestre, que pour 100 parties marquées par le vernier du thermomètre métallique, notre règle de platine s'alongeoit de 92 parties $\frac{1}{3}$, dont chacune étoit un 200 millième de la longueur totale de la règle. Nous avons trouvé aussi que ce thermomètre marquoit 151 parties au terme de la glace fondante, et enfin que 10° du thermomètre à mercure décimal répondoient à 18.53 parties du thermomètre métallique ; d'où il sera aisé, en connoissant la division donnée par le thermomètre métallique, de rapporter la longueur de la règle au terme de la glace fondante ou à un autre degré quelconque du thermomètre à mercure.

Après avoir décrit la règle avec laquelle nous mesurions la longueur du pendule, nous devons parler d'une autre pièce IHL (*pl. I et II*) qui servoit aussi pour cette mesure. Cette pièce, qui étoit fixée sur une pierre

en saillie maçonnée dans le mur et placée un peu au-
dessous du poids du pendule, étoit composée d'un petit
plan de cuivre *IH*, bien dressé et placé horizontalement, qu'on pouvoit élever et abaisser à volonté au
moyen d'une vis dont les pas étoient très-fins. Lorsqu'après avoir achevé une observation on vouloit mesurer la longueur du pendule, on commençoit par mettre
le pendule au repos; on élevoit le petit plan de cuivre
jusqu'à ce qu'il vînt à toucher la partie inférieure de la
boule; ce qui s'observoit avec une grande précision, à
cause de la lenteur du rappel; ensuite, écartant le pendule de la verticale, et déplaçant le couteau de suspension, il ne restoit plus qu'à se servir de la règle pour
mesurer la distance depuis le petit plan *IH* jusqu'au
plan supérieur qui portoit le couteau. Pour cela on transportoit cette règle de la position *QR* (*pl. II, fig. 5*)
qu'elle avoit pendant le temps du mouvement du pendule, jusqu'au milieu de l'ouverture *ST* où étoit auparavant le couteau de suspension, et alors la règle ayant
pris la place du pendule, sa languette tomboit sur le
petit plan *IH*, et marquoit par sa division la longueur
de ce pendule depuis le point de suspension jusqu'au
dessous de la boule.

Avant de terminer ce qui concerne notre règle, nous
devons rapporter une expérience que nous avons faite
pour savoir de quelle quantité elle s'alongeoit par l'action
de sa pesanteur, lorsqu'elle étoit suspendue par sa partie
supérieure. Pour cela nous avons d'abord cherché l'alongement qu'elle éprouvoit par l'action d'un poids donné,

lorsqu'elle étoit dans une position horizontale, et nous avons trouvé qu'avec un poids de 24 livres cet alongement étoit de 2 parties $\frac{1}{4}$ sur 200 mille, pour la règle de platine, et de 5 parties $\frac{5}{4}$ pour celle de cuivre.

Maintenant notre règle de platine pesoit 6 livres 3 onces, et celle de cuivre 2 livres 5 onces; mais lorsqu'elles étoient suspendues, le poids moyen qui produisoit l'alongement n'étoit que la moitié du poids total de chaque règle, c'est-à-dire de 3 livres 1 once $\frac{1}{2}$ pour l'autre. D'après cela, pour la comparaison de ces poids avec celui de 24 livres que nous avions employé dans notre expérience, on trouvera que les deux règles suspendues s'alongeoient, savoir, celle de platine, de $\frac{3}{10}$ de partie, et celle de cuivre, de $\frac{27}{100}$ de partie. Ces quantités sont, comme l'on voit, très-petites, et l'on remarquera qu'étant à peu près égales, il ne devoit en résulter aucune différence sensible dans le thermomètre métallique.

Après avoir décrit toutes es parties de notre appareil et la manière dont les observations étoient faites, nous allons rapporter les expériences.

Première expérience.

CETTE première expérience a été faite le premier juin dans la matinée; nous allons en expliquer toutes les parties avec beaucoup de détail, ainsi que les corrections que nous avons employées pour réduire les observations à celle d'un pendule simple MV dans le vide et à une température déterminée. Les calculs de

ces corrections nous serviront pour les expériences sui
vantes.

A $7^h\frac{1}{2}$ du matin, après avoir disposé l'écran qRS (*planche I*) de la manière que nous avons expliquée ci-devant, le pendule a été mis en oscillation à 7^h 45′ 32″. Le fil du pendule paroissoit se cacher derrière l'écran, un peu avant la croisure e des lignes de la lentille, et à 7^h 46′ 8″ la croisure des lignes devançoit un peu le pendule. On a estimé que le premier concours avoit eu lieu à 7^h 45′ 56″ : le pendule décrivoit alors un arc de 64′ de chaque côté de la verticale.

A 8^h 59′ 2″, la lentille ayant gagné deux oscillations sur le pendule, on a observé le commencement du second concours, et à 8^h 59′ 30″ on en a observé la fin. On a jugé que l'instant du vrai concours approchoit un peu plus de la première observation que la seconde, et on l'a estimé à 8^h 59′ 10″. L'arc décrit par le pendule étoit alors de 32′.

Un troisième concours a été observé de la même manière à 10^h 12′ 40″, l'arc décrit par le pendule étant de 19′.

Un quatrième l'a été à 11^h 26′ 29″, l'arc étant de $11'\frac{1}{2}$.

Et un cinquième à 12^h 39′ 3″, l'arc du pendule étant alors réduit à 7′. On s'est borné à ces cinq observations, parce que les suivantes n'auroient pas été suffisamment exactes, à cause de la petitesse des arcs.

Deux thermomètres à mercure décimaux, placés dans la caisse qui renfermoit le pendule, l'un à la hauteur de la boule et l'autre auprès de la suspension, étoient observés après chaque concours.

Les cinq observations du thermomètre inférieur ont donné 15°2, 15°4, 15°4, 15°4 et 15°6, et celles du thermomètre supérieur ont donné 16°5, 16°0, 16°9, 16°8 et 17°0 ; d'où l'on voit que les variations ont été très-petites pendant la durée de l'expérience, et l'on remarquera que le thermomètre supérieur marquoit toujours une température plus élevée que le thermomètre inférieur, ce qui venoit sans doute de ce que les parties chaudes de l'air renfermé dans la caisse s'élevoient toujours vers la surface supérieure.

L'observation des concours étant achevée, on a mesuré avec la règle de platine, de la manière que nous avons expliquée ci-dessus, la distance depuis le point de suspension jusqu'au petit plan IH mis à la hauteur de la partie inférieure de la boule. L'extrémité de la languette portant sur ce plan, son vernier marquoit 3952.2 parties (chaque partie étant un 200 millième de la distance comprise depuis le zéro du vernier jusqu'à la partie supérieure de la règle), et par conséquent la longueur mesurée étoit de 203952.2 parties.

On a observé en même temps le thermomètre métallique de la règle ; il marquoit 181.3 parties à l'instant où la mesure a été prise.

Enfin la marche de l'horloge à laquelle le pendule étoit comparé, a été déterminée par six observations de passage d'étoiles faites les 4 et 5. Cette horloge s'est trouvée avancer de 13″4 par jour sur les fixes.

Le baromètre étoit à 28 pouces 3 lignes pendant le temps qu'on faisoit les observations du pendule.

Pour conclure de cette expérience la longueur du pendule qui bat les secondes, nous allons premièrement,
d'après les observations des concours, calculer le nombre
d'oscillations qu'auroit fait le pendule dans un jour solaire, temps moyen, en supposant qu'il eût toujours eu
le même mouvement que pendant l'expérience. Ensuite
nous nous servirons de la longueur mesurée du pendule,
à laquelle nous ferons toutes les corrections nécessaires
pour trouver la distance depuis le point de suspension
jusqu'au centre d'oscillation, et enfin de cette distance
réduite et du nombre-d'oscillations que le pendule d'expérience auroit fait en un jour : nous en conclurons la
longueur du pendule qui battoit les secondes.

Nombre d'oscillations qu'auroit fait en un jour le pendule d'expériences.

Le premier concours ayant été observé à $7^h 45' 56''$,
et le second à $8^h 59' 10''$, l'intervalle de temps écoulé
entre les deux concours a été de $73' 14''$ ou $4394''$, et
pendant ce temps la lentille de l'horloge a fait deux fois
le nombre d'oscillations du pendule, plus deux; par
conséquent le pendule a fait 2196 oscillations. Cela posé,
connoissant le nombre d'oscillations de la lentille pendant un jour solaire, temps moyen, il sera aisé de conclure celui des oscillations du pendule pendant le même
temps.

Nous avons dit que l'horloge avançoit de $13''4$ par jour
sur les fixes; ainsi, pendant une révolution des fixes,

la lentille faisoit 86413.4 oscillations : d'où on trouvera que pendant un jour solaire, temps moyen, elle en auroit fait 86650.0

On fera donc cette analogie : 4394 (nombre d'oscillations de la lentille dans l'intervalle des deux concours) est à 2196 (nombre d'oscillations du pendule pendant le même temps) comme 86650 est à un quatrième terme qu'on trouvera $=$ 43305.28 , et ce sera le nombre d'oscillations du pendule en un jour solaire, temps moyen.

Appliquant le même calcul à l'intervalle entre le second et le troisième concours, qui est de 4410″, on trouvera pour le nombre d'oscillations du pendule conclu de ce second intervalle 43305.35.

On trouvera de même pour le troisième intervalle 43305.44, et pour le quatrième 43305.14.

Mais il faut appliquer à ces nombres une correction relative à la grandeur des arcs décrits par le pendule, afin de réduire ces nombres à ce qu'ils auroient été si les oscillations avoient été infiniment petites. On sait que lorsque l'amplitude d'une oscillation n'excède pas un petit nombre de degrés, sa durée est à la durée d'une oscillation infiniment petite, comme l'unité, plus la seizième partie du carré du sinus de l'arc, est à l'unité. D'après cela, prenant pour l'arc moyen décrit pendant l'intervalle d'un concours à l'autre la moitié de la somme des arcs que décrivoit le pendule au commencement et à la fin de l'intervalle, et multipliant le nombre d'oscillations par la seizième partie du carré du sinus de

3, 45

cet arc moyen, on aura à peu près la correction qu'on doit appliquer à chaque nombre.

Si on veut employer une correction plus exacte, on remarquera que les arcs décrits par le pendule décroissent à peu près en progression géométrique en temps égaux. Cela posé, soit l'arc décrit au commencement d'un intervalle $= a$, celui qu'il décrit à la fin $= b$, et le nombre d'oscillations $= M$, on trouvera pour correction la quantité $\dfrac{M.\, sin.\,(a+b).\, sin.\,(a-b)}{32\, \mu.\, log.\, \dfrac{a}{b}}$ qui, étant ajoutée au nombre M des oscillations finies, donnera celui des oscillations infiniment petites ; μ est le module.

On pourroit encore appliquer à la durée des oscillations une autre correction dépendante de l'extensibilité du fil ; voici en quoi elle consiste. Il est aisé de voir qu'en supposant le fil extensible ou élastique, il doit s'alonger pendant l'oscillation par l'effet de la force centrifuge, et que d'un autre côté il doit se raccourcir à mesure qu'il s'éloigne de la verticale, parce qu'alors l'action de la gravité sur le poids devenant oblique à la direction du fil, celui-ci n'éprouve pas la même tension. Si l'on cherche la correction résultante de ces deux effets, et qu'on appelle E la quantité dont le fil s'alongeoit par l'action d'un poids π, P le poids de la boule, L la longueur du fil, A l'arc décrit, on trouvera que cette correction est représentée par $\frac{11}{16}.\, \dfrac{Pe}{\pi L}.\, A^2$, tandis que celle qui provient de la grandeur des arcs décrits est représentée par $\frac{1}{16}\, A^2$; d'où l'on voit que ces deux corrections sont entre elles comme 1 et $\frac{11}{16}$. $\frac{Pe}{\pi L}$. Or nous avons trouvé par expérience qu'en chargeant la boule d'un poids additionnel qui étoit à très-peu près la dix-neuvième partie du poids de cette boule, notre fil s'alongeoit de 10 parties sur 203 mille, c'est-à-dire qu'on avoit $\frac{P}{\pi} = 19$ $\frac{E}{b} = \frac{1}{20500}$. Mettant ces valeurs dans l'expression ci-dessus, on trouvera que la correction de la grandeur des arcs étoit à celle de l'extensibilité comme 1 est à $\frac{11 \cdot 19}{20500}$, ou comme 1 est à $\frac{1}{97}$ à peu près, c'est-à-dire que la nouvelle correction n'étoit presque que la centième partie de la première. D'après cela nous nous dispenserons d'y avoir égard, et nous nous bornerons à celle de l'amplitude des arcs.

Cela posé, calculant les corrections par la seconde formule donnée ci-dessus, on trouvera que les nombres d'oscillations doivent être augmentés, savoir : le premier, de 51 centièmes ; le second, de 14 centièmes ; le troisième, de 5 centièmes ; et le quatrième, de 2 centièmes seulement. Le tableau suivant présente les nombres conclus de l'expérience, et les nombres corrigés.

INTERVALLE entre les concours.	NOMBRE D'OSCILLAT. en un jour, conclu de l'expér.	CORRECT. pour l'amplit. des arcs.	NOMBRES corrigés.
73' 14"	43305.28	0.51	43305.79
73 30	43305.35	0.14	43305.49
73 49	43305.44	0.05	43305.49
72 34	43305.14	0.02	43305.16
Terme moyen			43305.48

On voit par ces résultats que, même en n'ayant égard qu'à un seul intervalle entre deux concours voisins, on détermineroit le mouvement du pendule avec une grande précision ; en effet, comparant au résultat moyen 43305.48, celui des résultats partiels qui s'en écarte le plus, la différence n'est que de $\frac{22}{100}$ d'oscillations sur 43305, ce qui ne donneroit pas un 150ᵉ de ligne sur la longueur conclue du pendule à seconde. La différence seroit deux fois plus petite encore, si on prenoit les intervalles deux à deux.

Mesure du pendule.

Nous avons dit que la distance depuis le point de suspension du pendule jusqu'au dessous de la boule, a été trouvée de 203952.2 parties.

Il faut d'abord ajouter $\frac{3}{10}$ de partie pour l'allongement que prenoit la règle étant suspendue par son extrémité supérieure, ainsi que nous l'avons conclu de l'expérience rapportée (page 343), ce qui donnera 203952.5 parties.

Mais cette mesure a été prise à la fin de l'expérience, et la température de la caisse qui renfermoit le pendule ayant un peu varié pendant cette expérience, la longueur du fil a dû varier aussi ; pour avoir égard à cette variation nous remarquerons qu'un fil de fer s'allonge à peu près d'un 70 millième pour un degré du thermomètre de Réaumur, et par conséquent d'un 87500ᵉ pour un degré de nos thermomètres décimaux, ce qui sur la longueur du pendule d'expérience donne-

roit à peu près 2,33 parties. Or ces thermomètres ont
marqué par un terme moyen pris entre toutes les observations 16°12, et ils marquoient 16°3 lorsqu'on a mesuré la longueur du pendule, la différence est 0°18 :
d'après cela puisque pour un degré la correction est de
2.33 parties, elle sera pour 0°18 de 0.43 partie, qu'il
faudra ôter de la longueur déjà trouvée 203952.6 parties,
et il restera pour la longueur réduite à la température
moyenne pendant l'expérience 203952.17.

Cette mesure donne la distance depuis le point de
suspension jusqu'au dessous de la boule ; il faut maintenant retrancher le demi-diamètre de la boule pour
n'avoir que la distance jusqu'au centre ; pour mesurer
ce demi-diamètre, nous nous sommes servis de la languette qui est à l'extrémité de notre règle de platine :
la boule étoit d'abord placée sur le petit plan de cuivre
IH, planche Ire, et on laissoit tomber la languette
sur le sommet du diamètre par lequel la boule avoit
été suspendue, en observant de donner à la boule un
petit mouvement sur le plan jusqu'à ce que nous eussions
le point où la languette étoit le plus élevée, nous remarquions alors la division marquée par le vernier, ensuite
ôtant la boule et laissant tomber la languette sur le plan
de cuivre, nous remarquions une seconde fois la division, et la différence des deux divisions donnoit le diamètre de la boule. Nous avons trouvé de cette manière
que le diamètre étoit égal à 1874 parties de la languette, et ayant répété plusieurs fois l'expérience, nous
n'avons jamais eu plus d'une demi-partie de différence

dans les résultats , ce qui ne donneroit'qu'un quart de
partie sur la grandeur du rayon , ou environ un 460ᵉ de
ligne : le diamètre de la boule étant de 1874 parties ,
son rayon étoit de 937 parties qu'on retranchera de la
quantité trouvée ci-dessus , et il restera pour la distance
depuis le point de suspension jusqu'au centre de la boule
2030151.7 parties.

Mais le centre d'oscillation d'une sphère qui oscille
autour d'un point , n'est pas au centre même de la
sphère , il est plus éloigné du point de suspension
d'une quantité égale aux deux cinquièmes du carré du
rayon divisé par la distance du point de suspension
au centre de la sphère. Il faudra donc augmenter la
distance déjà trouvée d'un nombre de parties $= \frac{1}{5}$.
$\frac{937}{20315}{}^2$, ce qui donnera 1.73 parties, et la distance sera
alors $= 203016.90$ parties.

Nous n'avons point encore eu égard à la pesanteur
du fil du pendule , ni à celle de la calotte (VX),
planche II , figure 4 , qui porte la boule. Pour trouver
la quantité dont l'une et l'autre influent sur la position du centre d'oscillation , nous allons nous servir
des formules connues des géomètres , par lesquelles on
détermine la longueur d'un pendule composé.

Soit la distance depuis le point de suspension jusqu'au centre de la boule $= a$; la longueur de la queue
CD (planche II , figure 2) , par laquelle le fil est
soutenu $= b$; le rayon de la boule $= R$; et la distance depuis le centre de la boule jusqu'au centre de
gravité de la calotte $UX = D$. Le poids du fil $= \Pi$,

celui de la calotte $=\Phi$, et celui de la boule que nous supposerons réuni à son centre $= P$. On trouvera que la distance depuis le point de suspension jusqu'au centre d'oscillation ou la longueur du pendule

$$= A - \frac{\frac{\pi}{6\,P}\cdot\left(A+B+R+\dfrac{2\,BR-2\,BB+2\,RR}{a}\right)+\frac{\phi}{\pi}\cdot\left(D-\dfrac{DD}{A}\right)}{1+\frac{\pi}{2\,P}\cdot\left(1+\dfrac{B-R}{A}\right)+\frac{\phi}{P}\cdot\left(1-\dfrac{D}{A}\right)}$$

Expression dont le second terme donne la correction pour le poids du fil et celui de la calotte.

Il s'agit maintenant d'avoir la valeur des quantités contenues dans la formule. Nous avons pesé avec beaucoup de soin et en employant des balances très-exactes, le fil et la calotte, et nous avons trouvé le poids du fil ou $\Pi = 13.79$ grains, et celui de la calotte ou $\Phi = 37.82$ grains ; quant à la boule de platine nous avons déjà dit qu'elle pesoit 9911 grains. La distance depuis le point de suspension jusqu'au commencement D du fil, c'est-à-dire B, s'est trouvée de 17 lignes, ce qui répond à 1968 parties de la division de notre règle. Le centre de gravité de la calotte étoit à très-peu près à la surface de la boule, c'est-à-dire qu'on avoit $D=R$; et nous avons déjà dit qu'on avoit le rayon de la boule ou $R = 937$ parties ; enfin la distance $a = 203016.9$ parties.

Mettant ces valeurs dans l'expression ci-dessus, on aura pour la correction totale 51.08 parties, dont 47 parties $\frac{3}{4}$ environ pour la pesanteur du fil, et 3 parties $\frac{1}{4}$ pour celle de la calotte.

Les 51 parties que nous venons de trouver pour correction, ne sont qu'environ la 4000ᵉ partie de la longueur totale, d'où l'on voit qu'une erreur assez considérable que nous aurions pu commettre sur le poids du fil et de la calotte, n'auroit qu'un effet insensible sur la longueur du pendule ; il faudroit par exemple que nous nous fussions trompés d'un 8ᵉ de grain sur le poids du fil, pour qu'il en résultât une différence d'un 1000ᵉ de ligne sur la longueur réduite du pendule à seconde ; or nous croyons que notre erreur sur ce poids n'est pas d'un 64ᵉ de grain. Quant à l'erreur sur le poids de la calotte, elle influeroit encore beaucoup moins sur la longueur du pendule.

Nous avons voulu savoir si, dans la longueur du fil dont nous nous sommes servis, il n'y avoit pas quelque inégalité de grosseur qui exigeroit une correction particulière ; nous avons partagé ce fil en deux parties égales que nous avons pesées, chacune séparément, et nous avons trouvé que la différence n'excédoit pas un 50ᵉ de grain. D'après cela nous n'y avons pas eu égard dans le calcul.

La correction 51.08 parties que nous venons de trouver, peut donc être regardée comme très-exacte. Si on retranche cette correction de la distance ci-dessus 203016.90 parties, on aura la distance depuis le point de suspension jusqu'au centre d'oscillation du pendule d'expérience, ou ce qui est la même chose, la longueur de ce pendule entièrement corrigée = 202965.82 parties,

Longueur conclue du pendule à secondes.

Nous avons trouvé que notre pendule d'expérience faisoit 43305.48 oscillations en un jour solaire, temps moyen, et l'on sait que les longueurs des pendules sont en raison inverse des carrés des nombres d'oscillations qu'ils font dans le même temps ; d'après cela pour conclure de notre expérience la longueur du pendule à secondes, c'est-à-dire du pendule qui fait 86400 vibrations en un jour solaire, on fera cette analogie.

Le carré de 86400 est au carré de 43305,48 comme la longueur réduite de notre pendule d'expérience, ou 202965.82 est à un quatrième terme qu'on trouvera = 50989.55 parties, et qui sera la longueur du pendule à secondes.

Il faut maintenant réduire cette longueur à ce qu'elle seroit, si le pendule se mouvoit dans le vide. Suivant les expériences de Deluc, lorsque le thermomètre de Réaumur est à $16°\frac{3}{4}$ et le baromètre à 28 pouces, une ligne de hauteur du mercure répond à 77.55 pieds d'air ; c'est-à-dire, qu'alors la pesanteur spécifique de l'air est à celle du mercure comme une ligne est à 77.55 pieds, ou comme 1 est à 11168. Mais suivant les tables de M. Brisson, la pesanteur du mercure est à celle de l'eau distillée comme 13.57 est à 1, et nous avons dit ci-dessus (page 335) que la pesanteur spécifique de notre boule de platine étoit à celle de l'eau comme 20.71 est à 1. D'où il résulte que les pesanteurs spécifiques de l'air et de notre boule sont entre elles comme 1 est à 17044.

L'action de la gravité sur cette boule seroit donc environ d'un 17000e plus forte dans le vide que dans l'air, et d'après cela pour que les oscillations dans le vide eussent la durée qu'elles avoient dans l'air, il faudroit augmenter d'un 17000e la longueur trouvée du pendule, ce qui donneroit 2.99 parties, ou plutôt 3,02 parties, en ayant égard au volume du fil et de la calotte. Cette réduction suppose le baromètre à 28 pouces et le thermomètre de Réaumur à 16°⁵⁄₄, ou nos thermomètres décimaux à 21°. Elle doit être plus grande d'un 336e pour une ligne de plus dans le baromètre, et d'un 270e pour un degré du thermomètre décimal ; ainsi le baromètre ayant été à 28 pouces 2.8 lignes pendant l'expérience, et les thermomètres décimaux à 16°, la correction sera égale à 3.10 parties, qui, étant ajoutées à la longueur du pendule dans l'air, donneront pour sa longueur dans le vide 50992.6 parties.

Il ne reste plus qu'à rapporter cette mesure à un terme fixe de température, et nous choisirons pour plus de simplicité le terme de la glace fondante, c'est-à-dire que nous réduirons la mesure à ce qu'elle auroit été si la règle de platine avoit été au terme de la glace fondante, lorsque nous avons pris la longueur du pendule. Nous remarquerons au reste que la température n'entrera pour rien dans le résultat final que l'on demande, puisque nous devons trouver le nombre d'oscillations faites en un jour par un pendule égal au mètre ou à

la 10 millième partie du quart du méridien terrestre,
et que la grandeur du méridien reste invariable, quelle
que soit la température. Mais nous avons besoin de faire
la réduction, premièrement pour comparer entre eux
nos différens résultats, et ensuite pour rapporter la mesure que nous trouverons à celle des bases de l'arc terrestre qui sera faite avec des règles réduites également
à une température donnée.

Nous avons dit, page 317, qu'au terme de la glace
fondante notre thermomètre métallique marquoit 151
parties ; nous avons dit également que pour 100 parties
de plus marquées par ce thermomètre la règle de platine
s'alongeoit de 92 $\frac{1}{7}$, 200 millièmes, ou, ce qui est la
même chose, que pour une partie du thermomètre la
règle s'alongeoit d'un 216000e. Or dans notre expérience le thermomètre métallique marquoit 181.5 par
ties de plus qu'au terme de la glace fondante ; multipliant donc 30.5 par la longueur du pendule 50992.6
parties, et divisant par 216000, on aura la correction
de température qu'on trouvera $=$ 7. 15 parties. Cette
correction sera additive, parce que si la règle avoit été
à la température de la glace, on auroit trouvé pour la
longueur du pendule un plus grand nombre de parties
de cette règle. D'après cela on aura la longueur du
pendule à secondes entièrement corrigée $=$ 50999.75
parties.

Seconde expérience.

CETTE expérience a été faite dans l'après midi du même jour 15 juin. Voici les observations :

HEURES des concours observés.	INTERVALLES entre les concours.	ARCS DÉCRITS de chaque côté de la verticale.
2ʰ 22′ 4″		. . 60′
5 33 48	. 7¹′ 44″ .	. . 31
6 46 3	. 7² 15 .	. . 17
7 58 12	. 7² 9 .	. . 13

La distance depuis le point de suspension jusqu'au dessous de la boule a été trouvée de 223951.0 parties, le thermomètre métallique marquant alors 182 parties.

Terme moyen des thermomètres à mercure pendant l'expérience . 16°6
Et lorsqu'on a mesuré la longueur du pendule . . . . 16°4
Hauteur du baromètre, 28 pieds 2.2 lignes.

Calcul de l'expérience.

NOUS suivrons dans ce calcul et dans ceux des expériences suivantes la même marche que dans celui de la première expérience.

Cherchant d'abord le nombre d'oscillations que le pendule auroit fait en un jour avec le mouvement qu'il avoit pendant les observations, et dans la supposition que l'horloge avançoit de 13″4 par jour sur les fixes ; appliquant ensuite à ces nombres les corrections pour l'amplitude des arcs décrits par le pendule, nous avons les résultats suivans :

NOMBRE d'oscillations du pendule en un jour.	CORRECTION pour l'amplitude des arcs.	NOMBRES corrigés.
43304·87	0·45	43305·32
43305·02	0·13	43305·15
43404·99	0·04	43305·03
Terme moyen . . .		43305·17

La distance depuis le point de suspension jusqu'au-dessous de la boule, a été trouvée de . . . . 203951·0 parties.

Ajoutant d'abord l'alongement de la règle produit par la suspension . . . . 0·3

On a . . . . 203951·3

Pour trouver la correction relative à la variation de la température dans la caisse du pendule, on a la température moyenne pendant l'expérience . . . . 16°6

Et lorsque la mesure a été prise . . . . 16°4

Différence en moins . . . . 0°2

Mais nous avons trouvé que pour une augmentation d'un degré il falloit retrancher 2.33 parties de la longueur mesurée ; d'où on trouvera que par une diminution de 0°2 il faudra ajouter 0.47 parties : ce qui donnera pour la longueur corrigée . . . . 203951·77 parties.

Retranchant, comme dans l'expérience précédente, d'abord pour le rayon de la boule. . . . . . . 937.00 } 988.08
Et ensuite pour le poids du fil et de la calotte .. 51.08 }

Il restera . . . . 202963·69

Pour conclure maintenant la longueur du pendule à secondes, on fera cette analogie : le carré de 86400 est au carré de 43305.17 (nombre d'oscillations du pendule d'expérience en un jour) comme la longueur 202965.42 est à un quatrième terme qui sera la longueur du pendule à secondes, et qu'on trouvera . . . .   50988.71 parties.

Cette longueur est celle qui a lieu dans l'air ; pour la réduire à celle qui auroit lieu dans le vide, on fera la correction relative à l'état du baromètre et thermomètre, qu'on trouvera égale à. 3.09

Et on aura la longueur dans le vide 50991.80

Il ne restera plus qu'à rapporter cette longueur à celle qu'on auroit trouvée si la règle avoit été à la température de la glace fondante.

Lorsque la mesure a été prise, le thermomètre métallique marquoit 182 parties, c'est-à-dire 31 parties de plus qu'au terme de la glace, qui répond à 151 parties. Multipliant 31 par la longueur déjà trouvée 50991.8 parties, et divisant par 216000, on aura pour la correction cherchée 7.31 parties qu'il faudra ajouter à 50991.8 parties, et on aura la longueur du pendule à secondes entièrement corrigée = 50999.11 parties.

Le résultat de cette seconde expérience ne diffère de celui de la première que d'environ un 80 millième ; ce qui ne donneroit dans la longueur du pendule qu'une différence d'un 180e de ligne.

Troisième expérience, du 18 juin matin.

Les heures des concours et la grandeur des arcs décrits ont été observés comme il suit :

Heures des concours.	Intervalles entre les concours.	Arcs décrits.
H. M. S.	M. S.	M.
8 4 52		63
9 16 20	71 18	32
10 29 12	72 52	18
11 40 50	71 38	10
12 53 19	72 29	6 $\frac{1}{4}$

Distance depuis le point de suspension jusqu'au dessous de la boule, 203951.8 parties, le thermomètre métallique marquant alors 185 parties.

Température moyenne de la caisse pendant l'expérience. . . . 17°3
Et lorsque la longueur a été mesurée . . . . 17°7

Différence en plus . . . . 0°4

Hauteur du baromètre, 27 pouces 10.9 lignes.

La marche de l'horloge, d'après plusieurs observations faites le 15, le 18 et le 23, a été trouvée avancer de 13″1 par jour sur les fixes; d'où il suit que la lentille faisoit en un jour solaire, temps moyen, 86649.7 oscillations.

Calcul de l'expérience.

ON trouvera d'abord par le nombre des oscillations du pendule les résultats suivans :

NOMBRE d'oscillations en un jour.	CORRECTION par l'amplit. des arcs.	NOMBRES corrigés.
43304.64	0.51	43305.13
43305.02	0.14	43305.16
43304.67	0.08	43304.75
43304.91	0.02	43304.93
Terme moyen		43304.99

Distance depuis le point de suspension jusqu'au dessous de la boule . . . .   203951.80 parties.

Alongement de la règle par la suspension 0.30
_____
203952.10

La température de la caisse du pendule, prise à la fin de l'expérience, excédoit de 0.4 la température moyenne pendant les observations ; il faudra donc retrancher de la longueur trouvée 2.33 parties multipliées par 0.4, ou .   0.93
_____

Et il restera 203951.17

On retranchera ensuite pour le rayon de la boule, moins la distance du centre de figure au centre d'oscillation, et pour les corrections relatives au poids du fil et de la calotte, ainsi que dans les expériences précédentes . .   986.35
_____

Il restera la longueur du pendule d'expérience . .   202964.82

Multipliant cette longueur par le carré du nombre d'oscillations du pendule trouvé ci-dessus 43304.99, et divisant par le carré de 86400, on aura la longueur du pendule à seconde dans l'air = 50988.38 parties, et ajoutant pour la pesanteur de l'air la correction qui convient à l'état du baromètre et du thermomètre, qu'on trouvera = 3.03 parties, on aura la longueur du pendule à seconde dans le vide = 50991.41 parties.

Il reste maintenant à réduire cette mesure à ce qu'elle seroit si la règle avoit été au terme de la glace. Notre thermomètre métallique marquoit 185 parties lorsqu'on a mesuré le pendule, c'est-à-dire qu'il marquoit 34 parties de plus qu'au terme de la glace, lequel répond à 151 parties. Multipliant 34 par la longueur trouvée du pendule à seconde, et divisant le produit par 216000, on aura pour correction 8.03 parties qu'on ajoutera à 50991.41, on aura la longueur du pendule entièrement corrigée = 50999.44 parties.

On voit que ce troisième résultat se rapproche du premier encore plus que le second; la différence n'est que d'un 160 millième.

Quatrième expérience, du 18 juin au soir.

HEURES des concours.	INTERVALLES entre les concours.	ARCS décrits.
H. M. S.		M.
1 27 57	M. S.	59
2 38 55	70 58	30
3 50 15	71 10	17
5 1 10	70 55	10

Longueur mesurée . . . . 203952.5 parties.

3.

47

Thermomètre métallique, 184.7 parties.

Température moyenne de la caisse . . . . 18°

A la fin de l'expérience . . . . 18°

Marche de l'horloge, comme le matin.

Hauteur du baromètre, 27 pouces 10.7 lignes.

Calcul de l'expérience.

Nombre d'oscillations en un jour.	Correction des arcs.	Nombres corrigés.
43304.50	0.45	43304.95
43304.57	0.13	43304.70
43304.48	0.04	43304.52
Terme moyen		43304.72

Longueur mesurée . . . . 203952.50 parties.

Ajoutant 0.3 partie pour l'alongement produit par la suspension, et retranchant pour les autres corrections communes aux expériences précédentes 986.35 parties, ou, ce qui est la même chose, retranchant 986.05

On aura la longueur du pendule d'expérience . . 202966.45

Multipliant cette quantité par le carré de $\left(\frac{43304.72}{86400}\right)$, on aura la longueur du pendule à seconde dans l'air = 50987.91 parties, et ajoutant la correction pour la pesanteur de l'air 3.05 parties, on aura la longueur du pendule dans le vide = 50990.96 parties.

Enfin le thermomètre métallique ayant marqué 184.7 parties, c'est-à-dire 33.7 parties plus qu'au terme de la glace, la correction pour réduire la mesure à cette température sera = 7.95 parties; ce qui étant ajouté à la longueur ci-dessus 50990.96 parties, donnera pour la longueur entièrement corrigée du pendule à seconde 50998.91 parties.

Ce résultat diffère du premier d'un 60 millième à peu près; mais si on le compare au résultat moyen des quatre expériences, la différence n'est plus que d'un 130 millième.

Cinquième expérience, du 25 juin au matin.

HEURES des concours.	INTERVALLES entre les concours.	ARCS décrits.
H. M. S.	M. S.	M.
8 51 23		67
	72 2	
10 3 25		34
	73 20	
11 16 45		19
	73 15	
12 30 0		11
	74 39	
13 44 39		6

Longueur mesurée 203951.3
Le thermomètre métallique marquoit 181.0 parties.
Température moyenne de la caisse pendant l'expérience. . . 16°4
Température à la fin de l'expérience . . . . : 16°5

Différence en plus 0.1
Hauteur du baromètre, 28 pouces 2 lignes.

L'horloge avançoit par jour de 13"3 sur les fixes, et par conséquent la lentille faisoit 86650 oscillations en un jour solaire, temps moyen.

Calcul de l'expérience.

Nombre d'oscillations en un jour.	Correction des arcs.	Nombres corrigés.
43304.95	0.55	43305.50
43305.31	0.15	43305.46
43305.28	0.05	43305.33
43305.64	0.02	43305.66
Terme moyen. . . .		43305.49

Longueur mesurée du pendule . . . . 203951.30 parties.
Correction pour la température de la caisse soustractive   0.23

                                   203951.07

Autres corrections communes aux précédentes expériences soustractives 986.05
       Longueur du pendule d'expérience 202965.02

Multipliant cette longueur par le carré de la fraction $\left(\frac{43305.49}{86400}\right)$, on aura la longueur du pendule à seconde dans l'air = 50989.36 parties, et ajoutant pour la correction de la pesanteur de l'air 3.10 parties, on aura la longueur du pendule à seconde dans le vide = 50992.46 parties.

Enfin le thermomètre métallique ayant marqué 181 parties lorsqu'on a mesuré le pendule, on trouvera que la correction pour la réduction au terme de la glace est de 7.08 parties qui, étant ajoutées à 50992.46, donneront pour la longueur du pendule à seconde entièrement corrigée 50999.54 parties.

Ce résultat de la cinquième expérience s'accorde, à

un 260 millième près, avec le résultat moyen des cinq expériences prises ensemble.

Sixième expérience, du 27 juin au matin.

HEURES des concours.	INTERVALLES entre les concours.	ARCS décrits.
H. M. S.	M. S.	M.
8 43 9	72 1	71
9 55 10	72 50	34 ½
11 8 0	73 2	19
12 21 2	73 9	11
13 34 11		7

Longueur mesurée . . . . 20395·0 parties.

Thermomètre métallique . . . . 181·8

Température moyenne de la caisse pendant l'expérience . . . 16°0

Et à la fin de l'expérience . . . . 16°4

Différence en plus . . . . 0°4

Hauteur du baromètre, 28 pouces 2.5 lignes.

L'horloge avançoit de 13″4 par jour sur les fixes, et faisoit 86650 oscillations en un jour solaire, temps moyen.

Calcul de l'expérience.

NOMBRE d'oscillations en un jour.	CORRECTION des arcs.	NOMBRES corrigés.
43304·94	0·60	43305·54
43305·17	0·15	43305·32
43305·23	0·05	43305·28
43305·25	0·02	43305·27
Terme moyen		43305·35

Longueur mesurée du pendule . . . .   203952·00 parties.

Correction pour la température de la caisse à sous-

traire . . . .   0·93

203951·07

Corrections communes aux expériences précédentes,

à soustraire . . . .   986·05

Longueur du pendule d'expérience . . .   202965·02

Multipliant cette longueur par le carré de la fraction $\left(\dfrac{43305.35}{86400}\right)$, on

aura la longueur du pendule à seconde dans l'air . . $= 50989·05$

Ajoutant pour la pesanteur de l'air . . . .   3·01

Et pour la réduction au terme de la glace . . . .   7·27

on aura pour la longueur entière corrigée . . . . . .   50999·33

Les expériences que nous venons de rapporter ont été faites la boule étant suspendue par un même point de la surface; dans les suivantes nous l'avons suspendue par le point diamétralement opposé, afin de pouvoir corriger les erreurs provenant des petites irrégularités de la figure de la boule ou de l'inégale densité de ses parties.

Septième expérience, du 28 juin au matin.

HEURES des concours.	INTERVALLES entre les concours.	ARCS décrits.
H. M. S.	M. S.	M.
7 57 48	. 71 12 .	. . 67
9 9 0	. 72 40 .	. . 34
10 21 40	. 72 55 .	. . 19
11 34 35	. 72 25 .	. . 11
12 47 0		. . 7

Longueur mesurée . . . .   203953.75 parties.

Thermomètre métallique, 185.0 parties.

Température moyenne de la caisse pendant l'expérience . . . 17°5

Température à la fin de l'expérience . . . . 18°1

Différence en plus . . . : . . . . 0°6

Hauteur du baromètre, 28 pouces 2 lignes.

Avance de l'horloge sur les fixes, 13″2, et par conséquent la lentille faisoit 86649.8 oscillations en un jour.

Calcul de l'expérience.

Nombre d'oscillations en un jour.	Correction des arcs.	Nombres corrigés.
43304·62	0·55	43305·17
43305·02	0·15	43305·17
43305·09	0·05	43305·14
43304·96	0·02	43304·98
Terme moyen		43305·12

Longueur mesurée . . . . 203953·75 parties.

Correction pour la température de la caisse . . . . 1·40

203952·35

Corrections communes aux autres expériences . . . 986·05

Longueur du pendule d'expérience . . . 202966·30

Multipliant cette longueur par le carré de la fraction $\left(\dfrac{43305.12}{86400}\right)$, on aura

la longueur du pendule à seconde dans l'air . . . . . . 50988·00

Correction pour la pesanteur de l'air . . . . 3·08

Et pour la réduction au terme de la glace . . . . . 8·03

Longueur du pendule entièrement corrigée . 50999·91

Huitième expérience, du 28 juin au soir.

Heures des concours.	Intervalles entre les concours.	Arcs décrits.
H. M. S.	M. S.	M.
3 23 24		61
4 34 34	71 10	31 ½
5 46 16	71 42	18
6 57 30	71 14	10
8 9 14	71 44	6

Longueur mesurée . . . . 203954.5 parties.
Thermomètre métallique, 186.5 parties.
Température moyenne de la caisse pendant l'expérience . . . 18°6
Température à la fin de l'expérience . . . . 18°8

Différence en plus . . . . 0°2
Hauteur du baromètre, 28 pouces 1.7 lignes.

L'avance de l'horloge la même que le matin du même jour.

Calcul de l'expérience.

Nombre d'oscillations en un jour.	Correction des arcs.	Nombres corrigés.
43304.61	0.47	43305.08
43304.76	0.14	43304.90
43304.63	0.04	43304.67
43304.77	0.02	43304.79
Terme moyen		43304.86

Longueur mesurée . . . . 203954·50 parties.

Correction pour la température de la caisse . . . . . 0·47

203954·03

Corrections communes aux expériences précédentes . 986·05

202967·98

Multipliant cette longueur par le carré de la fraction $\left(\dfrac{43304.86}{86400}\right)^2$, on aura

longueur du pendule à seconde dans l'air. . . . . . . 50988·64

Correction pour la pesanteur de l'air . . . . 3·06

Et pour la réduction au terme de la glace . . . . . 8·38

Longueur du pendule entièrement corrigée . 51000·08

Neuvième expérience, du 28 juin matin.

HEURES des concours.	INTERVALLES entre les concours.	ARCS décrits.
H. M. S.	M. S.	M.
7 58 32	70 36	68
9 9 8	70 24	34 ½
10 20 32	71 6	19
11 31 38	71 20	11
12 42 58		7

Longueur mesurée . . . . 203955·8 parties.

Température moyenne de la caisse pendant l'expérience . . . 19°4

Température à la fin de l'expérience . . . . 19°7

Différence en plus . . . . 0°3

Baromètre, 28 pouces 0.9 ligne.

· L'horloge avance de 13″0 par jour sur les fixes, et par conséquent elle fait 86649.6 oscillations en un jour.

Calcul de l'expérience.

Nombre d'oscillations en un jour.	Correction des arcs.	Nombres corrigés.
43304.34	0.57	43304.87
43304.58	0.16	43304.74
43304.49	0.05	43304.54
43304.56	0.02	43304.58
Terme moyen		43304.68

Longueur mesurée . . . .   203955.80 parties.
Correction pour la température de la caisse 0.70

                                             203955.10
Corrections communes aux expériences précédentes . .   986.05

Longueur du pendule d'expérience 202969.05

Multipliant cette longueur par le carré de la fraction $\left(\dfrac{43304.68}{86400}\right)$, on aura
la longueur du pendule à seconde dans l'air 50988.48
Correction pour le poids de l'air 3.06
Et pour la réduction au terme de la glace 8.57

Longueur du pendule entièrement corrigée .   51000.11

Le fil du pendule ayant été rompu par accident lorsqu'on se préparoit à faire une nouvelle expérience, on a ajusté un nouveau fil qui a été pesé avec le même soin que le premier, et dont on a trouvé le poids $=$ 14.80 grains; on a vérifié aussi la régularité de ce fil en le partageant en deux parties égales qu'on a pesées séparément, et la différence s'est trouvée pour ainsi dire nulle.

·Mais, avant de rapporter les nouvelles expériences, nous allons comparer les résultats des six premières avec ceux des trois dernières qui ont été faites, la boule étant suspendue par des points diamétralement opposés, afin d'y appliquer, s'il y a lieu, la correction dont nous avons parlé page 341.

Premières expériences.	Deuxièmes expériences.
	(La boule suspendue par un point opposé.)
1 . . . 50999·75 parties.	
2 . . . 50999·11	
3 . . . 50999·44	50999·91 parties.
4 . . . 50999·91	51000·08
5 . . . 50999·54	51000·11
6 . . . 50999·33	
Terme moyen . 50999·35	Terme moyen .. 51000·03

Quoique les termes moyens de ces deux suites d'expériences ne diffèrent entre eux que d'un 75 millième seulement, et qu'on puisse attribuer du moins en partie cette différence aux défauts des observations, néanmoins, comme les résultats de la seconde suite s'accordent très-bien entre eux, et que chacun est supérieur au plus fort résultat de la première, on peut supposer que la différence est due au changement du point de suspension de la boule, par conséquent aux petites irrégularités de sa figure ou à l'inégale densité de ses parties. D'après cela nous corrigerons les résultats en ajoutant à ceux de la première suite, et retranchant à ceux de la seconde la moitié de la différence qui se trouve entre les résultats moyens des deux suites; ce qui nous donnera les expériences corrigées comme on le voit ci-après :

$$
\begin{array}{lr}
1 \ldots\ldots\ldots\ldots & 51000\cdot 09 \\
2 \ldots\ldots\ldots\ldots & 50999\cdot 45 \\
3 \ldots\ldots\ldots\ldots & 50999\cdot 78 \\
4 \ldots\ldots\ldots\ldots & 50999\cdot 25 \\
5 \ldots\ldots\ldots\ldots & 50999\cdot 88 \\
6 \ldots\ldots\ldots\ldots & 50999\cdot 67 \\
7 \ldots\ldots\ldots\ldots & 50999\cdot 57 \\
8 \ldots\ldots\ldots\ldots & 50999\cdot 74 \\
9 \ldots\ldots\ldots\ldots & 50999\cdot 77 \\
\end{array}
$$

Terme moyen . . . . 50999·69

Comparant ces résultats entre eux, on trouve que celui qui s'écarte le plus du terme moyen n'en diffère cependant que d'un 116000ᵉ environ; ce qui ne donneroit qu'un 263ᵉ de ligne sur la longueur du pendule à seconde.

Dixième expérience, du 3 juillet matin.

Dans cette expérience et dans les trois suivantes la boule a été suspendue par un point placé à 90 degrés du premier : le rayon de la boule correspondant à ce point s'est trouvé de 937 parties, comme ci-devant.

On a calculé la correction pour le poids du nouveau fil, qui étoit, comme nous l'avons dit, de 14.80 grains, et on a trouvé pour cette correction jointe à celle du poids de la calotte, 54.55 parties.

HEURES des concours.	INTERVALLES entre les concours.	Arcs décrits.
H. M. S.	M. S.	M.
7 44 6	74 14	57 ½
8 58 20	74 10	30
10 12 30	75 10	17
11 27 40	74 10	10
12 41 50		6

Longueur mesurée . . . . 203946.75 parties.

Thermomètre métallique, 185 parties.

Température moyenne de la caisse pendant l'expérience . . . 18°0

Température lorsqu'on a mesuré le pendule . . . . 18°3

Différence en plus . . . . 0°3

Hauteur du baromètre, 27 pouces 10 lignes ¼.

L'horloge avançoit par jour de 13″5 sur les fixes; ainsi la lentille faisoit en un jour 86650.1 oscillations.

Calcul de l'Expérience.

NOMBRE d'oscillations en un jour.	CORRECTION des arcs.	NOMBRES corrigés.
43305.60	0.43	43306.03
43305.58	0.13	43305.71
43305.85	0.04	43305.89
43305.58	0.02	43305.81
Terme moyen		43305.81

Longueur mesurée. . . . . 203946·75 parties.

Correction pour la température de la caisse . . . . . <u>0·70</u>

203946·05

Correction pour le poids du fil et de la calotte, à soustraire . . . . 54·55 ⎫

Rayon de la boule, moins la distance de
figure au centre d'oscillation, qu'il faut éga- ⎬ 989·52
lement soustraire . . . . 935·27 ⎪

Alongement de la règle par l'effet de la ⎪
suspension, à ajouter . . . . 0·30 ⎭

Longueur du pendule d'expérience . . . . . 202956·53

Multipliant cette longueur par le carré de la fraction $\left(\dfrac{43305.81}{86400}\right)$, on aura
la longueur du pendule à seconde dans l'air. . . . . . 50987·88

Correction pour le poids de l'air . . . . 3·04

Et pour la réduction au terme de la glace . . . . . 8·03

Longueur du pendule entièrement corrigée. . 50999·05

Onzième expérience, du 4 juillet.

HEURES des concours.	INTERVALLES entre les concours.	Arcs décrits.
H. M. S.		M.
9 28 18	M. S.	65
10 41 20	73 2	33 $\frac{1}{2}$
11 55 30	74 10	18 $\frac{1}{2}$
13 10 15	74 45	11
14 24 30	74 15	6 $\frac{1}{2}$

Longueur mesurée . . . . 203947·0 parties.

Thermomètre métallique . . . . 183·5

Température moyenne de la caisse pendant l'expérience . . . 18°2

Température lorsqu'on a mesuré le pendule . . . . 18°0

Différence en moins . . . . 0°2

L'horloge avance de 13"5 par jour sur les fixes, comme
dans l'expérience précédente.

Calcul de l'expérience.

NOMBRE d'oscillations en un jour.	CORRECTION des arcs.	NOMBRES corrigés.
43305·28	0·53	43305·81
43305·57	0·15	43305·72
43305·73	0·05	43305·78
43305·60	0·02	43305·62
Terme moyen		43305·73

Longueur mesurée. . . . . 203947·00
Correction pour la température de la caisse, additive .   0·47
                                                        203947·47
Corrections communes à l'expérience précédente . . .   989·52
            Longueur du pendule d'expérience . . . . . 202957·95

Multipliant cette longueur par le carré de la fraction $\left(\dfrac{43305.73}{86400}\right)$, on aura

la longueur du pendule à seconde dans l'air . . . . .   50988·14
Correction pour le poids de l'air . , ...   3·05
Et pour la réduction au terme de la glace . . , . . .   7·67
        Longueur du pendule entièrement corrigée .   50998·86

Douzième expérience, du 9 juillet matin.

HEURES des concours.	INTERVALLES entre les concours.	Arcs décrits.
H. M. S.	M. S.	M.
10 0 53		59 $\frac{1}{2}$
11 12 39	72 4	31
12 24 57	72 18	17
13 37 23	72 26	10
14 48 57	72 34	6

Longueur mesurée . . . .   203950·2 parties.
Thermomètre métallique . . . . . .   189·5
Température moyenne de la caisse pendant l'expérience . . .   20°0
Température lorsqu'on a mesuré le pendule . . . .   20°3

Différence en plus . . . .   0°3
Hauteur du baromètre, 27 pouces 11 lignes ⅟₇.

L'horloge avance de 13″4 par jour sur les fixes. Nombre d'oscillations de la lentille en un jour, 86650.

Calcul de l'expérience.

NOMBRE d'oscillations en un jour.	CORRECTION des arcs.	NOMBRES corrigés.
43304·96	0·45	43305·41
43305·03	0·13	43305·16
43305·06	0·04	43305·10
43304·82	0·01	43304·83
Terme moyen		43305·12

Longueur mesurée . . . .   203950·20 parties.
Correction pour la température de la caisse . . . .   0·70

203949·50
Corrections communes aux expériences précédentes . .   989·52

Longueur du pendule d'expérience . . . . ⁻   202959·98

Multipliant cette longueur par le carré de la fraction $\left(\dfrac{43305.12}{86400}\right)$, on aura

la longueur du pendule à seconde dans l'air . . . . .   50987·23
Correction pour le poids de l'air . . . .   3·03
Et pour la réduction au terme de la glace . . . . .   9·09

Longueur du pendule à seconde corrigée . . .   50999·35

Treizième expérience, du 9 juillet au soir.

HEURES des concours.	INTERVALLES entre les concours.	ARCS décrits.
H. M. S.	M. S.	M.
4 23 18		63
5 34 25	71 7	32
6 46 30	72 5	18
7 59 20	72 50	11
8 10 45	71 25	6

Longueur mesurée . . . . 203950·2 parties.

Thermomètre métallique . . . . . . 190·2

Température moyenne de la caisse pendant l'expérience . . . 20°8

Température lorsqu'on a mesuré le pendule . . . . 20°9

Différence en plus . . . . 0°1

Hauteur du baromètre, 27 pouces 11 lignes.

L'avance de l'horloge comme dans l'expérience précédente.

NOMBRE d'oscillations en un jour.	CORRECTION des arcs.	NOMBRES corrigés.
43304·70	0·51	43305·21
43304·97	0·14	43305·11
43305·17	0·04	43305·22
43304·78	0·02	43305·80
Terme moyen		43305·08

Longueur mesurée . . . . 203950·2 parties.
Correction pour la température de la caisse . . . . . 0·23

203949·97
Corrections communes aux expériences précédentes . . 989·52

Longueur du pendule d'expérience . . . . . 203960·45

Multipliant cette longueur par le carré de la fraction $\left(\dfrac{43305.08}{86400}\right)$, on aura

la longueur du pendule à seconde dans l'air . . . . . . 50987·25
Correction pour le poids de l'air . . . . 3·02
Et pour la réduction au terme de la glace . . . . . 9·26

Longueur du pendule à seconde corrigée . . 50999·53

Quatorzième expérience, du 10 juillet matin.

Nombre des concours.	Intervalles entre les concours.	Arcs décrits.
H. M. S.	M. S.	M.
7 45 8	7^1 37	64 $\frac{1}{2}$
8 56 45	72 10	32 $\frac{1}{4}$
10 8 55	73 11	17 $\frac{1}{4}$
11 22 6	7^1 54	10
12 34 0		6

Longueur mesurée . . . . 203950·2 parties.
Thermomètre métallique . . . . . . 191·0
Température moyenne de la caisse pendant l'expérience . . . 20°6
Température lorsqu'on a mesuré le pendule . . . . 20°9

Différence en plus . . . . 0·3

L'horloge avance de 13″4 par jour sur les fixes; la lentille fait donc 86650 oscillations en un jour.

Calcul de l'expérience.

Nombre d'oscillations en un jour.	Correction des arcs.	Nombres corrigés.
43304.84	0.51	43305.35
43305.00	0.14	43305.14
43305.27	0.04	43305.31
43304.92	0.02	43304.94
Terme moyen		43305.18

Longueur mesurée . . . .   203950.2 parties.
Correction pour la température de la caisse 0.70
                                                                            203949.50
Corrections communes aux expériences précédentes . .   289.52
     Longueur du pendule d'expérience 202959.98

Multipliant cette longueur par le carré de la fraction $\left(\dfrac{43305.18}{86400}\right)$, on aura

la longueur du pendule à seconde dans l'air 50987.37
Correction pour le poids de l'air 3.02
Et pour la réduction au terme de la glace 9.44
     Longueur du pendule entièrement corrigée . .   50999.83

Quinzième expérience, du 10 juillet soir.

Heures des concours.	Intervalles entre les concours.	Arcs décrits.
H. M. S.	M. S.	M.
4 14 18		61
5 25 20	71 2	31 $\frac{1}{7}$
6 37 20	72 0	17
7 49 45	72 25	10
9 0 28	72 43	6

Longueur mesurée. . . . .   203950·0 parties.

Thermomètre métallique. . . . . .   190·0

Température moyenne de la caisse pendant l'expérience. . . .   21°

Température lorsqu'on a mesuré le pendule. . . . .   21°'

Hauteur du baromètre, 27 pouces 10.9 lignes.

L'horloge avance de 13″4 par jour sur les fixes.

Calcul de l'expérience.

NOMBRE d'oscillations en un jour.	CORRECTION des arcs.	NOMBRES corrigés.
43304·68	0·47	43305·15
43304·95	0·13	43305·08
43305·06	0·04	43305·10
43305·14	0·02	43305·16
Terme moyen.		43305·12

Longueur mesurée. . . . .   203950·00 parties.

Corrections communes aux expériences précédentes . .   989·52

Longueur du pendule d'expérience. . . . .   202960·48

Multipliant cette longueur par le carré de la fraction $\left(\frac{43305.12}{86400}\right)$, on aura

la longueur du pendule à seconde dans l'air . . . . .   50987·36

Correction pour le poids de l'air . . . .   3·01

Et pour la réduction au terme de la glace . . . . .   9·21

Longueur du pendule entièrement corrigée . .   50999·58

Seizième expérience, du 11 juillet matin.

HEURES des concours.	INTERVALLES entre les concours.	ARCS décrits.
H. M. S.		M.
9 58 2	M. S.	62
11 8 59	70 57	31 ½
12 21 0	72 1	17
13 33 40	72 40	10
14 45 50	72 10	6

Longueur mesurée . . . . 203950·7 parties.
Thermomètre métallique . . . . . . 191·75
Température moyenne de la caisse pendant l'expérience . . . 21°0
Température lorsqu'on a mesuré le pendule . . . . 21°6

Différence en plus . . . . 0°6
Hauteur du baromètre, 27 pouces 9 lignes ½.

L'horloge avance de 13″4 par jour sur les fixes.

Calcul de l'expérience.

NOMBRE d'oscillations en un jour.	CORRECTION des arcs.	NOMBRES corrigés.
43304·64	0·49	43305·13
43304·95	0·13	43305·08
43305·12	0·04	43305·16
43305·00	0·02	43305·02
Terme moyen		43305·10

Longueur mesurée . . . . 203950·7 parties.
Correction pour la température de la caisse . . . . 1·4

203949·30
Corrections communes aux expériences précédentes . . 989·52

202959·78

Multipliant cette longueur par le carré de la fraction $\left(\dfrac{43305.10}{86400}\right)$, on trou-

vera la longueur du pendule à seconde dans l'air . . . 50987·13
Correction pour la pesanteur de l'air . . . . 2·99
Et pour la réduction au terme de la glace . . . . . 9·62

Longueur du pendule entièrement corrigée . . 50999·74

Dix-septième expérience, du 11 juillet soir.

Heures des concours.	Intervalles entre les concours.	Arcs décrits.
H. M. S.	M. S.	M.
2 19 23		63
3 29 53	70 30	32
4 41 43	71 50	17 $\frac{1}{2}$
5 53 28	71 45	10
7 5 12	71 44	6

Longueur mesurée . . . . 203951·7 parties.
Thermomètre métallique . . . . . . 192·0
Température moyenne de la caisse pendant l'expérience . . . 21°6
Température lorsqu'on a mesuré le pendule . . . . 21°6
Hauteur du baromètre, 27 pouces 8 lignes.

L'horloge avance de 13.4 secondes par jour sur les fixes.

Calcul de l'expérience.

NOMBRE d'oscillations en un jour.	CORRECTION des arcs.	NOMBRES corrigés.
43304.52	0.51	43305.03
43304.90	0.14	43305.04
43304.88	0.04	43304.92
43304.87	0.02	43304.89
Terme moyen		43304.97

Longueur mesurée. . . . . 203951.70 parties.
Corrections communes aux expériences précédentes . . 989.52

Longueur du pendule d'expérience 202962.18

Multipliant cette longueur par le carré de la fraction $\left(\frac{43304.97}{86400} \right)$, on aura

la longueur du pendule à seconde dans l'air 50987.44
Correction pour la pesanteur de l'air 2.97
Et pour la réduction au terme de la glace 9.68

Longueur du pendule entièrement corrigée . 51000.09

Dans les trois dernières expériences qui suivent, et qui seront les dernières, nous avons employé un nouveau fil qui ne pesoit que 10 grains $\frac{41}{100}$; nous lui avons donné un peu plus de longueur qu'aux premiers, afin que les intervalles entre les concours fussent plus courts. Le point de suspension étoit le même que dans les dixième, onzième, douzième et treizième expériences.

Dix-huitième expérience, du 28 juillet.

HEURES des concours.	INTERVALLES entre les concours.	ARCS décrits.
H. M. S.	M. S.	M.
2 30 30	. 52 19 .	. . 55 ¼
3 22 49	. 52.16 .	. . 35
4 15 5	. 52 26 .	. . 23
5 7 31	. 52 26 .	. . 16
5 59 57	. 52 30 .	. . 10 ½
6 52 27	. 52 48 .	. . 7 ½
7 45 15		. . 5

Longueur mesurée . . . .   204008·70 parties.
Thermomètre métallique . . . . .   183·8
Température moyenne de la caisse pendant l'expérience . . .   18°2
Température lorsqu'on a mesuré le pendule . . . .   18°2
Hauteur du baromètre, 28 pouces 2 lignes.

L'horloge avance par jour sur les fixes de 13″6 ; ainsi la lentille faisoit 86650.2 oscillations en un jour.

Calcul de l'expérience.

NOMBRE d'oscillations en un jour.	CORRECTION des arcs.	NOMBRES corrigés.
43297·50	0·45	43297·95
43297·48	0·19	43297·67
43297·56	0·09	43297·65
43297·56	0·04	43297·60
43297·60	0·02	43297·62
43297·75	0·01	43297·76
Terme moyen		43297·71

Longueur du pendule . . . . 204008·70 parties.

Correction pour le poids du fil et de la calotte, calculée d'après le poids du nouveau fil qui est de 10.41 grains . . . . 39·50

Rayon de la boule, moins la distance depuis le centre de figure jusqu'au centre d'oscillation . . . . 935·27 }

974·77

974·47

A soustraire l'alongement de la règle par l'effet de la suspension . . . . 0·30

Longueur du pendule d'expérience . . . . . 203034·23

Multipliant cette longueur par le carré de la fraction $\left(\frac{43297.71}{86400} \right)$, on aura la longueur du pendule à seconde dans l'air . . . . 50988·43

Correction pour le poids de l'air . . . . 3·08

Et pour la réduction au terme de la glace . . . . . 7·74

Longueur du pendule entièrement corrigée . . 50999·25

Dix-neuvième expérience, du 31 juillet.

HEURES des concours.	INTERVALLES entre les concours.	Arcs décrits.
H. M. S.	M. S.	M.
11 35 34		
	51 16	79
12 26 50		47
	52 36	
13 19 26		30
	52 38	
14 12 4		20
	52 34	
15 4 38		14
	52 20	
15 56 58		9 $\frac{1}{2}$
	52 30	
16 49 28		6 $\frac{1}{2}$

Longueur mesurée . . . . 204008·50 parties.

Thermomètre métallique . . . . . 183·0

3.

50

Température moyenne de la caisse pendant l'expérience . . . 17°1
Température lorsqu'on a mesuré le pendule . . . . 17°4

Différence. 0.3

Hauteur du baromètre, 28 pouces 2 lignes.

L'horloge avance de 13″7 par jour sur les fixes. Nombre d'oscillations de la lentille en un jour, 86650.3.

Calcul de l'expérience.

Nombre d'oscillations en un jour.	Correction des arcs.	Nombres corrigés.
43296·99	0·85	43297·84
43297·70	0·33	43298·03
43297·72	0·14	43297·86
43297·68	0·06	43297·74
43297·55	0·08	43297·55
43297·64	0·02	43297·66
Terme moyen		43297·78

Longueur mesurée . . . . 204008·50 parties.
Correction pour la température de la caisse . . . . 0·70

204007·80
Correction commune à l'expérience précédente . . . . 974·47

Longueur du pendule d'expérience . . . . . 203033·33

Multipliant cette longueur par le carré de la fraction $\left(\dfrac{43297.78}{86400}\right)$, on aura
la longueur du pendule à seconde dans l'air . . . . . . 50988·35
Correction pour le poids de l'air . . . . 3·10
Réduction au terme de la glace . . . . 7·56

Longueur du pendule entièrement corrigée . . 50999·01

Vingtième expérience, du 4 août.

HEURES des concours.	INTERVALLES entre les concours.	ARCS décrits.
H. M. S.	M. S.	M.
11 23 42	48 10	110
12 11 52	50 46	64 ½
13 2 38	50 48	40
13 53 26	50 54	26
14 40 20	50 58	18
15 35 18	50 40	12
16 25 58		8 ½

Longueur mesurée . . . . 204013.15 parties.

Thermomètre métallique 192.0

Température moyenne de la caisse . . . . 21°6

Température lorsqu'on a mesuré le pendule . . . . 21°1

Différence en plus . . . . 0°5

Hauteur du baromètre, 27 pieds 11 lignes.

L'horloge avance de 13″2 par jour sur les fixes, et par conséquent la lentille fait en un jour 86649.8 oscillations.

Calcul de l'expérience.

NOMBRE d'oscillations en un jour.	CORRECTION des arcs.	NOMBRES corrigés.
43294.92	1.71	43296.63
43296.45	0.60	43297.05
43296.47	0.24	43296.71
43296.53	0.11	43296.64
43296.57	0.05	43296.62
43296.40	0.02	43296.42
Terme moyen		43296.68

L'amplitude de l'arc décrit dans l'intervalle des deux premiers concours étant de 110 minutes, on pourroit appliquer à ce premier intervalle la correction de l'extensibilité du fil dont on a parlé page 354 ; mais il n'en résulteroit qu'une différence de 0.02 partie, et comme elle seroit beaucoup plus petite pour les intervalles suivans, nous n'y aurons point égard.

Longueur mesurée . . . . 204013.50 parties.
Correction de la température de la caisse 1.17
_____
204012.33
Corrections communes aux expériences précédentes . . 974.47
_____
Longueur du pendule d'expérience 203037.86

Multipliant cette longueur par le carré de la fraction $\left(\dfrac{43296.68}{86400} \right)$, on aura

la longueur du pendule à seconde dans l'air 50986.92
Correction pour le poids de l'air 3.02
Et pour la réduction au terme de la glace 9.68
_____
Longueur du pendule entièrement corrigée . . 50999.62

Nous allons maintenant appliquer à ces trois dernières suites d'expériences la correction des inégalités de la boule, comme nous l'avons fait, page 379, pour les deux premières, en observant de réunir ensemble les résultats de la troisième et de la cinquième suite, dans lesquelles la boule étoit suspendue par le même point, pour les comparer à ceux de la quatrième, dans laquelle le point de suspension étoit diamétralement opposé au premier.

Résultats de la 3ᵉ et de la 5ᵉ suite.		Résultats de la 4ᵉ suite.	
Troisième suite . . {	50999·05 50999·86 50999·35 50999·53	Quatrième suite . . {	50999·83 50999·58 50999·74 50999·09
Cinquième suite . . {	50999·25 50999·01 50999·62	Terme moyen··	50999·81
Terme moyen··	50999·24		

Les deux résultats moyens différant entre eux de 0.57 partie, la moitié de cette différence, c'est-à-dire 0.28 part. pourra être regardée comme la correction des inégalités de la boule. On ajoutera donc cette quantité aux expériences de la troisième et cinquième suites, et on la retranchera de celles de la quatrième suite ; ce qui donnera les résultats ci-après :

LONGUEUR CORRIGÉE.	
Troisième suite . . . . . {	50999·33 50999·14 50999·63 50999·81
Quatrième suite . . . . . {	50999·55 50999·30 50999·46 50999·81
Cinquième suite . . . . . {	50999·53 50999·29 50999·90
Terme moyen . . .	50999·52

Si on compare chacun de ces résultats corrigés avec leur résultat moyen, on trouvera que la plus grande différence n'est que d'un 134 millième du total; ce qui ne répondroit qu'à un 300ᵉ de ligne sur la longueur conclue du pendule à seconde, et si on compare le résultat moyen avec celui que nous avons eu ci-dessus pour les neuf premières expériences, on trouvera que la différence n'est que d'un 300 millième.

On voit par ces comparaisons que nos vingt expériences s'accordent singulièrement bien entre elles; d'après cela nous avons cru qu'il étoit inutile de les multiplier davantage, et nous pensons que leur résultat général déterminera avec beaucoup de précision la longueur du pendule à seconde.

Nous avons réuni ces expériences dans le tableau suivant, dont la première et la deuxième colonnes marquent l'état du thermomètre et la durée des comparaisons; la troisième colonne donne les longueurs corrigées du pendule, et la quatrième contient les différences entre chaque résultat et le résultat moyen.

Tableau des vingt expériences.

	Durée des comparaisons.	État des thermom.	Longueurs du pendule.	Différ. avec les résultats moyens.
	H. M.	D.	Parties.	Parties.
Première suite . . . . {	4 53	16·1	50999·09	+ 0·49
	3 36	16·6	50999·45	— 0·15
	4 48	17·3	50999·78	+ 0·18
	3 33	18·0	50999·25	— 0·35
	4 53	16·4	50999·88	+ 0·28
	4 51	16·0	50999·67	+ 0·07
Seconde suite, la boule sus-{ pendue par un point diamé-{ tralement opposé au 1ᵉʳ. . {	4 49	17·5	50999·57	— 0·03
	4 46	18·6	50999·74	+ 0·14
	4 44	19·4	50999·79	+ 0·17
Troisième suite, la boule sus-{ pendue par un point placé{ à 90° des premières . . . . {	4 48	18·0	50999·33	— 0·27
	4 56	18·2	50999·14	— 0·46
	4 48	20·0	50999·63	+ 0·03
	4 47	20·8	50999·81	+ 0·21
Quatrième suite, la boule{ suspendue par un point dia-{ métralement opposé au pré-{ cédent . . . . {	4 49	20·6	50999·55	— 0·05
	4 46	21·0	50999·30	— 0·30
	4 48	21·0	50999·46	— 0·14
	4 46	21·6	50999·81	+ 0 21
Cinquième suite, le point de{ suspension étant le même{ que dans la troisième suite.{	5 14	18·2	50999·53	— 0·07
	5 14	17·1	50999·29	— 0·31
	5 2	21·6	50999·90	+ 0·30
Résultat moyen			50999·60	

Examinant les différences entre chaque résultat et le résultat moyen, portées dans la quatrième colonne, on voit que la plus grande de ces différences ne va qu'à un 104 millième environ du total; d'où on peut présumer que le résultat moyen approche beaucoup de la vraie

longueur du pendule à seconde. Nous établirons en conséquence que la longueur du pendule qui bat les secondes
à l'observatoire de Paris, est égale à 50999.6 parties de
notre règle, chaque partie étant un 200 millième de cette
règle.

Il reste maintenant à connoître le rapport de notre
règle avec celles qui doivent servir à déterminer la grandeur du méridien terrestre, afin que dans la suite, lorsque cette grandeur du méridien sera bien connue, on
puisse exprimer la longueur du pendule en parties du
méridien.

Ce rapport a déjà été donné dans le mémoire concernant les quatre règles de platine qui sont destinées à la
mesure des bases de l'arc terrestre. Celle de ces quatre
règles qui est numérotée 1, et à laquelle on a rapporté
les trois autres, a été comparée avec soin à la règle employée aux observations du pendule. La comparaison a
été faite à l'eau mise à la température de la glace fondante, et on a trouvé que 204000 parties de la règle du
pendule répondoient à 203995.1 parties de la règle n° 1;
d'où il suit que les 50999.6 parties de la première, qui
expriment la longueur du pendule à seconde, sont égales
à 50998.38 parties de la seconde, et comme ces parties
sont des 200 millièmes, on en conclura que la longueur
du pendule est égale à la fraction 0.2549919 de la règle
n° 1 supposée à la température de la glace.

Nous pouvons encore, d'après les comparaisons rapportées dans le mémoire sur la mesure des bases, exprimer la longueur du pendule à seconde en parties de

la toise qui a servi à déterminer la grandeur des degrés du méridien qui traverse la France. Il paroît que les savans qui ont exécuté cette opération avoient rapporté leur mesure à cette toise prise à la température de 13 degrés du thermomètre de Réaumur. Or, dans le memoire cité, on trouve que la longueur de cette toise supposée à la température de 13 degrés, est à la longueur de la règle n° 1 supposée à la température de la glace fondante, comme 100015.15 est à 200000. Cela posé, multipliant le rapport $\frac{200000}{100015.15}$ par la fraction trouvée ci-dessus 0.2549919, et multipliant encore le résultat par 864 (nombre de lignes contenues dans la toise), on trouvera que la longueur du pendule à seconde est égale à 440.5593 lignes.

RAPPORT

Sur la comparaison des toises du Pérou, du nord, de Mairan, et des quatre règles qui ont servi à mesurer les bases de Melun et de Perpignan,

Fait à la commission générale des poids et mesures, le 21 floréal an 7.

La commission générale des poids et mesures nous ayant chargés, les citoyens Mascheroni, Multedo, Coulomb et moi, 1°. de faire les expériences et opérations nécessaires pour donner, avec toute la précision possible, aux règles de platine que l'on forme actuellement, la longueur définitive du *mètre* égale à la dix millionième partie de l'arc du méridien compris entre le pôle de la terre et l'équateur, résultante de la mesure de l'arc compris entre les parallèles de la tour de Dunkerque et de la tour du fort de Montjouy près Barcelone, que l'on vient d'exécuter, et d'assujétir pareillement à la même longueur plusieurs règles de fer que l'on dispose aussi pour représenter le mètre; 2°. de comparer entre elles deux toises de fer qui ont servi à la mesure des degrés du méridien à l'équateur et au cercle polaire; et enfin de comparer la première de ces deux toises, nommée la

toise du Pérou, à une règle de cuivre et de platine éti-
quetée n° 1, et l'une des quatre qui ont été employées
dans les dernières opérations pour mesurer une base
près de Melun et une autre base aux environs de Perpignan ; nous allons rendre compte de cette seconde
partie de notre travail, la seule que nous ayons encore
pu exécuter, en attendant que la fabrication des règles
de platine et de celles de fer soit achevée, et que ces
règles soient disposées pour être assujéties à la longueur
définitive du mètre arrêtée par l'Institut national, d'a-
près la détermination que lui en présentera l'assemblée
générale des commissaires.

Nous joindrons à ces comparaisons celle d'une toise
de fer du citoyen Lenoir, que nous avons employée,
et celle d'une toise de Mairan à laquelle cet académi-
cien a rapporté la longueur du pendule qui bat les secondes à Paris, d'après les expériences qu'il fit en 1735.

Le citoyen Vassali, commissaire du Piémont, qui, le
premier jour de nos expériences, avoit remplacé le citoyen Multedo, retenu alors par une indisposition, a
continué d'assister aux expériences suivantes, et il y a
pris autant de part que les autres commissaires.

Les comparaisons dont nous allons rapporter les résultats ont été faites sur une grande règle de cuivre exécutée par le citoyen Lenoir ; c'est la même dont les
citoyens Borda et Brisson avoient fait usage pour établir
la longueur du mètre provisoire, et qu'ils ont décrite
dans leur rapport du 18 messidor an 3, qui a été imprimé par ordre du comité d'instruction publique. Au

moyen de cette règle on détermine avec beaucoup de précision les petites différences qui se trouvent entre deux mesures qui sont à peu près égales entre elles. Pour cela on applique une des deux mesures par un de ses bouts contre un petit cylindre qui est fixé à une des extrémités de la grande règle, et qui sert de heurtoir; on amène ensuite contre l'autre bout de la mesure un petit chariot ou curseur qui porte une règle divisée en dix millièmes de toise, laquelle correspond à différens verniers tracés sur la grande règle, et dont les subdivisions sont des cent millièmes de toise, et alors on observe le nombre de parties données par le vernier. Lorsqu'on a fait cette observation sur une des mesures, on en fait une pareille sur l'autre mesure qu'on veut lui comparer, et la différence entre le nombre de parties marquées par le vernier pour la seconde mesure et celui trouvé pour la première, est l'excès de l'une sur l'autre exprimé en cent millièmes de toise; on évalue même les millionièmes par estime. Dans toutes nos comparaisons faites de cette manière, et par cinq à six personnes successivement, nous avons été toujours d'accord pour le cent millième, et nous n'avons jamais différé entre nous dans l'estime que de deux à trois millionièmes. Or, comme un cent millième de toise ne répond qu'à un cent seizième environ de la ligne, ancienne division, il est probable que nos résultats ne s'écartent pas de la rigoureuse précision d'un deux centième de la ligne, ce qui est insensible.

La toise du Pérou et celle du nord ou du cercle po-

laire sont pareilles entre elles. Ce sont des règles plates
de fer poli, dont la largeur totale est de 17 à 18 lignes,
et l'épaisseur de 4 lignes environ; leur longueur d'un
côté est de 2 pouces à peu près de plus de 6 pieds;
elles sont coupées à chaque bout sur une largeur de 8
à 9 lignes, et c'est la distance entre les vives arêtes de
ces entailles qui a été prise pour la longueur de la toise:
les deux talons excédant d'environ un pouce à chaque
extrémité, servent à garantir les arêtes des entailles de
tout choc.

A la toise du Pérou nous avons reconnu que les
arêtes de ces entailles sont encore très-vives et paroissent
n'avoir souffert aucune altération. Quant à la toise du
nord, on sait qu'elle a été rouillée par l'effet d'un nau-
frage, dans le golfe de Bothnie, du bâtiment sur lequel
on la renvoyoit en France. On l'a nétoyée depuis; mais
il est à propos de dire que nous avons remarqué qu'on
a ajouté une petite pièce de rapport à l'une de ses extrémités, dans la longueur seulement des entailles, et
sans doute pour donner la longueur juste de la toise
entre les deux entailles. Il nous a été impossible de
reconnoître si cette pièce de rapport a été ajustée depuis
le retour de Laponie. Ces deux toises ont été faites en
1735, par Langlois; celle du Pérou, sous la direction
de Godin; la seconde, sous la direction de Lacondamine, qui avoit alors le dessein de la laisser en dépôt
à l'Académie, pour avoir un modèle de celle qu'on em-
portoit au Pérou, et y avoir recours en cas qu'il arrivât
quelque accident à la première. On avoit comparé ces

deux toises ensemble dans une séance de l'Académie; et l'on n'y avoit point trouvé la plus légère différence.

Au départ de Godin, Lacondamine et Bouguer, la toise faite par les soins de Lacondamine resta en dépôt à l'Académie, et c'est celle qui ensuite a été portée en Laponie par Maupertuis, qui n'eut pas le temps d'en faire exécuter une copie. Ces faits sont consignés dans le livre de Lacondamine sur la *Mesure des trois premiers degrés du méridien*, p. 75 et 76; dans les *Remarques* du même auteur *sur la toise, étalon du Châtelet, et sur les diverses toises employées aux mesures des degrés terrestres et à celles du pendule à secondes.* (*Mém. de l'Acad. des sciences* pour l'année 1772, seconde partie, p. 402-50).

La toise de Mairan a été faite aussi par Langlois; Mairan dit qu'*elle est toute pareille à celle qui a été emportée au Pérou et au modèle laissé à l'Académie.* (Voyez son *Mémoire sur la détermination de la longueur du pendule à secondes à Paris, Mém. de l'Acad. des sciences*, année 1735, p. 135.) Elle ne diffère des autres, quant à la forme, qu'en ce qu'elle n'a point de talons; ses extrémités en sont droites et bien équarries sur toute la largeur : elle appartient aujourd'hui au citoyen Lalande qui a bien voulu nous la confier. La toise du citoyen Lenoir, qui nous a servi aussi, est semblable à celle de Mairan. Après cette digression qui nous a paru nécessaire, nous passons aux résultats des comparaisons des différentes toises entre elles.

PREMIÈRES EXPÉRIENCES, *du premier floréal.*

Toise du Pérou.

On a posé cette toise de champ sur la grande règle de cuivre, de manière que la partie inférieure de l'entaille d'une de ses extrémités fût en contact parfait avec le cylindre vertical ou le heurtoir de la règle ; ce contact avoit lieu sur toute la hauteur du cylindre, qui est d'environ 4 lignes ; ensuite on a amené le petit chariot ou curseur, jusqu'à ce que son heurtoir touchât l'entaille de l'autre extrémité de la toise. Dans cet état le vernier de la grande règle de cuivre marquoit sur les divisions du curseur 41.25 parties, ou 41 dix millièmes et 25 millionièmes de toise. Chaque commissaire a répété en particulier cette expérience, ainsi que toutes les suivantes ; il éloignoit le curseur du point de contact, le ramenoit, et cela à plusieurs reprises, puis il exprimoit le nombre des parties et subdivisions qu'il avoit lues et estimées, et l'on prenoit un milieu entre les divers résultats. Ayant retourné la toise bout pour bout et revérifié les mesures, on n'a point trouvé de différence avec les premières, et l'on s'est arrêté à . . . . 41.25 parties.

Toise du nord.

Cette toise, placée comme la première et retournée bout pour bout, on a trouvé par un milieu 41.275

Toise de Lenoir.

On l'a posée à plat, et l'ayant retournée aussi bout pour bout, la mesure prise au milieu de sa largeur a donné . . . . 41.25 parties.

Toise de Mairan.

En la comparant comme celle de Lenoir, le vernier marquoit 40.90

Comparaison de la règle n° 1 à la toise du Pérou.

On vient de voir par les comparaisons précédentes que la toise de Lenoir est exactement égale à celle du Pérou. Ayant placé ces deux règles au bout l'une de l'autre, on a trouvé que le vernier marquoit . . . . 40.70 parties.

Avant de faire cette comparaison on avoit mesuré la règle n° 1, et l'on avoit trouvé que le vernier étoit à 40.70

Après l'expérience des toises du Pérou et de Lenoir on a répété celle de la règle n° 1, et l'on a trouvé 40.63

Le milieu de ces deux résultats est de 40.665

D'où il suit que la règle n° 1 étoit alors égale à celle du Pérou moins 0.0000035; ce qui répond à trois millièmes de ligne de l'ancienne division, quantité si petite qu'on n'en sauroit répondre et qu'on peut regarder comme nulle.

Pendant ces expériences un thermomètre à mercure, division centigrade, placé sur les toises et la règle, a été de 12 degrés à 12.8.

DEUXIÈMES EXPÉRIENCES, *du 6 floréal.*

ON a répété les comparaisons faites le premier de ce mois, et l'on a eu les résultats suivans; le thermomètre centigrade marquoit 10.2 degrés en commençant et 11 en finissant.

Vernier.

Toise du Pérou, de champ . . . . 41·43
Toise du nord, de même . . . . 41·44
Toise de Lenoir, au milieu de sa largeur . . . . 41·43
Toise de Mairan, au milieu de sa largeur, et aussi à 3 lignes de chaque côté . . . . 40·99
Règle n° 1, son thermomètre métallique marquant 40°05, et le centigrade 11° . . . . 40·93
Toise du Pérou et celle de Lenoir, posées bout à bout l'une de l'autre . . . . 40·80

Il suit de ces comparaisons, comme des premières, que la toise du Pérou et celle du nord sont parfaitement égales l'une à l'autre, à 4 lignes de l'entrée de leurs coupes ou entailles; que celle de Lenoir est aussi égale. La différence de température de ce jour au précédent ne fait rien ici; il suffit qu'elle soit constante pendant la durée des comparaisons, puisque les trois toises sont de même métal et à peu près de même largeur et épaisseur. La longueur apparente de ces trois toises semble un peu plus grande que le premier jour; cela provient de ce que la température étant de 2 degrés moindre, la grande règle de cuivre sur laquelle sont tracés les verniers, s'est un peu plus raccourcie que les toises de fer.

La toise de Mairan se trouve plus courte que celle du Pérou de 0.44; le premier jour elle n'avoit eu que 0.35, c'est-à-dire 0.09 de moins, ou environ un centième de ligne.

Si l'on prend un milieu entre les deux résultats, on conclut que la toise de Mairan est plus courte que celle du Pérou de 0.395 ou de $\frac{1}{29}$ de ligne et un peu plus. Quant à la règle n° 1, on voit qu'elle s'est trouvée plus longue que le double de la toise du Pérou de 0.13 parties, ce qui n'excède guère un centième de ligne. Lors des comparaisons du premier jour il y avoit égalité; mais le thermomètre centigrade étoit à 12° $\frac{1}{2}$ environ au lieu de 11° cette fois-ci. La différence provient donc de celle de la température.

TROISIÈMES EXPÉRIENCES, *du 8 floréal.*

LES commissaires qui ont fait en l'an 3 la vérification du mètre provisoire, disent dans leur rapport qu'ils ont pris la longueur de la toise de l'Académie (qui étoit celle du Pérou, et dont ils ont joint le dessin figuratif qui est aussi rapporté ci à côté) entre deux points *a* et *b* placés à environ une ligne de distance des angles *m* et *n*, parce qu'ils avoient supposé que les parties *ac* et *ad* ont pu s'user en entrant dans l'étalon; et les mêmes commissaires ajoutent qu'en prenant la longueur de cette toise entre les points *h* et *g* placés au tiers des lignes *cm* et *dn*, la toise étoit plus courte d'une partie et demie ou 1.5 qu'en la prenant entre les points *a* et *b*. C'est ce que nous avons voulu vérifier, d'autant que d'autres savans avoient supposé qu'il y avoit des différences sensibles sur la longueur de cette toise, selon qu'on la prenoit entre différens points des lignes *ac* et *bd*. Nous avons fait aussi une semblable vérification de la toise du nord, et à divers points. Pour faire ces vérifications il falloit poser les toises à plat, et dans cette situation les talons excédant les entailles ne permettoient point de mettre les différens points de ces entailles en contact avec le cylindre vertical ou heurtoir. Pour remédier à cet inconvénient on a fixé très-solidement sur la règle de cuivre et proche le cylindre une pointe ou nouvel heurtoir en contact duquel on pouvoit mettre les différens points de l'entaille des toises. Voilà pourquoi on verra que les nombres des parties du vernier que l'on va rapporter s'écartent considérablement de ceux des premières expériences.

Toise du Pérou.

A 1 ligne de distance des angles *a* et *b* .	1re fois . . .	490.62 parties.
	2e fois . . .	90.62
A 2 lignes des mêmes angles	1re fois . . .	490.64
	2e fois . . .	90.63
A 4 lignes des mêmes angles		490.69
A 6 lignes des mêmes angles		490.69
Aux deux tiers de *ac* et de *bd*, ou à 3 lignes des angles extérieurs		490.58

Toise du nord.

A 1 ligne de l'angle intérieur a et de l'opposé b . . . . 490·47 parties.
A 3 ligne des angles extérieurs c et d . . . . ·; 490·65
A 2 lignes des mêmes angles extérieurs . . . . ;. 490·62

Il résulte de ces comparaisons que la toise du Pérou a exactement la même longueur, à quelque point qu'on la prenne de ses deux coupes ou entailles, la plus grande différence trouvée n'étant que d'un cinq millionième de toise ou d'environ $\frac{1}{800}$e de ligne, quantité insensible, et qu'on ne peut se flatter d'évaluer.

A l'égard de la toise du nord, on voit qu'on lui trouve aussi la même longueur, à 3 millionièmes près, depuis l'entrée de ses entailles jusqu'à 3 lignes des angles intérieurs, et que ce n'est que dans le reste qu'elle est plus courte de 0.165 partie ou de 0.0456 ligne, environ $\frac{1}{70}$, quantité déjà presque insensible. Mais d'ailleurs il n'est pas à présumer que les académiciens qui ont employé cette toise au cercle polaire, aient pris sa longueur près des angles intérieurs, où elle est plus courte que vers les angles extérieurs par où elle entroit juste dans la matrice.

QUATRIÈMES EXPÉRIENCES, du 14 floréal.

L'OBJET de ces dernières expériences a été de vérifier si les quatre règles qui ont servi à mesurer les bases de Melun et de Perpignan sont égales entre elles, ou d'en constater les différences, s'il y en avoit.

La règle n° 1, placée sur la grande règle de cuivre, et l'une de ses extrémités étant en contact avec le cylindre vertical, son thermomètre métallique marquant 40.12 degrés, et le centigrade à mercure 11°8, le curseur amené en contact avec l'autre extrémité de cette règle, on a trouvé sur le vernier . . . . 40.833 parties.

La règle n° 2 (son therm. métall. à 40°20) 40.825

La règle n° 3 (son therm. métall. à 39°90) 40.79

La règle n° 4 (son therm. métall. à 40°08) 40.88

Ensuite on a encore placé le n° 1 sous thermomètre métallique étant à 40°20, le centigrade à 11°5, le vernier marquoit 40.77

On voit, d'après ces comparaisons, que les règles n° 1 et n° 2 peuvent être regardées comme étant exactement égales entre elles, puisque la différence, qui n'est que de 8 cent millionièmes, est insensible et peut être attribuée à l'erreur dont l'estime des millionièmes est susceptible; on voit aussi que le n° 3 est plus court de 4 millionièmes de toise que le n° 1, et que le n° 4 est de 5 millionièmes plus long.

CONCLUSION.

D'après les comparaisons dont on vient de rapporter les détails, il nous a paru qu'on pouvoit établir :

1°. Que la longueur de la toise du Pérou est la même, à quelque point qu'on la prenne de ses entailles; que la toise du nord, dans l'état où elle est actuellement, est exactement de même longueur que celle du Pérou, si ce n'est très-près des angles intérieurs des entailles de la première; partie dont il n'est point du tout probable qu'on se soit servi;

2°. Que la toise de Lenoir est aussi exactement égale à celle du Pérou; d'où il suit que la règle n° 1, l'une des quatre employées à la mesure des bases de Melun et de Perpignan, est exactement le double de celle du Pérou, à la température de 12° ½ de la division centigrade;

3°. Que la toise de Mairan, sur laquelle il a réglé la longueur du pendule qui bat les secondes à Paris, est de 0.03413 ligne, ou environ $\frac{1}{29}$ plus courte que celle du Pérou;

4°. Que les quatre règles dont on s'est servi pour la mesure des bases de Melun et de Perpignan, ajoutées bout à bout, forment une longueur égale à huit fois celle de la toise du Pérou, à la température de 12° ½, division centigrade.

Fait au palais national des Sciences et Arts, le 21 floréal an 7.

Signé, MULTEDO, VASSALI, COULOMB, MASCHERONI, MÉCHAIN.

L'assemblée générale des commissaires des poids et mesures ayant entendu le rapport ci-dessus, en a adopté les conclusions.

Signé, DELAMBRE, LAPLACE, LEFÈVRE-GINEAU, LAGRANGE, FABBRONI, VAN-SWINDEN, BRISSON, CISCAR, TRALLES, DARCET, PEDRAYES, AENAE, MÉCHAIN.

Pour copie conforme : *Signé*, MÉCHAIN.

RAPPORT

Sur la détermination de la grandeur de l'arc du méridien compris entre les parallèles de Dunkerque et Barcelone, et sur la longueur du mètre qu'on en déduit.

Fait à la commission des poids et mesures le 11 floréal an 7.

———

Nous vous avons présenté successivement, dans trois séances précédentes, les résultats des observations faites par les citoyens Méchain et Delambre, tant pour les triangles qui servent à la méridienne de France, que pour les latitudes de Dunkerque, de Paris, d'Évaux, de Carcassonne, de Montjouy, et pour les azimuts que les côtés des triangles forment avec la méridienne à Montjouy, à Carcassonne, à Bourges et à Watten ; nous vous avons également indiqué la longueur des bases mesurées près de Melun et de Perpignan. Nous allons aujourd'hui vous rendre compte du reste de notre travail, et vous offrir le résultat définitif de toute l'opération.

Quatre d'entre nous se sont spécialement chargés du calcul des triangles, en employant les angles inscrits sur les tableaux que nous vous avons communiqués, et qui présentent, comme nous l'avons dit, le résultat pur et simple des observations discutées d'après leur valeur réelle et les circonstances qui les ont accompagnées. Chacun des calculateurs a fait ses calculs séparément, et ils ont employé différentes tables de logarithmes et des méthodes différentes ; nous avons ensuite confronté ces calculs, et ils s'accordent autant qu'on peut le desirer : vous en jugerez vous-mêmes dans un moment par les résultats que nous aurons l'honneur de vous mettre sous les yeux.

Les calculateurs ont employé la base de Melun. Vous savez que cette base, ainsi que celle de Perpignan, a été mesurée au moyen de quatre règles, qui toutes ont été comparées exactement entre elles et à la première, laquelle est le module auquel nous avons tout rapporté. On a par la suite comparé ce module à la toise du Pérou, et cette comparaison vient d'être faite de nouveau par la commission spéciale que vous avez nommée pour cet objet, et qui vous rendra compte sous peu de son travail. Il suffira de vous rapporter en deux mots que ce module est exactement la double toise, que conséquemment cette expression *module* vous présente une quantité connue, et que *demi-module* et *toise* sont des termes synonymes.

Nous avons dit dans notre premier rapport, et nous l'avons marqué sur le tableau que nous vous avons présenté alors, que la base de Melun, considérée comme *corde* et réduite au niveau de la mer et au 13° degré du thermomètre divisé en 80 parties, a une longueur de 6075 demi-modules et 921 millièmes ; mais le citoyen

Delambre nous a prévenu depuis qu'il s'étoit aperçu en revoyant de nouveau ses calculs et en les vérifiant avec l'attention la plus scrupuleuse, qu'il s'étoit glissé une erreur dans l'addition des parties qui constituent la réduction à l'horison, et que cette base ne contient que 6075 demi-modules et 90 centièmes. Nous avons réduit tous nos calculs à cette base ainsi corrigée, et nous faisons cette remarque parce que notre dessein, en vous remettant des copies du tableau des triangles, a été de vous fournir les moyens de faire par vous-mêmes tels calculs que vous pourriez desirer, d'après les mêmes données d'observations que nous avons cru devoir employer. Nous n'avons rien de plus à cœur que de trouver dans nos confrères des vérificateurs de toutes les parties de notre travail; il suffira d'ajouter que, pour réduire les calculs faits sur la base que nous vous avions communiquée d'abord, à la base corrigée dont nous venons de parler, mais réduites l'une et l'autre en arc, il faudra diminuer chaque côté calculé de 35 dix millionièmes à très-peu près.

La base de vérification, mesurée près de Perpignan, est liée à celle de Melun par une chaîne de cinquante-trois triangles : on peut donc en déterminer la longueur par le calcul, et comparer cette longueur ainsi calculée à celle qui résulte de la mesure actuelle. C'est une vérification que nous n'avons pas manqué de faire. En voici le résultat :

La base de Perpignan, déduite par une chaîne de cinquante-trois triangles

3.   53

de celle de Melun réduite en arc, se trouve, par
le calcul, de . . . .   6006·089 demi-modules.
   La base de Perpignan réduite en arc, se trouve,
par la mesure actuelle, de . . , ...   6006·249
          La différence est de . . . .   0·160

Ce qui, traduit en anciennes mesures, fait 11 pouces
et $\frac{52}{100}$, c'est-à-dire moins d'un 37 millième du total,
quoique ces deux bases soient distantes l'une de l'autre
de 33 mille demi-modules.

Cette différence, qui pourroit frapper au premier coup
d'œil, n'est nullement due à une imperfection réelle
dans la mesure des bases, à quelque erreur qu'on y
auroit commise. Nous connoissons parfaitement toutes
les précautions que l'observateur a prises; elles sont
consignées dans ses registres avec les plus grands détails : et d'ailleurs on en a eu la preuve directe, puisque
la différence entre la partie qu'on avoit mesurée pendant
un jour entier, et qui se montoit à 140 demi-modules,
mais que la violence du vent qui souffloit alors rendoit
suspecte, et qui exigeoit conséquemment une vérification, et la même partie mesurée de nouveau le lendemain dans des circonstances favorables, n'a été que
d'un millimètre, ce qui fait moins que la deux cent
soixante-neuf millième partie du total mesuré ce jour-là.
Aussi sommes-nous intimement persuadés que si on avoit
fait une seconde mesure de chacune de ces bases, on
n'auroit trouvé entre celle-ci et la première que de
très-légères différences, et nous sommes fort éloignés
de vous proposer de mesurer ces bases de nouveau.

Nous regardons cette opération, comme parfaitement inutile.

Il suffit en effet de connoître les opérations du genre de celle-ci pour être convaincu que la différence entre le résultat du calcul de la base de vérification et sa mesure actuelle, provient uniquement des petites erreurs inévitables dans chaque triangle, et qui peuvent, dans une chaîne de triangles aussi étendue que celle-ci, ou se compenser en grande partie, ou s'accumuler; et rien n'eût été plus facile que de faire accorder ces deux bases aussi exactement qu'on eût pu le desirer, en faisant aux angles de trois ou quatre triangles de très-légères corrections, des corrections au-dessous des erreurs que les observations les mieux faites comportent; mais nous avons cru devoir nous interdire tout arrangement de cet ordre, et permettez-nous de vous faire observer que nous vous avons remis le tableau des angles tels que nous avons cru devoir les déduire de l'observation, avant que d'avoir fait nos calculs; que par là nous nous sommes volontairement mis dans l'impossibilité d'y faire aucun changement sans votre aveu, et qu'ainsi nous avons donné par là même à notre travail un degré d'authenticité qui manque peut-être aux travaux de ce genre qui ont été publiés jusqu'ici.

Nous observerons enfin que dans l'opération du Pérou, pour ne pas parler de celles qui ont été faites ci-devant en France, les deux bases d'Yarouqui et de Tarqui ont été mesurées chacune deux fois; que la différence entre les deux mesures n'a été pour chacune que de deux ou

trois pouces, et que cependant la base de Tarqui, déduite de celle d'Yarouqui par une chaîne de trente-deux
triangles seulement, diffère de la mesure actuelle de 2
ou 3 pieds, selon Bouguer, et d'une toise entière selon
les calculs de Lacondamine, et cela quoique les deux
bases ne soient distantes l'une de l'autre que de quatre-
vingts lieues; tant il est vrai que ces différences dépendent, non d'erreurs commises dans la mesure actuelle
des bases, mais, comme nous le disions il y a un moment, d'une accumulation possible de petites erreurs,
d'erreurs inévitables dans les triangles. Lacondamine
remarquoit avec raison « que quand le calcul s'accor-
» deroit parfaitement avec la mesure de la seconde base,
» tout ce qu'on seroit en droit d'en conclure, c'est que
» les erreurs se seroient probablement compensées;
» qu'après une suite de trente-deux triangles qui me-
» surent une distance de quatre-vingts lieues, une toise
» seule de différence sur le dernier côté est peut-être
» plus propre à servir de preuve à l'exactitude des opé-
» rations, que de raison de douter de leur justesse ».
A combien plus forte raison cette remarque ne pourra-
t-elle pas s'appliquer quand il s'agit de moins d'un pied
de différence d'une chaîne de cinquante-trois triangles
et d'une distance de cent soixante lieues?

Au reste, si l'on employoit la base de Perpignan au
lieu de celle de Melun, chaque côté calculé, chaque
intervalle pris sur la méridienne, et la méridienne entière, augmenteroient de 266 dix millionièmes parties;
ce qui ne feroit que 15 demi-modules sur l'arc total

entre Dunkerque et Montjouy, qui en contient près
de 552 mille; et si l'on prenoit un milieu entre le calcul
et l'observation, la différence sur la méridienne entière
ne seroit que de 7 demi-modules.

Quoi qu'il en soit cette différence est telle que nous
vous la proposons. Nous la laissons en entier, sans faire
de tentatives pour la diminuer, et il nous reste à vous
rendre compte de l'usage que nous avons fait de ces
bases.

Il se présentoit trois partis : le premier, d'employer
une des bases à l'exclusion de l'autre, le second, de
répartir la différence dont nous venons de parler entre
les deux bases proportionnellement, si l'on veut, à leur
longueur; le troisième, d'employer la base de Melun
dans le calcul de la partie boréale de la méridienne, et
celle de Perpignan dans le calcul de la partie australe.
C'est le parti auquel nous avons cru devoir nous arrêter,
et voici nos raisons (1) :

Puisque les deux bases ont été mesurées avec le même
soin et avec une égale exactitude, il est impossible de
donner à l'une d'elles la moindre préférence sur l'autre ;
et en adopter une pour ainsi dire au hasard, c'eût été
agir sans raison et d'une manière absolument arbitraire.
Le second parti est beaucoup plus plausible, et paroît
au premier abord fort naturel; mais, de cette manière,

---

(1) On a vu, t. II, p. 704, les raisons qui m'ont porté à prendre un
quatrième parti qui m'a paru tout concilier, qui a mis plus d'accord entre
les deux moitiés de la méridienne, sans altérer l'arc total. DELAMBRE.

on fait éprouver à la base de Melun une augmentation de plus de $\frac{8}{100}$ de demi-module, et à celle de Perpignan une diminution un peu moindre, quoiqu'on soit persuadé qu'elles ne pêchent ni l'une ni l'autre de cette quantité, soit en défaut, soit en excès, et les côtés de tous les triangles subissent un changement proportionnel; au lieu qu'en suivant le troisième parti on laisse les bases intactes, et les côtés de chaque triangle ne sont sujets à d'autre incertitude qu'à celle qui peut naître des petites erreurs qui restent dans la détermination des angles. Enfin, en employant la base de Melun depuis Dunkerque jusqu'à Évaux, et celle de Perpignan depuis Évaux jusqu'à Montjouy, on partage l'étendue de la méridienne en deux parties à peu près égales, on prévient l'accumulation ultérieure de petites erreurs, on s'en tient de plus près à ce que les observations même donnent immédiatement.

Remarquons encore que le résultat est à peu près le même, non pour les différentes parties de la méridienne, mais pour l'angle total, soit qu'on calcule la partie australe depuis Évaux jusqu'à Montjouy, par la base de Perpignan, et la partie boréale depuis Dunkerque jusqu'à Évaux, par la base de Melun; soit qu'on calcule l'arc total par la base de Melun rectifiée d'après la différence qu'il y a entre le calcul et la mesure de celle de Perpignan, puisque la ville d'Évaux est située à peu près au milieu de cet arc.

Des bases nous passons au calcul des parties de la méridienne. Ces calculs ont été faits par quatre calculateurs qui s'accordent, soit pour les différentes parties de la méridienne, dont nous parlerons dans un moment; soit pour l'arc total, à quelques dixièmes de modules près, quoiqu'ils aient employé différentes méthodes.

La détermination de la méridienne ne dépend pas seulement de la grandeur des côtés des triangles, mais encore de leur direction par rapport à la méridienne. A la rigueur il suffiroit de connoître l'azimut d'un seul des côtés pour calculer tout le reste; mais les citoyens Delambre et Méchain en ont observé plus d'un, et ils ont mis dans ces observations délicates les plus grands soins. C'est dans leurs registres qu'il faut voir le détail de leurs observations multipliées et des précautions qu'ils ont prises. Le citoyen Delambre a observé à Watten l'azimut de Dunkerque; il a fait une observation du même genre à Bourges, et le citoyen Méchain en a fait de pareilles à Carcassonne et à Montjouy (1).

On peut donc, en parlant de l'azimut observé à Watten, par exemple, calculer quels doivent être ceux de Bourges, de Carcassonne, de Montjouy, et les comparer aux azimuts que l'observation donne immédiatement. C'est ce que les calculateurs ont fait, et ils ont trouvé que les azimuts calculés diffèrent tous, mais inégalement en différens endroits, des azimuts observés : différences

---

(1) Depuis l'époque de ce rapport j'ai fait des observations bien plus nombreuses encore de l'azimut du Panthéon, vu de mon observatoire de la rue de Paradis. Voyez t. II, p. 72 et suivantes. DELAMBRE.

qui ne sont nullement dues à des erreurs d'observation, mais qui, parce qu'elles ont pour base des observations aussi multipliées, aussi exactes et aussi sûres que le sont celles que les citoyens Méchain et Delambre ont faites, présentent, et par leur grandeur et par leur marche, des résultats curieux et intéressans, lesquels pourront servir, entre les mains de mathématiciens habiles, à connoître de plus près la figure de la terre et l'action que des causes locales ou des irrégularités dans l'intérieur de la terre peuvent exercer sur des observations de ce genre. C'est même, pour le dire en passant, parce qu'on prévoyoit que des observations exactes d'azimut pourroient servir à perfectionner nos connoissances sur ces objets intéressans, et fournir, si elles diffèrent des azimuts calculés, des résultats importans, que ceux qui ont été consultés sur l'opération ont, de concert avec les observateurs, engagé ceux-ci à ne pas faire des observations d'azimut avec deux extrémités de la base seulement, mais d'en faire encore dans les endroits intermédiaires. Les citoyens Méchain et Delambre ont rempli ce vœu des savans, comme tous ceux qui pouvoient, dans le cours de leurs opérations, être utiles aux sciences : or ils l'ont rempli avec ce soin qu'on pouvoit attendre de leur zèle et de leur activité, et avec l'exactitude qui caractérise tous leurs travaux.

Au reste, quelque curieuses et intéressantes que ces observations d'azimut soient en elles-mêmes et par les conséquences qui en résultent, ou plutôt quelles que soient les différences dont nous venons de parler, elles n'ont que très-peu d'influence sur la longueur de la méridienne, qui fait l'objet capital de nos recherches. S'il étoit besoin d'ajouter à la démonstration que le citoyen Delambre en a donnée dans son mémoire, une confirmation pratique, nous dirions que deux des calculateurs ayant constamment employé dans leurs calculs le seul azimut observé à Watten, sans avoir égard aux autres ; qu'un troisième calculateur ayant employé le même azimut seulement jusqu'à Évaux, et depuis Évaux jusqu'à Montjouy celui de Carcassonne ; que le quatrième en ayant agi de même, mais jusqu'à Carcassonne seulement, et ayant employé pour la partie qui tombe entre Carcassonne et Montjouy, l'azimut de Carcassonne rectifié par la moitié de la différence qu'il y a entre l'observation de Montjouy et le calcul, ces quatre résultats n'ont différé entre eux, sur la longueur entière de la méridienne, que de deux demi-modules et trois dixièmes, ce qui ne fait pas un deux cent quarante millième du total.

Quant à nous, nous avons cru, après avoir discuté mûrement ce point, devoir nous en tenir aux observations le plus près qu'il nous seroit possible, et par conséquent nous avons fondé les cinq résultats que nous allons vous proposer sur les bases suivantes ; et comme les calculs des quatre calculateurs, réduits aux mêmes principes, s'accordent à quelques dixièmes de demi-modules près, et que les différences extrêmes entre ces résultats n'ont pas excédé cinq dixièmes, nous avons pris un milieu entre les calculs des quatre calculateurs, et fait de différentes manières.

3.   54

I. La distance entre les parallèles de Dunkerque
et du Panthéon à Paris, est de . . . . . . 124945·18 demi-modules.

Cette distance, calculée sur la base de Melun
et l'azimut de Dunkerque, soustend un arc
céleste de 2°18910, et le milieu passe par
la latitude de 49° 56′ 30″.

II. La distance entre les parallèles du Panthéon et
d'Évaux est de . . . . 152291·48

Cette distance, calculée sur la base de Melun
et l'azimut de Dunkerque, soustend un arc
céleste de 2°66868, et son milieu passe par
la latitude de 47° 30′ 46″.

III. La distance entre les parallèles d'Évaux et de
Carcassonne, calculée sur la base de Perpignan et l'azimut de Carcassonne, est de . . 168849·10

Elle soustend un arc céleste de 2°96336, et
son milieu passe par la latitude de 44°
41′ 48″.

IV. La distance entre les parallèles de Carcassonne et de Montjouy, calculée d'après la
base de Perpignan et l'azimut de Carcassonne rectifié comme il a été dit ci-dessus,
est de . . . . 105498·96

Elle soustend un arc céleste de 1°85266, et
son milieu passe par la latitude de 42°
17′ 20″.

V. Il en résulte enfin que la distance totale entre
les parallèles de Dunkerque et de Montjouy
est de . . . . 551584·72 (1)

Cette distance soustend un arc céleste de 9°67380, le plus grand qui ait
été mesuré jusqu'ici, et plus que triple des plus grands des arcs jusqu'alors
mesurés hors de France ; le milieu passe par la latitude de 46° 11′ 58″.

_____

(1) On a vu ci-dessus, page 89, les valeurs un peu différentes que nous

Nous vous présentons, citoyens, ces cinq résultats avec la plus grande confiance et comme autant de faits qui doivent servir à fixer le résultat définitif de toute l'opération, et notre confiance sur ce point est d'autant mieux fondée que l'examen scrupuleux, minutieux même que nous avons fait des registres d'observations, nous a convaincus de l'exactitude des observations géodésiques et non moins de celle des observations astronomiques. Celles qui concernent les latitudes de Dunkerque, de Paris, d'Évaux, de Carcassonne, de Montjouy, ont été tellement multipliées et si bien faites que nous sommes sûrs qu'il n'y a sur aucune d'elles, ni à beaucoup près, une seconde d'incertitude, et que nous sommes persuadés que l'incertitude qu'on voudroit supposer pouvoir rester dans ces déterminations, n'ira peut-être pas à une demi-seconde. La latitude du Panthéon n'a pas, il est vrai, été observée au Panthéon même, mais elle a été conclue de deux manières : d'abord de la latitude de l'Observatoire national, où le citoyen Méchain vient de faire avec le plus grand soin une longue suite d'observations, et de la distance qu'il a de l'Observatoire au Panthéon, dans le sens du méridien ; ensuite de la latitude de l'observatoire particulier du citoyen Delambre, que cet astronome a dé-

---

avons données à tous ces arcs ; le premier et le dernier n'ont presque pas changé. On remarque quelques différences sur les arcs entre le Panthéon et Évaux, entre Évaux et Carcassonne ; ce qui vient des petits changemens que nous avons faits aux angles depuis Torfou jusques vers Perpignan. Del.

terminée avec la plus grande exactitude, et de la distance connue de cet observatoire au Panthéon.

La première de ces méthodes donne pour la latitude du
Panthéon. . . . . 48° 50' 49″67
La seconde (1) . . . . 48° 50' 49″75

La différence est insensible. Nous avons employé dans nos calculs la seconde de ces déterminations. Ces observations, comme toutes les autres, ont été faites avec le cercle de Borda.

Ces quatre intervalles et l'arc total nous présentent donc cinq faits indépendans de toute hypothèse quelconque. Si nous considérons ces distances de plus près, et que nous en déduisions de chacune d'elles le degré moyen qu'on en peut conclure, et en employant simplement l'hypothèse sphérique qui suffit pour ce premier aperçu, nous trouverons en nombres ronds, pour le degré moyen :

	Demi-mod.	Diff.
I. Entre Dunkerque et le Panthéon, à la latitude moyenne de 49° 56' 30″	57276	10
II. Entre le Panthéon et Évaux, à la latitude moyenne de 47° 30' 46″	57066	
III. Entre Dunkerque et Montjouy, à la latitude moyenne de 46° 11' 58″	57018	87
IV. Entre Évaux et Carcassonne, à la latitude moyenne de de 44° 41' 48″	56979	
V. Entre Carcassonne et Montjouy, à la latitude moyenne de 42° 17' 20″	56945	30

(1) Voyez tome II, p. 413.

On trouve ci-dessus, p. 89, des résultats un peu différens, parce que mes nouveaux calculs supposent quelques petits changemens dans les arcs soit

On voit aisément par ce tableau que tous ces degrés décroissent à mesure qu'on s'approche de l'équateur, et qu'ainsi l'opération qu'on vient de faire en France suffiroit seule et indépendamment de toute autre pour prouver l'aplatissement de la terre d'une manière non douteuse, et nous ajouterons que si l'on combine ces quatre parties de la méridienne que nous avons déterminées de toutes les manières possibles, il en résulte, avec l'arc total, dix combinaisons qui fournissent dix degrés moyens pour dix latitudes moyennes, et que ces degrés présentent encore tous le même résultat, à une seule irrégularité près, très-légère et qu'il seroit aisé de faire disparoître.

Mais si l'on considère ensuite ces degrés, non en eux-mêmes, mais par rapport à leurs différences ou à la diminution graduelle qu'ils éprouvent, et si, pour rendre la comparaison plus facile à saisir, on la réunit à une mesure commune, à celle, par exemple, qui a lieu pour un degré de latitude, on trouvera un phénomène très-singulier et auquel on ne s'étoit nullement attendu, c'est que les degrés décroissent, pour un degré de latitude :

I. Entre Dunkerque et le Panthéon, d'une part, et le Panthéon et Évaux, de l'autre, c'est-à-dire de la latitude moyenne de 49° 56′ 30″, à la latitude moyenne de 47° 30′ 46″, seulement de . . . . 4 demi-modules.

II. Entre le Panthéon et Évaux, d'une part, et Évaux et Carcassonne, de l'autre, c'est-à-dire de la la-

---

terrestres soit célestes; mais ces variations sont trop légères pour être d'aucune importance. DELAMBRE.

titude moyenne de 47° 30′ 46″, à la latitude
moyenne de 44° 41′ 48″, d'une quantité très-
considérable de . . . . 31 demi-modules.

III. Entre Évaux et Carcassonne, d'une part, et Carcassonne et Montjouy, de l'autre, c'est-à-dire
de la latitude moyenne de 44° 41′ 48″, à la latitude moyenne de 42° 17′ 20″, de 14

Les degrés terrestres décroissent très-peu et très-lentement de Dunkerque à Évaux, mais très-rapidement
et très-considérablement passé cette ville, et cette diminution rapide se ralentit entre Carcassonne et Montjouy.

Ce phénomène, si remarquable et tout à la fois si
intimement lié à celui que nous présente cette différence des azimuts calculés et observés dont nous avons
parlé plus haut, qu'ils se servent l'un à l'autre d'appui
et de complément, doit être attribué, soit à l'irrégularité des méridiens, soit à l'ellipticité de l'équateur et de
ses parallèles, soit à l'attraction des montagnes, soit
à des irrégularités dans l'intérieur de la terre, soit à
la combinaison de toutes ces causes réunies ou de plusieurs d'entre elles : causes dont l'action n'avoit pas encore été prouvée aussi solidement et d'une manière aussi
frappante qu'elle l'est par les observations dont nous
vous rendons compte. Ce phénomène ouvre un vaste
champ aux mathématiciens, qui pourront reprendre la
question de la figure de la terre, et la traiter bien plus
profondément qu'elle ne l'a encore été, malgré les excellens ouvrages qui ont été publiés sur ce sujet.

Nous nous écarterions de notre but si nous vous
présentions les différentes réflexions auxquelles la con-

sidération de ces faits a donné lieu, et que nous nous sommes communiquées dans nos conférences; nous devons nous rappeler que notre commission se borne à la détermination du mètre, c'est-à-dire à la détermination, d'abord du quart du méridien, ensuite à sa dix millionième partie, ainsi qu'à la manière dont ce quart du méridien doit être déduit de l'opération actuelle.

Nous avons mûrement examiné tout ce qui pourroit nous éclairer sur cet important objet, et c'est d'après cet examen que nous croyons devoir nous en tenir à l'arc total intercepté entre Dunkerque et Montjouy. De cette manière nous nous écarterons le moins possible des faits; nous emploierons un très-grand arc, et par là même l'influence des irrégularités de la terre, ainsi que celle des petites erreurs inévitables dans les observations, deviendra moins sensible.

Ensuite, pour conclure de cet arc ainsi déterminé le quart du méridien, nous avons cru devoir employer le calcul rigoureux de l'hypothèse elliptique; et pour connoître l'aplatissement de la terre, dont il convient de faire usage dans le calcul, nous nous sommes servis de l'arc mesuré au Pérou, le plus étendu de ceux qui ont été mesurés hors de France, et l'un de ceux qui ont été mesurés avec le plus de soins et discutés avec le plus d'attention par les excellens observateurs qui ont été chargés de cette opération (1); arc d'ailleurs qui,

---

(1) Voyez ci-dessus, page 111, les nombreux calculs que j'ai faits de cet arc et les résultats nouveaux que j'en ai déduits. DELAMBRE.

par sa distance de celui qu'on vient de mesurer en France, rend plus légère l'influence des erreurs qui peuvent s'être glissées dans sa détermination, parce qu'elles se trouvent réparties sur un plus grand intervalle.

Nous avons trouvé par cette méthode et par des calculs toujours faits par différens calculateurs, que la comparaison de l'arc intercepté entre Dunkerque et Montjouy, et l'arc mesuré au Pérou, donne pour l'aplatissement de la terre $\frac{1}{334}$, quantité que deux circonstances rendent extrêmement remarquable : la première, que ce degré d'aplatissement est le même que celui qui résulte de la comparaison d'un grand nombre d'observations sur la longueur du pendule, faites en différens endroits ; l'autre, que ce degré d'aplatissement est conforme à celui que la théorie de la nutation et de la précession exige. C'est ainsi que trois phénomènes différens se réunissent pour constater la même vérité, et se prêtent un appui mutuel (1).

D'après cette donnée nous avons calculé, et toujours par différentes méthodes, le quart du méridien, en employant l'arc intercepté entre Dunkerque et Montjouy, et il en résulte que le quart du méridien est de 5.130.740 demi-modules ou de 2.565.370 modules, quantité dont la dix millionième partie est 0.513074 demi-modules ou 0.256537 modules (2).

---

(1) L'aplatissement que j'en ai déduit s'accorde encore mieux avec ces divers phénomènes. DELAMBRE.

(2) Voyez ci-dessus, pages 134 et 135, la grandeur que mes nouveaux

Nous sommes donc d'avis, et voilà en deux mots le résumé de tout notre travail, que, pour tirer de l'opération qui vient d'être faite en France et en Espagne, le résultat le plus naturel et le plus vrai pour l'unité de mesure, il conviendra d'établir cette unité, nommée *mètre*, et qui est la dix millionième partie du quart du méridien, de 0.256537 module ; ce qui, puisque le module est, comme nous l'avons dit au commencement de ce mémoire, la double toise, revient, selon les anciennes mesures, à 3 pieds 11.296 lignes, en employant la toise du Pérou, à 13 degrés du thermomètre à mercure divisé en 80 parties.

Le mètre provisoire avoit été établi par des combinaisons probables des mêmes degrés terrestres, faites précédemment de 3 pieds 11.442 lignes. La différence est de $\frac{146}{1000}$ de ligne, ou à très-peu près de $\frac{15}{100}$, ce qui fait environ un tiers de millimètre dont la mesure définitive est plus courte que la provisoire.

Fait au Palais national des sciences et des arts, le 11 floréal an 7 de la République française, tous les membres de la commission spéciale étant présens.

Signé, J.-H. VAN-SWINDEN, TRALLÈS, LAPLACE, LEGENDRE, MÉCHAIN, DELAMBRE, CISCAR.

Lu à la commission générale ledit jour, et approuvé par elle.

Signé, LAGRANGE, PEDRAYES, FABBRONI, COULOMB, VASSALLI, MASCHERONI, MULTEDO, H. AENEAE, LEFÈVRE-GINEAU, DARCET.

---

calculs et des observations qui n'avoient pas été soumises à la commission, donnent au quart du méridien. DELAMBRE.

NOTES

COMMUNIQUÉES PAR M. VAN SWINDEN.

———

M. Van Swinden, rédacteur du rapport précédent, tenoit pour lui-même un registre exact de ce qui se passoit aux diverses séances de la commission. Nous allons en communiquer quelques extraits dont il a bien voulu nous donner copie, et qui serviront de pièces justificatives à ce que nous avons annoncé ci-dessus, page 138.

Séance du 23 floréal.

Nous avons ensuite examiné une difficulté indiquée par le citoyen Trallès; savoir, que les thermomètres métalliques notés dans les comparaisons des lames des mmmm, à la règle n° 1, ne s'accordent pas avec le thermomètre à mercure observé en même temps, si l'on suit les indications données par Borda, dans son mémoire. Il a été convenu que le citoyen Trallès examineroit ce point ultérieurement, en consultant le mémoire de Borda et celui du citoyen Méchain, sur la comparaison des toises.

Séance du 24 floréal.

Le citoyen Trallès ayant examiné la difficulté des thermomètres, il a été résolu qu'on se rendra chez Lenoir pour faire des expériences sur ce sujet.

Séance du 26 floréal.

Nous avons employé la même auge dont Borda et Lavoisier se sont servis. La règle n° 1, le grand objet de nos recherches, a été placée dans cet auge, sur des supports de fil d'archal, de la même manière que dans les expériences de Borda. Avant que d'y verser de l'eau, on a eu, thermomètre *centigrade* (ce qu'il faut toujours sous-entendre) de 12° à 12°5 ; thermomètre métallique, 404.8.

Ensuite, la règle étant placée dans l'auge, on y a versé de l'eau chaude jusqu'à couvrir la règle ; on a successivement observé le thermomètre de mercure en trois endroits : à l'extrémité *A*, où est le vernier ; à l'extrémité *B* et au milieu. Les résultats ont été :

HEURES.	THERMOM. métallique.	THERMOM. à mercure.
2ʰ 5' 15"	470·0	47·6 A.
. . . .	469·0	46·2 milieu.
8 34	467·0	46·6 B.
15 50	464·3	43·2 milieu.
17 46	463·5	42·0 B.
19 11	462·5	42·6 A.
23 15	460·2	41·2 milieu.
28 34	459·2	40·2 A.
29 18	457·5	38·8 B.
35 50	456·5	37·8 B.
37 20	454·9	38·6 milieu.
38 44	454·2	38·1 A.

HEURES.	THERMOM. métallique.	THERMOM. à mercure.
2ʰ 42′ 56″	452·0	37·0 A.
44 18	452·0	37·3 milieu.
46 10	451·1	36·5 B.
3 2 40	446·6	34·4 B.
5 0	446·0	34·0 milieu.
6 38	445·7	33·9 A.

Règle n° 2.

3 16 5	443·3	31·9 B.
17 46	442·0	32·5 milieu.
15 30	442·0	32·8 A.
21 30	441·5	31·8 B.

On a ensuite ôté l'eau chaude de l'auge, on y a versé de l'eau froide, et rempli l'auge de 70 livres de glace pilée qui couvroit la règle ; cependant on n'a jamais pu parvenir à obtenir le terme zéro du thermomètre : tant il est vrai que cela est plus difficile qu'on ne pense quand la température de l'air extérieur est beaucoup au-dessus de zéro. Comme ici elle est 12, nous avons eu 0.7, 0.8, 0.9, et le thermomètre métallique a été 382.2, ensuite 381.8 ; puis, le thermomètre étant à 0.6, 0.7, 0.8, 381.7. Milieu, 381.75 pour 0.76.

Lenoir nous a dit à cette occasion que, dans des expériences qu'il avoit faites à l'air libre, il a trouvé pour zéro 381, et pour $\frac{1}{6}$, 383, et à — 2.2, 377.

Lenoir, qui a continué ces expériences, nous a dit que,
le thermomètre centigrade indiquant o.7, il avoit eu :

N° 1	381.5
N° 2	381.6
N° 3	383... *
N° 4	384.0

* Le manuscrit porte 338. M. Van Swinden pense que c'est une trans-
position commise en transcrivant ce nombre des tablettes dont il se servoit
chez Lenoir pendant tout le cours de l'expérience.

28 floréal, chez M. Lefèvre-Gineau.

Nous avons amplement discuté les expériences de sex-
tidi. La différence d'avec les expériences de Borda, sur
le point de départ, est visible; néanmoins il est sûr
qu'il ne s'est pas trompé, et que nous ne nous sommes
pas trompés non plus. On pourroit croire qu'il s'est fait
un léger déplacement dans la lame de laiton; c'est ce
qu'il s'agira de vérifier : mais cela est douteux, puisque
la lame de laiton est vissée à trois vis sur celle de platine. Il se pourroit aussi que les règles eussent souffert
dans le transport; enfin, que Borda ayant cru qu'on
obtenoit facilement le point de la glace dans une auge
remplie de glace, comme nous l'avions cru aussi avant
que l'expérience nous eût détrompés, a cru obtenir ce
point, quoiqu'il ne l'eût pas. Sur quoi il faut remarquer
en outre :

1°. Qu'il a fait ses expériences en plein air;

2°. Que, quoiqu'il ait employé des thermomètres, la

hauteur de ceux-ci ne se trouve pas marquée dans cette expérience.

Ce sentiment paroît avoir beaucoup de probabilité.

Enfin il a été résolu qu'on se rendroit demain chez Lenoir, et qu'on feroit de nouveau l'expérience avec le n° 1 et avec celle du pendule, laquelle n'a pas bougé, et qu'on inviteroit le citoyen Delambre à se joindre à nous.

Séance du 29 floréal.

Tous présens, ainsi que le citoyen Delambre, nous avons rempli l'auge de glace pilée, et quoique nous en ayons eu en plus grande quantité que la fois précédente, encore n'avons-nous pu parvenir à zéro. Sur quoi il faut remarquer que cela ne dépend pas des thermomètres de Mossy, dont on s'est servi ; car j'ai employé aussi mon petit thermomètre fait par Paul, à Genève, que j'avois vérifié ci-devant nombre de fois, et qui est extrêmement sensible. Il a marqué le même point que celui de Mossy.

Nous avons trouvé pour la règle n° 1, thermomètre de mercure, o.6, o.7, o.8 ; thermomètre métallique, 381.75.

Pour la règle du pendule, thermomètre de mercure, o.5, o.6 ; thermomètre métallique, 149.6, tandis que Borda le met à 151.

Lenoir nous a communiqué quelques expériences qu'il avoit faites sur les thermomètres métalliques avant le départ des règles, et elles sont conformes aux nôtres. Les différences ont lieu également sur toutes les règles ;

ce qui exclut la possibilité d'un dérangement pendant le voyage. Le citoyen Delambre nous a encore répété qu'elles ont été traitées avec le plus grand soin; ce que leur grandeur, restée exactement la même, prouve d'ailleurs.

On s'est beaucoup entretenu là-dessus. La faute paroît être dans la fixation du zéro, c'est-à-dire que Borda a cru que son bain de glace donnoit zéro, tandis qu'il aura donné un ou deux degrés au-dessus, comme il nous a donné o.6 au-dessus. On proposera l'affaire à la commission générale.

Premier prairial, séance générale de la commission.

Il a été parlé des expériences faites pour la réduction des thermomètres métalliques aux thermomètres ordinaires, et de la différence qui a été trouvée. Les citoyens Trallès et Van Swinden discuteront ces expériences et en feront rapport.

6 *prairial, à midi.*

Le citoyen Van Swinden a lu des réflexions sur la température à laquelle le module est égal à la double toise et les différences qui se trouvent de fait et doivent se trouver par le calcul entre ces deux pièces à différentes températures, calculs qui s'accordent avec l'expérience, ainsi que des considérations sur le thermomètre métallique, sur l'usage qu'il faut faire des différences trouvées, et sur leur influence sur la longueur du mètre. Cette pièce a été adoptée; voyez ci-dessous.

Le citoyen Trallès a lu un rapport singulièrement intéressant sur les résultats que fournissent les expériences du citoyen Lefèvre-Gineau, sur le point de *maximum* de condensation dans l'eau.

Le citoyen Van Swinden a lu le rapport général. Ce rapport a été approuvé, et il a été décidé qu'il seroit lu ce soir à la classe, au nom de la commission.

Réflexions sur le module et ses dilatations à différentes températures, ainsi que sur ce qui en résulte pour la grandeur du mètre, par J.-H. Van Swinden, lues à la commission le 6 prairial.

Il résulte des expériences de Borda que le platine se dilate pour chaque degré du thermomètre centigrade de 1.713, c'est-à-dire de un deux cent millième et $\frac{713}{1000}$, ce qui fait . . . . 0·00000856

Par conséquent le laiton se dilatera, suivant les expériences de Borda, de . . . . 0·00001783

La dilatation du laiton est à celle du fer battu :

      Suivant Berthoud . . . :: 121 : 78 :: 1783 : 1149
      Suivant Smeaton . . . :: 225 : 142 :: 1783 : 1165

Et par un milieu. . . . . 0·00001156

D'où il résulte que les différences de dilatation sont pour un degré du thermomètre centigrade, entre le fer et le platine . . . . 0·00000300

Le laiton et le platine . . . . 0·00000924

Le laiton et le fer . . . . 0·00000625

Appliquons ceci à notre objet.

En comparant la règle n° 1, ou le module à la toise du Pérou, il faut prendre celle-ci entre 13 et 14 ou 13.5 du thermomètre à esprit-de-vin de Réaumur, ce qui revient à 13 degrés du thermomètre à mercure divisé en 80 parties, ou à 16 ¼ du thermomètre centigrade.

Cela posé, dans la première expérience que les commissaires nommés pour la vérification de la toise ont faite, le module a été trouvé égal à la double toise moins 3 millièmes de ligne; mais le thermomètre centigrade n'étoit alors qu'à 12.45, si l'on prend un milieu entre 12 et 12.8. De ce degré à celui de 16 ¼ il y a 3o8 de différence qui feroient alonger le fer plus que le platine de 0.0000140 du total, qui est de 2 toises ou 1728 lignes, et par conséquent de 0.0197 lignes, quantité dont le module se trouveroit trop court relativement à la double toise. Mais il étoit déjà plus court de 0.003; il sera donc plus court de 0.0227 ou de 23 millièmes de ligne.

Dans la seconde expérience, où le thermomètre étoit à 11 degrés, les commissaires ont trouvé le module plus long que la double toise de $\frac{1}{100}$ de ligne. Ces 11 degrés diffèrent de 5 ¼ des 16 ¼ auxquels il faut tout rapporter. Il en résulte une différence de 0.027 ligne dont le fer sera plus alongé que le platine. Mais il étoit plus court de 0.01 ligne; donc il sera véritablement plus long de 0.017 ligne, c'est-à-dire que le module sera plus court que la double toise de 0.017 ligne.

Prenant un milieu entre ces deux déterminations 0.017 et 0.023, on aura 0.020 ligne dont le module est plus court que la double toise, à la température de 13 degrés du thermomètre divisé en 80 parties, ou à 16 ¼ du thermomètre centigrade.

3.   56

Or ceci est parfaitement conforme à une expérience de Borda qui a trouvé qu'à 13 degrés du thermomètre de Réaumur le module est plus court que la double toise de 2 parties et 3 dixièmes, c'est-à-dire de 23 millièmes de toise ou de 0.02 ligne.

Il résulte de ces remarques :

1°. Que les règles se sont trouvées à leur retour exactement de la même longueur qu'elles avoient avant le voyage.

2°. Que si le module est exactement la double toise à 12 $\frac{1}{2}$ du thermomètre centigrade, il est plus court de 0.02 ligne, à la température de 16 $\frac{1}{4}$, qui doit être supposée celle de la toise du Pérou, quantité plus petite que $\frac{1}{86000}$ du total.

3°. Que cette différence dans le module fait une différence de 0.005 ligne sur le mètre conclu dans la supposition que le module égaloit exactement la double toise, et qu'ainsi le mètre, au lieu d'être évalué à 443.296 lignes, comme il l'eût été dans cette supposition, doit l'être à 443.291 lignes.

A ces considérations nous ajouterons encore que si le module étoit mis au terme de la glace fondante, il devroit s'accourcir d'une quantité qui seroit sa contraction due à 16 $\frac{1}{4}$, quantité qui est de $\frac{1591}{10000000}$ de sa longueur, et conséquemment de 0.24 ligne. Or ceci est conforme à une expérience de Borda, qui a trouvé que la règle n° 1, réduite à un terme très-voisin de la glace fondante, est égal à la double toise moins 30 parties et $\frac{5}{10}$, c'est-à-dire moins 303 millionièmes de toise. Le

module est donc devenu plus court que la toise de
0.26 ligne.

Il s'agit maintenant de savoir quelle a été la température moyenne du module lors de la mesure des bases.
Les thermomètres métalliques de chaque règle ont été
constamment notés; leur somme, divisée par leur nombre,
indique la température moyenne, et les longueurs des
bases, telles qu'on les a employées dans le calcul, ont
été réduites au degré du thermomètre métallique, qu'on
a cru, en suivant les expériences de Borda, répondre
au treizième degré du thermomètre à mercure divisé en
80 parties. Mais si l'on calcule les degrés marqués par
le thermomètre métallique et le thermomètre centigrade,
dans les expériences des commissaires nommés pour la
vérification du module, on trouve que le thermomètre
ordinaire devoit se tenir environ 2 degrés plus bas qu'il
n'a fait. Cette même différence a eu lieu dans les expériences des commissaires nommés pour l'examen des expériences faites sur le poids de l'eau, et en conséquence
ils ont cru devoir examiner ce point par des expériences
directes. Ils en ont fait en plaçant les règles dans la
même auge dont s'étoit servi Borda, et en les entourant
d'abord de glace pilée et d'eau, et ensuite d'eau chaude
et à la température de 32 à 47 degrés du thermomètre
centigrade. Ces expériences ont confirmé la même différence. On ne sait pas exactement à quoi elle tient. Il
est sûr que les règles n'ont pas éprouvé de changement
dans leur longueur. D'ailleurs quelque chose de pareil
a eu lieu pour la règle qui a servi à déterminer la lon-

gueur du pendule, et qui est constamment restée à
Paris. Il n'est pas arrivé de déplacement dans les lames
de cuivre qui recouvrent les règles ; elles sont fortement
serrées par trois vis auxquelles on n'a pas touché. Ce
que l'on peut conjecturer de mieux, et ce qui de fait
est très-vraisemblable, revient à ceci : Borda, pour trouver
le point de départ, a rempli, comme l'ont fait aussi vos
commissaires, l'auge de glace pilée et d'eau. Il n'a pas
marqué dans son mémoire si les thermomètres indiquoient exactement zéro ; il aura cru peut-être, comme
vos commissaires le croyoient aussi au premier abord,
que ce degré s'obtenoit facilement, et cependant ceux-ci
n'ont pu parvenir à faire baisser le thermomètre dans
l'auge au-dessous de 0.6 degré. Ils travailloient cependant dans une saison moins chaude que ne l'étoit celle
dans laquelle Borda a fait ses expériences, si l'on en
excepte le temps où il a fait celles sur la règle du pendule : aussi la différence est-elle moindre pour celles-ci,
et néanmoins Borda dit simplement une température
très-voisine du terme de la glace. Il est donc vraisemblable que la température de l'auge aura été d'un degré
ou d'un degré et demi au-dessus de la glace, et qu'il
faut rapporter ce point de départ des thermomètres métalliques, non à zéro, mais à 1 $\frac{1}{4}$ ou à 1 $\frac{1}{2}$ du thermomètre centigrade au-dessus de la glace fondante ; d'où
il résulte que la température à laquelle on a rapporté les
bases pour le calcul, ne sera pas 13 degrés du thermomètre de Réaumur, ou 16 $\frac{1}{4}$ du thermomètre centigrade ;
mais 17.6 de celui-ci, et par conséquent que le module

supposé à cette température aura été plus long de 0.02 ligne que 1727.98 lignes qui lui ont été assignées dans la supposition de 16 ¼, et que le mètre sera plus long de 0.005, et qu'il deviendra conséquemment de 443.296 lignes, quantité qu'on pourra dans la pratique, et en n'employant que deux décimales, comme on a fait pour le mètre provisoire, évaluer à 443.3 lignes. Il en résultera $\frac{14}{100}$ de ligne de différence entre le mètre définitif et le mètre provisoire.

Ce qui a été dit ci-dessus des dilatations relatives du fer, du platine et du laiton, a donné lieu à la table suivante, qui indique combien trois mètres, l'un de platine, l'autre de fer et le troisième de laiton, qui seroient parfaitement égaux à une température donnée, viendroient à varier par la différence de température marquée au thermomètre centigrade. Ces variations sont exprimées en fractions de millimètre.

Degrés.	Platine et fer.	Platine et laiton.	Laiton et fer.
	Millimètres.	Millimètres.	Millimètres.
5	0.016	0.046	0.031
10	0.031	0.092	0.063
15	0.046	0.138	0.094
20	0.062	0.185	0.126
25	0.077	0.231	0.157

Ne s'ensuit-il pas que, pour étalonner les mètres destinés aux usages ordinaires, il seroit bon d'employer,

comme on l'a fait pour le mètre provisoire, une température de 10 degrés ou peut-être même de quinze, puisqu'alors les différences qui résultent des 10 degrés de
variation dans la température, sont encore assez foibles
pour être négligées dans la pratique pour les cas les plus
ordinaires et où il ne s'agit pas de la précision la plus
rigoureuse?

Nota. A ces rapports des différens membres de la
commission nous croyons devoir joindre les deux pièces
suivantes de M. de Prony. La première est la description du comparateur de Lenoir qui a servi à la construction et à la vérification des cinq règles de platine
destinées à la mesure des bases et à celle du pendule,
à comparer les toises du Pérou, du sud et de Mairan,
et enfin à la détermination du mètre définitif et de deux
étalons déposés, l'un aux archives nationales et l'autre
à l'Observatoire impérial, à la garde du bureau des
longitudes.

Les deux autres offrent la comparaison du mètre avec
le pied anglais.

DESCRIPTION ET USAGE

DU COMPARATEUR DE LENOIR

Qui a servi pour faire des expériences sur la dilatation des métaux, et pour comparer les divers étalons de mesure de l'Institut national, tant entre eux qu'avec d'autres étalons de mesures françaises et étrangères,

Par M. DE PRONY.

————————

Je parlerai, dans un mémoire qui fera suite à cet écrit, des expériences et des travaux qui ont suggéré à l'artiste Lenoir l'idée de son *comparateur;* il me suffira de dire que celui dont je donne ici la description est le dernier et le plus parfait de ceux qu'il a exécutés.

Le support de l'instrument, qu'on n'a pas cru devoir représenter sur le dessin, est un madrier en sapin, de 2 mètres ¼ de longueur, et dont la section transversale est un parallélogramme de 8 ou 9 centimètres de base, sur 17 de hauteur.

Ce madrier, posé de champ, est composé de deux planches et d'une bande de tôle épaisse, de même longueur et largeur que ces planches, entre lesquelles elle est fortement serrée par le moyen de plusieurs boulons qui traversent les deux planches et la bande de tôle : tout cet assemblage est porté par quatre pieds qu'on peut replier le long du madrier, pour la facilité du transport,

La règle de fer ou de cuivre AAA, de 2 mètres $\frac{1}{2}$ de longueur, est posée sur ce support, et y est arrêtée de manière que sa dilatation ou sa contraction par le chaud ou le froid ne soit nullement gênée. A une des extrémités de cette règle AAA est un arrêt ou heurtoir très-solide et fixe qui n'est pas représenté sur le dessin. J'ai fait faire, outre ce heurtoir fixe, le heurtoir mobile H qui peut glisser le long de AAA et être rendu immobile à volonté, au moyen des vis de pression latérales VVV.

Il s'agit maintenant, pour connoître parfaitement le jeu et l'usage du comparateur, de bien concevoir le mécanisme de la pièce BBB, DD, CC.

Cette pièce est composée de trois parties qu'il faut soigneusement distinguer.

La première partie est CC, qui se fixe à un endroit déterminé de la règle AAA par le moyen des vis de pression WW, et qui n'a d'autre fonction que de fournir un point d'appui fixe pour donner un petit mouvement au reste BBB, DD de l'équipage, par le moyen de la vis de rappel MM.

La seconde partie de BBB, CC, DD est la pièce BBB dont voici la composition.

Cette pièce est une règle de cuivre portant sur un de ses bords des divisions qui correspondent aux divisions d'une plus petite règle TT, fixée à la grande règle AAA. A l'une des extrémités de BBB est le châssis que la figure 3 représente vu en face. Ce châssis sert de support à un axe vertical K ; et, sur la ligne passant par les points extrêmes de cet axe, se trouve le centre du secteur SS, fixé à l'autre extrémité de BBB.

L'alidade de ce secteur SS est une verge horizontale Ka attachée à l'axe K et qui tourne par conséquent avec lui.

Cet axe K porte aussi une petite pièce m, posée de manière que les lignes Ka et Km sont à angle droit. On peut donc regarder le système composé de l'axe K et des verges Ka et Km comme un levier coudé, dont les bras sont Ka et Km, tournant autour de la ligne qui passe par les points extrêmes de l'axe K.

La branche Ka étant beaucoup plus longue que la branche Km, si on fait parcourir au point m un petit espace, cet espace se trouvera amplifié au point a dans le rapport de Ka à Km ; et voilà le fondement de la propriété micrométrique du comparateur.

Il étoit important de prendre des précautions pour qu'il n'y eût point de jeu ou *temps perdu* dans le mouvement de l'axe K ; aussi voit-on que l'extrémité inférieure de cet axe, qui est conique, tourne dans une semelle d'acier x (*fig.* 2) soudée à la règle BBB et creusée en cône. L'extrémité ou pointe supérieure de K tourne dans une cavité conique pratiquée à l'extrémité inférieure de la vis *yy*, laquelle se visse dans la traverse *tt* et dans le contre-écrou *z*.

3. 57

Au moyen de ces dispositions on peut toujours donner aux pointes extrêmes de l'axe K un degré de pression arbitraire, et s'assurer que la ligne passant par ces pointes extrêmes conserve une position parfaitement invariable par rapport au secteur SS, ainsi que cela doit être pour que l'instrument soit constamment exact et comparable.

Un ressort *dd*, fixé par une de ses extrémités à la règle BBB, et dont l'autre extrémité presse sur l'alidade K*a*, tend continuellement à maintenir cette alidade sur une des extrémités de la division du secteur SS.

La troisième partie de BBB, DD, CC, est la pièce E*npq*DD. Il faut d'abord remarquer dans cette pièce une règle DD qui glisse sur la règle BBB et peut avoir un petit mouvement dans le sens de la longueur de cette règle. Ce mouvement est limité par l'arrêt *b* fixé à la règle BBB, qui traverse une ouverture ou fenêtre pratiquée à la règle DD. Une autre ouverture *ff* est également pratiquée (*fig.* 2) à la rencontre de DD et de l'axe K, afin que cet axe puisse s'appuyer sur la règle BBB sans gêner le mouvement de l'axe K.

Un ressort *rr* (*fig.* 1), fixé par un de ses points à la règle BBB, et fixé par un autre point à la règle DD, tend continuellement à repousser cette règle DD du côté de l'axe K.

Une boîte de cuivre *q*, soudée sur DD, renferme une verge de fer coudée *pp* dont une des branches peut se mouvoir dans la boîte *q* et y être fixée par les vis de pression dont on voit les têtes au-dessus de *q*.

Lorsque ces vis de pression sont desserrées, on peut,

au moyen de la vis de rappel t', donner un petit mouvement longitudinal, dans la boîte q, à la pièce coudée pp; car cette pièce coudée tient à un écrou qui a son mouvement dans une fente pratiquée en q qu'on voit au-dessous de la vis t'.

A l'extrémité du coude extérieur de pp est une vis d'acier n, terminée par une pointe qui appuie contre K m l'extrémité m de la petite branche du levier coudé dont K est l'axe de rotation; cette vis n traverse un contre-écrou et l'extrémité de pp, à frottement un peu dur.

On voit par ces dispositions que le ressort dd qui agit sur la branche K a, pour la pousser vers une des extrémités de la division du secteur SS, doit, par la liaison qui existe entre les mouvemens de K a et de K m, faire continuellement appuyer l'extrémité m de K m contre la pointe de la vis n; et il en résulte que si la pointe de la vis n a un mouvement qui la rapproche du secteur SS, elle fera faire, par sa pression sur m, une portion de révolution au levier coudé m K a, dans laquelle a et m décriront des arcs dont les longueurs absolues seront proportionnelles aux rayons K a et K m de ces arcs.

Ce mouvement de la pointe de la vis n résulte, dans l'usage habituel de l'instrument, du mouvement total de glissement ou translation de la pièce entière E n pp q DD qui s'opère lorsqu'un heurtoir E, soudé à l'extrémité de la règle DD, est repoussé. Cette extrémité DD passe pour aller s'unir au heurtoir E, sous un pont gg (*fig.* 3) qui sert en même temps, avec l'arrêt b, à rendre le

mouvement du système E*nppq* DD parfaitement parallèle à l'axe longitudinal de la règle AAA.

Ainsi, en dernier résultat, les dispositions que je
viens de décrire offrent :

1°. Une pièce CC à laquelle on donne une immobilité absolue par rapport à la règle AAA, au moyen
des vis de pression WW.

2°. Une pièce BBB, portant le levier coudé *m*K*a*
et le secteur SS, qui peut avoir, au moyen de la vis MM,
un petit mouvement par rapport à la pièce CC. Cette
pièce BBB peut aussi se fixer sur la règle AAA, par
la vis de pression V, dont l'usage sera inutile lorsque
la vis de rappel MM sera sans jeu ou *temps perdu* dans
son écrou.

3°. Une pièce E*nppq*DD, qui peut avoir un petit
mouvement longitudinal le long de la règle BBB.

Il est évident que si, lorsque les vis de pression WW
sont serrées, un corps presse le heurtoir E de manière
à le rapprocher du secteur SS en surmontant l'effort
contraire du ressort, tout le système E*nppq*DD glis-
sera sur la règle immobile BBB ; la pointe de la vis *n*
pressera l'extrémité *m* du bras de levier K*m*, et lui fera
parcourir, dans le sens de l'axe de AAA, un espace
égal à l'espace parcouru par le heurtoir E, tandis que l'extrémité *a* du bras de levier K*a* parcourra sur le secteur SS un arc dont la longueur absolue sera d'autant
plus grande que K*a* sera plus grand et K*m* plus petit (1).

_____

(1) Lenoir a donné à la face de la pièce *m*, contre laquelle appuie la pointe

Voilà donc un excellent moyen d'*amplifier* un très-petit mouvement donné au heurtoir E, ou de rendre sensible et de mesurer un espace insensible que ce heurtoir E peut parcourir sur A A A; de là dérive l'usage de l'instrument dont il me reste à parler.

Il faut, avant de s'en servir, commencer par régler l'alidade K *a* et la pointe de vis *n* qui presse contre les bras de levier K *m*, de manière que lorsque le ressort *r r* a repoussé la règle DD autant qu'il est possible (le heurtoir E n'éprouvant encore aucune pression), le zéro du vernier tracé en *a* réponde au point extrême de la division S S; cet ajustement se fait, soit en avançant ou reculant la pièce coudée *pp* dans la boîte *q*, par le moyen de la vis *t'*, soit en tournant, dans un sens ou dans l'autre, la vis *n* elle-même, soit par ces deux moyens réunis. Lorsque l'ajustement est fini, il faut fixer solidement la pièce coudée *pp* dans sa boîte, avec les vis de pression qui sont au-dessus.

---

de la vis *n*, une courbure telle que les arcs décrits par un point de l'alidade *Ka* sont proportionnels aux espaces rectilignes correspondans parcourus par la pointe de la vis *n*. La courbe qui remplit cette condition est du genre des épicycloïdes; mais Lenoir l'a déterminé par le *fait* ou par des essais sur différentes divisions du secteur SS, et il a obtenu toute l'exactitude qu'on peut desirer: cependant cette *proportionnalité*, qui exige beaucoup d'adresse dans l'artiste, ne sera point indispensable pour un observateur soigneux qui voudra se donner la peine d'étudier son instrument et faire une table des arcs sur SS, correspondans aux espaces rectilignes parcourus par la pointe de la vis *n*; il suffira, vu la petitesse du secteur SS par rapport à la circonférence dont *Ka* est le rayon, de bien s'assurer par le fait des nombres de la table correspondans aux divisions qui partagent le secteur en quatre ou cinq parties égales, et on déterminera les autres nombres par interpolation.

Le secteur SS porte une division de cent parties, et on a tracé deux verniers de dix sur le bout a de l'alidade; les chiffres sur le secteur S indiquent, ou de zéro à cent, en allant d'une extrémité à l'autre, ou de zéro à cinquante, en partant du milieu et aboutissant à chaque extrémité.

Les deux verniers de dix ont un zéro commun et sont gradués pour compter respectivement et dans un sens et dans l'autre.

Lorsque le zéro du vernier parcourt les cent divisions du secteur, ce mouvement répond à une marche de la pointe de la vis m (ou du heurtoir E) de 2 millimètres; on a donc une évaluation directe de $\frac{1}{500}$ de millimètre, et on peut, lorsque la coincidence est entre deux divisions qui se succèdent immédiatement, arbitrer $\frac{1}{1500}$ ou $\frac{1}{2000}$ de millimètre au moins.

Cela posé, si on a deux règles de métal dont la différence soit plus petite que 2 millimètres, et qu'on veuille comparer leur longueur, il faudra procéder de la manière suivante.

On appuiera l'extrémité d'une des règles contre le heurtoir fixé sur AAA (ou contre le heurtoir H rendu immobile au moyen des vis de pression VVV), et il faudra, par les ajustemens décrits ci-dessus, fixer la règle BBB de manière que la règle RR (c'est celle qu'on suppose être en expérience) étant placée entre le heurtoir fixe et le heurtoir E, le zéro du vernier tracé en a réponde ou à l'origine de la division de SS ou à un autre point de cette divison tel qu'il reste assez de marche, jusqu'à son extrémité, pour que la règle qu'on veut comparer à celle RR, et qu'on suppose plus grande que RR, puisse se placer entre les deux heurtoirs.

On voit sur-le-champ que les deux règles étant mises successivement sur le comparateur, entre les deux heurtoirs, la plus longue repoussera le heurtoir E d'une quantité précisément égale à son excès de longueur, et qu'en prenant la différence des nombres observés sur le secteur SS, avec le secours du vernier, lorsque chaque règle est mise en expérience, on aura en cinq centièmes de millimètre (et même en millième ou deux millièmes) l'excès de l'une sur l'autre.

Si la différence entre les deux règles est plus grande que 2 millimètres, la course entière de l'alidade ne suffira pas pour l'évaluer, et il faudra avancer ou reculer la règle BBB, au moyen de la vis MM, d'une quantité dont on ait l'évaluation très-exacte; c'est à remplir ce but que sont principalement destinées les divisions de doubles millimètres qu'on voit tracées sur un des bords de la règle BBB; chacune de ces divisions équivalant à la course entière de l'alidade, la différence de longueur entre les règles sera d'un nombre de doubles millimètres égal à celui des divisions parcourues par la règle BBB plus ou moins la différence entre les nombres de cinq centièmes de millimètres respectivement donnés par l'alidade sur le secteur, dans les observations de chaque règle.

Si la différence de longueur est telle que la vis MM soit insuffisante pour la marche de la règle BBB, il faudra desserrer les vis de pression W W, et faire avancer ou reculer l'équipage entier BBB, CC.

On conçoit aisément qu'il est nécessaire, pour l'opération dont je viens de parler, d'avoir un trait fin marqué sur une pièce immobile tenant à la règle AAA, devant lequel passent les divisions de BBB, et il faut s'arranger, par le moyen de la vis MM, de manière que ce trait réponde à une division juste de BBB, lors des observations faites sur chaque règle. Lenoir a voulu, en remplissant ce but, avoir de plus un moyen de vérification rigoureux de l'égalité des divisions de BBB, et pour cela, au lieu d'un trait unique, il a tracé sur une pièce TT, solidement vissée à la règle AAA, une suite de divisions égales à celles de BBB; ces divisions (celles de BBB et de TT) étant sur des surfaces parfaitement dressées et dans le même plan, qu'on peut regarder comme la même surface dont une partie glisse le long de l'autre, si on fait coïncider deux traits quelconques pris, l'un sur BBB et l'autre sur TT, la plus petite inégalité entre les divisions se manifestera très-sensiblement par le défaut de coïncidence entre les traits correspondans à ces divisions.

Mais la vérification pour une position particulière des deux pièces, celle par exemple de la coïncidence des deux zéros, ne prouve rien en faveur de l'égalité dont on veut s'assurer; car il seroit possible que dans la position particulière dont on parle, toutes les coïncidences fussent exactes, et cette condition auroit été fort aisée à remplir en divisant les deux pièces à la fois, c'est-à-dire en traçant deux divisions correspondantes, du même coup de tracelet, sur les pièces *juxtà* posées. il faut donc faire correspondre le zéro d'une des deux divisions aux différens traits de l'autre, et s'assurer si la coïncidence a constamment lieu dans tous les changemens : c'est, je crois, l'épreuve la plus délicate à laquelle on puisse mettre une division de ligne droite, et on en trouvera peu qui soient en état de la subir; je puis cependant attester que les deux divisions tracées par Lenoir, sur les règles BBB et TT de son comparateur, sont tellement identiques, qu'en mettant en coïncidence deux traits quelconques pris respectivement sur l'une et l'autre règle, chacune des autres couples de traits semble ne former qu'une même ligne droite non interrompue, et je n'en distingue la jonction, à l'aide d'une loupe, que parce qu'un des deux systèmes de division est tracé un peu plus fin que l'autre.

La règle AAA porte deux règles divisées semblables à TT, l'une vers son extrémité, et l'autre à peu près dans son milieu. La figure 4 représente une pièce que j'ai fait faire pour placer les règles en expériences dans une situation bien parallèle à l'axe de AAA. L'écartement uu, entre les deux jambes de cette pièce, est exactement égal à la largeur de la règle AAA; en sorte qu'on peut placer uQu sur le travers de cette règle, à peu près comme un chevalet est placé sur la table d'un violon, avec la condition néanmoins que AAA entre de toute son épaisseur environ dans l'espace uu. Si alors une règle dont les deux arêtes longitudinales

3.   58

soient parallèles, est posée sur AAA, et qu'on abaisse la coulisse divisée G (dont on voit le plan fig. 5) sur cette règle en expérience, on s'assurera que le zéro de la division G (qui répond au point milieu de la largeur de AAA) se trouve sur le point milieu de cette règle en expérience, en examinant si les divisions de G, qui répondent à chacune de ses arêtes longitudinales, sont les mêmes.

Si cette condition n'a pas lieu, on fera mouvoir la règle en expérience jusqu'à ce qu'elle soit remplie ; et quand on l'aura vérifiée sur deux points de cette règle en expérience, on sera assuré qu'elle est exactement parallèle à l'axe longitudinal de AAA.

Les figures 6 représentent les tourne-vis avec lesquels on fait mouvoir les vis de pression et les vis de rappel. Je donnerai dans le mémoire annoncé au commencement de cet écrit, divers détails, sur les propriétés et l'usage du *Comparateur* de Lenoir, et je ferai voir les avantages qu'il a sur d'autres instrumens destinés à remplir le même objet.

Formules pour la comparaison des longueurs de deux règles de métal, lorsque leur température varie.

UNE règle d'un certain métal est désignée par *m*.

Une règle d'un autre métal par *μ*.

Ces deux règles sont égales en longueur à la température *t*.

La longueur de *μ* est supposée divisée, quelle que

soit sa température, en un nombre de parties égales désigné par a.

On sait par expérience que lorsque la température de m varie de $\pm n$ degrés, sa longueur augmente ou diminue dans le rapport de $1 : (1 \pm nr)$, et que le rapport d'augmentation ou de diminution de μ est, dans les mêmes circonstances, celui de $1 : (1 \pm n\rho)$.

La température initiale étant t, si on suppose que μ varie seul en température, m qui contenoit d'abord un nombre a des divisions de μ, en contiendra, lorsque μ sera à la température $t \pm n$, un nombre $\dfrac{a}{1 \pm n\rho}$, puisque chaque division de μ aura, par hypothèse, varié en longueur dans le rapport de $1 : (1 \pm n\rho)$.

Mais si m lui-même passe de la température t à celle $t \pm n'$ (on suppose, pour plus de généralité, n' différent de n), sa longueur variant dans le rapport de $1 :$ $(1 \pm n'r)$, au lieu de contenir le nombre $\dfrac{a}{1 \pm n\rho}$ de divisions de μ pris à la température $1 \pm n$, il en contiendra un nombre $\dfrac{a}{1 \pm n\rho} : \dfrac{1}{1 \pm n'r}$, puisqu'en désignant ce dernier nombre par x on a

$$1 : \pm n'r :: \dfrac{a}{1 \pm n\rho} : x = \dfrac{1 \pm n'r}{1 \pm n\rho} a$$

Cette valeur de x peut se mettre sous la forme suivante :

$$x = \left(1 + \dfrac{\pm n'r \mp n\rho}{1 \pm n\rho} \right) a$$

et si on suppose que les deux variations de températures sont les mêmes, ou que $n = n'$,

$$x = \left(1 + \frac{\pm\, r \mp \rho}{\frac{1}{n} \pm \rho} \right) a$$

Comme on n'a besoin que de la différence entre x et a, si on pose

$$x = a + \varepsilon$$

on calculera aisément la différence ε par l'une ou l'autre des équations suivantes :

1°. Lorsque n diffère de n',

$$\varepsilon = \frac{\pm\, \frac{n'}{n}\, r \mp \rho}{\frac{1}{n} \pm \rho}\, a$$

2°. Lorsque $n = n'$,

$$\varepsilon = \frac{\pm\, r \mp \rho}{\frac{1}{n} \pm \rho}\, a$$

On emploie les signes supérieurs ou inférieurs respectivement, suivant que les températures variées deviennent $t + n$, $t + n'$, ou $t - n$, $t - n'$.

Application de la formule :

$$\varepsilon = \frac{\pm\, r \mp \rho}{\frac{1}{n} \pm \rho}\, a$$

à la comparaison des mètres de l'Institut, en platine

et en fer, avec l'étalon du pied anglais de M. Pictet, pour déduire de leur rapport à la température de 12.75 degrés (thermomètre centigrade) le rapport qu'ils ont à la température zéro.

On a (*Bibliothèque britannique*, n° 148, page 119) les données suivantes :

MÈTRE EN PLATINE.	MÈTRE EN FER.
$a = 39.3781$	$a = 39.3795$
$n = 12.75$	$n = 12.75$
$r = 0.00000856$	$r = 0.00001156$
$\rho = 0.00001783$	$\rho = 0.00001783$
$\rho - r = 0.00000927$	$\rho - r = 0.00000627$
$\frac{1}{n} = 0.0784313\gamma$	$\frac{1}{n} = 0.0784513\gamma$
$\frac{1}{n} - \rho = 0.07841354$	$\frac{1}{n} - \rho = 0.07841354$

Comme les signes inférieurs doivent être employés, l'équation prend la forme $\epsilon = \dfrac{\rho - r}{\frac{1}{n} - \rho}\, a$, et on déduit des nombres précédens :

Pour le mètre en platine.

$$\epsilon = \frac{0.00000927 \times 39.3781}{0.07841354} \ldots \ldots = 0.00465526$$

$$a \ldots \ldots \ldots \ldots \ldots \ldots = 39.37810000$$

$$x \ldots \ldots \ldots \ldots \ldots \ldots = 39.38275526$$

Pour le mètre en fer.

$$t = \frac{0.0000627 \times 39.3795}{0.07841354} \quad \cdots \cdots \quad = 0.00314881$$

$$a \cdots \cdots \cdots \cdots \cdots \cdots = 39.37950000$$

$$x \cdots \cdots \cdots \cdots \cdots \cdots = 39.38264881$$

Valeur de x moyenne arithmétique entre les précédentes . . . . $x = 39.38270203$

Cette valeur moyenne ne diffère de la valeur donnée dans le rapport fait à l'Institut, que de 0.000018 pouce; ainsi les dix millièmes de pouce sont parfaitement exacts dans les nombres de ce rapport, et le calcul qui ne les donneroit pas conformes à mon résultat, seroit nécessairement fautif. En prenant six décimales des valeurs de chaque x, on trouve pour la différence entre les deux mètres, à la température de la glace, 0.000106 pouce au lieu de 0.00015 pouce trouvé d'abord, en ne prenant le premier x qu'avec quatre décimales; ce qui fournit en même temps, et une preuve manifeste que ces mètres ont été ajustés avec une précision étonnante, et la vérification de l'opération faite avec le comparateur anglais.

EXTRAIT DES REGISTRES

DE LA CLASSE DES SCIENCES

MATHÉMATIQUES ET PHYSIQUES

DE L'INSTITUT NATIONAL.

Séance du 6 nivose an 10.

———

Un membre, au nom d'une commission, lit le rapport suivant, sur la comparaison du mètre étalon de l'Institut avec le pied anglais:

Le citoyen Pictet, professeur de physique, à Genève, a mis sous les yeux de la classe, au mois de vendémiaire dernier, une collection intéressante d'objets relatifs aux sciences et aux arts, qu'il avoit recueillis pendant son voyage en Angleterre.

Parmi ces objets se trouvoit un étalon de mesure anglaise, tracé sur une règle de laiton, forte et bien dressée, de 49 pouces anglais (dont 36 font le yard) de longueur, et portant sur toute cette longueur des divisions de dixièmes de pouce, terminées par des lignes extrêmement fines et nettes.

Cet étalon a été construit, à la demande du citoyen Pictet, par l'artiste Troughton de Londres, qui a la réputation méritée de diviser très-bien les instrumens; il a été comparé à Londres avec un autre étalon fait par le même Troughton, pour sir Georges Schuckburgh; et il a été reconnu que ces deux étalons ne différoient pas plus entre eux que les divisions de chacun d'eux ne différoient entre elles, c'est-à-dire, de quantités absolument insensibles.

L'étalon du citoyen Pictet doit donc être regardé comme identique avec celui de sir Georges Schuckburgh; et on peut voir le détail des vérifications qui assurent l'exactitude de ce dernier étalon, soit dans le volume des Transactions philosophiques de 1798, où se trouve un mémoire de sir Georges Schuckburgh, soit dans l'extrait de ce Mémoire, publié dans le 10ᵉ volume de la Bibliothèque Britannique.

Le citoyen Pictet avoit mis sous les yeux de l'Institut avec la règle divisée en dixièmes de pouces, dont on vient de parler, un *comparateur*, ou instrument propre à évaluer les plus petites différences entre les mesures, construit par le même artiste Troughton, et dont voici la description sommaire.

Ce *Comparateur* est composé de deux microscopes à fil qui se placent dans une situation verticale, la face de la règle à vérifier étant horisontale, et qu'on met à la distance convenable l'un de l'autre, en les faisant mouvoir le long d'une verge ou règle métallique, à laquelle on peut faire porter des divisions; l'un de ces miscroscopes demeure fixe vers un des points extrêmes de la longueur qu'on veut comparer, et sert à assurer l'immobilité de ce point; le deuxième microscope est vers l'autre extrémité de la même longueur, fixe aussi; mais le châssis qui porte ses fils peut être mu au moyen d'une vis de micromètre, dont le pas égal à $\frac{1}{100}$ de pouce anglais, se soudivise sur le cadran que parcourt l'index, en 100 autres parties, ce qui donne $\frac{1}{10000}$ de pouce anglais pour chaque division du cadran. Au moyen de cette disposition, si les microscopes ont d'abord été placés de manière que les intersections de leurs fils répondent aux extrémités d'une longueur à laquelle on veut en comparer un autre qui en diffère d'une quantité moindre que $\frac{1}{10}$ de pouce, on pourra, en se servant du micromètre, évaluer en dix millièmes de pouce la différence des deux longueurs.

Les fils placés au foyer, sont disposés obliquement par rapports aux lignes de division, en sorte qu'on juge que la collimation a lieu lorsqu'une ligne de division partage en deux parties égales l'angle aigu formé par les deux fils.

On observera que Ramsden avoit, en 1785, employé de la même manière, deux microscopes adaptés à l'instrument qu'il avoit imaginé pour mesurer la dilatation des métaux. Le général Roi a donné la description de cet instrument dans le soixante-quinzième volume des Transactions philosophiques, et l'un de nous a publié, en 1787, une traduction française de son Mémoire.

Le citoyen Pictet a offert à la classe de lui confier

l'étalon anglais et le comparateur, dont on vient de donner la description, pour lui servir à déterminer le rapport du mètre au pied anglais. La classe a accepté cette offre avec reconnoissance, et a chargé les citoyens Legendre, Méchain et moi, de nous réunir à lui, pour déterminer le rapport entre l'étalon de mètre en platine et le pied anglais.

Voici le précis et le résultat du travail qui a été fait, d'après cet ordre de la classe, chez l'artiste Lenoir et chez l'un des commissaires.

Le 28 vendémiaire dernier, les commissaires et le citoyen Pictet, se sont assemblés chez le citoyen Lenoir pour une première comparaison qui fut faite avec les précautions et par le procédé qu'on va décrire.

Les 49 pouces de la règle anglaise se terminent à des divisions tracées sur une des faces de cette règle, et les étalons en platine et en fer, de l'Institut, ne portent aucune division, la longueur du mètre étant donnée par la distance entre leurs extrémités. Cette circonstance s'opposoit, d'une part, à ce qu'on prît immédiatement, avec les microscopes, la longueur d'un mètre sur les règles étalons, et ne permettoit pas, de l'autre, d'évaluer immédiatement le mètre de l'Institut en pouces anglais, par le procédé employé pour l'étalonage des types des nouvelles mesures, procédé qui consiste à appuyer l'extrémité de la règle de métal, mise en expérience, contre un heurtoir ou talon fixe, et à amener contre l'autre extrémité un autre heurtoir qui tient à un chariot ou curseur, disposé pour l'évaluation des différences entre les mesures dont on veut connoître le rapport ou vérifier l'identité.

L'artiste Lenoir a essayé de surmonter ces obstacles en employant une règle de cuivre d'un mètre de longueur, taillée à ses extrémités en biseaux très-aigus, tellement que cette règle pouvoit être comparée à l'étalon de l'Institut, suivant la méthode ordinaire des contacts extrêmes, et que, superposée à la règle anglaise, les arêtes des biseaux faisoient sensiblement sur la surface de cette règle l'effet de divisions parallèles à celles qui y sont effectivement tracées; on pouvoit ainsi se servir des microscopes pour évaluer en pouces et dix millièmes de pouce la distance entre ces arêtes.

On a comparé au pied anglais, par cette méthode, le mètre étalon en platine de l'Institut et un autre mètre en fer appartenant aussi à l'Institut; ces deux mesures étant construites de manière qu'à la température de la glace fondante elles sont égales entre elles et à la dix millionième partie du quart du méridien; on a trouvé qu'à la température de 15 degrés $\frac{5}{10}$ du thermomètre centigrade, le mètre en platine étoit égal à 39.3775 pouces anglais, et le mètre en fer à 39.3788.

Mais ces premières observations ont fait connoître aux commissaires que le procédé qu'ils employoient pouvoit laisser quelques incertitudes, vu la grande difficulté de placer l'intersection des fils à l'extrémité précise du biseau de la règle qui servoit de terme de comparaison; un reflet, ou *irradiation* de lumière qui avoit lieu à cette extrémité, empêchoit de distinguer nettement si l'axe optique du microscope étoit exactement tangent. à la petite surface qui terminoit ce biseau.

Pour remédier à cet inconvénient, un des commissaires a proposé le moyen suivant, qui a été adopté, et qui consiste à tracer sur une petite pièce ou règle de métal de même épaisseur que la règle anglaise, une ligne très-fine perpendiculaire à la longueur de cette règle ; on appuie cette pièce de métal contre un heurtoir solide, et le microscope à fils fixes est amené sur la ligne dont on vient de parler ; on ôte la pièce de métal qui porte cette ligne, on la remplace par le mètre qu'on veut comparer, qui appuie à son tour contre le heurtoir fixe, par une de ces extrémités, et on place la pièce de métal à l'autre extrémité. Il est évident que le trait ou la ligne tracée sur la pièce de métal se trouve dans cette nouvelle position à un mètre juste de distance de la première position qu'elle avoit contre le heurtoir fixe, et qu'en établissant la collimation des fils du deuxième microscope avec ce trait ou cette ligne, la distance entre les points d'intersection des fils des deux microscopes est exactement d'un mètre. Il suffit donc alors, pour évaluer le mètre en pouces anglais, de le remplacer par la règle divisée, de placer un trait d'une de ses divisions sous celle des croisées de fil qui est fixe, et d'évaluer à l'autre extrémité, au moyen du micromètre, la fraction de division qui, avec un nombre entier de ces mêmes divisions, donne la longueur du mètre.

La comparaison a été répétée le 4 brumaire dernier,

chez l'un des commissaires, par la méthode qu'on vient de décrire, et on a trouvé, après plusieurs observations qui ont entre elles un accord très-satisfaisant, qu'à la température de 12.75 degrés du thermomètre centigrade, le mètre étalon en platine étoit de 39.3781, et le mètre étalon en fer, de 39.3795 pouces anglais.

Les deux mètres étant construits pour être égaux à la température de la glace, on peut vérifier l'opération qui a donné les résultats précédens, en cherchant quels seroient les rapports à cette température. On a pour cette détermination les expériences exactes faites par Borda et la commission des poids et mesures, sur la dilatation du platine, du cuivre et du fer, desquelles il résulte que pour un degré du thermomètre centigrade, le platine se dilate de 0.00000856, le fer de 0.00001156 et le cuivre de 0.00001783; et, d'après ces données, on trouve qu'à la température de la glace le mètre en platine de l'Institut est égal à 39.382755, et le mètre en fer à 39.382649 pouces anglais, mesurés sur l'étalon du citoyen Pictet.

La différence 0.000106 entre ces deux longueurs, moindre que $\frac{1}{300}$ de ligne ou $\frac{1}{250000}$ de mètre, est absolument négligeable; ainsi le résultat de tout notre travail est qu'en supposant les étalons de mètre en platine et en fer de l'Institut, et la règle anglaise du citoyen Pictet à la température de la glace, les mètres qui, à cette température, sont égaux entre eux et à la dix millionième partie du quart du méridien, équivalent à 39.3827 pouces mesurés sur la règle anglaise du citoyen Pictet.

Fait à la classe des sciences mathématiques et physiques de l'Institut national, le 6 nivose de l'an 10.

Signé, LEGENDRE, MÉCHAIN et PRONY, *rapporteur*.

La classe approuve le rapport et en adopte les conclusions.

Certifié conforme à l'original, à Paris, le 26 nivose de l'an 10.

Signé, DELAMBRE.

RÉSULTATS

Des expériences faites avec un instrument français et un instrument anglais, pour déterminer le rapport du mètre au pied anglais, et pour comparer entre eux les étalons originaux de mesure appartenant à l'Institut national de France,

PAR R. PRONY.

Lus à la séance publique de l'Institut national du 15 nivose an 10.

L'INSTITUT a publié dans ses mémoires les résultats de la mesure du méridien entre Dunkerque et Barcelone, d'après lesquelles on a déterminé la longueur du mètre et établi en général les diverses parties du système métrique français.

Les sciences et les arts de précision se prêtant des secours mutuels, sembloient avoir épuisé tout ce que leur état actuel de perfection pouvoit fournir de ressources pour l'exécution de cette grande et mémorable entreprise ; et cependant, avant d'appliquer les vérités dont elles avoient enrichi l'astronomie et la physique, aux besoins de la société, il restoit à exécuter un travail important et difficile, où l'on attendoit encore les plus grands services des arts dirigés par les sciences.

Ce travail consistoit dans la construction des étalons originaux destinés à servir de type ou de modèle, non pas immédiatement aux mesures usuelles répandues dans les sociétés, mais à d'autres étalons d'après lesquels ces mesures seroient ajustées.

Ceux qui ont eu occasion d'éprouver combien on rencontre d'obstacles pour resserrer la précision dans de certaines limites, se font aisément une idée des difficultés que présentoit cette dernière partie des opérations relatives au système métrique. La matière des étalons originaux ne pouvoit être que du métal, afin d'éviter les causes d'altération qui modifient les autres substances, et surtout les effets hygrométriques dont la loi irrégulière ne permet pas de rendre les observations comparables. Mais les métaux éprouvent continuellement des variations thermométriques ; et quoique ces variations échappent à nos sens, il ne falloit pas moins en tenir le compte le plus scrupuleux dans des déterminaisons aussi délicates. Ainsi la tâche à remplir ou le problème à résoudre, consistoit à régler les longueurs de plusieurs verges ou barres métalliques (après avoir fait les expériences les plus soignées et les plus suivies sur leur dilatation thermométrique) de telle manière qu'on connût avec certitude, tant les relations entre leurs différences variables de longueur et la température de l'air ambiant, que le rapport de chacune de ces longueurs et la grandeur de la terre, à une température donnée.

Les instrumens imaginés jusqu'alors pour suppléer à l'imperfection de nos organes et leur rendre perceptibles

les différences entre des quantités linéaires qui, sans
leur secours, échappent et au tact et à la vue; ces instrumens, dis-je, n'offroient que des moyens insuffisans
pour la précision qu'on vouloit obtenir, et il étoit indispensable d'en imaginer et d'en construire de nouveaux.
La commission des poids et mesures a rencontré, pour
l'exécution de cette partie délicate et épineuse de son
travail, un artiste français dont le zèle, les talens et
l'esprit inventif ont parfaitement rempli ses vues. Cet
artiste, le citoyen Lenoir, après avoir fabriqué les instrumens employés par Delambre et Méchain aux opérations astronomiques et géodésiques de la mesure du
méridien, s'étoit aussi exclusivement occupé, sous la
direction de la commission, de ceux relatifs aux étalons
originaux, et des moyens de les comparer, soit entre
eux, soit avec des anciennes mesures. Il avoit construit
dès 1792 un grand comparateur qui fait partie de la
collection de l'Institut, composé d'une forte règle de
cuivre de 13 pieds de longueur, et d'un curseur sur
lequel sont tracées des divisions de dix millièmes de
toise, qui répondent à des douzièmes de ligne, à très-
peu près; des verniers, tracés d'espace en espace sur la
grande règle, divisent chaque dix millième de toise en
dix parties, ce qui donne les cent millièmes de toise,
équivalentes à la division de la ligne en 116 parties environ. C'est sur ce comparateur que Borda et Lavoisier
ont fait toutes les expériences relatives aux règles de
platine et de cuivre qui ont servi à la dernière détermination de la longueur du pendule et à la mesure des

3.

bases d'après lesquelles on a calculé les triangles de la
méridienne. Les divisions du curseur et celles du vernier sont tracées avec une telle netteté, qu'on peut évaluer par estime les fractions de la toise plus petites que
les dix millièmes. Borda et Lavoisier, avec qui j'ai souvent observé sur ce comparateur, ne négligeoient jamais
cette estime ; le dernier chiffre à droite des nombres
portés dans leurs registres d'opérations, représente toujours la sixième décimale ou les millionièmes, la toise
étant l'unité.

On avoit ainsi la précision assurée de $\frac{1}{100}$ de ligne ;
mais à l'époque où il a fallu ajuster définitivement les
étalons de mètre, la commission des poids et mesures a
voulu obtenir une précision plus grande encore, et avoir
un instrument qui donnât, par l'observation immédiate,
les millionièmes de toise, fractions plus petites que les
centièmes de ligne, et qui ne laissât plus à l'estime que
les dix millionièmes de toise, moindres que les dix millièmes de ligne. De pareilles quantités échappent à l'imagination, et on est tenté dès l'abord de regarder comme
chimérique le projet de les rendre perceptibles aux sens.
Cependant l'artiste Lenoir remplit le vœu de la commission par un moyen aussi simple que direct. Il fixa
à l'extrémité de la grande règle du comparateur dont
j'ai parlé précédemment, un levier coudé, dont un des
côtés, qui a une direction transversale sur la longueur
de cette règle, étoit très-petit par rapport au deuxième
côté établi à angle droit sur le premier. Le grand côté
est une alidade portant un vernier de 10 parties, qui se

promène le long d'un secteur de cercle divisé en 100
parties. Le petit côté a un point de contact avec l'extrémité du curseur du comparateur, et toutes les dimensions sont disposées de manière que lorsque le curseur
a une marche de $\frac{1}{1000}$ de toise, le zéro de l'alidade parcourt les 100 parties du secteur : ainsi chaque partie du
secteur répond à $\frac{1}{100000}$ de toise, et chaque division du
vernier à un dix millionième de toise, équivalent à près
de $\frac{1}{1000}$ de ligne.

Le raisonnement est d'accord avec l'expérience pour
prouver que cette disposition remplit parfaitement son
but ; car l'instrument présente, soit par le principe, soit
par la solidité de sa construction, l'avantage précieux
de rendre les observations comparables, tant pour les
divers observateurs, quelques différences qui existent
entre eux dans les organes de la vision, que pour les
époques successives des expériences quelqu'éloignées
qu'elles puissent être ; et on peut en faire un usage continuel, sans que sa marche et son exactitude soient
changées ni altérées en aucune manière.

Les micromètres à vis et à fils adaptés aux foyers des
verres optiques, ne jouissent pas, à beaucoup près, de
cet avantage ; car les pas de vis très-fins s'usent promptement, et les différentes distances du foyer aux divisions de l'échelle, relatives aux différentes vues des
observateurs, font que chacun d'eux ne mesure pas la
même division par le même nombre de tours de vis (1).

_____

(1) Nous remarquerons qu'on peut remédier à cet inconvénient en faisant

Le citoyen Lenoir mit sous les yeux de l'Institut, en l'an 7, un comparateur, exécuté sur le principe que j'ai exposé précédemment, qui réduisoit les anomalies des observations à un millionième de mètre ou à $\frac{1}{1000}$ de ligne environ. Depuis cette époque j'ai eu occasion de lui en faire construire un second pour un savant étranger avec qui je suis lié. Après y avoir travaillé pendant un an, et y avoir réuni ce qui peut en assurer la commodité dans l'usage, la solidité et la précision, il l'a exposé au dernier concours public du Louvre, où il a, pour la seconde fois, obtenu une médaille d'or. Le propriétaire de cet instrument ayant bien voulu me le confier pendant quelque temps, j'avois commencé une série d'expériences sur la dilatation des métaux, applicables à leur usage dans les grandes constructions, et principalement dans les grands ponts en fer, lorsqu'une circonstance particulière me fit suspendre ce travail pour appliquer l'instrument à d'autres recherches.

Le citoyen Pictet, habile professeur de physique à Genève, et auteur, pour la partie des sciences, de la collection intéressante connue sous le nom de *Bibliothèque britannique*, mit, au mois de vendémiaire dernier, sous les yeux de la classe des sciences physiques

---

établir par chaque observateur, et par observation préalable, le nombre de divisions de l'échelle micrométrique qui répond à un intervalle connu. Ce procédé a d'ailleurs la propriété d'être le seul susceptible d'être appliqué à mesurer des intervalles déterminés par des divisions tracées sur une surface, méthode dont l'usage est aussi fréquent et peut-être aussi sûr que celui des mesures terminées par un plan perpendiculaire à leur longueur. (R.)

et mathématiques de l'Institut, une collection curieuse
et intéressante d'objets relatifs aux sciences et aux arts,
qu'il avoit recueillis pendant son voyage en Angleterre.
Deux instrumens qui faisoient partie de cette collection
fixèrent l'attention de la classe par le secours qu'on
pouvoit en tirer pour établir la concordance du système
métrique français avec les mesures anglaises.

L'un de ces instrumens étoit un *Comparateur* destiné
aux mêmes usages que celui de l'artiste Lenoir, mais
construit sur un principe bien différent : ce comparateur,
qu'on pourroit appeler *compas dioptrique*, est composé
de deux microscopes, dont les axes sont parallèles, et
dont les montures glissent le long d'une règle de métal
précisément comme les boîtes d'un *compas à verge*. Ces
microscopes portent des fils à leurs foyers, et les axes optiques passant par les intersections de ces fils, font l'of-
fice des pointes du compas à verge. Un micromètre adap-
té à l'un des foyers, soudivise le pouce anglais en 10000
parties, équivalentes à un peu moins de $\frac{1}{100}$ de ligne et à
environ $\frac{1}{40000}$ de mètre, ou $\frac{1}{40}$ de millimètre.

Le second instrument présenté à la classe par le citoyen
Pictet étoit un étalon authentique du pied anglais tracé
sur une règle de cuivre qui portoit 49 pouces dont chacun étoit divisé en 10 parties.

La classe nous chargea, les citoyens Legendre, Méchain et moi, de nous réunir au citoyen Pictet pour faire
la comparaison du mètre français avec son étalon de la
mesure anglaise : comparaison que ce citoyen avoit d'ailleurs provoquée par une demande en forme. Nous avons

rendu compte à la classe du résultat de notre travail ; mais je ne crus pas devoi**me** borner à ce premier objet d'expérience ; une foule de motifs qui tenoient à l'intérêt des sciences, à la gloire des savans et des artistes français, et à l'avantage d'assurer de plus en plus la confiance dans les opérations relatives au nouveau système métrique, me déterminèrent à soumettre l'instrument français et l'instrument anglais aux épreuves les plus délicates : je voulus profiter de la circonstance heureuse qui les mettoit à ma disposition pendant quelque temps, pour comparer entr'eux les divers étalons appartenant à l'Institut, par les procédés les plus exacts qu'on eût jamais employés.

Ces étalons sont : la toise du nord, qui a servi à la mesure des degrés terrestres sous le cercle polaire ; celle de Bouguer employée par ce savant aux mesures de degrés qu'il a faites sous l'Équateur, et qui est devenu l'étalon authentique auquel on a rapporté toutes les mesures linéaires de l'ancien système métrique ; les régles de platine et de cuivre qui ont servi à la dernière détermination de la longueur du pendule, et à la mesure des bases de Melun et de Perpignan, toutes rapportées à celle de ces règles qui porte le numero *un*, enfin, un mètre en platine ; un mètre et un double mètre en fer : ces dernières mesures donnent la dix-millionième partie du quart du méridien lorsqu'elles sont à la température de la glace.

J'ai d'abord employé le comparateur du citoyen Pictet à évaluer le rapport entre la mesure anglaise et le mètre en platine, le mètre en fer et la toise de Bouguer ; et j'ai trouvé, qu'à la température de 12.15 degrés mesurée sur le thermomètre centigrade, le mètre en platine contenoit 39.3781 pouces anglais; et le mètre en fer, 39.3795. Ces longueurs, réduites à la température de la glace, d'après la loi de la dilatation des métaux déterminée par expérience, donne des résultats qui ne diffèrent entr'eux que de $\frac{1}{7000}$ de pouce environ, et dont la valeur moyenne est 39.3827 pouces anglais, équivalant à 1 mètre français.

La comparaison de la mesure anglaise avec la toise de Bouguer a donné, à la température de $13\frac{1}{2}$ degrés du thermomètre centigrade, 76.7394 pouces anglais pour la longueur de cette toise.

Ces comparaisons, indépendamment de la concordance qu'elles établissoient entre les mesures françaises et anglaises donnoient de plus les rapports entre les principaux étalons des systèmes métriques français anciens et modernes; et ces rapports, rapprochés de ceux qui avoient été déterminés par la commission des poids et mesures, s'y sont trouvés conformes de telle manière que les anomalies étoient toujours inférieures aux centièmes de ligne.

Il restoit à répéter ces observations et à en faire de plus étendues encore avec l'instrument de Lenoir; c'est ce dont je me suis occupé pendant environ deux mois avec tout le soin et l'attention dont je suis capable. Après avoir comparé la toise de Bouguer, les deux mètres en platine et en fer, le double mètre en fer et la regle en platine n°. 1 à diverses températures, j'en ai déduit par le calcul, d'après les lois de dilatation thermométrique, les rapports de ces mesures entr'elles, en supposant les mètres à zéro de température, la toise de Bouguer à 16 $\frac{1}{4}$; cette toise et la regle n°. 1 à 12 $\frac{1}{2}$ degrés, je suis constamment parvenu aux résultats qui avoient été trouvés par la commission à ces diverses températures. Enfin, tout le travail a eu récemment une excellente vérification par les comparaisons que j'ai pu faire à la température même de la glace, qui m'ont donné le moyen de m'assurer immédiatement de la parfaite identité de longueur qui existe à cette température entre les mètres en fer et en platine; je dois à la vérité de dire qu'il ne m'a pas été possible de discerner entr'eux, et de constater, une différence d'un millionième de mètre, $\frac{1}{2000}$ de ligne.

J'ai aussi comparé à ces étalons la toise du nord, et celle de Mairan qui lui a servi à une détermination de la longueur du pendule : ces toises sont un peu plus courtes que celles de Bouguer, mais ce n'est point ici le lieu d'entrer dans de plus grands détails sur mes opérations; je me bornerai à rapporter un fait curieux sur la marche du calorique dans les corps. Lorsqu'une règle métallique en expérience est restée plusieurs heures posée et immobile sur le comparateur; si la température a changé pendant cet espace de temps, en donnant un choc à la règle métallique, et encore mieux en la frottant comme on frotte une corde avec un archet pour la faire vibrer, le comparateur indique sur-le-champ une variation de longueur, en plus si la température augmente, et en moins si elle diminue. Ce phénomene qu'il est utile de connoître, avoit déjà été remarqué par Laplace et

Lavoisier, et on le trouve rapporté dans l'*Exposition du système du monde* par Laplace.

Les détails que contient ce mémoire n'étoient pas encore connus, la commission des poids et mesures n'ayant encore rien publié de ce qui y a rapport; ils complètent les preuves précédemment acquises de la perfection du système métrique français dans toutes ses parties, en établissant la parfaite conformité des étalons originaux entre eux, et la précision avec laquelle on leur a donné les longueurs qu'ils doivent avoir par rapport aux anciennes mesures et aux dimensions de la terre : il ne falloit rien moins que de pareils motifs pour m'engager à présenter à cette assemblée les résultats de mes expériences et de mes recherches particulières.

DERNIERS SUPPLÉMENS

A LA MESURE DE LA TERRE.

Des manuscrits de la méridienne de 1740.

Quand j'ai comparé notre méridienne à celle des années 1739 et 1740 (voyez ci-dessus, page 141), j'étois persuadé que les manuscrits originaux qui contenoient les détails de cette grande opération étoient perdus. M. Lalande, qui m'avoit autrefois communiqué les registres originaux des autres observations de Lacaille, ne m'avoit jamais parlé de ceux de la méridienne, que j'aurois eu tant d'intérêt de connoître quand je fus appelé à refaire cet ouvrage. Lorsque M. Lalande vint déposer à la bibliothèque de l'Observatoire tous les papiers de Lacaille, il ne me vint pas même en pensée que la méridienne pût en faire partie, et c'est par hasard qu'on vient de la retrouver en cherchant les observations géodésiques que Lacaille avoit faites au cap de Bonne-Espérance. Dès que j'en fus averti, je m'empressai de lire ces manuscrits et d'en extraire tout ce qui pouvoit encore m'intéresser.

Toutes les opérations de la méridienne sont dans deux petits cahiers portatifs écrits en entier de la main de Lacaille. Le premier porte ce titre : *Original des ob-*

servations faites en 1740, *pour la vérification de la partie septentrionale de la méridienne de Paris*. L'autre, un peu plus gros, contient toute la partie méridionale, depuis Paris jusqu'à Perpignan. La première page portoit un titre qui a été déchiré, et dont il ne reste aucune lettre entière ; mais ce registre est, comme le premier, de la main de Lacaille. Ils portent tous les mêmes caractères d'originalité. Les angles y sont donnés en degrés, dixaines de minutes et parties du micromètre, au lieu des minutes et secondes qu'on voit dans l'imprimé. Toutes les observations y sont rangées dans l'ordre suivant lequel elles ont été faites. On y voit toutes les dates, l'itinéraire de l'auteur, l'arrivée, le séjour, le départ, le nombre de lieues d'une station à l'autre, et le total de ces routes qui est de 1360 lieues ; enfin une multitude de détails qu'on ne transporteroit pas dans une copie, et qui effectivement ne se retrouvent plus dans d'autres registres écrits de même par Lacaille, mais qui sont évidemment postérieurs : ce qui se voit à l'ordre dans lequel les observations sont rangées, et aux minutes et secondes qui remplacent les parties du micromètre.

On voit par les dates que ce second registre est le plus ancien des deux. Il commence au 30 avril 1739, par les observations au clocher de Brie, qui n'est plus le clocher actuel, mais une lanterne ouverte de tous côtés ; il se termine par la mesure du degré de longitude, en février 1740, et par quelques nouvelles observations faites en juillet de la même année autour de la base de Juvisy.

L'autre volume commence par d'autres opérations analogues pour la vérification de la même base, et les distances des étoiles au zénith dans le même mois de juillet.

Le 10 août suivant, Lacaille observoit les mêmes étoiles à Dunkerque.

Le 12, il observoit à la tour, et il a mis ces mots à la suite de ses angles : *J'ai calculé que le coq de la tour décline du centre de 1 pied 11 pouces ½ dans la direction de Hondschote.* Il rapporte les mesures sur lesquelles il a fondé ce calcul. Le pied du coq étoit à 16 pieds 2 pouces du mur nord, 14 pieds ½ du mur sud, 13 pieds 10 pouces du mur à l'est, enfin 17 pieds 5 pouces du mur à l'ouest. Dans les stations environnantes il observoit les deux pans de la tour, parce que le coq étoit trop difficile à reconnoître. Du reste il ne donne aucun détail ni sur cette tour ni sur aucun autre clocher ; en sorte que je n'ai pu voir à quelle hauteur il s'étoit élevé dans les divers clochers où il avoit observé ; ce qu'il m'eût été surtout utile de connoître quand j'étois aux mêmes stations.

Je vois qu'il observoit les deux pans de la tour de Watten toutes les fois que Watten étoit le second objet et qu'il l'observoit à la lunette mobile ; mais quand Watten étoit dans la lunette fixe, il en observoit le centre, et c'est ce qui a eu lieu dans les observations azimutales imprimées page LXI de la *Méridienne vérifiée*.

Au 29 août on trouve les renseignemens suivans sur la base de Dunkerque :

« Nous avons été sur le strand pour commencer la me-
» sure de la base. Ayant mesuré nos règles de bois, nous
» les avons trouvées trop longues de 1 ligne $\frac{1}{4}$ au plus.

» Ensuite nous avons mesuré 36 cordeaux de 54 toises
» chacun. »

Remarquons que le cordeau vaut trois portées, et que
la portée de quatre règles vaut 18 toises : ainsi chaque
règle étoit de 4 toises $\frac{1}{2}$.

« Après quoi nous avons mesuré par deux fois nos
» règles, et nous les avons trouvées trop courtes d'une
» ligne juste.

Ainsi, en commençant, la portée de 18^t étoit trop longue de . 1.25 lig.
En finissant, elle étoit trop courte de 1.00

Par un milieu, elle étoit trop longue de 0.125

C'est-à-dire d'un huitième de ligne pour 18 toises. Le
cordeau étoit trop long de 0.375 ligne, et les 36 cordeaux
étoient trop longs de 13 $\frac{1}{2}$ lignes ou 1 pouce 1 $\frac{1}{2}$ ligne, qu'il
faut ajouter aux 1944 toises que valent les 36 cordeaux.

« Nous avions passé par cinq ou six flaques d'eau, et
» en mesurant nos règles pour la seconde et troisième
» fois, nous avions éprouvé que les règles de fer s'échauf-
» foient très-sensiblement en un instant, après les avoir
» plongées dans l'eau pour les rafraîchir. »

Il paroît donc qu'avant de vérifier les règles de bois
par la comparaison avec les toises de fer, on plongeoit
celles-ci dans l'eau fraîche, pour les ramener à la température de l'eau. Mais étoit-ce l'eau de la mer ou celle
de ces flaques d'eau ?

» Après, nous avons fait 9 cordeaux de 54 toises cha-
» cun, et deux portées de 18 toises. Alors la mer, qui
» étoit remontée jusque dans notre alignement, nous
» obligea de cesser. Nous avions commencé au piquet *A*
» qui est au bas de la dune où est placé le signal; en
» sorte que l'angle à ce point *A*, entre le signal de la
» dune et celui du fort de Revers, est de 90°. Du point *A*
» au point *B* où l'angle *A B C* est de 45°, nous avons
» trouvé 19 toises 5 pieds 8 pouces; et au point *A* nous
» avons observé la hauteur du point *C* de 24° 7'. »

Cette petite opération trigonométrique servira à réduire la base au signal.

On ne voit aucune vérification des règles à l'instant
où la mer montante a fait cesser la mesure. On est donc
obligé de supposer que les règles étoient trop courtes
d'une ligne sur une portée, ou de 3 lignes sur un cordeau, ou de 27 lignes sur 9 cordeaux.

Il faut donc retrancher 27 lignes de cette seconde partie de la
mesure qui est de . . . . 486 toises.

Il falloit ajouter 13 $\frac{1}{2}$ lignes aux 36 cordeaux qui valoient . . . 1944

Il s'en faudra donc de 13 $\frac{1}{2}$ lignes que la somme ne soit 2430
Nous avons de plus deux portées de 18 toises chacune, ou . . 36

Somme . . . . 2466^t—15^{l5}

Car les deux dernières portées de 18 toises valant
deux tiers de cordeau, il y auroit à retrancher 2 lignes.

« Le 30 août, nous sommes retournés sur la plage
» pour continuer la mesure de la base. Ayant d'abord
» mesuré nos quatre règles, nous les avons trouvées trop

» longues d'une ligne juste ; ensuite nous avons mesuré
» depuis le piquet où nous étions placés la veille 68 cor-
» deaux de 54 toises chacun, jusqu'au piquet *A* placé
» sur le bord du canal de l'entrée du port, où nous
» avons pris sur la direction *AB*, de 68 toises 11 pouces,
» où l'angle *B* étoit de 45°, afin d'avoir la ligne *AC*
» distante du piquet *A* au signal du fort de Revers.

» Ayant recommencé cette mesure, nous l'avons trou-
» vée précisément de même. Nous avons vérifié nos
» règles de bois, que nous avons trouvées trop longues
» d'un tiers de ligne. »

Nous supposerons par un milieu que la portée étoit
trop longue de $\frac{2}{3}$ de ligne, et par conséquent le cordeau
trop long de 2 lignes ; 68 cordeaux seront trop longs de
136 lignes ou 11 pouces 4 lignes.

	To.	Pi.	Po.	Lig.
Les 68 cordeaux vaudront	3672	0	11	4
Les 86 toises 0 pied 11 pouces vaudront .	86	0	11	3
Mesure de la seconde journée . . .	3758	1	10	7
Mesure de la première	2465	5	10	8.5
Ainsi la base entière sera de	6224	1	9	3.5

Après ce calcul, voici celui de Lacaille :

« Si l'on suppose les mesures de 18 toises juste dans
» les 36 premiers cordeaux du 29 août, on aura leur
» valeur de 1944 toises ; si l'on suppose les mesures trop
» courtes d'une ligne dans le reste de la mesure de ce
» jour, on aura 521 toises 5 pieds 9 pouces 7 lignes, et
» si on suppose ces mesures trop longues de $\frac{2}{3}$ de ligne

» dans la partie qui a été mesurée le 30, on aura jus-
» qu'au point *A* 3672 toises 0 pied 11 pouces 4 lignes,
» et du piquet *A* au piquet *B*, 86 toises 0 pied 11 pouces.
» La somme est la longueur de la base 6224 toises 1 pied
» 8 pouces, selon la première mesure. »

La première supposition diffère un peu de celle que
nous avons faite, et Lacaille trouve 1 pouce et quelques
lignes de moins que nous. L'erreur est peu importante.

Voyons la seconde mesure.

« Le 31 août, nous sommes retournés finir la mesure
» de notre base. Nous trouvâmes nos règles de bois trop
» longues de 1 ligne $\frac{1}{8}$; ensuite nous mesurâmes depuis
» le piquet qui est au bas du signal des dunes, jusqu'à
» celui où nous avions cessé la veille, 94 cordeaux de
» 54 toises chacun, plus 10 pouces $\frac{1}{7}$; après quoi, en
» vérifiant nos règles, nous les trouvâmes de 18 toises
» justes.

» Si on suppose dans la mesure la longueur des toises
» de 18 toises 0 pied 0 pouce 0 ligne $\frac{2}{3}$, on aura la va-
» leur de cette mesure 5076 toises 2 pieds 2 pouces
» 2 lignes. »

En effet, $\frac{2}{3}$ de ligne sur 18 toises font deux lignes sur
le cordeau; 94 cordeaux font 188 lignes ou 15 pouces
8 lignes = 1 pied 3 pouces 8 lignes.

	To.	Pi.	Po.	Lig.
94 cordeaux feront	5076	1	3	8
Le surplus, 10 pieds $\frac{1}{7}$, donnera	0	0	10	6
Mesure du 31	5076	2	2	2
Nous aurons en outre, comme dans la pre-				
mière mesure.	86	0	11	1.5

A la réserve que la petite correction est réduite à moitié, parce que l'excès de la portée n'étoit que $\frac{1}{7}$.

Le 30, après la vérification qui avoit donné $\frac{1}{8}$ de ligne de trop, on avoit encore remesuré 19 cordeaux de 54 toises, plus deux parties de 18 toises; puis, la mer qui remontoit avoit encore fait discontinuer la mesure. Un tiers de ligne pour une portée donne une ligne sur un cordeau; 19 cordeaux $\frac{2}{8}$ donnent 19 lignes $\frac{2}{8} =$ 1 pouce 7 lignes $\frac{2}{8}$.

	To.	Pi.	Po.	Lig.
Ainsi les 19 cordeaux $\frac{2}{7}$ vaudront	1062	0	1	7 $\frac{2}{8}$
Et la seconde mesure sera	6224	3	2	11 $\frac{5}{8}$
La première étoit	6224	1	10	5
Milieu	6224	2	6	8

Lacaille suppose par un milieu 6224 toises 2 pieds $\frac{1}{2}$. Nous sommes donc parfaitement d'accord.

Les deux mesures ne diffèrent que de 1 pied 4 pouces; on ne gagneroit que 8 pouces en s'en tenant à la dernière. La totalité des corrections de température appliquées à la dernière mesure ne monte pas à 1 pied $\frac{1}{2}$; il faudroit les quadrupler pour gagner une toise.

Pour augmenter la correction il faudroit dire que l'excès des règles de bois sur le véritable étalon étoit beaucoup plus grand qu'il n'a paru; que les règles de bois étoient contractées ou les toises de fer allongées. Mais est-il probable que les toises de fer trempées dans l'eau, le 30 et le 31 août, fussent beaucoup plus longues que le jour où elles avoient été étalonnées à 18° de Réaumur, à l'Observatoire de Paris? Cela n'est guère probable,

Je ne vois nulle part dans les manuscrits de Lacaille à quelle température on avoit fait la vérification des toises de fer qui servoient d'objet de comparaison aux règles de bois. Heureusement Lemonnier nous l'apprend dans son mémoire intitulé : *Premières observations faites par ordre du Roi.* Paris, 1767, imprim. royale. A la page 21 on trouve cette note : *Je trouve sur mon registre que M. Cassini a étalonné ses mesures le thermomètre étant à 18 degrés.* La température de l'eau de la mer, le 30 août, étoit-elle assez élevée au-dessus de 18 degrés pour que les règles fussent allongées sensiblement et de manière à faire paroître trop court l'excès des règles de bois sur 18 toises justes.

Mais la méthode qu'on suivoit dans les vérifications étoit-elle assez précise? Je ne vois rien encore sur ce point dans le manuscrit; mais Lemonnier nous apprend, page 17 de l'ouvrage cité, qu'elle s'exécutoit à l'aide de toises de fer qu'on mettoit successivement bout à bout le long d'une portée. Il ajoute tout aussitôt, et en parlant de la vérification faite par lui-même à Juvisy : *Mais cette opération, faite sur un gazon coupé faisant ressort, n'est pas susceptible d'exactitude.* L'étoit-elle beaucoup davantage sur le sable à Dunkerque, dans les champs et dans les bois à Villersbretonneux, ou sur les bruyères d'Ennordre à Méry, et sur le terrain pierreux de Rodès? Il est donc assez facile d'élever des soupçons sur la justesse de ces anciennes bases, mais très-difficile de dire en quels sens on doit leur appliquer une correction, et plus encore d'en déterminer la valeur.

Si, comme il paroîtroit par le témoignage de Lemonnier, les règles de fer ont été étalonnées à 18 degrés, elles étoient trop courtes, les bases sont trop longues; ce qui seroit assez probable des bases de Juvisy, Villersbretonneux, Bourges, Rodès et même Perpignan; mais il faudroit diminuer la base de Dunkerque qui n'est déjà que trop courte.

L'examen des registres originaux ne nous fournit donc aucun moyen de corriger l'erreur qu'on a soupçonnée dans la base de Dunkerque. On ne voit rien qui ait pu la faire paroître trop courte, à moins qu'on ne dise que la mesure s'étant faite sur un sable souvent mouillé, quelques particules de ce sable ont pu s'attacher aux extrémités des règles, empêcher le contact immédiat et diminuer le nombre des toises de la base. Cela n'est certainement pas impossible; mais il est peu croyable que tous les contacts aient été ainsi altérés. La base entière ne présentoit que 130 contacts, et 130 grains de sable sont loin de faire une toise ou 864 lignes. Ainsi la question est tout aussi obscure que jamais, et je ne vois plus aucun moyen de l'éclaircir.

J'ai soupçonné que l'angle à Hondschote pouvoit avoir été mal pris et mal réduit : j'ai vérifié les observations et les réductions d'après l'original; je n'y vois rien à changer ni même rien de suspect. Voici cet angle :

49° 20′ + 44.0 Entre un pan de la tour de Dunkerque et le signal des dunes; obscur.

49° 20′ — 54.5 Entre l'autre pan et le signal.

49° 20′ + 46.5 ⎫
49° 20′ — 54.0 ⎭ On voit mieux les objets,

Pour réduire les angles il faut savoir que 342 parties du micromètre faisoient 600″, ainsi que je le vois par dix expériences faites à Bourges. Chaque partie valoit donc 1″7544.

La première observation donnera donc . . . .   49° 21′ 17″19

49° 18′ 24″39

49° 19′ 50″79

La seconde, $49 \cdot 20 - \dfrac{7 \cdot 5}{2}$ . . . .   49° 19′ 53″42

Milieu entre les deux mesures . . . . . .   49° 19′ 52″1

Pour la réduction l'imprimé porte :

Entre Dunkerque et la direction en dedans, à 15 pieds . .   135° 0′

Dans le manuscrit on trouve

Entre les dunes et la direction en dedans, à 15 pieds . . . .   86° 0′

Ajoutez l'angle observé . . . .   49° 20′

Donc entre Dunkerque et la direction à 15 pieds . .   135° 20′

Il ne peut y avoir de doute sur la direction au centre de 15 pieds ; elle est confirmée par tout ce qui précède et ce qui suit ; et d'ailleurs on observoit dans la galerie extérieure du clocher : il n'est guère probable que le rayon de la galerie ait été plus grand. Nous voyons que la tour de Bourges, beaucoup plus grosse, n'avoit guère que 18 pieds.

Dunkerque étant l'objet à gauche, c'est le sixième cas de mes formules, tome I, page 126. Je trouve pour les deux parties de la réduction — 83″0 + 44″39 = — 38″61 ; angle réduit, 49° 19′ 13″5.

En réduisant à 180° la somme des trois angles, Lacaille a supposé 49° 19′ 7″, et même ensuite 49° 19′ 6″. L'angle seroit donc plutôt trop petit que trop grand ; ainsi ma conjecture n'a aucun fondement.

Le centre de la tour de Dunkerque et le pied du coq étoient dans une ligne qui se dirigeoit à Hondschote ; il n'y avoit donc aucune erreur à cet égard.

Les stations suivantes n'offrent rien de remarquable, et toutes les comparaisons que j'ai faites m'ont prouvé que l'ouvrage est imprimé avec la plus grande fidélité.

A celle de Villersbretonneux je trouve les détails suivans sur la base :

« Le 24 octobre 1740 nous avons été mesurer la base
» qui s'étend depuis le clocher de Villersbretonneux jus-
» qu'au moulin d'Harbonnières. Nous avons d'abord
» mesuré les quatre règles de bois, qui se sont trouvées
» de 16 toises moins trois points ; ensuite nous avons
» fait 220 portées, en commençant à un piquet placé
» à 150 toises environ du clocher. Nous avons mesuré
» nos règles de bois, qui se sont trouvées trop longues
» de trois points ; d'où il suit qu'en supposant 16 toises
» justes, on aura cette mesure de 3520 toises. Le temps
» a été beau, l'air tempéré. »

On voit que les règles n'étoient que de 4 toises ou de 24 pieds. Ce n'étoit donc pas celles de Dunkerque qui avoient 27 pieds.

« Le 25 octobre au matin, par un très-grand froid
» précédé d'une forte gelée blanche, à 8ʰ ½, nous avons
» mesuré les toises qui étoient resté exposées à l'air la

» nuit, et nous les trouvâmes trop longues d'une ligne $\frac{1}{6}$;
» ensuite nous avons fait 98 portées plus 6 toises 4 pieds
» 7 pouces 4 lignes, depuis le piquet où nous avions
» fini la veille, jusqu'au centre de l'arbre sur lequel
» le moulin tourne. Enfin nous mesurâmes nos règles,
» qui se trouvèrent trop longues de $\frac{1}{5}$ de ligne. L'air
» étoit beaucoup plus tempéré.

» Si l'on suppose les règles de 16 toises et $\frac{1}{3}$ de ligne,
» les 98 portées vaudront 1568 toises 0 pied 6 pouces
» 1 ligne $\frac{1}{2}$, et toute la mesure sera 1574 toises 5 pieds
» 1 pouce 6 lignes. »

On voit dans l'ouvrage de Lemonnier déjà cité, que
ses règles étoient restées à l'air, et même à la pluie,
pendant la nuit, dans le parc de Juvisy. Il paroît que
c'étoit l'usage alors. Les règles étoient de 7 toises ou
42 pieds. La difficulté d'abriter des règles aussi longues
étoit peut-être ce qui déterminoit à les laisser ainsi exposées à tous les changemens de température.

On voit encore que les règles qui le matin, par un
grand froid, excédoient les 16 toises de $\frac{7}{6}$ de ligne vers
le milieu du jour, n'excédoient plus que de $\frac{2}{6}$, et qu'ainsi
les 16 toises de fer étoient allongées de $\frac{5}{6}$ relativement
aux règles de bois.

Or $\frac{5}{6}$ de ligne $= \dfrac{5^l}{6.864} = \dfrac{5^l}{5.84} = \dfrac{10^l}{10368} \dfrac{10^l}{10368.16}$

Donc $\frac{5}{6}$ de $16^t = \dfrac{1}{16588.8} = 0.00006027$

L'allongement absolu du fer pour un degré de Réaumur est de 0.00001455; il suffiroit donc que la tempér

rature se fût élevée de 4 degrés environ, ce qui est fort vraisemblable.

Pour connoître l'allongement relatif du fer au bois, la vérification de la base de Villejuif, en 1756, par les académiciens, nous fournit un fait.

Le thermomètre, laissé à l'ombre à côté de la toise originale, étoit à 18° $\frac{1}{2}$; la toise et l'étalon étoient parfaitement conformes, quoiqu'ils eussent reçu une certaine extension par la chaleur. Mais les perches de bois comparées aux toises de fer, parurent plus longues sur les 3o pieds d'environ une demi-ligne ou d'une ligne sur 6o pieds ou 72o pouces, ou 864o lignes, c'est-à-dire de $\frac{1}{8640}$. Le lendemain matin, le thermomètre étant descendu à 9 degrés, toutes les mesures furent égales.

Ainsi, pour 9° $\frac{1}{2}$ de Réaumur l'allongement relatif du fer
est de $\frac{1}{8640}$, et pour un degré il sera $\frac{1}{82080}$ = ... 0·00001218
L'allongement absolu est de . . . . 0·00001455
L'allongement du bois . . . . 0·00000237

c'est-à-dire presque insensible. Mais, dans cette supposition, pourquoi comparer les règles aux toises à divers instans de la journée? Ne suffisoit-il pas de les étalonner une fois à la température où les toises avoient été vérifiées elles-mêmes. On craignoit sans doute que ces règles de 4, 5 et 7 toises ne vinssent à se fausser dans l'opération, et, pour se prémunir contre ces variations, on comparoît les règles à des toises de fer qu'on s'efforçoit de maintenir à une température constante. Sans doute on ne parvenoit pas à cette égalité parfaite de température; mais l'erreur paroissoit peu considérable, et les différences qu'on observoit dans les règles s'attribuoient à la fatigue qu'elles avoient éprouvée. On voit généralement qu'elles sont plus longues en commençant et plus courtes en finissant, ce qui s'explique fort bien par une légère courbure, mais également bien par une augmentation de chaleur qui allongeoit les règles de fer.

« Le même jour après midi nous avons déterminé par
» un à plomb la distance du centre du clocher au pied
» extérieur du mur du clocher qui est de pierre de grès
» de 1 toise 2 pieds 4 pouces 10 lignes; ensuite nous
» avons mesuré depuis ce pied, en montant un terrain
» incliné, 48 toises. Ce terrain étant terminé par une
» terrasse de 13 pieds $\frac{1}{4}$ de haut, nous avons marqué
» par un à plomb le point où répondoit l'extrémité de
» la toise. Enfin nous avons mesuré depuis ce point
» jusqu'au piquet où nous avions commencé le veille,
» 98 toises 3 pieds, 3 pieds 3 pouces. Nous sommes
» revenus en remesurant de la même manière depuis
» ce piquet jusqu'au pied du clocher, et nous en avons
» trouvé la distance plus longue de 2 lignes que par la
» première mesure. »

Voici maintenant le calcul de Lacaille :

	To.	Pi.	Po.	Lig.
	3520	0	0	0
	1574	5	1	6
	1	2	4	10
	47	5	8	6
	98	3	3	1
Longueur de la base.	5242	4	5	11
Et il ajoute : Nous la supposerons de	5242	4	0	0

Cependant dans la *Méridienne vérifiée*, page 44, on voit qu'elle a été supposée de 5242 toises 4 pieds $\frac{1}{2}$, c'est-à-dire, à une ligne près, telle que par le calcul ci-dessus. Saunac, par une première mesure, avoit trouvé la même chose, à 2 pieds près, on ne dit pas en quel sens.

Les différentes mesures s'accordoient ordinairement à 1 pied ou deux, quoiqu'en différentes saisons ; ainsi l'on pourroit soupçonner que l'erreur provenant du changement de température, n'avoit pas d'effet bien plus considérable.

Ce premier manuscrit de Lacaille est terminé par la mesure qu'il fit en 1756 de la base de Juvisy, conjointement avec MM. Godin, Clairant et Lemonnier. Nous allons transcrire son journal, pour qu'on puisse le comparer à celui de Lemonnier, que nous avons déjà cité plusieurs fois.

« Le premier juillet 1756, nous avons mesuré depuis » le milieu de la face occidentale de la pyramide de » Villejuif, à peu près dans l'alignement de la base de » M. Picard et dans celui qui se termine à une pyra-» mide nouvellement construite en face de la porte du » parc de Juvisy.

» 1°. 4 pieds 8 pouces 6 lignes, jusqu'à un point » pris à terre à l'aide d'un aplomb. Je l'appelle le point » de départ. »

Lemonnier en retranche 11 lignes pour une inclinaison de 2° $\frac{1}{2}$ qui ne donnoit à retrancher que 0.234 lignes ou 2 ($\frac{1}{2}$ côté de la pyramide) $sin^2 . \frac{2° \, 30'}{2} = 41^{pi}. sin. 1° 15'$,

« 2°. De ce point nous avons mesuré une portée de
» 21 toises jusqu'au bord de l'inclinaison ou pente roide
» qui descend sur le chemin. »

Lemonnier nous dit que cette longueur de 21 toises
avoit une pente de 3 pieds 2 pouces que l'on a reconnue
quelques jours après. 21 toises se réduiroient à 20 toises
5 pieds 11 pouces 6.27 lignes : Lemonnier les réduit à
20 toises 5 pieds 11 pouces 6.25 lignes.

« 3°. Notre direction passant à 3 pieds 5 pouces $\frac{1}{2}$ à
» l'est de la croix de Villejuif, nous y avons abaissé une
» perpendiculaire de l'axe de cette croix, et nous avons
» trouvé que cette perpendiculaire tomboit à 37 toises
» 0 pied 2 pouces 10 lignes du milieu de la face de la
» pyramide.

» 4°. Ayant mesuré sur la pente inclinée du terrain,
» nous avons gagné le pavé à 56 toises, depuis le point
» de départ, qui est à 4 pieds 8 pouces $\frac{1}{2}$ du milieu de
» la face de la pyramide.

» 5°. Du point de départ jusqu'au coin du mur méri-
» dional de la Saussaie nous avons fait 59 portées moins
» 4 pieds estimés à la vue. Après avoir fait 95 portées,
» sur les 3 heures $\frac{1}{2}$ du soir, le thermomètre étant à 21°,
» nous avons trouvé que nos trois mesures de bois fai-
» soient 21 toises moins $\frac{7}{12}$ de ligne, et il nous a paru
» que ce défaut apparent pouvoit venir de ce que les
» règles de fer qui ont servi à cette vérification avoient
» été allongées par la chaleur. »

Lemonnier dit que le thermomètre étoit à 20°.

« 6°. Du point du départ jusques vis-à-vis la borne où

» l'on trouve ces mots gravés : 1250 *toises sur 20 toises*,
» nous avons fait 113 portées sur 4 pieds estimés à la
» vue.

» 7°. Du point de départ jusque vis-à-vis le milieu
» de la croix de Longboyau nous avons eu 153 portées
» moins 28 pieds $\frac{1}{2}$, et abaissant à la vue une perpen-
» diculaire de cette croix sur notre direction, nous avons
» cessé de mesurer. Nous avons essuyé deux fortes on-
» dées de pluie. Nous avons cessé de mesurer après
» 153 portées.

» Le 2 juillet, il a plu abondamment toute la ma-
» tinée ; nos règles de bois restant pendant la nuit et la
» matinée sur le bord du chemin, à découvert. Après
» midi nous reprenons notre mesure au point où nous
» avions fini hier, et nous faisons 119 portées plus 16
» pieds 5 pouces (mesurés à peu près, en attendant une
» vérification plus exacte qui se fera à l'aide d'un repère
» pris sur une des règles de bois), jusqu'au coin qui
» termine les faces septentrionale et occidentale de la
» plinthe de la pyramide de Juvisy, laquelle plinthe a
» 6 pieds 3 pouces 9 lignes en carré.

» Nous n'avons pas vérifié la longueur de nos trois
» mesures de bois qui ont été serrées, jusqu'à nouvel
» ordre, à découvert, dans le parc de Juvisy.

» La plus grande partie de la mesure de cet après-
» midi, c'est-à-dire les 1700 dernières toises, a été faite
» dans la boue, hors du pavé du chemin.

» Nos règles de bois étoient trois morceaux de sapin
longs chacun de 42 pieds, taillés en octogone et cou-

» verts d'une ou deux couches de couleur à l'huile,
» ferrées par les bouts et terminées par des boutons ar-
» rondis. »

Voyez-en la description dans l'écrit de Lemonnier.

« J'ai calculé que la face occidentale de la pyramide
» de Villejuif étoit inclinée de 2° 12′ à l'égard de la
» direction de notre base; il auroit fallu commencer la
» mesure en un point de la face qui fût à 9 lignes en-
» deça du milieu, pour que la mesure fût censée partir
» de l'axe de la pyramide, et qu'ainsi il faudroit ôter
» 9 lignes de la mesure pour la réduire à l'axe de la
» pyramide de Villejuif. Mais comme on a aligné de la
» face occidentale d'une pyramide à la face occidentale
» de l'autre, la différence se réduit à rien.

» Le 4 juillet, nous avons été à Juvisy pour vérifier
» la longueur de nos mesures de bois. Le thermomètre
» ayant varié pendant cette opération de 14 à 12 degrés,
» nous avons trouvé d'abord que ces mesures excédoient
» les sept toises de fer portées trois fois de 2 lignes $\frac{1}{4}$.
» Nous avons recommencé et trouvé 1 ligne $\frac{1}{4}$; pour la
» troisième fois nous avons trouvé 1 ligne $\frac{5}{8}$. »

On voit que ces vérifications ne sont pas trop sûres
et qu'elles peuvent être en erreur d'une ligne quand elles
n'ont pas été répétées.

Première 2.25	
Seconde 1.25	5.125. Milieu 1,708 ligne.
Troisième 1.625	

Nous avons vu ci-dessus qu'à 21.° les trois règles

étoient trop courtes de $\frac{7}{12}$ de lignes; qu'à 9° elles étoient de la même longueur que les toises de fer; et voilà qu'à 12 ou 14° elles sont trop longues de 1.708 ligne. Ces variations sont extrêmement irrégulières; aussi voyons-nous que Lemonnier, page 17, rejette cette vérification comme faite trop à la hâte, il semble pourtant qu'ayant été répétée trois fois elle mériteroit plus de confiance, « il ajoute que d'ailleurs la terre et le sable humides » qui étoient restés près de trois jours adhérens aux » perches, ont dû contribuer peu à peu à leur accrois-» sement; car l'humidité n'ayant pu pénétrer que suc-» cessivement les perches qui étoient peintes à l'huile, » il a fallu un temps considérable pour les faire al-» longer..... la pluie avoit été considérable à Juvisy » le 8 et le 9, et les perches étoient à l'ombre sur un » gazon. Le 13 au matin, les ayant présentées dans » mon appartement à leur ancien étalon, elles n'y » pouvoient pas entrer, il s'en falloit près d'un quart » de ligne. Elles y ont entré librement le 21 juillet au » matin, le thermomètre étant à 17°, et je les trouve » encore aujourd'hui, 24 juillet, au même état, sans » y remarquer de différence sensible, en sorte que » chaque perche est maintenant plus longue de $\frac{1}{9}$ de ligne » que le 30 juin au matin, jour auquel je les ai fait » partir pour la mesure de la base. »

Il résulte, ce me semble, de tout ceci que des règles de bois ne sont guères propres à bien mesurer une base, et qu'on a eu très-grand tort de les laisser expo-sées à toutes les intempéries de l'air dans le parc de

Juvisy, et qu'au lieu de les couvrir d'un vernis, il valoit mieux leur ménager un abri convenable.

On pourroit peut-être dire encore que déterminer sur le carreau de l'observatoire une longueur de dix toises, se servir de cette longueur pour vérifier quatre demi-toises; superposer ces demi-toises en les mettant alternativement tour à tour sur une portée de 16 à 18 toises placée sur un chemin, dans un champ, dans un bois, sur le rivage de la mer à une température incertaine; que tous ces moyens enfin sont incomparablement moins sûrs et moins précis que ceux qui ont été imaginés en ces derniers temps par Borda et Ramsden; que des bases ainsi mesurées et qui offrent des variations de 1 ou 2 pieds entre les longueurs qu'on leur trouvoit à des jours différens, pourroient bien être en erreur de près d'une toise, sans qu'on puisse dire en quel sens; que si la pluie à Juvisy a allongé les règles, les flaques d'eau et le sable humide ont bien pu produire un effet semblable à Dunkerque. Mais il sera toujours singulier que malgré ces effets de l'humidité qui devoient agir en même sens, la base de Juvisy soit un peu trop grande et celle de Dunkerque d'une toise trop courte; de plus, la difficulté de faire voyager des règles de 4ᵗ ou 4ᵗ ½ de longueur, faisoit qu'on en construisoit de nouvelles pour chaque base, ensorte qu'on ne pouvoit tirer de l'une des lumières bien sûres pour un autre. Quoi qu'il en soit, achevons la transcription des notes de Lacaille.

« Nous avons trouvé encore que l'excédent de la base

» sur les 119 portées du 2 juillet étoit de 16 pieds 5
» pouces 8 lignes; que depuis le milieu de la face mé-
» ridionale de la Pyramide, prise à la plinthe inférieure
» jusqu'au milieu de l'arbre qui a servi en 1740 de
» terme à la base, il y avoit 31 toises et 9 pieds; que
» la perpendiculaire tirée du centre de l'arbre sur la
» direction de la nouvelle base étoit de 5 toises
» 3 pieds $\frac{5}{4}$. »

De là Lacaille passe au calcul des corrections pour
les plans inclinés.

Hypoténuses.		Différ. de niveau.		Réductions.
To.	Pi.	Pi.	Po.	Po.
21	4	3	2	— 0.565
20	4	8	4 $\frac{1}{2}$	— 3.4
14	2	3	6	— 0.86

Réduction totale . . . . . . — 4.825 ⇔ 4 pieds 10 pouces.

	To.	Pi.	Po.	Lig.
Parties de la base, 1°.	0	4	8	6
2°. 272 parties valant	5712	0	0	0
3°. Surplus des portées	2	4	5	8
4°. Demi-diamètre de la plinthe de la pyramide	0	3	1	11
Somme.	5716	0	4	1
Otez pour le nivellement			4	10
Base corrigée	5715	5	11	3
Lemonnier donne	5715	5	10	6
Il croit qu'on doit en retrancher			1	1	6
	5715	4	9	0

Telle est selon lui, la base à 20° du thermomètre.
Mais si les règles ont été justes à 9° du thermomètre,

cette base n'a-t-elle pas besoin d'une correction très-difficile à calculer, puisqu'on ne sait pas exactement la dilatation des règles de bois, ni l'effet qu'a pu produire l'humidité et la pluie.

Enfin Lacaille continue en ces termes :

« La mesure faite le 2 juillet, depuis le clou placé » près de la croix de Longboyau jusqu'à l'axe de la » pyramide de Juvisy, est de 2502 toises 1 pied 7 » pouces 6 lignes, en supposant les règles justes.

» Réduisons la distance de l'axe de la pyramide de » Juvisy au centre de l'arbre, ce qu'il faut ajouter à » la nouvelle base pour la réduire à la base de 1740, » se trouve de 31 toises 1 pied 2 pouces.

» Si on suppose que ce ne soit que la chaleur de » 21° qui ait fait paroître les perches trop longues le » 1 juillet (lisez trop courtes apparemment), et que » l'humidité les ayant amollies, elles se soient allon-» gées par le tiraillement le 2 juillet, ensorte qu'elles » soient devenues trop longues de 1 ligne $\frac{5}{8}$, il faudra » ajouter 1 pied 4 pouces 2 lignes à la distance des » pyramides trouvées ci-dessus. »

M. Lemonnier pense au contraire qu'il en faut retrancher 1 pied 1 pouce 6 lignes ; ainsi la même mesure, calculée différemment par deux des astronomes qui l'ont effectuée, diffère de 2 pied $\frac{1}{1}$.

Telle est l'incertitude qui nous reste sur le travail de la commission composée de MM. Godin, Clairant, Lemonnier et Lacaille.

L'autre commission étoit composée de MM. Bouguer,

Camus, Cassini de Thury et Pingré, auxquels s'est joint volontairement M. De Lalande.

Ils employoient quatre perches de bois de 5ᵗ chacune; elles étoient peintes à l'huile. Il paroît que c'étoit alors l'idée commune. Ils trouvèrent 5716 toises 5 pieds 10 pouces et quelques lignes, leurs règles étoient rapportées à la toise du nord, a 11° ou 12° au-dessus de la congélation. On sent assez, disent-ils, que si nous eussions étalonné nos perches pendant la plus grande chaleur du jour, nous les eussions rendues un peu plus longues, et nous eussions trouvé un moindre nombre de toises pour la longueur de la base.

	To.	Pi.	Po.	Lig.
Ainsi Lemonnier trouve	5715	4	9	0
Bouguer, *Opérations pour la vérifie. du degré*, etc.				
Paris, 1757, page 20	5716	5	10	0
Lacaille	5715	5	11	3
Et pour réduction à la base de 1740	31	1	2	0
Base de 1740 vérifiée en 1756	5747	1	1	0
	5747	2	8	6
Les cinq mesures de 1740, en y ajoutant 18 toises	5747	4	0	9
5 pieds 8 pouces pour la réduction à la pyramide.	5747	3	4	10
Voyez *Méridienne vérifiée*, p. 36	5747	4	5	10
	5747	4	0	0
		17	9	8
Milieu	5747	2	11	7

Dans la *Méridienne vérifiée* on a supposé 5748 (voyez page 124 et 36). C'est donc 4 pieds de trop. Ajoutez 3 ou 4 pieds pour les inégalités du terrain et la réduction au niveau de la mer, et vous ne serez pas surpris que tous les côtés autour de Paris se trouvent plus grands de 1 ou 2ᵗ que par nos mesures.

3.   64

Il semble que les premières mesures exécutées par Cassini père, avec des règles de fer et des thermomètres, étoient bien préférables à celles qui ont été faites depuis par les commissaires de l'Académie (Voyez *Méridienne* page 34.) Il paroît que Lacaille avoit participé à ces premières mesures, car c'est lui qui avoit retrouvé le manuscrit de Picard, et avoit élevé le premier soupçon sur la différence des toises; et s'il a changé de pratique depuis, il paroît qu'il faut l'attribuer aux idées qui avoient prévalu depuis la mesure du nord.

Le second cahier commence à la station de Brie.

A celle de Malvoisine je trouve qu'une partie des observations a été faite en haut de l'escalier où nous nous sommes placés nous-mêmes, qu'on observoit les pans de Montlhéri; ce qui n'étoit pas sans quelques inconvéniens (voyez t. I p. 127); qu'une autre partie a été observée au pied du pavillon; que le pavillon a 26 pieds en carré au dehors et 42 pieds de hauteur sur le rez de chaussée; que les cheminées ont 3 pieds $\frac{1}{2}$ de large; qu'elles sont éloignées de 2 pieds et s'élèvent de 2 pieds au-dessus du pignon, et que le quart de cercle étoit sur l'escalier, à 10 pieds au-dessous du pignon. Je me suis placé tout au haut de l'escalier, et j'étois 28 pieds au-dessous du pignon. L'escalier ne monte donc plus aussi haut que par le passé; mais ce changement, s'il est réel, n'est d'aucune importance.

A la station de Montlhéri il est dit, comme dans l'imprimé, qu'on étoit au pied de la tour, cependant pour Montmartre, Brie et la tour de Montjay, la distance au centre n'est que de 13 pieds; ce qui paroît impossible : on auroit été dans l'épaisseur du mur sous la porte. L'épaisseur est de 7 pieds ½ et le rayon de la circonférence extérieure est de 15 pieds. Dans toutes les autres observations la distance est au moins de 18 pieds; ce qui est plus naturel. Lacaille auroit-il écrit 13 au lieu de 18 ?

Au clocher de Chapelle-la-Reine, j'aurois desiré voir à quelle hauteur on s'étoit élevé : il paroît que c'est dans la pyramide, au sommet. Nous nous sommes tenus 6 toises plus bas, pour n'avoir pas la peine de hisser le cercle si haut; aussi avons-nous eu beaucoup de difficultés pour apercevoir Boiscommun, que Lacaille a vu fort aisément, puisque c'est le premier objet qu'il ait observé. Il n'a pas mesuré les distances au zénith, mais il a calculé que Boiscommun y devoit paroître à 90° 6' 30"; je l'ai vu à 90° 4'; Malvoisine, à 90° 5'; je l'ai vu à 90° 2' 37"; il y a toute apparence qu'il étoit en effet dans la pyramide.

Bourges : cette station m'intéressoit singulièrement par les erreurs de réduction que j'ai reconnues dans les observations azimutales.

J'y trouve d'abord, au premier juin, l'observation azimutale imprimée page LXIII du bord précédent du soleil, avec une autre observation que Lacaille n'a ni imprimée ni calculée.

60° Entre le milieu de la tour d'Issoudun et le bord suivant du soleil, à 7ʰ 49' 42"; d'où il résulte que le soleil employoit 2' 39" à traverser le fil vertical. Ce temps paroît court. Supposons que la seconde observation fut la bonne, la première aura été marquée trop tard, l'angle horaire aura été trop fort, l'azimut compté de midi trop grand, Issoudun aura été placé trop à l'ouest, les azimuts auront été conclus trop grands du mouvement azimutal du soleil, qui est à peu près de 10″ pour 1″ de temps. L'erreur est trop considérable pour nous donner ici aucune lumière.

Le 4 juin, je trouve deux observations d'azimut qui n'ont été ni imprimées ni calculées. Les bords du soleil étoient extrêmement dentelés. Les voici :

60 50   Entre la tour d'Issoudun et le bord boréal du ☉ .   7ʰ 47′ 23″
60 26.5 Entre la tour d'Issoudun et le bord austral . . . .   7ʰ 48, 9″

D'ailleurs on ne voit pas bien sûrement ce qu'il entend par bord boréal et bord austral. S'il a observé le bord supérieur et le bord inférieur, l'observation n'est pas susceptible d'une grande précision. Il avoit fait le premier juin deux observations de ce genre qu'il n'a point calculées, et dont je n'ai fait aucune mention.

Le 5 juin. Thermomètre à midi . . . . 38° au soleil.
Le même jour, à 1ʰ . . . . 21° ¾
Le même jour, à 3ʰ . . . . 21°
Le 2 juin, à 3ʰ, thermomètre . . . . 24° ½
Le 3, à midi . . . . 23°
Id. à 3ʰ . . . . 22° ¼
Le 9, à 5ʰ ¼ . . . . 21° ¾

60 40 Entre Issoudun et le bord boréal du ☉, à 7ʰ 46′ 28″ + 2′ 33″ = 7ʰ 49′ 1″
60 40 Entre Issoudun et le bord austral . . . . 7ʰ 49′ 23″ + 1′ 33″ = 7ʰ 51′ 56″

Donc milieu ou centre . . . .   7ʰ 50′ 28″5
Intervalle . . . .   2′ 35″

Lacaille n'a imprimé que la moyenne; toutes les autres observations ont été imprimées comme elles sont sur le manuscrit.

La pendule étoit reglée par des hauteurs correspondantes dont voici le tableau.

JOURS.	NOMBRE des hauteurs.	MIDI VRAI.	RETARD diurne.
31 mai	10	11 55 12 $\frac{1}{4}$	24" $\frac{1}{4}$
1 juin	12	11 55 36 $\frac{1}{4}$	25
2	10	11 56 1 $\frac{1}{4\frac{1}{2}}$	25 $\frac{11}{16}$
4	12	11 56 53 $\frac{1}{4}$	

La pendule avoit une marche assez régulière, du moins en 24 heures; ainsi l'erreur des azimuts, s'il y en a, ne tient pas à l'horloge, à moins qu'on ne dise que la marche nocturne pouvoit bien n'être pas la même que la marche diurne.

Le 8 juin, Lacaille avoit mesuré la base entre Méri et Ennordre.

Le 9, il avoit recommencé cette mesure, et le soir il étoit revenu à Bourges où il observoit la Lyre au méridien et au secteur, à 13ʰ 17' 20". Il y a huit lieues de Méri à Bourges. On voit que Lacaille ne perdoit pas de temps. En son absence il n'y a pas eu d'observation au secteur. Ces observations avoient commencé le 31 mai.

Cherchons maintenant les élémens de la réduction au centre de station pour les observations azimutales.

Je trouve le 1 et le 2 juin que la distance du quart de cercle au centre de la tour est de 18 pieds, et l'angle de direction 41°, comme il l'a imprimé, page LXII. Avec ces élémens il a, dans son manuscrit, calculé la réduction de 22″7. J'ai trouvé 22″19 : la différence n'est d'aucune importance.

Mais il ajoute cette remarque page LXIV.

« Comme nous avons réduit toutes nos observations » au Pélican ou tourillon de l'horloge placé au coin de » cette tour, vers le nord ouest, il faut retrancher 25′ » de cet angle, parce que nous avons observé que le mi- » lieu de ce tourillon, qui est éloigné du centre de la » tour de 17 pieds, fait à ce centre un angle de 131° à » droite d'Issoudun. »

Or, 1°. aucune de ces deux observations ne se trouve dans son manuscrit.

2°. J'ai trouvé par des mesures réelles, répétées, et qui ne sont susceptibles d'aucune incertitude, que la distance, au lieu d'être de 17 pieds, est de 20 pieds 8 pouces, et que l'angle, au lieu de 131°, n'est que de 90°.

Lacaille n'avoit aucun intérêt à changer ses mesures, et, en examinant tous ses manuscrits, j'ai trouvé des preuves nombreuses de son extrême véracité, de sa probité scrupuleuse en matière d'observations. Il n'a donc pas voulu nous tromper, il s'est donc trompé ; mais comment a-t-il pu tomber dans cette erreur ? Voilà ce dont je voulois me rendre raison avant de retrouver ses manuscrits. J'ai dit ce qui m'a paru plus vraisemblable, mais je n'avois pas bien deviné. Pour tâcher de mieux rencontrer, discutons ses observations.

Il n'y en a que très-peu qui soient du temps où il observoit l'azimut. Les voici toutes :

> 54 46 51 ½ entre Morlac et le milieu de la tour d'Issoudun.
> 70 56 38 entre Morlac et le clocher de Menestréol.
> 109 . . . . entre Morlac et la direction, à 17 pieds ½.

Puis quelques objets peu intéressans, puis un trait pour indiquer que le point de station change, puis l'observation d'azimut qui commence par

> 41° 0 entre Issoudun et la direction, à 28 pieds. Réduct. — 22″7.
> 60° 0 entre Issoudun et le bord du soleil.

Au lieu de la première direction 109, l'imprimé porte 19°.

Puisque l'angle étoit de 41°, entre Issoudun et la direction à 18 pieds, le centre du quart de cercle étoit en O' (*planche I fig.* 9); ensorte que $O'K = 18$ pieds et $B'O'I = 41°$. Voilà les données authentiques de l'observation. Il est extrêmement vraisemblable que Lacaille ayant placé son quart de cercle en O' le premier jour, l'aura remis au même point pour les observations des jours suivans, excepté lorsqu'il avoit à observer au nord le signal à Meri, pour lequel il se trouvoit gêné par le tourillon de l'horloge qui est dans cette direction. Ainsi le quart du cercle étoit en O' toutes les fois que la distance au centre se trouve de 17 à 18 pieds. Le pied du quart de cercle étant toujours au même point, la distance du centre devoit varier suivant le point de l'horizon sur lequel se dirigeoit la lunette fixe du quart de cercle qui, dans la position horizontale, tourne sur son centre de figure et non sur le centre de la division. Quand la lunette fixe étoit sur Issoudun, pour mesurer la distance du soleil à cette tour, la distance au centre de la tour étoit de 18 pieds; quand la lunette fixe étoit dirigée sur Morlac, qui est 54° 47′ à gauche d'Issoudun, on avoit donné au centre du quart de cercle un mouvement de 55°, et dans ce mouvement le centre avoit pu se rapprocher de ½ pied du centre de la tour. Soit K le centre de la tour, *fig.* 8, A l'axe vertical du quart de cercle et le centre de figure, O' la position du centre du quart de cercle quand la lunette fixe étoit dirigée sur Issoudun, O'' la position du même centre quand elle étoit sur Morlac : il est visible que KO'' est plus court que KO'. Ainsi la distance des centres a pu varier de 6 pouces, se réduire de 18 pieds à 17 ½, sans que le pied changeât de place.

Dans l'observation entre Morlac et Issoudun, la direction étoit donc seulement de 17 pieds ½, et l'angle $BO'M$, *fig.* 9, étoit de 109°, suivant le manuscrit. Soit c le centre du tourillon, $cO'x$ sera la direction à la tourelle, $B'O'K$ la direction au centre de la tour. $B'O'M$ est de 109° par le manuscrit, $xO'M$ est de 19°, suivant l'imprimé : il faudroit pour cela que $B'O'x$ fût de 90°; mais $B'O'x = cO'K$ et $cO'K$ est un angle aigu. Pour que la différence entre les deux directions fût de 90°, il auroit fallu que le centre du quart de cercle fût en a sur le milieu de CD; ce qui étoit impossible, d'abord physiquemment, à cause du toit, et ensuite parce que $KA =$ i5 pieds et non 17 $\frac{1}{2}$, et que $AKD = $ 45°, et non pas 41°. Il y a donc erreur sur cet angle $B'O'K$, et nous verrons bientôt que Lacaille a commis cette erreur dans tous les angles de direction qu'il avoit mesurés par rapport au centre K, quand il a voulu les réduire au centre c. Comme les points O et O' où le centre du quart du cercle pouvoit se trouver, selon les objets qu'il observoit, étoient peu distans du point a, il aura cru pouvoir supposer partout $cO'K = $ 90° $= caK.$ cette erreur n'étoit pourtant pas aussi indifférente qu'il l'aura supposée : elle change de 15″ la réduction des angles azimutaux.

Quoi qu'il en soit, voilà toutes les observations qui ont été faites en juin. Nous n'avons donc rien pour nous guider dans la réduction au centre de l'horloge ou à l'axe du Pélican; on pourroit croire qu'à cette époque Lacaille n'avoit encore aucun parti pris sur le centre à choisir pour la station de Bourges. Bourges n'avoit encore été observé d'aucun endroit.

Lacaille ne donne rien de ce qui est nécessaire pour réduire du centre de la tour à l'axe du Pélican : je suis donc contraint de recourir aux observations que j'ai faites dans cette vue.

Or voici ce qui est dans mes registres déposés à l'observatoire.

Ayant placé le centre du cercle sur le prolongement de la diagonale KO qui se dirige à très-peu près à Issoudun, j'ai mesuré l'angle entre Issoudun et l'épi du toit au centre de la tour :

3.   65

$$199 \cdot 533$$
$$200 \cdot 005 \left.\right\} \text{Milieu} \ldots \quad 199^\circ 826 = 179^\circ\ 50'\ 36''$$
$$199 \cdot 940$$

Ayant ensuite placé le centre du cercle sur le prolongement de la diagonale de *KG* qui, d'un côté, se dirige sur Dun, à quelques degrés près, et de l'autre passe par l'axe du Pélican, j'ai trouvé entre Issoudun et le centre de la tour :

$$300 \cdot 040$$
$$299 \cdot 810$$
$$299 \cdot 910 \left.\right\} \text{Milieu} \ldots \quad 299^\circ 9475 = 269^\circ\ 57'\ 10''$$
$$300 \cdot 020$$

Donc ces deux diagonales font un angle de . . $90^\circ\ 6'\ 34''$

Par les premières observations, la diagonale prolongée passeroit de $9'\ 24''$ à droite d'Issoudun.

Par les secondes, l'angle au centre entre le tourillon est Issoudun $90^\circ\ 2'\ 50''$.

Enfin ayant placé le centre du cercle à quelques points de l'axe du Pélican et sur la diagonale *Kc*, j'ai pris entre Issoudun et le centre de la tour :

$$100 \cdot 270$$
$$100 \cdot 120$$
$$100 \cdot 280$$
$$100 \cdot 210$$

Milieu · $100 \cdot 0897 = 90^\circ\ 4'\ 51''$

M. Bellet a trouvé ensuite· $99 \cdot 780$ Angle à Issoudun . . $+\ 40''$
$$100 \cdot 168$$
$$99 \cdot 800$$

Somme . . . . $90^\circ\ 5'\ 31''$

Le supplément ou l'angle au centre de la tour entre Issoudun et le Pélican . . . . $89^\circ\ 54'\ 29''$

Ils ne s'en faut donc que quelques minutes que la dia-

gonale ne passe par Issoudun, et l'autre diagonale à 90°
d'Issoudun. Ces observations, où l'un des objets n'est
qu'à quelques pieds de distance, ne peuvent être bien
précises, parce que l'objet voisin ne se voit pas dans la
lunette, et qu'on est obligé de viser extérieurement.
Ainsi nous avons les observations faites à trois des
quatre angles de la tour, pour nous assurer que l'angle
au centre est de 90°, comme je l'ai employé, et non de
131, comme Lacaille a supposé. J'ai un calcul et une
mesure directe pour faire de 3.4444 toises la distance de
l'axe de la tour à celui du Pélican; cette distance ne se
trouve nulle part dans les manuscrits de Lacaille : il n'y
a donc aucune objection à faire à mes deux élémens de
la réduction, et rien n'appuie ceux de Lacaille.

J'ai trouvé que la réduction au centre de la tour est de
— 22″,9, que la réduction du centre de la tour à celui de
la tourelle est + 40″.14, réduction totale + 17″.24.
Cherchons cette réduction directement.

L'angle de direction $B'O'I$ observé au centre du
quart de cercle, étoit de 41°; réduit au centre de la
tour il sera de 40° 59′ 37″.

L'angle au centre de la tour, entre Issoudun et le Pélican, est de 89° 54′ 26″
L'angle $B'O'I$ . . . . 40° 59′ 37″

L'angle au centre entre le quart de cercle et le Pélican sera de 48° 54′ 52″

Cet angle est compris entre les côtés 3.0 toises et
3.4444 toises; l'un qui va au centre du quart de cercle,
et qui a été observé par Lacaille; l'autre qui va à l'axe
de la tourelle, mesuré par moi.

La somme des angles inconnus sera . . . . 131° 5′ 8″

Remarquons que cet angle est celui que Lacaille suppose
au centre; au lieu de 90 degrés la demi-somme sera . . . 65° 32′ 34″

compl. $(Kc + O'K) = 6.4444$ 9.19082
log. $(Kc - O'K)$ . . . $= 0.4444$ 9.64781
tang. $\frac{1}{2}(O' + c)$ . . . $= 65°\ 32'\ 34''$ 0.34216
tang. $\frac{1}{2}(O' - c)$ . . . $= 8°\ 37'\ 20''$ . . . . $\overline{9.18079}$

  $cO'K$ . . . . . . $= 74°\ 9'\ 54''$ C. sin. $cO'K$ 0.01680 C. sin. $O'cK$ 0.07680
  $O'cK$ . . . . . . $= 56°\ 55'\ 14''$ sin. cKO' 9.87721 . . . . 9.87721
  cKO' . . . . . . $= 48°\ 54'\ 52''$ 3.4444 0.53711 $O'K = 3^t$ 0.47712
  180° 0′ 0″ $O'c = 2^t6985$ $\overline{0.43112}$ $O'c = 2^t69855$ $\overline{0.43113}$

La distance du centre du quart de cercle au centre de
la tourelle sera donc 2.698525 ou 16.19115 pieds.

Angle de direction observé . . . . $B'O'I =$ 41° 0′ 0″
        $B'O'c = 180° - cO'K =$ 105° 50′ 6″
Donc $IO'c =$ angle de direction à la tourelle . . 146° 50′ 6″

  C. sin. 1″ 5.31443
  $O'c$ 0.43113
  C. $O'I = 17700$ 5.75203
  sin. $IO'c$ 9.73803
   Réduction 17″2 . . . . 1.23562

De l'autre manière j'ai commencé par retrancher 22.9
Puis j'ai ajouté 40.14
  Réduction totale . . . . + 17.24

Cette correction qui est additive quand elle s'applique
à l'angle entre Issoudun et le soleil devient soustractive
quand on l'applique directement à l'azimut.

Angle observé par Lacaille . . . . 64° 25′ 49″
Pour l'erreur de l'arc de 90° . . . . — 7″
Réduction au tourillon de l'horloge . . . . — 17″2
   Angle réduit . . . . 64° 25′ 24″8
C'est l'azimut d'Issoudun. Suivant mes observations il est de 64° 24′ 59″
   Différence . . . . 25″8

Il m'est donc démontré que ma réduction est bonne, et qu'il s'est glissé une erreur dans celle de Lacaille. Cette erreur est postérieure de six semaines aux observations. Je crois voir comment elle s'est faite.

Après les observations azimutales, la mesure de la base dont nous parlerons bientôt, et les observations d'étoiles au secteur, Lacaille a quitté Bourges pour les stations de Chateauneuf, Haut-du-Turc, Orléans, Vouzon, Salbris, Montifaut (c'est ainsi qu'il nomme le signal d'Oison qu'il n'a pu voir qu'en y allumant des feux), Ennordre, Méri, Michavant, d'où il est revenu le 15 juillet prendre les angles à la tour de Bourges.

Là il avoit d'abord l'intention de se placer au centre du signal, c'est-à-dire sous le Pélican; car il avoit écrit en gros caractères au haut de la page, *Sous la lanterne de l'horloge;* mots qu'il a effacés depuis pour y substituer, *Sur la tour de Saint-Etiênne de Bourges, 16 juillet.* Mais ne pouvant observer tous les objets avec la même facilité, à cause des six pilliers qui soutiennent la lanterne, il revint, à peu de chose près, au point où il avoit observé les azimuts à 17 pieds du centre de la tour, et 17 pieds environ du centre de l'horloge. Ainsi les trois centres formoient un triangle isoscèle dont la base avoit 20 pieds 8 pouces, et l'angle au sommet devoit être de 74° 52′ ou 75°. Nous avons trouvé ci-dessus que pour les observations azimutales cet angle étoit de 74° 9′ 54″; les angles à la base étoient de 52° 34′.

Il paroît que Lacaille se persuada que l'angle au sommet étoit de 90°, au lieu de 75°; car ayant observé l'angle 95° 15′ entre Dun et Issoudun, il donne pour angles de direction :

> 55 entre Dun et la direction de l'horloge, à 17 pieds.
> 145 entre Dun et la direction du centre, à 17 pieds.

Ce qui suppose 90° pour l'angle au centre du quart de cercle entre les deux centres de station.

Plus loin il fait la même supposition en donnant les deux angles suivans :

> 28 entre une flèche à 6 lieues et la direction de la lanterne.
> 118 entre une flèche à 6 lieues et la direction du centre de la tour.

Il est donc visible que Lacaille avoit voulu se placer de manière à faciliter les doubles réductions, et à faire qu'il n'eût que 90° à ajouter à l'angle de l'une pour avoir l'angle de l'autre. Pour cela il falloit que l'axe du quart de cercle fût placé exactement au milieu du côté de la base du toit en pyramide : l'angle au centre du quart de cercle eût été de 90°, les deux autres de 45° chacun; mais alors les distances aux deux centres de station eussent été de 16.28 pieds au lieu de 17. Il n'étoit pas possible de placer le pied du quart de cercle exactement sur le côté de la base, c'est-à-dire sur le bord du toit incliné; il falloit s'éloigner un peu plus; l'angle au centre diminuoit et les distances devenoient de 17 pieds.

Lacaille s'est persuadé que cet angle étoit droit, parce qu'il en aura jugé ainsi à vue, et dans ses réductions il s'est accoutumé à ajouter 90° à l'angle de reduction au centre pour avoir l'angle de réduction à l'horloge;

ainsi ayant mesuré six semaines auparavant l'angle de direction 41° pour le centre de la tour, il en aura par habitude conclu 131° pour l'horloge, en ajoutant 90°.

Dans une copie au net des observations azimutales qui se trouve dans un de ses autres manuscrits je lis ces mots.

» La direction du centre de la tour étoit de 41° à droite d'Issoudun. »

Ce qui signifie que la ligne menée du centre de la tour au centre du quart de cercle, prolongée, faisoit un angle de 41° à droite d'Issoudun ; ce qui est vrai, et il ajoute :

« (La direction) étoit de 49° à gauche d'Issoudun, » à 18 pieds du milieu de la lanterne de l'horloge. »

Ce qui signifie que la ligne menée du centre de l'horloge au centre du quart de cercle prolongée, faisoit un angle de 49° à gauche d'Issoudun ; ce qui seroit vrai pareillement si l'angle au centre du quart de cercle eût été de 90° au lieu d'être de 75°.

Ici Lacaille prend pour angle de direction à l'horloge le complément de l'angle observé de direction au centre. Dans son calcul et à la page lxiv de la *Méridienne vérifiée*, il a ajouté 90° à l'angle observé. C'est en cela que consiste l'erreur, et le point essentiel à remarquer est qu'il n'y a au temps des observations azimutales d'autre mesure effective que celle de distance au centre de la tour et l'angle de 41° direction à ce centre. Les mesures de 17 pieds et les autres angles sont d'une époque postérieure de six semaines.

Dans un troisième manuscrit se trouve le calcul des observations azimutales de Bourges, et j'y vois ce qui suit :

La direction étoit de 41° à droite de la tour d'Issoudun à 18 pieds du centre (de la tour) :

41° 17700ᵗ 18ᵖⁱ — 22″ + 6″7 pour l'instrument.

Donc

60° 0′ — 16″ = 59° 59′ 44″. Angle vrai entre Issoudun et le soleil.
— 15′ 50″. Demi-diamètre du soleil.

59° 43′ 54″. Entre Issoudun et le centre du soleil.
55° 49′ 57″. Entre le soleil et la méridienne vers le nord.

115° 33′ 51″. Entre Issoudun et la méridienne vers le nord.
Donc   64° 26′ 9″. Entre la méridienne et la tour d'Issoudun.

Les calculs des autres observations sont tout pareils ; les réductions sont pour le centre de la tour. Voici la conclusion :

» En prenant un milieu entre les observations, on
» trouve que la tour d'Issoudun décline de la méridienne
» de la tour de Bourges de 64° 26′ 4″ à l'occident.

» Réduction de cet angle au milieu de la lanterne de
» l'horloge.

« La direction étoit de 131° en dedans à 17 pieds
» (c'est ici qu'est l'erreur) :

» 49° 17700ᵗ 17ᵖⁱ — 25″1

« Donc au centre de la lanterne 64° 25′ 39″ entre la
« méridienne et Issoudun. »

Il répète la même erreur pour l'angle entre Issoudun et Méry.

$$\left.\begin{array}{l} \text{« } 131^\bullet \ 17700^\text{t} \ 17^\text{pi} - 25''1 \\ \text{» } 20^\circ \ 12180^\text{t} \ 17^\text{pi} + 16''5 \end{array}\right\} \text{ Donc réduction } + 8''5$$

« Donc 111° 8' 10° + 10" pour erreur de l'instrument et 15"1 pour inclinaison du signal.

» Donc au centre de la lanterne 111° 8' 5". Entre Issoudun et Méry.

4° 30' 49". Entre Méry et la méridienne.
_____
115° 38' 54"

Donc . . . . 64° 21' 6". Entre la méridienne et Issoudun, par les triangles.

2' 47". Inclin. de la méridienne.
_____
64° 23' 57". Entre la méridienne et Issoudun, par les triangles.

Par l'observation . . . . 64° 25' 39"

2' 47". Inclin. de la méridienne.
_____
64° 22' 52"

1' 5". Différence entre les triangles et l'observation.

Ainsi, pour l'azimut d'Issoudun, Lacaille trouvoit 65" de plus par les triangles que par l'observation directe. J'ai trouvé 32"7 de plus de Watten à Bourges, et 39" en venant de Paris à Bourges.

La méthode de Lacaille pour passer de l'azimut d'un lieu éloigné, n'étoit pas assez rigoureuse; il se contentoit de calculer la convergence des méridiens pour le point extrême. Son erreur ou la différence est à peu près le double de la mienne : elles sont dans le même sens;

3.   66

ce qui peut appuyer l'idée que l'erreur n'appartient pas toute aux observations, et qu'il y en a une partie sensible pour la figure de la terre (voyez ci-dessus page 84).

J'ai conjecturé ci-dessus, page 175, que Lacaille avoit fait ses observations à l'hotel du Bœuf, comme on avoit fait en 1710. J'en trouve la preuve dans les manuscrits; car le 2 juin j'y vois une base mesurée sur la tour de Saint-Etienne, de 20 pieds 2 pouces 9 lignes, pour en conclure la distance de la tour au pavillon de la porte du Bœuf, et au coin de l'observatoire où étoit la pendule.

Cette base, par sa dimension, ressemble beaucoup à la distance entre l'épi du toit et l'axe de la tourelle du Pélican. Elle étoit vue du coin de l'observatoire, sous un angle de 10° 50', et sa hauteur au-dessus du quart de cercle étoit de 22° 41' 50".

Ci-dessus, page 175, on a vu que du milieu de la cour de cette auberge la hauteur du Pélican étoit pour moi de 23° 10' 27"; peut-être la petite base de Lacaille étoit sur la balustrade de la tour et dans une direction perpendiculaire au rayon visuel.

Lacaille en conclut la distance de 554.8 pieds du signal occidental au coin oriental de son observatoire, il y ajoute 3.2 pieds pour avoir la distance du milieu de l'observatoire au signal occidental; total 558 pieds ou 93 toises. J'avois raison quand je concluois, page 171, que leur horloge étoit au moins à 90ᵗ du quart de cercle sur la tour.

Je retrouve dans un autre manuscrit une note plus détaillée :

« *Observations pour déterminer la distance de l'obser-*
» *vatoire de Bourges à la tour de Saint-Étienne.*

» On a 1° mesuré une base de 20 pieds 2 pouces
» 9 lignes sur le parapet de la tour; on a observé à
» l'extrémité orientale 106° 10' entre le signal occidental
» de la base et le coin oriental de l'observatoire; à ce
» coin on a observé par le micromètre 1° 50' 0" entre les
» deux signaux de la base, et 22° 41' 50" la hauteur du
» signal oriental de la base. Le centre de la tour est
» plus méridional de 18 pieds que le signal oriental, et
» le milieu de l'observatoire est plus près de la tour de
» 3 pieds que le coin oriental.

» 2°. Aux extrémités d'une base mesurée dans la cour
» du Bœuf, de 44 pieds 9 pouces dans la direction du si-
» gnal oriental de la base mesurée sur la tour, on a ob-
» servé la hauteur de ce signal 23° 6' 23" et 21° 32' 8'
» le lieu le plus proche de la tour étoit éloigné de 7 pieds
» du milieu de l'observatoire vers la tour Saint-
» Etienne. »

Ceci n'est qu'une copie, les calculs sont dans le manuscrit original des observations.

Passons à la base de Méry et Ennordre.

« Le 8 juin, on a mesuré tout de suite une base qui
» avoit été alignée les jours précédens. On commença
» d'abord par mesurer quatre règles de bois de 4 toises
» chacune, et on les trouva de 16 toises 8 lignes $\frac{1}{2}$; après
» on mesura 448 portées, plus 10 toises 2 pieds 3 pouces;
» ensuite on mesura de nouveau et très-exactement les

» quatre règles de bois, qu'on trouva de 16 toises plus
» 6 lignes 10 points. Donc, en supposant que les toises
» aient été de 16 toises 7 lignes 8 points, on aura,
» toutes réductions faites, 7182 toises 2 pieds 1 pouce
» 3 lignes.

» Le 9 juin au matin, nous avons mesuré les quatre
» règles, et nous les avons trouvées de 16 toises 7
» lignes 2 points; ensuite on a trouvé 448 portées,
» plus 10 toises 3 pieds $\frac{1}{2}$ pouce. Nous avons reme-
» suré les règles, et elles se sont trouvées de 16 toises
» 6 lignes 2 points. Donc, en supposant leur longueur
» de 16 toises 6 lignes 8 points, on aura la base, par
» cette seconde mesure, de 7181 toises 5 pieds 9 pouces
» 4 lignes 8 points, et prenant un milieu on aura
» 7182 toises 0 pied 11 pouces 3 lignes 10 points, que
» nous supposerons 7182 toises justes, en négligeant les
» fractions pour compenser les inégalités du terrain. »

Voici le calcul qui est au bas de la page :

| 448 | 448 | 448 |
| 16 | 6 | 8. |

2688	2688ll.	3584pol.
448	224po.	298ll.
	18pi. 8ll.	24po. 10ll. 8pol.
7168		2po. 10ll. 8pol.

10 3pi. 0po. 6li. 0pol.

| 3 | 0 | 8 | 10 | 0 | Pour les 6 lignes d'excédent sur la portée. |
| 2 | 0 | 10 | 8 | | Pour les 8 points. |

| 7181 | 5 | 9 | 4 | 8 | Seconde mesure. |
| 7182 | 2 | 1 | 3 | 0 | Première mesure. |

| 7182 | 0 | 11 | 3 | 10 | Milieu. |

Un autre manuscrit répète les mêmes détails et y ajoute les remarques suivantes :

« Pour déterminer la longueur de la base il faut re-
» marquer, 1°. qu'en supposant la longueur moyenne
» des quatres règles dans la première mesure de 16
» toises 7 lignes 8 points, on aura la base 7182 toises
» 2 pieds 1 pouce 3 lignes, et qu'en supposant la lon-
» gueur moyenne des règles dans la seconde mesure de
» 16 toises 6 lignes 8 points, on aura la longueur de
» la base des 7181 toises 5 pieds 9 pouces 4 lignes $\frac{2}{8}$,
» avec une différence de 2 pieds 3 pouces 10 lignes $\frac{1}{3}$.

» 2°. En supposant que la variation des quatre
» règles, le 8 juin, n'ait pas été de 1 ligne 8 points,
» mais d'environ 1 ligne, comme le 9 juin où regna la
» même température de l'air, ensorte que les quatre
» règles aient été de 16 toises 8 lignes dans la première
» mesure, on aura la longueur de la base par la pre-
» mière mesure de 7182 toises 1 pied 3 pouces 10
» lignes $\frac{2}{8}$, avec une différence d'avec la deuxième me-
» sure de 1 pied 6 pouces 6 lignes, et par un milieu
» entre les deux mesures, on auroit la longueur de la
» base de 7182 toises 0 pied 6 pouces 7 lignes $\frac{2}{8}$.

» 3°. Enfin, en supposant, comme l'ont éprouvé
» les académiciens qui ont été au nord, qu'il n'y a au-
» cune variation sensible dans les bois, suivant le sens
» de ses fibres, causée par la variation de la tempéra-
» ture de l'air, et en prenant un milieu entre les trois
» observations exactes de la longueur des quatre règles ,
» qu'on trouvera de 16 toises 6 lignes 9 points, on aura

» la longueur de la base de 7181 toises 3 pieds 8 pouces;
» mais nous pouvons assurer avec certitude que nous
» avons toujours trouvé nos règles de bois plus petites
» après avoir fini des mesures qu'avant de commencer.
» Pour tout accorder, nous prendrons pour la mesure
» de notre base 7181 toises 5 pieds 9 pouces, milieu
» entre les trois déterminations qui résultent des trois
» suppositions précédentes; et comme celle-ci s'accorde
» précisément avec la seconde mesure qui a été faite avec
» tout le soin possible et est revêtue de toutes les cir-
» constances nécessaires, nous nous en tiendrons là, et
» nous rabattrons de cette mesure oo pieds oo pouces
» oo lignes, pour compenser les petites inégalités du
» terrein. »

Lacaille n'a pas rempli les blancs, mais en adoptant
l'invariabilité des règles de bois, il resteroit à savoir à
quelle température étoient les règles de fer à la base le
8 et le 9 juin.

Le 9, à 3^h $\frac{1}{2}$, le thermomètre n'étoit qu'à 13°,
dans l'observatoire de Bourges. S'il étoit de même à
la base, les règles de fer devoient être trop courtes;
les règles de bois auront paru trop longues. On a
trop ajouté pour cet excès, la base sera trop longue,
mais de combien? continuons à recueillir les renseignemens que nous offre le manuscrit sur les différentes
stations.

A Orléans, les observations ont été faites à la seconde
galerie; j'ai été forcé, par les circonstances, à me tenir à
la première.

A Vouzon, on a observé le signal d'Oison ou Montifaut ou Concressaut, car on lui donne tous ces noms, sans y allumer de feu; mais on en a fait allumer à Ennordre.

A Salbris. On voit que le signal d'Oison avoit deux têtes, l'une plus noire et l'autre moins, la distance de leurs centres étoit de 20″.

A la station d'Oison, il donne les réductions du centre à la tête noire.

Au nouveau signal d'Ennordre on trouve cette note :

« Nous avons mesuré depuis le pignon du milieu de
» l'ancien signal jusqu'au centre de l'arbre qui sert de
» nouveau signal, 51 parties plus 3 toises 4 pieds
» 8 pouces; chaque partie étoit de 5 toises 5 pieds
» 11 pouces 8 lignes. Nous n'avons trouvé aucune diffé-
» rence dans les deux mesures qui donnent 309 toises
» 4 pieds 6 pouces 7 lignes. »

Au signal d'Ennordre on voit que le feu méridional étoit à 7 pieds $\frac{1}{2}$ du signal dans la direction de Méry, et le feu septentrional à 5 pieds $\frac{1}{2}$, direction de Vouzon.

On lit encore que si le drapeau n'étoit pas étendu tout le long de la perche, il faudroit augmenter l'angle observée à Salbris de la réduction de 1 pied $\frac{1}{2}$ sur 90 degré; que le drapeau penche de 5 pieds vers le levant, dans une direction de 90° avec le signal de Méry.

A Morlac, on voit qu'on a observé un feu à Cullan, un drapeau au signal des Préaux et au signal de Saint-Saturnin.

Au signal de Cullan on a observé :

Entre la Roche-Pierre-Giraut et le clocher de Toulx-
Sainte-Croix, l'angle . . . . 22.40 + 264
Entre Lage Chevalier et Toulx-Sainte-Croix . . . . . 22.40 + 263 ½

D'où il paroît résulter que le signal étoit sur la roche
ou que la roche servoit elle-même de signal ; et en effet,
dans l'imprimé il est dit sur la Roche-Pierre-Giraut. Dans
l'un des angles la direction est prise à 9 *pieds du milieu de la roche*; ainsi le centre de station et le signal,
s'il y en avoit un, étoit à 9 pieds du milieu. Ainsi,
page XXXV, entre l'arbre et Toulx, direction 90.00
(lisez 92°), et la direction à 9 pieds du milieu de la
roche.

A la tour d'Orgnat il est marqué qu'elle a 72 pieds
de circonférence.

Au signal d'Ovassins on avoit observé sept points
différens de la Bastide. A la fin on lit : « Le signal
» étoit incliné de 4 ½ dans la direction opposée au signal
» de Bort. Un des arbres étoit tombé. J'ai fait rogner
» les arbres de 6 pieds , et je les ai fait planter droits. »

» Ayant trouvé avant les observations que le parallé-
» lisme étoit de 2 ½ en moins, je l'ai laissé comme il
» avoit toujours été les jours d'auparavant; mais après
» les observations je l'ai encore trouvé de 2" ½ en moins. »

A la Bastide on a observé sur le toit, auprès et en
dehors du clocher, et j'ai bien reconnu moi-même qu'à
l'intérieur l'observation étoit impossible.

A Rodès on trouve la mesure de la base, et d'abord
le nivellement tel qu'il est imprimé, et même le détail
des réductions; enfin la note suivante :

« Nous avons trouvé outre cela trois petits fonds qui
» sont des mares d'eau en hiver, dont la profondeur de
» deux étoit de 3 pieds et la pente de 4 toises donc
» moins 9 pouces. La profondeur de l'autre, de 2 pieds,
» et la pente de 3 toises d'un côté et 4 toises de l'autre.

	To.	Lig.	Points.
» Première mesure des quatre règles de bois . . .	16 —	5	3
» Seconde mesure	16 —	5	2
» Nous avons par trois fois les quatre règles de . .	16 —	4	11
» Le lendemain, valeur des règles	15 —	5 juste.	

» Ensuite nous avons fait 84 portées, après lesquelles
» une des règles étant tombée par un bout, elle a été
» extrêmement affoiblie et courbée. Nous avons fait
» après cela 67 portées plus 11 toises 2 pieds, et en
» mesurant les règles de bois, nous les avons trouvées
» par deux fois 16 toises moins 2 lignes et 10 ou 11
» points.

» Donc, en supposant les règles de 16 toises moins
» 5 lignes justes, jusqu'à la chute de l'une, elle aura
» 3342 toises 4 pieds 8 pouces 11 lignes, et depuis on
» aura 1083 toises 0 pieds 6 pouces 9 lignes. Donc la
» somme est 4425 toises 5 pieds 3 pouces 8 lignes.

» Par les nivellemens précédens il en faut ôter 3 toises
» 2 pieds 10 pouces 1 ligne; reste 4422 toises 2 pieds,
» en négligeant le reste pour les autres inégalités du
» terrain. »

Au signal oriental de la base on lit : Direction de
Rodès à un pied du centre du drapeau et à 3 pieds du
centre du signal. Le drapeau est incliné de 2 pieds $\frac{1}{3}$,

dans une direction de 36 à gauche de Rodez. On voit
que le signal portoit un drapeau, mais on ne dit pas
dans quel sens il étoit suspendu. Je suppose qu'il n'étoit
pas soutenu par un arbre vertical; car le vent, en dé-
ployant le drapeau, auroit pu déplacer le centre de
figure.

Au signal de Clairvaux on voit la note suivante, dont
un extrait seulement est dans l'imprimé :

« Tous les angles ont été observés au même point,
» qui est éloigné de 5 pieds en dedans du point où
» répond la tête de deux arbres, dans une direction de
» 64 degrés à gauche de Rodez. »

Je transcris tout ce qui peut nous éclairer sur la nature des signaux, ou nous fournir quelque connoissance
utile ou simplement curieuse qui n'est pas dans l'imprimé, j'aurois desiré en trouver davantage de ce genre.

A Perpignan, outre les observations azimutales faites
au clocher de Saint-Jaumes, on en a fait aussi sur une
terrasse en assez grand nombre, jusqu'au 16 octobre.

Cette terrasse étoit à 402 toises de Saint-Jaumes; la
différence des parallèles, 93 toises $\frac{1}{2}$ = 5″ 54‴ $\frac{1}{2}$.

Par ces observations l'azimut de Tautavel étoit de .   42° 36′ 19″00
                                                         42° 36′ 20″00
                                                         42° 35′ 38″00
                                                         42° 35′ 46″00
                                                         _____
                                                         42° 36′ 0″75

Lacaille les a supprimées, sans doute parce qu'elles
ne s'accordoient pas si bien que les autres.

A la fin du cahier, Lacaille a complété ou vérifié quelques stations.

Ainsi au nouveau signal d'Ennordre se trouve :

« Nous avons d'abord vérifié le point où répondoit le
» milieu de la tête du signal, que nous avions laissé
» incliner exprès pour pouvoir observer au centre,
» et nous l'avons trouvé 8 pouces plus loin dans la direc-
» tion de Presly, et plus près du pied du signal que
» nous ne l'avions déterminé le 22 mars. J'ai fait ré-
» pondre le centre du quart de cercle au milieu de ces
» deux points. »

Le cahier finit par la mesure des deux espaces mi-
liaires trouvés sur le chemin de Salon à Aix, et par la
mesure de la base de la Crau ; et les observations que
Lacaille a faites à Salon, Lèbre, Calvisson, le clocher
des Saintes-Maries et le pilier de Sette, enfin l'itinéraire
de l'auteur.

Il ne contient rien relativement à la base de Perpignan.

Le troisième cahier paroît une copie mise dans un
ordre méthodique pour l'impression ; les parties du micromètre y sont converties en minutes et secondes ; les
détails, les mêmes pour le fond, sont quelquefois rédi-
gés d'une manière différente. On y trouve quelques
éclaircissemens nouveaux. Nous en avons déjà cité plusieurs. En voici un sur la base de Rodez :

« Une des règles étant tombée par un bout de dessus
» l'épaule d'un des mesureurs, elle a été fort affoiblie
» et le lien de fer qui joignoit les deux pièces de bois
» dont elle étoit composée, s'écarte fort sensiblement de

» sa place, mais trop irrégulièrement pour en mesurer
» la quantité......

» Cette base, qui a été mesurée sur un terrain plus
» bas que le sommet de la tour de Rodes de 70 toises,
» et qui par conséquent est élevée au-dessus du niveau
» de la mer de 250 toises, devroit être diminuée de
» 2 pieds ou de 332 parties, pour être réduite à ce ni-
» veau. »

Plus loin on trouve une opération géodésique pour déterminer la distance de la tour de la cathédrale de Rodès
à l'observatoire, où l'on a pris les distances des étoiles
au zénith. Cette opération est assez compliquée. Dans
le livre de la *méridienne*, page 86, il est dit que la différence des parallèles entre l'observatoire et la tour est
de 175 toises, et la distance absolue 204 toises 5 pieds.

A l'article Perpignan on voit un fragment sur la mesure de la base :

« Le 16 octobre ou commença la mesure d'une base
» alignée depuis le ruisseau de Toreilles, près de son
» embouchure dans la mer, jusqu'à un fossé ou ruis-
» seau au-delà du ruisseau Saint-Cyprien. On mesura
» d'abord les quatre règles de bois qui se trouvèrent de
» $\frac{5}{12}$ de ligne moindres que 16 toises; ensuite on fit 72
» portées, après lesquelles on remesura les règles qu'on
» trouve de $\frac{14}{12}$ de ligne trop courtes. Donc, en les sup-
» posant trop courtes de $\frac{10}{12}$, on aura 1151 toises 5 pieds
» 7 pouces.

» Le lendemain on fit 188 portées, les règles s'étant
» trouvées avant et après trop courtes de 1 ligne 7

» points : donc 3007 toises 3 pieds 10 pouces 6
» lignes $\frac{1}{8}$. »

Le reste manque.

Les règles étoient trop courtes de $\frac{19}{12}$ de ligne : c'est presque le double de ce qu'on avoit eu la veille, ou c'est la somme des deux différences $\frac{5}{12} + \frac{14}{12}$, si les règles de bois ne se raccourcissoient pas, il falloit que les 16 toises de fer fussent allongées de $\frac{9}{12}$ de ligne.

Ce registre n'a point été achevé : il ne contient ni les réductions au centre ni les réductions à l'horizon ; mais on y trouve un grand nombre d'angles entre les objets terrestres, qui n'ont pas été imprimés.

Un quatrième registre contient des observations géodésiques faites en diverses stations, qui n'appartiennent pas à la méridienne, avec beaucoup de calculs. Au 4 octobre on y voit deux expériences sur la vitesse du son. L'une donne 171 toises 2 pieds, l'autre 171 toises 5 pieds.

On y trouve une petite dissertation de Lacaille, *sur les réfractions horizontales des objets terrestres et les moyens d'y avoir égard.* En voici un extrait :

« On a coutume de négliger l'erreur qui se produit
» par la réfraction, parce qu'on la croit trop petite ou
» trop irrégulière, et qu'on n'en a ni approfondi les
» règles, ni formé des hypothèses suffisantes pour y avoir
» égard. Cependant si on avoit bien examiné jusqu'où
» va l'incertitude des opérations faites sur ce principe,
» je crois qu'on n'auroit pas jusqu'ici négligé de recher-
» cher les moyens d'y obvier ; c'est pourquoi je vais tâ-

» cher de démontrer deux choses : 1° que cette réfrac-
» tion n'est pas si irrégulière qu'on ne puisse trouver le
» moyen d'y avoir égard d'une manière satisfaisante ;
» 2° que la réfraction terrestre est trop grande pour être
» négligée dans le calcul des hauteurs des objets au-dessus
» de l'horizon ; enfin je proposerai une méthode fort
» simple de connoître les réfractions par observation
» seulement, enfin d'en déduire une hypothèse qui
» serve à faire calculer une table où, étant donnée la
» hauteur apparente ou l'abaissement d'un objet avec
» sa distance au lieu de l'observation, on trouvera la
» réfraction qu'il faut employer pour corriger l'obser-
» vation.

» 1°. Quand je dis que la réfraction horizontale des
» objets terrestres n'est pas si irrégulière qu'on pense,
» j'en excepte celle de l'abaissement de l'horizon de la
» mer. Comme on n'a guère fait d'expériences que de
» celles de cette espèce qui est la plus sujette aux varia-
» tions irrégulières, il n'est pas étonnant qu'on ait déses-
» péré de donner des règles sures pour la connoître. Ce
» qui paroît rendre ces variations si irrégulières, c'est,
» 1°. que les lieux d'où l'on fait ces observations de
» l'horizon de la mer, étant peu élevés, il faut très-peu
» de chose pour en faire changer l'horizon apparent ;
» par exemple, le vent qu'on appelle marin, qui re-
» pousse les eaux vers les côtes et qui élève la surface de
» la mer ; 2°. que l'air qui est au-dessus de la mer, est
» beaucoup plus humide que sur la terre. Il n'en est pas
» de même des objets terrestres qui sont immobiles, les

» vapeurs qui s'élèvent dans les vallées, surtout le matin,
» vont rarement jusqu'au sommet des montagnes ; et
» c'est à ce sujet que M. Plantade, qui a la commodité
» de voir de son observatoire l'horizon de la mer, les
» Pyrénées et les Cévennes, assure que tandis que la
» hauteur du Canigou et du mont Ventoux restoient
» constamment les mêmes, l'horizon de la mer étoit
» souvent élevé ou abaissé par rapport au toit de l'église
» de Maguelonne qui n'est éloignée que de 5500 toises
» de presque toute la hauteur de cette église qui étoit
» autrefois la cathédrale du diocèse de Montpellier.
» M. Cassini assure (*Mém. de l'Acad.* 1735) que la
» hauteur d'une cheminée de Charenton, qui est
» presque à l'horizon d'une fenêtre de la tour occiden-
» tale de l'observatoire, n'a jamais paru avoir une varia-
» tion sensible toutes les fois qu'on y a rectifié des ins-
» trumens par le renversement. Il seroit outre cela
» très-aisé de confirmer ceci en observant les hauteurs
» de plusieurs points éloignés dans toutes les saisons
» de l'année et dans les diverses températures de l'air,
» où je suis persuadé que les variations ne seroient pas
» fort grandes.

» 2°. Pour déterminer la nécessité d'avoir égard à
» ces réfractions, il ne faut que comparer les hauteurs
» déduites de différentes observations, et voir combien
» peu elles s'accordent. En voici quelques exemples :

» A la tour Saint-Genêt, qui est à l'embouchure du
» grand bras du Rhône, dans le premier étage qui est
» élevé de 3 toises environ au-dessus du niveau de la

» mer, nous avons observé la hauteur apparente du
» sommet de la montagne Sainte-Victoire, proche
» d'Aix, et nous l'avons trouvé de 25′ 5″. L'instrument
» avoit été rectifié la veille, la distance de cette tour au
» sommet de cette montagne est de 39520 toises, d'où
» l'on trouve la hauteur 530 toises. »

Par ma formule, tome II page 767, on ne trouve que
492 toises : c'est 38 toises de moins.

« A Aigues Mortes, dans le canal de la tour de Cons-
» tance, nous avons observé exactement la hauteur de
» cette montagne de 4′ 26″; la distance est de 57960
» toises. Donc la hauteur de Sainte-Victoire au-dessus
» de ce fanal est de 589 toises. »

Ma formule donneroit 505 toises hauteur du fanal.

« Par l'abaissement de la mer qui fut trouvé de
» 13′ 30″ dans cette tour, on auroit au moins 26 toises à
» ajouter; ce qui donneroit la hauteur de la montagne
» Sainte-Victoire de 615 toises, avec une différence
» de 85 toises. »

Ma formule donneroit 29.8 toises et pour hauteur
totale 534 toises, et la différence de 42 toises, ce qui
indique déja une variation assez forte dans les réfractions.

» A Aigues Mortes la hauteur du mont Ventoux
» fut trouvée de 34′ 15″. Ce qui, eu égard à la distance
» qui est de 56671 toises, donne 1081 toises pour la
» hauteur de cette montagne sur le niveau de la
» mer. »

Par mes formules je ne trouve que 1005.5 toises.

« A Sainte-Victoire, qui est éloignée du mont
» Ventoux de 38725 toises, la hauteur de cette mon-
» tagne fut observée de 26′ 20″; d'où l'on conclut son
» élévation au-dessus du niveau vrai de Sainte-Victoire
» de 525 toises; et si on y ajoute 480 toises, qui est la
» hauteur de Sainte-Victoire, on aura la hauteur du
» mont Ventoux par cette observation de 1005 toises,
» avec un différence de 76 toises. »

Par mes formules on trouve 489 toises pour l'élévation
au-dessus de Sainte-Victoire. Ce qui donnera pour le
mont Ventoux 981 ou 1023 toises, selon qu'on adoptera
pour Sainte-Victoire la première ou la seconde de mes
deux déterminations. Le milieu sera 1002 toises à
3.5 toises près, comme par l'observation d'Aigues-
Mortes.

A la station de Sainte-Victoire je trouve les observations suivantes de l'horizon de la mer faites à l'angle de
la terrasse.

52.5	20 décembre 1739, à 2ʰ 58′
52.16	24 décembre, à midi.
51.50	1 janvier 1740, à midi.
51.32	2 janvier, à 10ʰ. Obscur.
52.12	2 janvier, à midi.
51.53	2 janvier, à 3ʰ 42′.

51.58

On a eu égard à l'erreur de l'instrument qui haussoit de 41″.

Ces observations ne donnent pour la hauteur de la
terrasse de Sainte-Victoire que 438.31 toises; mais la
vignette du discours préliminaire, *Méridienne vérifiée*,

3.   68

montre que la terrasse n'étoit pas au haut de la montagne.

« Pour rendre encore plus sensible la différence des
» hauteurs calculées sur des observations où la réfrac-
» tion est négligée, il faut comparer la hauteur d'un
» objet *A*, vu du point *B*, à l'abaissement de l'objet
» *B* vu du point *A*. Il est certain que si la terre étoit
» un plan parfait, et s'il n'y avoit point de réfraction,
» la hauteur seroit égale à l'abaissement; et en suppo-
» sant la réfraction, la différence de la hauteur à l'a-
» baissement seroit précisément le double de la réfrac-
» tion qui conviendroit à chaque observation. Car le
» rayon visuel ayant autant d'air à traverser pour aller
» de *A* en *B* que pour aller de *B* en *A*, et ayant la
» même inclinaison, la réfraction diminueroit autant
» l'abaissement qu'elle augmenteroit la hauteur. Mais
» la terre étant sphérique où presque sphérique, il n'en
» est pas de même. Sa rondeur est très-sensible à peu de
» distance, et dès lors on conçoit qu'en ne supposant
» même aucune réfraction, la hauteur ne doit pas être
» égale à l'abaissement. »

Il démontre ensuite que la différence est égale à l'arc
du grand cercle qui joint les deux normales. Il donne
ensuite la substance de la note qu'il a insérée depuis
dans la *Méridienne vérifiée*, page 10, troisième partie.

On voit par cette note qu'il savoit bien que la différence observée est l'effet des deux réfactions. Le raisonnement rapporté ci-dessus devoit lui faire penser que ces
deux réfractions sont égales, puisque le rayon traverse

de part et d'autre le même espace d'air. Il eut l'idée de comparer cette réfraction à la distance et à la hauteur; il crut que la réfraction varioit avec la distance, et avec la hauteur; mais en attendant une meilleure théorie, il distribuoit arbitrairement la somme des réfractions entre les deux observations, de manière à trouver la somme des distances au zénith égale à 180° plus l'arc de distance. Alors il calculoit les deux différences de niveau, et si leur différence se trouvoit celle qui convenoit à l'arc de distance, il tenoit sa supposition pour bonne, si non il faisoit une autre distribution.

Exemple. La distance des montagnes de Sainte-Victoire et des Houpies étant de 26827 toises :

Dist. Z. de Ste-Victoire ·	89° 43′ 15″		Dist. Z. des Houpies.....		90° 41′ 40″
Réfraction totale 3′ 19″ ··	2 24		Réfractions supposées....		55
Distances corrigées......	89 45 39		....		90 42 35
26827	4·42857		....		4·42857
cot. 89 45 39 ···	7·62058		cot. 90 42 35 ···		8·09299
111·97	2·04915		.... 332.33		2·52156
			111·97		
		Différence............	220·46		
		Demi-différence	110·23		
		Différence calculée	110·67		

Si cette distribution ne réussissoit pas, il en essayoit une autre, mais elle devoit toujours réussir.

En effet, soit D la distance en toises, H la hauteur et A l'abaissement observé. Lacaille calculoit $D.\,tang.\,(H+r) - D.\,tang.\,(A-r')$; mais tant que les tan-

gentes sont proportionnelles aux arcs, c'est-à-dire toujours dans cette recherche, cette quantité est sensiblement $= D.\ tang.\ 1''.\ (H + r - A + r') = D.\ tang.\ 1''.$
$(H - A + r + r')$. Vous distribuerez la somme $r + r'$
des réfractions comme vous voudrez, vous aurez toujours $(H - A + r + r')$ égale à une même quantité,
vous aurez toujours le même résultat.

Vous auriez de même $D.\ tang.\ (H + r) + D.\ tang.$
$(A - r') = D.\ tang.\ 1''.\ (H + r + A - r')$
$= D.\ tang.\ 1''.\ (H + A)$ égale à la double différence
de niveau. Faites $D.\ tang.\ 1''.\ \left(\dfrac{H + A}{2} \right)$, vous aurez
ma formule quand vous la réduirez au premier terme;
vous aurez aussi la méthode de Méchain (tome II,
page 777).

Si l'on peut distribuer arbitrairement la réfraction
sans cesser d'avoir la différence de niveau qui convient
à la distance, on ne trouvoit pas la même facilité pour
la hauteur réelle de l'objet qui varioit sensiblement à
chaque supposition différente; mais comme le même
objet avoit été observé de plusieurs stations, on avoit
autant de moyens pour comparer les résultats et les rectifier l'un par l'autre.

Cette méthode, dit Lacaille, est assez longue : elle
n'est ni directe ni géométrique; mais je la crois assez
sûre et aussi exacte qu'il est nécessaire.

Le quatrième cahier contient un certain nombre de
ces calculs; mais on n'y voit nulle part les raisons qui
l'ont guidé dans le choix de la réfraction, et je n'ai pu
les deviner.

Voici ces hauteurs comparées aux nôtres :

Bugarach	641.2 636.8 643.0	640.3	627.3
Tauch	454.2		447.8
Tautavel	228.95 250.8	152.9	
Forceral	261.8 269.7	265.8	257.2
Canigou	1441.3 1438.4 1438.3 1435.7	1437.2	1431.0
Alaric	296.2 307.6 310.1 311.0 308.0	306.6	303.8
Carcassonne	62.9 80.9 82.0 83.0 308.8 77.4	77.4	76.3
Nore	624.7 639.0 625.0	629.6	615.8
Clocher de Fayaca	201.0		
Castelnaudari	129.0		
Chapelle-Saint-Pierre	283.0		
Cabrières	265.7		
Narbonne	40.0		34.0
Signal de Bisy	126.9		
Fleury	94.3		
Capestan	39.7		

Garde-Roland . . . . 103·0
Sainte-Victoire . . . . 486·0
Garde-Laban . . . . 367·0
                                  364·0
Saint-Pilon . . . . 510·0
Notre-Dame-de-Tonlie . . . . . . 129·0
Notre-Dame-de-la-Garde-Marseille . 95·0
Revest . . . . 400·0
Pilon-du-Roi . . . . 370·6
                                  365·0
Montagne des Houpies . . . . . . 363·0
Mont Ventoux . . . . 396·7
                                  999·9
Tour Magne . . . . 80·5

Il paroît que Lacaille n'a point terminé ces recherches. Il ne les a point publiées, probablement parce qu'il n'en étoit pas assez satisfait lui-même.

Dans le même cahier on trouve des expériences sur le son.

Maguelone, 3 octobre. Paisible . . . . . . 186·0 . . . 186·3
———— 10 octobre. N. N. O. médiocre . . . . 184·7
Saint-Baureli, 3 octobre. Paisible . . . . . 183·4 . . . 181·7
———— 7 octobre. S. O. assez fort . . . . 185·2
Mont d'Anisi, 3 octobre. Paisible . . . . 175·1
———— 5 octobre. N. E. médiocre . . . . 177·7
——— 7 octobre. S. O. assez fort . . . . 181·4
Mont Plantade, 5 octobre. N. E. médiocre . . . . 177·1
Aigues-Mortes, 5 octobre . . . . 173·7
De Mont-Février à Maguelonne, 10 octobre . . . . . . 172·2
De Maguelonne à la maison Perols, 10 octobre. N. N. O. . 158·8
                                                        161·9
Si on ôte 1″ ½ des observations, à cause qu'on a remarqué que le feu avoit duré plus de 1″, on aura . . . . 171·8
                                                        160·3

Ces différens cahiers renferment des observations géodésiques en assez grand nombre, à divers signaux en Provence.

Le cinquième cahier renferme les calculs des azimuts de Bourges, dont nous avons fait usage ci-dessus; des observations aux signaux de la base de Perpignan; une table pour réduire à l'horizon de la mer les côtés des triangles; une méthode pour calculer les degrés terrestres dans l'hypothèse de la terre sphérique dont le centre ne répond pas au centre de figure.

Dans le sixième cahier on trouve une copie de quelques brouillons de Picart, relatifs à son degré d'Amiens.

Calcul de l'arc céleste entre Paris et Amiens, par les observations de Maupertuis.

Premier brouillons de la lettre à Euler sur le degré d'Amiens. Ce brouillon est tout différent du mémoire qu'il a envoyé à Berlin, avec une lettre particulière à M. Maupertuis, et une autre à M. Euler. On y voit que Lacaille est profondément blessé : mais il ne nomme personne, et les raisons qu'il allègue me paroissent sans réplique. Les trois dernières pièces sont dans le septième cahier.

Le reste du cahier contient toutes les stations entre Dunkerque et Paris, avec les réductions, et divers calculs.

Le septième, outre les trois pièces envoyées à Berlin, contient encore beaucoup de calculs et de vérifications. Le septième *bis* contient tous les calculs de Paris à Perpignan.

Le huitième est plus relatif à la carte de France qu'à la méridienne.

Le neuvième et le dixième n'offrent que des brouillons de calculs.

Le onzième est presque tout relatif à la station de Sainte-Victoire, pour le degré de longitude. Il en est à peu près de même du douzième où l'on trouve aussi une éclipse de lune, et l'on y remarque que l'ombre quoique bien terminée, paroissoit d'une courbure singulière et anguleuse, 22' plus tard elle étoit fort bien projetée.

Un dernier cahier présente le journal de Lacaille au Cap de Bonne-Espérance, tel à peu près qu'il a été imprimé après la mort de l'auteur;

Un discours destiné à une séance publique de l'Académie des sciences, où Lacaille rend un compte succint de ses diverses opérations;

Une copie du mémoire remis au gouverneur du Cap, sur la mesure du 24e degré de latitude australe. On y trouve tous les détails et les résultats de ses opérations, soit géodésiques, soit astronomiques, parfaitement conformes à ce qu'il a publié sur ce degré dans les *Mémoires de l'Académie.*

La lecture de ce manuscrit m'a pleinement confirmé dans l'idée où j'étois depuis long-temps qu'on ne peut élever aucun doute sur la bonté de ce degré, qui, par le petit nombre des triangles, par les soins avec lesquels ils ont été mesurés, enfin par l'expérience et l'habileté si bien reconnue de l'observateur, me paroît mériter ce même degré de confiance qu'il est impossible de refuser à ses travaux pour la méridienne de Paris.

DERNIÈRES RÉFLEXIONS
SUR LE MÈTRE.

Nous avons annoncé, page 194, que l'arc prolongé vers le midi jusqu'à Formentera, et vers le nord jusqu'à Greenwich, donneroit le mètre d'une manière presque indépendante de l'aplatissement. Nous supposions alors que la latitude seroit de 38° 36' : elle est plus forte de 4'; ce qui n'empêche pas que l'arc entier ne soit encore très-favorable à la détermination du mètre; et les mêmes causes qui, en retardant notre impression, nous ont donné le loisir d'ajouter à notre ouvrage la notice des manuscrits de Lacaille, nous procurent aussi les moyens d'y joindre de nouvelles recherches sur la valeur du mètre et sur nos diverses latitudes.

L'arc terrestre entre Montjouy et Formentera est de . . .   153.605ᵗ77

Entre Dunkerque et Montjouy 551.583

Entre Dunkerque et Formentera 705.188.77

Entre Greenwich et Dunkerque 25.241.90

Entre Greenwich et Formentera . . . . $A' - A =$ . .   720.430.67

$$
\begin{array}{rll}
\text{Latitude de Greenwich . .} & 51\ 28\ 40.00 & = L' \\
\text{Latitude de Formentera . .} & 38\ 39\ 56.11 & = L \\ \hline
& 90\ \ 8\ 36.11 & = L' + L \\
& 180\ 17\ 12.22 & = 2\,(L' + L) \\
& 12\ 48\ 43.89 & = L' - L \\
& 25\ 37\ 27.78 & = 2\,(L' - L)
\end{array}
$$

3.

Le mètre séra donc $\mu = 443^l 3143 - 401''89 \, a^2$.

Soit $a = 0.00324 \quad \mu = 443.31008$.

Soit $a = \frac{1}{178} \quad \mu = 443.3017$.

Avec $a = \frac{1}{150}$ le mètre seroit à fort peu près celui que la Commission a adopté. Ci-dessus, page 138, nous avions :

Par Montjouy et Dunkerque . . . . $443^l 3021$
Par Montjouy, Barcelone et Dunkerque 443.328
En ajoutant l'arc d'Angleterre, nous avons eu, page 193 . . 443.3255
Enfin, en ajoutant l'arc de Formentera 443.3101

Milieu entre les quatre 443.3164

Le dernier résultat tient à fort peu près le milieu entre tous, et il peut être regardé comme le plus sûr, puisqu'il est plus indépendant de la figure de la terre.

Si l'on diminuoit de 0″5 la latitude de Greenwich, d'après les réflexions qu'on a lues page 194, le mètre augmenteroit de 0.006 ligne, et deviendroit 443.3224 lignes.

Ainsi nous revenons toujours au même résultat, soit que nous nous en tenions aux latitudes de Dunkerque et Montjouy-Barcelone, soit que nous ajoutions l'arc entre Dunkerque et Greenwich, soit qu'enfin nous prolongions l'arc jusqu'à Formentera.

Dans ce dernier cas nous faisons concourir les travaux des Anglais avec les nôtres ; et notre arc, qui traverse la totalité de la France, se termine, d'une part sur le territoire anglais, et de l'autre sur le territoire espagnol : les extrémités sont dans deux îles, au lieu de se trouver renfermées dans le continent.

Nous tirerons de là deux conséquences qui nous paroissent extrêmement probables.

La première est que le mètre est déterminé avec toute la précision qu'il nous est permis d'espérer.

La seconde est que la latitude de Dunkerque n'a besoin que d'une correction légère, quoiqu'elle pût paroître un peu moins sûre que les autres, soit parce que les deux étoiles ne s'accordent pas aussi bien qu'à toutes les autres stations, soit parce que les observations sont moins nombreuses, soit enfin parce que le climat est moins favorable. En effet, nous allons voir que l'erreur n'est tout au plus que d'une fraction de seconde dont on pourroit diminuer notre latitude.

L'arc entre Greenwich et Dunkerque est de 25241^t9, qui répondent à une amplitude de $26' 30''8$. Le degré sera donc de $25241^t9 . \dfrac{60'}{26' 30''8} = 57122^t74$, à la latitude moyenne de $51° 15' 25''$; mais par le tableau de la page 89 il est de 56082.63 toises, à la latitude moyenne de $49° 56' 29''$. Il diminue donc de 40.11 toises pour $1° 18' 56''$; il diminuera de 30.61 toises pour un degré, ce qui est trop et supposeroit un aplatissement trop fort.

Augmentons l'arc céleste de $0''7$; ce qui peut se faire de deux manières, ou en ajoutant 0.35 à la latitude de Greenwich et en les retranchant de celle de Dunkerque, soit même en retranchant les $0''.7$ de la latitude de Dunkerque, qui deviendra $51° 2' 8''5$.

Le degré de Greenwich sera de $25241.9 . \dfrac{60'}{26' 31''5} =$

57097.22; le degré suivant sera de $124944.8 \cdot \dfrac{60'}{2°\ 11'\ 19''13}$

$= 57087.70$; la diminution sera de 9^t52 pour $1° 18' 56''$, ou de 7.23 toises pour un degré. Cette diminution doit être un peu trop foible; ainsi la valeur la plus probable de la latitude de Dunkerque sera entre $51° 2' 9''2$ et $51° 2' 8''5$, c'est-à-dire à fort peu près celle que nous donne la moyenne entre nos deux étoiles, qui est $51° 2' 8''85$.

En ajoutant de même l'arc de Formentera, le tableau de la page 89 deviendra :

STATIONS.	LATITUDES.	LATIT. moyennes	ARCS célestes.	ARCS terrestres.	DEGRÉS.	DIMIN. pour 1°.
	D. M. S.	D. M. S.	D. M. S.	TOISES.		T.
Greenwich .	51 28 40.00	51 15 25	0 26 31.50	25241·9	57097·22	
Dunkerque.	51 2 8.50	49 56 29	2 11 19.13	124944·8	57087·66	7·23
Panthéon . .	40 50 49.37	47 30 46	2 40 6.83	152293·1	57069·31	8·40
Evaux.....	46 10 42.54	44 41 48	2 57 48.24	168846·7	56977·80	32·40
Carcassonne	43 12 54.30	42 17 20	1 51 9.34	105499·00	56946·68	12·91
Montjouy··	41 21 44.96	40 0 50	2 41 48.85	153505·77	56999·84	-2·0
Formentera.	38 39 56.11					

De Montjouy à Formentera le degré augmente au lieu de diminuer; irrégularité que n'offre aucune autre partie de notre arc; il paroît donc que la latitude déduite des observations réunies de Barcelone et de Montjouy doit être préférée à celle que donne Montjouy tout seul. Ajoutons donc $1''62$ à la latitude de Montjouy, et nous aurons :

STATIONS.	LATITUDES observées.	LATIT. moyennes	ARCS célestes.	ARCS terrestres.	DEGRÉS.	DIMIN. pour 1°.
	D. M. S.	D. M. S.	D. M. S.	TOISES.		T.
Greenwich .	51 28 40.0	51 15 24	0 26 31.51	25241·9	57097·22	
Dunkerque.	51 2 8.50	49 56 29	2 11 19.13	124944·8	57087·70	7·23
Panthéon··	48 50 49.37	47 30 46	2 40 6.83	152293·1	57069·31	8·41
Evaux·····	46 10 42.54	44 41 48	2 57 48.24	168846·7	56977·80	32·40
Carcassonne	43 12 54.30	42 17 21	1 51 7.72	105499·0	56960·46	9·36
Montjouy··	41 21 46.58	40 0 52	2 41 50.47	153605·77	55946·89	5·03
Formentera.	38 39 56.11					

Tous nos degrés vont en diminuant, mais d'une manière trop inégale, surtout entre Évaux et Carcassonne. Cherchons les moyens de rétablir l'uniformité, sans trop nous écarter des observations.

Nous aurons par la formule 45, tome II, page 679 :

$$(A' - A). \frac{\pi}{2\,Q} = (L' - L) - (\tfrac{1}{2} a + \tfrac{1}{4} a^2). \sin. (L' - L). \cos. (L' + L)$$
$$+ \tfrac{11}{32} a^2. \sin. 2 (L' - L). \cos. 2 (L' + L)$$

Mais soit $n = \tfrac{1}{5}$ on aura

$$\sin. (L' - L) = (L' - L). \cos^n. (L' - L)$$

Donc

$$(A' - A). \frac{\pi}{2\,Q} = (L' - L). [1 - (\tfrac{1}{2} a + \tfrac{1}{4} a^2). \cos^n.(L' - L). \cos.(L' + L)$$
$$+ \tfrac{11}{16} a^2. \cos^n. 2 (L' - L). \cos. 2 (L' + L)]$$

$$\left(\frac{A' - A}{L' - L}\right). \frac{\pi}{2\,Q} = 1 - (\tfrac{1}{2} a + \tfrac{1}{4} a^2). \cos^n. (L' - L). \cos. (L' + L)$$
$$- \tfrac{11}{16} a^2. \cos^n. 2 (L' - L). \cos. 2 (L' + L)$$

$$1 - \left(\frac{A' - A}{L' - L}\right) \frac{\pi}{2\,Q} = (\tfrac{1}{2} a + \tfrac{1}{4} a^2). \cos^n. (L' - L). \cos. (L' + L)$$
$$- \tfrac{11}{16} a^2. \cos^n. 2 (L' - L). \cos. 2 (L' + L)$$

Mettons dans cette formule les valeurs de A', A, L', L

et de Q, tirées de nos observations; nous aurons pour a les valeurs suivantes :

Par Greenwich et Dunkerque. . . . . . . $a =$ 0.006046
Par Dunkerque et Panthéon . . . . $=$ 0.007629
Par Panthéon et Evaux. . . . . $=$ 0.008301
Par Evaux et Carcassonne . . . . $=$ 0.017733
Par Carcassonne, Montjouy et Barcelone . $=$ 0.005991
Par Montjouy, Barcelone et Formentera . . $=$ 0.004215

Valeur moyenne. . . . .   0.008319 $= \frac{1}{110}$ aplatiss.

Soit $(L' - L) = 1°$:

$$A' - A = \frac{2\,Q.\,1°}{\pi}.\left\{\begin{array}{l} 1 - (\tfrac{1}{2}\,a^2 + \tfrac{3}{4}\,a^4).\,cos^n.\,1°.\,cos.\,(2\,L + 1°)\\ + \tfrac{15}{16}\,a^2.\,cos^n.\,2°.\,cos.\,2\,(2\,L + 1°) \end{array}\right\}$$

$$d.\,(A' - A) = \frac{2\,Q.\,1°}{\pi}.\left\{\begin{array}{l} + (\tfrac{1}{2}\,a + \tfrac{3}{4}\,a^2).\,cos^n.\,1°.\,2°.\,sin.\,(2\,L)\\ - \tfrac{15}{16}a^2.\,cos^n.\,2°.\,4°.\,sin.\,4\,L \end{array}\right\}$$

$$= \frac{2\,Q.\,1°}{\pi}.\left\{\begin{array}{l} (3\,a^2 + \tfrac{1}{2}\,a^2).\,cos^n.\,1°.\,sin.\,1°.\,sin.\,2\,L\\ - \tfrac{15}{4}\,a^2.\,cos^n.\,2°.\,sin.\,4\,L) \end{array}\right\}$$

$$= \frac{2\,Q.\,(3600'')^2.\,sin.\,1''}{\pi}.\left\{\begin{array}{l} (3\,a + 3\,a^2).\,cos^n.\,1°.\,sin.\,2\,L\\ - \tfrac{15}{4}\,a^2.\,cos^n.\,2°.\,sin.\,4\,L \end{array}\right\}$$

$$= \frac{2\,Q}{\pi}.\,(3600)^2.\,sin.\,3''.\left\{\begin{array}{l} a.\,(1 + \tfrac{1}{2}\,a).\,cos^n.\,1°.\,sin.\,2\,L\\ - \tfrac{1}{4}\,a^2.\,cos^n.\,2°.\,sin.\,4\,L \end{array}\right\}$$

$$= 2985'1.\,[a.\,(1 + \tfrac{1}{2}\,a).\,sin.\,2\,L - \tfrac{1}{4}\,a.\,sin.\,4\,L]$$

Le second terme est nul à 45°.

Mettons pour a différentes valeurs, et nous aurons pour la diminution à 45° :

a	a	
0·0080	1:125	24·0
0·0071	143	21·0
0·0068	147	20·4
0·0066	151	19·8
0·0064	156	19·2
0·0062	161	18·6
0·0060	167	18·0
0·0058	172	17·4
0·0056	178½	16·8
0·0054	185	16·2
0·0052	192	15·6
0·0050	200	15·0
0·0048	208	14·4
0·0046	217	13·8
0·0044	227	13·2
0·0042	238	12·6
0·0040	250	12·0
0·0038	263	11·4
0·0036	278	10·8
0·0034	294	10·2
0·0032	312	9·6
0·0030	333	9·0
0·0028	357	8·4

Dans toute l'étendue de notre arc le second terme est insensible, et *sin.* 2 *L* diffère peü de l'unité, car le *minimum* est 0.978. Ainsi tous nos arcs partiels devroient donner, à fort peu près, la même différence entre les degrés.

Pour corriger les latitudes de manière à trouver le

méridien elliptique, la formule ci-dessus nous donne un moyen fort simple et très-direct; on en tire

$$L' - L = \frac{(A' - A) \cdot \frac{\pi}{2\,Q}}{1 - (\frac{1}{2}a + \frac{1}{4}a^2) \cdot \cos.^n (L'-L) \cdot \cos. (L'+L) + \frac{11}{16}a^2 \cdot \cos.^n 2(L'-L) \cdot \cos. 2(L'+L)}$$

En mettant successivement pour a différentes valeurs, on aura les différences de latitudes qu'on auroit dû observer. Mais comme les a^2 ne produiroient jamais qu'une petite fraction de seconde, on peut, dans une première recherche, négliger les a^2 et faire

$$L' - L = \frac{(A'-A)\pi}{2\,Q} \cdot \left[1 + \frac{5}{2}a \cdot \cos.^n (L'-L) \cdot \cos. L' + L) \right]$$

Commençons par le plus fort aplatissement qu'on ait jamais supposé, c'est-à-dire $0.00563 = \frac{1}{177.62}$. Voici le calcul :

$\frac{\pi}{2\,Q}$	8.8003490
De Dunkerque au Panthéon $A' - A = 124944.8$	5.0967183
$2°\ 11'\ 29''82$	3.8970673
$\frac{1}{2}a = 0.008445$	7.9265997
$\cos.^n (L' - L) = 2°\ 11'\ 20''$	9.9998943
$\cos. (L' + L) = 99°\ 52'.\ 58''$	— 9.2346007
$— 11''43$	1.0581626
$L' - L = 2°\ 11'\ 18''39$	
L'observation a donné $L' - L = 2°\ 11'\ 19''83$	
La différence est de . . .	$1''44$

Les quantités $(L' - L)$ et $(L' + L)$ n'ont pas besoin

d'être connues rigoureusement, pour l'usage qu'on en fait. Ainsi, en supposant $a = \dfrac{1}{177 \cdot 8}$, il faudroit retrancher 1″44 de la différence observée ; ce qui peut se faire de plusieurs manières. Je retranche 1″2 de Dunkerque, que je réduis à 51° 2′ 8″, et j'ajoute 0″2 à Paris, qui devient 48° 50′ 49″6. En partant de ces deux latitudes, et calculant $L' - L$ pour chacun des autres arcs, je forme le tableau suivant pour l'aplatissement 0.00563 $= \dfrac{1}{177 \cdot 6}$:

	D. M. S.	Correct. lat.	2ᵉ⁵ correct.	3ᵉˢ correct.
		s.	s.	s.
Greenwich	51 28 39·00	— 1·0	0·0	— 1·23
Dunkerque	51 2 8·00	— 1·2	— 0·2	— 1·43
Panthéon	48 50 49·60	+ 0·23	+ 1·23	0·00
Evaux	46 10 40·27	— 2·27	— 1·27	— 2·50
Carcassonne. . . .	43 12 56·70	+ 2·40	+ 3·40	+ 2·17
Montjouy	41 21 49·55	+ 2·97	+ 3·97	+ 2·74
Formentera	38 39 55·70	— 0·41	+ 0·59	— 1·64
		+ 0·72	+ 7·32	— 4·43

Ainsi, en diminuant de 1″2 la latitude de Dunkerque, je suis obligé de diminuer de 1″ celle de Greenwich. Mes observations s'accordent donc avec celles de Bradley, au moins dans ce système d'aplatissement.

Je n'ai fait qu'une correction légère à la latitude de Paris, qui me paroît la plus sûre de toutes.

Je suis obligé de retrancher 2″27 à la latitude d'Évaux,

3.

que je ne crois pas susceptible d'une pareille erreur, mes deux étoiles s'accordant parfaitement.

J'ajoute 2″4 à la latitude de Carcassonne, que je crois pourtant fort bonne, quoique Méchain n'ait observé que la Polaire.

J'ajoute 2″97 à la latitude moyenne entre Montjouy et Barcelone, ou 1″31 à celle de Barcelone, ou enfin 4″52 à celle de Montjouy.

Je retranche 0″41 à celle de Formentera. Il est vrai que cette dernière latitude a été calculée avec d'autres réfractions ; mais comme la correction est petite, quand on l'augmenteroit de la différence des réfractions, elle seroit toujours fort médiocre.

Cet aplatissement suppose donc que nous ayons pu commettre des erreurs de 2 à 3 secondes.

La somme des corrections positives est . . . . 5″60
Celle des corrections négatives. . . . . 4″88
_____
0″72

Ainsi, à 0″72 près, les corrections se compensent.

Si l'on vouloit conserver la latitude de Greenwich, on auroit les corrections qu'on voit dans l'avant-dernière colonne, mes latitudes n'auroient aucune erreur qui passât 1″27 ; mais celles de Méchain seroient trop foibles de 3 à 4 secondes ; les erreurs seroient plus inégales. Si l'on veut s'assujétir à la latitude de Paris, on aura les troisièmes corrections.

Supposons $a = \frac{1}{200} = 0.0050$, nous aurons :

Greenwich . . т	51° 28′ 40″41 + 0″41
Dunkerque	51° 2′ 9″06 — 0″14
Paris	48° 50′ 49″37 0″00
Évaux	46° 10′. 39″22 — 3″32
Carcassonne	43° 12′ 56″30 + 2″01
Montjouy et Barcelone	41° 21′ 49″62 + 3″11
Formentera	38° 39′ 55″42 — 0″69

$$1″37$$

Les erreurs seront un peu plus fortes, et la somme se réduira à + 1″37. Cet aplatissement va donc moins bien que le précédent ; mais de fort peu. Il conserve les latitudes de Greenwich, de Dunkerque et de Formentera telles qu'elles ont été observées, à fort peu près.

Supposons $a = 0.0044 = \frac{1}{227}$, ce qui diffère peu de l'aplatissement de Newton :

Greenwich	51° 28′ 41″93 + 1″93
Dunkerque	51° 2′ 10″27 + 1″07
Paris	48° 50′ 49″37 + 0″00
Évaux	46° 10′ 38″41 — 4″13
Carcassonne	43° 12′ 55″56 + 1″46
Montjouy et Barcelone	41° 21′ 49″52 + 2″98
Formentera	38° 39′ 58″76 + 2″65

On voit que cet aplatissement donne des erreurs plus fortes et plus inégales ; toutes les corrections seroient positives, excepté pour Évaux.

Les erreurs augmenteront encore si nous diminuons l'aplatissement ; essayons de l'augmenter. Soit donc $a = 0.0066 = \frac{1}{151}$, nous aurons encore des erreurs tout-à-fait invraisemblables :

$$a = 0.0066 = \tfrac{1}{151}$$

Greenwich	51° 28' 36"35	— 3"65
Dunkerque	51° 2' 5"83	— 3"2
Panthéon	48° 50' 49"37	0"0
Évaux	46° 10' 41"32	— 1"22
Carcassonne	43° 12' 58"13	+ 3"85
Montjouy et Barcelone	41° 21' 50"01	+ 3"43
Formentera	38° 39' 53"70	— 2"41
Somme des corrections . .		— 3"20

On voit qu'en partant de la latitude de Paris, Dunkerque s'accorde toujours avec Greenwich, quel que soit l'aplatissement; mais ici la somme des corrections négatives l'emporte de 3"29. Cet aplatissement est donc trop fort.

MM. Laplace et Legendre en ont cependant trouvé qui sont plus considérables encore; mais ils n'employoient que quatre arcs au lieu de six.

On voit encore que d'Évaux à Carcassonne il y a toujours 5 secondes de différence.

Essayons enfin $a = 0.00572 = \dfrac{1}{174.75}$:

Greenwich	51° 28' 38"56	— 1"44
Dunkerque	51° 2' 7"58	— 1"62
Panthéon	48° 51' 49"37	+ 0"00
Évaux	46° 10' 40"17	— 2"37
Carcassonne	43° 12' 57"13	+ 2"87
Montjouy et Barcelone	41° 21' 49"84	+ 3"26
Formentera	38° 39' 55"77	— 0"34
Somme des corrections . .		+ 0"36

Ce dernier aplatissement est celui qui rend la somme

des erreurs la plus petite ; celui qui la rendroit nulle en diffère très-peu, et l'on voit que $\frac{1}{175}$ et $\frac{1}{178}$ donnent à peu près les mêmes erreurs.

Pour dernières conclusions je dirai que le mètre est de 443.32, à fort peu près ; que la latitude de Barcelone paroît meilleure que celle de Montjouy ; que la latitude de Dunkerque, dans tous les systèmes d'aplatissement indiqués par les observations d'Europe, s'accorde très-bien avec celles de Greenwich et de Paris.

Ici se termine ce qui a directement rapport à l'unité fondamentale du système métrique décimal. Nous comptions placer à la suite les opérations exécutées par M. Lefèvre-Gineau, pour la détermination de l'unité fondamentale des poids ou du kilogramme ; mais les occupations multipliées de ce savant, soit comme professeur au Collège de France, soit comme inspecteur général des études, ou enfin comme député au Corps législatif, ne lui ayant pas encore permis de mettre la dernière main à la rédaction, quoique les planches qui doivent accompagner son mémoire soient gravées depuis plusieurs mois, pour ne pas retarder davantage une impression trop long-temps interrompue, nous placerons ici le rapport de la commission sur ce travail, et nous y joindrons quelques autres pièces que nous avions réservées pour la fin du volume.

RAPPORT

DE M. TRALLÈS A LA COMMISSION,

*Sur l'unité de poids du système métrique décimal,
d'après le travail de* M. Lefèvre-Gineau,

Le 11 prairial an 7.

———

Un système métrique général, bien lié et impérissable,
étoit desiré depuis long-temps. L'Assemblée constituante
le demanda, et l'Académie des sciences en traça le
plan qui fut sanctionné par la Convention nationale. La
commission des poids et mesures organisée pour l'exécution de ce beau projet, étoit d'abord formée de membres de cette Académie illustre, et elle s'associa encore
d'autres savans français du premier mérite. L'Institut
national fit continuer le travail commencé, et pour le
finir de la manière la plus authentique aux yeux de toute
l'Europe, il invita des savans étrangers pour prendre
part à ce travail dont les derniers résultats vont être exposés dans ce moment.

La Commission des poids et mesures ayant à déterminer les unités fondamentales de ce système métrique,
le premier objet de sa sollicitude a dû être la fixation
de l'unité de l'étendue la plus simple à laquelle toutes

les longueurs, toutes les distances doivent être comparées; car tout tient à l'espace, même le temps, parce qu'il n'y a point de mesure sans mouvement; et l'unité de poids ou une mesure pour la quantité de matière, seroit indéfinissable si l'étendue étoit exclue comme élément. Mais comme tous les corps ne contiennent pas des quantités égales de matière dans des volumes égaux, il faut encore une seconde détermination pour l'unité de la quantité de matière, l'indication précise d'un corps physique. Ce corps, sous un volume déterminé constitue alors l'unité adoptée pour la quantité de matière ou l'unité de poids, parce que nous mesurons le plus ordinairement la quantité de la matière par son poids.

Le globe de la terre a été pris pour base des mesures de longueur; car il ne faut pas moins un corps réel de grandeur invariable pour fixer l'unité de l'étendue, qu'une matière de quantité physique constante pour le poids. Les parties du globe terrestre ne nous montrent que des modifications de forme et de grandeur; mais ce tout est aussi invariable que nos mesures ont besoin de l'être. Aussi dans tous les temps où on a pensé à une mesure naturelle et invariable, on n'a pu raisonnablement la déduire que de la terre; il n'y a eu d'autre différence que de chercher immédiatement dans la grandeur de la terre l'unité de longueur, ou de la conclure par le moyen du pendule de la force de sa masse qui cause le poids des corps en repos et la chute de ceux qui sont libres. Mais alors on ne trouve que la vitesse que les corps tombant acquièrent à la fin d'un certain temps, ou l'espace qu'ils parcourent depuis le commencement de la chûte jusqu'à la fin d'un temps donné; c'est au moins ce qu'il y a de plus naturel à déduire de la longueur du pendule simple, vu que la longueur du pendule même présente une idée trop complexe pour que l'on puisse s'y arrêter pour unité de longueur. D'ailleurs on ne peut éviter dans cette détermination d'avoir égard au temps et au mouvement de rotation de la terre, et on rendroit ainsi compliquée et en partie arbitraire une chose entièrement déterminée dans la nature, on suivroit une marche non systématique et contraire à l'esprit des sciences exactes, parce que ce qui est purement géométrique seroit précédé des considérations mécaniques et astronomiques. Une force et le temps seroient les véritables unités fondamentales, et il seroit nécessaire de connoître ces unités avant celle de de longueur.

Ces considérations et bien d'autres ont fait abandonner comme unité une longueur déduite du pendule. Cependant la longueur du pendule simple a le mérite d'être, pour un lieu déterminé, dans un rapport constant avec une dimension choisie de la terre; rapport précieux sans doute, puisqu'il est l'unique qui restera invariable en chaque endroit de la terre aussi long-temps que la constitution ou le mouvement de rotation de ce corps ne changeront pas; rapport qu'il sera infiniment intéressant de connoître avec une grande précision pour plusieurs endroits de la surface de la terre, parce qu'il permet toujours de remonter, en cas de besoin, à la vraie unité primitive qui a été préférée avec raison par l'Académie des sciences, la dix millionième partie du quart du méridien terrestre compris entre le pôle et l'équateur.

Quoique cette longueur soit déterminée par un énoncé très-simple, et qu'elle dérive d'une longueur physique, il s'agissoit néanmoins de la rendre isolée. Il falloit donc entreprendre une opération qui répondoit à une division effective d'un méridien terrestre. Si un tel travail a ses difficultés, elles ne sauroient porter aucun préjudice à l'unité à trouver, et quelques grandes que soient ces difficultés, elles ont été heureusement vaincues par les deux grands astronomes qui ont mesuré l'arc du méridien entre Dunkerque et Montjouy : c'est l'opération la plus étendue et la plus belle qui ait jamais été faite pour la mesure de la grandeur de la terre. Les instrumens perfectionnés qu'on y a employés rappellent l'homme de génie qui les a inventés, qui a pris une part si active au système métrique, et dont la perte est si vivement sentie. C'est encore Borda qui a déterminé la longueur du pendule à secondes, à Paris, avec un degré très-remarquable de précision. Regardant l'objet proposé comme un problème, il l'analysa pour trouver la marche la plus simple de la solution et les moyens les plus directs et les plus sûrs; aussi ceux qu'il employa sont-ils presque tous nouveaux.

Les observations très-nombreuses dues au courage et à l'ardeur des citoyens Méchain et Delambre, étant faites avec des moyens perfectionnés et avec des précautions que ces observateurs exacts ont ajoutées à celles

3. 71

qu'on reconnoissoit déjà nécessaires, ont fourni des données au calcul d'une précision jusqu'ici inconnue dans la mesure des degrés du méridien. Cette précision des observations ne permettoit pas d'employer les anciennes méthodes de calcul peu rigoureux. La commission des poids et mesures en substitua de plus exactes pour déduire les résultats définitifs de la totalité de cette opération, afin de parvenir à une longueur qui représente aussi exactement qu'il est possible dans l'état actuel des connoissances, la quarante millionième partie du méridien terrestre, unité des longueurs, élément primitif pour la détermination de l'unité des poids.

Le second élément nécessaire pour la fixation de l'unité de poids a été déjà indiquée en général, la matière de la qualité physique la plus constante. C'est donc le corps qu'on peut obtenir le plus pur, le plus dégagé de tous ceux qui peuvent se combiner mécaniquement ou chimiquement avec lui, celui dont les forces mécaniques changent le moins la densité ou qui rentre le plus parfaitement dans l'état précédent quand ces forces cessent d'agir. Pour l'exactitude physique de cette détermination de l'unité de poids, il convient encore de choisir le corps dont la densité n'est pas trop considérable, les autres conditions supposées égales. L'eau jouit de toutes ces propriétés : aussi, sur la proposition de l'Académie des sciences, la loi l'a désignée ; et c'est un avantage que ce corps soit liquide, dans l'état ordinaire de l'atmosphère dans la zone tempérée. Sous cette forme il permet d'en comparer la densité à celle des autres corps le plus facilement et le plus directement, et il est bien naturel de regarder la densité du corps qui constitue sous une valeur donnée l'unité de la quantité de matière comme ayant l'unité de densité.

Nous ne connoissons aucun corps homogène dont la densité soit parfaitement invariable : la chaleur en est la cause. Cette variation de densité exige donc encore une nouvelle détermination pour la fixer ; comme nous ne savons pas encore faire un vide de chaleur, nous indiquons en général la température des corps, quand il est question de leurs dimensions ou de leur densité. Cependant il étoit essentiel d'éviter l'établissement d'une échelle de thermomètre avant celui des unités primitives du système métrique, afin de ne pas y faire entrer les quantités qui doivent y être étrangères. On a en conséquence choisi une température très-constante à laquelle on suppose que l'unité de mesures d'étendue soit exposée pour la donner telle qu'elle doit véritablement être. C'est la température qui elle-même la base de nos échelles pour indiquer le degré de la chaleur libre qui n'exige point l'instrument nommé thermomètre pour la saisir ; c'est la température de la glace au moment où elle reprend l'état de liquidité.

Le changement de densité étant en général proportionnel à la variation de la température, est assez sensible, surtout dans les corps en état de liquidité. L'eau sous ce point de vue nous présente encore une propriété bien avantageuse pour l'objet que nous avons en vue, propriété qui manque à la plupart des autres corps, au

moins dans les températures faciles à obtenir, c'est celle
d'avoir un *maximum* de densité. Cette densité reste sensiblement constante ; quoique la température varie un
peu, comme cela arrive à toutes les quantités variables
près de leur *maximum* ou *minimum*, si toutefois elles
restent sujètes à une loi de continuité, et tel est le cas
avec l'eau dans cette circonstance, tandis qu'au point
glacial il est à craindre qu'il n'y ait un changement
brusque dans la densité. En effet, l'eau se trouve à
cette température dans un état pour ainsi dire incertain ;
elle est au point de quitter l'état de liquidité : c'est cependant dans celui-ci bien prononcé qu'elle doit servir
à donner l'unité de poids. La glace fondante donne une
température bien fixe ; mais l'eau, au temps de son
maximum de contraction, donne la densité la plus invariable, et il ne s'agit pas ici que l'eau soit prise à une
température fixe, pour que sa densité soit bien déterminée ; et l'eau, prise au *maximum* de sa densité, dé-
gage de toute détermi on et indication de température. C'est donc l'état du corps qui répond parfaitement
à ce qu'on doit desirer pour la détermination de l'unité
de poids, et c'est par conséquent celui auquel la commission des poids et mesures s'est arrêtée.

La matière étant choisie, son état déterminé et le
système décimal adopté, il est naturel et convenable de
prendre le cube du mètre ou celui de sa dixième, centième, etc. partie pour le volume que la matière doit
occuper pour présenter l'unité. Si la matière choisie eût
été un solide, on n'auroit eu qu'à faire un solide du

volume donné. Pour l'eau, on pourroit l'effectuer en faisant un vase du volume que ce corps doit occuper pour être l'unité demandée, et une masse quelconque qui peseroit autant que l'eau contenue dans ce vase, auroit le poids requis. Cependant cette masse ne contiendra pas autant de matière que l'eau, si ce n'est dans ce cas où elle seroit une matière de la même densité que celle de l'eau, en supposant que l'équilibre n'a eu lieu que dans l'air, il faut donc encore dire que les poids ne doivent être regardés justes à toute rigueur que dans le vide. L'unité de poids, prise dans l'atmosphère, auroit présenté trop de vague, et quand même on se seroit déterminé à indiquer par le moyen de tous les instrumens météorologiques, l'état de l'atmosphère dans lequel un volume donné d'eau présenteroit l'unité de poids, on n'auroit eu qu'une espèce de mesure relative, quoiqu'on l'eût surchargée de beaucoup de considérations compliquées et proprement étrangères à la chose et contraires à la simplicité, un des beaux caractères du système métrique. Le vrai point de vue de l'unité de poids auroit été manqué ; elle n'auroit plus répondu à l'unité de la quantité de matière, tandis qu'en faisant l'unité de poids au vide, on obtient la correspondance du poids à la quantité de matière, et le volume et la densité sont les deux élémens uniques qui déterminent l'unité pour l'une et pour l'autre. C'est au poids du décimètre cube d'eau distillée à sa plus grande densité qu'on doit faire égal le poids d'une masse solide donnée, tous les deux étant supposés dans le vide : voilà à quoi se réduisoit la question de la fixation de l'unité de poids.

L'exécution directe de ce problème n'étant guère possible, il falloit le réduire à un autre, et chercher le rapport entre le poids d'un corps quelconque et la vraie unité. On peut toujours supposer, et il le faut, qu'un poids quelconque, avec ses multiples et ses sous-divisions bien exactes, soit construit pour ce physicien qui détermine l'unité de poids, comme il a été nécessaire de se servir des règles bien divisées et de longueur égale, pour déterminer l'unité de longueur; généralement il a fallu profiter dans ce travail de toutes les connoissances physiques qui y ont rapport, et on ne doit pas s'en étonner. Le système métrique le plus naturel n'est pas celui que les hommes pouvoient trouver le premier; c'est un bienfait des connoissances acquises dont ceux qui sont le moins instruits dans les sciences exactes jouiront le plus lorsqu'il sera universellement adopté.

Deux méthodes se présentoient pour la détermination de l'unité de poids : l'une et l'autre ont de commun qu'il faut connoître le volume quel qu'il soit, et le poids de ce volume d'eau; d'où on conclut celui du volume dû à l'unité, et on a aussi le rapport du poids employé à celui de l'unité cherchée. Mais de ces deux méthodes l'une a besoin de connoître la capacité intérieure d'un corps; l'autre, le volume d'un corps pris extérieurement; et la différence des poids de l'air et de l'eau à volumes égaux aux corps creux du solide, est une

donnée nécessaire, soit qu'on suive la première ou la
seconde méthode. Mais la dernière a de grands avantages dans l'expérience, où il est bien plus difficile de
déterminer la capacité intérieure d'un vase, lors même
qu'il est fait le plus régulièrement possible, que le volume d'un solide dont on peut prendre les dimensions
extérieures.

On n'a pas exigé que l'artiste fît un corps d'un volume
prescrit, mais seulement de la grandeur à peu près qui
convenoit le plus pour donner des résultats précis. La
forme qu'il avoit à donner à ce corps étoit moins arbitraire, soit pour la facilité et la précision de l'exécution,
soit pour que les dimensions qu'on pensoit en prendre
donnassent le plus exactement son volume.

Le plus simple des solides à surfaces planes qu'on eût
pu choisir est celui qui est terminé par quatre plans;
mais n'étant mesurable que par les arêtes, il est extrêmement difficile d'être bien certain de son volume. La
difficulté ne peut être levée qu'en partie si ces plans ter-
minans sont au nombre de cinq. Il n'en est pas de même
du corps terminé par six plans, quand ils sont à angles
droits les uns sur les autres. Entre les corps de révolution, la sphère, le cylindre et encore le cône tronqué
sont les seuls qui peuvent avantageusement servir. Le
cylindre d'une hauteur égale au diamètre de sa base, a
été préféré.

Le citoyen Fortin, artiste aussi ingénieux qu'habile,
a réussi à faire en laiton, avec une perfection singulière, le cylindre droit dont la hauteur et le diamètre

sont à peu près de 243.5 millimètres ; il a également exécuté les poids et les balances avec une grande exactitude, et une machine particulière propre pour prendre les dimensions du cylindre. Comme ces mesures doivent être connues avec une précision extrême, pour que les erreurs linéaires ne produisent pas trop d'incertitude dans le volume, cette machine est une des plus essentielle de l'appareil nécessaire pour les expériences sur le poids d'un volume d'eau, et mériteroit d'être décrite ici, si cela n'exigeoit pas trop de détail dans ce rapport.

Le citoyen Lefèvre-Gineau a été chargé du travail dont nous avons à rendre compte. Il a mesuré le cylindre avec tout le soin qu'exigeoit l'importance de l'objet, et il a porté sur tous les poids l'attention la plus scrupuleuse, dans les nombreuses expériences qu'il a eu à faire. Le citoyen Fabbroni ayant été nommé pour continuer, avec le citoyen Lefèvre-Gineau, les expériences qui concernent le poids, ces physiciens ont terminé conjointement le travail par lequel on aura la détermination définitive de l'unité de poids.

L'appareil pour prendre les dimensions du cylindre n'étoit employé principalement qu'à mesurer avec précision de petites différences de longueurs que la machine donnoit à $\frac{1}{2000}$ de l'ancienne ligne, et elle rendoit encore appréciable le quart de cette quantité. Le corps à mesurer et à examiner étant un cylindre, il n'y avoit que deux dimensions principales. Les hauteurs du cylindre à différens points de leur base, ont été comparées à une règle de cuivre, de manière que les différences de ces

hauteurs et la longueur de la règle, étoient connues ;
et quoique le diamètre du cylindre soit peu différent de
sa hauteur, et qu'on eût pu le comparer à la même règle,
on a cependant préféré d'en employer une seconde à
une comparaison semblable des diamètres. Nous nommerons ces règles. h et d.

Il a été tracé sur la base du cylindre douze rayons ou
six diamètres qui la divisent en douze parties égales.
Chacun de ces diamètres en a un qui lui est placé parallèlement dans l'autre base. A 11 millimètres environ
de la circonférence il a été marqué un point sur chacun
de ces rayons, de même à la moitié et aux deux tiers
de leur longueur prise depuis le centre.

Dans ces trente-six points et au centre, le citoyen
Lefèvre-Gineau a observé les hauteurs en mesurant leur
distance aux trente-sept points semblablement situés sur
leur base. Ces longueurs sont en effet les hauteurs du
cylindre dans ces points, parce qu'il est si parfaitement
droit que la différence entre les hauteurs et la longueur
des lignes parallèles à l'axe, ne peut être assignée par
aucun moyen pratique. Chacune de ces hauteurs a été
mesurée plusieurs fois, et les plus grandes différences
que le citoyen Lefèvre-Gineau ait rencontrées n'excèdent
pas 0.0035 de la ligne ancienne ; mais à l'ordinaire ils
ne vont qu'à 0.0015. Il est donc bien probable que le
résultat moyen entre dix à douze observations pour
chaque hauteur que les commissaires chargés spécialement de l'examen des opérations de la fixation de l'unité

3.

de poids ont cru devoir adopter sans en exclure aucune,
soit exact à o.oooo5 au moins.

Huit cercles sont tracés sur la surface courbe du cylindre parallèlement aux bases. De chacun de ces cercles
les six diamètres parallèles à ceux des bases ont été observés. Les registres d'observations du citoyen Lefèvre-
Gineau ont montré une conformité dans les différentes
mesures du même diamètre, plus grande même que dans
les hauteurs, parce que celles des diamètres étoient un
peu plus aisées à prendre.

Les dimensions du cylindre sont contenues dans les
deux tableaux suivans, ou plutôt leurs différences avec
les règles h et d exprimées en décimales d'une unité qui
est la 1728e partie du module ou de la règle n° 1, ou une
ligne ancienne.

Tableau des hauteurs.

Au rayon.	A 11 millimètres de la circonférence.	Aux deux tiers des rayons.	Au milieu des rayons.	Au centre.
1	$h + 0.0028$	$h + 0.0007$	$h + 0.0008$	$h - 0.0022$
2	$h + 0.0068$	$h + 0.0036$	$h + 0.0043$	
3	$h + 0.0083$	$h + 0.0043$	$h + 0.0023$	
4	$h + 0.0068$	$h + 0.0057$	$h + 0.0033$	
5	$h + 0.0032$	$h + 0.0037$	$h + 0.0006$	
6	$h - 0.0043$	$h - 0.0051$	$h - 0.0053$	
7	$h - 0.0104$	$h - 0.0070$	$h - 0.0055$	
8	$h - 0.0145$	$h - 0.0102$	$h - 0.0069$	
9	$h - 0.0157$	$h - 0.0090$	$h - 0.0086$	
10	$h - 0.0148$	$h - 0.0084$	$h - 0.0085$	
11	$h - 0.0088$	$h - 0.0046$	$h - 0.0043$	
12	$h - 0.0039$	$h - 0.0065$	$h - 0.0029$	
Milieu.	$h - 0.0037$	$h - 0.0027$	$h - 0.0025$	$h - 0.0022$

Tableau des diamètres.

Parallèles aux rayons.	A 13 millimètres de la base.	A 35 millimètres de la base.	A 67 millimètres de la base.	A 95 millimètres de la base.
1 et 7	$d - 0.0089$	$d - 0.0054$	$d - 0.0037$	$d + 0.0006$
2 et 8	$d - 0.0053$	$d - 0.0036$	$d - 0.0011$	$d + 0.0017$
3 et 9	$d - 0.0052$	$d - 0.0054$	$d - 0.0028$	$d + 0.0005$
4 et 10	$d - 0.0115$	$d - 0.0087$	$d - 0.0049$	$d - 0.0008$
5 et 11	$d - 0.0142$	$d - 0.0125$	$d - 0.0073$	$d - 0.0037$
6 et 12	$d - 0.0117$	$d - 0.0108$	$d - 0.0075$	$d - 0.0037$
Moyenne	$d - 0.0094$	$d - 0.0077$	$d - 0.0046$	$d - 0.0027$

Parallèles aux rayons.	A 148.5 millim. de la base.	A 176.5 millim. de la base.	A 208.5 millim. de la base.	A 230.5 millim. de la base.
1 et 7	$d + 0.0060$	$d + 0.0087$	$d + 0.0110$	$d + 0.0153$
2 et 8	$d + 0.0059$	$d + 0.0086$	$d + 0.0117$	$d + 0.0158$
3 et 9	$d + 0.0052$	$d + 0.0082$	$d + 0.0121$	$d + 0.0162$
4 et 10	$d + 0.0054$	$d + 0.0081$	$d + 0.0110$	$d + 0.0151$
5 et 11	$d + 0.0039$	$d + 0.0070$	$d + 0.0098$	$d + 0.0160$
6 et 12	$d + 0.0019$	$d + 0.0059$	$d + 0.0080$	$d + 0.0148$
Moyenne	$d + 0.0047$	$d + 0.0078$	$d + 0.0106$	$d + 0.0155$

On s'aperçoit facilement à l'inspection du tableau des hauteurs que les deux bases ne sont ni parfaitement parallèles, ni que l'une supposée plane, comme cela est permis, l'autre le soit aussi. L'inclinaison de deux bases ne produit pas d'erreur dans le volume, si, comme on doit le faire, on emploie la hauteur moyenne entre celles qui ont été observées aux deux extrémités d'un diamètre de la base. La courbure des bases est extrêmement petite, car la hauteur de l'axe ne diffère de la hauteur moyenne vers le bord que de 0.0015 parties.

Le milieu entre toutes les hauteurs observées est $h - 0.00296$, et si l'on a égard à l'influence plus grande qu'ont naturellement les hauteurs dans la détermination de la validité, à raison qu'elles sont plus éloignées de l'axe, le milieu est $h - 0.00305$. Le premier milieu est encore celui qui est entre la hauteur de l'axe et la hauteur moyenne à 11 millimètres de la circonférence. On peut donc regarder la hauteur à laquelle on doit se fixer définitivement égale à $h - 0.0030$ parties.

Le tableau des diamètres présente des différences de deux espèces. Premièrement les diamètres pris en différens sens, mais à la même distance des bases, prouvent que les sections parallèles aux bases ne sont pas des cercles à la rigueur; mais la plus grande différence d'un diamètre au diamètre moyen du même cercle ne va pas à 0.005 parties. En prenant donc le plus grand ou le plus petit diamètre au lieu du moyen, on auroit effectivement un dix millième d'erreur dans le volume. Mais ce n'est pas celui sur lequel il faut compter, parce qu'il résulte d'une supposition non seulement forcée, mais contraire aux préceptes de la géométrie, et qui n'est encore possible qu'autant qu'on excluroit encore les observations faites sur l'autre circonférence.

En second lieu, les diamètres moyens augmentent progressivement depuis une base à l'autre, et prouvent que le corps est un peu conique; circonstance qui n'influe sur l'exactitude du résultat que par une petite irrégularité dans la proportion que des différences des diamètres devoient observer. Cependant si on vouloit essayer d'en tenir compte, on verroit bientôt que ce sont des quantités entièrement à négliger.

Le diamètre moyen entre tous ceux qu'on a observés est
égal à . . . . $d + 0.002025$
Le diamètre d'une des bases est . . . . $d - 0.012498$
Le diamètre de l'autre base est . . . . $d + 0.016548$

Différence des diamètres des deux bases. . . 0.029046

Pour déterminer les quantités absolues il a fallu connoître la longueur des règles h et d. On y est parvenu par un moyen très - ingénieux imaginé par le citoyen Borda. Trente règles de cuivre ont été construites ; quinze de ces règles très-approchées de la longueur de h, et les quinze autres de la règle d. La différence de chacune de ces règles avec la règle h, pour les quinze premières, et avec la règle d pour les autres quinze, a été prise avec la même machine qui servoit à prendre les différences entre les diamètres du cylindre et la longueur des règles h et d. Ces différences, observées à plusieurs reprises, ne présentent pas de variations qui passent 0.0015 parties entre la plus grande et la plus petite. Le résultat moyen de toutes ces observations est que la longueur totale des seize règles de hauteur est plus grande que seize fois la règle de hauteur fondamentale h de 0.01425 parties, et les seize règles des diamètres sont ensemble plus petites de 0.01475 que seize fois la règle principale d.

Les seize règles de hauteur ont été placées ensemble, bout à bout, sur le comparateur qui a servi pour la comparaison des grandes règles de platine employées à la mesure des bases de Melun et de Perpignan; et en tenant compte des différences de dilatations, on trouve qu'à 17.6 degrés du thermomètre à mercure décimal, elles sont égales à la règle n° 1 + 0.00116929 de la demi-règle, et les seize règles pareilles à celles des diamètres ont été trouvées ensemble égales à la règle n° 1 — 0.00652783 de la demi-règle.

Les observations particulières, réduites à la même température, ne s'éloignent du milieu que de 0.000006 de la demi-règle pour ces règles de hauteur, et de 0.000018 de la demi-règle pour celles des diamètres ; ce qui par conséquent ne donne que 0.002 millimètres d'erreur sur la longueur absolue de la règle principale pour la comparaison des diamètres, si on vouloit s'en tenir à une observation unique et extrême. Il est donc superflu d'ajouter quelle confiance doit mériter cette partie de l'opération.

De ces données on conclut la longueur de la règle h = 108.064032 parties, et celle de la règle d = 108.64658 parties, ou lignes des anciennes mesures, à la température de 17.6 degrés. Par conséquent la hauteur moyenne du cylindre = h — 0.003 = 108.061032, et le diamètre moyen = d + 0.002025 = 107.6486 parties. Et comme le mètre contient 443.296 de ces parties, cette hauteur du cylindre est égale à 0.2437672 mètre, et le diamètre moyen à 0.2428368 mètre.

La capacité du cylindre se trouve égale à 11.2900054 décimètres cubiques; et pour la réduction au cône tronqué, suivant la différence des diamètres qui est de 0.0065 millimètres, il faut y ajouter 0.0674 millimètres cubiques, quantité si petite qu'on peut la négliger sans conséquence.

La solidité évaluée du cylindre est celle qu'il a à 17.6 degrés de température. On aura besoin de son volume quand il se trouve plongé dans l'eau à la température de 0.3. Or la dilatation du cuivre, suivant les expériences de Borda, donne une diminution du volume du corps de 0.010441 décimètre cubique.

Connoissant le volume du corps, il reste à trouver son poids dans l'eau et dans l'air, à une densité connue. Il étoit nécessaire d'avoir pour cet objet un système de poids supérieurement exact dont l'unité étoit arbitraire; mais le citoyen Lefèvre-Gineau l'a choisi à peu près égal au poids d'un décimètre cubique d'eau, et onze poids pareils ont été examinés par lui à une balance qui trébuchoit avec un millionième de ce poids chargé de l'unité, et il n'a pas trouvé une différence de cinq millionièmes en plus et en moins sur chacun de ces poids comparés successivement avec celui marqué n° 1. Il faut remarquer ici une fois pour toutes que les différentes pesées ont toujours été faites par substitution, de manière que le poids à examiner ou le corps à peser ont été mis en équilibre avec une masse dans l'autre bassin, et qu'ensuite les poids ont été mis au premier bassin, à la place de la chose à peser, jusqu'à ce qu'il y eût équilibre avec le même contre-poids qu'auparavant, méthode qui a non seulement une plus grande précision en elle-même, mais qui rend encore l'observation en partie indépendante de la construction de la balance. Le citoyen Lefèvre-Gineau n'a pas même négligé d'avoir égard à ce que le centre de gravité des masses qui chargeoient la balance correspondît toujours avec le centre des bassins.

Les sous - divisions du poids, ses dixièmes, centièmes, etc., jusqu'aux millionièmes, ont été examinées entre elles pour s'assurer de leur égalité, et chaque dixaine ensemble, avec le décuple de leur unité, pour être certain de leur rapport. Les centièmes, millième, etc. n'ont plus qu'un demi-millionième d'incertitude.

Le cylindre est construit de manière à ce qu'il ne soit que d'une petite quantité plus pesant que l'eau, afin qu'étant pesé dans l'air, son poids fût le moins considérable possible, et qu'il plongeât cependant dans l'eau par son propre poids. Comme il est creux, l'artiste a eu soin de construire pour l'intérieur une carcasse qui empêchât que la pression de l'eau ne le fît changer de volume; ce qui au reste n'étoit à craindre que pour les bases. Aussi les différentes pesées du cylindre dans l'eau, que le citoyen Lefèvre-Gineau a eu l'attention de faire à différentes profondeurs, n'ont donné aucune différence pour son poids; ce qui prouve que ni le cylindre ni l'eau n'étoient compressibles par des pressions de l'eau à ces profondeurs.

Les pesées du cylindre dans l'eau ont été faites les premières, afin de ne pas tourmenter la balance en commençant par des charges considérables. Au cylindre étoit vissé un tube métallique de 1.285 millimètres en diamètre, et servoit à entretenir la communication de l'air extérieur avec celui de l'intérieur du cylindre, quoique dans l'eau. La base supérieure du cylindre étoit à 43 millimètres sous l'eau, et le volume du tube plongé par conséquent de 55.77 millimètres cubiques. Le volume de la matière métallique du cylindre a été évalué par son poids et la pesanteur spécifique du cuivre, à 1.506 décimètres cubiques. La partie intérieure vide est donc de 9.774 décimètres cubiques. L'eau distillée dans laquelle le cylindre devoit être pesé a été refroidie en tenant constamment le vase qui la contenoit entouré de glace pilée. Quelle que peine que le citoyen Lefèvre-Gineau se soit donnée pour obtenir la température de la glace, il n'a pas pu la porter au-dessus de 0°2, et la température moyenne de l'eau est, selon lui, de 0°3.

Le milieu de trente-six pesées à la température moyenne de 0°3, et réduite à 757.7 millièmes du baromètre, donne le poids apparent du cylindre dans l'eau 0.209419. Les observations particulières varient jusqu'à quarante cinq millionièmes de l'unité. Le poids de l'air dans l'intérieur du cylindre, en le supposant à la même température que l'eau, est égal à 0.0126167; il reste donc pour le poids du cylindre vide d'air et pesé dans l'eau 0.1968023. Mais ce poids étant encore plongé dans l'air qui le diminue de 0.0000355, on a 0.1967668 pour ce poids qui auroit été suffisant pour équilibrer le cylindre dans l'eau, pesé dans le vide.

En prenant la moyenne de quarante-huit pesées du cylindre dans l'eau distillée, qui donnent sans correction un poids égal à 0.2094302, et réduit 757.7 millième de pression, on trouve 0.2094056, résultat qui ne diffère du précédent que de 0.00002. Nous nous arrêtons donc au premier, qui ne contient que les observations choisies entre les quarante-huit.

Par cinquante-trois expériences sur le poids du cylindre dans l'air, il s'est trouvé par un milieu d'un poids égal à 11.4660055, quantité à laquelle il n'y a aucune réduction à faire pour avoir le résultat, l'opération étant faite dans le vide, vu que le poids est de la même matière que le cylindre, dont l'intérieur communique avec l'air extérieur. Les plus grandes différences des observations particulières ne vont qu'à 46 millionièmes.

En prenant la différence entre le poids du cylindre dans l'air et dans l'eau, réduit comme il a été observé, le poids d'un volume d'eau égal à celui du cylindre se trouvera de 11.2692387. Le volume du cylindre, en y appliquant les corrections dues à sa contraction dans l'eau froide et au fil métallique plongé, est égal à 11.2796202 décimètres cubiques; d'où il suit que le diamètre cubique d'eau distillée à 0.3 degré de thermomètre, pèse dans le vide 0.9990796 du poids employé dans les expériences.

Par les expériences que le citoyen Lefèvre-Gineau a faites avec le cylindre, en le pesant dans l'eau à différentes températures, il s'est trouvé qu'un volume d'eau égal à celui du cylindre, pèse 0.00144 de plus à sa plus grande densité qu'à la température de 0.3 degré ; et quoique la température change d'un quart de degré quand l'eau est près de sa plus grande densité, le poids de ces 11.27 décimètres cubiques varie à peine de 0.00001. Le citoyen Lefèvre-Gineau publiera ses observations sur ce sujet ; nous sommes obligés d'éviter trop de détail, d'indiquer seulement le résultat d'après lequel le poids du décimètre cubique d'eau à 0.3 degré de température doit être augmentée encore de 0.00012757 , pour avoir celui au *maximum* de densité qui est alors égal à 0.9992072.

C'est le rapport qu'il y avoit à trouver ; car c'est sur les poids employés dans ces expériences que l'unité de poids sera faite. Cependant il faut encore déterminer le rapport du nouveau poids avec le poids de marc usité jusqu'à présent en France.

Le citoyen Lefèvre-Gineau a fait en conséquence la comparaison du poids de marc sur la pile dite de Charlemagne, et il a trouvé que les 50 marcs qui font le poids entier de la pile, équivalent à 12.227944 du poids employé. L'unité de celui-ci est donc égale à 18842.088025 grains, poids de marc. Il en résulte que le vrai kilogramme ou le décimètre cubique d'eau distillée au *maximum* de la densité, pèse 18827.15 grains dans le vide.

Pour le pied cubique d'eau à la plus grande densité, on trouve conséquemment le poids de 645343 grains, ou 70 livr. 223 grains, poids de marc ; et pour l'eau à 0.3 degré de température, le pied cubique pèse 645261 grains, ou 70 liv. 141 grains, poids qui doit être encore diminué d'environ 13 grains, si on vouloit que l'eau fût à la température de la glace fondante. Les citoyens Lavoisier et Haüy, qui se sont occupés à déterminer ce poids provisoire, ont trouvé le poids du pied cubique d'eau à la température de la glace 70 liv. 60 grains.

Par l'examen très-scrupuleux que les Commissaires spécialement chargés de ce travail ont fait des opérations du citoyen Lefèvre-Gineau, il ne peut être douteux pour eux que ces expériences faites par des physiciens aussi exercés dans l'art d'observer que le sont les citoyens Lefèvre-Gineau et Fabbroni, ne soient au dernier degré d'exactitude où nous puissions actuellement parvenir.

Nous regardons donc aussi le poids du nouveau système métrique comme définitivement fixé. Cette unité termine la partie dépendante de l'expérience. Les autres unités, celle du temps, de la vitesse, l'unité de monnoies, etc., sont des unités qu'on peut nommer de définition, qui n'éprouvent aucune difficulté. La société ne tardera pas à reconnoître le mérite d'un système dans lequel il n'y a rien qui ne soit puisé dans la Nature, et d'une simplicité telle qu'elle n'existoit dans aucun autre système, quoiqu'ils dussent tous être calculés pour la plus grande commodité générale.

Fait au Palais National, ce 11 prairial an 7.

Signé, LAPLACE, LAGRANGE, BRISSON, DARCET,
TRALLÈS, MÉCHAIN, COULOMB, VAN-SWɪ͞DEN,
MULTEDO, LEGENDRE, PEDRAYES, VASSALLI,
ÆNEÆ, MASCHERONI et FABBRONI.

DISCOURS

Prononcé à la barre des deux Conseils du Corps législatif, au nom de l'Institut national des Sciences et des Arts, lors de la présentation des étalons prototypes du mètre et du kilogramme.

Séance du 4 messidor an 7.

Citoyens Représentans du Peuple,

L'Institut national, obéissant avec reconnoissance à la loi qui le lui prescrit, vient vous rendre compte d'une opération utile au Monde, singulièrement honorable pour la Nation française, et qui est heureusement terminée.

On a senti de tous les temps une partie des avantages qu'auroit l'uniformité des poids et des mesures.

Mais d'un pays à l'autre, et dans l'intérieur même de chaque pays, l'habitude, les préjugés s'opposoient sur ce point à tout accord, à toute réforme.

En vain Huygens dans le siècle dernier, et Lacondamine dans celui-ci, avoient, pour préparer ce travail, mis en avant quelques vérités précieuses.

Il falloit un grand évènement, une puissante impulsion politique pour vaincre les répugnances populaires.

L'Assemblée constituante, qui n'a pas toujours pu faire tout ce qu'elle auroit voulu, mais à laquelle aucune grande vue d'utilité publique n'a échappé, a, d'après une motion remarquable du citoyen Talleyrand, invité l'Académie des sciences à fonder le système métrique sur une base naturelle.

En effet, aucune nation, employant pour les mesures des élémens arbitraires, ne pouvoit réclamer le droit, ni concevoir l'espérance de faire adopter aux autres ceux qu'elle auroit préférés.

Il falloit donc en trouver le principe dans la Nature que tous les peuples ont un intérêt égal à observer et le choisir tel que sa convenance pût déterminer tous les esprits.

L'Académie des sciences jugea que l'unité de cette mesure devoit être une partie connue et aliquote de la circonférence du Globe terrestre. Elle la fixa au dix-millionième de l'arc du méridien compris entre l'équateur et le pôle boréal.

Cette unité, tirée du plus grand et des plus invariables des corps que l'homme puisse mesurer, a l'avantage de ne pas différer considérablement de la demi-toise et de plusieurs autres mesures usitées dans les différens pays : elle ne choque donc point l'opinion commune. Elle offre un aspect qui n'est pas sans intérêt.

Il y a quelque plaisir pour un père de famille à pouvoir se dire : « Le champ qui fait subsister mes enfans » est une telle portion du globe. Je suis dans cette pro- » portion co-propriétaire du Monde. »

Les mesures qui avoient déja été prises de différens arcs du méridien, donnoient à présumer que la dix-millionième partie de l'arc qui s'étend du pôle à l'équateur ne s'écarteroit pas beaucoup de trois pieds onze lignes et quarante-quatre centièmes de l'ancienne mesure française; et dans l'empressement de prononcer à ce sujet, on a décrété que telle seroit la dimension d'un mètre provisoire.

Mais il est indispensable de constater celle que le mètre définitif devoit tirer de la mesure parfaitement exacte d'un grand arc du méridien.

On a choisi celui qui passe de Dunkerque à Montjouy vers Barcelonne, et qui embrasse neuf degrés et deux tiers, ou plus du dixième de l'arc que l'on avoit à connoître.

Il a fallu lier, par des triangles visuels, tous les points éminens renfermés dans cette vaste étendue, et jamais une si grande opération géodésique n'avoit été faite. Il a fallu vérifier les résultats que donnoient sur ces triangles les observations et le calcul, en les rapportant à deux bases sévèrement mesurées; l'une, peu éloignée de Paris, entre Melun et Lieursaint; l'autre entre Vernet et Salces auprès de Perpignan. Il a fallu par des observations d'azimut, s'assurer de la direction des côtés de ces triangles avec la Méridienne. Il a fallu des observations astronomiques sur l'arc céleste, correspondant à l'arc terrestre qu'on avoit mesuré.

Les citoyens Méchain et Delambre ont été chargés de ce travail.

Surmontant une multitude d'obstacles physiques et moraux, ils s'en sont acquittés avec un degré de perfection dont on n'avoit pas eu d'idée jusqu'à ce jour.

Et en s'assurant de la mesure qu'on leur demandoit, ils ont recueilli et démontré, sur la figure de la terre, sur l'irrégularité de son aplatissement, des vérités aussi curieuses que nouvelles.

Le citoyen Delambre a étendu ses observations sur plus de six degrés et demi depuis Dunkerque jusqu'à Rhodès, et il a mesuré les deux bases.

Le citoyen Méchain a observé depuis Rhodès jusqu'à Barcelone : il n'y a pas eu pour lui de Pyrénées. Et il avoit fait tous les préparatifs nécessaires afin de pousser son travail jusqu'à l'isle de Cabrera, au-delà de celle de Mayorque; ce qui auroit porté la connoissance de cette Méridienne à deux degrés de plus au sud, ou à plus du huitième de l'arc compris entre le pôle et l'équateur. On pourra reprendre un jour cette suite de l'opération.

Celle qui est achevée a prouvé que le mètre réel n'est que de *cent quarante-cinq millièmes* de ligne plus court que le mètre présumé ou provisoire.

Il a fallu ensuite prendre une division de ce mètre destiné aux mesures de longueur et de surface, l'appliquer aux mesures de contenance, et en faire dériver les mesures de poids, que l'on a fondées sur celui de la quantité d'eau distilée que renfermeroit le cube de la dixième partie d'un mètre.

C'est au citoyen Lefèvre-Gineau que l'institut a confié cette dernière partie de l'opération; et il y a mis des soins non moins attentifs ni moins bien conçus que ceux que les citoyens Méchain et Delambre ont eu à employer pour leur pénible tâche.

L'Institut national, qui a voulu donner aux résultats de cet important travail la plus irrésistible authenticité, et répandre sur toutes ses parties le plus respectable concours de lumières, a desiré qu'un grand nombre de Savans étrangers y prissent part.

D'après ce vœu, que vous ne pourrez désapprouver, le Gouvernement a invité les Puissances alliées ou neutres à envoyer en France des Savans qui, réunis aux Commissaires nommés par l'Institut national, ont formé la Commission des poids et des mesures, et calculé et vérifié toutes les opérations.

C'est un devoir de l'Institut, Citoyens Législateurs, de vous faire connoître les Savans distingués qui doivent partager cette gloire.

Il vous les indiquera suivant l'ordre alphabétique de leurs noms : car entre eux tout doit être réglé parles lois de la noble fraternité dont ils sont tous dignes.

Ce sont :

Le citoyen ÆEnae, député de la République batave;

M. de Balbe, envoyé par le roi de Sardaigne, et remplacé depuis par le citoyen Vassalli;

Le citoyen Berthollet, membre de l'Institut de France et de celui d'Egypte;

Le citoyen Borda, de qui l'Institut pleure la perte depuis le mois de ventose dernier, qui a inventé le cercle répétiteur auquel les Savans ont donné son nom, et dont les citoyens Méchain et Delambre ont, dans toutes leurs opérations géodésiques et astronomiques, fait le plus utile usage ;

Le citoyen Brisson, membre de l'Institut ;

M. Bugge, envoyé par le roi de Danemarck :

M. Ciscar, envoyé par le roi d'Espagne ;

Les citoyens Coulomb, Darcet, Delambre, tous trois membres de l'Institut ;

M. Fabbroni, député de Toscane, qui a particulièrement concouru au travail du citoyen Lefévre-Gineau ;

Le citoyen Franchini, député de la République romaine ;

Les citoyens Haüy, Lagrange, Laplace, Lefévre-Gineau, et Legendre, membres de l'Institut ;

Le citoyen Mascheroni, député de la République cisalpine ;

Le citoyen Méchain, membre de l'Institut ;

Le citoyen Mongès, membre de l'Institut de France et de celui d'Egypte ;

Le citoyen Multedo, député de la République ligurienne ;

M. Pedrayes, envoyé par le roi d'Espagne ;

Le citoyen Prony, membre de l'Institut ;

Les citoyens Trallès, député de la République helvétique,

Et Van-Swinden, député de la République batave, que la Commission a chargés l'un et l'autre de faire à l'Institut le rapport général et détaillé de tout le travail ;

Le citoyen Vandermonde, membre de l'Institut;

Et enfin le citoyen Vassalli, député du Gouvernement piémontais.

Nous devons ajouter que l'illustre Lavoisier, si regretté de l'Europe, que le laborieux Tillet, et que le général Meunier, mort à Mayence en défendant la Patrie et la liberté, tous trois membres de l'Académie des Sciences, avoient eu une part importante à tous les travaux préparatoires.

Et nous dirons encore que deux artistes célèbres, ici présens avec la Commission, les citoyens Lenoir et Fortin, ont contribué au succès en fabriquant, avec l'habileté qui les caractérise, l'un les cercles de Borda, et les autres instrumens que les citoyens Méchain et Delambre ont employés; l'autre, ceux qui ont été nécessaires à la partie de l'opération relative au poids, et confiée au citoyen Lefévre-Gineau.

Vous aurez remarqué, Citoyens Législateurs, cette utile union des Savans étrangers et des Savans nationaux.

Elle a été parfaite.

Les Étrangers se louent de la franchise sans réserve avec laquelle les citoyens Méchain, Delambre et Lefévre-Gineau leur ont communiqué tous les détails, tous les registres, et jusques aux moindres notes de leurs opérations.

Ces élémens ont été soumis par les divers membres de la Commission, à des calculs séparés, exécutés par des méthodes différentes, et dont l'accord presque inconcevable donne le plus grand degré de certitude.

Vous n'aurez pas manqué d'observer aussi que ce sont deux Savans étrangers, un Helvétien et un Batave, à qui la Commission et l'Institut ont remis le soin d'en rédiger, pour ainsi dire, le procès-verbal, et d'en résumer l'histoire.

C'étoit un exemple qu'il convenoit peut-être à la Nation française de donner de ses justes égards pour les Nations amies. Puissent-elles être toujours bien convaincues que nous les regardons en tout comme de véritables sœurs!

Ce choix a été justifié.

Le citoyen Trallès a fait le rapport de la manière dont on a reconnu et déterminé les poids.

Le citoyen Van-Swinden a décrit la mesure de l'arc du méridien, et fondu dans un seul rapport son travail et celui de son collègue.

L'Institut regrette que l'importance et l'urgence de vos travaux ne lui permettent pas de vous donner lecture de ce rapport, dont le manuscrit sera déposé aux archives de la République, et qui vous sera remis individuellement après l'impression.

Vous auriez éprouvé une grande satisfaction en voyant la multitude des précautions qui ont été prises dans la mesure d'étendue pour s'assurer du centre véritable des différens points de mire; pour traduire en triangles horizontaux les triangles plus ou moins inclinés, et inclinés en différens sens, que l'on avoit à mesurer; pour niveler cet immense espace de neuf degrés et deux tiers du méridien; pour trouver dans la différente dilatation

des métaux dont on a composé les *modules* un thermomètre qui mît à porter d'apprécier avec justesse l'influence de chaque degré de température ; enfin pour
empêcher que, dans la mensuration des bases, l'instrument pût être exposé au moindre déplacement, à la plus
légère secousse.

Vous n'auriez pas été moins frappés de celles qui ont
été employées pour mesurer et pour perfectionner le
cylindre qui, en déplacant une certaine quantité d'eau
distillée, a indiqué la mesure de poids ; pour comparer
les pesées à l'air libre, et dans le vide, et dans l'eau ;
pour connnoître la température où se trouve le *maximum*
de la densité de l'eau dans son état liquide ; et pour s'assurer de la différence qui doit exister entre l'étalon usuel
fabriqué de laiton et l'étalon prototype en platine, afin
que l'usuel qui est d'un métal plus volumineux n'égale
exactement que le poids de l'eau déplacée par l'autre.

Ces précautions si habilement multipliées donnent
une idée du degré de sagacité auquel peut s'élever l'esprit humain dans les Sciences physiques ; et le compte
que le citoyen Van-Swinden en a rendu, a paru à l'Institut offrir un modèle de la perfection dans l'art d'expliquer leurs travaux; de les faire comprendre même aux
citoyens qui n'ont pas spécialement cultivé ces sciences.

Nous possédons à présent et le *mètre* de la nature
pour les mesures linéaires, et le *kilogramme* vrai qui en
résulte.

Après vous les avoir présentés, l'Institut va en dépo-

ser les prototypes dans les Archives nationales; ils y seront conservés avec un soin religieux.

Jamais l'ignorance et la férocité des peuples barbares
ne les enlèveront à la vaillance, au patriotisme, aux vertus et d'une Nation éclairée sur ses intérêts, sur son honneur, sur ses droits.

Mais si un tremblement de Terre engloutissoit, s'il
étoit possible qu'un affreux coup de foudre mît en fusion
le métal conservateur de cette mesure, il n'en résulteroit
pas, Citoyens Législateurs, que le fruit de tant de travaux, que le type général des mesures pût être perdu
pour la gloire nationale, ni pour l'utilité publique.

Précisément dans l'intention d'établir un moyen conservateur du *mètre*, le citoyen Borda, à qui les sciences
ont tant d'autres obligations, a déterminé, avec la plus
grande précision, les dimensions du *pendule* qui bat les
secondes a Paris. Des barres de platine ont été préparées
pour faire à volonté, et par-tout où on les transportera,
d'autres *pendules* de comparaison.

On va s'occuper à connoître, avec la même exactitude, la longueur du *pendule* qui battra les secondes au
niveau de la mer, et au quarante-cinquième degré de
latitude, à une température déterminée. On vérifiera
scrupuleusement le nombre de millimètres qu'il contient.

Ensuite avec tout autre pendule du même métal, qui
battra les secondes au même degré de latitude, au même
niveau, à la même température, et d'après la longueur
de ce pendule qu'on saura devoir être de tant de milli-

mètres, on pourra toujours, sans être obligé de mesurer de nouveau l'arc de la terre, construire un nouveau mètre prototype qui sera aussi exactement que le premier le dix-millionième de l'arc du méridien, compris entre le pôle boréal et l'équateur.

Tel est le signe de rappel, offert aussi par la Nature, pour le système métrique, dont le travail des citoyens Méchain et Delambre, et celui de la Commission des poids et des mesures ont déterminé la base.

L'Institut national desire que ce travail ait votre approbation.

RAPPORT

FAIT

A L'INSTITUT NATIONAL

DES SCIENCES ET ARTS,

LE 29 PRAIRIAL AN 7,

Au nom de la Classe des Sciences Mathématiques et Physiques,

Sur la mesure de la méridienne de France, et les résultats qui en ont été déduits pour déterminer les bases du nouveau système métrique (1).

CITOYENS,

EMPLOYER pour unité fondamentale de toutes les mesures un type pris dans la Nature même, un type aussi inaltérable que le Globe que nous habitons ; proposer un

---

(1) Il avoit été lu à la classe des Sciences physiques et mathématiques, au nom de la Commission des poids et mesures, deux rapports particuliers, l'un le 6 prairial, par le citoyen Van-Swinden, sur la mesure de la méridienne

système métrique dont toutes les parties sont intimement
liées entre elles, toutes dépendantes de ce type primitif,
et dont les multiples et les subdivisions suivent une
progression naturelle, simple, facile à saisir, et toujours
uniforme ; c'est assurément une idée belle, grande,
sublime, digne du siècle éclairé dans lequel nous vivons.
Aussi l'Académie des Sciences, qui se rappeloit que, dès
sa naissance, la théorie et les expériences de Huigens
sur le pendule simple avoient fixé les yeux du Monde
savant sur l'invariabilité et l'universalité des mesures ;
qui en sentoit toute l'importance ; qui connoissoit les
vœux des mathématiciens sur ce sujet ; qui avoit vu l'un
de ses membres, le célèbre La Condamine, s'employer,
avec un grand zèle, pour en faire goûter l'idée, et pour
détruire les objections que l'ignorance et la cupidité ne
cessoient alors, comme elles ne cessent encore aujour-
d'hui d'y opposer (1) ; ne manqua-t-elle pas de saisir le
moment même auquel le Peuple Français commençoit à
s'occuper de sa régénération politique et sociale, pour
reprendre cette matière intéressante, dont l'exécution
n'attendoit, peut-être, que l'instant où l'impulsion donnée
aux esprits feroit saisir avidement tout ce qui peut tendre
au bien public, et où les circonstances permettroient de

---

et la détermination du mètre ; l'autre le 11 du même mois, par le citoyen
Trallès, sur l'unité des poids. La classe a décidé que ces deux rapports seroient
réunis et refondus en un seul, pour être lus à une séance générale de l'Institut ;
et elle a chargé la Commission de nommer un de ses membres pour en faire la
rédaction. Cette rédaction a été faite par le citoyen Van-Swinden.

(1) Mémoires de l'académie pour 1748.

s'en occuper sans entraves et avec succès. Consultée bientôt par l'Assemblée constituante, dont l'attention venoit d'être fixée sur cet objet par la proposition qu'en fit le citoyen Talleyrand (1), et chargée par elle de déterminer l'unité des mesures et celle des poids, elle employa, par des raisons sages qu'elle a développées dans le temps (2), pour base de tout le système métrique, le quart du méridien terrestre compris entre l'équateur et le pôle boréal; elle adopta la dix-millionième partie de cet arc pour l'unité des mesures, et nomma *mètre* cette unité, qu'elle appliqua également aux mesures de surfaces et de contenance, en prenant pour l'unité des premières le quarré du décuple, et pour celle de contenance le cube de la dixième partie du mètre; elle choisit pour *unité de poids* la quantité d'eau distillée que contient ce même cube, lorsqu'elle est réduite à un état constant que la Nature elle-même présente; enfin elle décida que les multiples et les sous-multiples de chaque sorte de mesure, soit de poids, soit de contenance, soit de surface, soit de longueur, seroient toujours pris en progression décimale, comme la plus simple, la plus naturelle et la plus facile pour le calcul dans le système de numération que l'Europe entière emploie depuis les siècles. Tels sont les points fondamentaux et essentiels du nouveau système métrique que l'Académie a proposé, qui a été adopté par l'Assemblée constituante, et qui, sous des noms,

---

(1) Décret du 8 mai 1790.

(2) Mémoires de l'Académie pour 1789.

différens à la vérité de ceux dont l'Académie avoit fait choix, ont été consacrés par la loi du 18 germinal de l'an III de la République.

Mais, puisque la base du nouveau système métrique dépend du quart du méridien terrestre, il faut connoître la grandeur de cet arc, sinon avec une précision extrême, au moins avec une précision suffisante pour la pratique. On avoit déjà fait en France, depuis la fin du dernier siècle, différentes opérations pour déterminer la grandeur de plusieurs arcs de la méridienne qui traverse ce vaste Empire; et quoiqu'il restât des doutes sur l'entière exactitude de ces opérations, malgré les vérifications qu'on en avoit faites à différentes reprises, on étoit autorisé à croire, d'après les recherches du célèbre Lacaille, que le degré moyen ne s'écarteroit pas beaucoup de 57,027 toises; conséquemment que le quart du méridien en contiendroit 5,132,430, et que la dix-millionnième partie de cet arc répondroit à 443 lignes $\frac{443}{1000}$. Dans la juste impatience où l'on étoit de jouir du grand bienfait de mesures exactes, uniformes, universelles, on attribua *provisoirement* au mètre la longueur de 443 lignes $\frac{44}{100}$, persuadé, comme on croyoit pouvoir l'être, que les déterminations plus précises qu'on attendoit n'apporteroient à cette grandeur que de légers changemens.

Cependant l'Académie, qui considéroit cette matière sous son vrai point de vue, dans son ensemble, et sous tous ses rapports; sous le rapport de l'utilité publique, sous celui de sa liaison intime avec les points les plus importans de la physique céleste, sous le rapport même de la gloire nationale, à laquelle il importe que les bases d'un nouveau systême métrique qu'on propose à une grande Nation, qu'on voudroit voir adopter par toutes, soient déterminées avec la plus grande précision ; conçut le beau projet de faire faire une nouvelle mesure de la méridienne qui traverse la France, de l'étendre au-delà des frontières, d'aller jusqu'à Barcelone, et de faire servir ce grand arc à déterminer le quart du méridien de la Terre. L'Assemblée constituante adopta ce vaste projet, elle en confia l'exécution à l'Académie : celle-ci nomma, sans délai, plusieurs de ses membres pour s'occuper des différentes parties qui font l'ensemble du systême métrique ; et définitivement elle chargea de la mesure du méridien les citoyens Méchain et Delambre, si dignes à tous égards de la mission glorieuse, mais pénible, dont on les a honorés. L'Institut nomma, par la suite, le citoyen Lefévre-Gineau pour faire les expériences relatives à la détermination de l'unité des poids; il a prouvé, par la beauté et l'exactitude de son travail, combien il étoit digne d'être associé à ses illustres confrères.

Cette grande et importante opération, projetée par l'Académie des Sciences pour l'établissement d'un nouveau systême métrique, commencée par ses ordres, et heureusement terminée sous les auspices de l'Institut, après sept années de peines et de travaux, est remarquable à plusieurs égards. Elle l'est d'abord par l'étendue de l'arc terrestre qu'on a employé, et qui, étant de plus de

neuf degrés et deux tiers, surpasse tous ceux qui avoient
été mesurés jusqu'ici : elle l'est ensuite, par l'extrême
exactitude avec laquelle toutes les parties en ont été
exécutées ; mesure géodésique de l'arc terrestre, observations astronomiques, travail pour la fixation de l'unité
de poids, expériences sur la longueur du pendule, tout
a marché de pair ; chaque genre a été traité avec la même
précision : elle est enfin remarquable, et peut-être unique,
par le degré d'authenticité dont elle est revêtue. En effet,
l'Institut a desiré, non-seulement que des Commissaires
choisis dans son sein examinassent tout ce qui avoit été
fait, mais encore que des Savans étrangers pussent se
joindre à eux pour faire un travail commun. Le Gouvernement a accueilli ce vœu ; il a invité les Puissances
alliées ou neutres d'envoyer des députés pour cet objet.
Plusieurs se sont rendues à cette invitation ; et ces députés,
réunis aux Commissaires français, composent la Commission des poids et mesures qui s'est assemblée depuis quelques mois dans ce palais, et sous vos auspices,
pour fixer définitivement la grandeur des bases du nouveau système métrique. Cette Commission a pris une
connoissance intime de tous les détails de chaque observation, de chaque expérience ; elle en a pesé les circonstances ; conjointement avec les observateurs eux-
mêmes, elle a déduit des observations les résultats qui
devoient servir au calcul, et a arrêté les unités de mesures et de poids, résultats définitifs de tout le travail.
Jamais pareille opération n'avoit été soumise à pareille
épreuve ; et la Commission se fait un devoir, et un plaisir,

de faire connoître à l'Institut que les citoyens Méchain, Delambre et Lefévre-Gineau se sont empressés à faire passer sous ses yeux jusqu'aux moindres détails de leurs registres originaux; qu'ils lui ont donné sur chaque objet tous les éclaircissemens possibles; qu'ils lui ont expliqué avec précision tous les instrumens dont ils se sont servis; qu'ils ont rendu compte des méthodes qu'ils ont employées; qu'ils ont prévenu les desirs des commissaires sur tous les points, avec toute la complaisance qu'on pouvoit attendre de confrères et d'amis, et avec cette noble franchise qui caractérise des observateurs exacts, lesquels, loin de redouter un examen sévère, desirent, au contraire, qu'on le fasse rouler minutieusement sur tous les détails, et qu'on le pousse même jusqu'au scrupule, bien sûrs que c'est le meilleur moyen de faire paroître la vérité dans tout son éclat.

Chargé de vous rendre compte du travail de ces excellens observateurs, et de ce qui a été fait par la Commission des poids et mesures pour la fixation des *unités* qui servent de base au nouveau système métrique, qu'il me soit permis, pour mettre de l'ordre dans la multitude des matières que je dois soumettre à votre jugement, de vous entretenir d'abord de ce qui concerne la mesure de l'arc du méridien, et la détermination du mètre, ou de l'*unité* des mesures linéaires, qui en en est le résultat; de vous exposer ensuite les expériences qu'il a fallu faire pour parvenir à fixer l'*unité* du poids; enfin, en vous présentant les étalons de ces *deux unités*, de vous proposer quelque réflexions sur leur nature, leur usage, et la manière de les rétablir avec la plus grande exactitude, quand même tous les étalons viendroient à être anéantis, et qu'il n'en restât que le nom : avantage précieux de ces nouvelles mesures, et qui leur assure le titre de mesures invariables.

Commençons par ce qui concerne la mesure de la méridienne. Les citoyens Méchain et Delambre se sont partagé cet immense travail. La partie boréale, depuis Dunkerque jusqu'à Rhodès, est échue à celui-ci, et le citoyen Méchain a fait tout le reste depuis Rhodès jusqu'à Barcelone ; il a vivement regretté que les circonstances ne lui aient pas permis de prolonger ses opérations jusqu'à l'île de Cabréra, comme il l'avoit desiré. Il avoit même fait tout les préparatifs pour ce travail ; il avoit entrepris les courses nécessaires pour examiner le local, et constater les stations qu'il conviendroit d'employer ; il a tracé sur le papier les triangles qu'il faudra mesurer : de sorte que tout cette partie est ébauchée, et que, graces à son activité et aux soins qu'il s'est donnés sur cet objet, il sera facile d'ajouter cet arc à celui qui vient d'être mesuré, et de prolonger encore la méridienne de deux degrés. Espérons que des circonstances favorables permettront d'exécuter un jour ce qui n'a pu l'être jusqu'ici.

Vous savez qu'il faut, pour la détermination de la méridienne, quatre genres d'observations ; d'abord des observations *géodésiques*, qui consistent à mesurer tant les angles que font entr'elles les stations qu'on a choisies, que ceux d'élévation ou de dépression de chacune des stations, par rapport à celle à laquelle on pointe l'instru-

ment, afin de pouvoir réduire à l'horizon les angles primitivement observés, et de former une chaîne non interrompue de triangles qui se termine aux deux extrémités
de la méridienne. Il s'agit ensuite de mesurer des bases
qu'on lie à la chaîne des triangles : l'une d'elles sert à
déterminer par le calcul les côtés de chaque triangle,
et l'autre est employée à vérifier l'opération et à la
rectifier, s'il est nécessaire. Il faut, en troisième lieu,
connoître la direction des côtés des triangles par rapport à la méridienne ; ce qui exige des observations
d'*azimut*. Enfin il est nécessaire de faire des observations astronomiques pour connoître l'arc céleste, auquel
répond l'arc terrestre de la méridienne, qu'on a mesuré
géodésiquement. Nous allons reprendre ces quatre genres
d'observations, pour faire connoître ce que les observateurs ont fait, quel est le degré d'exactitude auquel ils
sont parvenus, quelle est la manière dont la Commission a discuté leur travail, et s'est convaincue de la
précision rare avec laquelle cette opération a été exécutée.

La partie géodésique forme un travail long et pénible
par sa nature, mais qui a été singulièrement augmenté
par les différens obstacles que les observateurs ont eu à
surmonter. Les circonstances des temps pendant lesquels
ils ont fait leurs opérations, et dont nous ne vous rappellerons pas le souvenir, en ont fait naître un grand
nombre ; mais les observateurs ont trouvé des ressources
contre ce genre d'obstacles, dans leur fermeté, dans
leur courage, dans leur prudence et dans ce zèle actif
qui les a engagés à supporter les peines les plus cui-

santes, les privations les plus dures, les fatigues les plus rudes, plutôt que de négliger le travail qui leur avoit été confié, ou même de passer légèrement sur ce qui pouvoit contribuer à sa perfection. A ces obstacles, s'en joignoient d'autres, produits par des circonstances locales : souvent, et sur-tout dans la partie boréale, et jusqu'à Bourges, au lieu d'employer des signaux faits exprès et placés à volonté, on a été obligé de se servir de clochers. Les circonstances et la nature du terrain empêchoient d'en agir autrement; on avoit d'ailleurs l'intention de tirer de cette nouvelle mesure de la méridienne tout le parti possible pour vérifier l'ancienne opération, ce qui a exigé beaucoup de recherches, quelquefois infructueuses, pour constater l'identité des stations; l'intérieur des clochers rendoit l'observation très-pénible, et celle au centre de la station ordinairement impossible. Il falloit donc imaginer des moyens pour déterminer ce centre avec exactitude, et y réduire l'observation faite d'un autre point. La figure des clochers exigeoit beaucoup d'attention pour être sûr qu'on pointoit constamment sûr la même arrête, et que le rayon visuel passoit par le centre, ce qui n'étoit pas toujours facile. Les différentes manières dont les objets ronds sont éclairés à différentes heures du jour, produiroient encore des erreurs si on n'y avoit égard. Les signaux même exigent de l'attention, selon qu'ils se projettent différemment. Il s'agissoit d'étudier la nature des erreurs qui pouvoient résulter de ces différentes causes, et de trouver des formules pour en calculer l'effet. Ce sont autant de recher-

ches que les observateurs ont faites. L'un d'eux, le citoyen Delambre, vient de publier les siennes, et toutes
les méthodes de réductions qu'il a employées, dans un
mémoire singulièrement intéressant (1); et si le citoyen
Méchain faisoit également part au Public de ses profondes méditations sur ces objets, la classe des livres
de science se trouveroit de rechef enrichie d'un ouvrage
du premier mérite. En un mot, c'est en employant tout
ce qu'une longue habitude d'observer leur donnoit de
dextérité, ce que leur sagacité leur fournissoit de moyens
pour discerner et pressentir même les différentes causes
d'erreur qui pouvoient avoir lieu, et leurs connoissances
mathématiques de ressources pour les calculer, que les
citoyens Méchain et Delambre sont parvenus à vaincre
tous les obstacles, et à élever un monument éternel à la
gloire de l'Académie, de l'Institut, des Sciences, de la
Nation Française même; gloire à laquelle, grâces à leurs
travaux, la leur propre est à jamais intimement liée.

Les observateurs se sont servis pour la mesure des
angles, dans quelque genre d'observation que ce soit, du
cercle entier de Borda, qu'on pourroit nommer à juste
titre *cercle répétiteur*, par le précieux avantage qu'il
procure de répéter pour ainsi dire l'angle à observer, en
permettant d'en prendre tel multiple qu'on desire, et
conséquemment de diminuer en même raison les erreurs

---

(1) *Méthodes analytiques pour la détermination d'un arc du méridien :*
à Paris, chez Duprat, in-4°.: cet ouvrage est précédé d'un Mémoire du
citoyen Legendre sur le même sujet.

inévitables d'ailleurs, soit à cause des limites de nos sens, soit à cause de celles de la perfection des instrumens, et de les rendre à la fin insensibles. L'utilité de ce cercle, construit avec un grand soin, sous les yeux de Borda même, par le célèbre artiste Lenoir, avoit déja été pleinement prouvée par les observations que les citoyens Cassini, Méchain et Legendre avoient faites en 1787 pour la jonction des Observatoires de Paris et de Greenwich; et dans lesquelles ils sont parvenus à un degré de précision inconnu jusqu'alors; et s'il pouvoit rester encore quelque doute sur l'extrême exactitude qu'on peut obtenir au moyen de ce cercle, quand on s'en sert d'ailleurs avec les précautions qu'il exige, les observations des citoyens Méchain et Delambre suffiroient pour les dissiper entièrement.

Ordinairement il a été fait à chaque station plus d'une série d'observations, et les observateurs ont formé chaque série du nombre d'observations qu'ils ont cru nécessaires pour parvenir à un résultat constant et suffisamment exact; ils ont noté dans leurs régistres les nombres indiqués par chaque observation, ainsi que les circonstances particulières qui avoient eu lieu, soit pour la manière dont les objets étoient éclairés, soit pour celle dont ils se projettoient, soit pour la partie à laquelle on pointoit, soit pour l'état de l'atmosphère; en un mot, ils y ont marqué tout ce qui peut servir à constater la valeur intrinsèque d'une observation. Aussi les membres de la Commission qui ont été nommés pour le dépouillement de ces régistres, ont-ils pu juger de cette valeur, et par les notes dont nous venons de parler, et par les renseignemens que les observateurs ont eu la complaisance d'ajouter de vive voix, et par la marche de chaque série d'observations, et par l'accord des différentes séries entre elles.

Cet examen a mis les commissaires en état de fixer la valeur de chaque angle d'une manière abstraite, et sans faire attention, ni aux autres, ni à ce que la somme de trois angles d'un même triangle, fixés de cette manière, pourroit fournir; ils ont cru devoir prendre les observations telles qu'elles sont, sans y faire la moindre correction, sans rien arranger après coup. Pour cet effet ils ont pris pour chaque angle le milieu entre les résultats des différentes séries d'observations faites pour le déterminer; résultats qui d'ailleurs différoient très-peu entre eux; et ils l'ont déterminé, ce milieu, soit en ayant simplement égard aux résultats de chaque série, soit en faisant entrer en ligne de compte le nombre des observations; soit en accordant plus de poids à celles qui paroissoient préférables, et en rejetant celles que les observateurs eux-mêmes avoient notées comme peu dignes de confiance; enfin en employant toutes les ressources que l'art de discuter des observations et une saine critique en ce genre peuvent fournir, et en donnant autant d'attentions et de soins à la détermination de dixièmes de seconde, (car c'est ordinairement sur des quantités de ce genre que rouloient les discussions, rarement sur des secondes entières), que s'il s'agissoit de quantités considérables. Les Commissaires ont formé de cette manière des tableaux de tous les triangles qui on servi à

la détermination de la méridienne; ils les ont présentés
à la Commission générale, ensemble avec le détail de
la méthode qu'ils ont employée, et des raisons de leurs
déterminations. La Commission a arrêté ces tableaux
et les a déposés dans les archives de l'Institut comme
des pièces authentiques, lesquelles renferment tous les
principes qui doivent servir au calcul des triangles et
des parties de la méridienne; comme c'est effectivement
sur eux que les calculs ont été faits par la suite.

Pour vous faire juger de la précision que les observateurs ont obtenue dans cette partie de leur travail,
nous vous dirons, que sur quatre-vingt-dix triangles qui
joignent les extrémités de la méridienne, il y en a trente-
six dans lesquels la somme des trois angles diffère de
moins d'une seconde de ce qu'elle auroit dû être; c'est-
à-dire, dans lesquels l'erreur des trois angles pris ensemble est de moins d'une seconde; qu'il y en a de plus
vingt-sept où cette erreur est au-dessous de deux secondes; que dans dix-huit autres elle ne monte pas à trois
secondes; et qu'il n'y en a que quatre dans lesquels elle
est entre trois et quatre secondes, et trois seulement où
elle est au-dessus de quatre, mais au-dessous de cinq.
Nous doutons qu'on puisse parvenir à une plus grande
exactitude, sur-tout dans les pays qu'il a fallu traverser:
aussi ceux qui considéroient ces tableaux, sans être instruits de la manière dont ils ont été formés, pourroient
être tentés de croire, à la vue de cette précision, qu'on a
arrangé les choses après coup, pour donner à l'ensemble
cet air d'exactitude; mais les registres originaux des ob-

servateurs, les résultats qu'eux-mêmes avoient envoyés à
Paris long-temps avant la mesure des bases, et dans le
temps qu'ils étoient encore occupés à leurs opérations, et
le travail des commissaires, prouvent le contraire de la manière la plus authentique; on ne s'est permis aucune correction arbitraire ou conjecturale, quelque légère qu'elle
pût être : et tous les angles ont été déterminés d'après
des considérations puisées dans les observations mêmes.

De la mesure des angles, passons à ce qui concerne
les bases. Le citoyen Delambre en a mesuré deux : l'une
entre Melun et Lieursaint; l'autre près de Perpignan,
entre Vernet et Salces.

Ce n'est pas un travail aussi facile qu'on pourroit le
croire au premier abord, que cette mesure d'une base : il
faut une infinité d'attentions scrupuleuses sur tous les
élémens qui constituent cette mesure; et de précautions
sur les causes multipliées qui pourroient produire des erreurs; il faut des méthodes exactes pour réduire la somme
de toutes les parties contenues entre les deux extrémités
de la base, à cette longueur qui doit être considérée
comme la vraie base, comme l'arc terrestre compris entre
ces deux extrémités. On peut assurer que rien n'a été
négligé, ni dans la mesure, ni dans les calculs de réduction. Le citoyen Delambre a détaillé, dans le mémoire
que nous avons déjà cité, les méthodes qu'il a adoptées
et les moyens dont il s'est servi dans des cas qui présentoient des difficultés.

Il faut, disons-nous, des attentions sur les différens
élémens qui constituent cette opération. Il en faut d'a-

bord, sur la longueur, exacte des instrumens qu'on emploie; elles ont été prises. Ces instrumens ont été construits, avec beaucoup de soin, par le citoyen Lenoir, d'après les idées du citoyen Borda, et sous ses yeux. Ce sont quatre règles de platine : chacune d'elles est recouverte, jusqu'à quelques pouces de son extrémité antérieure, d'une pareille lame de laiton, mobile selon la longueur de la règle de platine, et fixée à celle-ci par l'autre extrémité. Cette lame forme, par les différentes dilatations que la même variation de température fait éprouver au laiton et au platine, un thermomètre métallique, très-sensible, dont les divisions sont gravées sur l'extrémité antérieure, laquelle porte un vernier et un microscope pour voir et évaluer les sous-divisions. On sent qu'il a été fait, avant qu'on se soit servi de ces règles, nombre d'expériences pour constater la dilatation de ces métaux, l'état des thermomètres métalliques, leurs marches et leur comparaison aux thermomètres ordinaires. On a également comparé les longueurs des règles n°. 2, n°. 3, n°. 4, à la règle n°. 1, à laquelle on a tout réduit, et que, par cette raison, nous nommerons désormais le *module*; comparaison qui a été faite par des moyens si exacts, qu'ils ne laissent pas de doute sur les deux-cents-millièmes. Le citoyen Borda a remis à la Commission le mémoire qui contient le détail de toutes ces expériences. Cette pièce fera une partie intéressante et essentielle du recueil qu'on publiera sur cette grande opération.

Il faut ensuite des précautions pour que ces règles ne

subissent aucune altération, soit pendant le transport,
soit pendant qu'on les emploie à la mesure : pour cet
effet elles sont posées chacune, avec les précautions
convenables pour ne pas nuire au mouvement de dilatation et de contraction qu'elles doivent éprouver par
les changemens de température, sur des pièces de bois
assez fortes pour ne pas fléchir ni se travailler ; elles sont
recouvertes, à quelques pouces de distance, d'un toît
qui les met à l'abri de l'action directe des rayons du
soleil.

Il faut encore, avons-nous dit, des précautions dans
l'opération même. D'abord, des précautions pour l'alignement des règles. Des pointes placées avec l'exactitude convenable sur le toît dont nous venons de parler,
servoient de mires, et ont été substituées à l'alignement
au cordeau dont on se servoit anciennement. Ensuite, des
précautions pour que les règles qui sont encore posées
à terre, ne soient pas déplacées de la plus petite quantité et par le choc le plus léger, lorsqu'on veut en placer
une bout à bout avec la dernière de celles-ci. Pour en être
sûr, on ne plaçoit jamais les règles de cette manière,
mais on laissoit entre chaque règle et celle qui la pré-
cédoit et la suivoit immédiatement un intervalle, qu'on
mesuroit ensuite en poussant légèrement, jusqu'au contact parfait, la languette de platine qui est à l'extrémité
antérieure des règles et s'y meut dans une coulisse ; languette qui, d'ailleurs, porte un vernier et un microscope,
pour connoître le nombre des divisions contenues dans
l'intervalle qu'on a laissé entre les deux règles, et qui

se trouve rempli par la languette. Précautions encore pour recommencer chaque jour l'opération au même point où elle avoit été terminée la veille : elles ont été prises par des moyens aussi exacts que simples. Précautions enfin, pour être sûr de ne pas se tromper dans le compte du nombre des règles qu'on a posées sur le terrain, ni dans celui des parties de languettes, ou des thermomètres métalliques, qu'on a observées et qu'on note dans le registre, ni dans aucun des plus petits détails : elles ont toutes été employées jusqu'au scrupule ; et l'on peut être sûr qu'il n'y a aucune erreur sensible dans la mesure actuelle des deux bases. On en trouve d'ailleurs la preuve dans l'opération même, puisque la différence entre la partie qu'on avoit mesurée pendant un jour entier, et qui s'élevoit à soixante-dix modules, mais sur laquelle on croyoit pouvoir former quelque doute, à cause qu'il avoit soufflé ce jour-là un vent très-violent, et la même partie mesurée une seconde fois quatre jours après, dans des circonstances favorables, n'a guère monté qu'à la quatre-millième partie du module, ou environ à la deux-cent-soixante-dix millième partie de tout l'intervalle mesuré ce jour-là, c'est-à-dire environ $\frac{1}{4}$ de ligne.

Mais la somme de toutes les parties comprises entre les extrémités de la base, et mesurées avec l'exactitude dont nous venons de parler, ne forme pas la base vraie.

D'abord ces règles ont eu à différens jours des températures différentes, indiquées par les thermomètres métalliques, et, par conséquent, des longueurs qui n'ont pas toujours été les mêmes ; il s'agit de les réduire à une

3

température donnée, et par là à une longueur constante : première réduction. Ensuite ces règles, quoique portées sur des trépieds montés sur des vis, afin que les languettes puissent être en contact immédiat précisément au point qu'il faut, ne sauroient être de niveau, à cause des inégalités du terrain. Leur ensemble forme une somme de lignes droites différemment inclinées. Il a donc fallu connoître l'inclinaison des règles par rapport à l'horizon ; aussi a-t-elle toujours été mesurée pour chaque règle, au moyen d'un niveau aussi simple qu'ingénieux, inventé par le citoyen Borda, et exécuté par le citoyen Lenoir : on le posoit sur le toît de chaque règle à des points fixes, uniquement destinés à cet objet ; on a donc pu connoître, par le calcul, l'erreur que produit l'inclinaison de chaque règle, et avoir la longueur de la ligne unique qu'il s'agit de connoître : seconde réduction.

Mais cette ligne unique n'est pas posée, pour ainsi dire, sur la surface de la mer, niveau constant auquel il faut réduire tous les autres. Le cercle de Borda, dont on s'est servi pour la mesure des angles, a fourni le moyen de faire cette réduction avec beaucoup d'exactitude, parce qu'il a servi à déterminer, avec une très-grande précision, l'élévation de chaque station au-dessus de celles qui forment avec elle un même triangle, ou sa dépression au-dessous de ces mêmes stations, ou de quelqu'une d'entr'elles ; de sorte que, connoissant, comme on les connoissoit, la hauteur de la tour de Dunkerque au-dessus du niveau de l'Océan, et celle de Montjouy au-dessus du niveau de la mer Méditerranée, cette même opération a servi à faire un nivellement exact de toute cette partie de la France et de l'Espagne, que les observateurs ont traversée sur une longueur de près de dix degrés de latitude; avantage vraiment précieux à beaucoup d'égards. On a donc pu faire le calcul nécessaire pour réduire les bases mesurées aux bases vraies, à l'arc qu'elles forment sur la surface de la Terre, au niveau même de la mer : c'est la troisième réduction qu'il s'agissoit de faire. Et voilà ce qu'il en coûte de peines, de soins, d'attentions, de précautions, de calculs, pour parvenir à ce degré de perfection auquel l'état actuel des Sciences permet d'atteindre, et qu'il exige conséquemment qu'on emploie. Aussi la Commission des poids et mesures a-t-elle été intimement convaincue que cette base a été mesurée avec une exactitude rare, supérieure à celle qu'on a pu obtenir dans les opérations du même genre faites précédemment en France, au Pérou ou au Nord; et il suffit, d'une part, de cette conviction, puisée dans la nature même des moyens et des précautions qu'on a employés, et de se rappeler, de l'autre, que sur des bases de pareille longueur, mesurées au Pérou par des méthodes moins dignes d'une entière confiance, il n'y a pas eu deux pouces, ou un deux-cent-vingt-millième de la base entière, d'incertitude, pour être persuadé qu'il eût été inutile de faire une seconde fois des opérations aussi pénibles.

La longueur des bases se trouve donc exprimée en nombres dont l'unité est la règle n°. 1, ou le *module*; et conséquemment celle de la méridienne, celle du quart du méridien terrestre, seront exprimées en *unités* du même genre. Mais, pour se faire entendre dans la société, et donner une idée exacte de cette *unité*, il faut nécessairement la comparer aux anciennes mesures connues, comme, d'autre part, pour ne pas perdre le fruit de tout ce qui a été mesuré dans des temps précédens, il faut réduire les anciennes mesures aux nouvelles. On sent aisément qu'un point aussi important n'a pas été négligé. Avant qu'on eût entrepris la mesure des bases, la règle n°. 1, ou le *module*, a été comparée exactement à la toise de l'Académie, dite *toise du Pérou*, et l'on a employé des moyens qui permettent de s'assurer de cent millièmes de toises. Les détails de ces expériences sont consignés dans le mémoire du citoyen Borda, que nous avons déja cité plus d'une fois. Après son retour, le citoyen Delambre n'a pas manqué de faire la comparaison des règles qui avoient servi à la mesure des bases.; et il a trouvé qu'elles n'avoient pas subi le plus léger changement dans leur longueur, et qu'elles avoient conservé avec la double toise le même rapport qu'elles avoient avant d'être employées, sans qu'il y ait aucune différence que nous puissions assigner.

Enfin la Commission elle-même a chargé quelques-uns de ses membres de faire encore une fois la même comparaison, et de tirer de leur travail tout le parti possible, en comparant à cette occasion, entr'elles, la toise du Pérou, celle du Nord, et celle de Mairan, toutes trois devenues célèbres ou importantes, les premières par les grandes opérations auxquelles elles ont servi, et la troisième, parce que c'est en parties de cette toise que Mairan a exprimé les résultats de ses belles expériences sur la longueur du pendule, et que c'est sur elle qu'ont été étalonnées les toises qui ont servi à la mesure de deux degrés terrestres faites près de Rome par les célèbres Boscovich et Lemaire. Cette nouvelle comparaison du module de la toise du Pérou a encore donné le même résultat; savoir, que les règles n'ont subi aucun changement; et elle a prouvé de plus que le module est exactement le double de la toise du Pérou, et a conséquemment douze pieds de longueur lorsque le thermomètre centigrade est à $12° \frac{1}{2}$: d'où l'on déduit, soit par le calcul de la dilatation des métaux, soit par les expériences directes de Borda, qu'à la température de $16° \frac{1}{4}$ (ce qui revient à $13°$ du thermomètre de Réaumur), le module est plus court que la double toise de $\frac{2}{100}$ de ligne, c'est-à-dire, d'environ un quatre-vingt-cinq-millième du total.

Les observations d'azimut, si délicates et si difficiles, ont été faites avec toute l'exactitude dont elles sont susceptibles, et calculées avec la plus grande précision. On auroit pu se contenter d'observer un seul azimut pour déterminer la direction que forme avec la méridienne un des côtés d'un seul triangle, puisque cela suffit pour faire le calcul de la méridienne entière, mais il étoit extrêmement important d'en observer plusieurs, parce que la théorie fait entrevoir que si les azi-

muts calculés diffèrent de ceux qu'on observe réellement, ces différences et leur marche peuvent servir à
perfectionner nos connoissances sur la figure de la Terre,
sur les irrégularités qui peuvent se trouver dans son
intérieur, sur l'action des causes locales; et il étoit de
la plus haute importance de faire servir cette belle opération à tout ce qui peut contribuer au perfectionnement
de nos connoissances sur ces intéressans objets. Les
observateurs l'avoient trop à cœur, ce perfectionnement,
auquel d'ailleurs ils contribuent tant eux-mêmes par
leurs travaux, pour ne pas saisir avec empressement
une occasion aussi favorable de faire des observations
d'azimut utiles, et plus parfaites que celles qu'on faisoit anciennement en de pareilles occasions. D'ailleurs,
pour déterminer les azimuts, ils ont non-seulement
employé le Soleil, mais encore l'Étoile polaire; et ils
n'ont rien négligé dans les réductions et dans les calculs de ce qui pouvoit contribuer à l'exactitude du
résultat. Ces observations ont été faites à Watten,
à Bourges, à Carcassone et à Montjouy, c'est-à-dire,
aux deux extrémités de la méridienne, et dans deux
endroits intermédiaires.

Les observations de Latitude, les dernières dont nous
avons à vous rendre compte, ont un degré d'exactitude
proportionnée à l'importance dont elles sont pour fixer
les résultats d'une opération du genre de celle-ci. C'est
encore le cercle de Borda que les observateurs ont employé; et si, après les épreuves faites précédemment, et les
observations faites en 1790 à l'Observatoire national par

les citoyens Cassini, Borda et Méchain, et imprimées dans le dernier volume des mémoires de l'Académie, il pouvoit rester encore quelque doute sur la grande précision que donne cet instrument pour les observations des distances au zénith, et par conséquent des Latitudes, il suffiroit de consulter les registres des citoyens Méchain et Delambre pour se convaincre qu'il n'y en a aucun. On y verra dans ces registres la multitude vraiment étonnante des observations; la marche régulière des séries; l'accord des différentes séries entr'elles; les précautions qu'on a prises, tant dans les observations que dans les réductions; les étoiles dont on a fait choix; leurs passages, tant supérieurs qu'inférieurs, qui ont été observés; et l'on finira par être aussi sûr que le sont les membres de la Commission qui ont été spécialement chargés de cet examen, que l'est la Commission entière, qu'il n'y a dans aucune des Latitudes observées par les citoyens Méchain et Delambre une seconde d'incertitude, et que celle qui pourroit y rester encore ne monte pas, ni à beaucoup près, à une demi-seconde.

Ces observations ont été faites à Dunkerque et à Evaux, par le citoyen Delambre; à Carcassonne et à Montjouy, par le citoyen Méchain; et à Paris, par le citoyen Méchain, à l'Observatoire national, et par le citoyen Delambre, dans son observatoire particulier, rue de Paradis, au Marais : mais aucun de ces deux observatoires n'entre dans la chaîne des triangles; c'est le Panthéon francais, dont la distance à chacun des observatoires dont nous venons de parler est suffisamment connue pour déterminer sa latitude. Or on trouve pour le Panthéon, à une quantité insensible près, la même latitude, soit qu'on la déduise des observations du citoyen Méchain; soit qu'on emploie celles du citoyen Delambre, preuve de l'extrême exactitude des unes et des autres.

Telles sont les différentes parties de l'opération que les citoyens Méchain et Delambre ont si heureusement terminée; opération qui surpasse par son étendue, et égale par sa précision, ce qui a été fait de plus accompli en ce genre : elle fournit toutes les données nécessaires pour parvenir à des résultats propres, non-seulement à fixer les bases du nouveau système métrique, mais encore à faire naître sur la question si importante de la figure de la Terre, des recherches fort intéressantes et dignes des mathématiciens les plus célèbres, qui, sans doute, vont reprendre cette question avec une nouvelle ardeur.

Il ne s'agit plus que de vous indiquer quel a été le travail de la Commission pour déduire des résultats de cette opération, l'unité des mesures de longueur, ou le mètre.

Quatre commissaires se sont spécialement chargés du calcul des triangles; ils ont fait leurs calculs séparément et par des méthodes différentes, afin de ne rien laisser à desirer sur la certitude des résultats. Ils ont aussi calculé, et toujours par différentes méthodes, les quatre parties de la méridienne qui se trouvent comprises entre les endroits dont la latitude a été observée, c'est-à-dire, les arcs terrestres compris entre Dunkerque et le Panthéon, le Panthéon et Evaux, Evaux et Carcas-

Carcassonne, Carcassonne et Montjouy (1). Les détails de pareils calculs, et des principes sur lesquels ils sont fondés, ne sauroient se trouver dans un rapport tel que celui-ci; ils ont été exposés à la Commission, dans un mémoire qui est déposé dans les archives de l'Institut. Nous dirons seulement que la méridienne entre Dunkerque et Montjouy, qui soustend un arc céleste de $9°\frac{6758}{10000}$, et dont le milieu passe à 46° 11′ 5″ de latitude, est de 275,792 modules et 36 centièmes.

S'il s'agissoit de vous présenter les différentes idées que les résultats du calcul des parties de la méridienne ont fait naître, nous fixerions principalement vos regards sur ces deux conclusions : la première, que les degrés moyens, qu'on conclut pour les quatres intervalles dont nous venons de faire mention, décroissent tous à mesure qu'on s'approche de l'Équateur, et qu'ainsi cette opération pourroit elle seule prouver l'aplatissement de la Terre, s'il étoit encore besoin de preuves sur cet

---

(1) La distance entre les parallèles de Dunkerque et du Panthéon, qui soustend un arc de 2°, 18910, et dont le milieu passe par la latitude de 49° 56′ 30″, est de . . . . 62472, 59 modules.

2°. La distance entre les parallèles du Panthéon et d'Evaux, qui soustend un arc de 2°, 66868, et dont le milieu passe par la latitude de 47° 30′ 46″, est de 76145, 74

3°. La distance entre les parallèles d'Evaux et de Carcassonne, qui soustend un arc de 2°, 96336, et dont le milieu passe par la latitude de 44° 41′ 48″, est de 84424, 55

4°. Enfin la distance entre les parallèles de Carcassonne et de Montjouy, qui soustend un arc de 1°, 85266, et dont le milieu passe par la latitude de 42° 17′ 20″, est de 52749, 48

article : la seconde, qu'on étoit bien loin de soupçonner et qui présente un phénomène très-remarquable, digne des recherches dés plus profonds mathématiciens, c'est que ces mêmes degrés ne suivent pas dans leur diminution une marche graduelle, mais qu'ils décroissent d'abord très-peu et très-lentement entre Paris et Evaux, seulement de deux modules pour un degré de latitude ; ensuite, très-rapidement et très-fortement, de seize modules par degré de latitude, entre Evaux et Carcassonne ; et que cette diminution rapide se ralentit entre cette ville et Montjouy, n'étant plus que de sept modules (1).

Nous ajouterions à cet exposé succinct, que ce fait si remarquable est intimement lié à un autre, à celui que présentent, tant les différences qu'il y a entre les azimuts calculés pour Bourges, pour Carcassonne, pour Montjouy, d'après celui de Dunkerque pris pour base, et les azimuts observés dans ces trois stations, que la

---

(1) Si l'on déduit des quatre intervalles énoncés ci-dessus le degré moyen qu'on en peut conclure, en employant simplement l'hypothèse sphérique, qui suffit pour un premier aperçu, on trouvera en nombres ronds pour le degré moyen,

	modules.	différence.	diff. pour un degré de latitude.
Entre Dunkerque et le Panthéon, à la latitude moyenne de 49° 56′ 30″ 28538			
Entre le Panthéon et Evaux, à la latitude moyenne de 47° 30′ 46″ 28533		5	2
Entre Evaux et Carcassonne, à la latitude moyenne de 44° 41′ et 4″ 28489		44	16
Entre Carcassonne et Montjouy, à la latitude moyenne de 42° 17′ 20″ 28472		12	7

marche de ces mêmes différences; de sorte que ces deux faits se servent mutuellement de confirmation et d'appui, et que, réunis, ils indiquent, soit une irrégularité dans les méridiens terrestres, soit une ellipticité dans l'équateur et ses parallèles, soit une irrégularité dans l'intérieur de la Terre, soit un effet de l'attraction des montagnes, soit une action puissante de ces différentes causes réunies, ou de quelques-unes d'entr'elles : action qui n'avoit pas été démontrée d'une manière aussi frappante qu'elle l'est par les résultats que nous venons d'indiquer. Ce sera aux mathématiciens les plus célèbres à fixer leur attention sur ces faits, pour tâcher d'en démêler les élémens, et de parvenir sur la figure de la Terre à une théorie plus parfaite que celle que nous possédons jusqu'ici.

Nous ne pouvons vous indiquer ces objets qu'en passant : ils ne sont pas du ressort de la Commission des poids et mesures; mais ils l'avoient trop frappée, et ils sont trop importans pour qu'elle pût les passer sous silence. Bornée, comme elle l'a été, à ce qui concerne la détermination du quart du méridien, puisque c'est de celle-ci que dépend l'unité des mesures, elle a tourné toute son attention vers cet objet; elle l'a considéré sous toutes ses faces, et s'est déterminée à s'en tenir uniquement aux faits, sans y mêler aucune idée théorique sur tel ou tel point susceptible de discussion : elle a donc employé dans ses calculs l'arc total compris entre Dunkerque et Montjouy, et qui est, comme nous l'avons dit, de 275,792 modules et 36 centièmes. Cet arc est le plus grand de tous ceux qui ont été déterminés jusqu'ici ; et par là il rend plus petite l'influence, soit des irrégularités qui peuvent se trouver dans la figure et dans l'intérieur de la Terre, soit de celles que de légères erreurs, toujours inséparables des observations les mieux faites, pourroient produire.

En prenant cet arc pour base, on en a déduit le quart du méridien par un calcul rigoureux dans l'hypothèse elliptique. Il falloit, pour faire ce calcul, connoître l'aplatissement de la terre : c'est encore l'expérience que la Commission a consultée pour cette détermination. Pour cet effet, elle a employé, d'une part, le grand arc que les citoyens Méchain et Delambre viennent de mesurer en France ; et de l'autre, celui que d'excellens observateurs ont mesuré au Pérou, il y a soixante ans, à peu près sous l'Équateur même : c'est un de ceux qui ont été déterminés avec le plus de soins, et discutés avec le plus d'attention et d'exactitude. Il est d'ailleurs le plus grand de tous ceux qui ont été mesurés hors de France, soit par les ordres de différens Gouvernemens, soit, comme celui-ci, par les ordres du Gouvernement français. Enfin sa distance même de l'arc auquel on le compare diminuera l'influence des erreurs qui pourroient s'être glissées dans sa détermination, puisqu'elles se trouveront distribuées sur un plus grand intervalle.

La comparaison de ces deux arcs faite avec soin, et par différentes formules, a donné un trois cent trente-quatrième pour l'aplatissement de la Terre ; et il est très-remarquable que cet aplatissement, calculé d'après les données que nous venons d'indiquer, est le même que celui qui résulte de la combinaison d'un grand nombre d'expériences faites dans différens endroits sur la longueur du pendule simple, et qu'il est encore conforme à celui que la théorie de la nutation et de la précession exigent. L'accord de ces trois résultats, tirés de trois genres d'observations très-différens, mérite la plus grande attention, et il est bien propre à inspirer beaucoup de confiance sur chacun d'eux. D'ailleurs une légère erreur sur ce point auroit d'autant moins d'influence sur le résultat définitif, que le milieu de l'arc entier, terminé par Dunkerque et Montjouy, passe près du quarante-cinquième degré de latitude, ou du dégré moyen.

Cet élément du calcul une fois arrêté, le calcul même du quart du méridien ne pouvoit plus offrir de difficulté; et l'on a trouvé par différentes méthodes, en employant l'arc intercepté entre Dunkerque et Montjouy et un 334ᵉ pour l'aplatissement de la Terre, que le quart du méridien terrestre est de 2,565,370 modules : d'où il suit, et c'est là le résultat définitif de tout le travail, que sa dix millionième partie ou le *mètre*, *unité de mesure*, est de $\frac{256537}{1000000}$ parties du *module*.

Pour réduire cette longueur aux anciennes mesures, nous dirons d'abord, que si le module et la toise du Pérou étoient supposés l'un et l'autre à la température qu'avoit celle-ci lorsqu'elle a été employée par les Académiciens, qui se rapporte au treizième degré du thermomètre à mercure, divisé en quatre-vingts parties, ou au seizième et

un quart du thermomètre centigrade, le mètre seroit égal
à 453 lignes $\frac{091}{1000}$ de cette toise : ensuite qu'en réduisant,
comme il le faut, le module à la température à laquelle
il a été réduit dans l'expression de la longueur des bases,
laquelle a servi à calculer les triangles et la méridienne,
le mètre vrai et définitif est de 443 lig. $\frac{296}{1000}$ de la toise
du Pérou, celle-ci toujours supposée à la température
de $16° \frac{1}{4}$, puisque c'est à cette seule température que cette
toise peut être considérée comme étant celle dont les
Académiciens se sont servis. Les variations de longueur
que les métaux éprouvent par différentes températures
exigent ces attentions.

Nous vous avons entretenus assez en détail du travail
de la Commission pour fixer la vraie longueur du *mètre*,
base de tout le système métrique, unité des mesures de
longueur. Les mesures de surface et de capacité s'en déduisent trop facilement, pour qu'il soit nécessaire de s'y
arrêter. Il n'en est pas de même de l'unité de poids : sa
détermination dépend d'une foule d'expériences, de considérations, de réductions, plus délicates les unes que les
autres ; et ce n'est qu'à force de patience, de soins, d'attention, de dextérité, que le citoyen Lefévre-Gineau,
auquel l'Institut a confié ce travail, est parvenu à un
degré de précision rare. Sachant combien les opérations
qu'il avoit à faire sont difficiles, il a desiré (car le vrai
mérite, lors même qu'il est universellement reconnu, est
toujours modeste, et se défie de ses propres forces) que
la Commission lui adjoignît un de ses membres pour
vérifier les expériences qu'il avoit déjà faites, et pour

assister à celles qu'il se proposoit de faire encore. Il suffira de dire que le citoyen Fabbroni de Florence a été nommé, pour que tout le monde soit convaincu que ces expériences ne pouvoient tomber en de meilleures mains, ni être faites et vérifiées avec plus d'exactitude, ou revêtues d'une plus grande authenticité, ni inspirer plus de confiance. Enfin une Commission spéciale s'est occupée de l'examen de tous les registres d'observations et d'expériences, des réductions et des calculs. Nous pourrions nous étendre sur toutes les particularités de ce beau travail, si la nature d'un rapport tel que celui-ci pouvoit nous permettre de vous présenter un grand nombre de résultats purement numériques; mais, obligés comme nous le sommes, d'une part, de nous restreindre, et, de l'autre, de vous présenter néanmoins des données qui puissent vous faire connoître ce qui a été fait, ce qui devoit se faire, et vous mettre en état de juger du degré de confiance que méritent les résultats définitifs; permettez-nous de vous proposer simplement quelques considérations sur l'esprit général de ces expériences, sur les différens points qu'il s'agit de déterminer, et sur la méthode qu'il a fallu employer pour fixer avec exactitude la véritable unité de poids.

Le poids d'un corps exprime la quantité de matière qu'il contient; mais comme tous les corps ne sont pas également denses; que les uns contiennent, sous le même volume, beaucoup plus de matière que d'autres, on n'auroit qu'une expression vague et indéterminée, si, à l'idée de quantité de matière, on ne joignoit celle du volume sous lequel elle est contenue; conséquemment déterminer l'unité de poids, c'est déterminer la quantité de matière qu'un certain corps, qu'on emploie de préférence, contient sous un volume dont on est préalablement convenu, afin de rappeler à cette quantité, et de mesurer par elle, celle que contiennent tous les corps quelconques, Or, comme la détermination de ce volume dépend des mesures linéaires, il en résulte que cette question, *quelle est l'unité de poids*? tient intimement à celle de la fixation des mesures linéaires, c'est-à-dire, du mètre; et ensuite que, pour la résoudre entièrement, il faut, 1°. fixer le volume qu'on emploiera pour terme de comparaison; 2°. faire choix d'un corps propre à le remplir; 3°. enfin déterminer le poids ou la quantité de matière que ce corps contient sous ce volume.

Il peut y avoir de l'arbitraire dans le volume qu'on emploie; mais les usages de la société demandent qu'on ne prenne pas d'unité trop grande ou trop petite; et la nature du système métrique décimal exige qu'elle soit exprimée par un nombre cubique dont la racine est un sous-multiple décimal du mètre. L'Académie des Sciences a sagement adopté la millième partie du cube du mètre, ou, ce qui revient au même, le cube du décimètre.

Le corps dont on fait choix pour remplir ce volume n'est nullement indifférent : personne ne doute qu'il ne doive être fluide; qu'il ne doive être en état de conserver sa fluidité à une température qu'il soit facile d'obtenir par-tout, qu'il ne faut pas qu'il ait un degré de densité qui rendroit les expériences trop difficiles, ou leur résultats

peu exacts : enfin, et sur-tout, il doit être de nature à
pouvoir être retrouvé par-tout dans le même dégré de
pureté, à se dépouiller facilement de toutes les matières
hétérogènes qui pourroient se combiner chimiquement
avec lui, ou s'y mêler mécaniquement, et propre à
rendre la comparaison immédiate avec tous les autres
corps très-facile. L'eau paroît posséder ces qualités dans
un degré éminent, ou du moins plus qu'aucun autre corps
que nous connoissions ; et distillée elle est toujours également pure. Aussi l'Académie des Sciences a-t-elle choisi
cette eau pour le corps dont la quantité de matière, contenue sous le cube du décimètre, seroit l'unité de poids.

Il n'est point de physicien qui ne sache qu'il faut
renoncer à l'idée qui se présente la première et le plus
naturellement à l'esprit, celle de remplir d'eau distillée
un cube, dont le côté seroit un décimètre, et de la peser.
Le peu d'exactitude d'un pareil procédé est trop évident
pour qu'il soit nécessaire de le développer ; tout le monde
sent qu'il faut en revenir à ce principe d'hydrostatique
si connu, que le poids d'un fluide contenu sous un certain
volume est égal au poids que ce volume, pesé d'abord
dans l'air, vient à perdre si on le pèse ensuite dans ce
fluide. Mais l'expérience par laquelle on confirme ce
principe, et qui paroît si simple, si facile, quand on la
voit faire dans des cours de physique, devient singulièrement délicate et difficile quand il s'agit de déterminer des quantités absolues. En effet, il faut d'abord
connoître, avec une précision rigoureuse, le volume du
corps qu'on emploie ; opération très-compliquée : il faut

3

ensuite peser ce corps dans l'air et dans l'eau; deux opérations qui exigent des attentions que la plupart des personnes, même instruites, sont bien loin de connoître; et qu'il est rare de savoir apprécier : il faut enfin faire aux résultats de ces expériences les réductions que différentes considérations, comme par exemple celles du poids et de la température de l'air, exigent; considérations qui demandent des expériences, des soins et des calculs. Le résumé général de ce qui a été fait sur chacun de ces articles donnera des notions exactes et précises de toute l'opération.

Il s'agit d'abord de construire un corps qui soit propre à être pesé et dans l'air et dans l'eau avec exactitude, et d'en connoître le volume avec la plus grande précision. Comme ce dernier point est d'une extrême importance, la figure du corps, qui seroit par elle-même assez indifférente, au moins jusqu'à un certain point, ne l'est plus : elle doit être celle du corps auquel il sera le plus facile de donner exactement une figure régulière; et on a, comme de raison, choisi le cylindre. Le citoyen Fortin, qui a donné dans l'exécution des machines dont nous vous parlerons successivement, de nouvelles preuves de ses talens, a construit en laiton un cylindre creux (n'oublions pas cette circonstance; car ici, rien de ce qui est même minutieux ne doit être omis) dont le diamètre égale à peu près la hauteur, dont le volume est de plus de onze décimètres cubes (ou d'environ cinq cent soixante pouces); c'est-à-dire qu'il vaut onze fois celui qu'il s'agit de déterminer; circonstance qui mérite, d'être remarquée, parce que les conclusions qu'on tire d'expériences faites en grand méritent, dans leur application, plus de confiance que celles qui se trouveroient dans un cas contraire. Les parois du cylindre sont soutenus intérieurement par une carcasse qui empêche que ce corps ne change de volume par la pression de l'eau, lorsqu'il s'y trouve plongé; et il a été fait des expériences pour constater qu'il n'en change pas.

Mais ce cylindre, avec quelque soin qu'il ait été construit, nous dirons même quelque soit le degré de perfection auquel le citoyen Fortin l'a amené, n'est point un cylindre parfait, et il ne sauroit l'être dans la rigueur mathématique; car tel est le sort de l'homme, que sa main ne peut jamais exécuter ce que son génie crée, avec cette précision rigoureuse que son imagination attribue à l'objet idéal : mais aussi telles sont ses ressources, que la sagacité de son esprit lui fait saisir des moyens propres à connoître combien ce qu'il a exécuté diffère de la perfection idéale; et conséquemment de ramener à celle-ci ce qui ne peut, physiquement parlant, qu'en différer. Ce sont ces moyens que le citoyen Lefévre Gineau a su mettre habilement en usage, à l'aide d'une machine très-ingénieuse du citoyen Fortin, par laquelle il a pu mesurer de légères différences de longueur avec la précision d'un quatre millième de ligne des anciennes mesures, ou d'un dix-sept centième de millimètre. En effet, si le corps dont il s'agit est un cylindre parfait, il faut d'abord, au moins dans la pratique, qu'il soit un cylindre droit, et toutes les expériences démontrent qu'il l'est, sans qu'il y ait aucune différence que nous soyons en état d'assigner; il faut que toutes les perpendiculaires, abaissées d'une des bases sur l'autre, prise pour un plan, soient égales; il faut que ces bases, et les coupes qui leur sont parallèles, soient des cercles parfaits; il faut enfin que les diamètres de ces cercles soient exactement égaux. Il ne sagit donc que de mesurer ces perpendiculaires et ces diamètres, pour savoir s'ils le sont réellement, ou pour connoître leur inégalité.

Imaginons donc qu'on ait tracé sur les deux bases en partant du centre, sur chacune d'elles aux mêmes distances de celui-ci, trois cercles; que les circonférences soient chacune divisées en douze parties par six diamètres: on aura sur chaque base trente-six points d'intersection. Supposons qu'on tire une ligne droite de chacun de ces points, pris sur une des bases, à son point correspondant sur l'autre base, et l'on aura trente-six lignes, lesquelles font avec la ligne des centres, ou l'axe, trente-sept hauteurs qui doivent être rigoureusement égales si le cylindre est parfait. Le citoyen Lefévre-Gineau a mesuré chacune de ces hauteurs plusieurs fois, et à chaque fois il les a comparées à une lame de laiton bien déterminée, que nous nommerons *règle des hauteurs*. Figurons-nous encore qu'on ait tracé sur la surface convexe du cylindre, à des distances déterminées, huit cercles, et qu'on ait tiré des droites qui joignent les extrémités des six diamètres correspondans tirés précédemment sur les bases, et l'on aura quatre-vingt-seize intersections qui formeront quarante-huit diamètres, six pour chaque cercle. Ces diamètres ont été mesurés avec les mêmes soins que les hauteurs, et comparés successivement à une règle de laiton bien déterminée, que nous nommerons *règle des diamètres*. Il seroit superflu d'ajouter qu'on a eu égard à la température, qu'on a pris toutes les précautions pour qu'elle ne variât point pendant le cours de l'expérience, enfin qu'on a porté l'attention la plus scrupuleuse sur tous les détails.

Ces comparaisons ont prouvé que le corps dont il est question n'est pas un cylindre parfait, puisque les deux bases ne sont pas exactement parallèles entre elles, et que même elles ont une légère courbure; que les sections parallèles aux bases ne sont pas, rigoureusement parlant, des cercles, quoiqu'elles en diffèrent d'une quantité extrêmement petite; enfin que les diamètres de ces sections ne sont pas parfaitement égaux, mais augmentent progressivement, quoique très-peu, d'une base à l'autre, et qu'ainsi le corps approche un peu d'être un cône tronqué. Toutes ces différences, quelque petites qu'elles soient réellement, sont donc exactement connues, déterminées avec une grande précision; et conséquemment il n'a pas été difficile à des géomètres de calculer quel doit être le diamètre moyen, qu'elle doit être la hauteur moyenne d'un cylindre idéal égal au volume du corps employé, sans qu'il en résulte aucune erreur sensible; et c'est ainsi que la légère imperfection, que la main la plus habile ne sauroit éviter dans ce qu'elle entreprend de faire, disparoît, et n'a plus d'influence, dès que des physiciens et des mathématiciens se réunissent pour en faire l'examen et l'évaluation.

Mais cette hauteur et ce diamètre moyens ne sont encore que des quantités relatives, puisque l'une est rapportée à la *règle des hauteurs*, l'autre à celle des *diamètres*. Il a donc fallu déterminer la longueur de ces règles en mesures connues, ce qui a été fait par des moyens analogues à ceux que les citoyens Borda et Brisson ont employés pour vérifier la longueur du mètre provisoire, et qu'ils ont décrits dans leur *rapport* (1) sur ce sujet. La nature de celui-ci nous interdit tout détail numérique qui ne présenteroit par lui-même aucun intérêt. Il suffira de dire quà la température de $17°\frac{6}{10}$ du thermomètre centigrade, le volume du cylindre employé est à très-peu-près 11 fois le cube du décimètre, plus 29 centièmes (2).

Ce volume étant déterminé, il s'agit de peser d'abord dans l'air, ensuite dans l'eau distillée, pour connoître le poids d'un pareil volume de cette eau. Il est à ce sujet plus d'une précaution à prendre. Il faut d'abord des balances extrêmement exactes; celles que le citoyen Fortin a faites pour ces expériences sont d'une construction particulière. L'une d'elles, chargée d'un peu plus de deux livres, poids de marc, dans chaque bassin, est encore sensible à la millionième partie de ce poids, c'est-à-dire d'un cinquantième de grain, et elle trébuche

---

(1) Rapport sur la *vérification du mètre* : à Paris, de l'imprimerie de la République, *thermidor an* 3.

(2) Exactement à 0.0112900054 du mètre cube.

à un dixième de grain lorsque chaque bassin porte environ vingt-trois livres.

Il ne suffit pas d'avoir des balances exactes, il faut que les poids qu'on emploie le soient aussi. Le citoyen Lefévre-Gineau en a fait faire onze, tous en laiton, tous parfaitement égaux, et vérifiés avec l'attention la plus scrupuleuse : comme ce sont des poids arbitraires, nous les nommerons *unités*. Les subdivisions, faites également avec la plus grande exactitude, étoient des dixièmes, centièmes, millièmes, et ainsi de suite jusqu'à des millionièmes. Les subdivisions de même nom ont été comparées entre elles pour juger de leur parfaite égalité, et ensuite, réunies, à leur décuple, pour être certain de leur valeur réelle et absolue. Le citoyen Lefévre-Gineau a mis beaucoup d'attention et de patience à tous ces préparatifs, persuadé que ce n'est qu'à ce prix qu'on achète la précision dans ce genre d'expériences.

Il y a plus, la construction du corps qu'il s'agit de peser n'est pas indifférente. Pour l'exactitude des pesées il faut qu'il soit aussi léger qu'il sera possible, afin qu'il ne fatigue pas trop la balance, et néanmoins il doit être assez pesant pour qu'il plonge dans l'eau par son propre poids ; c'est la raison pour laquelle le cylindre dont on s'est servi est creux, comme nous l'avons dit ci-dessus ; et l'excès du poids de sa partie solide sur le poids d'un volume d'eau égal à tout le corps est très-petite. Mais, puisque ce cylindre est creux, il s'ensuit qu'il contient de l'air : on a sagement laissé, au moyen d'un tube de laiton qu'on y applique, une communication libre entre l'air intérieur et celui de l'atmosphère, lors même que le cylindre est plongé dans l'eau. Vous sentirez, dans un moment, qu'elle a été la principale raison de ce procédé.

Il faut enfin des précautions dans les pesées mêmes, pour être sûr de l'équilibre vrai. Il faut avoir soin que le centre de gravité des masses qui font équilibre, corresponde avec les centres des bassins; et comme il se pourroit qu'il y eût quelque inégalité dans les deux bras de la balance, il faut se servir du même bras, et pour le corps qu'on veut peser, et pour le contre-poids qu'on employe. On cherche donc d'abord l'équilibre entre le corps à peser et une masse quelconque; on ôte le corps à peser du bassin qui le contenoit, et on y substitue le contre-poids, qu'on rend égal à la masse équilibrante; l'égalité de ce contre-poids et du corps à peser est conséquemment déterminée d'une manière sûre, et absolument indépendante de la parfaite inégalité des bras de la balance, qu'il est si rare de pouvoir obtenir.

Les pesées dans l'air forment la partie la moins difficile de l'opération. Le milieu de cinquante-trois expériences, dont les extrêmes ne diffèrent pas de quarante-cinq millionièmes parties, a donné pour ce poids onze unités, et $\frac{466}{1000}$ (1). Quoique ce cylindre ait été pesé dans l'air, ce poids est exactement celui qu'il auroit étant pesé dans le vuide, parce que, d'une part, le contre-poids employé est de la même matière que le cylindre, et par

_____

(1) Exactement 11,4660055.

conséquent est, à poids égal, de même volume que la partie solide de ce corps ; et que de l'autre l'action de l'air, qui soutiendroit le reste du volume apparent de ce cylindre creux, est détruite par la communication qu'on a laissée entre l'air intérieur du cylindre et l'atmosphère : de sorte que, si l'on transportoit dans le vuide tout l'appareil d'une balance à laquelle seroient suspendus, d'un côté le cylindre, de l'autre le contre-poids, l'équilibre qui auroit lieu dans l'air n'y seroit pas détruit.

Il est bien plus difficile (et tous les physiciens en conviendront aisément), de peser le cylindre dans l'eau que dans l'air ; et cependant les extrêmes de trente-six pesées n'ont varié que de quarante-cinq millièmes parties, tant on a employé de soins et de dextérité ; et leur terme moyen a donné, pour le poids *apparent* du cylindre dans l'eau, à peu près deux cent neuf millièmes parties de l'unité (1). Je dis le poids *apparent ;* car le poids vrai diffère, par plusieurs raisons, de celui que nous venons d'énoncer : en voici les preuves.

Premièrement, l'air soutient le contre-poids, et ne soutient pas le corps plongé dans l'eau : si donc on transportoit l'appareil dans le vuide, ce contre-poids, perdant son support, se trouveroit trop fort de toute la quantité dont il a été soutenu, c'est-à-dire du poids de l'air sous un volume égal : première réduction.

Secondement, ce poids apparent n'exprime pas seulement le poids que le cylindre a dans l'eau ; mais en

---

(1) Exactement 0,2094190.

outre, le poids de l'air contenu dans le creux du cylindre. Il faut donc retrancher celui-ci pour obtenir le
poids du cylindre seul : seconde réduction.

Troisièmement, ce poids n'est encore que relatif, tant
qu'on ne fait pas attention à l'état dans lequel l'eau se
trouve, et qu'on ne détermine pas pour celle-ci un état
constant. L'eau, comme tous les corps, se dilate par la
chaleur, se condense par le froid ; et un même volume
d'eau se trouve par-là avoir différens poids à différentes
températures. C'est pourquoi l'Académie des Sciences a
choisi une température constante, celle de la glace fondante : c'est aussi à peu près à cette température qu'ont
été faites les expériences dont nous venons de rendre
compte. Mais, quelques soins que se soient donnés les
citoyens *Lefévre-Gineau* et *Fabbroni*, en entourant le
vase qui contenoit l'eau, d'une grande quantité de glace
pilée, et renouvelant fréquemment celle-ci, ils n'ont
jamais pu parvenir à faire descendre le thermomètre
centigrade au-dessous de deux dixièmes de degré ; et la
température moyenne de l'eau, pendant le cours de
leurs expériences, a été de $\frac{5}{10}$.

Mais cette règle générale, que les corps se condensent
à mesure que leur température s'abaisse, n'est vraie
qu'autant que ces corps ne changent pas de nature : au
moment où ils en changent, toute loi de continuité cesse ;
et l'on sait que l'eau est bien près d'en changer lorsque
le thermomètre est à la glace fondante, ou un peu au-
dessous de ce point, puisqu'il suffit d'une légère augmentation de froid pour la faire passer de l'état de corps

fluide à celui de solide. Mais elle se dilate au moment de sa congélation ; et si rien ne se fait par saut, cette dilatation ne commence-t-elle pas avant la congélation même ? Les expériences de *Deluc* paroissoient annoncer qu'elle a lieu dès le cinquième degré, c'est-à-dire que là seroit la limite de la condensation, le point qui sépare la condensation de la dilatation, celui où l'eau est à son *maximum* de densité. Cet objet étoit trop important pour qu'on ne fît pas les recherches nécessaires pour le déterminer ; et c'est surtout sur ce point que l'on doit beaucoup au zèle et aux lumières du citoyen *Tralles*, qui a profondément discuté tout ce qui y a rapport. En effet, les expériences du citoyen *Lefévre-Gineau* ont fourni les moyens de parvenir à un résultat précis. Ce physicien, desirant lui-même connoître ce qui pouvoit avoir lieu sur cette matière, avoit eu l'attention de faire des pesées très-exactes, non-seulement aux environs du point de la glace fondante, mais encore à des températures plus élevées : on les a examinées, combinées entr'elles ; on en a calculé les résultats, et il a été prouvé que le corps plongé dans l'eau est d'autant plus soutenu par ce fluide, que celui-ci se refroidit davantage, et cela jusques vers le quatrième degré ; mais que, passé ce terme, il l'est graduellement moins, à mesure que la température approche du terme de la glace : d'où il suit que l'eau se condense jusqu'à un certain degré, et se dilate ensuite passé ce terme ; point de physique important qui ne peut plus être sujet au doute ; et c'est ainsi que des expériences bien faites présentent toujours des résultats *intéressans*, souvent même nouveaux : mais ce n'est que l'homme de' génie qui les entrevoit, que le mathématicien qui peut les saisir avec précision, et en calculer la valeur. Il y a plus, cette vérité directement constatée par les pesées, c'est-à-dire par les poids successivement plus grands jusqu'à un certain terme, et puis graduellement plus petits, que perd le corps plongé dans l'eau, méritoit d'être confirmée par l'évaluation immédiate des condensations ou des dilatations mêmes. Le citoyen *Lefévre-Gineau* a encore fait, sur ce sujet, des expériences qui seront publiées en détail. Elles sont infiniment précieuses pour notre objet, puisqu'elles nous prouvent que la Nature nous présente un état de l'eau non-seulement constant, mais même *unique*, celui où elle a un *maximum* de densité : d'où il suit que cet état unique seul doit servir de mesure aux autres qui sont variables. Aussi la Commission n'a-t-elle pas hésité à l'employer, et à retrancher encore du poids apparent primitivement fixé, $\frac{144}{100000}$ parties de l'unité que le corps perd de plus, lorsque l'eau est à son *maximum* de densité, que lorsqu'elle est à $\frac{5}{10}$ au-dessus de la glace ; et c'est-là une troisième réduction ; réduction nouvelle, importante, et absolument indépendante de la connoissance de la température. Toutes ces réductions donnent pour l vrai poids du cylindre dans l'eau distillée, prise au *maximum* de sa densité, $\frac{195}{1000}$ parties de l'unité (1).

---

(1) Exactement 0.1953268.

Tel est le résultat des pesées ; il ne s'agit plus que d'en déduire les conclusions.

Si l'on retranche le poids du cylindre, pesé dans l'eau, du poids qu'il a étant pesé dans l'air, et qui, comme nous l'avons dit, est le même que celui qu'il auroit eu pesé dans le vuide, on trouvera que ce poids est de onze unités et $\frac{27}{100}$ (1), et c'est-là le poids de l'eau distillée, prise à son *maximum* de densité, et contenue sous un volume égal à celui du cylindre. Mais quel est ce volume ? Nous vous avons dit ci-dessus qu'il étoit de onze décimètres cubes, et $\frac{29}{100}$ (2) ; mais, dans la pesée, le volume a changé, il n'est plus celui que nous venons d'énoncer. En effet, le cylindre avoit ce volume à la température de 17° $\frac{1}{4}$; mais il étoit à la température de $\frac{8}{10}$ quand il a été pesé dans l'eau : il a donc éprouvé une contraction, une diminution de volume, à laquelle il faut faire attention, et que le résultat de l'expérience sur la dilatation du laiton nous met en état de calculer. D'un autre côté, le volume a acquis une petite augmentation, parce qu'une partie du tube auquel on le suspendoit, plongeoit dans l'eau ; augmentation à laquelle on a eu égard : et ces deux considérations ont réduit le volume primitif à onze décimètres cubes et $\frac{28}{100}$ (3), et c'est là le volume d'eau qui pèse onze unités et $\frac{27}{100}$; d'où il est aisé de conclure qu'un seul *décimètre cube*

(1) Exactement 11.2706787.
(2) Exactement 11.2900055.
(3) Exactement 11.2796203.

d'eau, réduite à son *maximum* de densité, pèse 999 millièmes parties de l'unité (1); poids qui constitue
ce qu'on nomme, dans le nouveau système métrique,
le *kilogramme*; *kilogramme* vrai; et qui se trouve
déterminé par une suite d'expériences, de calculs et de
réductions, auxquels on ne se seroit peut-être pas attendu
au premier abord.

Mais quel est le rapport de ce poids arbitraire, que
nous avons nommé *unité*, aux anciens poids? C'est une
dernière question qu'il s'agit de résoudre. On s'est servi
de ce corps précieux, et respectable même par son anti-
quité qu'on nomme la *pile de Charlemagne*, et dont
le poids est de cinquante marcs. Le citoyen *Lefévre-*
Gineau a pesé itérativement, et avec le plus grand soin,
ces cinquante marcs, c'est-à-dire cette pile entière et
il a trouvé qu'elle est égale à douze unités et $\frac{2279}{10000}$ (2);
d'où il résulte que chaque unité est égale au poids de
18842 (3) grains poids de marc; et que le vrai *kilo-*
gramme, le poids d'un décimètre cube d'eau distillée,
prise à son *maximum* de densité, et pesée dans le vuide,
ou *l'unité de poids*, est de 18827 grains ou de 2 livres
5 gros 35 grains (4).

---

(1) Exactement 0.9992072.

(2) Exactement 12.2279475.

(3) Exactement 18842.088.

(4) Exactement 18827.15 grains. Comme les physiciens se sont beaucoup
occupés de fixer le poids d'un pied cube d'eau distillée, nous ajouterons que,
d'après ces expériences, le pied cube d'eau distillée, prise à son *maximum* de
densité, est de 70 livres 223 grains; qu'il pèse 70 livres 141 grains, si on prend

Si la pile, dite de Charlemagne avoit été faite, avec une précision rigoureuse, le marc unique creux et le marc plein, qui en font parties, seroient égaux entre eux, et chacun d'eux seroit égal à la cinquantième partie de la pile entière. Mais quoique cette pile ait été faite avec soin, et avec une exactitude à laquelle on ne s'attendroit peut-être pas dans un monument de ce genre du quatorzième siècle, où l'on prétend que ce poids a été fait, ou renouvelé, le marc creux et le marc plein diffèrent, et entre eux, et de la cinquantième partie du total, d'une quantité, petite à la vérité, mais néanmoins réelle et sensible (1). Le *marc* que le célèbre Tillet a employé en 1767, dans le grand travail qu'il fit alors, pour la comparaison des poids employés dans plusieurs parties de la France et dans d'autres pays, (*marc* que la Commission a eu occasion de vérifier, puisque l'un de ses membres, le citoyen Brisson en possède un qui lui a été fourni par Tillet même), est encore différent de ceux dont nous venons de parler. Les marcs employés dans le commerce se trouveront donc différer entr'eux,

---

l'eau à la température de $\frac{1}{10}$ degré, et qu'il seroit de 70 livres 130 grains, si on prenoit l'eau à la glace fondante.

(1) Le marc, supposé la cinquantième partie de la pile entière, a été trouvé de . . . . 0.2445589 unité.

Le marc creux 0.2445127

Le marc plein 0.2444675

Ainsi les différences sont, entre le marc pris de la pile entière et le marc creux, de 0.87 grains; entre le même et le marc plein, de 1.72 grains; entre le marc creux et le marc plein, de 0.85 grains.

selon les étalons d'après lesquels ils auront été faits ; différences qui en prouvant, d'un côté, que jusqu'à ce jour on n'a pas eu de poids uniformes, et qu'il est temps de remédier à un inconvénient aussi grave, fait voir de l'autre, que dans l'évaluation qu'elle fait du kilogramme en poids anciens, la Commission doit s'en tenir au marc moyen de la pile de Charlemagne. C'est aussi à ce marc moyen qu'on a comparé le kilogramme provisoire, qui avoit été fixé, d'après les expériences des citoyens Lavoisier et Haüy, à 18841 grains.

Tel est le précis des expériences qui ont été faites pour les déterminations de l'unité de poids, seconde base essentielle du système métrique. Dignes émules des citoyens Méchain et Delambre, les citoyens Lefévre-Gineau et Fabbroni ont contribué avec eux, comme à l'envi, chacun dans la partie qui lui a été confiée, à la perfection d'un système métrique, attendu depuis long-temps avec impatience par tous ceux qui attachent de l'importance au bien-être de la société, à la facilité des opérations de commerce, à leur intégrité, et à tout ce qui peut contribuer à en bannir les fraudes, les voies obliques, et ces manœuvres si fréquentes, mais non moins condamnables, fondées uniquement sur les différences réelles qu'il y a entre des mesures qui portent le même nom, et que néanmoins on fait tacitement passer pour égales ; différences sur lesquelles la plupart des hommes ne sont, ni ne peuvent être, instruits.

Il nous reste à vous présenter les étalons que la

Commission des poids a fait faire, et à vous proposer quelques réflexions interressantes sur ce sujet.

Commençons par l'étalon du mètre.

Nous avons dit que le mètre, la dix-millionième partie du quart du méridien, est de 443 l. $\frac{296}{1000}$ de la toise du Pérou. Une ligne mathématique qui auroit cette longueur, seroit donc le mètre, un mètre mathématique, idéal, et à l'abri de toute variation. Mais il s'agit d'un étalon, c'est-à-dire d'un mètre, si je puis m'exprimer ainsi, *matériel, physique*, qui représente le mètre idéal dont nous venons de parler. La loi du 18 germinal an 3 fixe la matière dont ce mètre étalon doit être fait. « Ce » sera, dit l'article II, une règle de platine sur la- » quelle sera tracé le mètre : cet étalon sera exécuté » avec la plus grande précision, d'après les expériences » et les observations des Commissaires chargés de sa » détermination, et il sera déposé près du Corps légis- » latif, ainsi que le procès-verbal des opérations qui » auront servi à le déterminer. » Et l'article III nomme cet étalon, *l'étalon prototype*. La Commission a donc employé le platine, conformément à la loi ; mais ce métal, comme tous les autres corps, éprouve des varia- tions de longueur, par celles de température ; ainsi un mètre fait de platine ne sauroit avoir, dans tous les temps, la longueur du mètre idéal, comme aussi des mètres faits de différens métaux, ne sauroient être égaux entr'eux à toutes les températures : il n'en est qu'une à laquelle ils le sont, et peuvent l'être. Ces différences tiennent à la nature même des choses, et sont hors de la puissance de

l'homme; ce qui lui reste, c'est la faculté de tout réduire à un terme constant et invariable. Ce terme dépend ici du degré de température qu'on choisira, pour
donner exactement au mètre de platine la longueur de
la dix-millionième du quart du méridien terrestre déterminée ci-dessus, et au degré de température auquel
tous les mètres de quelque matière qu'ils soient faits,
seront exactement égaux entre eux et à celui-ci. La Commission, en suivant l'esprit du système métrique proposé par l'Académie et adopté par la loi, a choisi la
température de la glace fondante, ou ce que nous nom-
mons le *zéro* de nos thermomètres; température constante. C'est donc à cette température que l'étalon de
platine a été tendu égal à 443 l. $\frac{296}{1000}$ de la toise du
Pérou, cette toise étant supposée à 16° $\frac{1}{4}$, comme il a
été dit ci-dessus.

Nous présentons à l'Institut, au nom de la Classe
des sciences mathématiques et physiques, le mètre en
platine destiné à être offert au Corps législatif, et à y
rester en dépôt. Il a été fait, comme tous les autres,
par l'excellent artiste, Lenoir, sous la direction des
membres de la Commission qui ont été nommés pour
suivre cet objet; et il a été vérifié avec le plus grand
soin, et avec des précautions qui seront constatées par
un procès-verbal. Cet étalon sera, sans doute, conservé
avec le même soin, je dirois volontiers, avec ce même
respect religieux avec lequel on a conservé la *pile de
Charlemagne* pendant cinq siècles, au bout desquels
ce précieux monument se trouve ne pas avoir subi de

changement. Mais, par sa nature même, cet étalon de platine ne doit servir que dans les cas, extrêmement rares, où il s'agiroit de faire des vérifications très-importantes ; il ne sauroit servir aux étalonages ordinaires, et ne doit absolument pas y être employé. Aussi la Commission a-t-elle fait faire, avec la même soin et avec les mêmes précautions, des mètres de fer exactement égaux entre eux, et, à la température de la glace fondante, à celui de platine dont nous venons de parler. Nous en présentons quelques-uns à l'Institut : ils devront servir à étaloner les mètres destinés aux usages de la société, et ils portent aux deux extrémités des saillies en laiton pour les préserver de toute usure. Mais puisqu'aucun métal ne conserve constamment la même longueur, et que différens métaux éprouvent des changemens différens par les mêmes variations de température, il conviendroit de faire ces étalonages au dixième où au quinzième degré du thermomètre centigrade, puisqu'alors une variation de dix degrés dans la température, variation qui produit ou le froid à peu près glacial, ou un assez grand degré de chaleur, ne feroit différer entre eux des mètres, faits de différens métaux, que de $\frac{5}{100}$ de millimètre, s'ils sont, l'un de fer, et l'autre de platine ; et de $\frac{6}{100}$ de millimètre, s'ils sont de laiton et de fer : à quoi nous croyons devoir ajouter que le mètre provisoire, qui a été fait en laiton, a été déterminé pour la température de 10 du thermomètre centigrade.

Nous présentons aussi les étalons des poids : d'abord, un kilogramme de platine destiné pour le Corps législatif, et pour y être conservé avec les attentions les plus scrupuleuses, sans qu'on en fasse jamais d'usage que pour les cas rares d'une grande importance ; ensuite plusieurs kilogrammes de laiton, faits avec la même exactitude, égaux entre eux, et qui sont destinés aux usages civils et aux étalonages ordinaires. Tous ces kilogrammes ont été faits par le citoyen Fortin.

Quoique ces deux kilogrammes, celui de platine et celui de laiton, soient l'un et l'autre des *kilogrammes vrais*, ils n'ont pas le même poids étant pesés à l'air, et ne doivent pas l'avoir : le kilogramme de laiton est le seul qu'il faille employer pour les pesées dans l'air. C'est un paradoxe que nous devons nécessairement vous expliquer : il tient uniquement à la différence des métaux ; et l'explication sera aussi courte que simple.

Qu'est-ce qu'une masse de métal qu'on nomme kilogramme ? C'est le représentatif d'une masse d'eau, prise à son *maximum* de condensation, contenue dans le cube du décimètre, et pesée dans le vuide. Nos deux kilogrammes de platine et de laiton, ces deux représentatifs d'une même masse d'eau, doivent donc avoir le même poids dans le vuide : mais par là même ils ne peuvent être égaux en poids que là, et doivent être inégaux dans l'air. Figurons-nous, en effet, qu'ils soient suspendus dans un récipient, mais dans l'air, à la balance la plus exacte et la plus mobile, et qu'ils soient dans un équilibre parfait : nous aurons, d'un côté, un volume, celui de laiton, d'un peu plus de six pouces cubiques ; et de l'autre, un volume, celui de platine, de deux pouces $\frac{4}{10}$ seulement : c'est l'image d'une expérience de physique que tout le monde connoît. Supposons qu'on fasse le vuide dans ce récipient, c'est-à-dire, qu'on en fasse sortir l'air qui soutenoit les corps à raison de leur volume; qu'arrivera-t-il ? Le kilogramme de laiton, perdant deux fois et demie plus de support que celui de platine, prévaudra; il se trouvera avoir plus de poids; et cet excès sera le poids de trois pouces et $\frac{1}{10}$ d'air qui formoient l'excès du support pour le laiton au-dessus de celui pour le platine, et conséquemment il sera de 1 gr. $\frac{1}{2}$. Au contraire, si le kilogramme de platine avoit été, à l'air, plus pesant de 1 gr. $\frac{1}{2}$, ou de 88 milligrammes et $\frac{4}{10}$, le kilogramme de laiton devenant dans le vuide plus pesant de cette quantité, l'équilibre auroit été rétabli; et les deux masses auroient dans le vuide le même poids, celui de la masse d'eau dont ils sont les représentatifs, et qui, comme nous l'avons dit ci-dessus, est exprimé dans le vuide, comme dans l'air, par le contre-poids de laiton qu'on a employé dans le cours des expériences. Nous avons cru devoir faire cette observation, simple, à la vérité, mais d'un genre assez délicat pour expliquer par quelles raisons deux corps de différente densité, représentatifs l'un et l'autre d'une même masse d'eau, ou du *kilogramme vrai*, doivent nécessairement être inégaux en poids quand on les pèse à l'air, et pourquoi, puisque c'est dans ce fluide que nous faisons toutes nos pesées, la masse de laiton est la seule qu'on doit employer pour les étalonages et pour représenter le *kilogramme primitif*.

Tels sont donc les étalons vrais des deux unités dans
le nouveau système métrique, celui de l'unité de longueur, et celui de l'unité de poids; ils seront sans doute
conservés avec le plus grand soin. Mais tel est encore
l'avantage du nouveau système métrique, avantage non
accidentel, mais qui lui est vraiment essentiel, parce
que son essence est d'employer des types de mesures
pris dans la Nature : c'est que, quand même tous les
étalons viendroient à être détruits, anéantis, de sorte
qu'il ne restât de tout le système d'autre trace que le
seul souvenir, que l'une des deux unités est la dix-
millionième partie du quart du méridien terrestre, et
l'autre, la masse d'eau prise à son *maximum* de densité,
et contenue dans le cube de la dixième partie de la première unité, on pourroit encore retrouver parfaitement
leur valeur primitive. Il est aisé de sentir que, pour
recouvrer celle des poids, il n'y auroit qu'à répéter les
expériences du citoyen Lefévre-Gineau, et qu'à y mettre
les mêmes soins et la même dextérité qu'il a employés;
expériences pénibles, il est vrai, mais qu'on peut faire
dans tous les temps et par-tout sans se déplacer. Il ne s'a-
giroit donc que de rétablir le *mètre;* et il ne seroit pas
nécessaire pour cela de répéter une opération aussi difficile, aussi délicate, que celle que les citoyens Méchain
et Delambre viennent de terminer. Il suffiroit d'exprimer
dès-à-présent, en parties du mètre, la longueur du pendule
simple qui bat les secondes dans un lieu déterminé,
et de donner aux expériences, qui serviroient à fixer
cette longueur, un degré d'exactitude qui ne laissât rien

à desirer. La longueur du pendule deviendroit par là une *unité secondaire* infiniment précieuse à tous égards; unité encore puisée dans la Nature, et dont aucune cause destructive quelconque ne sauroit altérer la longueur. Aussi l'Académie des Sciences avoit-elle parfaitement saisi cette idée; et un de ses premiers soins, en méditant sur le système métrique, a été de nommer des Commissaires pour faire des expériences sur la longueur du pendule : elles ont été faites à l'Observatoire national par les citoyens Borda, Méchain et Cassini avec un appareil digne du génie de ceux qui l'ont imaginé, et à l'exactitude duquel il seroit difficile, pour ne pas dire impossible, de rien ajouter. C'est encore le citoyen Lenoir qui l'a exécuté. Borda a décrit ces expériences dans un mémoire, dont il a présenté une copie à la Commission, et qui sera imprimé. Nous nous contenterons de dire que par un milieu de vingt expériences, toutes faites avec une précision singulière, puisque ce milieu ne s'écarte pas d'un cent-millième des extrêmes, et discutées avec cette sagacité rare qui caractérisoit d'une manière si distingué le citoyen Borda, dont nous pleurons encore amèrement la perte, cette longueur du pendule simple qui bat les secondes à Paris a été trouvé de $\frac{3540819}{10000000}$ du module, supposé à la glace fondante : d'où il est aisé de conclure que cette longueur est de $\frac{985977}{1000000}$ du mètre. Il sera donc toujours facile de retrouver le mètre en déterminant à Paris la longueur du pendule simple; il seroit même très-avantageux, pour le perfectionnement des sciences physiques, que la longueur fût déterminée avec la plus grande exactitude pour plusieurs endroits, et principalement au bord de la mer, sous la latitude du quarante-cinquième degré. L'Académie des Sciences, qui sentoit toute l'importance dont cette expérience pouvoit être, l'avoit proposée comme devant couronner cette grande opération, et lui servir de complément : espérons qu'elle pourra être exécutée sous peu, comme elle mérite de l'être (1).

Tel est, Citoyens, le résumé général de ce qui a été fait pour la détermination des bases du système métrique, et des conclusions les plus générales déduites d'une opération qui fera époque dans l'histoire des sciences. La Commission des poids et mesures a fait tout ses efforts pour remplir la tâche qui lui avoit été prescrite, d'une manière qui pût mériter votre approbation, comme elle a obtenu celle de la Classe des sciences physiques et mathématiques. Il ne nous reste qu'à former des vœux pour que ce beau système métrique s'établisse dans la République française entière avec toute la célérité que son bien-être, la nature des choses et la prudence pourront permettre; qu'il soit adopté par tous les peuples de la Terre; et qu'il serve à faciliter leurs liaisons commerciales, à en assurer l'intégrité, et à resserrer entre eux des nœuds fraternels qui devroient les unir. Puisse une paix, aussi glorieuse qu'elle est ardemment desirée, hâter le moment de cette union, et assurer à l'Europe entière un état heureux et tranquille !

---

(1) Elle a été exécutée par MM. Biot, Arago et Mathieu; on en verra les détails dans le quatrième volume.

Réponse du citoyen GÉNISSIEU, *président du Conseil des Cinq-Cents, aux Commissaires de l'Institut national.*

Séance du 4 messidor an 7.

CITOYENS;

CE n'étoit pas assez que les hommes qui observent et étudient la Nature, dont ils surprennent et dévoilent chaque jour les secrets, qui cultivent avec assiduité les plus hautes sciences, qui en étendent le domaine, et en rendent l'utilité sensible, palpable et usuelle par le perfectionnement des arts, et des méthodes extrêmement simplifiées : ce n'étoit pas assez, dis-je, que ces hommes précieux à l'humanité, parmi lesquels l'histoire impartiale, d'accord avec vos contemporains, vous comptera honorablement, eussent conçu la grande et sublime idée d'asseoir éternellement l'uniformité si desirée des poids et mesures sur une base qui pût être reconnue par tous les peuples de la terre, et qui, étant invariable parce qu'elle seroit prise dans la Nature, pût convenir à tous les temps et à tous les lieux; ce n'étoit pas assez qu'ils eussent cherché et trouvé cette base : il falloit encore en tirer les avantages, en déduire toutes les conséquences, en assurer et multiplier la jouissance. C'est ce que vous avez fait. Votre hommage, agréable au Conseil, ne le sera pas moins au peuple Français. Il remarquera avec intérêt que c'est au milieu

3.   82

d'une crise salutaire, et au moment où le cri *aux armes* se fait entendre pour repousser des barbares, ennemis de toutes les lumières et de toute civilisation, que le travail constant et opiniâtre des savans et des artistes perfectione et exécute, avec la confiance d'une fierté mâle et républicaine, ce que le génie avoit conçu et disposé aussi au milieu des plus grands mouvemens révolutionnaires : tant il est vrai que l'opposition et la résistance aux pensées et aux institutions libérales sont impuissantes, et ne font que leur donner un nouvel essor, une nouvelle forcé. Pendant que vous continuerez, citoyens, à repandre l'instruction et les lumières, et à ranimer l'esprit public, le Corps législatif, de concert avec le Directoire, travaillera à rappeler l'ordre, l'économie, la confiance et le bonheur; et le courage des Français, réunis sous les drapeaux, dirigés par les chefs qui les ont si souvent conduits à la victoire, fera encore pâlir nos ennemis.

Réponse de P. C. L. Baudin (des Ardennes), *président du Conseil des Anciens, au discours prononcé au nom de l'Institut national des Sciences et des Arts.*

Séance du 4 messidor an 7.

Citoyens,

S'il fut jamais une occasion où la loi se soit montrée d'une manière éclatante avec le caractère auguste qui la rend *l'expression de la volonté générale*, c'est assurément lorsqu'elle a prescrit l'uniformité de poids et de mesures ; uniformité provoquée par l'Assemblée constituante, depuis consacrée par la Convention nationale dans notre Constitution républicaine, et enfin réalisée par les travaux de l'Institut national des sciences et des arts.

Ne soyons pas néanmoins étonnés si les résultats d'une opération ardemment desirée dans tous les temps et dans tous les pays, paroissent reçus avec peu d'empressement de la génération actuelle qui d'abord les avoit aussi demandés avec instance. N'attribuons point le dégoût ou même l'opposition à l'inconstance, encore moins au secret attachement pour l'ancien ordre de choses, quand on ne peut ici soupçonner que la résistance prenne sa source ni dans les principes religieux, ni dans les intérêts de la vanité, ni dans ceux de la fortune. Ce même Rousseau, de qui nous avons emprunté l'admirable définition de la loi, nous apprend comment on peut accueillir avec froideur un présent universellement attendu. *Les hommes*, a-t-il dit, *préféreront toujours une mauvaise manière de savoir à une meilleure manière d'apprendre* (1). Il n'est personne qui ne se soit récrié contre la prodigieuse variété des mesures, qui n'ait été fatigué d'en changer plusieurs fois dans l'espace de chemin que celui qui voyage à pied parcourt dans une journée ; personne qui ne se soit plaint de voir confondre, par une dénomination identique, des quantités très-inégales, et

---

(1) *Dictionnaire de musique.*

qui n'ait éprouvé ou du moins redouté les surprises que favorisoit cette équivoque au profit de la mauvaise foi : mais, s'il faut le dire, chacun, pour faire cesser cette bigarure, s'est persuadé qu'il falloit que tous adoptassent la nomenclature et les dimensions qui lui étoient personnellement familières.

Ainsi, quand le vœu général est évidemment exaucé, toutes les prétentions particulières se trouvent déçues.

En vain les deux Assemblées que la Nation avoit investies de pouvoirs les plus éminens, auroient-elles proclamé l'unité des poids et des mesures, si la Nation n'avoit aussi fourni des hommes armés de ce pouvoir qu'aucune délégation ne communique, de celui que donne une raison forte, long-temps exercée et perfectionnée par l'étude. Les savans appelés à seconder le vœu du législateur, devoient choisir entre les innombrables mesures consacrées par l'usage, et fonder la préférence qu'ils auroient donnée à l'une d'elles, sur des motifs tellement imposans que leur évidence subjugât tous les esprits ; ou, si l'on arrivoit à reconnoître que toutes les mesures usitées avoient le vice commun d'être arbitraires, la tâche du génie consistoit alors à trouver une nouvelle base qui, prise dans la Nature, fût inviolable comme elle, et se présentât environnée de toute l'autorité qui dérive d'une telle origine.

Voilà, citoyens, le service immortel qu'a rendu l'Institut national à la République française, ou plutôt le bienfait qu'il offre au genre humain ; car si une découverte de cette importance honore et les hommes à qui nous en sommes redevables et le siècle auquel elle appartient, elle doit aussi passer aux âges suivans et franchir les limites qui séparent les peuples, pour former entre eux un lien commun qui les unisse.

Déjà nous en avons un gage dans le concours de tant de savans coopérateurs, associés à vos travaux par les nations alliées ou neutres. Si la forme des gouvernemens qui les ont envoyés n'est pas la même, ils sont tous citoyens de cette république des lettres essentiellement féconde en sentimens généreux, toujours zélée pour le progrès des idées libérales, et constamment fidèle à l'esprit de fraternité, même au sein des discordes politiques et des fureurs de la guerre.

Citoyens, la constitution de la République française, après avoir établi les divers pouvoirs politiques, place à leur suite et sur la même ligne la puissance des lumières qui répand sur eux son éclat; l'Institut est en quelque sorte la science constituée, et si l'autorité doit accueillir, honorer, encourager, récompenser les talens, ils doivent, à votre exemple, dévouer leurs services à la République, et concourir comme vous à son bonheur et à sa gloire.

Ne doutez, citoyens, ni de l'intérêt avec lequel le Conseil des Anciens vient d'entendre les noms de ces illustres étrangers que vous lui avez fait connoître, ni de la satisfaction qu'il éprouve en les voyant réunis avec vous dans cette enceinte, ni de son admiration pour des travaux si habilement conçus, si courageusement suivis et si glorieusement terminés Soyez également convaincus et du prix qu'il attache au compte lumineux que vous venez de lui rendre, et de son empressement à jouir de ce rapport où les citoyens Van-Swinden et Trallès ont développé avec autant de clarté que de savoir, des détails précieux et si dignes d'être promptement et généralement connus.

L'AN sept de la République française, une et indivisible, le quatre messidor, trois heures après midi, le citoyen *Pierre-Simon Laplace*, l'un des ex-présidens de l'Institut national des Sciences et des Arts, remplaçant le citoyen *Bougainville*, absent pour cause de maladie, président actuel; le citoyen *Louis Lefévre Gineau*, le citoyen *Antoine Mongez*, secrétaires de l'Institut; les Membres nationaux et étrangers de la Commission des poids et mesures : savoir,

LES CITOYENS

Darcet, de l'Institut national;

Fabbroni, envoyé de Toscane;

Van-Swinden, envoyé de la République batave;

Mascheroni, envoyé de la République cisalpine;

Vassalli, envoyé du Gouvernement provisoire de Piémont;

Aeneæ, envoyé de la République batave;

Lagrange, de l'Institut national;

Méchain, de l'Institut national;

Multedo, envoyé de la République ligurienne;

Pedrayes, envoyé de l'Espagne;

Ciscar, envoyé de l'Espagne;

Legendre, de l'Institut national;

Trallès, envoyé de la République helvétique;

Delambre, de l'Institut national;

Brisson, de l'Institut national.

(*Est à observer que les citoyens Laplace et Lefévre-Gineau sont membres de la Commission des poids et mesures.*)

Les citoyens *Lenoir* et *Fortin*, artistes, adjoints à la Commission;

Le citoyen *Garran-Coulon*, membre de l'Institut national;

Après avoir présenté à l'un et l'autre Conseil l'étalon du mètre et l'étalon du kilogramme, l'un et l'autre en platine, se sont rendus aux archives de la République, pour y faire, en exécution de la loi du 18 germinal an 3, le dépôt des deux étalons, renfermés chacun dans une boîte fermant à clef.

Le citoyen *Armand-Gaston Camus*, membre de l'Institut national, garde des archives de la République, a reçu les deux étalons, l'un et l'autre en bon état, et sur-le-champ il les a renfermés dans la double armoire en fer fermant à quatre clefs.

De ce que dessus, le présent procès-verbal a été dressé en double minute, dont l'une, après avoir été scellée du sceau des archives, a été remise au citoyen président de l'Institut; et tous les citoyens comparans ont signé avec le garde des archives de la République.

Signé, LAPLACE, ex-président de l'Institut national; L. LEFÈVRE-GINEAU, secrétaire; Antoine MONGEZ, secrétaire; BRISSON, DELAMBRE, FABBRONI, LAGRANGE, MULTEDO, H. AENEAE, VASSALLI, LEGENDRE, CISCAR, PEDRAYES, MÉCHAIN, J. H. VAN-SWINDEN, FORTIN, DARCET, TRALLÈS, LENOIR, MASCHERONI, J. Ph. GARRAN, CAMUS.

PRÉCIS

*Des opérations qui ont servi à déterminer les bases
du nouveau système métrique,*

Lu à la séance publique de l'Institut des Sciences et des Arts, le 15 messidor
an 7,

PAR J. H. VAN-SWINDEN, CITOYEN BATAVE.

Cᴵᴛᴏʏᴇɴꜱ,

Lᴇ secrétaire de la classe des sciences physiques
et mathématiques, le citoyen Lefévre-Gineau, a instruit
l'assemblée que la commission des poids et mesures a
terminé son travail; que l'Institut en a adopté les résultats; qu'il les a présentés au Corps législatif, et qu'il a
déposé aux archives de la République l'étalon de la
nouvelle mesure de longueur, et celui du nouveau
poids (1). L'opération qui a été faite pour déterminer les

---

(1) Voici comme le citoyen Lefèvre-Gineau s'est exprimé sur ce sujet :

Les Savans français, réunis aux Savans envoyés par les Nations étrangères,
pour concourir à la détermination des unités de longueur et de poids, ont
terminé leurs travaux pendant ce trimestre. Le citoyen Van-Swinden, envoyé
par la République batave, a rendu compte à la Classe des sciences Mathématiques et Physiques, des opérations qui ont fait connoître la grandeur du
méridien, et ont assigné celle du mètre qui en est la dix-millionnième partie.

bases du nouveau système métrique est trop importante , elle intéresse trop la gloire de la Nation française, pour que vous ne desiriez pas de la connoître. L'Institut a cru qu'il conviendroit que ce fût un des députés envoyés par des Puissances étrangères qui vous rendît compte de ce qui a été fait par des Français sur cette matière. Mon obéissance à ses ordres est le seul titre à la faveur duquel je puis réclamer votre indulgence.

C'est un beau projet, sans doute, que celui de faire disparoître cet immense variété de mesures et de poids dont on se sert dans chaque pays, dans des endroits

---

Le citoyen Trallès, envoyé par la République helvétique , a fait le rapport du travail relatif à la fixation de l'unité de poids. En nommant Van-Swinden et Trallès, je les ai fait assez connoître. Ces savans hommes sont depuis long-temps distingués dans la République des lettres ; leur nom me dispense de tout éloge.

Les étalons en platine du mètre et du kilogramme, et le rapport général de l'opération entière, par le citoyen Van-Swinden, ont été présentés au Corps législatif ; les étalons sont déposés aux Archives nationales. Van-Swinden lira dans la séance un précis de cet important travail.

Ce n'étoit pas pour avoir des témoins célèbres de la gloire qui alloit appartenir à la France, que l'Institut national a desiré la présence des Savans de différentes Nations ; il appeloit des lumières, des collaborateurs, et son espoir n'a pas été trompé. Qu'il me soit permis ici de rendre hommage à la vérité, de dire à ces Savans, Espagnols, Italiens, Danois, Helvétiens, Bataves, tous bien dignes de concourir à de si grands travaux, que l'étendue de leurs connoissances et de leurs pensées, leur coup d'œil sûr, la sagacité de leur discussion, leurs soins laborieux, non seulement pour connoître avec détail ce qui étoit fait, mais encore pour aider par leur propre travail, dans ce qui restoit à faire, leur assurent une noble part dans ce succès durable que les sciences viennent d'obtenir. Ils emporteront nos regrets et notre estime, et en même temps ils partageront avec la France l'honneur d'avoir fait une chose utile au Genre humain.

même voisins, et de les ramener tous à un système *unique*
et *uniforme*; qui assure la facilité dans les échanges,
et l'intégrité dans les opérations de commerce. Un système aussi sage, dont les Romains avoient déjà commencé à nous donner un exemple, mais qui disparut
lorsque les guerres succédèrent à la paix; les démembre-
mens à l'unité de l'Empire; que l'ignorance remplaça
les lumières, la barbarie la sagesse, et que mille petits
souverains crurent affermir leur autorité, en mettant
des entraves à la libre communication de leurs vassaux
avec ceux de leurs voisins, leurs rivaux en prétentions,
en force et en tyrannie; un tel système ne put que frapper
les esprits éclairés, lorsque les sciences mathématiques
et physiques furent portées à un point qui pouvoit faire
espérer d'asseoir un système métrique sur une base invariable, prise dans la Nature.

Aussi, dès la naissance de l'Académie, quelques-uns
de ses membres avoient profondément médité sur ce
sujet, et en avoient fait sentir l'utilité; l'Académie elle-
même s'en étoit souvent occupée : mais il est difficile
de mettre en pratique les vérités de théorie les plus importantes, les plus palpables, mêmes les mieux senties,
quand il s'agit de déraciner de vieilles habitudes, de
surmonter des obstacles, de vaincre des difficultés, si
des circonstances heureusement ménagées, ou habilement saisies, ne donnent je ne sais quel essor aux
esprits.

C'est ainsi qu'à l'époque, à jamais mémorable, où le
Peuple français, prenant un élan sublime, commença à

s'occuper de sa régénération politique et sociale, les esprits sembloient avoir reçu une impulsion qui permettoit de proposer, de saisir, de voir adopter tout ce qui pouvoit tendre au bien public. La proposition de rendre les mesures et les poids uniformes en France fut bientôt faite à l'Assemblée constituante qui consulta l'Académie. Le système métrique, conçu par cette compagnie savante, fut adopté ; l'exécution lui en fut confiée ; plusieurs de ses membres furent nommés, sans délai, pour s'en occuper ; et peu de mois suffirent pour proposer, pour décréter, et pour se mettre en état d'exécuter ce qui avoit fait, pendant plus d'un siècle, le sujet des vœux des hommes les plus éclairés, mais dont la voix avoit en vain frappé l'oreille des Gouvernemens : tant il est vrai que le réveil de l'esprit public est un bien quand ce sont des hommes sages qui le dirigent dans sa marche !

Mais c'eût été peu que de la bannir, cette immense variété de poids et de mesures, qui pèse, pour ainsi dire, sur les peuples ; qui gêne, qui ralentit, qui entrave le commerce, et de choisir à volonté une de ces mesures, un de ces poids pour servir désormais de type et de modèle universel. Ce qui est isolé, ce qui ne tient à rien, se perd ; ce qui est arbitraire n'est pas fait pour être généralement adopté. Les types des mesures qu'employèrent ces anciens peuples, qui ont rempli le monde du bruit de leurs exploits et de leur sagesse, ont été altérés, perdus, détruits par les dévastations que des barbares ont exercées, et par ces causes lentes de destruction que la Nature renferme dans son sein, et dont l'activité n'est jamais suspendue. Si les travaux des érudits les plus célèbres, si l'examen des anciens monumens, si les rapprochemens que les plus excellens génies ont su faire, ne nous ont donné que des probabilités sur la grandeur des mesures, ou la valeur des poids, dont se servoient les anciens peuples, c'est que ces mesures étoient arbitraires, et ne tenoient pas à de grands objets.

Il faut donc, pour former un système métrique qui soit vraiment philosophique, qui soit digne d'un siècle éclairé, ne rien admettre qui ne soit fondé sur des bases solides, rien qui ne soit intimement lié à des objets invariables, rien qui dépende, dans la suite du temps, des hommes ou des événemens : il faut consulter la Nature même, puiser les bases du système métrique dans son sein, et savoir y trouver encore des moyens de vérification.

Le globe que nous habitons, tel est le corps auquel la Nature même nous invite à rapporter toutes nos mesures : c'est de sa grandeur même qu'il faut en emprunter le type. C'est aussi le principe sur lequel l'Académie des Sciences a fondé le nouveau système métrique ; elle a pris le quart du méridien terrestre, compris entre l'équateur et le pôle boréal, pour base, et sa dix-millionième partie, à laquelle elle a donné le nom de *mètre*, pour unité des mesures de longueur. Il faut donc, pour savoir quelle est la grandeur du mètre, connoître l'étendue du quart du méridien de la Terre ; et l'on ne sauroit la connoître à moins d'avoir fait une mesure exacte d'un arc quelconque de ce méridien, et d'être en état d'en conclure, par le calcul, l'arc total que l'on cherche.

Quoique les différens arcs qu'on avoit déja mesurés en France, à différentes reprises, eussent pu servir à déterminer le quart du méridien avec assez d'exactitude, l'Académie a cru qu'il convenoit à l'importance de l'objet, au perfectionnement des Sciences, et à la gloire nationale, d'en faire une nouvelle, plus remarquable qu'aucune de celles qui ont été faites précédemment, et dans laquelle on emploieroit des moyens proportionnés à la perfection actuelle des Sciences.

Elle proposa, et ce projet fut adopté par l'Assemblée constituante, de mesurer l'arc du méridien compris entre Dunkerque et Barcelone, et qui est la dixième partie de l'arc total qu'il s'agit de connoître. Les citoyens Méchain et Delambre furent chargés de cette opération si pénible, mais si glorieuse; et il ne falloit pas moins que des hommes de cet ordre, pour qu'elle pût être faite à travers tous les obstacles qu'ils ont eu à surmonter, et être portée à ce point de précision qui en fait le caractère.

Ils s'occupoient de ce travail lorsque la France étoit attaquée au dehors, agitée au dedans, et à des époques dont nous ne vous rappellerons pas le souvenir douloureux. Il a fallu, tantôt leur prudence pour prévenir ou détourner les dangers, tantôt leur fermeté pour les supporter tranquillement; toujours leur activité pour suivre avec constance, et sans rien négliger de l'exactitude la plus scrupuleuse, au milieu des tribulations, des fatigues,

de la privation même des choses les plus nécessaires à
la vie, un ouvrage pénible, qui exige le calme de l'ame,
la tranquillité de l'esprit, toutes les forces de l'intelli-
gence : mais poussés l'un et l'autre par le zèle le plus
ardent pour le perfectionnement des sciences, et animés
du même esprit, du desir d'être utiles à leur patrie, ils
estimoient heureuse une journée passée dans la peine,
dans l'inquiétude, dans la fatigue, si elle étoit terminée
par une bonne observation.

L'opération que les citoyens Méchain et Delambre
avoient à faire présentoit encore des difficultés qui tiennent à sa nature. Il s'agit en effet de mesurer, avec la
plus grande exactitude, la ligne entière qui traverse,
dans le sens du méridien, toute la France et une partie
de l'Espagne, depuis Dunkerque jusqu'à Barcelone.
Chacun sent qu'on ne sauroit la mesurer immédiatement,
et, pour ainsi dire, la toise à la main : il faut employer
des moyens d'un autre genre, des moyens analogues à
ceux dont on se sert pour lever la carte d'un pays ; mais
auxquels on apporte une précision proportionnée à l'importance de l'objet.

Il a fallu former une chaîne de plus de quatre-vingt-
dix triangles ; il a fallu déterminer les angles de chacun
d'eux avec une précision qui ne laissât pas une incertitude de quelque peu de secondes sur le triangle entier :
précision qu'on doit en partie à l'admirable instrument
dont le génie de Borda avoit enrichi l'astronomie, et que
le célèbre artiste Lenoir a exécuté. Il a fallu répéter plusieurs fois la mesure de chaque angle avec une patience

sans bornes; à la patience il a fallu joindre la dextérité
que donne une longue habitude de l'art d'observer; à
la dextérité cette sagacité d'esprit qui sait discerner,
saisir, pressentir même les causes d'erreur, et à la sagacité les profondes connoissances mathématiques qui
seules nous mettent en état de calculer ces erreurs et
d'en déterminer l'influence : afin de pouvoir obtenir
dans le résultat le degré de perfection que l'état actuel
des sciences exige, et qui se trouve de fait dans toutes
les parties de l'opération que les citoyens Méchain et
Delambre ont si glorieusement terminée.

Cette mesure de triangles, que le citoyen Méchain a
exécutée de Barcelone jusqu'à Rodès, et le citoyen
Delambre, depuis Rodès jusqu'à Dunkerque, n'est pas
le seul travail qu'il y ait eu à faire. Si les mathématiques
nous mettent en état de déterminer, par le calcul, tous
les côtés d'une longue chaîne de triangles dont les
angles sont donnés, il faut préalablement connoître la
grandeur d'un des côtés qu'on prend pour base; et pour
le connoître il faut en faire la mesure immédiate avec
une précision d'autant plus grande, que l'erreur qu'on
pourroit commettre influe proportionnellement sur l'arc
entier qu'il s'agit de déterminer. Le citoyen Delambre
s'est chargé du travail si pénible et si délicat de la mesure de deux bases, l'une près de Melun, l'autre près de
Perpignan. Il a fait usage d'instrumens nouveaux, que
nous devons encore au génie de Borda et à la main de
Lenoir; il a redoublé de soins et d'attentions pour que
rien ne manquât à la perfection de cette mesure; et il

a employé toutes les ressources de son génie dans les différentes réductions qu'il s'est agi de faire pour déterminer avec précision la ligne qui constitue la base vraie. Nous regrettons de ne pouvoir entrer dans les détails qui, seuls, pourroient vous faire connoître la beauté de ce travail ; mais vous sentirez à quel point d'exactitude on est parvenu, quand nous vous aurons dit qu'une partie de la base ayant été mesurée deux fois, parce qu'on y soupçonnoit quelqu'erreur, ces deux mesures n'ont différé que d'une demi-ligne sur cent quarante toises.

Mais il ne suffit pas de connoître les angles et les côtés des triangles ; il faut encore connoître la direction des côtés par rapport à la méridienne dont il s'agit de calculer l'étendue : il faut donc mesurer les angles que ces côtés font avec elle. Cette troisième partie de l'opération est plus difficile que la première, parce qu'elle tient à des observations astronomiques délicates qui exigent des réductions et des calculs dont il seroit inutile de vous entretenir. Les observateurs y ont mis toute l'exactitude que leur importance exige.

Les côtés des triangles et leurs directions avec la méridienne étant connus, on peut calculer l'étendue de la méridienne : ce calcul a été fait par différentes méthodes et par différens calculateurs qui ont trouvé que l'arc de la méridienne, compris entre Dunkerque et Montjouy, près de Barcelone, est de 551,585 toises, ancienne mesure.

La grandeur de cet arc doit servir à nous faire connoître celle du quart du méridien : en effet, comme celui-ci répond à un arc céleste de 90°, il ne s'agit que de savoir à combien de degrés répond l'arc terrestre compris entre Dunkerque et Montjouy : des observations astronomiques peuvent seules nous en instruire. Les observateurs les ont faites à Dunkerque, à Paris, à Évaux, à Carcassone, à Montjouy, avec une exactitude, un soin et une patience qui ne laissent rien à desirer ; et il en résulte que l'arc compris entre Dunkerque et Montjouy est de 9° 40′ 45″ $\frac{1}{3}$.

Cette détermination a mis les calculateurs en état de conclure de l'arc mesuré entre Dunkerque et Montjouy, l'étendue du quart du méridien terrestre compris entre l'équateur et le pôle boréal ; elle est de 5,130,740 toises : d'où il suit que sa dix-millionième partie et de 3 pieds 11 lignes $\frac{296}{1000}$. Telle est la longueur du *mètre vrai et définitif*, déduit de la mesure de la terre la plus remarquable, la plus exacte qui ait encore été faite, et qui va servir à perfectionner nos connoissances sur la grandeur et la figure du glôbe que nous habitons. Tel est, pour ce qui concerne le systême métrique, le résultat d'une des plus vastes entreprises qui aient jamais été exécutées, et qui fait un des plus beaux monumens qu'on ait élevé aux sciences, et à la gloire de la Nation française.

Nous venons de parler de l'unité des mesures de longueur : celles des mesures de surface et de capacité se déduisent naturellement du mètre, et ne présentent rien qui doive fixer l'attention de l'assemblée. Celle de poids mérite de nous arrêter un moment. C'est encore dans la Nature qu'on en a pris le type, puisque, d'une part, il dépend de la grandeur du mètre, et que de l'autre on emploie l'eau, fluide que l'on trouve par-tout, et qu'on peut toujours se procurer dans le même degré de pureté par la distillation. En effet, c'est la quantité d'eau distillée, contenue dans un cube dont le côté est la dixième partie du mètre, ou, ce qui revient au même, contenue dans un décimètre cube, qui fait (sous le nom de *kilogramme*) la nouvelle unité de poids. Mais qu'il en a coûté de peines et d'expériences pour le déterminer! Il a fallu des instrumens d'une perfection rare, et on les doit au citoyen Fortin ; il a fallu déterminer, avec la plus grande précision, la grandeur du volume employé dans les expériences ; il a fallu faire les pesées avec une exactitude scrupuleuse ; il a fallu faire des recherches nouvelles pour déterminer le point où l'eau parvient à un état constant et unique, celui de sa plus grande densité. Le citoyen Lefévre-Gineau, que l'Institut a chargé de cette importante opération, a obtenu par ses soins, par sa dextérité, par sa patience, par un travail assidu, et au-dessus de tout éloge, des résultats, à la précision desquels il seroit difficile de rien ajouter. Nous regrettons de ne pouvoir entrer dans les détails qui vous prouveroient combien la détermination de l'unité de poids a été difficile et délicate, et combien l'excellent physicien auquel nous la devons a de droits à notre reconnoissance. Il résulte de ces travaux que le poids d'un décimètre cube d'eau distillée, ou du kilogramme, nouvelle unité de poids, vaut 2 onces, 5 gros, 35 grains, ou 18,827 grains anciens poids de marc.

Les deux points fondamentaux du système métrique, le *mètre* et le *kilogramme*, ont donc été déterminés avec le plus grand soin : les types en sont pris dans la Nature même; ils tiennent à la grandeur du globe que nous habitons, et au fluide le plus simple de tous les fluides palpables que nous connoissons : et cela même nous procure un nouvel avantage, un avantage infiniment précieux; c'est qu'ils sont dans le sens le plus strict, invariables, inaltérables.

Pour savoir dans les siècles futurs ce qu'ils doivent être, il n'est pas besoin que les étalons qu'on en a fait faire, avec un soin porportionné à l'importance de l'objet, soient conservés : quand ils viendroient à être perdus, détruits, anéantis, si le nom seul en restoit, et le souvenir que l'un d'eux, le mètre, étoit la dix-milionième partie du quart du méridien terrestre, et l'autre la quantité d'eau distillée contenue dans le cube du décimètre, il seroit aisé de les rétablir, puisque le mètre, étant une partie connue de la circonférence de la terre, est aussi invariable qu'elle, et que l'eau, qui sert de base au kilogramme, est inaltérable. Il ne seroit pas même nécessaire, pour restituer le mètre, de répéter une opération aussi longue, aussi pénible, aussi difficile que celle qu'ont faite les citoyens Méchain et Delambre. La Nature nous présente elle-même un moyen de vérification, une *unité secondaire*, dans la longueur du pendule simple qui bat les secondes, et qui est, pour chaque lieu, aussi invariable que la force de gravité qui l'anime. L'Académie des Sciences, à laquelle rien de ce qui a rapport à cette matière n'avoit échappé, avoit chargé quelques-uns de ses Membres de faire de nouvelles expériences sur ce sujet, et elles ont été faites à l'Observatoire national par les citoyens Borda, Cassini et Méchain ; ils ont trouvé par des méthodes, lesquelles admettent un degré de précision bien remarquable, que la longueur du pendule simple qui bat les secondes à Paris, à l'Observatoire national, est de $\frac{9938}{10000}$ parties du mètre. D'où il résulte que si, dans d'autres temps, on répétoit la même expérience, il suffiroit de diviser la longueur du pendule trouvé en 9938 parties, et d'y en ajouter 62, pour avoir exactement le mètre tel qu'il a été déterminé.

Voilà donc l'invariabilité, et s'il étoit permis de s'exprimer ainsi, l'*inaltérabilité* des types de nos nouvelles mesures, avantage précieux et pour la génération présente et pour la postérité.

Ces mesures une fois fixées, une fois arrêtées, ne dépendent plus de la volonté des hommes ; elles sont à l'abri de leur puissance et des dévastations qu'ils pourroient faire ; elles tiennent intimement à ce qui constitue la nature et l'essence du globe que nous habitons.

Vous venez d'entendre, citoyens, quelle est la précision que les astronomes et les physiciens français ont obtenue dans toutes les parties qui constituent le nouveau système métrique ; seule elle suffiroit pour inspirer la plus grande confiance. Mais il y a plus, ce système ne présente rien qui soit particulier à la France, rien qui n'intéresse également toutes les Nations, rien qui ne

mérite d'être universellement adopté. Aussi l'Institut
a-t-il desiré d'y donner le plus grand degré d'authenticité possible, et de soumettre les opérations qui avoient
été faites au jugement des Nations avant que d'en arrêter
les résultats définitifs. Il a desiré que les Puissances étrangères nommassent des Savans pour en prendre connoissance et pour travailler avec les Commissaires français
à mettre la dernière main à ce bel ouvrage. Le Gouvernement français, adoptant ce vœu, a invité les Gouvernemens des Nations neutres ou alliées à la République,
à envoyer des députés pour cet effet : plusieurs se sont
rendus à cette invitation; et ces députés, réunis aux
Savans français, ont formé la Commission des poids et
mesures, qui a examiné, discuté, calculé toutes les parties de l'opération, et arrêté les résultats définitifs que
nous avons présentés. Jamais pareille réunion n'avoit eu
lieu : nous nous flattons qu'elle a été utile aux sciences,
et nous pouvons assurer qu'il n'y en aura jamais de plus
fraternelle.

Pénétrés, comme nous le sommes, de l'accueil que
nous avons reçu, permettez, citoyens membres de l'Institut, et vous surtout, citoyens français, membres de la
Commission des poids et mesures, avec lesquels nous
avons eu des relations plus étroites et plus multipliées;
permettez que je sois dans ce moment, auprès de vous,
l'organe de mes confrères, étrangers comme moi à la France. L'Institut et le Gouvernement français ont donné un
grand et bel exemple à l'univers, en desirant qu'un
congrès de Savans de différens pays s'assemblât pour

discuter des objets purement scientifiques, il est vrai, mais dont l'importance est la même pour toutes les Nations. Vous avez secondé leurs vues, en nous traitant comme des amis et comme des frères; vous avez desiré qu'il n'y eût entre des membres de la république des Lettres aucune distinction de pays ni de patrie, et que l'égalité la plus parfaite régnât entre nous : elle a eu lieu sans interruption; la concorde, la fraternité, l'estime, l'amitié, ont bientôt serré nos liens. Il n'est pas de détails d'observations ou d'expériences dont vous ne nous ayez fait part; tous les registres des observateurs nous ont été ouverts; vous nous avez donné tous les éclaircissemens que nous pouvions desirer; vous avez même prévenu nos desirs : la communication de vos lumières a été franche, amicale et sans réserve. Le travail qui a été fait est devenu un travail commun à tous, et vous nous avez donné des preuves de votre satisfaction. Agréez l'assurance des sentimens les plus distingués que nous vous avons voués. Vos écrits et la réputation dont vous jouissez dans le monde savant, nous avoient depuis long-temps mis en état d'apprécier votre mérite : aujourd'hui nous connoissons de près les qualités qui en rehaussent l'éclat et qui rendent votre commerce si doux, votre conversation si instructive, votre société si précieuse. De retour chez nous, nous nous en rappellerons souvent le souvenir avec délices, et en nous retraçant ce que vous avez fait pour les sciences, nous sentirons s'échauffer notre zèle, une noble émulation s'emparer de nos cœurs, et nous ferons sans cesse des vœux sincères pour votre conservation et pour votre bonheur!

Que ne pouvons-nous en faire encore de pareils pour l'illustre Borda; que nos yeux cherchent en vain parmi vous! Et nous aussi, nous avons eu l'avantage de connoître cet homme rare, mais nous avons eu la douleur de voir la mort l'enlever du milieu de nous. Nous savons combien cette grande opération, dont l'examen a fait l'objet de notre mission parmi vous, doit à son vaste génie, qui sembloit en vivifier toutes les parties : aussi nous avons pleuré sa perte comme on pleure une perte irréparable ; et la voix de l'homme célèbre (1) qui nous retraça le mérite et les vertus de son digne ami, au moment même où nous allions faire descendre sa dépouille mortelle dans un hideux sépulcre, semble retentir encore à nos oreilles et retentira toujours au fond de nos cœurs. Les douces jouissances que nous goûtions parmi vous ont donc été troublées par la douleur : mais c'est le sort de l'humanité; cessons de nous plaindre. Le génie tutélaire de la France, qui s'est toujours plu à lui procurer de grands hommes, fermera quelque jour cette plaie profonde, et même il sourit encore, au milieu de sa douleur, en tournant ses yeux avec complaisance vers les hommes illustres qui lui restent, et dont la vue est si propre à adoucir ses regrets.

Et vous tous, citoyens français, soyez les premiers à jouir du grand bienfait de mesures uniformes, invariables,

(1) Le citoyen Bougainville.

universelles. Hâtez-vous d'adopter le nouveau système métrique, dont la simplicité réelle, bien entendue, est si propre à faciliter toutes les opérations de commerce. Songez qu'il intéresse votre bien-être, qu'il tient de près à la gloire de votre Nation. Étrangers comme nous le sommes à la France, sans doute nos patries occupent la première place dans nos cœurs, comme la France l'occupe dans les vôtres ; sans doute nos premiers vœux sont pour leur gloire et pour leur prospérité, comme les vôtres sont pour la prospérité et pour la gloire de la France : mais nous n'en sommes pas moins sensibles aux différens genres de gloire dont la Nation française peut s'illustrer, et nous prenons une part vive et sincère à son bonheur. Puisse celui dont vous jouirez pleinement, lorsque le calme aura succédé à l'orage, faire le sujet éternel de vos chants d'alégresse comme il fait aujourd'hui celui de vos vœux ! Puisse une paix aussi glorieuse qu'elle est ardemment desirée, hâter ce moment fortuné, et accorder à l'Europe entière un état stable, heureux et tranquille !

RAPPORT

Sur la vérification du mètre qui doit servir d'étalon pour la fabrication des mesures provisoires,

Par les Commissaires chargés de la détermination de ces mesures.

L'ASSEMBLÉE nationale constituante, ayant voulu établir un système de poids et mesures qui eût sa base dans la Nature, et qui, par sa simplicité et sa généralité, pût mériter d'être adopté par toutes les Nations instruites, décréta que les mesures et les poids seroient tous rapportés à une unité principale des mesures linéaires, et qu'on prendroit pour cette unité, qui seroit appelée *mètre*, la dix-millionième partie de la distance comprise depuis le pôle de la Terre jusqu'à l'équateur. Cette distance étoit déjà connue avec une assez grande précision, d'après la mesure de la Méridienne qui traverse la France, faite à la fin du siècle dernier et dans celui-ci, par les astronomes de l'Académie des Sciences; mais dans une opération aussi importante que celle de déterminer une mesure qui puisse être présentée à toutes les Nations, il convenoit d'employer les moyens de

3   85

précision que les sciences et les arts ont acquis depuis les anciens travaux de l'Académie ; il convenoit aussi, pour obtenir des résultats plus exacts, de mesurer un arc du méridien plus grand que ceux qu'on avoit mesurés anciennement : en conséquence l'Assemblée nationale décréta que des Commissaires nommés par l'Académie des Sciences, détermineroient, par des opérations géodésiques, la distance depuis Dunkerqne jusqu'à Barcelone, qui comprend euviron neuf degrés et demi terrestres, et de laquelle on pourra conclure avec beaucoup de précision la distance du pôle à l'équateur, qui doit servir de base au nouveau système.

Deux astronomes, les citoyens Méchain et Delambre ont été chargés de cette grande opération : le premier a déjà mesuré la partie de l'arc du méridien qui se trouve comprise sur le territoire d'Espagne , depuis Barcelone jusqu'aux montagnes des Pyrénées ; il continue maintenant son travail en-deçà des Pyrénées , et se rapprochant du centre de la France , il vient à la rencontre du citoyen Delambre , qui de son côté a commencé sa mesure à Dunkerque et est déjà parvenu à Bourges , après avoir mesuré environ quatre degrés terrestres. Lorsque les opérations de ces deux astronomes seront achevées , on en conclura l'unité des mesures linéaires ou le mètre , et alors on formera un étalon invariable auquel toutes les mesures seront rapportées.

Mais l'Assemblée conventionelle , voulant dès-à-présent faire jouir la Nation des avantages du nouveau système des poids et mesures, a pensé qu'en attendant la fin des opérations, il convenoit de faire un étalon provisoire qui seroit déterminé d'après l'ancienne mesure de la méridienne de France, faite par l'Académie des Sciences, étalon dont la précision sera suffisante pour tous les besoins du commerce, et auquel d'ailleurs il est probable qu'on ne sera obligé de faire que de très-légères corrections, lorsque l'étalon définitif aura été déterminé. Les Commissaires des poids et mesures, que la Convention a chargés de former de cet étalon provisoire, ont cru ne devoir négliger aucun des moyens qui pouvoient donner de la précision à leur travail; ils vont rendre compte ici, avec beaucoup de dètail, des procédés qu'ils ont suivis, procédés qui pourront être employés dans la suite, lorsqu'il s'agira de former l'étalon définitif..

Vérification du mètre qui doit servir d'étalon provisoire.

La longueur de ce mètre, relativement à la toise, devant être fixée d'après l'ancienne mesure de la méridienne de France, on a pris les résultats de cette mesure, qui ont été donnés par Lacaille, dans les volumes de l'Académie des Sciences, année 1758. Ce savant a trouvé, en comparant entre eux les différens arcs mesurés de la méridienne, que la longueur du 45e degré de latitude est égale à 57027 toises : d'où on conclut que la distance depuis le pôle de la terre jusqu'à l'équateur, qui est égale à 90 fois la longueur du 45ᵉ degré, est de 5132430 toises; et comme, par le décret de l'Assemblée nationale cons-tituante, le mètre doit être la dix-millionième partie de la distance du pôle à l'équateur, il s'ensuit qu'il doit être égal à 0.513243 toises; ce qui, réduit en subdivisions de la toise, donne 3 pieds 11 lignes $\frac{44}{100}$.

La toise dont il s'agit ici est celle qui est connue sous le nom de toise de l'Académie, et qui a servi pour la mesure des bases de l'arc terrestre au Pérou, et pour celle des bases de la méridienne de France. Cette toise est de fer, et l'on doit remarquer que les deux bases ont été mesurées lorsque la température étoit à 13 degrés du thermomètre de Réaumur; d'où il est clair que le mètre doit être rapporté à la toise prise à cette température : mais on peut desirer que l'étalon ait la longueur requise, lorsque le thermomètre marque un autre degré que 13. La Commission des poids et mesures a pensé qu'il convenoit de prendre pour point fixe la température à 10 degrés du thermomètre centigrade (1); elle a pensé aussi que l'étalon devoit être en cuivre, pour éviter l'inconvénient de la rouille. D'après cela, la question proposée aux commissaires vérificateurs, étoit de faire un étalon de cuivre qui, étant supposé à 10 de-

_____

(1) Nous appelons thermomètre centigrade celui dans lequel l'intervalle entre le terme de la glace et celui de l'eau bouillante est divisé en cent parties égales ou degrés. Dans le thermomètre de Réaumur cet intervalle est divisé en 80 degrés.

grés du thermomètre centigrade, contienne 3 pieds 11 lignes $\frac{44}{100}$ de la toise de fer de l'Académie, supposée à 13 degrés du thermomètre de Réaumur; et voici les moyens employés pour cette détermination.

Nous dirons d'abord que pour toutes les comparaisons de mesures que cette opération a exigées, on s'est servi d'une grande règle de cuivre exécutée par le citoyen Lenoir, au moyen de laquelle on détermine avec beaucoup de précision les petites différences qui se trouvent entre deux mesures qui sont à peu près égales entre elles : pour cela, on applique une des mesures, par un de ses bouts, contre un petit cylindre vertical qui est fixé sur une extrémité de la grande règle, et qui sert de heurtoir; on ramène ensuite contre l'autre bout de la mesure un petit chariot ou curseur qui porte une règle divisée en dix-millionièmes de toise, laquelle correspond à différens verniers tracés sur la grande règle dont les subdivisions sont des cent-millièmes de toise, et alors on observe le nombre de parties données par le vernier. Lorsqu'on a fait cette observation sur une des mesures, on en fait une pareille sur celle qu'on veut lui comparer; et enfin, retranchant le nombre de parties qui a été marqué par le vernier dans la seconde observation, de celui qui avoit été marqué dans la première, on a l'excès de la première mesure sur la seconde, exprimé en cent-millièmes de toise.

C'est au moyen de semblables comparaisons faites entre différentes mesures, qu'on est parvenu à la véri-

fication de l'étalon. Pour cela, on a d'abord fait faire un
mètre qui avoit à peu près la longueur requise, et ensuite
trois autres mètres peu différens du premier, mais un
peu plus longs, parce qu'on soupçonnoit que le premier
étoit trop court; et après les avoir comparés entre eux
sur la grande règle, de la manière que nous venons
d'expliquer, on a mis ces quatre mètres bout à bout,
pour les comparer tous quatre ensemble, avec deux toises
de fer mises aussi bout à bout, dont le rapport avec la
toise de l'Académie a été déterminé par de semblables
comparaisons; mais comme les quatre mètres étoient plus
longs que les deux toises, on a ajouté à celles-ci une
petite pièce de cuivre dont on a ensuite déterminé la
longueur par des opérations particulières. Enfin, d'après
toutes ces comparaisons, on a établi le vrai rapport du
premier mètre avec la toise de l'Académie, et par conséquent celui des trois autres mètres avec la même toise.
Nous allons donner le détail de ces comparaisons.

Comparaison des quatre mètres entre eux.

AYANT appliqué contre le heurtoir de la grande règle
un des bouts du premier mètre qu'on appellera M, et
ayant ramené le curseur contre l'autre bout, on a trouvé
que le vernier marquoit sur les divisions du curseur
493 parties (chaque partie étant, comme nous l'avons
dit, un cent-millième de toise). Une seconde observation a donné la même quantité, et ensuite ayant fait une

opération pareille sur le second mètre qui étoit étiqueté n° 1, on a trouvé par deux fois 497 parties $\frac{1}{8}$; d'où il suit que le mètre n° 1 $=$ M $+$ 4.33 parties.

Comparant après cela de la même manière, et toujours avec le même mètre, les deux autres mètres étiquetés n° 2 et n° 3, on a trouvé par plusieurs observations répétées,

$$N° 2 = M + 4.59 \text{ parties.}$$
$$N° 2 = M + 4.25$$

d'où on trouvera que les quatre mètres pris ensemble sont égaux à $4\,M + 13.17$ parties.

Comparaison de la toise de l'Académie avec les deux autres toises de fer.

Ces deux toises, que nous appellerons N n° 1 et N n° 2, appartiennent au citoyen Lenoir. On a trouvé, par un grand nombre d'observations qui s'accordoient très-bien entre elles, que la toise N n° 1 étoit plus petite de 3.15 parties que la toise de l'Académie qu'on appellera A; c'est-à-dire que N n° 1 $=$ A $-$ 3.15 parties. On a trouvé aussi, par un milieu pris entre plusieurs observations, que N n° 2 $=$ A $-$ 3.38 parties; d'où il suit que les deux toises N n° 1 $+$ N n° 2 $=$ $2\,A$ $-$ 6.53 parties.

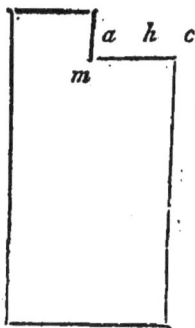

Nous remarquerons que la longueur de la toise de l'Académie, dont nous joignons ici le dessin figuratif, a été prise entre deux points a et b placés à environ une ligne de distance des angles m et n, parce que nous avons supposé que les parties $m a$ et $n b$, voisines de ces angles, se sont mieux conservées que les parties $a c$ et $b d$ qui ont pu s'user en entant souvent dans l'étalon : nous avons trouvé qu'en prenant la longueur de la toise entre les points h et g placés au tiers des lignes cm et dn, la toise étoit plus courte d'une partie et demie, qu'en la prenant entre les points a et b.

Comparaison des quatre mètres avec les deux toises N n° 1, et N n° 2.

On a dit que, pour pouvoir comparer les quatre mètres avec les deux toises, il a fallu ajouter à celles-ci une petite pièce supplémentaire : cette pièce, que nous appellerons a, avoit à peu près 45 lignes de longueur. On a d'abord placé les quatre mètres sur la grande règle, et on a trouvé, par un milieu pris entre plusieurs observations, que le vernier marquoit 602.25 parties ; plaçant ensuite les deux toises, et avec elles la pièce supplémentaire, on a eu 576.0 parties ; enfin, ayant fait une seconde fois la comparaison, on a trouvé pour les quatre mètres 602.25 parties comme auparavant, et pour les deux toises plus la pièce supplémentaire 576.10 parties.

Il suit delà que les quatre mètres étoient plus grands que les deux toises plus la pièce supplémentaire, de 26.15 parties.

Pendant ces comparaisons on a observé plusieurs fois deux thermomètres centigrades à mercure, qu'on plaçoit sur les extrémités des mesures comparées. Ces thermomètres n'ont pas varié pendant les observations, et ils ont constamment marqué + 16.2 degrés. On se servira dans la suite de cette observation pour rapporter l'étalon au degré de température demandé.

Détermination du rapport de la petite pièce supplémentaire avec la toise de l'Académie.

Pour trouver ce rapport, on a fait faire cinq autres pièces de cuivre que nous appellerons b, c, d, e, h, et qui, ajoutées à la pièce a, formoient une longueur peu différente de celle de la toise. Ces pièces avoient entre elles les rapports suivans. La pièce b étoit à très-peu-près égale à la pièce a; la pièce c étoit égale à $b + a$; la pièce d étoit égale à $c + a$; la pièce e à $d + a$, et la pièce h à $d + e + a$.

On a établi des comparaisons entre toutes ces pièces, comme on l'avoit fait pour les premières mesures, et on a eu, pour des milieux pris entre les observations, les résultats suivans ;

3. 86

Parties données par
le vernier,

pour a ······5791·17 $\Big\}$ b ·················· $= a + 0.83$
  b ······5792·00

$a + b$ ······ 776·16 $\Big\}$ $c = a + b - 1.66$··· $= 2a - 0.83$
  c ······ 774·50

$a + c$ ······ 748·00 $\Big\}$ $d = a + c - 1$······ $= 3a - 1.83$
  d ······ 747·00

$a + d$ ······ 732·87 $\Big\}$ $e = a + d + 2.75$··· $= 4a + 0.92$
  e ······ 735·62

$a + d + e$ ······ 757·62 $\Big\}$ $h = a + d + e - 12.12 = 8a - 13.03$
  h ······ 745·50

d'où on trouvera que les six pièces a, b, c, d, e, h, prises ensemble, sont égales à $19a - 13.94$ parties.

Enfin, on a comparé ces six pièces avec la toise N n° 2, et le vernier a donné les quantités suivantes, savoir,

Pour la toise N n° 2 ········ 2299·0 parties.
Et pour les 6 pièces ········ 2900·5

donc les 6 pièces sont plus grandes que la toise N n° 2, de 601.5 parties.

Mais nous venons de trouver que les 6 pièces étoient égales à $19a - 13.94$ parties; et nous avons vu, dans une autre comparaison, que la toise N n° 2, étoit égale à la toise de l'Académie $- 3.38$ parties; d'où il suit que $19a = A + 612.06$ parties, et par conséquent $a = \frac{1}{19}A + 32.21$ parties.

Résultat des comparaisons.

On a trouvé, par la première comparaison, que les quatre mètres pris ensemble étoient égaux à M $+$ 13.17 parties.

Par la seconde comparaison, les deux toises N n° 1, et N n° 2, prises ensemble, ont été trouvées égales à deux fois la toise de l'Académie — 6.53, c'est-à-dire, N n° 1 $+$ N n° 2 $= 2\ A$ — 6.53.

Par la troisième comparaison, les quatre mètres étoient plus grands de 26.15 parties que les deux toises plus la pièce supplémentaire a.

Enfin, par la dernières opération, on a trouvé que cette pièce supplémentaire étoit égale à $\frac{1}{19}\ A$ $+$ 32.21 parties.

De ces différens rapports on conclura que les quatre mètres ou $4\ M$ $+$ 13.17 parties $= 2\ A$ — 6.53 parties $+ \frac{1}{19}\ A$ $+$ 32.21 parties $+$ 26.15 parties, et par conséquent $M = \frac{39}{76}\ A$ $+$ 9.66 parties ; mais nous avons dit que chaque partie est un cent millième de toise ; donc $M = A \times 0.5132545$, et réduisant la toise en lignes M $=$ 443.4519 lignes, ou $M = 3$ pieds 11.4519 lignes.

Il résulte donc de notre vérification, que le mètre M est plus long qu'il ne devroit être, d'une quantité $= 0.0119$ lig., c'est-à-dire d'un peu plus d'un centième de ligne. Mais il reste encore à faire à ce mètre les réductions relatives à la température.

Nous avons vu que pendant la comparaison des quatre mètres avec les toises, nos thermomètres centigrades marquoient 16.2 degrés ; or ce nombre de degrés répond à 12.96 degrés du thermomètre de *Réaumur*, ce qui diffère très-peu de la température de 13 degrés, à laquelle on doit rapporter la toise de l'Académie : on peut donc se dispenser de faire aucune correction à la longueur des deux toises *N* n° 1, et *N* n° 2 ; mais l'étalon du mètre, qui est de cuivre, doit être réduit à la température de 10 degrés du thermomètre centigrade, c'est-à-dire, à une température qui est 6.2 degrés au-dessous de celle qui avoit lieu lors de la comparaison. Or, on sait que pour une diminution d'un degré dans le thermomètre de *Réaumur*, le cuivre jaune se raccourcit, à très-peu-près, d'un 43000e, ce qui, pour 6.2 degrés du thermomètre centigrade, donneroit un 8760e ; ainsi l'étalon vérifié étant réduit à la température de 10 degrés du thermomètre centigrade, seroit plus court qu'il n'étoit lors de la comparaison, d'une quantité égale à la 8760e partie de sa longueur totale, laquelle étoit de 51325 parties, d'où l'on trouvera qu'il seroit raccourci de 5.92 parties. Mais nous avons vu ci-dessus qu'à l'instant de la comparaison il étoit trop long de 0.0119 lignes, ce qui équivaut à 1.38 parties : donc à 10 degrés du thermomètre centigrade le mètre *M* se trouveroit trop court de 4.54 parties.

Mais nous remarquerons que parmi les autres mètres que nous avons comparés au mètre *M*, il s'en trouve un qui est plus grand que le mètre *M*, de la même quantité à très-peu-près dont celui-ci est trop petit ; savoir le mètre n° 2 que nous avons dit être égal à $M + 4.59$ part.;

la différence est, comme l'ou voit, insensible et fort au-dessous de ce que peut donner l'observation : d'après cela on peut prendre le mètre n° 2 pour l'étalon provisoire, contenant 3 pieds 11.44 lignes de la toise de l'Académie, et égal à la dix millionième partie de la distance du pôle de la terre à l'équateur. C'est cet étalon que les commissaires croient devoir être présenté au comité d'Instruction publique.

On remarquera que ce même mètre pris à la température des caves de l'Observatoire, c'est-à-dire à 10 degrés du thermomètre de *Réaumur*, ou 12 degrés $\frac{1}{2}$ du thermomètre centigrade, auroit 3 pieds 11.46 lignes, et qu'à 13 degrés $\frac{4}{5}$ du thermomètre de *Réaumur*, ou 17 degrés $\frac{1}{4}$ du thermomètre centigrade, il auroit 3 pieds 11 lignes $\frac{1}{2}$.

Paris, le 18 messidor, an 3ᵉ de la République,

Signé, BORDA, BRISSON.

CE RAPPORT ayant été présenté aux commissaires des poids et mesures, ils en ont adopté les résultats, et ils ont arrêté qu'il seroit signé et présenté par eux au comité d'Instruction publique.

Paris, le 18 messidor,

Signé, LAGRANGE, LAPLACE, PRONY, BERTHOLLET, BORDA, BRISSON.

TABLEAU SYNOPTIQUE

DES

OPÉRATIONS ET DES CALCULS.

PREMIÈRE EXPÉRIENCE. *Comparaison des quatre mètres.*

$$M = M$$
$$M' = M + 4.33$$
$$M'' = M + 4.59$$
$$M''' = M + 4.25$$

$$M + M' + M'' + M''' = \mu = 4M + 13.17$$

SECONDE EXPÉRIENCE. *Comparaison des deux toises N à la toise du Pérou A.*

$$N = A - 3.15$$
$$N' = A - 3.38$$

$$N + N' = \nu = 2A - 6.53$$

TROISIÈME EXPÉRIENCE. *Comparaison des quatre mètres aux deux toises augmentées de la pièce subsidiaire* a *ou à* $\nu + $ a.

$$\mu = 4M \cdots + 13.17 = x + 602.25$$
$$\nu + a = N + N' + a = 2A + a - 6.53 = x + 576.10$$

$$\mu - \nu - a = 4M - 2A + 19.70 = \cdots 26.15$$

d'où

$$4 M = 2 A + a + 26.15 - 19.90$$
$$4 M = 2 A + a + 6.45$$

La quantité inconnue x disparoît dans la soustraction. x est la distance du heurtoir au zéro du vernier employé dans cette expérience.

QUATRIÈME EXPÉRIENCE. *Comparaison de six pièces subsidiaires.*

$$a = a$$
$$b = a + 0.83$$
$$c = a + b - \dots 1.66 = 2a + 0.83 - 1.66 \dots c = 2a - 0.83$$
$$d = a + c - 1 = \dots \dots d = 3a - 1.83$$
$$e = a + d + \dots 2.75 = 4a + 2.75 - 1.83 \dots e = 4a + 0.92$$
$$h = a + d + e - 12.12 = 8a - 0.91 - 12.12 \dots h = 8a - 13.03$$

$$S = a + b + c + d + e + h \dots\dots\dots = 19a - 13.94$$

CINQUIÈME EXPÉRIENCE. *Comparaison des six pièces réunies, ou de S à la toise N'.*

$$S = 19a - \dots 13.94 = y + 2900.5$$
$$N' = A - \dots 3.38 = y + 2299.0$$

$$S - N' = 19a - A - 10.56 = \dots 601.5$$

$$19a = A + 601.50 + 10.56 = A + 612.06$$

$$a = \frac{1}{19}A + \frac{612.06}{19} = \frac{1.00612.06\ A}{19} = 0.05274315 = 45.562 \text{ lignes.}$$

a étoit donc un peu trop court, puisqu'il auroit dû être de 45.76 lignes, comme on le verra tout-à-l'heure. Portez cette valeur de a dans l'équation de la troisième expérience, vous aurez

$$4M = 2A + \frac{1}{19}A + \frac{612.06}{19} + 6.45$$

$$= \frac{39A + 612.06 + 122.55}{19} = \frac{39A + 734.61}{19}$$

$$M = \frac{39^{\text{T}}.0073461}{76} = \frac{864 \times 39.0073461}{76}$$

$$= \frac{216 \times 39.0073461}{19} = \frac{8425.5867576 \text{ lignes}}{19}$$

$$= 443.4519346105 \text{ lignes}$$

Mettre provisoire $= 443.44$

Excès de M $= 0.0119346105$

Divisez cet excès par 864, pour le réduire en fraction de toise, vous aurez

Excès de M =	0.0000138 toises
Dilatation pour 6.2 degrés =	— 0.0000592
Excès de M à 10 degrés =	— 0.0000454
Donc le mètre provisoire	$= M + 0.0000454$ toises
Mais le mètre M''	$= M + 0.0000459$

Différence............. 0.000005 toises $\frac{1}{2}$ 0.00 et 32 lignes

La différence est insensible, surtout pour un mètre provisoire ; le mètre M a donc été adopté provisoirement pour l'étalon du mètre.

Ce moyen imaginé par Borda est extrêmement ingénieux, on vouloit un mètre de 443.44 lignes. Le quadruple étoit de. . . . . .1773.76 lignes

La double toise n'est que de 1728.00

Ainsi aux deux toises il auroit fallu ajouter 45.76

et l'on auroit eu la valeur de quatre mètres. On fit une petite règle subsidiaire a d'environ 45 lignes $\frac{1}{2}$, c'est-à-dire un peu trop courte. Il étoit très-difficile de lui donner précisément la valeur requise, c'est-à-dire 45.76 lignes; on trouva plus aisé de déterminer exactement la longueur de la règle *a*.

Cette règle étoit à peu près le 19ᵉ de la toise; car le 19ᵉ est 45.4737 lignes, puisque 19 pièces, comme *a*, faisoient un peu plus que la toise. Au lieu de faire 19 règles pareilles, on fit d'abord une seconde pièce $b = a + 0.83$; puis $c = a + b$ à peu près $d = a + c$, $e = (a + b)$ environ, et enfin $h = a + d + e$; car il falloit avoir la longueur de chaque pièce en parties de *a* et des divisions du comparateur.

Les six pièces réunies surpassoient la toise N', on en mesura l'excès, on eut *a* en parties de la toise du Pérou. On porta cette valeur dans l'équation qui exprimoit la relation de M à la toise du Pérou, on eut le rapport du mètre M à la toise du Pérou, et par conséquent le rapport du mètre M au mètre provisoire qu'on vouloit établir.

La troisième expérience donne

$$2A + a - 6.53 = x + 576$$

d'où

$$x = 2A + a - 576.0 - 6.53 = 2A + a - 582.53$$
$$= 2A + 0.05274316 - 0.0058253 = 2.04691786$$

d'où l'on voit que $x = 2$ toises à fort peu près; et que le vernier est à 2 toises environ du heurtoir.

La cinquième expérience donne

$$A = y + 2299 + 3.28 = y + 2302.28$$

3. 87

d'où $y = A - 0.0230228$ toises, et ce vernier est à une toise environ du heurtoir.

Il y avoit un autre vernier tout près du heurtoir pour mesurer les pièces a, b, c, etc. : le zéro de ce vernier étoit sous le heurtoir même; car nous avons vu, cinquième expérience, que $a = 0.05274316$, et dans la comparaison de b avec a, que a marquoit 0.0579117.

MÈTRE DÉFINITIF.

Borda se proposoit de déterminer le mètre définitif par les moyens qui lui avoient si bien réussi pour le mètre provisoire. En effet, on a vu que, parmi les quatre mètres un peu inégaux qu'on avoit préparés, il s'en étoit trouvé un qui ne différoit que de 0.00432 ligne du mètre donné par le calcul, et qu'on vouloit adopter provisoirement.

La Commission, assemblée chez M. Lenoir pour procéder à cette opération délicate, discuta d'abord les moyens employés par Borda et Brisson. On trouva la méthode compliquée; on désiroit obtenir la précision d'un millième de ligne, et l'on soupçonna que le vernier du comparateur ne pouvoit donner cette fraction d'une manière assez sûre. L'auteur de la *Géométrie du compas*, Mascheroni, voulut y suppléer par une construction géométrique sur une règle d'acier, qui est entre les mains de M. Lenoir. Le moyen étoit bon en théorie; la preuve matérielle étoit impossible. M. Lenoir promit un comparateur qui donneroit les millièmes de ligne : il est tout semblable à celui qu'il exécuta depuis pour l'Observatoire impérial; la seule différence est que le comparateur qui a servi pour le mètre définitif, donnoit les millionièmes de la toise, et que celui de l'Observatoire donne les cinq cents millièmes du mètre.

La Commission, satisfaite de ce moyen, commença

par la vérification des toises et de la règle de platine n° 1. (Voyez ci-dessus, page 402.) Elle fit plusieurs expériences sur la dilatation relative du fer, du cuivre et du platine, et demeûra convaincue que toutes les expériences de dilatation, faites en grand nombre par Borda, étoient d'une exactitude parfaite.

M. Lenoir fit alors douze mètres en fer et deux en platine. Il ne suffisoit pas d'avoir trouvé le moyen de comparer entre elles des règles diverses, et d'en trouver la différence à moins d'un millième de ligne ; il falloit encore, suivant le principe de Borda, comparer aux douze toises quatre mètres avec leur supplément, afin que l'erreur commise dans la comparaison pût être quatre fois moindre sur le mètre qui devoit servir de modèle.

Pour y parvenir, il falloit une pièce supplémentaire qui eût quatre fois 11.296 lignes ou 45.184 lignes, excès des quatre mètres sur la double toise.

M. Lenoir exécuta cette pièce avec une précision dont la Commission se déclara satisfaite ; il proposa de plus de faire dix-neuf pièces toutes pareilles, parfaitement égales entre elles ; en sorte que, placées sur le comparateur, bout à bout et en ligne droite, elles formassent une longueur de 858.496 lignes, c'est-à-dire de 5.504 plus courte que la toise.

Pour constater cette différence, on se servit du comparateur. L'erreur totale ne pouvoit passer un deux cent millième de toise : l'erreur étoit dix-neuf fois moindre sur chaque pièce en particulier, en les supposant toutes parfaitement égales. C'est ce qui restoit à vérifier.

M. Lefèvre - Gineau se joignit à M. Lenoir, et ils eurent la patience de comparer toutes les pièces avec le plus grand scrupule. Elles étoient numérotées, et ce fut le n° 7 qui se trouva de longueur moyenne. Cette pièce, ajoutée aux deux toises sur le comparateur, fut mise en expérience avec les douze mètres pris quatre à quatre. Le mètre n° 2 se trouva de la longueur requise, et il servit ensuite à vérifier les autres. Ils furent tous trouvés si parfaitement égaux, que la distribution s'en fit sans distinction entre les Commissaires, et sans avoir égard aux numéros.

La Commission, rendant justice au zèle et aux talens de M. Lenoir, arrêta que cet artiste distingué lui seroit adjoint pour la présentation des étalons au Gouvernement. Elle donna aussi le même témoignage de satisfaction et d'estime à M. Fortin, et l'on a vu leurs noms parmi ceux des Commissaires, dans l'acte de dépôt fait aux Archives. (Voyez ci-dessus, page 655.)

Nous avons parlé de deux mètres en platine : l'un fut déposé aux Archives de l'Empire le 4 messidor an 7 (22 juin 1799), avec le premier étalon du kilogramme en platine ; le second mètre, avec le second kilogramme, après des comparaisons scrupuleuses, ont été déposés à l'Observatoire impérial. Le procès-verbal de ces comparaisons a été publié dans la *Connoissance des temps* de 1808. Nous allons le transcrire.

Comparaisons des étalons du mètre et du kilogramme, déposés aux Archives de l'Empire et à celles de l'Observatoire.

E N exécution de l'article II de la loi du 18 germinal an III, l'Institut avoit présenté au Corps législatif le 4 messidor an VII, et déposé le lendemain aux Archives nationales les étalons en platine du mètre et du kilogramme, afin, dit cette loi, qu'on pût les vérifier dans tous les temps.

Un arrêté du Gouvernement a depuis ordonné que les règles de platine et tous les instrumens qui ont servi à la détermination des deux unités fondamentales du système métrique seroient déposés à l'Observatoire impérial, sous la garde du Bureau des longitudes, dont les membres avoient pris une si grande part à toutes les opérations. Il étoit convenable que l'on joignît à ce dépôt celui d'un mètre et d'un kilogramme de platine, pour servir à la vérification des mesures que les Savans auroient occasion d'employer dans leurs opérations les plus délicates, sans être obligé d'avoir si souvent recours aux Archives de l'Empire.

MM. Lenoir et Fortin, qui avoient fabriqué les premiers étalons, avoient conservé toutes les pièces ainsi que tous les instrumens dont ils s'étoient servis pour assurer l'exactitude des étalons primitifs. Ils furent chargés de faire, par les mêmes moyens, de nouveaux étalons qui eussent la même authenticité et que l'on pût consulter journellement.

Pour assurer cette authenticité, il falloit comparer avec un soin extrême les étalons nouveaux aux étalons primitifs, et il étoit d'ailleurs très-curieux de voir avec quelle précision ces célèbres artistes auroient pu approcher des étalons primitifs sortis de leurs mains depuis plusieurs années.

Ces comparaisons ont été faites avec le comparateur de M. Lenoir, maintenant déposé à l'Observatoire, et avec la balance de M. Fortin. Il en résulte que les nouveaux étalons sont entièrement conformes aux étalons primitifs, ou du moins que les différences qui peuvent s'y trouver sont si petites qu'il est impossible de les apprécier, et qu'elles sont au-dessous des anomalies que l'on ne peut éviter dans les meilleures observations. Les étalons déposés nouvellement à l'Observatoire peuvent donc tenir lieu de ceux qui sont aux Archives, et méritent la même confiance.

On a fait double le procès-verbal de ces comparaisons; l'un est resté aux Archives, et l'autre déposé à l'Observatoire, avec la minute des observations signées de tous ceux qui les ont faites. Le Bureau des longitudes a cru devoir publier ces procès-verbaux, comme une preuve nouvelle de la sûreté des moyens employés à la construction de ces divers étalons, et l'on ne pourra penser autrement que les Commissaires, quand on verra qu'après un intervalle de six à sept ans on a pu arriver si exactement aux mêmes quantités. Voici ces procès-verbaux.

Procès-verbal de la comparaison des kilogrammes.

L e 18 nivose an XIII, nous soussignés, Louis Le-fèvre-Gineau, J. B. J. Delambre, Gaspard-François-Clair-Marie Prony, tous trois membres de l'Institut national et de l'ancienne Commission des poids et mesures ; Jean-Charles Burckhardt, de l'Institut national ; Nicolas Fortin, artiste mécanicien, chargé de la fabrication des kilogrammes étalons et des instrumens employés à la détermination des nouveaux poids, nous sommes trans-portés aux Archives nationales, palais du Corps légis-latif, et là, en présence de M. Pierre Belleyme, chef du Bureau topographique, nous avons procédé à la comparaison d'un kilogramme étalon en platine dont le Bureau des longitudes est dépositaire, nouvellement ter-miné par M. Fortin, avec le premier kilogramme étalon déposé aux archives nationales en messidor an VII. Le résultat de la comparaison a été que le kilogramme du Bureau des longitudes diffère en plus de celui qui est déposé aux Archives nationales d'une quantité moindre que le milligramme, c'est-à-dire que la millionième partie du kilogramme, quantité dont nous n'avons pu, malgré la grande exactitude de la balance dont nous nous sommes servis, assigner la valeur absolue. Cette balance est la même que celle avec laquelle la Commission des poids et mesures a fait toutes les pesées relatives au ki-logramme étalon.

Fait double aux Archives nationales, jour et an comme

dessus. Les expériences ont commencé à une heure, et ont été terminées à trois heures et demie. Une des deux copies est restée aux Archives nationales, et l'autre sera déposée au Bureau des longitudes.

Signé, J.-B. J. DELAMBRE, LEFÈVRE-GINEAU, PRONY, BURCKHARDT et BELLEYME.

Procès-verbal de la comparaison des mètres.

Nous soussignés, Membres du Bureau des longitudes, Commissaires nommés pour la vérification du mètre, nous sommes réunis le 26 juin 1806 aux Archives nationales pour y faire la comparaison de deux mètres étalons en platine, l'un déposé auxdites Archives, et l'autre à l'Observatoire impérial. Là, depuis une heure et demie jusqu'à trois heures, la température n'ayant varié que de 22.8 à 23 degrés du thermomètre centigrade, nous avons comparé un grand nombre de fois les deux mètres sur le nouveau comparateur de M. Lenoir, en présence de M. Belleyme, chef du Bureau topographique, et de MM. Lenoir père et fils, et nous avons obtenu pour résultat définitif que les deux mètres diffèrent moins que d'un six cent millième (1) dont celui des Archives

_____

(1) Un six cent millième de la longueur du mètre $= \dfrac{1000 \text{ millimètres}}{600000}$ $= \frac{1}{600}$ de mètre, c'est-à-dire moins que la 1200ᵉ partie d'une ligne. Ajoutons que le mètre et le kilogramme de l'Observatoire avoient été portés la veille aux Archives, afin qu'ils pussent y acquérir la même température que les deux étalons des Archives.

paroît plus court que celui de l'Observatoire ; mais cette quantité étant si petite que l'on ne peut en répondre bien sûrement dans l'observation, nous pensons que les deux étalons peuvent être considérés comme parfaitement égaux.

Fait aux Archives de l'Empire lesdits jour et an.

Les mesures ont toutes été prises dans l'axe des mètres, c'est-à-dire dans le milieu de la largeur.

Signé, Delambre, Prony, Bouvard, Burckhardt et Belleyme.

~~~~~~~~~

Dépôt des manuscrits à l'Observatoire impérial.

Nous soussignés, Membres de l'Institut et Commissaires nommés par le Bureau des longitudes pour recevoir le dépôt annoncé par M. Delambre, de tous les manuscrits originaux des observations d'après lesquelles on a déterminé les arcs terrestre et céleste compris entre les parallèles de Dunkerque et de Montjouy près Barcelone ; nous étant réunis dans le cabinet de l'Observatoire, le 5 août 1807, nous avons examiné les divers manuscrits qui nous ont été remis par M. Delambre, et nous attestons qu'il a déposé :

1°. Les manuscrits originaux des stations depuis Dunkerque jusqu'à Rodès, écrits principalement par lui-même et par M. Lefrançais-Lalande, notre confrère, qui, pendant un an, a pris part aux opérations de la *Méridienne*, depuis Compiégne jusqu'à Chapelle-la-Reine, et depuis Dunkerque jusqu'à Sauty, ou enfin par MM. Plessis, Tranchot, Pommard et Duprat, qui, quelquefois, et notamment pour les observations célestes, écrivoient sous la dictée de l'observateur, et comptoient à la pendule.

2°. Deux registres faits doubles, sur le terrain, de la mesure des bases de Melun et Perpignan, écrits par Tranchot et Pommard, sans compter la copie de ces deux mêmes bases inscrite à sa place sur un registre ou journal de toutes les opérations, dont il sera question à l'article suivant.

3°. Deux volumes où toutes les observations faites hors de Paris, depuis Dunkerque jusqu'à Rieupeiroux et Rodès, à Melun et à Perpignan, ainsi que les diverses tentatives et recherches pour le choix des stations et le placement des signaux, sont consignées jour par jour, et dont toutes les pages qui contiennent des observations sont signées des coopérateurs qui ont pris part aux mesures.

4°. Un volume contenant les observations de latitude et d'azimut faites à Paris, rue de Paradis, au Marais, dans l'observatoire de M. Delambre.

Ce volume n'est qu'une copie faite sur les registres de cet observatoire, par Pommard qui avoit écrit les observations au moment même, lorsqu'il comptoit les secondes à la pendule. Mais, pour ajouter à l'authenticité de cette copie, M. Delambre y joint le cahier original des calculs qu'il a faits jour par jour de ces diverses observations, à mesure qu'une série étoit achevée, et sur ce cahier on voit notées de la main de Pommard toutes les fautes de copie ou de calcul, fautes au reste si légères qu'il n'en résulteroit aucune erreur sensible sur la latitude de cet observatoire, quand même elles n'auroient pas été rectifiées dans des calculs postérieurs; et de plus M. Delambre a offert et offre la communication de ses registres originaux, s'il s'élevoit le moindre doute sur la fidélité de cette copie ou de ce qu'il a imprimé de ces observations au second volume de la *Méridienne*.

5°. Les observations originales de M. Méchain, pour la latitude de l'Observatoire impérial, pour celles de Carcassonne, Perpignan, Barcelone et Montjouy, et pour les azimuts de Montjouy et de Carcassonne.

6°. Les feuilles qui contiennent ou les originaux des observations géodésiques de M. Méchain, depuis Rieupeiroux et Rodès jusqu'à Montjouy, ou, à défaut d'originaux, les copies les plus anciennes qui ont pu se retrouver.

7°. Copie des observations géodésiques de M. Méchain, en deux registres.

8°. Copies au net des observations astronomiques que M. Méchain lui avoit remises pour l'impression, à son départ pour l'Espagne, pour la prolongation de la *Méridienne* jusqu'aux îles Baléares. Les calculs n'étoient pas terminés, et M. Delambre les a complétés, comme on le voit au second volume de la *Méridienne*. Plus, diverses copies des mêmes observations.

9°. Deux cahiers des réductions à l'horizon ou au centre de la station, pour tous les angles observés entre Rodès et Montjouy. Le premier de ces cahiers est en entier de la main de M. Méchain, et l'autre de la main de son secrétaire.

10°. Plusieurs exemplaires de tous les calculs des triangles depuis Dunkerque jusqu'à Montjouy, faits en différens temps par M. Méchain.

M. Delambre a deux volumes entiers de calculs semblables, soit pour les réductions, soit pour les côtés des triangles; il en diffère le dépôt jusqu'au moment où paroîtra le troisième volume de la *Méridienne*.

Il remettra en même temps aux archives de l'Observatoire deux volumes de copies au net de toutes les observations, rangées suivant l'ordre le plus commode pour le calcul, ordre fort différent de celui qu'on a été forcé de suivre dans le registre-journal où les observations de tout genre conservent le rang de leurs dates.

A tous ces manuscrits M. Delambre a promis de joindre encore sa correspondance avec M. Méchain, dont il a imprimé quelques fragmens dans le second volume de la *Méridienne*; mais ces lettres et ces registres pouvant lui être nécessaires pour la rédaction du troisième volume qui est sous presse, il en a différé le dépôt jusqu'au jour où l'impression sera totalement achevée.

Enfin M. Delambre nous a lu toutes les notes qu'il a cru devoir ajouter aux manuscrits de M. Méchain, pour indiquer les observations qui n'ont point été imprimées, aux stations géodésiques entre Rodès et Barcelone, pour éclaircir les endroits restés obscurs, parce que l'auteur n'avoit pu y mettre la dernière main, et enfin pour rendre raison du plan qu'il a suivi dans l'impression des observations astronomiques, plan qui au reste est de la plus grande simplicité, puisqu'il consiste à donner, sans aucune réserve, sans aucune réticence, et avec la plus grande exactitude, tout ce qui a été observé, d'après les manuscrits originaux. Ces notes, placées à côté des observations mêmes, nous ont paru aussi claires que nécessaires pour ceux qui n'auroient pas le loisir de faire une étude approfondie de tous ces manuscrits, de les compulser et de les comparer entre eux, comme a fait M. Delambre.

Nous attestons en outre que dans ces manuscrits nous avons reconnu l'écriture de MM. Delambre, Méchain et Lefrançais-Lalande. Quant aux autres mains qui nous sont inconnues, M. Delambre nous a montré ce qui étoit de MM. Bellet, Tranchot, Plessis, Duprat, Pommard et du secrétaire de M. Méchain (1).

En effectuant ce dépôt, M. Delambre a invité les Commissaires à vérifier à loisir toutes ses assertions par l'examen des manuscrits et la discussion de ses remarques, et nous avons pu nous convaincre, pour l'attester au Bureau des longitudes, que M. Delambre a pleine-

---

(1) Au reste on trouve en divers endroits des registres les signatures qui suffisent pour reconnoître la main qui a fait les calculs ou les transcriptions,

ment satisfait à l'engagement qu'il avoit pris de déposer à l'Observatoire impérial toutes les pièces justificatives de la mesure de la *Méridienne;* qu'il a donné les observations dans toute leur pureté, sans déguiser aucune des irrégularités inévitables dans des opérations si difficiles, et qui peuvent tenir aux circonstances locales et à l'état de l'atmosphère ou des signaux.

Nous pensons que ces manuscrits doivent être conservés dans les archives de l'Observatoire, avec les étalons des mesures et tous les instrumens qui ont servi à déterminer les deux unités fondamentales du système métrique, pour satisfaire à la loi du 18 germinal an III et à l'arrêté du Gouvernement qui a confié la garde de ce dépôt au Bureau des longitudes.

Nous concluons en demandant que le Bureau des longitudes, en approuvant le présent Rapport, en ordonne la transcription sur le registre de ses séances et délibérations; et en outre il nous paroîtroit utile d'en faire annexer la présente copie au recueil des manuscrits, registres, cahiers et feuilles autographes de toutes les opérations de la *Méridienne.*

Fait à l'Observatoire impérial, le 12 août 1807.

Signé, BOUVARD, BURCKHARDT et BIOT.

Enfin, le 19 septembre 1810, l'impression du troisième volume étant entièrement terminée depuis long-temps, au moins pour ce qui le concerne, M. Delambre a effectué le dépôt qu'il avoit annoncé ci-dessus de deux volumes de calculs, et deux volumes d'observations, et de sa correspondance autographe avec M. Méchain; il y a joint les originaux des observations et du rapport sur la comparaison entre les toises; le rapport autographe de M. Trallès, sur la détermination du kilogramme, signé de tous les membres de la Commission; enfin, il a rendu à la bibliothèque de l'Observatoire les manuscrits de Lacaille dont on a vu la notice à la page 482 du troisième volume de la *Base du système métrique.*

Signé, BOUVARD, BURCKHARDT et ARAGO.

FIN DU TROISIÈME VOLUME.

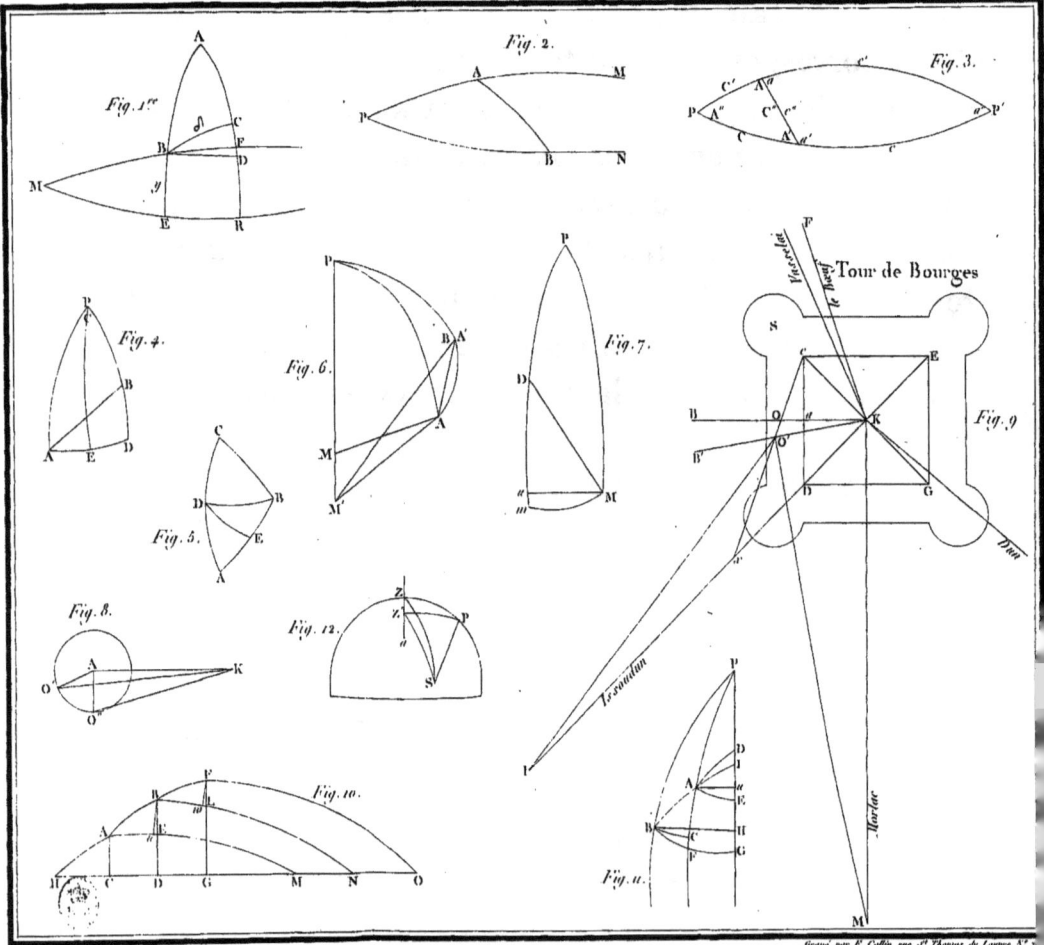

Fig. 1re

Fig. 2.

Fig. 3.

Fig. 4.

Fig. 5.

Fig. 6.

Fig. 7.

Fig. 8.

Fig. 9.

Tour de Bourges

Fig. 10.

Fig. 11.

Fig. 12.

Gravé par E. Collin, rue St. Thomas du Louvre, N.º 2.

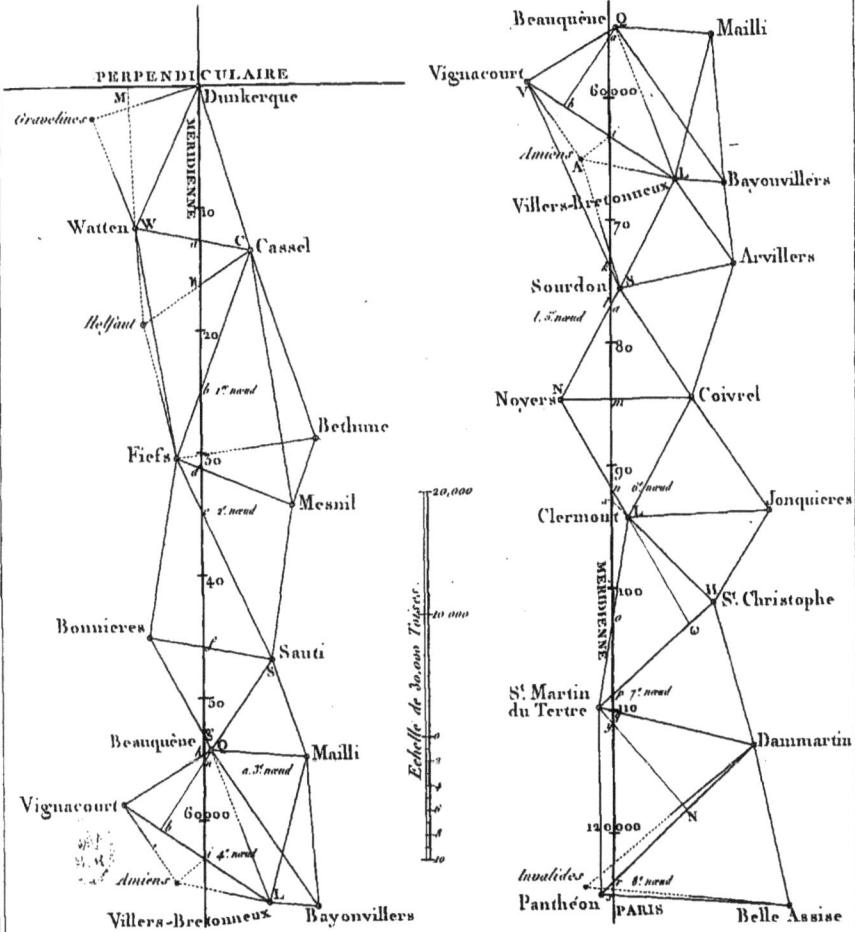

CHAINE DES TRIANGLES
de Dunkerque à Barcelone
mesurée par MM. Delambre et Méchain.

Gravé par E. Collin.

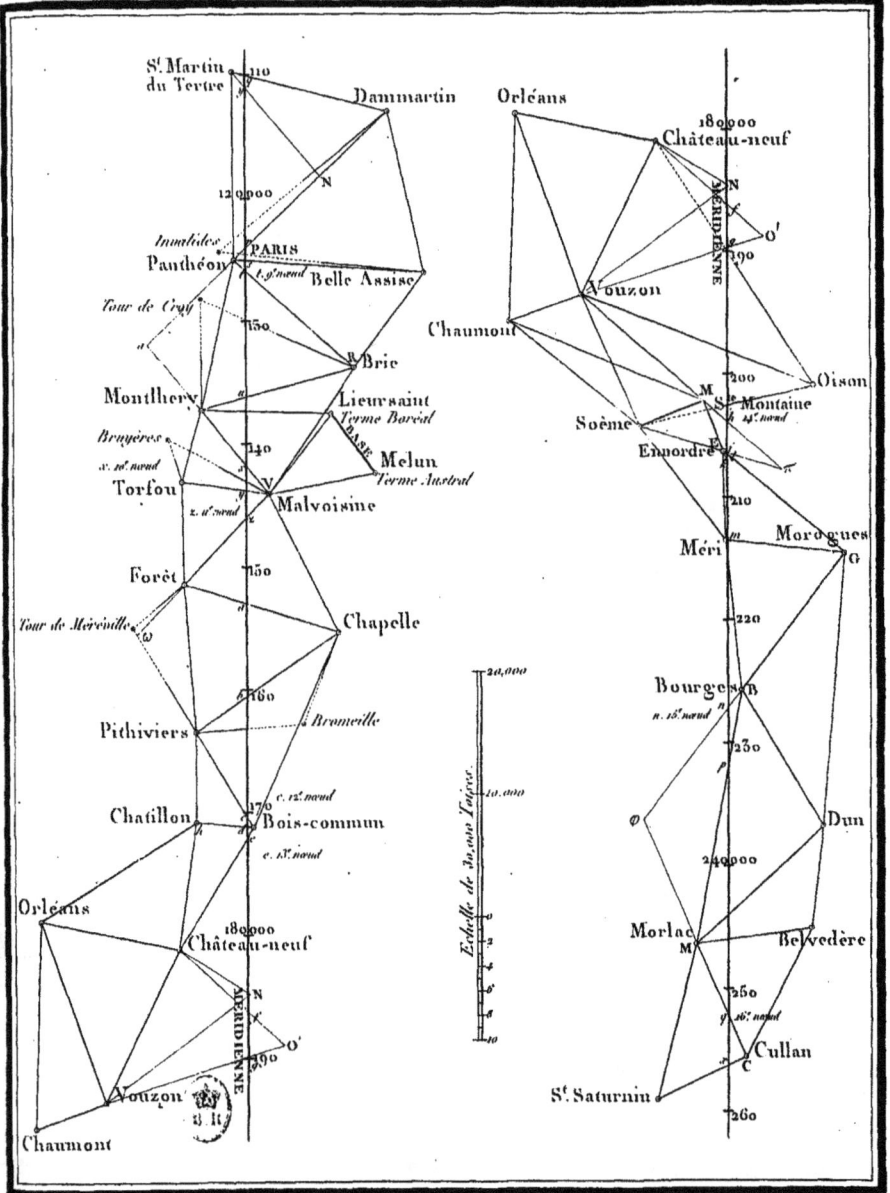

St. Martin
du Tertre — 110

Dammartin

Orléans

Château-neuf
180,000

MÉRIDIENNE
N
O'
190

120,000

N

Invalides
Panthéon
PARIS
t. 9.e nœud
Belle Assise

Vouzon

Chaumont

Tour de Craÿ

150

Brie

Oison

Montlhéry

Lieursaint
Terme Boréal

M
St. Montaine
14.e nœud

200

BASE

Bruyères
x. 16.e nœud

140

Melun
Terme Austral

Soême

Ennordre

Torfou
z. 11.e nœud

Malvoisine

210

Forêt

150

Méri
m
Morogues
G

Tour de Méréville
ω

Chapelle

220

Pithiviers

160

Bromeille

Bourges B
n. 15.e nœud

230

ρ

Chatillon
h

170
c. 12.e nœud
Bois-commun
c. 13.e nœud

φ

Dun

240,000

Orléans

Château-neuf
180,000

N
O'
190
MÉRIDIENNE

Morlac
M

Belvédère

Vouzon
B. It

250
q. 16.e nœud

Chaumont

St. Saturnin

Cullan
C

260

Echelle de 30,000 Toises
20,000

10,000

0
2
4
6
8
10

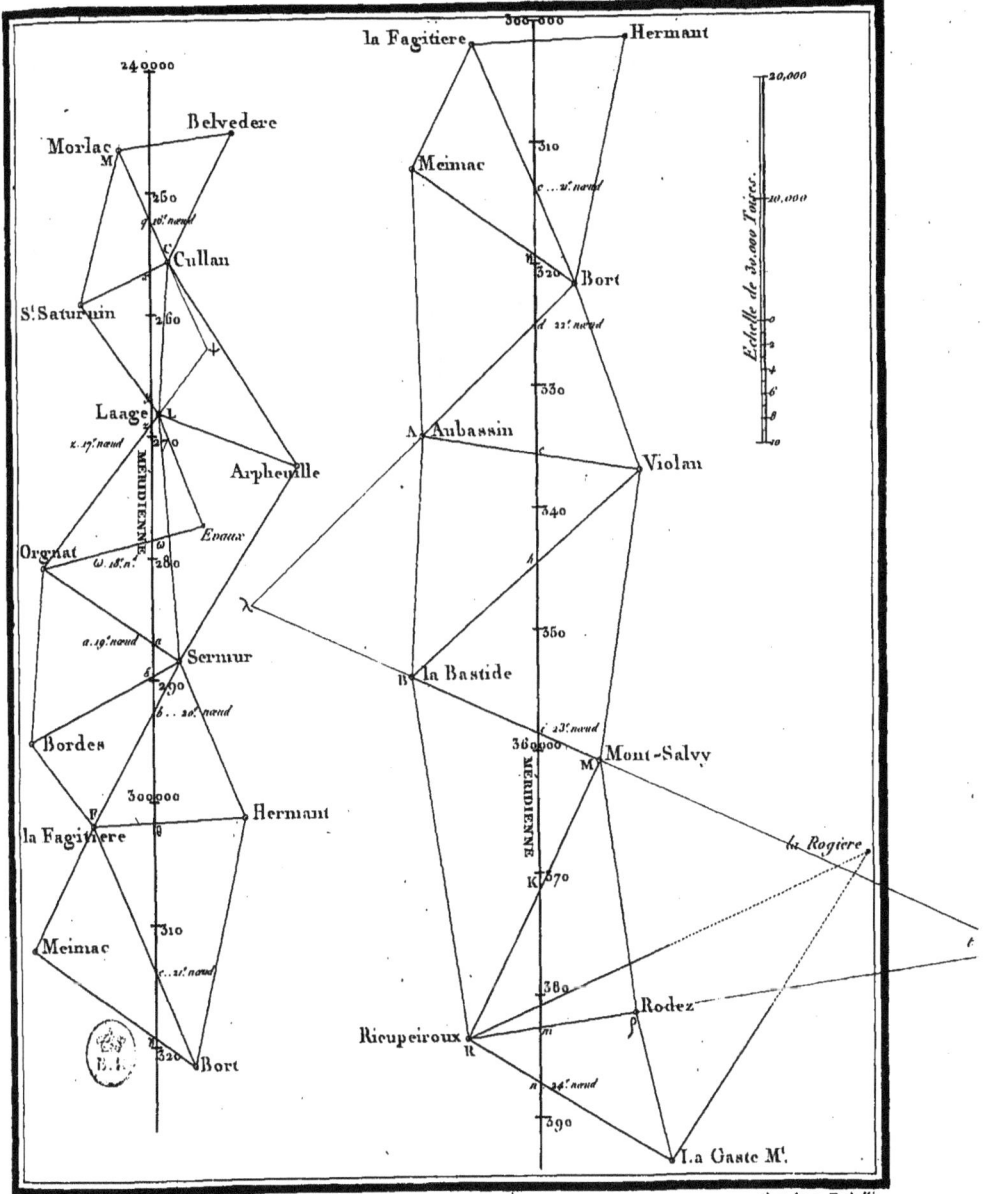

240000

la Fagitiere   300000   Hermant

Belvedere

Morlac
M

Meimac

310

c..21.nœud

250
g.16.nœud

Cullan

St Saturnin

H 320   Bort

260

d.22.nœud

330

Laage L

Arpheuille

A Aubassin

Violan

c..19.nœud

MERIDIENNE

270

Evaux

340

Orgnat

ω..18.n.°

280

λ

350

a..19.nœud

Sermur

B la Bastide

290

b...20.nœud

36oooo   23.nœud

Bordes

Mont-Salvy
M

300000

E

Hermant

MERIDIENNE

la Fagitiere

G

K 370

la Rogiere

310

t

Meimac

c..21.nœud

380

Rodez

ß

320   Bort

Ricupeiroux
R

m

a..24.nœud

390

La Gaste M.t

Echelle de 30.000 Toises.

20,000

10,000

0

2

4

6

8

10

Gravé par E. Collin.

Rodez

Ricupeiroux R

MÉRIDIENNE

La Gaste M.^t

Puy St Georges

Alby

Puy de Cambaijou

Montredon M

Montalet Roc

St Pons Montagne

Nore Pic N

Bezières

Castelnaudari

Carcassonne C

Narbonne

Mt Alaric

Mt de Tauch

Salces
Terme Boréal

Mt St Barthelemy

B. B.

Pic de Bugarach

M. d'Espira

Vernet
Terme Austral

Mt Forceral

BASE

Echelle de 20,000 Toises

20,000

10,000

38o
39o
4oo
25.e nœud
41o
42,000
26.e nœud
43o
44o
27.e nœud
45o
46o
47o

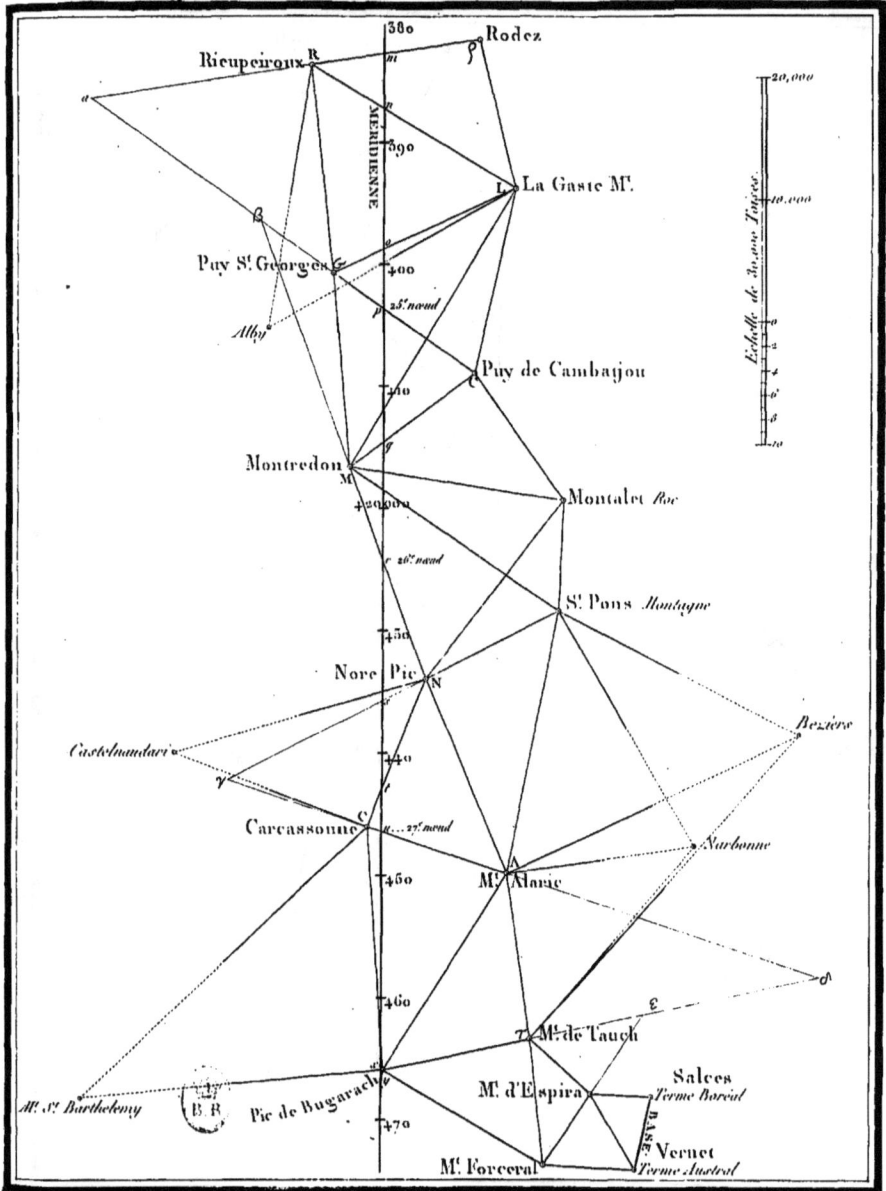

Gravé par E. Collin.

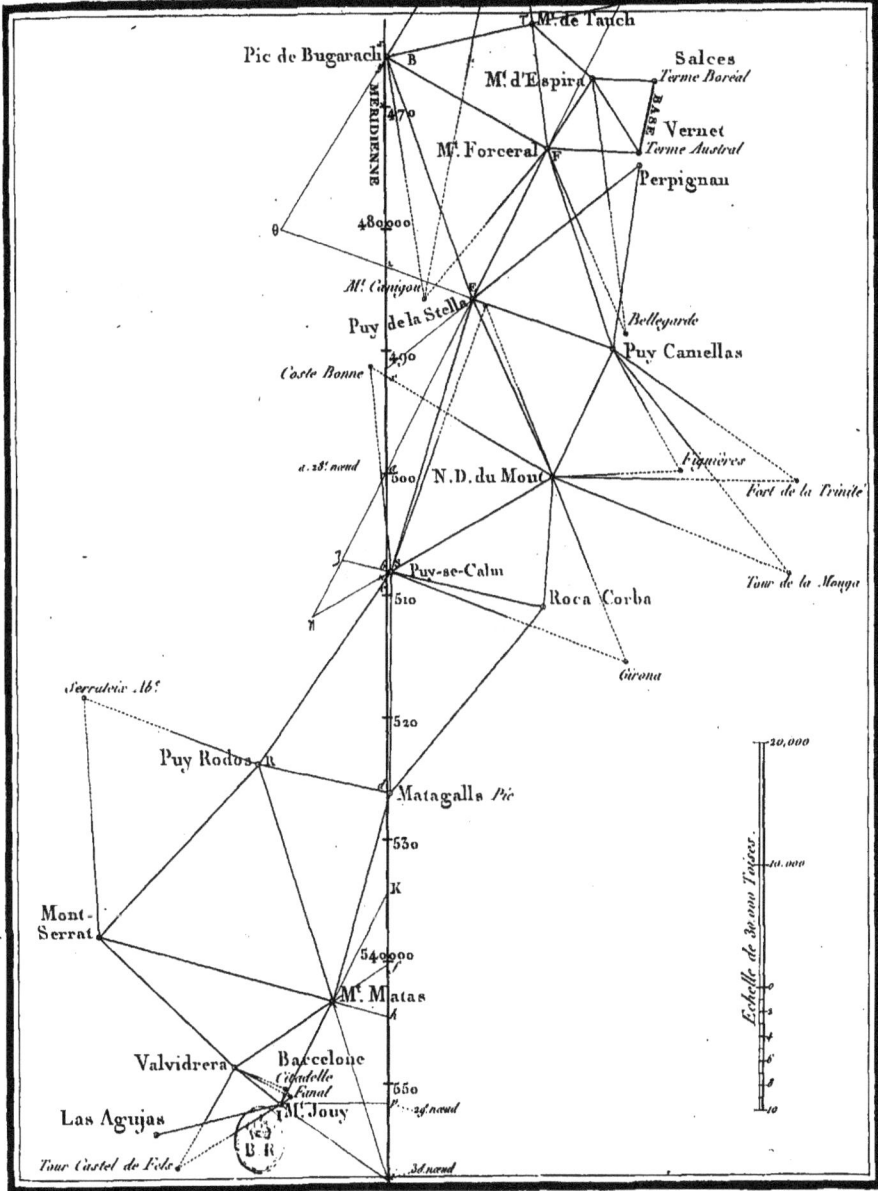

Tom. 3. Pl. VI.

M.ᵗ Alaric

M.ᵗ de Tauch

Pic de Bugarach   Salces
B   Terme Boréal
M.ᵗ d'Espira
470   Vernet
MÉRIDIENNE   M.ᵗ Forceral   Terme Austral
                 F
                         Perpignan

θ   480,000

M.ᵗ Canigou
Puy de la Stella   Bellegarde
                          Puy Camellas
490
Coste Bonne

a. 28.ᵉ nœud   Figuières
500   N. D. du Mont   Port de la Trinite

Puy-se-Calm
510   Tour de la Mouga

Roca Corba

Girona

Serrateix Ab.ᵉ

520

Puy Rodos R
                    Matagalls Pic

530   20,000

K
                                    10,000
Mont-
Serrat   540,000

M.ᵗ Matas

Valvidrera   Barcelone
             Citadelle
             Final
Las Agujas   M.ᵗ Jouy   550
                        P. 24.ᵉ nœud
B R
Tour Castel de Fels   3.ᵉ nœud

Echelle de 30,000 Toises.

Gravé par E. Collin.

Gravé par E. Collin, Quai des Augustins, N.º 23.

Fig. 2.

Fig. 3.

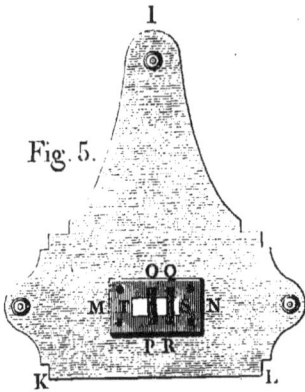

Fig. 5.

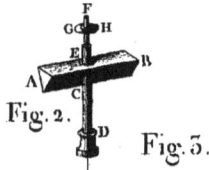

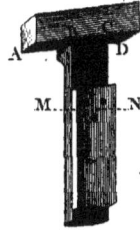

Fig. 1.

COMPARATEUR DE LENOIR

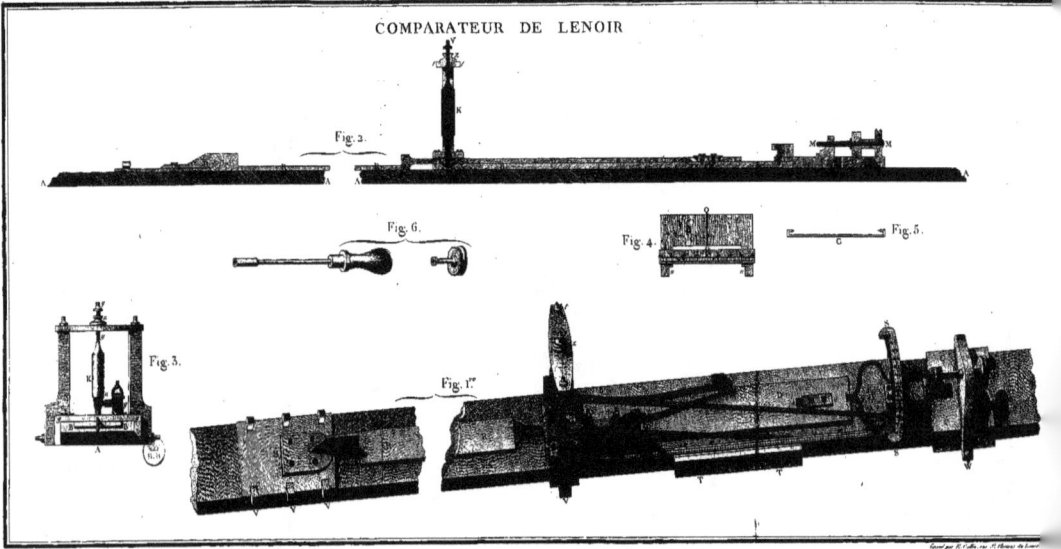

Fig. 2.

Fig. 6.   Fig. 4.   Fig. 5.

Fig. 3.   Fig. 1.ᵉʳ

Gravé par R. Valley, rue St Honoré du Louvre

TABLE DES MATIÈRES

QUE CONTIENNENT

LES TROIS VOLUMES DE LA MÉRIDIENNE.

N. B. Les chiffres indiquent les pages du volume qui est cité immédiatement avant.

~~~~~~~~~~~~~~

A

3.

Aplatissement de la terre. La comparaison des différens degrés mesurés anciennement, loin de fixer l'incertitude qui restoit sur la quantité de (l'), étoit plus propre à faire douter de la similitude des méridiens ou de la régularité de leur courbure. Ces soupçons ont acquis de nouvelles forces par les dernières opérations. T. I. *Disc. prélim.* 10. Dans la nécessité d'adopter quelque chose à cet égard pour la détermination de l'étendue du *quart du méridien*, et par consequent du *mètre*, la Commission a cru devoir se servir de l'arc mesuré au Pérou, le plus étendu de ceux qui ont été mesurés hors de France. T. III. 111, 431. La comparaison de cet arc et de celui entre Dunkerque et Montjouy donne, pour l'aplatissement de la terre, dans l'hypothèse elliptique, $\frac{1}{334}$; quantité que deux circonstances rendent extrêmement remarquables : la première, que ce degré d'aplatissement est le même que celui qui résulte de la comparaison d'un grand nombre d'observations sur la *longueur du pendule*, faites en différens endroits ; l'autre, que cet aplatissement est conforme à celui que la théorie de la *nutation* et de la *précession des équinoxes* exige. T. III. 432, 620 ; T. I. *Disc. prél.* 94. Celui que j'en ai déduit s'accorde encore mieux avec ces divers phénomènes. T. III. 134, 135.

— La Commission n'avoit pas alors connoissance des observations de Barcelone, et elle n'avoit pris que les calculs de Bouguer, sur le degré du Pérou. D'après ces dernières observations, et en examinant les calculs de Bouguer et de Lacondamine, nous croyons trop foible l'aplatissement $\frac{1}{334}$; nous le trouvons de $\frac{1}{309}$. C'est, à fort peu près, ce qu'a trouvé M. Svanberg, par le nouveau *degré* de Suède. T. III. 135.

Aplatissement de la terre. Celui qui représente le mieux nos observations, avec de légères corrections sur les latitudes, est de $\frac{1}{150}$ suivant M. Laplace, et de $\frac{1}{148}$ selon M. Legendre. T. III. 92.

Arabes. Leur mesure d'un degré est fort incertaine. On dit que leur degré étoit de $56\frac{2}{3}$ milles ; mais on ne sait quels sont les milles. T. I. *Disc. prélim.* 5.

Arc. Dans tous les cas de géodésie ou d'astronomie où il y a à résoudre de petits triangles, on peut exprimer par des formules très-simples les rapports entre le logarithme de l'arc et celui du cosinus, du sinus ou de la tangente du même arc. T. II. *Avert.* 11.

Arc de distance. Etant donné l'arc de distance entre deux signaux, l'azimut et la latitude du premier, trouver l'azimut et la latitude du second, et leur différence de longitude. T. III. 20. Formules plus commodes et dont l'exactitude est indéfinie. 24.

— Pour évaluer en secondes un de ces

Après une longue expérience de toutes les méthodes, elle me paroît la plus simple qu'on puisse employer, et elle m'a donné pour les portions du méridien des quantités beaucoup mieux d'accord entre elles que les deux méthodes fondées sur la solution des triangles secondaires. 73.

Aristote ne dit pas que la terre ait été réellement mesurée; il ne parle que d'une évaluation conjecturale. Il donne 400,000 stades à la circonférence : nous lui donnons 40,000,000 de mètres. Son stade reviendroit à 100 mètres ou 10 secondes centésimales du méridien. Mais on ne sait quel est ce stade. Aristote veut prouver que la terre n'est qu'un globe fort petit en comparaison du ciel; et, pour le démontrer, il dit qu'elle a 400,000 stades. T. I. *Disc. prél.* 4.

Arpheuille. Difficulté d'observer le clocher ; impossibilité de changer cette station. T. I. *Disc. prélim.* 76, 227, 228, 232, 233. Descript. 234, 238, 240, 241. Distances au zénith. T. II. 728.

Arvillers (signal d'). T. I. 55, 57, 58, 60, 63, 64. — Description du clocher. 65, 68, 69, 71, 77, 78. — Distances au zénith. T. II. 718.

Aubassin ou *Ovassins.* T. I. *Disc. prélim.* 80, 259, 261, 262, 263. — Descript. 264, 268, 269, 271, 273, 276, 277. — Distances au zénith. T. II. 730.

Aulot (grand clocher de la ville d'). T. I. 456, 457, 464.

Angles (mesure des). Sur quatre-vingt-dix triangles qui joignent les extrémités de la méridienne, il y en a trente-six dans lesquels la somme des trois angles diffère de moins d'une seconde de ce qu'elle auroit dû être ; il y en a vingt-sept où cette erreur est au-dessous de 2″; dans dix-huit autres elle ne monte pas à 3″, et il n'y en a que quatre dans lesquels elle est entre 3 et 4″, et trois seulement où elle est au-dessus de 4″, mais au-dessous de 5″. T. III. 605.

Arpent = 10,000 mètres carrés. T. I. *Disc. prélim.* 59.

Auge (description de l') qui a servi aux expériences pour déterminer les dilatations des règles. T. III. 322.

Aubigni. T. I. 191, 194, 196, 197.

Axe. Expressions analytiques des demi-axes du sphéroïde terrestre. T. II, 680. T. III. 196.

Azimut. Formules qui donnent l'azimut d'un signal sur l'horizon d'un autre signal, étant donnés la latitude et l'azimut du second signal, ainsi que la distance des deux, dans la supposition de la terre sphérique. T. III. 23, 30. Exemple et type de ce calcul. 38, 40.

— Formules pour déterminer la correction de l'azimut dans le sphéroïde elliptique. Cette correction peut être négligée. T. II. 672. T. III. 24, 27, 30, 38, 208.

— La figure sphéroïdique de la terre fera que nos azimuts calculés ne doivent pas, après une longue chaîne de triangles, nous faire retrouver bien exactement les azimuts observés T. III. 44.

Azimut. Les observations d'azimut, si délicates et si difficiles, ont été faites avec toute la précision dont elles sont susceptibles. On auroit pu se contenter d'observer un seul azimut pour déterminer la direction que forme avec la méridienne un des côtés d'un seul triangle, puisque cela suffit pour faire le calcul de la méridienne entière; mais il étoit extrêmement intéressant d'en observer plusieurs, afin d'avoir des connoissances moins vagues sur la figure de la terre.

— Delambre a observé l'azimut à Watten à Paris et à Bourges; Méchain a fait de pareilles observations à Carcassonne et à Montjouy. On peut, de l'azimut observé à Watten, par exemple, calculer quels doivent être ceux de Bourges, Carcassonne et Montjouy, et les comparer aux azimuts que l'observation donne immédiatement. Les calculs ont fait voir que les azimuts calculés diffèrent tous, mais inégalement, en différens endroits, des azimuts observés. T. III. 83, 423.

— Ces différences n'ont point d'influence sensible sur la longueur de la méridienne. 425, 614.

Dans les irrégularités des azimuts, on ne peut guère s'empêcher de reconnoître l'effet de l'ellipticité des parallèles. T. III. 85.

Azimut. Discussions et autres détails sur les azimuts et leurs irrégularités. T. II. 151. T. III. 210.

— Nous avons publié les observations d'azimut et de latitude dans le plus grand détail, et joint à chacune la réduction qui lui est propre, afin que tout le monde puisse vérifier nos calculs et en juger en connoissance de cause. T. II. *Avert.* 6.

— Étant donné l'arc de distance entre deux signaux, l'azimut et la latitude du premier, trouvez l'azimut du second. T. III. 20. Formule plus commode et dont l'exactitude est indéfinie. 24.

— Observations d'azimut faites à Watten. T. II. 67; Paris, 72; Bourges, 82; Carcassonne, 87; Montjouy, 94.

— Calculs des azimuts de Watten, 122; Paris, 105; Bourges, 111; Carcassonne, 113; Montjouy, 116.

— On peut compter sur chacun de ces cinq azimuts, à une demi-seconde de temps près. 156.

— Formules diverses pour déterminer les azimuts des signaux au moyen de leurs distances au soleil ou à l'étoile polaire. T. II. 117, 121, 139, 148.

— Comparaison des azimuts de la *Méridienne vérifiée* en 1739, avec les nôtres. T. III. 170.

B

Bailly se trompe en attribuant aux anciens la méthode de Snellius, pour la mesure des degrés. Il n'est pas mieux fondé quand il affirme, comme Paucton, que leurs mesures étoient des parties du méridien. T. I. *Disc. prélim.* 5, 12.

Balbo (M.), député du Roi de Sardaigne. T. I. *Disc. prélim.* 92.

Bar = millier. T. I. *Disc. prél.* 59.

Barcelone (tablette de la balustrade de la tour septentrionale de la cathédrale de). T. I. *Disc. prél.* 88, T. I. 491, 493. — Tour de la citadelle. Sommet de la lanterne à l'entrée du port. — Tour de Castel de Fells. 492. — Tableaux des observations astronomiques, et autres calculs pour déterminer la latitude de cette station. T. II. 566, 631. Distances au zénith. 736.

Bases. Nos bases sont des polygones circonscrits à la courbe terrestre. La différence du polygone circonscrit à l'arc total est insensible. T. II. 684. Ces polygones forment, à la vérité, des courbes à double courbure; mais l'effet de cette double courbure est absolument insensible, non seulement pour nos bases, mais même pour le plus grand côté de nos triangles, qui n'est que de 30,000 toises. 688.

— Ordre invariable qu'on a suivi dans la mesure (des). 20.

— Description des instrumens qui ont servi à la mesure (des). 2 et suivantes.

Base de Dunkerque. L'examen des registres originaux de Lacaille ne nous fournit aucun moyen de corriger l'erreur qu'on a soupçonnée dans la base de Dunkerque. Cette base et celle de Juvisy, étant mesurées avec des règles de bois de sapin, peuvent bien être en erreur de près d'une toise, sans qu'on puisse dire en quel sens. T. III. 491, 502.

— Discussions et détails sur la mesure des bases de la *Méridienne vérifiée en* 1739. *ibid.* 147, 162.

Bases de Juvisy et de Villejuif. T. I. *Disc. prél.* 45. — De Melun, *ibid.* 45, 65. Difficultés qu'elle présente. *ibid.* 84. Temps nécessaire pour en effectuer la mesure, 86. Commencées long-temps après que tous les triangles de Dunkerque à Rodez avoient été communiqués et calculés par Méchain et Delambre. *ibid.* 88, 89. Longueur de cette base. *ibid.* 93.

— La somme des erreurs dans la longueur des bases qui provient du défaut d'ajustement des languettes, ne va pas au-delà de deux ou trois lignes; la somme des erreurs provenant des défauts inévitables dans l'alignement est un peu plus de 3 lignes. T. II. 25, 30.

— Celles qui dépendent de la correc-

C

Cordes. Il est fort indifférent pour l'exactitude des résultats que l'on calcule les triangles des cordes ou les triangles sphériques, et les premiers ont l'avantage que la somme de leurs angles est constamment égale à deux droits, ce qui fait juger de l'accord des observations. T. II. 690. Différence entre la corde et le sinus, ou entre la corde et l'arc. Calcul des triangles des cordes. 691.

— (Tableau des) des arcs de distance entre nos signaux, réduites en toises. T. II. 800.

Costa-Bona (La Pyramide de), (haute montagne des Pyrénées). T. I. 355, 360, 448, 455, 457, 459, 462.

Cordonnet. On peut évaluer à une demi-ligne l'épaisseur du cordonnet qui soutenoit le plomb. T. II. 41.

Correction du zéro de la languette, suivant les expériences de Borda, et suivant celles que j'ai faites moi-même de concert avec M. Lenoir. T. II. 30, 31.

Côtés. Nous pouvons supposer que tous les côtés de nos triangles sont des intersections de la surface de la terre par des verticaux qui passent à-la-fois par les deux signaux. T. II. 687. Le plus grand côté de nos triangles n'est que de 30,000 toises. 688.

Côtés. Nous supposons que les côtés de nos triangles sont tous formés par l'intersection de la surface de la terre et d'un vertical. T. II. 688.

Coulomb (M.), membre de la Commission des poids et mesures nommé de nouveau par le Comité d'instruction publique. T. I. *Disc. prél.* 61 ; membre de la Commission spéciale chargée de vérifier les règles, et d'en établir le rapport avec les toises du Nord, du Pérou et de Mairan. *ibid.* 95.; membre de la Commission chargée d'examiner les expériences sur la fixation de l'unité de poids. *ibid.* 95.

Courbure. L'effet de la double courbure est non seulement insensible pour nos bases, mais même pour le plus grand des côtés de nos triangles. T. II. 688.

— *de l'arc terrestre.* Dans toutes les mesures de degrés qui ont précédé la nôtre, on ne s'est servi que de la trigonométrie rectiligne, et on n'a eu aucune attention à la courbure de l'arc terrestre. Dans ces derniers temps, on a trouvé des moyens fort ingénieux pour corriger cette erreur, et ramener à la trigonométrie rectiligne les formules des triangles sphériques, lorsque les côtés de ces triangles sont fort petits ; mais il m'a semblé que les véritables formules sphériques étoient encore préférables. T. II. *Avert.* 11.

— *des méridiens terrestres.* La comparaison des différens degrés mesurés anciennement, loin de fixer l'incertitude qui restoit sur la quantité de l'aplatissement, étoit plus propre à faire douter de la similitude des méridiens ou de la régularité de leur courbure. Ces soupçons ont acquis de nouvelles forces par les dernières opérations. T. I. *Disc. prél.* 10.

Courdieu. T. I. 178, 179. Ce clocher doit être maintenant abattu.

Croy (tour de) près Châtillon. T. I. 105, 108, 110, 123, 129, 130, 132. Elle a été démolie.

Cuivre. Dilatation de ce métal pour un degré du thermomètre centigrade. T. III. p. 469.

Cullan. T. I. 220, 221, 222, 224, 225. Descript. 226, 130, 231, 232, 233, 235. — Distances au zénith. T. II. 728.

Curseur. Petite règle mobile qui servoit à comparer les mesures linéaires. T. III. 326.

D

Dammartin (clocher de). T. I. *Disc. prél.* 26. T. I. 85, 87... 91, 93... 96. Descript. du clocher. 97, 104, 106, 108, 118, 120, 121. — Distances au zénith. T. II. 721. Azimut. T. III. 80.

Darcet (M.), membre de la Commission. T. I. *Disc. prél.* 92.

Décade. Ou dixaine de degrés = 1.000.000 mètres. T. I. *Disc. prél.* 59.

Décamètre. = Perche. = 10 mètres. T. I. *Disc. prél.* 59.

Décimètre. = Palme. = 0.1 mètre. T. I. *Disc. prél.* 59.

Déclinaisons des étoiles qui ont servi à déterminer les latitudes. T. II. 632, 650.

Degré décimal. Opération fort simple pour réduire en degrés ordinaires un arc donné en grades ou degrés décimaux, et réciproquement. T. I. *Disc. prél.* 99.

Degré terrestre. Mason et Dixon mesurent, en Pensilvanie, un degré terrestre, sans employer aucun triangle, et en portant la toise actuelle sur l'arc terrestre tout entier. T. I. *Disc. prél.* 10.

— Nous avons, au moyen de l'arc total et des quatre intervalles dont nous connaissons les distances et les latitudes, cinq faits indépendans de toute hypothèse sur la figure du méridien, d'où nous pouvons déduire les longueurs de cinq différens degrés. T. III. 428.

— En employant l'hypothèse sphérique, on voit que tous ces degrés décroissent à mesure que l'on s'approche de l'équateur. En combinant deux à deux ces quatre parties de la Méridienne, il en résulte, avec l'arc total, dix combinaisons qui fournissent dix degrés moyens pour dix latitudes moyennes. Si l'on compare entre eux ces degrés moyens, on voit qu'ils décroissent très-peu et très-lentement de Dunkerque à Evaux, mais très-rapidement et très-considérablement passé cette ville, et que cette diminution rapide se ralentit entre Carcassonne et Montjouy.

Ce phénomène remarquable ouvre un vaste champ aux mathématiciens qui pourront reprendre la question de la figure de la terre, et la traiter bien plus profondément qu'elle ne l'a encore été. Il doit être attribué, soit à l'irrégularité des méridiens, soit à l'ellipticité de l'équateur, soit à l'attraction des montagnes, soit à des irrégularités dans l'intérieur de la terre, soit à la combinaison de toutes ces causes réunies, etc. T. III. 89, 430, 548, 618. Ce fait est intimement lié à celui que présentent les azimuts, de sorte qu'ils se servent mutuellement de confirmation et d'appui. *Voyez* Azimut.

— de Montjouy à Formentera, le degré augmente au lieu de diminuer: irrégularité qui n'offre aucune autre partie de notre arc; elle n'a plus lieu, quand on préfère la latitude observée à Barcelonne. 548.

— Formules pour rendre les diminutions des degrés moins irrégulières, en y faisant entrer les six arcs depuis Greenwich jusqu'à Formentera. T. III. 549.

— Expression générale de la longueur d'un degré. T. II. 678.

— La latitude du degré moyen diffère très-peu de 45° 3′, et ce point partage en deux parties égales l'arc de méridien compris entre Dunkerque et Iviça. 679. Valeur de degré moyen. 706.

— Latitude du degré égal à celui de la sphère circonscrite; à celui de la sphère inscrite. T. II. 682.

— Le 45ᵉ degré de latitude, d'après la comparaison faite par Lacaille des différens arcs de l'ancienne Méridienne de France, a été trouvé de 57027 fois la toise de l'Académie dite du Pérou, prise à la température de 13° de Réaumur, ou 16°,25 centigrades. T. III. 675. C'est d'après cette longueur du degré qu'on a conclu celle du *mètre provisoire.*

Delambre, chargé spécialement de la partie septentrionale. T. I. *Disc. prél.* 22; obstacles qu'il rencontre. 30. Il est arrêté à Belle-Assise, conduit à Lagni. 30, 31; arrêté à Epinai, conduit à Saint-Denis. 5, 32; rentré à Paris, en janvier, pour la station du Panthéon, n'obtient la permission d'en sortir qu'en mai. 42; fait dix-neuf stations dans les six mois suivans. 43; est destitué par un arrêté du Comité de Salut Public. 47; demande à conduire les triangles jusqu'à Orléans et Châteauneuf. 48; éprouve de grandes difficultés entre Orléans et Bourges. 65, 66; retrouve les termes de la base de Méri et d'Ennordre, quoiqu'on eût abattu les poteaux qui les indiquoient. Il est obligé de renoncer à ces deux points, est trompé par une fausse ressemblance, et obligé de déplacer

c

Dilatation. Expériences de M. Borda, sur la dilatation absolue des règles correspondantes aux différentes températures marquées par les thermomètres métalliques. T. III. 315. La dilatation du cuivre est à celle du platine dans le rapport de 25 à 12, à très-peu près. 322.

— Table des dilatations du fer, du laiton, du platine. T. III. 445.

— du cuivre et du platine, pour un, degré du thermomètre centigrade. 469.

— La Commission, en répétant pour le *mètre définitif* les expériences sur la dilatation du fer, du platine et du cuivre, que Borda avoit faites pour la comparaison du *mètre provisoire*, demeure convaincue que les expériences de Borda étoient d'une exactitude parfaite. T. III. 692.

Distance au centre de la station. Lorsqu'on ne peut pas observer du centre de la station, il faut une réduction, et pour la calculer on a besoin de la distance à ce centre et de l'angle que fait cette distance avec les objets observés. Les astronomes qui ont mesuré des arcs de méridien, se sont, pour la plupart, dispensés de rapporter ces deux élémens. T. I. *Disc. prélim.* 118.

Distances au zénith (les) sont nécessaires pour réduire à l'horizon les angles de position. T. I. *Discours prélim.* 112. Attentions qu'on doit avoir pour les observer. 113. La

manière de Méchain exige qu'on connoisse l'épaisseur du fil. 114. T. I. 290. Autre méthode qui n'exige pas cette connoissance. Réduction au centre de station. 152. Au sommet ou pied du signal. 153.

Manière de prendre les distances au zénith par les angles simples. *Ibid.* Exemple. 190. Quand les distances simples accumulées donnent une série décroissante, on prend le supplément à 400 grades de l'arc total, et on le divise par le nombre des observations; quand la série est croissante, l'arc total, divisé par le nombre des observations, augmenté encore de 100 grades, est la distance au zénith.

— observées près du méridien (corrections des). Voyez *Zénith.*

Distance en arc. Étant donné l'arc de distance entre deux signaux, l'azimut et la latitude du premier, trouver l'azimut et la latitude du second, et la différence de leurs longitudes. T. III. 20. Formules plus commodes, et dont l'exactitude est indéfinie. 24...

Distances en ligne droite entre les sommets des signaux. Manière de les calculer. T. II. 713, 736.

— Tableau complet (des). 800.

— Formule qui donne la différence entre ces distances et la corde correspondante, dans l'hypothèse sphérique. 768.

Distance totale (la) entre les parallèles de Dunkerque et de Montjouy est de 55584.72 demi-modules ; cette distance sous-tend un arc céleste de 9° 67380 degrés, le plus grand qui ait été mesuré jusqu'ici. Le milieu passe par la latitude de 46° 11′ 58″. T. III. p. 426. (Voyez aussi p. 89.)

Distances (tableau des) des signaux au zénith, observées et réduites ; fondement de ces réductions. T. II. 715. T. I. Disc. prélim. 152. La distance au zénith du signal A, observée du signal de B, et celle B observée de A, sont dans des plans différens. T. II. 733.

Divisions de la ligne droite Les deux divisions tracées par Lenoir, sur les deux règles de son comparateur, sont tellement identiques, qu'en mettant en coïncidence deux traits quelconques pris respectivement sur l'une et l'autre règle, chacun des autres couples de traits semble ne former qu'une même ligne droite non interrompue. T. III. 457.

Doigt = centimètre = 0.01 mètre. T. I. Disc. prélim. 59.

Dunkerque. Description de la tour. T. I. 1. — Signal. 2, 16, 17, 18. — Tourelle. 18, 19, 24, 25. — Tableaux des observations astronomiques, et calculs de la latitude de cette station. T. II. 249, 296. — Distances au zénith. 715. — Il nous reste un doute de 0″5 sur la latitude de cette station. T. III. 298.

Dun-sur-Auron. T. I. Disc. prélim. 73, 74 T. I. 206, 207, 208, 212, 214, 215, 216. — Descript. 216, 220, 221, 223, 224, 225. — Distances au zénith. T. II. 727.

E

Eau (l') est le corps physique le plus approprié pour servir, sous un volume déterminé, à la détermination de l'unité de poids. T. III. 562. L'eau a la propriété d'avoir un maximum de densité 4 degrés au-dessus de la température de la glace fondante, et cette densité reste sensiblement constante, quoique la température varie un peu. 564. Voyez Densité.

Ellipse. L'ellipse peut être considérée comme la projection orthographique d'un cercle dont l'inclinaison a pour sinus l'excentricité de l'ellipse. T. II. 663.

— Expression analytique du rayon vecteur (d'une) et de son logarithme. 666.

— Rectification d'un (arc) compris entre deux parallèles quelconques dont les latitudes sont données. 675, 679.

Ellipsoïde. Nous supposons la terre un ellipsoïde formé par la révolution d'une demi-ellipse autour de son petit axe ; formules pour calculer les parties de l'ellipsoïde. T. II. 661, 668. Expression du rayon de l'ellipsoïde. 666 ; du rayon d'un parallèle quelconque 667 ; du rayon de l'équateur. 680.

Ellipticité de la terre (l'effet de l') est fort sensible dans l'évaluation en secondes de l'arc de distance entre les deux signaux. T. III. 31 ; expression de cet arc. 33. On prouve par des suppositions forcées , que les termes négligés n'ont aucune influence sensible. 35. Voyez *Aplatissement*.

Ennordre. (signe d') T. I. 182 , 184, 190 , 192, 193 , 194, 198 , 199. Description. 199; ancien signal. 203, 204, 205 , 206. Distances au zénith. T. II. 726.

Épaisseur du fil de la lunette. On élude la correction due à cette quantité par notre manière d'observer les distances du soleil au zénith. T. II. 99.

Equerre de maçon. L'inclinaison des règles dans la mesure des bases, étoit mesurée par une espèce d'équerre de maçon qui , au lieu d'un fil à plomb , portoit une alidade à laquelle étoit fixé un niveau à bulle d'air. T. II. 105.

Ératosthène paroît être le premier qui ait indiqué la manière de mesurer la grandeur de la terre; il paroît qu'il n'a mesuré que la hauteur du pôle à Alexandrie. Le seul auteur qui donne des détails satisfaisans de son opération est Cléomède; mais, en pesant attentivement les expressions de cet auteur , on est conduit à l'idée que , pour établir la valeur de son degré, il n'est pas sorti de son observatoire. T. I.

Disc. prélim. 1, 2. — Son degré est de 700 stades ; mais nous ignorons complétement la valeur du stade dont il s'est servi. Ce nombre de 700 n'est qu'une approximation; le nombre véritable est d'environ 695. Il s'est trompé considérablement en supposant Syene et Alexandrie sous le même méridien. — Les arcs terrestres de 5000 stades , entre Rhodès et Alexandrie, Alexandrie et Syene, Syene et Méroé , ne sont que des approximations grossières et suspectes. *Ibid.* 4.

Erreurs. Il n'y a aucun moyen connu pour éviter les petites erreurs , si ce n'est la constance à multiplier les observations de manière à rendre les compensations presque infaillibles. T. I. *Disc. prélim.* 159.

Erreur (l') d'une observation, quand les deux angles d'une tour sont inégalement élevés , est égale à la demi-différence des hauteurs. T. I. *Disc. prél.* 161.

Erreurs (la somme des) dans la longueur des bases, qui proviennent du défaut d'ajustement des languettes , ne va pas au-delà de 2 ou 3 lignes. La somme des erreurs provenant des défauts inévitables dans l'alignement, est un peu plus de 3 lignes. T. II. 25-30.— Celles qui dépendent de la correction du zéro de la languette ne montent guère qu'à un pouce, en mettant tout au pis. *Ibid.* 31.

Espira (signal du mont d'). T. I. 384, 387, 390, 395, 398, 399, 400. —

F

G

Gaste (signal de la). T. I. *Discours prél.* 82, 154. T. I. 294, 296, 297, 298, 301, 303, 304. *Descript.* 305, 315, 316, 317, 319, 322, 323, 328, 330, 333, 363.— *Distances du zénith.* T. II. 782.

Génissieu (réponse du citoyen), président du Conseil des Cinq Cents, au discours fait par les commissaires de l'Institut. T. III. 649.

Girone (tour de la cathédrale de). T. I 456, 469.

Glace. Il n'est pas aisé de faire descendre au point de la glace un thermomètre à mercure plongé dans une auge remplie de glace. T. III. 437, 438, 444.

Globe. On pourroit avec raison appliquer à nos mesures l'épithète d'*inaltérables*, parce qu'une fois arrêtées, elles ne dépendent plus de la volonté des hommes; elles sont à l'abri de leur puissance; elles tiennent intimement à ce qui constitue la nature et l'essence du *globe* que nous habitons. T. III. 668.

Gonzales (M.), autorisé par le Gouvernement d'Espagne à suivre nos opérations; il accompagne M. Chaix dans quelques stations de la Catalogue. T. I. 465, 467, 470, 486.

Grade ou degré centésimal = 100,000 mètres. T. I. *Disc. prélim.* 59.

Grain = décigravet = décigramme. T. I. *Disc. prélim.* 59.

Gramme = deniers = gravet = milligrave = maille.

— (déca) = gros = centigrave = drame.

— (déci) = grain = décigravet.

— (hecto) = once = décigrave.

— (kilo) = livre = grave = décimètre cube d'eau distillée. T. I. 59.

Gravelines. T. I. 12, 16, 20.

Greenwich. Prolongation de notre méridienne jusqu'à Greenwich. T. III. 185.

— latitude (de).

— Arc céleste et terrestre compris entre Dunkerque et Greenwich. T. III. 548.

Gros = centigrave = drame = décagramme. T. I. *Disc. prélim.* 59.

H

Hauteur des signaux au-dessus du niveau de la mer. Chacune de ces hauteurs a été déterminée par les distances réciproques des deux signaux au zénith. Nos triangles fournissent, entre Dunkerque et Barcelone, environ deux cents points dont les hauteurs paroissent certaines, à une ou deux toises près; ces mêmes hauteurs, prises deux à deux, fournissent

3.

D

I

Irrégularités. L'extrême obliquité des côtés, sur-tout des grands triangles sur la méridienne, donne lieu à quelques petites irrégularités dans la vérification des diverses portions de cet arc, au moyen des deux séries indépendantes de triangles. T. III. 53, 65, 66, 68, 71, 73. Elles ne font que déplacer un peu le point d'intersection de la méridienne avec les côtés des triangles, mais ne changent pas la distance des parallèles. 74.

— sensibles du méridien terrestre. La différence de latitude entre les observatoires de Montjouy et de Barcelone, comparée avec la distance de ces observatoires, paroissent contester irrévocablement ce fait intéressant. T. II. *Avert.* 9.

— Ces irrégularités sont bien mieux prouvées encore par les observations que le major Mudge a faites en Angleterre, avec le plus beau secteur qu'on ait vu jusqu'ici. T. III. 111.

J

Juvisy (base de), mesurée en 1756 par Lacaille, Godin, Clairaut et Le-

monier. Détails sur cette mesure. T. III. 497.

K

Kilogramme, ou le décimètre cubique d'eau distillée au *maximum* de densité, pèse 18827.15 grains dans le vide. T. III. 579.

Kilolitre = tonneau = muid = cade = mètre cube. T. I. *Disc. prélim.* 59.

Kilomètre = mille = millaire = 1000 mètres. T. I. *Disc. prélim.* 59.

Klostermann. Réflexions sur un écrit de M. Klostermann, inspecteur du corps des pages à Pétersbourg, sur la partie nord de la *Méridienne vérifiée en* 1739.

L

Laage. T. I. 227, 228, 230. Descript. 231, 235, 236, 238, 239, 241, 242, 247, 248, 249, 250, 251. — Distances au zénith. T. II. 228.

Lacaille. Notice des manuscrits originaux de Lacaille, sur la mesure de la méridienne en 1740, déposés à l'Observatoire par M. Lalande. T. III. 483.

— Extrait d'une petite dissertation de Lacaille, sur les réfractions terrestres. 532.

Lacépède (M.). Il proposa à l'Assemblée nationale un décret qui fut adopté à l'instant, et dont la principale disposition étoit de recommander aux corps administratifs de tous les lieux où Méchain et moi

Méchain, à Carcassonne et à Mont-jouy, et à Paris par ces deux astro-nomes. On est sûr de n'avoir pas une seconde d'incertitude sur ces latitudes. T. III. 615. Les observations de M. Méchain, faites en 1792, à Montjouy, et l'année suivante à Barcelone, avec un soin extrême, cette sûreté et cette précision qui le distinguoient, et qui étoient généralement reconnues, conduisent à la même conclusion, et cette conclusion est assez étrange : la différence entre ces deux latitudes est de 3″24 plus grande qu'elle ne devroit être d'après la distance des deux observatoires, qui n'est que de 950 toises. Cette erreur ne peut être attribuée qu'aux irrégularités de la terre. T. II. *Avert.* 8. T. III. 110.

Latitude. Nous avons publié ces observations de latitude et d'azimut dans le plus grand détail, et joint à chacune la réduction qui lui est propre, afin qu'on puisse vérifier nos calculs et en juger en connoissance de cause. T. II. *Avert.* 6. T. II. 649.

— (calcul de la). T. II. 221. Ordre invariablement suivi dans tous ces calculs. 226.

— Observations astronomiques et calculs pour déterminer la latitude de Dunkerque. 259. — Pour la latitude de l'observatoire de la rue de Paradis. 297. — Pour la latitude de l'observatoire impérial. 346. — Pour la latitude d'Évaux. 422. — Carcassonne. 472. — Perpignan. 493. —

Montjouy. 503. — Barcelone. 566.

— On peut compter sur les latitudes de Dunkerque, de l'observatoire de la rue de Paradis, d'Évaux, de Carcassonne et de Montjouy, données par la Polaire : celle de Barcelone paroît même sûre ; mais l'erreur ne seroit que d'une demi-seconde à peu près ; celle de l'observatoire impérial un peu moins sûre peut-être, l'erreur pouvant aller à 0″67. 638. *Ibid.*

Lavoisier et Borda ont fait, sur le comparateur de Lenoir, toutes les expériences relatives aux règles de platine et de cuivre qui ont servi à la dernière détermination de la longueur du pendule et à la mesure des bases d'après lesquelles on a calculé les triangles de la méridienne. T. III. 473.

— et Haüy se sont occupés à déterminer le poids provisoire. T. III. 580.

Lefèvre-Gineau (M.), chargé spécialement des expériences pour la fixation de l'unité de poids. T. I. *Disc. prélim.* 92, 95.

— Rapport de M. Tralles à la Commission, d'après le travail de (M.). T. III. 558.

— Le travail de (M.), sur l'unité fondamentale des poids, n'a pas été publié jusqu'ici par les raisons mentionnées. T. III. 557.

— Il se joignit à M. Lenoir pour comparer toutes les pièces qui servirent à la détermination du mètre définitif. 693.

Méridien, des latitudes observées aux extrémités de cet arc et de l'aplatissement. T. II. 677. — La Commission, après un mûr examen, a cru devoir plutôt déduire la longueur du quart de Méridien (et par conséquent du mètre) de l'arc total entre Dunkerque et Montjouy, que de l'une ou l'autre de ses parties. T. III. 431. Il en résulte que le mètre est de 0.256537 modules. *Ibid.* 432 ; ou, selon les anciennes mesures, de 3 pieds 11.296 lignes. En employant la toise du Pérou, à 13° du thermomètre à mercure de 80 parties. *Ibid.* 433.

Mètre. Rapport fait à la Commission des poids et mesures sur la longueur (du) T. III. 415.

— *provisoire* (le) avoit été établi par des combinaisons probables de 3 pieds 11,442 lignes ou de 443.44 lignes ; mais les dernières expériences le réduisent à 443.296. T. III. 433... 445.

— Il a été fixé d'après l'ancienne mesure de la Méridienne de France, dont les résultats avoient été donnés par Lacaille. *Voyez* le rapport sur la vérification du mètre qui a servi d'étalon aux mesures provisoires. T. III. 673.

— prototype déposé aux archives nationales, a été construit sur la règle n° I, qu'on a désigné plus particulièrement sous le nom de module. T. II. 56. Réflexions sur le module et ses dilatations, ainsi que sur ce qui en

résulte pour la grandeur du mètre, par M. van Swinden. T. III. 440. *Discours* prononcé au nom de l'Institut à la barre du Corps-Législatif, lors de la présentation des étalons prototypes du mètre et du kilogramme. T. III. 581.

— Comparaison (des) de l'Institut avec l'étalon du pied anglais, par M. Prony. 461.

— La valeur (du) tirée de la comparaison de nos observations faites en France, à celles du Pérou, donne 443,328 lignes. La Commission n'avoit pas connoissance des observations de Barcelone, et elle n'a pris que les calculs de Bouguer. On en a conclu le mètre de 443.295936 lignes. T. III. 135,.. 138.

— Pour trouver (le) adopté, il faut prendre 443.296 lignes sur la toise du Pérou, à la température de 16.25 degrés, ou bien il faut prendre le mètre de platine des Archives à zéro de température. Tel est le résultat définitif de la Commission sur cette unité fondamentale. T. III. 135, 138. Mais, d'après nos calculs, il paroît que ce mètre est trop court de 0.0032064 lignes, et que, pour avoir le mètre, il faut que l'étalon des Archives soit soumis à une température de 8.445 degrés de la division centigrade, ou à 6.755 degrés de Réaumur. *Ibid.* 140. Ces mêmes calculs nous ont prouvé qu'il est indifférent d'employer pour la détermination du mètre l'arc entre Bar-

N

dent du). T. II. 188. Il n'est pas aisé de déterminer avec la dernière précision ce que peut valoir en secondes une partie du niveau. 193.

Nivellement. Nous n'avons pas été chargés de faire un nivellement très-exact ; les observations de hauteurs des signaux n'étoient pour nous que des objets très-secondaires. Les erreurs de ces hauteurs ne dépendent pas des observations, mais des variations déréglées des réfractions terrestres. Malgré cet obstacle, ce n'est pas un des résultats les moins curieux de notre opération, qu'une centaine de points entre Dunkerque et Barcelone, dont on connoît la hauteur au-dessus de la mer avec une précision de 1 ou 2 toises. T. II. 763.

Nœud. Il y auroit erreur, et ce seroit compliquer mal à propos le calcul de la nutation, si l'on se servoit de la longitude vraie du nœud de la lune, au lieu de la longitude moyenne. T. II. 225.

— Dans les calculs des différentes portions de la méridienne, nous avons appelé *nœuds* les points de cet arc que nous avons déterminés par deux suites de triangles dont la seconde ne renfermoit rien qui fût entré dans la première. T. III. 48.

Nomenclatures diverses des poids et mesures. T. I. *Disc. prélim.* 59. Ses inconvéniens et ses avantages. 60. Loi du 18 brumaire. 61.

Noms des Savans étrangers venus pour prendre part aux travaux de la mesure de la méridienne. T. I. *Disc. prélim.* 92.

Nore (sig. de). T. I. *Disc. pr.* 83, 158. T. I. 326, 330, 331, 334, 337, 338, 340, 344, 345, 347. Descript. 348, 360, 362, 367, 370, 371, 374, 375. — Distances au zénith. T. II. 733.

Normale. Deux normales d'un ellipsoïde ne sauroient se rencontrer dans l'axe, si les latitudes sont différentes ; elles ne se rencontrent nulle part si elles partent de deux points dont les latitudes et les longitudes soient différentes. T. II. 668, 738. L'azimut rapporté à la normale d'un point, ne diffère presque pas de celui qu'on rapporteroit à la droite oblique menée de ce même point au pied de la normale d'un autre point, si l'ellipsoïde diffère très-peu d'une sphère, et que la distance des deux points de sa surface soit très-petite. 672. Dans ces mêmes hypothèses, la différence entre les deux arcs de cercle passant par les mêmes deux points, et dont l'un soit dans le plan de la normale du premier point, et l'autre dans le plan de la normale du second, est une quantité du troisième ordre, et qu'on pourra toujours négliger. Cette différence n'est pas de 0.06 ligne sur le plus grand des côtés de nos triangles entre Dunkerque et Barcelone, et elle ne sera guère plus considérable dans les côtés des triangles qui joindront

O

P

3.

mettre les règles dans la direction de la base. T. II. 5, 8, 20.

Pommard (Leblanc de), mon beau-fils, depuis auditeur au Conseil d'État, mort à Naples..... Il tenoit un des registres dans la mesure de la base de Melun, et se chargeoit en outre de vérifier après moi l'observation microscopique de la languette. T. II. 24, 25. Il a fait, comme Tranchot et moi, tous les calculs concernant cette base. 38. Il calculoit les séries de distances au zénith, pour en déduire la latitude. 221.

Possidonius. Sa mesure du degré seroit plus incertaine encore que celle d'Eratosthène. T. I. *Disc. prél.* 3.

Poste = myriamètre = lieue = 10000 mètres. T. I. *Disc. prélim.* 59.

Pradelles (clocher de). T. I. 360.

Précession. Je l'ai supposée partout de 50″, 1 telle que je l'ai trouvée par mes observations comparées à celles de Bradeley, Mayer et Lacaille, T. II. 222.

Précis des opérations qui ont servi à déterminer les bases du nouveau système métrique, par J. H. Van-Swinden. T. III. 659.

Précision. Voy. Angle, Arc, Base, etc.

Prieur (M.) présente à la Convention le projet de loi qu'elle adopte, le 18 germinal an 3. T. I. *Disc. prélim.* 58.

Procès-verbal de la comparaison du mètre et du kilogramme, déposés aux archives de l'Empire, avec des

étalons de même genre qui sont actuellement à l'Observatoire impérial. T. III. 656, 696.

— du dépôt fait par M. Delambre, à l'Observatoire impérial, des manuscrits de ses observations et de celles de M. Méchain. 698.

— du dépôt du mètre aux archives de la République. T. III. 656. Voyez *Mètre.*

Proclamation du Roi pour faciliter les opérations; son effet. T. I. *Disc. prélim.* 21.

Prony (M. de). Description et usage du *Comparateur de Lenoir,* par M. de Prony. T. III. 447.

— Sa formule qui donne la différence entre l'hypoténuse et la base d'un triangle sphérique rectangle. T. III. 29.

— Il visite les ouvrages faits pour garantir les extrêmes de la *Base de Melun.* T. II. 61.

Publication. Quand il s'agit d'observations qu'on n'a pas l'occasion de répéter à volonté, et d'opérations telles que celles qui ont pour objet de déterminer la grandeur et la figure de la terre, l'astronomie qui en est chargé doit au Public le compte le plus scrupuleux de tout ce qu'il a observé, et, par une publication entière, mettre ses lecteurs à même de tirer de son travail toutes les conséquences auxquelles il peut conduire. T. II. *Avert.* 9. 16.

Puy-Cambatjou (signal du). T. I. *Disc. prél.* 88. T. I. 309, 312, 316, 317,

Q

Quart de Cercle avec (les anciens). On ne pouvoit jamais répondre de 10″ sur un angle ; l'erreur que nous pouvons craindre avec le *Cercle répétiteur* est au moins dix fois plus petit. T. III. 144.

Quart du méridien. La longueur du mètre dépend de celle du quart du méridien. La Commission, après un mûr examen, a cru devoir s'en tenir à l'arc total intercepté entre Dunkerque et Montjouy, plutôt qu'à l'une ou l'autre des parties de cet arc.

Ensuite, pour conclure de cet arc, une fois mesuré, le quart du méridien, elle a cru devoir employer le calcul rigoureux de l'hypothèse elliptique ; et, pour connoître l'aplatissement de la terre, dont il convient de faire usage, elle s'est servie de l'arc mesuré au Pérou. T. III. 431, 111. Il en résulte que le quart du méridien est de 2565370 modules, dont la dix-millionème partie est 0.256537 modules. 432. Voy. aussi p. 134, 135 la valeur que les nouveaux calculs et des observations qui n'avoient pas été soumises à la Commission, donnent un quart du méridien.

—Expressions analytiques (du). T. II. 677. T. III. 101, 546.

Quintal = décitar. T. I. *Disc. prél.* 59.

R

Rapport du mètre au pied anglais. T. III. 461, 467, 469.

Rayon. Expression du rayon mené du centre d'une ellipse à un point quelconque de sa circonférence. T. II. 666. Rayon du parallèle. 667. Les rayons des parallèles et les degrés de longitude, sont plus grands dans le sphéroïde que dans la sphère circonscrite à son grand axe. 668. Expression du rayon de courbure du méridien et de son logarithme. 673. Rayon de l'équateur et du pôle, et leurs logarithmes. 680, 681. Voyez aussi T. III. 200.

— Table des logarithmes (du) de la terre. 289.

Rectification. Expression analytique d'un arc de méridien elliptique, compris entre deux latitudes données en fonction de ces latitudes et de l'aplatissement. T. II. 677. T. III. 101, 546.

— du Cercle de Borda. Voyez *Cercle de Borda.*

Réduction à l'axe des signaux. T. I. *Disc. prél.* 134. — Formule particulière quand le signal est une tour ronde obliquement éclairée par le soleil. *Ibid.* 136. Exemples. 83.

Réduction à l'horizon, ou angle formé au zénith de l'observateur, par les verticaux qui passent par différens objets. Formule approximative pour la déterminer. T. I. *Disc. prél.* 138... 141, 181. — Tables qui en facilitent le calcul. *Ibid.* 167, 168, 169. — Construction de ces tables. *Ibid.* 141.

Réduction au centre de la station. T. I. *Disc. prélim.* 118. Détails sur cet objet.

— Formules pour la déterminer dans tous les cas. 120.

— Elle est nulle, si l'observateur est placé sur la circonférence du cercle qui passe par les trois signaux. 123.

— Procédé pratique pour placer l'instrument de manière que (la) soit insensible. 123. Exemples. T. I. 36.

— Réductions particulières. T. I. 26, 65, 72, 74, 88, 180, 186.

— Application des formules aux observations de la *Méridienne vérifiée.* T. I. *Disc. prél.* 125.

— Formules préparatoires pour le cas du centre invisible et inaccessible. *Ibid.* 128.

— au centre du signal observé. T. I. *Disc. prél.* 133. Formules pour les

3.

G

S

T

3.

tangles, se déduit immédiatement de la solution générale de ce problème. 29,

— On n'avoit employé que la trigonométrie rectiligne dans toutes les mesures de degrés qui ont précédé la nôtre. Tous mes calculs ont été faits par la trigonométrie sphérique ; elle résout avec avantage les triangles même dont les côtés sont fort petits. T. II. *Avert.* 11.

— *sphéroïdique.* Rien ne lie les trois angles d'un triangle sphéroïdique ; nous ne pouvons les rapporter à aucune pyramide qui puisse nous fournir l'expression de la relation qu'ils ont entre eux. On élude cette difficulté en abandonnant les triangles, soit sphériques, soit sphéroïdiques, pour ne considérer que le triangle rectiligne formé par les cordes. T. II. 689.

— Les grands triangles sont les moins exacts ; ils n'ont d'autre mérite que d'abréger le calcul. T. III. 73.

— Calcul des triangles des cordes et des triangles sphériques. T. II. 691.

— Formation du tableau complet des triangles. T. II. 699.

— Tableau complet des triangles. T. II. 800.

— Tableau général des triangles. T. I. 511.

— Triangles secondaires. 543.

Trépieds (description des) de fer qui soutenoient solidement les pièces de bois qui portoient les règles dans la mesure des bases. T. II. 4, 7, 8, 21, 22. T. III. 314.

Troughton, artiste célèbre de Londres pour la division des instrumens de mathématiques ; c'est lui qui a construit l'étalon de 49 pouces anglais qui a servi pour comparer les mesures anglaises avec les mètres de l'Institut ; il a construit également un comparateur propre à évaluer de très-petites différences entre les mesures. T. III. 464.

U

Unité de mesure. Détails historiques sur cet objet. T. I. *Disc. prélim.* 10. Raisons qui font décider le choix entre trois différentes unités fondamentales. 15, 19.

— Le globe de la terre étant un corps réel de grandeur invariable ; a été pris pour base des mesures de longueur, et la dix-millionième partie

du quart du méridien terrestre, compté depuis le pôle boréal jusqu'à l'équateur, est l'unité des mesures de longueur et de volume. T. I. *Disc. prélim.* 18. T. III. 559.

— de poids. C'est un volume donné d'eau distillée pesée dans le vide et aux termes de sa plus grande densité. T. I. *Disc. prélim.* 18.

V

W

Z

FIN DE LA TABLE DES MATIÈRES.